D1725298

Wolfgang Schneider
Lexikon zur Arzneimittelgeschichte
Band V/3: Pflanzliche Drogen, P - Z

Lexikon zur Arzneimittelgeschichte

Sachwörterbuch zur Geschichte der pharmazeutischen Botanik, Chemie, Mineralogie, Pharmakologie, Zoologie

Band V/3

Pflanzliche Drogen

P - Z

von

Wolfgang Schneider

Govi-Verlag GmbH - Pharmazeutischer Verlag
Frankfurt a. M.
1974

Pflanzliche Drogen

Sachwörterbuch zur Geschichte der pharmazeutischen Botanik

Teil 3, P - Z

von

Prof. Dr. Wolfgang Schneider

Leiter des Pharmaziegeschichtlichen Seminars
der Technischen Universität Braunschweig

Govi-Verlag GmbH - Pharmazeutischer Verlag
Frankfurt a. M.
1974

ISBN 3-7741-9985-X

Gesamtherstellung: Limburger Vereinsdruckerei GmbH, 6250 Limburg/Lahn

Abkürzungen

Erklärungen dazu in der Einführung (Bd. V, 1) unter den angegebenen Nummern und Seitenzahlen.

Ap. (= Apotheke)	III. 3. (Seite 19)
Ap. Braunschweig 1666	III. 3. (Seite 19)
Ap. Lüneburg 1475	III. 3. (Seite 19)
Ap. Lüneburg 1718	III. 3. (Seite 20)
Berendes-Dioskurides (Berendes um 1900; Dioskurides um 50 n. Chr.)	III. 1. (Seite 15); III. 3. (S. 18)
Beßler-Gart (Beßler um 1960; Gart um 1450)	III. 1. (Seite 16)
Bertsch-Kulturpflanzen (Bertsch um 1950)	III. 2. (Seite 16); III. 3. (S. 18)
DAB 1, 1872	III. 3. (Seite 21)
DAB 2, 1882	III. 3. (Seite 21)
DAB 3, 1890	III. 3. (Seite 21)
DAB 4, 1900	III. 3. (Seite 21)
DAB 5, 1910	III. 3. (Seite 21)
DAB 6, 1926	III. 3. (Seite 22)
DAB 7, 1968	III. 3. (Seite 22)
Deines-Ägypten (Deines um 1960; Ägypten im Altertum)	III. 1. (Seite 15)
Dragendorff-Heilpflanzen (Dragendorff um 1900)	II. 1. (Seite 11); III. 2. (S. 16)
Erg.-B. 2, 1897	III. 3. (Seite 22)
Erg.-B. 4, 1916	III. 3. (Seite 22)
Erg.-B. 6, 1941	III. 3. (Seite 22)
Ernsting, um 1750	III. 3. (Seite 20)
Fischer-Mittelalter (Fischer um 1930)	II. 1. (Seite 11); III. 1. (S. 15)

Geiger-Handbuch	II. 1. (Seite 11); III. 1. (S. 15)
oder: Geiger, um 1830	III. 3. (Seite 22)
Gilg-Schürhoff-Drogen (Gilg und Schürhoff um 1925)	III. 2. (Seite 17)
Grot-Hippokrates (Grot um 1900; Hippokrates um 400 v. Chr.)	III. 1. (Seite 15)
Hagen, um 1780	III. 3. (Seite 20)
Hager, 1874	III. 3. (Seite 22)
Hager-Handbuch, um 1930	II. 2. (Seite 12); III. 1. (S. 15); III. 3. (Seite 23)
Hager-Handbuch, Erg.-Bd. 1949	II. 2. (Seite 12); III. 1. (S. 16)
Hessler-Susruta (Hessler um 1850; Susruta um 500 n. Chr.?)	III. 1. (Seite 15)
Hoppe-Bock (Hoppe um 1965; Bock um 1550)	III. 1. (Seite 15); III. 3. (S. 19)
Hoppe-Drogenkunde (1958)	II. 1. (Seite 11); III. 3. (S. 23)
Jourdan, um 1830	III. 3. (Seite 22)
Marmé, 1886	III. 3. (Seite 23)
Meissner-Enzyklopädie	III. 3. (Seite 22)
oder: Meissner, um 1830	III. 3. (Seite 22)
Michael-Pilzfreunde (1960)	II. 2. (Seite 12)
Peters-Pflanzenwelt (Peters um 1900)	III. 2. (Seite 17)
Ph. (= Pharmakopöe)	III. 3. (Seite 19)
Ph. Augsburg 1640	III. 3. (Seite 20)
Ph. Nürnberg 1546	III. 3. (Seite 19)
Ph. Preußen 1799	III. 3. (Seite 21)
Ph. Preußen (1813—1862)	III. 3. (Seite 21)
Ph. Württemberg 1741	III. 3. (Seite 20)
Ph. Württemberg 1785	III. 3. (Seite 20)
Schmeil-Flora (1965)	II. 2. (Seite 12); III. 1. (S. 16)
Schröder, 1685	III. 3. (Seite 20)
Sontheimer-Araber (Sontheimer um 1840; Araber im Mittelalter)	III. 1. (Seite 16)

Spielmann, um 1780	III. 3. (Seite 20)
Tschirch-Araber (Tschirch um 1930; Araber im Mittelalter)	III. 1. (Seite 16)
Tschirch-Handbuch (Tschirch um 1920)	III. 2. (Seite 16); III. 3. (S. 18)
T. (= Taxe)	III. 3. (Seite 19)
T. Frankfurt/M. 1687	III. 3. (Seite 19)
T. Mainz 1618	III. 3. (Seite 19)
T. Worms 1582	III. 3. (Seite 19)
Valentini, 1714	III. 3. (Seite 20)
Wiggers, um 1850	III. 3. (Seite 22)
Woyt, um 1750	III. 3. (Seite 20)
Zander-Pflanzennamen (1972)	II. 2. (Seite 12); III. 1. (S. 16)

Pachyrrhizus

Dragendorff-Heilpflanzen, um 1900 (S. 338; Fam. Leguminosae), nennt 3 P.-Arten:
1.) P. tuberosus D. C. (= Dolichos tub. Lam.); Same und Wurzel zu Kataplasmen, innerlich als Expectorans und Nahrungsmittel [Schreibweise nach Zander-Pflanzennamen: **P. tuberosus (Lam.) Spreng.**]. Wird in Hoppe-Drogenkunde, 1958, erwähnt.
2.) P. angulatus Rich. (= Dolichos bulbosus L.); wird ähnlich wie die vorige gebraucht. Die Samen wirken auf Fische betäubend. Diese Art hat unter der Überschrift P. erosus ein Kapitel in Hoppe-Drogenkunde; der Same - Yambohne - dient als Insektizid [Schreibweise nach Zander: **P. erosus (L.) Urb.**].
3.) P. palmatilobus Rich.; Same eßbar, Wurzelrinde gegen Rheuma, Hülsen gegen Hautausschlag.
Zitat-Empfehlung: **Pachyrrhizus tuberosus (S.); Pachyrrhizus erosus (S.).**

Paeonia

Paeonia siehe Bd. II, Adstringentia; Antepileptica; Cephalica; Emmenagoga. / IV, C 45; E 109; 113; G 672.

Grot-Hippokrates: P. officinalis.
Berendes-Dioskurides: Kap. Gichtrose, P. corallina Retz. und P. officinalis L.
Tschirch-Sontheimer-Araber: P. officinalis.
Fischer-Mittelalter: P. corallina Retz. (pyonia mas); P. officinalis L. (plionia, peonia, hastula regia, inquinalis, arterion, pyonia femina, rosen, torplumen, miniwenwurzel, kunigsbluemen, gichtwurz, benedictenrosen, benonien, venedischrosen; Diosk.: paionia, casta, glykyside. Plin.: pentorobon).
Hoppe-Bock: Kap. Peonien-Rosen (Benedicten- oder Benignen- oder Pfingst Rosen, Kunigsbluomen, Gichtwurz), P. foemina Gars. und P. corallina Retz.
Geiger-Handbuch: P. communis L. und P. communis Casp. Bauh., Dierb. (= P. officinalis Auctorum, P. foemina Tabern.) und P. corallina Retz. (= P. mas Mathiol.); P. anomala, P. humilis Retz., P. peregrina Mill., P. arborea Don. (= P. Mutan Sm.).
Hager-Handbuch: P. officinalis Retz. und Varietäten P. rubra Hort., P. festiva Tausch., P. corallina Retz., P. peregrina Mill. [Zander-Pflanzennamen führt davon auf: **P. officinalis L.; P. mascula (L.) Mill.** [= P. corallina Retz.); **P. peregrina Mill.** P. moutan Sims heißt jetzt **P. suffruticosa Andr.**].

Zitat-Empfehlung: **Paeonia officinalis (S.); Paeonia mascula (S.); Paeonia peregrina (S.); Paeonia suffruticosa (S.).**

Dragendorff-Heilpflanzen, S. 220 uf. (Fam. Ranunculaceae; nach Zander: Paeoniaceae); H. Schwarz: Pharmaziegeschichtliche Pflanzenstudien, Mittenwald 1931, S. 48—74.

Von der Paionia gibt es nach Dioskurides zwei Arten, eine männliche, die man für P. mascula (L.) Mill. hält, und eine weibliche, die P. officinalis L. (Wurzel dient den Frauen zur Reinigung nach der Geburt und zur Beförderung der Katamenien; in Wein gegen Magenschmerzen, Gelbsucht, Nieren- und Blasenleiden, Durchfall. Samen gegen roten Fluß, Magenverletzungen, Steinleiden, Albdrücken, als Uterinum). Kräuterbuchautoren des 16. Jh. übernehmen diese Indikationen; nach Hoppe ergänzt Bock: Destillat zur Herzstärkung, gegen Epilepsie der Kinder; Wurzel und Samen, umgehängt, gegen „Gespenst" und Epilepsie. In Ap. Lüneburg 1475 waren vorrätig: Radix pionie (1/2 lb.), Semen pionie (1 qr. 3 oz.). In T. Worms 1582 gibt es: Flores Paeoniae (Pentorobi, Glycysidis, Orobelii, Monogenii, Menii, Dactyli Idaei, Theodonii, Selenii, Sclenogoni, Dichomenii, Herbae castae, Rosa fatuina seu Asininae seu sanctae seu lunariae seu regiae seu benedictae seu basilicae, Peonienrosen, Pfingst-, Königs-, Gicht-, Benedicten-, Gesegnet-, Freysam-, Venedisch-, Keusch-Rosen); Semen Paeoniae (Beningenkörner, Benedictenkörner), Semen Paeoniae excorticatum (Außgescheelt Benedictenkörner), Semen Paeoniae masculae (Niniuenkörner), Semen Paeoniae masculae excorticatum (Außgescheelt Niniuenkörner); Radix Paeoniae (Benedicten oder Beningnen Rosenwurtz), Radix Paeoniae albae seu masculae (Niniuenwurtz). Als Präparate Aqua (dest.) Florum paeonia, Conserva Florum p., Species Diapaeoniae, Confectio Diapaeoniae.

Als P.-Drogen führt T. Frankfurt/Main 1687: Flores Poeoniae; Radix Poeoniae foeminae (gemeine Peonienwurtz) und Rad. P. masculae (Peonienwurtz das Männlein); Semen P. foeminae und masculae. In Ap. Braunschweig 1666 waren vorrätig: Flores poeoniae (1/2 K.), Semen p. (1 lb.), Radix p. (6 lb.), Pulvis p. (1/4 lb.), Aqua (dest.) p. (4 St.), Aqua (e succo) p. (3/4 St.), Aqua p. cum vino (1 3/4 St.), Conserva p. (7 3/4 lb.), Essentia p. florum (29 Lot), Essentia p. radicum (19 Lot), Extractum p. (5 Lot), Foecul. p. (10 Lot), Spiritus p. florum (2 lb.), Syrupi p. ex flor. (6 lb.).

Die Ph. Württemberg 1741 führt: Radix Poeoniae (Rosae benedictae, Regiae, Pöonien-Wurtzel, Pfingstrosen, Gichtrosen-Wurtzel; vorgezogen wird die Art, die man männliche nennt; Anodynum, Antispasmodicum, Antiepilepticum; Zusatz zu den meisten antiepileptischen Pulvern); Flores Poeoniae (Gichtrosen; Tugenden wie die Wurzel, besonders antiepileptisch; meist in Form von Syrup genommen); Semen Poeoniae (Antiepilepticum, Anodynum); Präparate sind: Aqua P. (aus frischen Blüten), Conserva P. (aus Blüten), Extractum P. (aus Wurzeln), Syrupus P.

Florum. Als Stammpflanze gibt Hagen, um 1780, an: P. officinalis (Bigone, Gichtrose, Pfingstrose); „da die in unseren Gärten stehenden weiblichen Pflanzen ganz gefüllte Blumen tragen, so erhält man von diesen nie Samen".
Nach Geiger, um 1830, werden 3 P.-Arten benutzt: Die Wurzel soll von P. corallina Retz. genommen werden, „gewöhnlich nimmt man sie aber, so wie die übrigen Teile, von P. communis"; die Blumenblätter werden von P. communis, und zwar von der glänzend dunkelroten gesammelt. „Anwendung. Man gibt die Gichtrosen-Wurzel in Substanz, in Pulverform. Am wirksamsten ist sie im frischen Zustande, und der frisch gepreßte Saft ist eine der besten Formen ... Die Blumen gibt man im Aufguß. Die Samen werden nicht mehr angewendet, außer von abergläubischen Leuten, welche sie Kindern gegen Gichter um den Hals hängen. - Präparate hat man jetzt noch den Syrup, ehedem eine Conserve und Tinctur. Jetzt kommen sie noch zu manchen Species, Räucherpulvern, um ihnen eine schöne Farbe zu geben. Aus der Wurzel hatte man ein destilliertes Wasser, Extract und Satzmehl, letzteres ist reines Stärkemehl. Man nahm sie zu mehreren Zusammensetzungen: pulv. epilepticus Marchionis, niger; aq. antiepileptica usw. Aus den Samen läßt sich fettes Öl pressen."
In den Länderpharmakopöen des 19. Jh. war oft noch Radix Paeoniae (von P. officinalis L.) offizinell (z. B. Ph. Preußen 1799-1846). Die Samen in den Erg.-Büchern, dazu die Blüten in Erg.-B. 6, 1941. Nach Hager, um 1930, werden angewendet: Wurzel „früher gegen Epilepsie"; Blüten „zu Räucherspecies"; Samen (Hexenkörner, Korallensamen, Zahnkörner, Zahnperlen) „im Volke zu Halsbändern für zahnende Kinder". Nach Hoppe-Drogenkunde, 1958, nimmt man: 1. die Wurzel („Antispasmodicum. - In der Homöopathie [wo „Paeonia officinalis - Pfingstrose" (Essenz aus frischer Wurzel; 1827) ein wichtiges Mittel ist] gegen Gicht und Rheuma, bei Hämorrhoiden. - In der Volksheilkunde bei Gicht, Asthma und Krämpfen"); 2. die Blüttenblätter („In der Volksheilkunde. - Schmückender Bestandteil von Räuchertees"); 3. der Same („In der Volksheilkunde bei Epilepsie").

Palaquium

Guttapercha siehe Bd. IV, G 257, 519, 1278. / V, Mimusops; Payena; Vitellaria.

Gutta Percha depurata wurde ins DAB 1, 1872, aufgenommen. Hager schrieb in seinem Kommentar dazu: Guttapercha wurde 1840-1843 durch den schottischen Arzt Montgomerie, der sich zu Singapore auf der Malaiischen Halbinsel aufhielt, und durch J. D'Almeida, ebendaselbst, nach England gebracht; Hooker bestimmte 1847 die Mutterpflanze und nannte sie Isonandra Gutta; auch andere Sapotaceen liefern Guttapercha, wie Sideroxylon attenuatum DC., Ceratophorus Leerii Hasskarl, Cocosmanthus macrophyllus Hasskarl, Bassia sericea Blume. „Zur Gewinnung der Guttapercha wurden früher von den Eingeborenen die Bäume gefällt und der aus Einschnitten in die Rinde ausfließende Milchsaft in Cocosschalen aufgefangen; heute wird dieses Devastationsverfahren nicht mehr geübt, sondern man macht in die Rinde des lebenden Baumes Einschnitte, fängt den austropfenden Milchsaft auf und erhält auf diese Weise den Baum für spätere Anzapfungen. Der Milchsaft koaguliert sehr bald an der Luft und wird unter Austrocknung hart. Vor dem völligen Erhärten wird er geknetet und zu ... Blöcken geformt. Diese kommen entweder ganz oder in Späne zerschnitten als rohe Guttapercha in den Handel ... Die in dünne Blätter ausgewalzte Guttapercha oder damit gedichteter Shirting wurde eine zeitlang als elektromagnetisches Gewebe gegen rheumatische Leiden angewendet ... Gereinigte Guttapercha ist ein Handverkaufsartikel, welcher meist nur als Zahnzement benutzt wird ... Eine Auflösung in Chloroform wurde früher unter dem Namen Traumaticin an Stelle des heutigen Collodium lentescens angewendet". Die Gereinigte Guttapercha wurde dann noch in den ersten Erg.-Büchern geführt (z. B. 1897). Dafür wurde das Guttapercha selbst offizinell (DAB 3, 1890-DAB 6, 1926). Bei Dragendorff-Heilpflanzen, um 1900 (S. 517 uf.; Fam. Sapotaceae), sind mehrere Gattungen und Arten als Lieferanten für die Droge aufgeführt, z. B. Dichopsis elliptica Benth. et Hook. (= Bassia ellipt. Dalz., Isonandra acuminata Lindl.) gibt Guttapercha, die vorzugsweise von der Dichopsis Gutta Benth. (= Isonandra Percha Hook., P. Gutta Hook., Is. Gutta Lindl.) gewonnen wird. Auch Omphalocarpon-Arten, P.-Arten und andere liefern Guttapercha.

In Hager-Handbuch, um 1930, ist im Kap. Guttapercha ausgeführt: „Neben P. gutta (Hook.) Burck (=Isonandra gutta Hook. [Schreibweise nach Zander-Pflanzennamen: **P. gutta (Hook.) Baill.**]), Sapotaceae, früher der wichtigsten Guttapercha liefernden Pflanze, heimisch in Urwäldern auf Singapore, jetzt völlig ausgerottet und nur noch in Kulturen vorhanden, sind z. Z. zu nennen: P. oblongifolium Burck (= Isonandra gutta var. oblongifolia de Vr.) ... liefert die beste Droge, P. borneense Burck, P. Treubii Burck, die beiden letzteren auch fast ausgerottet, P. ellipticum Engl., P. malacense Pier., P. formosum Pier., P. oxyleganum, P. obovatum und andere. Payena Leerii Benth. et Hook. ... liefert eine vorzügliche, hellfarbige Guttapercha".

Nach Hoppe-Drogenkunde, 1958 (Kap. P. Gutta), dient der koagulierte Milchsaft (Guttapercha) zu Pflastern, Verbandsmaterial, für Zahnkitte; technisch als Isoliermaterial, besonders für Unterwasserkabel.

Palicourea

Im Zusammenhang mit der Ipecacuanha erwähnt Geiger, um 1830, „Palicurea Aublet, der Gattung Psychotria sehr nahe verwandt und von Sprengel dazu gezogen, begreift mehrere Arten [er nennt deren 10], die giftige Eigenschaften haben, aber in Brasilien doch zum Teil als Arzneimittel benutzt werden ... Sie wirken diuretisch. Die Früchte sind giftiger und werden als Mäusegift gebraucht". Dragendorff-Heilpflanzen, um 1900 (S. 636 uf.; Fam. R u b i a c e a e), nennt 10 Arten, darunter P. rigida H. B. K., die bei Hoppe-Drogenkunde, 1958, ein Kapitel hat („Untersucht wurde: das Blatt").

Paliurus

P a l i u r u s siehe Bd. II, Adstringentia; Lithontriptica. / V, Rhamnus.
P a l i n r o s siehe Bd. V, Ziziphus.
Zitat-Empfehlung: *Paliurus spina-christi (S.).*

Berendes nennt zweimal P. australis [nach Zander-Pflanzennamen ist **P. spina-christi Mill.** identisch mit P. aculeatus Lam., P. australis Gaertn.]: einmal in den Erklärungen zum Kap. W e g d o r n des Dioskurides, wo hiermit eine 3. Art identifiziert wird (→ R h a m n u s), zum anderen beim Kap. Paliuros (Samen gegen Husten, Blasensteine, Schlangenbisse; Blätter und Wurzel gegen Bauchfluß, Gifte, harntreibend; die Wurzel zerteilt Geschwülste und Ödeme); als Stammpflanze werden hier noch → Z i z y p h u s vulgaris L. und P. africana genannt.
Sontheimer-Araber zitiert P. australis; Fischer-Mittelalter bezieht paliurus (a g r i f o l i u m) im Hortus Sanitatis auf P. Rhamnus L.
Geiger, um 1830, erwähnt P. australis Gärtn. (= Rhamnus Paliurus L., J u d e n d o r n); „davon waren sonst die Wurzel, Blätter, Früchte und Samen offizinell". Nach Dragendorff-Heilpflanzen (S. 410; Fam. R h a m n a c e a e) wird von P. aculeatus Lam. die Frucht als Adstringens, bei Harnbeschwerden, Wurzel und Blätter gegen Katarrh und Diarrhöe, Same bei Lungenleiden gebraucht.

Panax

P a n a x siehe Bd. II, Cephalica. / V, Inula; Opopanax; Sium; Stachys.
G i n s e n g siehe Bd. II, Analeptica. / V, Aralia; Dioscorea; Robinia; Saussurea; Sium.
N i n s i n g siehe Bd. II, Aromatica. / V, Sium.
Zitat-Empfehlung: *Panax ginseng (S.)*; *Panax pseudo-ginseng (S.)*; *Panax quinquefolius (S.).*
Dragendorff-Heilpflanzen, S. 502 uf. (Aralia und Panax; Fam. A r a l i a c e a e).

Die G i n s e n g w u r z e l, die wie die Alraunwurzel oft menschlicher Gestalt ähnelt, spielt in der chinesischen Pharmazie seit alten Zeiten eine bedeutende Rolle (Universalmittel, Aphrodisiacum, lebensverlängernd). Sie wurde Anfang 18. Jh. in Europa bekannt, und zwar sowohl chinesischer wie nordamerikanischer Herkunft. Die botanische Zuordnung machte Schwierigkeiten. Zander-Pflanzennamen unterscheidet: 1.) **P. ginseng C. A. Mey.**; 2.) **P. pseudo-ginseng Wall.** (= P. schinseng Th. Nees); 3.) **P. quinquefolius L.** (Amerikanischer Ginseng).

In der Ph. Württemberg 1741 ist aufgenommen: Radix Ninzin (Nisii, Nindsin, Dsin, Gin-sem, Gensing, Indianisch, Japanische Krafftwurtz; sie soll von Sisarum montanum Corvense stammen; Roborans, Pinguefaciens, den Nieren dienlich, Analepticum, Aphrodisiacum). Hagen, um 1780, beschreibt in zwei getrennten Paragraphen:

1.) „Ninsi (Sium Ninsi) wächst auf Bergen in China wild und wird in Japan gebaut... Die Wurzel, deren so sehr gepriesene heilsame Wirkungen jetzo ganz bezweifelt werden, wird Indianische Kraftwurzel (Rad. Ninsi, Ninsing, Ninzin) genannt. Es wurde davon vor kurzer Zeit noch die Unze mit 150 Holländischen Gulden bezahlt, jetzo aber ist der Preis nebst ihrem Ruf schon sehr gefallen".

2.) „Nordamerikanische Kraftwurzel (Panax quinquefolium) ist eine perennirende Pflanze, die in Virginien, Pensylvanien, Neuengland, Kanada und anderen Orten des nördlichen Amerika wächst. Die Wurzel (Rad. Ginseng)... wurde vor nicht eben langer Zeit in China noch so hoch geschätzt, daß man ein Lot davon gegen 30-48 Lot Silber verkaufte".

Auch Geiger, um 1830, beschreibt beide Drogen getrennt als Arten der Gattungen Sium und Panax; größere Bedeutung wird beiden in Europa nicht nachgesagt.

Wiggers, um 1850, unterscheidet: Panax Schin-seng Nees (= Panax Pseudoginseng Wallich); liefert chinesischen oder japanischen Ginseng, Radix Ginseng; Panax quinquefolius L., liefert amerikanischen Ginseng, Radix Ginseng americana. Die Indianische Kraftwurzel (Radix Ninsi oder Ninzing), von Sium Ninsi abgeleitet, aber jetzt als Spielart von Sium Sisarum erkannt, ist keine dritte Art von Ginseng, sie hat „als Gegenstand der Pharmacognosie eine ganz verlorene Bedeutung" bekommen.

Nach Hager-Handbuch, um 1930, wird Radix Ginseng abgeleitet von Aralia quinquefolia Decne. et Planch.; diese Art soll eine Zusammenziehung von P. Ginseng C. A. Meyer (→ Aralia Ginseng H. Bu., P. quinquefolium L. var. coreense Lieb.) und Aralia quinquefolia D. et Pl. (= P. quinquefolium L.) sein. Über die Anwendung wird ausgeführt: „In Amerika zuweilen als Stimulans und als Gewürz, in China als Allheilmittel bei allen möglichen Krankheiten, auch als Aphrodisiacum".

Um 1950 kam die Droge als Bestandteil von Spezialitäten in Mode. Hoppe-Drogenkunde, 1958, schreibt über die Verwendung der Wurzel von P. ginseng: „In Ostasien gilt die Droge als Universalmittel. - Aphrodisiacum. Sedativum. Stimulans. Bei Nervenkrankheiten und Erschöpfungszuständen verordnet. Gegen Depressionszustände... Man unterscheidet vom echten Ginseng (P. Ginseng) zwei Sorten, Paksam = Weißer Sam, gewaschene, sonnengetrocknete Wurzeln, und Hongsam = Roter Sam, gedämpfte Wurzeln, die nach einem komplizierten Verfahren bearbeitet werden. Ferner werden verwendet: P. quinquefolius, Nordöstl. Amerika... kultiviert, als Ginsengersatz nach Ostasien exportiert. Offizinell im Hom A. B.". Hier ist „Ginseng" (Tinktur aus getrockneter Wurzel; Jouve 1836) ein wichtiges Mittel.

Pancratium

Pancratium siehe Bd. V, Cichorium.
Pancratius siehe Bd. V, Urginea.
Zitat-Empfehlung: *Pancratium maritimum (S.).*
Dragendorff-Heilpflanzen, S. 133 (Fam. Amaryllideae; Schmeil-Flora: Fam. Amaryllidaceae).

Nach Berendes-Dioskurides wird im Kap. Gilgo das beschriebene Pankration als **P. maritimum L.** gedeutet (Kraft, Zubereitung und Anwendung wie Meerzwiebel [→ Urginea]; für Milzkranke und Wassersüchtige). Pharmazeutische Bezeichnungen sind nach Geiger, um 1830: Radix Pancratii monspessulani, Rad. Hemerocallis valentinae, Rad. Scillae minoris; „sie schmeckt bitter-schleimig und erregt Ekel".

Pandanus

Nach Fischer-Mittelalter kommt P. odoratissimus L. bei Serapion, nach Sontheimer bei I. el B. vor. Nach Dragendorff-Heilpflanzen, um 1900 (S. 74 uf.; Fam. Pandanaceae), wird die unreife Frucht dieser Art in China als Emmenagogum und Abortivum benutzt, Saft und Blätter gegen Diarrhöe und Dysenterie; die als Aphrodisiacum wirkenden Blüten gelten in Indien für heilig. Schreibweise nach Zander-Pflanzennamen: **P. tectorius Soland ex Parkins.** Zitat-Empfehlung: **Pandanus tectorius (S.).**

Panicum

Panicum siehe Bd. V, Cynodon; Digitaria; Setaria; Sorghum.
Hirse siehe Bd. V, Lithospermum; Setaria; Sorghum.

Hessler-Susruta; Berendes-Dioskurides (Kap. Hirse); Sontheimer-Araber; Fischer-Mittelalter, **P. miliaceum L.** (mileum, gcgucrs, hirsc; Diosk.: kechros, milium, panicum); P. dichotomum.
Hoppe-Bock: P. miliaceum L. (Von dem Hirsen); *P. crus-galli L.* (Das sibende onkraut, Miliaria Plinii).
Geiger-Handbuch: P. miliaceum L.
Zitat-Empfehlung: **Panicum miliaceum (S.).**

Dragendorff-Heilpflanzen, S. 81 (Fam. Gramineae); Bertsch-Kulturpflanzen, S. 83—92.

Nach Bertsch gehört die Rispenhirse, P. miliaceum L. (neben der Kolbenhirse → Setaria), zu den ältesten Kulturpflanzen; nach Europa dürfte sie durch Nomaden aus Zentralasien eingeführt worden sein; als Volksnahrungsmittel wurde sie im 19. Jh. von Kartoffeln und Reis vollkommen verdrängt.
Nach Dioskurides wird Hirse als Brei gegen Durchfall genommen; wirkt harntreibend. Geröstet und in Beuteln als Bähung gegen Krämpfe und Schmerzen. Entsprechendes steht in Kräuterbüchern des 16. Jh. Ab und an ist in Arzneitaxen unter Mehlarten: Farina Milii (Hirsenmehl) verzeichnet (T. Worms 1582). Blieb Mittel der Volksmedizin mit abnehmender Bedeutung. Geiger, um 1830, schreibt lediglich: „Die Abkochung und der Brei (Hirsebrei) wurde gegen Durchfälle verordnet".

Papaver

Papaver siehe Bd. II, Anodyna; Anonimi; Antinephritica; Antipleuritica; Emollientia; Expectorantia; Hypnotica; Refrigerantia. / V, Glaucium; Hyoscyamus; Nigella; Nymphaea.
Klatschrose siehe Bd. IV, E 14.
Laudanum siehe Bd. II, Adstringentia. / IV, C 34. / V, Cistus.
Laudanum opiatum siehe Bd. II, Anodyna. / III, Reg.
Mohn siehe Bd. II, Antiarthritica. / IV, E 187, 253; G 100. / V, Eschscholtzia; Glaucium.
Opium siehe Bd. I, Spongia; Vipera. / II, Anodyna; Antiarthritica; Anticancrosa; Antidysenterica; Antinephritica; Antispasmodica; Diaphoretica; Febrifuga; Hypnotica; Mydriatica; Narcotica; Odontica; Sedativa; Sialagoga; Specifica. / III, Reg. / IV, C 16, 43, 46, 81; D 3, 4, 5; E 26, 31, 35, 36, 38, 69, 121, 143, 199, 200, 201, 221, 253, 300, 346, 381; G 85, 220, 412, 1087, 1171, 1172, 1272, 1282, 1786; H 36, 43. / V, Cannabis; Lactuca.
Opiumextrakt siehe Bd. III, Reg.

Deines-Ägypten: „Mohn".
Grot-Hippokrates: P. somniferum.
Berendes-Dioskurides: Kap. Gartenmohn, 1. P. somniferum L.; 2. P. Rhoeas L.; 3. P. hybridum L.; Kap. Mekon Rhoias, P. dubium L. oder P. Argemone L.?
Sontheimer-Araber: P. somniferum; P. Rhoeas; P. Argemone; P. spumeum.
Fischer-Mittelalter: **P. somniferum L.** (papaver album, mechones, miconium, magesamo, magen; Diosk.: mekon, papaver hemeron); **P. rhoeas L.** (papaver agrestre seu nigrum, anemone, wilder magen, roteman, klapperrosen, schnellrosen, kornrosen; Diosk.: mekon rhoias, papaveralis).
Beßler-Gart: P. somniferum L. in verschiedenen Varietäten (magsamen, animone, miconium, chachilli, man).
Hoppe-Bock: P. somniferum L. (Magsamen, gemeiner Oelmagen, Oelsamen, Moen); Kap. Klapper Rosen, P. rhoeas L. (Kornroß, grindmagen) und **P. dubium L.** (klein Klapperroß).

Geiger-Handbuch: P. somniferum (Schlafmohn); P. Rhoeas (wilder Mohn, roter Feldmohn, Klatschrose, Klapperrose, rote Kornrose); P. orientale.
Hager-Handbuch: P. somniferum L. (Mohn); P. rhoeas L. (Klatschmohn).
Zitat-Empfehlung: **Papaver somniferum (S.); Papaver rhoeas (S.); Papaver dubium (S.); Papaver hybridum (S.); Papaver setigerum (S.); Papaver orientale (S.).**

Dragendorff-Heilpflanzen, S. 249 uf. (Fam. Papaveraceae); Tschirch-Handbuch II, S. 569; III, S. 644 bis 650; Bertsch-Kulturpflanzen, S. 194—199; Peters-Pflanzenwelt, Kap. Der Mohn, S. 70—76; Gilg-Schürhoff-Drogen, Kap. Das Opium, S. 247—265; P. G. Kritikos u. S. A. Papadaki, A history of opium in antiquity, J. Amer. pharm. Ass. 1968, No. 8, 446—447; J. M. Scott, The white poppy: a history of opium, London: Heinemann 1969.

Der (Schlaf-)Mohn ist eine der bedeutendsten Arzneipflanzen, besonders als Lieferant des Opiums. Nach Kritikos scheint das Ursprungsland des Mohns „die kleinasiatische Südküste des Schwarzen Meeres, die Gegend um Sinope, zu sein, von wo er von den Griechen zum Anbau in ihrer Heimat übernommen wurde. Nach de Candolle war der P. somniferum damals als wildwachsende Pflanze unbekannt in Europa, er ging erst aus dem P. setigerum hervor"; die Gewinnung von Opium wird schon aus spätminoischer Zeit (mindestens 1000 Jahre v. Chr.) belegt (Idole von Mohngöttinnen); Hippokrates unterschied weißen, feuerroten und schwarzen Mohn, er verwendet unreifen, reifen und gedörrten, ferner Mekonium. Bei Dioskurides gibt es 2 Mohnkapitel:
1. Mekon Rhoias, der nicht eindeutig identifizierbar ist; Emmanuel hält ihn für **P. hybridum L.** (Köpfchen, mit Wein gekocht, sind Schlafmittel; Samen, mit Met getrunken, erweichen den Bauch; Blätter und Köpfe als Umschlag gegen Entzündungen, der Aufguß als Klistier, ist schlafmachend).
2. Mekon Haemeru, von dem es 3 Arten gibt:
a) eine gebaute; Samen werden in Brot gebacken, als Genußmittel; hat weiße Samen.
b) eine wilde Art mit schwarzen Samen, sie wird auch Rhoias genannt, weil aus ihr der Milchsaft fließt.
c) eine weitere wilde, größere Art.
(Gemeinsam ist ihnen die kältende Kraft, deshalb bewirken die in Wasser gekochten Blätter und Köpfe als Bähung Schlaf; Abkochung wird gegen Schlaflosigkeit getrunken; Köpfchen zerstoßen als Kataplasma gegen Geschwülste und Rose; schmerzstillendes Leckmittel für Husten, Erkältung und Magenaffektionen, gewonnen durch Einkochen der Köpfchen mit Wasser und Honig. Samen des schwarzen Mohns mit Wein gegen Bauchfluß und Fluß der Frauen; zu Umschlägen gegen Schlaflosigkeit; der Saft wirkt schmerzstillend, schlafmachend, Verdauung befördernd, bei Husten und Magenaffektionen; gegen Kopfschmerzen, bei Ohren-

und Augenleiden, Podagra); die Gewinnung des Saftes wird beschrieben (einige zerstoßen die Köpfe mit den Blättern, pressen den Saft aus, reiben ihn mit Mörser und formen ihn zu Pastillen; ein solcher heißt Mekonion, er ist schwächer als der natürliche Saft; dieser wird durch Anritzen der Köpfchen gewonnen; die entstandenen Tränen werden geknetet und zu Pastillen geformt).
Die Kräuterbuchautoren des 16 Jh. befassen sich mit mehreren Arten bzw. Varianten von Papaver. Bei Bock werden - nach Hoppe - abgebildet bzw. beschrieben:
1. P. somniferum L., mit Erwähnung von 7 verschiedenen Spielarten. Indikationen angelehnt an Dioskurides (vor allem schlafbringend, schmerzstillend; auch Bereitung des Saftes bzw. Opiums wird wie oben mit den beiden Verfahren angegeben).
2. P. rhoeas L. und 3. P. dubium L., die gemeinsam als Klapperrosen der Wirkung nach beschrieben werden (Indikationen angelehnt an Dioskurides, Kap. Mekon Rhoias, und ein Kapitel, in dem nach Emmanuel eigentlich Adonis autumnalis L. beschrieben ist; auch Verwendung gebrannter Wässer).

(O p i u m)
Beßler-Gart bemerkt: „Opium haben anscheinend entsprechend der Urbedeutung des Wortes noch andere ‚Säfte' von Pflanzen geheißen. So erklärt sich bei der Aufzählung der Sorten auch die zunächst erstaunliche Erwähnung von opium quirinacium = a s a f e t i d a vel lazar"; in der Regel ist mit Opium natürlich der getrocknete Mohnsaft gemeint.
In Ap. Lüneburg 1475 waren vorrätig: Opium (1 lb., 1 oz.); als opiumhaltige Präparate: Metridat (2 lb.), Oleum Mandragorae (1 lb.), Pulvis triferae cum Opio (2 oz.), Requies (1 oz.), Rubea trochiscata, Tyriaca magna (50 lb.), Trifera magna cum Opio (3 oz.), Unguentum somniferum. In Ph. Nürnberg 1546 sind die Spalten 41 bis 85 mit Rezepten von Confectiones opiatae angefüllt, mit Vorschriften nach Nicolai, Mesue, Galen, Actuarius, Rasis, Andromachus, Aetius.
Die T. Worms 1582 bezeichnet Opium als: Liquor vel lacryma e vulneratis papaveris nigri capitulis fluens, Ein auffgetruckneter Safft von Magsamen Hauptern.
In Ap. Braunschweig 1666 gab es (außer vielen opiumhaltigen Zubereitungen, bei denen die Anwesenheit von Opium aus dem Namen nicht ersichtlich ist): Opium (3½ lb.), Extractum o. cum aceto (1 Lot), Extractum laudani opiat. (2 Lot), Sief album cum o. (16 Lot), Triphera Magna cum o. (¼ lb.).
Schröder, 1685, erklärt: „Opium bedeutet eigentlich den aus den Mohnhäuptern fließenden Saft, der zur Stillung der Schmerzen vortrefflich dient. Die Portugiesen nennen ihn A m f i a, die Türken M a s l a c h und die Inder O f i u m. Etliche verwirren das Opium und Meconium und halten diese beide für eins, aber ganz unrecht. Denn das Opium ist eine Lacryma, die aus den Mohnhäuptern, wenn sie reif und verwundet worden, geflossen. Das Meconium hingegen ist ein aus denselben ausgepreßter Saft.
Quercetanus bereitet das M e c o n i u m also: Nimm Mohnhäupter mit roten Blumen, zerstoß in einem marmornen Mörser, daran gieß starken Wein, digeriers et-

liche Tage im Wasserbad, bis es anfängt rot zu werden, nimms heraus und inspissiers. Das Opium aber wird, wie Diosc. will, auf folgende Weise bereitet, und selbe auch noch bis auf den heutigen Tag in all den Orten, wo man das Opium sammelt, beobachtet werden. Sie schneiden in die frische, große, doch annoch unreife und saftige Mohnköpfe, nachdem der Tau sich ausgebreitet, in Gestalt eines Sternleins ein wenig und tun den herausfließenden und zusammengestandenen Saft mit den Finger in das untergesetzte Geschirrlein ... Die Armen kochen in Indien aus den Blättern und Stengeln des Mohnkrautes eine Art des Opium, die sie in der Sonne lassen dürr werden, doch ist sie geringer, und wird Poust genannt ...
Das Opium ist dreierlei. 1. album. Dieses kommt aus Cairo, und ist vielleicht das Thebaische. 2. Nigrum und durum, dieses kommt aus Aden. 3. Flavescens. Dies ist weich und kommt aus Cambaja und Decan.
Vor Zeiten schickte uns die Thebaische Landschaft das beste Opium, daher auch Opium Thebaicum ist genannt worden. Heute aber kommt es aus Cairo in Ägypten und Adena, einer Landschaft in Arabien, aus Syrien und Alexandrien. Am meisten aber kommt es derzeit aus Ostindien und wird von Cambajo und Decan in die benachbarten und dann auch in die ausländischen Länder verschickt ...
Das Opium besitzt eine Kraft, die bewegten unruhigen und aufrührerischen Geister zu bändigen und bringt auch aus einer besonderen Eigenschaft den Schlaf, welcher Schlaf samt der Empfindungsverminderung ein sehr gutes Mittel ist, in stetigem Wachen und großen Schmerzen. Allein ermeltes Opium besitzt auch etliche schädliche Kräfte, indem es den Harn und Stuhlgang aufhält, hat auch eine rechte Bosheit bei sich, dadurch es eine Bleiche der Glieder, kalten Schweiß und schweren Atem verursacht und einem den Verstand nimmt.

Die bereiteten Stücke sind:

1. Extractum Opii Quercetanus [und nach anderen Autoren]. 2. Laudanum opiatum; ist nichts anderes, denn ein Extract des Opii, der durch Beimischung der Giftmittel und herzstärkenden Arzneien verbessert worden. Man nennt es aber Laudanum, weil dergleichen Mittel ein sonderbares Lob verdienen, wegen der vortrefflichen Tugenden, die es in den schwersten Krankheiten leistet, dergleichen sind: die Schmerzen stillen, den Schlaf bringen, alle Flüße stillen, das Brennen löschen, die Natur stärken, die unruhigen Geister in der Tobsucht, Zipperlein, der schweren Not etc. beruhigen. 3. Nepenthes aureum Salae. 4. Laudanum Liquidum".

Als ein „göttliches Medikament" bezeichnet Ph. Württemberg 1741 das Opium (Meconium Thebaicum, ausgetrockneter Mohn-Safft; aus den Köpfen von P. sativum; die Armen kochen aus Blättern und Stielen ein Opium, das Poust genannt wird und zu uns unter dem Namen Meconium kommt. Das beste Opium ist das Thebaische; Haupttugenden als Somniferum, Anodynum, Diaphoreticum, Antispasmodicum; roh selten gebraucht, meist als Extrakt). Mit Opium werden nach Ph. Württemberg 1741 hergestellt: Balsamum somniferum, Electuarium Diascordii Fracastorii, Elect. Mithridatium Damocratis, Elect. sive Philonium Romanum, Elect. Theriacae Andromachi, Emplastrum odontalgicum, Empl. Regium Burrhi, Essentia anodina officinalis und Ludovici, Essentia antarthritica cum Opio, Essentia de Scordio comp., Extractum anodynum, Extr. Opii (simplex) und cydoniatum, Laudanum liquidum Sydenhamii, Laudanum opiatum (simplex) und cydoniatum, Pilulae de Cynoglosso, Pil. Polychrestae Starckey, Pil. solares Wildegansii, Pulvis anodynus Camerarii und Ludovici, Tinctura odontalgica Maurit. Hoffmanni, Trochisci Alkekengi cum Opio, Trochisci de Carabe, Unguentum somniferum.

Bei Hagen, um 1780, heißt die Stammpflanze: „Weisser Mohn (Papaver somniferum ... Von eben dieser Pflanze, sie möge schwarzen oder weißen Samen tragen, kommt das bekannte Opium oder Mohnsaft, das vornehmlich in Natolien, Persien, Ägypten und Ostindien gesammelt wird ... Man glaubte sonst, daß dasjenige Opium, welches zu Theben in Ägypten gewonnen würde, und daher Thebaisches Opium genannt wurde, das beste wäre: jetzo aber wird zwischen den Orten, wo es herkommt, kein Unterschied gemacht und man zeigt durch diese Benennung blos eine auserlesene und reine Sorte an".

Geiger, um 1830, unterscheidet 2 Handelssorten:

1. Levantinisches, Türkisches oder Thebaisches Opium - ist das offizinelle.
2. Ostindisches (Opium indicum seu orientale) „scheint das Meconium der Alten zu sein, ist weit schwächer als die vorhergehende Art und zum Arzneigebrauch zu verwerfen ...

Seit mehreren Jahren hat man versucht, in Europa aus Mohn Opium zu ziehen, mit bald mehr, bald weniger günstigem Erfolg ... Opium wird in Substanz innerlich, in Pulverform, mit Zucker usw. abgerieben, oder in Pillenform, auch (nicht so zweckmäßig) Latwergen und Mixturen beigemischt, gegeben. Äußerlich wird es auch Salben, Pflastern, Species zu Umschlägen usw. beigemengt. - Präparate hat man davon: das wässerige Extract (extr. Opii aquosum); mehrere Tinkturen als: einfache, safranhaltige, Eckhard'sche, benzoesäurehaltige Opiumtinktur (tinct. Opii simplex, crocata seu Laudanum liquidum Sydenhami, tinct. Opii Eccardi, benzoica seu elixir paregoricum); Opiumwasser (aqua Opii); Opiumpflaster (empl. opiatum seu cephalicum). Das Opium macht ferner einen Bestandteil vieler Zusammensetzungen aus, als: Dover'sches Pulver (pulv. Doveri seu opiatus), Theriak (electuarium Theriaca Andromachi), Zahnpillen (pilul. odontalgic.); ferner vieler anderen alter Compositionen: elect. Mithridatis Damocrati, Philonium romanum, Requies Nicolai, el. Catechu, Orvietanum, essentia anodina, pilul. de Cynoglosso, de Styrace, aqua theriacalis simpl. et composita u. m. a. zum Teil unter dem Namen Opiate bekannte Zusammensetzungen".

Nach Hager, 1874, gibt es „5 Handelssorten, von denen einige jedoch nicht zu uns gebracht werden.

I. Das Türkische oder Levantische Opium kommt in zwei Sorten in den Handel.

1. Smyrna-Opium (Opium Smyrnaicum) wird hauptsächlich in Kleinasien gezeugt und nach Konstantinopel und Smyrna auf den Markt gebracht, von wo es über Triest zu uns kommt. Es ist die morphinreichste und beste, daher von unserer Pharmakopöe für offizinell erklärte Sorte.
2. Eine gleichfalls gute, wenn auch nicht offizinelle Sorte, welche in den Distrikten um Konstantinopel und an den Küsten des Schwarzen Meeres erzeugt wird, ist das Konstantinopel-Opium, welches über Konstantinopel nach London, Rotterdam, Hamburg gebracht wird.
Beide Sorten Opium werden als Türkisches Opium von den übrigen Opiumsorten unterschieden. Im Jahre 1830 hatte die Türkische Regierung den Opiumhandel monopolisiert, und es mußte ihr das im Reiche erzeugte Opium für einen bestimmten Preis abgeliefert werden. Die Regierung überließ das Opium einigen Großkaufleuten in Smyrna und Konstantinopel, und so wurden beide Städte die Hauptstapelplätze für das Türkische Opium und blieben es auch, nachdem 1850 das Monopol auf Opiumproduktion aufgehoben war.
II. Ägyptisches oder Thebaisches Opium (Alexandrina) ...
III. Persisches Opium kommt selten nach Europa ...
IV. Ostindisches Opium wird in Asien verbraucht und kommt nicht nach Europa ...
V. Griechisches Opium, um Nauplia gewonnen ...
VI. Italienisches Opium ...
VII. Französisches Opium oder Affium, welches im südlichen Frankreich und Algier gewonnen wird, kommt nicht nach Deutschland, indem die Produktion noch hinter der Nachfrage zurückgeblieben ist ... Die Opiumerzeugung in Deutschland und England ist aus dem Versuchsstadium noch nicht herausgetreten ... Das Opium ist eines der wichtigsten und wirksamsten Medikamente und seine Anwendung als solches eine außerordentliche vielfache. Die Wirkung ist zunächst erregend, dann beruhigend, schmerz- und krampfstillend, schweißtreibend, schlafmachend, die Absonderungen mäßigend und verringernd, endlich giftig-narkotisch ... Äußerlich findet Opium ebenfalls eine häufige Anwendung".

Nach Hager-Handbuch, um 1930, ist allein offizinell das kleinasiatische oder Smyrna-Opium. „Die Wirkung ist beruhigend, schmerzstillend, schlafmachend, die Absonderungen verringernd, den Darm ruhigstellend ... Man benutzt es in Form von Pulvern, Pillen, Tabletten oder Kapseln, Suppositorien, am häufigsten aber in Form der verschiedenen Opiumtinkturen".
Opium steht bis zur Gegenwart in allen Pharmakopöen.

In Ph. Preußen 1799: Opium (Mohnsaft) von P. somniferum; daraus zu bereiten: Electuarium Theriaca, Emplastrum opiatum, Extractum Opii (Bestandteil von Syrupus opiatus), Pulvis Ipecacuanhae comp. (= Pulvis Doweri), Pulvis opiatus, Tinctura Opii benzoica (= Elixir paregorgicum), Tinctura Opii crocata (= Laudanum liquidum Sydenhami), Tinctura Opii simplex (= Tinctura thebaica), diese Bestandteil des Elixir ex Succo Liquiritiae.

In DAB 1, 1872: Opium (Mohnsaft, Laudanum, Meconium) von P. somniferum L.; Aqua Opii, Emplastrum opiatum (Hauptpflaster, Empl. cephalicum), Extractum Opii, Pilulae odontalgicae, Pulvis Ipecacuanhae opiatus, Syrupus opiatus, Tinctura Opii benzoica, Tinctura Opii crocata, Tinctura Opii simplex, Unguentum opiatum, Ungt. narcoticobalsamicum Hellmundi; das in dieser deutschen Pharmakopöe letztmalig vorhandene Electuarium Theriaca [danach in die Erg. Bücher] enthält auch Opium.
In DAB 6, 1926: Opium („Der durch Anschneiden der unreifen Früchte von P. somniferum Linné gewonnene, an der Luft eingetrocknete Milchsaft"); Opium concentratum, Opium pulveratum, Extractum Opii, Tinctura Opii benzoica, Tinctura Opii crocata und Tinctura Opii simplex. DAB 7, 1968: Opium, Eingestelltes Opium (Opium titratum), Opiumextrakt, Opiumtinktur.
In der Homöopathie ist „Opium" (Tinktur aus DAB-Ware; Hahnemann 1811) ein wichtiges Mittel.

(Schlafmohn)
Außer dem Opium wurden von P. somniferum L. mehrere Teile verwendet und zu Präparaten verarbeitet: In Ap. Lüneburg 1475 waren vorrätig: (-) Semen papaveris (1 Schepel), daraus Oleum papaveris, [unter anderem aus Mohnsamen bereitet:] Pulvis dyapapaveris (2 oz.).
(- -) [u. a. aus Mohnköpfen bereitet] Pulvis dyacodion (1/2 oz.), Syrupus de papavere (5 lb.).
in T. Worms 1582 sind verzeichnet:
(-) Semen Papaveris albi (Weißer Magsamen), Semen Papaveris nigri (Schwarzer Magsamen).
(- -) [unter Früchten] Papaveris capita (Codia, Magsamenhäupter), [daraus bereitet] Diacodium (Magsamenhaupter Latwerg).
(- - -) Flores Papaveris albi (Thylacitis, Papaveris sativi, weißmagsaat oder ölmagenblumen).
(+ + +) Syrupus de papavere simplex (Magsamensyrup), Sirupus de p. comp. (Der groß Magsamensyrup), Spec. Diapapaveris, Oleum Papaverinum (Magsamenöle).
In Ap. Braunschweig 1666 waren vorrätig:
(-) Semen papav. albi (23 lb.), Semen p. nigri (3 1/2 lb.).
(- -) Papaveris capitum (200 Stück), Diacod. Actuarii (1/8 lb.), Syr. diacod. Montan. (7 1/2 lb.).
(+ + +) Herba p. folior. (1/4 K.); Lohoch de p. (1/2 lb.), Aqua p. alb. (1 1/2 St.), Oleum p. coct. (4 lb.), Oleum p. express. (26 lb.), Spec. diapapavere (7 1/2 Lot), Syr. de p. simpl. (7 lb.).

Nach Schröder, 1685, hat man von P. sativum in Apotheken die weißen und schwarzen Samen, die Köpfe mit und ohne Samen, die Blumen. „Er kühlt und

feuchtet im 3. (andere sagen im 4.) Grad, bringt den Schlaf, wird gebraucht in Brust- und Lungenkrankheiten, in Husten, Heiserkeit, der Lungensucht, und dann auch im Bauchfluß. Äußerlich dient er in Linderung der Schmerzen, dem Schlafbringen (man mags hernach den Füßen oder dem Haupt applizieren)".
Die Ph. Württemberg 1741 führt als Drogen:
(-) Semen Papaveris albi (hortensis, sativi, weißer Mag-Mohnsaamen, Oelmagensaamen; Anodynum, Lenitivum, Demulcans); Semen Papaveris nigri (hortensis, semine nigro, schwartzer Magsaamen; kommt mit dem vorangehenden in der Wirkung überein).
(- -) Capita Papaveris (Codia, Mohnhäupter, Monköpffe; Tugenden wie die Samen, mehr narkotisch; zur Herstellung von Diacodium).
(+++) Oleum Papaveris expressum (aus Samen), Syrupus Diacodion sive de Capitibus Papaveris sive Diacodium liquidum Montani, Tinctura Florum Papaveris.
Die Ph. Preußen 1799 hat nur noch Semen Papaveris albi aufgenommen (der Syrupus Diacodion wird hier aus Opium hergestellt). Geiger, um 1830, führt auf: die unreifen Samenkapseln (capita Papaveris); von der weißen Abart die Samen (semen P. albi), ehedem auch das Kraut. „Man gibt die Mohnkapseln in Abkochung (gewöhnlich äußerlich zu Umschlägen). Als Präparat hat man den Syrup (syr. Diacodii) ... Den weißen Mohnsamen gibt man als Emulsion, ähnlich wie die Mandeln. - Präparate hat man davon (ebenso vom schwarzen Samen): das fette Öl (ol. Papaveris) und Syrup (syr. P. alb.), wie Mandelsyrup aus der Milch zu erhalten; der Samen zeigt wenig oder keine narkotische Eigenschaften. Er schmeckt angenehm und wird von mehreren Völkern als Speise benutzt, auf Brot gestreut, in Kuchen verbacken usw.".
In DAB 1, 1872, sind wieder aufgenommen (wie auch zuvor in diversen Länderpharmakopöen des 19. Jh.):
(-) Semen Papaveris (der weißen Spielart; [Hager, 1874:] „der Mohnsamen wird nur ganz (zu Emulsionen), nie gepulvert angewendet"). Bis DAB 6, 1926; dazu Hager, um 1930: „Anwendung. Ziemlich selten zu Emulsionen; in der Bäckerei zum Bestreuen von Gebäck. Zur Gewinnung von Mohnöl; zu letzterem Zweck werden auch die farbigen Mohnsamen verwendet. Die bei der Gewinnung des Öls verbleibenden Preßkuchen sind ein wertvolles Viehfutter".
(- -) Fructus Papaveris (Mohnköpfe, Capita vel Capsulae P.). Dazu schreibt Hager, 1874: „Im Handverkauf werden sie als schlafmachendes Mittel den Fordernden verweigert, für den äußerlichen Gebrauch aber abgegeben. Häufig sind sie ein Bestandteil von schmerzlindernden, beruhigenden Kataplasmen". Fructus Papaveris immaturi sind offizinell bis DAB 4, 1900; dann in Erg.-Bücher.
(+++) Oleum Papaveris (fettes Öl); bis DAB 4, 1900, dann Erg.-Bücher; Syrupus Papaveris (Beruhigungssaft, Syrupus Capitum Papaveris, Syrupus Diacodii); bis DAB 4, 1900, dann Erg.-Bücher.

Über die Stammpflanze schreibt Hager, um 1930: „P. somniferum L. Mohn. Die Pflanze ist durch Kultur aus der in den Mittelmeerländern heimischen Art **P. setigerum D. C.** entstanden und wird in zahlreichen Formen zur Opium-, Samen- und Ölgewinnung, sowie als Zierpflanze kultiviert. Man faßt gegenwärtig die kultivierte Form mit der wilden zu einer zusammen = P. somniferum L.; von dieser unterscheidet man 3 Varietäten: α setigerum D. C., β nigrum D. C., γ album D. C., die letzteren beiden werden kultiviert".

(K l a t s c h m o h n)
Von P. rhoeas L. waren lange Zeit hindurch die Blüten in offiziellem Gebrauch. In T. Worms 1582 stehen: Flores Papaveris rubri (Papaveris erratici, O x y g o - n i , Papaverinae, Papaveris fluidi seu caduci seu canina seu punicei, Rosae arvensis, Rosellae, Klapperrosen, Schnellblumen, Kornrosen); daraus bereitet Aqua (dest.) P. rubei.

In Ap. Braunschweig 1666 waren vorrätig: Flores papav. errat. (1½ K.), Aqua p. errat. (3 St.), Conserva flores p. errat (3 lb.), Essentia (in forma Extract.) p. errat. (15 Lot), Essentia p. errat (16 Lot), Syrup. p. errat. (28 lb.).

Schröder, 1685, schreibt über P. erraticum: „In Apotheken hat man die Blumen. Sie kühlen sehr, bringen den Schlaf, stillen die Schmerzen, werden gebraucht in Fiebern, Seitenstechen, Halsgeschwüren und anderen Krankheiten (besonders Brust-Zufällen), die einige Kühlung vonnöten haben. Im unordentlichen Monatsfluß (wenn man die Blumen in Spir. Vin. infundiert). Etliche legen das Kraut äußerlich über die Leber, wovon das Bluten der Nase aufhören soll. Dergleichen Tugend schreibt man auch der Wurzel zu".

In Ph. Württemberg 1741 sind aufgenommen: Flores Papaveris erratici (Rhaeadis, silvestris, Kornrosen, Klapperrosen, S c h n a l l e n b l u m e n ; Anodynum, bei Katarrhen und Pleuritis); Acetum P., Conserva ex Floribus P. errat., Extractum P. errat. (aus der ganzen blühenden Pflanze), Syrupus P. errat. Bei Hagen, um 1780, heißt die Stammpflanze P. Rhoeas.

Aufgenommen in Ph. Preußen 1799 (und andere spätere Länderpharmakopöen): Flores Rhoeados; Bestandteil der Species ad Infusum pectorale; aus frischen Blüten bereitet: Syrupus Rhoeados.

Geiger, um 1830, schrieb über die Pflanze: „Offizinell sind: die Blumenblätter, ehedem auch die unreifen Kapseln (flores et capitulae Rhoeados, Papaveris Rhoeados seu errati) ... Man gibt die Klatschrosen im Aufguß und in Abkochung. - Präparate hat man davon: Tinctur und Syrup, der am schönsten aus dem Aufguß der frischen Blumen wird; den getrockneten wird ein wenig verdünnte Schwefelsäure zugesetzt".

In DAB 1, 1872, stehen Flores Rhoeados und Syrupus Rhoeados. Hager, 1874, schreibt zur Droge: „Die Klatschrosen gehören zu den schleimigen Mitteln, sind aber nur wegen ihrer roten Farbe beliebt. Bei Kindern sollen sie beruhigend wirken". Blüten und Sirup dann in die Erg.-Bücher. Bemerkung im Hager, um 1930: „Zu Teemischungen, zur Herstellung von Syrupus Rhoeados; letzterer kann in sauren Mixturen verwendet werden, da seine Farbe durch Säuren nicht verändert wird". Nach Hoppe-Drogenkunde, 1958, dienen die Blütenblätter von P. Rhoeas als „Mucilaginosum. - Bei Husten und Heiserkeit".

(Verschiedene)
1.) Geiger, um 1830, erwähnt noch **P. orientale L.**, von der Linné geglaubt hat, sie sei die wahre Mutterpflanze des orientalischen Opiums.
2.) In der Homöopathie ist „Papaver dubium" (Essenz aus frischer Pflanze) ein weniger wichtiges Mittel.

Parietaria

Parietaria siehe Bd. II, Emollientia. / IV, G 1620. / V, Melampyrum.
Glaskraut siehe Bd. V, Melampyrum; Salicornia.

Berendes-Dioskurides: Kap. Glaskraut, P. diffusa oder judaica L., P. ramiflora Mnch.; Kap. Mauseohr, P. cretica L.
Sontheimer-Araber: P. officinalis, P. cretica.
Fischer-Mittelalter: P. officinalis L., im Süden auch P. diffusa, P. iudaica (paritaria, vitetoxicum, vitriola, herba murinalis s. vitraria s. inguinalis s. venti s. mica, pedicalis, septenaria, tornella maior, urceola, scheißkrautt, ekwurz, sant peterskrut; Diosk.: helxine).
Beßler-Gart: P. officinalis L. u. a. Arten (paritaria, dag und nacht, alsmen, parthemon, perdicion, syderitis, eraclia, libaciam, poliominon, tugegraria).
Hoppe-Bock: Kap. Tag und Nacht, P. ramiflora Mch. (klein S. Peterskraut) und P. erecta Mert. et Koch. (groß S. Peterskraut).
Geiger-Handbuch: P. officinalis (Glaskraut, Wandkraut, Mauerkraut, Peterskraut, Tag und Nacht); Mertens und Koch nennen die Pflanze P. erecta und unterscheiden davon P. diffusa.
Hager-Handbuch: P. officinalis L. (= P. officinalis L. var. erecta Weddell) und P. ramiflora Mönch.
Zander-Pflanzennamen: **P. ramiflora Moench.; P. erecta Mert. et W. D. J. Koch** (= P. officinalis L. p. p.).
Zitat-Empfehlung: **Parietaria ramiflora (S.); Parietaria erecta (S.).**

Dragendorff-Heilpflanzen, S. 180 (Fam. Urticaceae).

Nach Berendes ist bei Dioskurides P. cretica L. als eine Art von „Mauseohren" zu erkennen (Kraut hat kühlende Kraft; als Umschlag mit Graupen bei Augen-

entzündungen; der Saft wird bei Ohrenleiden eingeträufelt). Ungleich wichtiger ist das Kapitel „Glaskraut", in dem die Verwendung der Blätter und ihres Saftes von P.-Arten beschrieben wird (die Blätter haben kühlende, adstringierende Wirkung, als Umschlag bei Rose, Geschwülsten, Brandwunden, Drüsenverhärtungen, Entzündungen, Ödemen; der Saft mit Bleiweiß als Salbe bei Rose, Geschwüren, mit Wachssalbe gegen Podagra; getrunken gegen chronischen Husten, zum Gurgeln bei Mandelentzündung; mit Rosenöl gegen Ohrenschmerzen). Kräuterbuchautoren des 16. Jh. übernehmen diese Indikationen; Bock fügt einiges hinzu (z. B. gebranntes Wasser für Leber-, Milz- und Nierenkranke, Diureticum, Emmenagogum).
In T. Worms 1582 sind verzeichnet: [unter Kräutern] Parietaria (Perdicium, Helxine, Clibodium, Clybetis s. Clybatis Nicandri, Urceolaris, Vitriola, Herba muralis s. vitriaria s. vitri s. perdicalis, Muralium, Vineago, Tag und Nacht, St. Peterskraut, Peter Meylandskraut, Glaßkraut, Trauffkraut); [unter Aquae stillatitiae simpl.] Aqua Parietariae (Perdicii, Tag und Nacht oder Peter Meylandswasser). In Ap. Braunschweig 1666 waren vorrätig: Herba parietar. (1 K.), Aqua p. (2½ St.), Sal p. (2 Lot), Syrup. p. (7 lb.).
Die Ph. Württemberg 1741 führt Herba Parietariae (majoris, vulgaris, Helxines, Tag und Nachtkraut, St. Peterskraut, Nachtkraut; Abstergens, Refrigerans, Emolliens). Hagen, um 1780, bemerkt beim Glaskraut, Peterskraut (P. officinalis), von dem das Kraut (Herba Parietariae) offizinell ist: „Bei uns wird dafür gewöhnlich das bekannte Tag- und Nachtkraut oder Kuhweizen (Melampyrum nemorosum) gesammelt". Geiger, um 1830, schreibt über P. officinalis: „Man gibt das Kraut im Aufguß. Es soll harntreibend sein. - Präparate hatte man ehedem destilliertes Wasser (aq. Parietariae), auch kam das Kraut zu mehreren Zusammensetzungen. Es gehörte zu den herbis 5 emollientibus. Die Kohle kam unter Zahnpulver usw. Jetzt ist die Pflanze fast ganz obsolet. Wegen der Rauhigkeit der Blätter benutzt man diese zum Reinigen von Glas- und anderen Waren, daher der Name". Im Hager, um 1930, ist bei Herba Parietariae vermerkt: „Anwendung. Früher äußerlich bei der Wundbehandlung, innerlich als Diureticum". In Hoppe-Drogenkunde, 1958: „Diureticum, Wundheilmittel".

Paris

Paris siehe Bd. II, Alexipharmaca.
Einbeere siehe Bd. IV, E 118.

Fischer-Mittelalter: P. quadrifolius L. cf. Zingiber (crux Christi, sigillum salamonis, cf. Polygonatum, umbilicus veneris

cf. Cotyledon, unifraga, monofragia, uva versa, uva spina, herba paris (altital.), einber, empir, enbercrut).
Hoppe-Bock: P. quadrifolius L. (Wolffsbeer, Sternkraut, Augenkraut).
Geiger-Handbuch: P. quadrifolia (vierblättrige Einbeere oder Wolfsbeere, Pariskraut).
Zitat-Empfehlung: **Paris quadrifolia (S.).**

Dragendorff-Heilpflanzen, S. 127 (Fam. Liliaceae).

Die Einbeere, **P. quadrifolia L.**, wird bis zu Linné, um 1750, verschiedenartig botanisch beurteilt. Bock, um 1550, identifiziert - nach Hoppe - mit Caryophyllaceen bei Dioskurides und gibt in Anlehnung daran die Indikationen (Kraut zerquetscht als Kataplasma gegen Entzündungen und Schwellungen der Genitalien, gegen Augenentzündung und Panaritium; die Früchte sollen einschläfernd wirken). Fuchs, zur gleichen Zeit, bildet die Pflanze zum Kap. Wolfswurtz (Aconitum) ab. Das 1. Geschlecht davon „heißt auf griechisch Pardalianches, von den gemeinen Kräutlern aber zu Latein Uva versa oder Vulpina oder Lupina genannt; auf deutsch Wolfsbeer und Dolwurtz" (Wolfsbeer tötet die Wölfe und andere Tiere; von innerlichem med. Gebrauch rät er ab). Bei Tabernaemontanus, 1731, heißt die Pflanze Einbeer, Aconitum salutiferum (Herba Paris ist eine bewährte Arznei wider das Arsenicum und seines gleichen: Darum werden die Beeren in den Pestilentz-Latwergen vermischt; äußerlich Blätter und Beeren auf Pestbeulen und Karbunkel, gegen Augenentzündungen, Panaritium; Öl aus den Beeren gegen Schmerz der Güldenader). Als pharm. Bezeichnung setzt sich seit dem 16. Jh. „Paris" durch.
In T. Worms 1582 sind verzeichnet: Paris herba (Aconitum salutiferum, Monococcos, Crux Christi, Sigillum Veneris, Einbeerkraut, Parißkraut), Semen Paridis herbae (Parißkrautkörner, Einbeer). Die Ph. Augsburg 1640 sieht vor, daß man anstelle von Herba Paris: Umbilicus Veneris oder Sedum minus nehmen kann. Auch T. Frankfurt/M. 1687 führt sowohl Semen Paridis herbae als auch Herba Paris (Uva lupina s. versa s. vulpina, Aconitum pardalianches s. monococcum s. salutiferum, Solanum quadrifolium, Einbeerkraut, Wolffsbeer, Sternkraut). In Ap. Braunschweig 1666 waren 1/4 K. Herba unifrag. vorrätig. In Ph. Württemberg 1741 sind unter Früchten aufgenommen: Paridis Baccae (Wolffsbeer, Einbeer; Alexipharmacum, bei Manie).
Geiger, um 1830, schreibt über P. quadrifolia: „Ehedem gab man die Wurzel als Brechmittel, die Blätter gegen Keuchhusten; äußerlich wurden sie bei Entzündungen, Krebsgeschwüren usw. aufgelegt. Die Beeren gab man bei Convulsionen, Fallsucht usw. Jetzt ist die Pflanze ganz außer Gebrauch". Hoppe-Drogenkunde, 1958, Kap. P. quadrifolia, schreibt über Verwendung der Pflanze: „In der Homöopathie

[dort ist „Paris quadrifolia - Einbeere“ (Essenz aus frischer Pflanze; 1829) ein wichtiges Mittel] bei Kopfschmerzen, Neuralgien, Schwindelanfällen. Bei gichtigen und rheumatischen Komplikationen. - In der Volksheilkunde bei Wunden“.

Parkia

Nach Dragendorff-Heilpflanzen, um 1900 (S. 295 uf.; Fam. Leguminosae), werden von P. afrikana R. Br. (= P. biglobosa Benth., Inga biglobosa Willd., Inga senegalensis D. C., Prosopis faeculifera Desv.) die reifen Samen als Aphrodisiacum, Kaffeesurrogat (Sudankaffee), Fischgift gebraucht; schwach purgierend. Auch Hoppe-Drogenkunde, 1958, führt P. africana als Lieferanten von Sudan-Kaffee; die Samen von P. biglandulosa (= Ingasamen) dienen zur Ölgewinnung.

Parnassia

Parnassia siehe Bd. IV, Reg.
Zitat-Empfehlung: *Parnassia palustris (S.).*

In Ap. Braunschweig 1666 waren vorrätig: Herba Epaticae albae (1½ K.), Aqua E. alb. (2½ St.), Conserva E. alb (6 lb.); in Ap. Lüneburg 1718: Flores Hepaticae albae pratensis (4 lb.). Hagen, um 1780, beschreibt das „Weiß Leberkraut (Parnassia palustris) ... Die Blumen, die weiße Leberblumen oder Steinblumen (Flor. Hepaticae albae) heißen, werden gesammelt“. Geiger, um 1830, schreibt von **P. palustris L.** (Weiße Leberblume), daß Kraut und Blumen (herba et flores Hepaticae albae seu Parnassiae) benutzt wurden; „ehedem gab man die Blätter gegen Leberkrankheiten, bei Durchfällen, und wendete sie als Wundkraut an. Jetzt ist die Pflanze obsolet“. Nach Dragendorff-Heilpflanzen, um 1900 (S. 268; Fam. Saxifragaceae), wird von P. palustris L. „Kraut als Diureticum, gegen Leberleiden, Diarrhöe und Augenkrankheiten benutzt“; die Hl. Hildegard [um 1150] nennt sie Moorkraut. Hoppe-Drogenkunde, 1958, hat ein kurzes Kap. P. palustris; das Kraut dient als „Adstringens. Bei Nervosität und epileptischen Anfällen“.

Parthenocissus

Nach Dragendorff-Heilpflanzen, um 1900 (S. 416 uf.; Fam. Vitaceae), verwendet man die Blätter von Vitis hederacea Ehrh. (= Ampelopsis quinquefolia Michx., Ampelopsis hederacea D. C., Cissus hed. Pers., Hedera quinquefolia L., Quinaria quinqu. Koehne [Schreibweise nach Zander-Pflanzennamen: **P. quinquefolia (L.) Planch.**]); sie werden auf Geschwüre gelegt. Nach Hoppe-Drogenkunde, 1958, wird die Pflanze als Diureticum gebraucht. In der Homöopathie ist „Ampelopsis quinquefolia - W i l d e r W e i n" (Essenz aus frischen Sprossen und Rinde; Hale 1867) ein wichtiges Mittel. Zitat-Empfehlung: **Parthenocissus quinquefolia (S.).**

Passiflora

Zitat-Empfehlung: *Passiflora caerulea (S.)*; *Passiflora quadrangularis (S.)*; *Passiflora incarnata (S.)*; *Passiflora alata (S.)*; *Passiflora edulis (S.)*.
H. P. Mollenhauer, Die Grenadilla (Passiflora edulis Sims), Deutsche Apoth.-Ztg. *102* (1962), S. 1097—1100.

Geiger, um 1830, beschreibt **P. caerulea L.** und **P. quadrangularis L.** Er fügt hinzu: „Mehrere Arten der Gattung Passiflora, von der wir jetzt 87 Arten kennen, und die sich sämtlich durch ihre zierliche, oft prachtvolle Blumen auszeichnen, deren Teile man mit den Werkzeugen verglichen hat, womit Jesus gemartert wurde, liefern wohlriechende und wohlschmeckende Früchte, von denen einige auch als Arzneimittel gebraucht werden: wie Pass. maliformis, pallida, incarnata u. a. Die Blätter von Pass. foetida und hibiscifolia werden zu Bädern und als Kataplasma gebraucht; das Extrakt der Blätter von Pass. alata mit Aloe gegen Marasma".
Dragendorff-Heilpflanzen, um 1900 (S. 452 uf.; Fam. P a s s i f l o r a c e a e), nennt 33 P.-Arten, dabei **P. incarnata L.**, die bei Hoppe-Drogenkunde, 1958, ein Kapitel hat; hiernach Verwendung des Krautes als Sedativum mit schmerzstillender und schlaffördernder Wirkung, bei Neuralgien. In der Homöopathie ist „Passiflora incarnata - P a s s i o n s b l u m e" (Essenz aus frischem Kraut; Hale 1875) ein wichtiges Mittel.
Von einiger Bedeutung ist auch **P. alata Ait.**; nach Dragendorff ein Roborans. Nach Hoppe in Brasilien in Form galenischer Präparate verwendet. Im Hager-Handbuch, Erg.-Bd. 1949, sind die Vorschriften für Extrakt und Tinktur (aus getrockneten Blättern zu bereiten) angegeben.
Die eßbaren Früchte von **P. edulis Sims** heißen G r e n a d i l l a s.

Pastinaca

P a s t i n a c a siehe Bd. II, Calefacientia; Diuretica; Emmenagoga; Lithontriptica. / V, Anethum; Daucus; Opopanax.
Zitat-Empfehlung: *Pastinaca sativa (S.)*.
Dragendorff-Heilpflanzen, S. 498 (Fam. U m b e l l i f e r a e).

In Berendes-Dioskurides ist das Kap. Pastinak auf **P. sativa L.** bezogen (Same in Wein gegen Schlangenbiß). Sontheimer weist diese Art bei I. el B. nach, Fischer in mittelalterlichen Quellen (pastinacia, pastonacha; [hat 3 Formen] 1. baucia cf. Daucus, 2. daucus asininus, dionysia cf. Daucus, 3. pastinacia domestica, elafobasco; mörhel, wolfsleber; Diosk.: elaphoboskon, cervina, cerviocella). Nach Tschirch-Araber und Fischer-Mittelalter kommt auch P. Secacul Russel. (secacul) vor. Bock, um 1550, hat im Kap. Von Pestnachen als Gartenform - nach Marzell - Daucus carota L. abgebildet, als „das recht wild geschlecht" - nach Hoppe - P. sativa L. beschrieben (Indikationen wie Dioskurides; Wurzel wird als Gemüse gegessen).

In Ap. Lüneburg 1475 waren Semen pastinace (1/2 lb.) vorrätig. Die T. Worms 1582 führt Semen Pastinaceae satiuae (Carotis, Carotae, Staphylini satiui, Pastenachsamen); in T. Frankfurt/M. 1687 Semen Pastinaceae sativae (Carotae, Pastinacsaamen). In Ap. Braunschweig 1666 waren vorrätig: Semen pastinaci (1/4 lb.), Radix p. (1 1/2 lb.), Condita rad. p. (2 1/2 lb.), Oleum p. (1 Lot) [die Wurzeldroge kann auch von → Daucus gewesen sein]. Hagen, um 1780, beschreibt P. satiua (Pasternak, Pastinak) als Stammpflanze der Sem. Pastinacae. Geiger, um 1830, berichtet über P. sativa: „Eine schon längst als Gemüse und Arzneimittel bekannte Pflanze ... Offizinell ist: Die Wurzel der kultivierten Pflanze (rad. Pastinacae sativae) ... Die Wurzel der wilden Pflanze (rad. Pastinacae sylvestris) riecht den Möhren ähnlich und soll giftige Eigenschaften besitzen ... Die Samen (Frucht) (semen Pastinacae) haben einen starken aromatischen Geruch und Geschmack. Die von der wilden Pflanze sind aromatischer als die von der kultivierten ... Die Wurzeln des zahmen Pastinaks werden als diätetisches Mittel Schwindsüchtigen verordnet. Man hat sie, mit Wein aufgegossen, gegen Wechselfieber gebraucht. Ebenso die Samen; diese wirken auch diuretisch, wurden gegen Harnsteine verordnet. - Übrigens wird die Wurzel, an einigen Orten auch die jungen Blätter, als Gemüse genossen".

In Hager-Handbuch, Erg.-Bd. 1949, ist P. sativa L. (= Anethum Pastinaca Wibel, Peucedanum sativum S. Wats., Benth. et Hook) aufgenommen: In der Homöopathie ist „Pastinaca sativa - Pastinak" (Essenz aus frischer Wurzel; Allen 1878) ein wichtiges Mittel. Nach Hoppe-Drogenkunde, 1958, ist die Frucht (Fructus oder Semen P.) von P. sativa „Volksheilmittel bei Magen-, Stein- und Blasenleiden".

Patrinia

Patrinia siehe Bd. V, Nardostachys; Valeriana.
Zitat-Empfehlung: *Patrinia scabiosifolia (S.).*
Dragendorff-Heilpflanzen, S. 645 (Fam. Valerianeae; nach Schmeil-Flora: Valerianaceae).

Nach Berendes wird angenommen, daß die syrische Narde des Dioskurides, deren Wirkung der der indischen entspricht (→ Nardostachys), von **P. sca-**

biosifolia Fisch. abstammt. Inwieweit sie bei der Handelsdroge eine Rolle gespielt hat, ist nicht feststellbar.

Paullinia

P a u l l i n i a siehe Bd. V, Toddalia.
G u a r a n a siehe Bd. IV, E 312.
P a s t a G u a r a n a siehe Bd. II, Antidysenterica.
Zitat-Empfehlung: *Paullinia cupana (S.)*.
Dragendorff-Heilpflanzen, S. 407 (Fam. **S a p i n d a c e a e**); Tschirch-Handbuch III, S. 443.

G u a r a n á ist ein Präparat der Eingeborenen des nördl. Südamerikas, das Europäer im 18. Jh. kennenlernten; ausführlichere Nachricht durch Humboldt um 1800. Geiger, um 1830, berichtet von der brasilianischen P. sorbilis Mart. [Schreibweise nach Zander-Pflanzennamen: **P. cupana H. B. K.**], es „werden die Früchte, zu etwa pfundschweren Kuchen geknetet, unter dem Namen Guarana in Brasilien gegen Blutflüsse usw. gebraucht". Aufgenommen in DAB 1, 1872: P a s t a G u a r a n a , von P. sorbilis Mart.; dann Erg.-Bücher (1897: Guarana; 1916: von P. cupana H. B. Kunth; 1941: von P. cupana Kunth).
Hager schrieb im Kommentar 1874: Als die Paste in der 1. Hälfte des 19 Jh. in Europa in den Handel kam, fand sie keine größere Beachtung; weil „die in größerer Menge eingeführte Droge doch an den Mann gebracht werden mußte, [wurde sie] im Wege des Geheimmittelschwindels durch die übliche Zeitungsreklame in den Ruf des besten und sichersten Mittels gegen Migräne gebracht... Die Guarana gilt in Südamerika als ein Genuß- und Nahrungsmittel wie bei uns der Kaffee; sie wird auch wie letzterer unter gewissen Umständen als Tonicum, Stimulans, Nervinum und mildes Adstringens benutzt. Bei uns ist sie in den Ruf eines Specificums gegen Migräne gebracht worden". Hager-Handbuch, um 1930, gibt an: „gegen Migräne (Hemicranie) und als Darmadstringens in Pulvern, Pastillen oder Tabletten. In Brasilien als Genußmittel. Es enthält mehr Coffein als Kaffee und Kola".
In der Homöopathie ist „Guarana - Guaranapaste" (Tinktur aus reifen Samen, die bereits im Heimatlande zerquetscht und zu einer Paste geformt sind; Allen 1876) ein wichtiges Mittel.
Hoppe-Drogenkunde, 1958, Kap. P. cupana (= P. sorbilis), gibt über Verwendung an: 1. der Same („Nervinum und Stimulans. - In Brasilien zur Herstellung von Erfrischungsgetränken"); 2. die Paste („Nervinum und Stimulans. Bei Migräne und Kopfschmerzen, bei Diarrhöe und Dysenterie. - In Brasilien als Genußmittel").

Paulownia

Nach Dragendorff-Heilpflanzen, um 1900 (S. 604; Fam. S c r o p h u l a r i a c e a e), ist von der japanischen P a w l o w n i a imperialis Sieb. et Zucc. (=

B i g n o n i a tomentosa Thbg., I n c a r v i l l e a tom. Spr.) Rinde diuretisch und anthelmintisch, Blatt ein Haarstärkungsmittel, Samen ölhaltig.
Hoppe-Drogenkunde, 1958, erwähnt das fette Öl der Samen, es wird zum Präparieren von Papier benutzt. Schreibweise nach Zander-Pflanzennamen: **P. tomentosa (Thunb.) Steud.** (= P. imperialis Sieb. et Zucc.).
Zitat-Empfehlung: **Paulownia tomentosa (S.).**

Pausinystalia

Nach Gilg-Schürhoff ging die Entdeckung der Y o h i m b e r i n d e auf Beobachtungen in Kamerun Ende 19. Jh. zurück, „daß die Häuptlinge zur Erhöhung der Potenz den Aufguß einer bestimmten Rinde zu sich nahmen"; in die Heimat - nach Deutschland - gesandte Proben führten zur Entdeckung des Y o h i m b i n s.
Nach Hager-Handbuch, um 1930, kommt Cortex Yohimbe (P o t e n z r i n d e) von P. Yohimbe Pierre (= C o r y n a n t h e Yohimbe K. Schum.) [Schreibweise nach Zander-Pflanzennamen: **P. yohimba (K. Schum.) Pierre ex Beille**]; „Anwendung. Nur zur Gewinnung des Yohimbins". Verwendung nach Hoppe-Drogenkunde, 1958: „Aphrodisiacum, bes. in der Veterinärmedizin". Aufgenommen in Erg.-B. 6, 1941: Cortex Yohimbehe (von P. Yohimbe Pierre, R u b i a c e a e).
Zitat-Empfehlung: **Pausinystalia yohimba (S.).**

Gilg-Schürhoff-Drogen, S. 199—202.

Payena

P a y e n a siehe Bd. V, Palaquium.

Dragendorff-Heilpflanzen, um 1900 (S. 516 uf.; Fam. S a p o t a c e a e), nennt 8 P.-Arten, darunter P. Leerii Teysm. (gibt G u t t a p e r c h a). Diese Art wird in Hager-Handbuch, um 1930, im Kap. Guttapercha als Lieferant einer vorzüglichen, hellen Guttapercha, die aber leicht faserig wird, genannt. Auch in Hoppe-Drogenkunde, 1958; („der koagulierte Milchsaft von P. Leerii u. a. P.-Arten wird als Guttapercha gehandelt"). Schreibweise nach Zander-Pflanzennamen: **P. leerii (Teijsm. et Binnend.) Kurz.** Zitat-Empfehlung: **Payena leerii (S.).**

Pedicularis

P e d i c u l a r i s siehe Bd. V, Delphinium; Rhinanthus.
L ä u s e k r a u t siehe Bd. V, Delphinium; Iris.
Zitat-Empfehlung: *Pedicularis palustris (S.)*; *Pedicularis sylvatica (S.)*.

Nach Berendes ist zur Identifizierung des Dioskurides-Kapitels: O i n a n t h e, auch P. tuberosa L. herangezogen worden; daher auch das Vorkommen dieser Art bei Sontheimer-Araber.
Bock, um 1550, bildet - nach Hoppe - im Kap. Von Leüßkraut oder R o d e l unter anderen **P. palustris L.** ab; er findet - mit Recht - die Pflanze nicht in der älteren Literatur, als Indikation vermutet er: für entzündete Wunden oder Hautleiden; die Pflanze soll beim Rindvieh Läuse erzeugen.
Hagen, um 1780, hat aufgenommen: P. palustris (L ä u s e k r a u t); wird selten mehr gebraucht. Geiger, um 1830, schreibt über dieses Sumpf-Läusekraut: „Davon war das Kraut (herba Pedicularis aquaticae, F i s t u l a r i a e) offizinell ... Man hat es früher als harntreibend usw. gebraucht; äußerlich zur Reinigung alter Geschwüre. Mit der Abkochung wird das Vieh gewaschen, um die Läuse zu vertreiben ... Ehedem glaubte man, daß Tiere, welche es fressen, Läuse bekämen". Außerdem erwähnt Geiger P. sylvatica; „das Kraut (herba Pedicularis minoris) hat ähnliche Eigenschaften wie das vorhergehende und wurde wie dasselbe angewendet".
Nach Dragendorff-Heilpflanzen, um 1900 (S. 608; Fam. S c r o p h u l a r i a c e a e), wird von P. palustris L. und **P. silvatica L.** „Kraut als Diureticum und bei zu starker Menstruation, auf Geschwüre und als Insecticidum gebraucht". Bei Hoppe-Drogenkunde, 1958, ist ein kurzes Kap. P. silvatica (Kraut wirkt insektizid).

Pedilanthus

Unter den 6 P.-Arten, die Dragendorff-Heilpflanzen, um 1900 (S. 385; Fam. E u p h o r b i a c e a e), aufführt, befindet sich P. pavonis Boiss. („Zweige enthalten drastischen Milchsaft, auch als Emmenagogum und Antisyphiliticum gebraucht"), die auch in Hoppe-Drogenkunde, 1958, erscheint; technisch verwendet wird das Wachs der Blätter (Cera C a n d e l i l l a, C a n u l i l a w a c h s).

Peganum

Das Kap. Peganon bei Dioskurides wird nach Berendes auf P. Harmala L. bezogen (Same gegen Stumpfsichtigkeit). Kommt auch in arabischen Quellen vor. Nach

Geiger, um 1830, wird P. Harmala „für ein treffliches Mittel gegen Geschwülste der Füße gehalten. Es werden von den Spitzen und Samen Umschläge gemacht. Die Samen werden auch von den Türken als Gewürz benutzt. Sie sollen fröhlich und trunken machen". In Dragendorff-Heilpflanzen, um 1900 (S. 345; Fam. Zygophyllaceae), wird von der Pflanze berichtet: „Same schon bei den Griechen gegen Augenkrankheiten, später als Diaphoreticum, Emmenagogum, Anthelminticum, Berauschungs- und einschläferndes Mittel gebraucht". Nach Hoppe-Drogenkunde, 1958, wird der Same von P. Harmala (Semen Harmalae, Semen Rutae silvestris) bei Magenleiden, äußerlich bei Wunden verwendet; zur Darstellung des Harmins (Alkaloid gegen Parkinsonismus) und des Vasicins (gegen Bronchialleiden). Schreibweise nach Zander-Pflanzennamen: **P. harmala L.** Zitat-Empfehlung: **Peganum harmala (S.).**

Pelargonium

Zitat-Empfehlung: *Pelargonium triste (S.)*; *Pelargonium odoratissimum (S.)*; *Pelargonium radens (S.)*; *Pelargonium graveolens (S.)*.
Dragendorff-Heilpflanzen, S. 340 (Fam. Geraniaceae).

Geiger, um 1830, erwähnt 3 P.-Arten, am Kap der Guten Hoffnung heimisch, die als Zierpflanzen gezogen werden:

1.) P. triste [Schreibweise nach Zander-Pflanzennamen: **P. triste (L.) L'Hérit. ex Ait.**]; „davon werden die knolligen, scharfen, süßlichen Wurzeln von den Eingeborenen des Kaps wie bei uns die Kartoffeln gegessen. Die Blätter benutzt man als Gemüse". Nach Dragendorff, um 1900, ist von P. triste Ait. (= Geranium triste L.) „Wurzel eßbar".

2.) P. odoratissimum Ait. (= Geranium odoratissimum L. [Schreibweise nach Zander: **P. odoratissimum (L.) L'Hérit. ex Ait.**]); wird von den Gärtnern auch Geranium moschatum genannt. Nach Dragendorff gibt Blatt und Blüte von P. odoratissimum Soland. ätherisches Öl. In der Homöopathie ist „Geranium odoratissimum" (Essenz aus frischer, blühender Pflanze) ein wichtiges Mittel.

3.) P. Radula l'Herit. (= Geranium Radula Cav. [nach Zander: **P. radens H. E. Moore**]); „durch Destillation erhält man daraus ein dem Rosenöl an Geruch ganz ähnliches leicht kristallisierbares Öl, womit das echte wohl häufig verfälscht wird".

Hoppe-Drogenkunde, 1958, hat ein Kap. P. graveolens [Schreibweise nach Zander: **P. graveolens L'Hérit. ex Ait.**]; verwendet wird das ätherische Öl der Blätter und Blüten (Oleum Geranii) in der Parfümerie-, Kosmetik- und Seifenindustrie; Ersatz für Rosenöl.

Peltigera

Hagen, um 1780, beschreibt das Grüne Ledermoos (Lichen aphtosus; „es wird in auswärtigen Apotheken unter dem Namen Hb. Musci cumatilis gehalten") und Hundsmoos (Lichen caninus; „man nennt es sonsten auch Erdleberkraut oder Steinmoos, Hb. Musci canini"). Geiger, um 1830, erwähnt entsprechend:
1.) P. apthosa Hoffm. (= Lichen aphthosus L., warzige Schildflechte); „diese Flechte war unter dem Namen herba Musci cumatilis offizinell".
2.) P. canina Hoffm. (= Lichen caninus L., Hunds-Schildflechte, Hundsmoos, Steinleberkraut); „war unter dem Namen Lichen cinereus terrestris, herba Musci canini, offizinell"; dafür wurde oft obige eingesammelt.
Nach Dragendorff-Heilpflanzen, um 1900 (S. 48; Fam. Peltideaceae; jetzt Peltigeraceae), Verwendung beider „gegen Hundswut".
Schreibweise um 1970: 1. **P. aphthosa (L.) Willd.**; 2. **P. canina (L.) Willd.** Zitat-Empfehlung: **Peltigera aphthosa (S.)** und **Peltigera canina (S.)**.
In Hoppe-Drogenkunde, 1958, ist im Kap. Cetraria islandica angegeben, daß Isländisches Moos aus Island von P.-Arten stammt und völlig anders aussieht als das gewöhnliche.

Peltodon

Dragendorff-Heilpflanzen, um 1900 (S. 586; Fam. Labiatae), nennt P. radicans Pohl (Anticatarrhale, Diureticum, gegen Flatulenz und Schlangenbiß). Hat ein kurzes Kapitel bei Hoppe-Drogenkunde, 1958; (Verwendung der blühenden Zweige, besonders in Brasilien, in Form galenischer Präparate). Hager-Handbuch, Erg.-Bd. 1949, gibt Vorschriften für Fluidextrakt und Sirup.

Penaea

Sarcocolla siehe Bd. II, Mundificantia; Sarcotica. / V, Agrimonia; Astragalus.
Dragendorff-Heilpflanzen, S. 461 (Fam. Penaeaceae); Tschirch-Handbuch III, S. 780 uf.

Dioskurides beschreibt Sarkokolla als Träne eines in Persien wachsenden Baumes (verklebt Wunden, hält Augenflüsse zurück; zu Pflastern). Berendes meint dazu: „Lange Zeit hat man P. Sarcocolla L. als die Stammpflanze dieser gummiartigen Substanz angesehen, bis Dymock nachwies, daß sie das Produkt einer Astragalus-Art Persiens sei". Nach Tschirch-Sontheimer kommt die Droge Sarcocolla bei den arabischen Autoren vor. In Ap. Lüneburg 1475 waren 3 qr. davon vorrätig. Die T. Worms 1582 führt: Sarcocolla (Gluten carnis, Carniglutinum, Fischleim-Gummi); in Ap. Braunschweig 1666 waren davon 5½ lb. vorrätig. Die Ph. Württemberg 1741 beschreibt: Sarcocolla (Fischleim Gummi; Calefaciens, Adstringens, Consolidans, Glutinans, Maturans; bei Augenflüssen, Augenstar). Stammpflanze nach Hagen, um 1780: P. mucronata, „ein Strauchgewächs, welches in Äthiopien zu Hause ist. Es soll daraus das Gummiharz fließen, welches ... unter dem Namen Fischleim oder Fischleimgummi (Gummi Sarcocollae) aus Persien und Arabien über Marseille und andere Häfen nach Europa gebracht wird". Geiger, um 1830, beschreibt Penca mucronata und P. Sarcocolla, die beide Fischleim liefern; „Anwendung. Ehedem innerlich bei Brustkrankheiten, äußerlich zum Reinigen der Wunden, bei Flecken der Hornhaut usw. Innerlich genommen soll es purgieren". Nach Wiggers, um 1850, ist Sarcocolla „wahrscheinlich der im südlichen Afrika und Äthiopien aus P. Sarcocolla, P. mucronata und P. squamosa ausgeflossene und vertrocknete Saft".

Zu der Droge, die völlig aus dem Handel verschwand, schreibt Beßler-Gart: „Gummiartige Ausscheidung einer nicht näher bekannten persischen Astragalus-Art („A. sarcocolla Dymock") oder von Sarcocolla fucata (L.) A. DC., Sarcocolla squamosa (L.) Kunth und P. mucronata L. - Die letzteren, sämtlich kapländische Pflanzen, wegen der in der Texttradition vorkommenden Herkunftsbezeichnung „Persien" unbedingt auszuschließen, ist m. E. nicht zwingend (Transitland? bevorzugte Herkunftsangabe „orientalischer" Drogen?), zumal diese Tradition nicht durchgehend ist".

Pentaclethra

Pentaclethra siehe Bd. IV, G 1284.

Nach Dragendorff-Heilpflanzen, um 1900 (S. 296; Fam. Leguminosae), werden die Samen der westafrikanischen P. macrophylla Benth. zu Fett und (mit denen von Irwingia gabonensis Baill.) zu Dikabrod verarbeitet. Das Samenfett (Oleum Penthaclethrae, Attabohnenfett) ist nach Hoppe-Drogenkunde, 1958, nach Raffination für Speisezwecke geeignet, das Rohöl für Seifenfabrikation.

Penthorum

Nach Dragendorff-Heilpflanzen, um 1900 (S. 267; Fam. Crassulaceae), wird von der nordamerikanischen P. sedoides L. das „Kraut als Adstringens und Demulcans gebraucht". In der Homöopathie ist „Penthorum sedoides" (Essenz aus frischer Pflanze) ein weniger wichtiges Mittel.

Perezia

Unter den 5 P.-Arten, die Dragendorff-Heilpflanzen, um 1900 (S. 690; Fam. Compositae), aufzählt, befindet sich die mexikanische P. Oxylepis Sch. Bip., die bei Hoppe-Drogenkunde, 1958, ein Kapitel hat (Wurzel ist Laxans); auch andere Arten werden gesammelt. Radix Pereziae wird in Hager-Handbuch, um 1930, beschrieben (von P. oxylepis Gray u. a. Arten); Anwendung als Abführmittel, bei Hämorrhoidalleiden.

Perilla

Dragendorff-Heilpflanzen, um 1900 (S. 585; Fam. Labiatae), nennt die ostindische P. ocymoides L. [Bezeichnung nach Zander-Pflanzennamen: **P. frutescens (L.) Britt.**; früher auch Ocimum frutescens L.] - Blatt als zerteilendes Mittel gebraucht, Frucht enthält fettes Öl - und die japanische P. arguta Benth. Hoppe-Drogenkunde, 1958, hat ein Kap. P. ocimoides; verwendet wird das fette Öl der Samen als Speiseöl, für technische Zwecke; bei der Japanwachsbereitung; in Indien zur Rotfärbung. Ferner werden arzneilich verwendet: die Blätter von P. critriodora und P. nankinensis.

Periploca

Periploca siehe Bd. IV, G 1294. / V, Hemidesmus.
Zitat-Empfehlung: *Periploca graeca (S.).*

Geiger, um 1830, erwähnt P. graeca. Nach Dragendorff-Heilpflanzen, um 1900 S. 546; Fam. Asclepiadaceae), wird von **P. graeca L.** das Blatt als Emolliens, Milchsaft als Gift gegen Raubzeug verwendet; die Rinde soll Herzgift enthalten. In Hager-Handbuch, um 1930, sind Cortex Periplocae graecae (enthält Herzgiftglykosid) und Semen P. graecae beschrieben. Nach Hoppe-Drogenkunde, 1958, werden verwendet: Rinde, Same und Kraut; alle drei werden als herzwirksame Drogen bezeichnet. Bei Hessler-Susruta wird P. indica aufgeführt.

Persea

Persea siehe Bd. V, Antelaea; Cinnamomum; Cordia; Dicypellium; Mimusops; Nectandra; Sassafras.
Zitat-Empfehlung: *Persea americana (S.).*

Diese Gattung spielt bei Geiger, um 1830, eine größere Rolle, ihr sind zahlreiche Stammpflanzen wichtiger Drogen zugeordnet, die später anderen Gattungen zugeteilt wurden. Erwähnt wird dabei auch P. gratissima Spr. (= Laurus Persea L.); „die Blätter und Knospen werden als Brustmittel und gegen die Lustseuche gebraucht". Bei Dragendorff-Heilpflanzen, um 1900 (S. 241; Fam. Lauraceae), sind 8 P.-Arten genannt, dabei P. gratissima Gärtn. (= Laurus Persea L.); „Frucht als Aphrodisiacum, schmerzstillendes Mittel, als Nahrung etc. angewendet... Die Knospen.. gegen Syphilis, als Emmenagogum, die Samen, die auch Fett liefern, als Tonicum, die Blätter auch als Diureticum, Carminativum gebraucht". Diese Art erscheint bei Hoppe-Drogenkunde, 1958; verwendet wird - in der kosmetischen und Seifenindustrie - das fette Öl des Fruchtfleisches. Bezeichnung der Art bei Zander-Pflanzennamen: **P. americana Mill.** (= P. gratissima Gaertn. fil.; Avocadobirne, Aguacate). Deines-Ägypten nennt einen „Perseabaum".

Petasites

Petasites siehe Bd II, Prophylactica. / IV, A 8. / V, Tussilago.
Pestwurz siehe Bd. IV, G 957.
Pestwurzel siehe Bd. V, Adenostyles; Senecio.

Berendes-Dioskurides: - Kap. Petasites, Tussilago Petasites L.
Sontheimer-Araber: - Tussilago Petasites.
Fischer-Mittelalter: - P. officinalis Moench (brassana, bardana maior, lappacium maius, huoflatecha maior, große huflattich) -- P. albus Gaertner cf. Tussilago (albugo, ungla caballicia, hufletiche, brantlatich).
Beßler-Gart: -- Kap. Ungula caballina, neben → Tussilago auch P. albus (L.) Gaertn.
Hoppe-Bock: - Kap. Von Pestilentzwurtzel, P. hybridus Fl. Wett. (Roßpappel).
Geiger-Handbuch: - Tussilago Petasites (großblättriger Huflattig, Pestilenzwurzel, Neunkraft) -- Tussilago alba (und Tussil. frigida).
Zander-Pflanzennamen: - **P. hybridus (L.) Ph. Gaertn., B. Mey. et Scherb.** -- **P. albus (L.) Gaertn.**
Zitat-Empfehlung: **Petasites hybridus (S.); Petasites albus (S.).**

Dragendorff-Heilpflanzen, S. 684 (Fam. Compositae).

Der Petasites wirkt - nach Dioskurides - als Umschlag (feingestoßenes Blatt) gegen bösartige und krebsige Geschwüre. Bock, um 1550, läßt das Wurzelpulver als Wundheilmittel anwenden; weitere Indikationen entnimmt er einem Diosk.-Kap., in dem - nach Hoppe - Costus speciosus Lam. gemeint ist (Wurzel gegen Gift, Pest, schweißtreibend, bei Leibschmerzen, Hysterie, Atembeschwerden, Bandwurm, als Diureticum und Emmenagogum; zur Einreibung gegen Schüttelfrost, zur Reinigung der Haut, bei Versteifung der Glieder; für Pferde gegen Würmer).

Die T. Worms 1582 führt: Radix Petasitis (Galeritae, Pestilentzwurtzel, Schweißwurtzel), die T. Frankfurt/M. 1687: Radix Petasitidis (Pestilentzwurtzel), Aqua (dest.) Petasitidis (Pestilentzwurtzwasser), Extractum P. (Pestilentzwurtz-Extract). In Ap. Braunschweig 1666 waren vorrätig: Herba petasitidis (3/4 K.), Radix p. (12 lb.), Aqua p. (1 St.).

Schröder, 1685, schreibt über Petasites: „Ist major (mas, mit gelben Blumen; diese ist nicht gebräuchlich) und minor (foemina, mit weißen Blumen) ... In Apotheken hat man die Wurzel ... Sie treibt den Schweiß, dient für das Gift in der Pest, taugt bei Mutter-Ohnmachten, Brustkrankheiten, die vom tartarischen Lungenschleim herrühren, z. B. im Husten, Keuchen etc. Äußerlich gebraucht man sie zu den Pestbeulen und bösen Geschwären. Man kann sie statt des Costi gebrauchen, weil sie gleiche Kräfte hat. Bereitete Stücke sind: 1. das Wasser aus der Wurzel oder dem ganzen Gewächs; 2. das destillierte Öl, man hat es aber gar selten; 3. der Extract".

Die Ph. Württemberg 1741 beschreibt: Radix Petasitidis majoris (vulgaris rubentis, rotundiori folio, Pestilentz-Wurzel, Schweiß-Wurtz, neue Krafft-Wurtz; Alexipharmacum, Cardiacum, Anthelminticum; äußerlich gegen Pestbeulen und bösartige Geschwüre). Die Stammpflanze heißt bei Hagen, um 1780: Tussilago Petasites (Neunkraft); die Wurzel (Rad. Petasitidis) wird Schweiß- oder Pestilenzwurzel genannt.

Geiger, um 1830, schreibt zu Tussilago Petasites: „Eine schon von den Alten als Wundmittel usw. gebrauchte Pflanze; wurde in späteren Zeiten auch innerlich gegen die verschiedensten Krankheiten, selbst gegen die Pest angewendet ... Offizinell ist: die Wurzel (rad. Petasitidis), Kraut und Blumen werden kaum gebraucht ... Man gibt die Wurzel in Substanz, in Pulverform und im Aufguß. Äußerlich wird sie (so wie die frischen Blätter) auf bösartige Geschwüre und selbst Pestbeulen aufgelegt. - Sie machte einen Bestandteil der aq. prophylactica aus". Vom weißen Huflattich und vom wolligen Huflattich hat man - nach Geiger - das Kraut (herba Cacaliae tomentosae) ähnlich wie den gemeinen Huflattich angewendet.

Hoppe-Drogenkunde, 1958, schreibt zu P. officinalis: Verwendet wird: 1. das Blatt („Expectorans. Sudorificum. - In der Homöopathie [wo „Petasites - Pestwurz" (Essenz aus frischer Pflanze; Küchenmeister 1847) ein wichtiges Mittel ist] bei Kopf- und Halsschmerzen. - In der Volksheilkunde. Die frischen Blätter werden äußerlich bei Geschwüren, Brandwunden etc. angewandt"); 2. die Wurzel („Sudorificum. - In der Homöopathie bei mangelnder Schweiß- und Schleimsekretion").

Petiveria

Geiger, um 1830, erwähnt P. aliacea; „davon wird das Kraut an einigen Orten gegen Wechselfieber usw. gebraucht. Es hat einen starken Knoblauchgeruch und -Geschmack und wirkt diuretisch und schweißtreibend". Dragendorff-Heilpflanzen, um 1900 (S. 202 uf.; Fam. Phytolaccaceae), berichtet über P. alliacea L. (= Seguiere all. Mart.): „Westindien, Brasilien, Südamerika - Ganze Pflanze enthält knoblauchartig riechende Substanz und wird als Diaphoreticum, Diureticum, Abortivum, gegen Gonorrhöe, Würmer, die Wurzel gegen Zahnschmerz gebraucht, von den Tecumas-Indianern auch dem Curare zugesetzt. Holz und Blätter zu Bädern bei Rheuma, Umschlägen bei Hydrops, Hämorrhoiden, Anschwellung der Prostata". Weitere Arten werden ähnlich gebraucht, darunter P. tetrandra Gom. Zu ihr bemerkt Hoppe-Drogenkunde, 1958, daß man daraus in Brasilien galenische Präparate herstellt. In der Homöopathie ist „Petiveria tetrandra" (Tinktur aus getrockneter Wurzel) ein weniger wichtiges Mittel.

Petroselinum

Petroselinum siehe Bd. II, Antinephritica; Aperientia; Attenuantia; Diuretica; Emmenagoga; Hepatica. / IV, A 32; C 81; G 873, 1616, 1748. / V, Apium; Athamanta; Pimpinella; Sison.
Peterl(e)in siehe Bd. V, Aethusa; Apium; Athamanta; Sium; Smyrnium.
Petersilie siehe Bd. II, Aperientia; Diuretica. / IV, C 34; F 42; G 185. / V, Athamanta; Peucedanum.
Petrosello siehe Bd. V, Tordylium.

Deines-Ägypten; Grot-Hippokrates; Tschirch-Sontheimer-Araber: Apium petroselinum L.
Fischer-Mittelalter: P. sativum Hoffm. (petroselinum, elixanter, oxillatrum, petersill).
Hoppe-Bock: Kap. Peterlin, P. hortense Hoffm. (gemein garten Peterlin).
Geiger-Handbuch: Apium Petroselinum L. (= P. sativum Hoffm., Petersilie, Peterling).
Hager-Handbuch: P. sativum Hoffm. (= Apium petroselinum L.).
Zander-Pflanzennamen: **P. crispum (Mill.) Nym. ex A. W. Hill** (= P. hortense auct. non Hoffm., P. sativum Hoffm.) **ssp. crispum** (Blattpetersilie) oder **ssp. tuberosum (Bernh. ex Rchb.) Soó** (Knollenpetersilie, Petersilienwurzel).
Zitat-Empfehlung: **Petroselinum crispum (S.) ssp. crispum; Petroselinum crispum (S.) ssp. tuberosum.**

Dragendorff-Heilpflanzen, S. 488 (Fam. Umbelliferae); Tschirch-Handbuch II, S. 1259 uf.

Nach Tschirch-Handbuch ist die Verwendung der Petersilie in der Antike unsicher, besonders bei den Griechen; bei den Römern kann „Apium" auch Petersilie gewesen sein; vor Christi Geburt scheint Petersilie nicht angebaut worden zu sein, im Mittelalter war sie sicher eine Kulturpflanze. Bock, um 1550, bildet die Garten-Petersilie ab und identifiziert sie - nach Hoppe - mit der Garten-Sellerie (→ Apium) des Dioskurides, woher er Indikationen entnimmt (Wurzel und Kraut gegen Blähungen, als Diureticum, Zusatz zu Arzneien gegen Vergiftung, Husten, Wassersucht; Kraut zu Kataplasma bei Augenentzündungen, Magenleiden, Brustdrüsenentzündung. Wurzel und Kraut auch als Emmenagogum, bei Leber- und Milzbeschwerden, Wassersucht, Gelbsucht und Nierensteinen; Umschlag bei Hautentzündungen).

In Ap. Lüneburg 1475 waren vorrätig: Radix petroselini (1 lb.), Semen p. (3 qr.), Aqua p. (1 St.), Oleum p. (1/2 lb.); mit diesen Drogen und Präparaten kann jedoch auch → P i m p i n e l l a gemeint sein. Die T. Worms 1582 führt: [unter Kräutern] Apium verum (Apium satiuum, S e l i n o n , Peterlen, Peterling, Petersilien); Semen Apii sativi (Peterlensamen), Radix Apii veri (Peterlenwurtz), Succus Apii hortulani (Peterlensaft); Aqua (dest.) Apii satiui (Peterlenwasser). In T. Frankfurt/M. 1687 sind als Simplicia aufgenommen: Herba Petroselinum vulgare (Apium hortense verum, Petersilien, Petersilg, Peterlein, G a r t e n - E p p i c h), Radix Petroselini vulgaris (Apii hortensis, Petersilienwurtzel gedörret), Semen P. vulgaris. Nach Ph. Augsburg 1640 soll, wenn nur „Petroselinum" verordnet ist, „Apium" genommen werden. In Ap. Braunschweig 1666 waren vorrätig: Herba petroselini (1/4 K.), Radix p. (3 1/2 lb.), Semen p. vulgar. (4 1/2 lb.), Aqua p. (6 1/2 St.), Condita rad. p. (2 lb.), Conserva p. rad. (3 1/4 lb.), Oleum p. commun. (8 Lot), Sal p. (12 Lot).

In Ph. Württemberg 1741 sind aufgenommen: Radix Petroselini vulgaris (Petersilien-Wurtzel; Diureticum, Aperiens), Herba Petroselini vulgaris hortensis (Peterlein, Petersilien-Kraut; Diureticum, Aperiens, selten im medizinischen, viel in Küchengebrauch), Semen Petroselini vulgaris (Petersilien-Saamen; Alexipharmacum, Diureticum); Aqua (dest.) Petroselini. Nach Hagen, um 1780, sind von der Petersilie (Apium Petroselinum) Kraut und Wurzel wenig, der Samen aber mehr in Apotheken gebräuchlich.

Aufgenommen in preußische Pharmakopöen: (1799-1829) Semen Petroselini (von Apium Petroselinum), daraus zu bereiten Aqua P.; (1846) Semen Petroselini, von P. sativum Hoffm. So auch DAB 1, 1872 (Früchte und Wasser). Dann Erg.-Bücher (als Fructus Petroselini in Erg.-B. 2, 1897; in Erg.-B. 6, 1941: Früchte und Wurzel - von P. hortense Hoffm. -, ferner Wasser und Öl). In der Homöopathie ist „Petroselinum - Petersilie" (Essenz aus frischer Pflanze; Buchner 1840) ein wichtiges, „Petroselinum e seminibus" (Tinktur aus reifen Früchten) ein weniger wichtiges Mittel.

Über die Anwendung von Petersilie schreibt Geiger, um 1830: „Man gibt den Samen in Substanz, in Pulverform; äußerlich wird er gegen das Ungeziefer gebraucht. Das Kraut wird meistens frisch angewendet. Man legt es auf die Brüste, um die Milch zu vertreiben, auf Wunden von Insektenstichen usw. Die Wurzel wird unter Species im Aufguß gegeben. - Präparate hat man das Wasser, ätherische Öl (aqua et ol. Petroselini), am besten aus dem Samen bereitet... Wurzel und Kraut werden außerdem häufig in der Küche, als Zusatz zu Fleisch, Suppen, Gemüse usw. verwendet". Nach Hager, 1874, gebraucht man die Früchte bei Harnverhaltung. In Hager-Handbuch, um 1930, ist angegeben: Aufguß der Früchte als Diureticum, gelegentlich gegen Kopfläuse; die Wurzel dient als Diureticum und bei Wassersucht als Heilmittel. Nach Hoppe-Drogenkunde, 1958, werden verwendet: 1. die Wurzel („Diureticum, Stomachicum, Carminativum"); 2. das Kraut („Diureticum, Stomachicum. - In der Homöopathie vor allem bei Urethritis"); 3. die Frucht („Diureticum, Galactagogum. - Äußerlich gegen Kopfläuse und Hautparasiten. - In der Volksheilkunde auch bei Erkältungskrankheiten"); 4. das äther. Öl der Frucht („Diureticum ... Zur Darstellung des Apiols").

Peucedanum

Peucedanum siehe Bd. II, Calefacientia; Cephalica; Digerentia; Diuretica; Hepatica. / V, Ferula; Pastinaca; Selinum; Silaum.
Hirschwurz(el) oder Hirtzwurtz siehe Bd. V, Ambrosia; Laserpitium; Salvia; Selinum.
Imperatoria siehe Bd. II, Masticatoria. / V, Astrantia.
Meisterwur(t)z siehe Bd. V, Aegopodium; Astrantia.
Ostrutium siehe Bd. II, Alexipharmaca; Odontica. / V, Meum; Saponaria.

Berendes-Dioskurides: - Kap. Haarstrang, P. officinale L. - 4 - Kap. Daucos, P. Cervaria L.
Sontheimer-Araber: - P. officinale.
Fischer-Mittelalter: - P. officinale L. (intyba, peucidanum, herba turis, cauda porcina, feniculus porcinis, olsnik, hernwurz, haarstrang) -- Imperatoria ostruthium L. (ostrucion, astricum, meum, strucion, caniculus agrestis, erba rossa, walwurz, astriz, meisterwurz, perkwurz, wildkoel, romisch gerste, hertzwurtz) --- P. palustre Moench. (pilatro) - 4 - P. cervaria Buiss. (peucedanum minus, feniculus agrestis, anetum agreste, levistico, birswurz, seufenchel, wildfenchel; Diosk.: peucedanos, marathron agrios, sataria [für verschiedene P.-spec.]).
Beßler-Gart: Kap. Strucium (wiltkol, ostrucium), keine Möglichkeit der Identifikation - Kap. Peucedanum, P. officinale L. -- Kap. Astrens vel Meu, P.-Arten, besonders P. ostruthium (L.) Koch, auch P. officinale L., P. palustre (L.) Moench (meisterwortz, Anetum agreste).
Hoppe-Bock: - Kap. Hoerstrang, P. officinale L. (Sew fenchel, Schwefelwurtzel) -- Kap. Meisterwurtz, P. ostruthium Koch --- Kap. Berg Fen-

chel, P. palustre Mch. (?) (wald Fenchel) - 4 - Kap. Berwurtz, P. cervaria Lap. (ander Berwurtzel, Weiß Hirtzwurtz).
Geiger-Handbuch: - P. officinale (Haarstrang, Roßfenchel, Saufenchel Himmeldill) -- Imperatoria Ostrutium (Meisterwurzel) --- Thysselium palustre Hoffm. (= P. palustre Mönch, Selinum palustre L., Sumpf-Oelsenitz) - 4 - Ligusticum Cervaria Spr. (= P. Cervaria Lapeyrouse, Athamanta Cervaria L.; Hirschwurzel, große Bergpetersilie) - 5 - Selinum Oreoselinum Scop. (= P. Oreoselinum Mönch, Athamanta Oreoselinum L., Grundheil, kleine Berg-Petersilie).
Hager-Handbuch: - - P. ostruthium Koch.
Schmeil-Flora: - **P. officinale L.** - - **P. ostruthium (L.) Koch** - - - **P. palustre (L.) Moench** - 4 - **P. cervaria (L.) Lap.** - 5 - **P. oreoselinum (L.) Moench.**
Zitat-Empfehlung: **Peucedanum officinale (S.); Peucedanum ostruthium (S.); Peucedanum palustre (S.); Peucedanum cervaria (S.); Peucedanum oreoselinum (S.).**

Dragendorff-Heilpflanzen, S. 497 uf. (Fam. Umbelliferae); Tschirch-Handbuch II, S. 907 uf. (zu Rhizoma Imperatoriae).

(Peucedanum)
Nach Berendes dürfte das Kap. Haarstrang (Peukedanos) bei Dioskurides auf P. officinale L. zu beziehen sein (Saft der Wurzel in Salben gegen Epilepsie, Schwindel, Hirnkrankheiten, Kopfschmerz, Paralyse, Ischias, Nervenleiden; Riechmittel für Ohnmächtige; gegen Ohrenleiden, Zahnschmerzen; innerlich bei Husten, Atemnot, Leibschneiden; erweicht den Bauch, verkleinert die Milz, erleichtert Geburt; gegen Schmerzen, Blasen- und Nierenleiden, als Uterinum. Die Wurzel leistet dasselbe, nur schwächer; trocken zerrieben als Vulnerarium, zieht Knochensplitter aus). Kräuterbuchautoren des 16. Jh. übernehmen solche Indikationen.
In T. Worms 1582 ist aufgenommen: Radix Peucedani (Foeniculi porcini, Pinastelli seu Pinastellae, Herbae statariae, Herbae sulphuratae, Haarstrang, Himmeldill, Sewfenchelwurtz, Schwebelwurtz), in T. Frankfurt/M. 1687 Radix P. (Foeniculi porcini, Haarstrangwurtzel, Saufenchel, Schwebelwurtz). In Ap. Braunschweig 1666 waren 40 lb. Radix peucedani vorrätig.
Die Ph. Württemberg 1741 nennt Radix Peucedani (Foeniculi porcini, Pinastellae, Haarstrang, Saufenchel, Schweffel-Wurtz; Resolvens, Attenuans, Carminativum, Alexipharmacum, Diureticum). Stammpflanze nach Hagen, um 1780: P. officinale (Haarstrang); die frische Wurzel enthält einen gelben Milchsaft. Anwendung nach Geiger, um 1830: „Ehedem wurde diese gewiß kräftige und eigentümlich wirkende Wurzel innerlich und äußerlich bei Menschen gebraucht. Jetzt benutzen sie noch die Tierärzte“. Nach Hoppe-Drogenkunde, 1958, ist Radix P. officinale

„Volksheilmittel bei Katarrhen und Wechselfieber". In der Homöopathie ist „Peucedanum" (Essenz aus frischer Wurzel) ein weniger wichtiges Mittel.

(I m p e r a t o r i a)
Nach Tschirch-Handbuch ist Radix Imperatoriae „eine spezifisch deutsche Heilpflanze von jeher gewesen". Bock, um 1550, lehnt sich bezüglich der Indikationen an ein Dioskurides-Kapitel an, in dem eine nicht näher zu bezeichnende Umbellifere gemeint ist (Wurzel, Samen, Kraut, Saft oder Destillat gegen fieberhafte Erkrankungen, Vergiftungen, Magen- und Lungenleiden, Atembeschwerden, Husten; als Diureticum, Emmenagogum, Aphrodisiacum, gegen Nierensteine, führt Totgeburt und Secundina aus, treibt Schweiß; gegen Ischias, Tollwut; Vulnerarium).
Die T. Worms 1582 führt: Radix Imperatoriae (L a s a r i galatici, L a s e r i s gallici, L a s e r p i t i i Gallici, O s t r u t i i, A s t r a n t i a e, M a g i s t r a n t i a e, Meisterwurtz). Die T. Frankfurt/M. 1687 hat neben Radix Imperatoriae (Ostrutii, Ostrucii, Astrucii, Astrentii, Astrantiae, Magistrantiae, S t r u t h i i, Meisterwurtz, Magistrantz, O s t r i t z) auch Semen Ostrutii (Imperatoriae, Meisterwurtzsaamen). In Ap. Braunschweig 1666 waren vorrätig: Herba ostrutii (1/4 K.), Radix o. (10 lb.), Semen o. (1/4 lb.), Aqua o. (1 1/4 St.), Extractum o. (3 Lot), Pulvis o. (1/2 lb.).
Die Ph. Württemberg 1741 hat aufgenommen: Radix Ostrutii (Imperatoriae, Magistrantiae, Astrantiae, Meisterwurtz, K a y s e r s w u r t z; Nervinum, Alexipharmacum, Carminativum, Diureticum; frisch gegen Epilepsie der Kinder). Stammpflanze nach Hagen, um 1780: Meisterkraut, Imperatoria Ostrutium; gebraucht wird die Wurzel. Aufgenommen in zahlreiche deutsche Länderpharmakopöen des 19. Jh. (Ph. Preußen 1813-1829, Radix Imperatoriae, von Imperatorium Ostruthium L.). Dann DAB's (1872, 1882), als Rhizoma Imperatoriae; anschließend Erg.-Bücher (Erg.-B. 6, 1941: Rhizoma Imperatoriae, von P. Ostruthium Koch). In der Homöopathie ist „Imperatoria Ostruthium" (Essenz aus frischer Wurzel) ein weniger wichtiges Mittel.
Geiger, um 1830, schreibt über die Anwendung: „Man gibt die Meisterwurzel in Substanz, in Pulver- und Pillenform; im Aufguß. - Präparate hat man jetzt keine mehr von ihr, ehedem aber das Wasser, Öl, Essenz und Extrakt (aqua, ol., essent. et extractum Imperatoriae). Auch machte sie einen Bestandteil der essentia alexipharmaca Stahlii und anderer älterer Kompositonen aus. Mit Unrecht wird diese kräftige Wurzel bei Menschen kaum mehr gebraucht. In der Tierarzneikunde benutzt man sie häufig". Hager, 1874, schreibt: „Die Meisterwurzel wird von den Ärzten nicht mehr gebraucht, obgleich sie früher als Universalmittel Geltung hatte, hier und da fordert sie jedoch heute der abergläubische Landmann, um sein Vieh, vielleicht auch seine Person, vor Zauberei zu bewahren". Hoppe-Drogenkunde, 1958, gibt an: Rhiz. Imperatoriae ist „Diaphoreticum, Diureticum, aromatisches

Stomachicum, Sedativum ... In der Homöopathie bei Magenleiden und Hautkrankheiten. - Zusatz zu einigen Bitterschnäpsen. - In der Veterinärmedizin als volkstümliches Mittel gegen Maul- und Klauenseuche"; Herba Imp. als Magenmittel und Gewürz.

(Verschiedene)
Bei Geiger, um 1830, kommen eine Reihe weiterer P.-Arten vor, bei denen er jedoch andere Gattungsnamen an erster Stelle nennt (wir beziehen uns hier auf die Namen, die der heutigen Zuordnung entsprechen).
1.) P. palustre; „offizinell war sonst die Wurzel (rad. Olsnitii, Thysselini) ... Lockt häufig den Speichel und soll deshalb Zahnschmerzen stillen. Sie wird in nördlichen Ländern wie Tabak gekaut und auch als Gewürz anstatt Ingwer verwendet"; neuerliche Anwendung gegen Epilepsie.
Nach Hoppe kann Bock, um 1550, diese Pflanze mit seinem „Waldfenchel" (bzw. die 1. Art des Bergfenchels) gemeint haben (Abkochung der Wurzel oder Samen in Wein bei Schlangenvergiftung; Vulnerarium). In Ap. Braunschweig 1666 waren 6 1/4 lb. Radix olsnitii vorrätig. Aufgenommen in Ph. Württemberg 1741: Radix Olsnitii (Apii sylvestris, Thysselini Plinii, Mei palustris Silesiaci, Elsenich, Oelnitz; Calefaciens, Incidans, Resolvens; gegen Asthma und Gelbsucht, treibt Harn und Menses; Alexipharmacum). Bei Spielmann, 1783, heißt die Stammpflanze Selinum Sylvestre L., bei Jourdan, um 1830, Selinum palustre L. (Sumpfälsenich, Milchpeterling, Sumpfpetersilie), bei Dragendorff, um 1900, Thysselinum palustre Hoffm. (Elsenich, wilder Eppig; Wurzel als Epilepticum gebraucht). Nach Hoppe-Drogenkunde, 1958, ist Wurzel von P. palustris „Volksheilmittel bei Keuchhusten und Krämpfen".
2.) P. Cervaria; „offizinell ist: Die Wurzel und der Same (radix et semen Cervariae nigrae, Gentianae nigrae ... Diese Wurzel wird jetzt nur noch in der Tierarzneikunde (meist als Bärwurzel) gebraucht. Der Same wird kaum mehr angewendet".
Nach Berendes wird die eine der drei, von Dioskurides als Daukos angegebenen Arten, für P. cervaria gehalten (Same befördert Menstruation, treibt Embryo und Harn aus, gegen Leibschneiden und chronischen Husten, gegen Spinnenstiche, Ödeme). Nach Hoppe beschreibt Bock, um 1550, die Pflanze als eine der Berwurtzeln (weiß Hirtzwurtz), Indikationen ähnlich Dioskurides (siehe oben). Nach Dragendorff, um 1900, wird von P. Cervaria Laspeyr. (= Selinum Cerv. Crantz, Athamanta Cerv. L., Ligust. Cerv. Spr.) „Wurzel und Frucht als Stomachicum, Antipyreticum, Antihydropicum benutzt ... Ist vielleicht der Dawkus des I. el B.".
3.) P. Oreoselinum; „offizinell ist: Die Wurzel, sonst auch das Kraut und der Same (radix, herba et semen Oreoselini, Apii montani) ... Ehedem wurde die Wurzel, Kraut und Same dieser Pflanze häufig gebraucht. Jetzt wird nur noch die erstere (fälschlich als Bibernellwurzel) angewendet".

Um 1780 heißt die Stammpflanze bei Hagen: Athamanta Oreoselinum (Bergpetersilie, Grundheil, Vielgutt), so auch bei Spielmann (Resolvens, Sudoriferum, Diureticum). Aufgenommen in einige Länderpharmakopöen des 19. Jh. (z. B. Ph. Sachsen 1820: Oreoselini Herba, Grundheil, von Athamanta oreoselini L.). Dragendorff, um 1900, schreibt über P. Oreosolinum Mönch (= Selin. Oreos. Scop., Athamanta Oreos. L., Oreos. legitimum M. Bieb.) „Wurzel, Blatt, Frucht wie Peuc. offic. auch gegen Icterus, Fieber etc. verwendet... Wird bei I. el B. Aurasâlinus genannt. Soll die Astrencia der H. Hild. sein". Wirkung nach Hoppe-Drogenkunde, 1958, als Diureticum. In der Homöopathie ist „Oreoselinum" (Essenz aus frischer Pflanze) ein weniger wichtiges Mittel.

Peumus

Nach Tschirch-Handbuch (Bd. III, S. 852) kamen die Boldo-Blätter 1869 nach Frankreich, sie wurden zuerst von Dujardin-Baumez geprüft. Dragendorff-Heilpflanzen, um 1900 (S. 246, Fam. Monimiaceae), schreibt von der chilenischen P. Boldus Mol. (= Boldoa fragrans Gay, Ruizia fragrans Pavon), daß das „Blatt bei Leberaffektionen, Gallensteinen, als Tonicum etc. verordnet" wird. Folia Boldo sind, nebst Fluidextrakt, in Erg.-Büchern zu den DAB's (1916 und später) aufgenommen. Verwendung nach Hager-Handbuch, um 1930, gegen Leber- und Gallenleiden, Rheuma, Gonorrhöe und Dyspepsie; man bereitet daraus ätherisches Oleum Foliorum Boldo. Hoppe-Drogenkunde, 1958, Kap. P. boldus, gibt über die Verwendung des Blattes an: „Stomachicum und Sedativum. - Choleretícum und Cholagogum. - Diureticum und Anthelminticum". In der Homöopathie ist „Boldo" (Tinktur aus getrockneten Blättern; Fornias 1908) ein wichtiges Mittel. Schreibweise nach Zander-Pflanzennamen: **P. boldus Mol.** Zitat-Empfehlung: **Peumus boldus (S.).**

Phalaris

Berendes-Dioskurides: Kap. Glanzgras, P. nodosa L. oder P. canariensis (?).
Sontheimer-Araber: P. canariensis.
Hoppe-Bock: **P. canariensis L.** (Phalaris Dioscuridis).
Geiger-Handbuch: P. canariensis (Kanariengras); **P. arundinacea L.** (Rohrglanzgras).
Zitat-Empfehlung: **Phalaris canariensis (S.); Phalaris arundinacea (S.).**

Dragendorff-Heilpflanzen, S. 83 (Fam. Gramineae).

Nach Dioskurides sind Kraut und Samen der Phalaris wirksam gegen Blasenleiden. Bock, um 1550, übernimmt dies. In Ap. Braunschweig 1666 waren 3 lb. Semen canariae vorrätig. Die Stammpflanze heißt bei Hagen, um 1780: Kanariengras (P. Canariensis). Geiger, um 1830, schreibt bei dieser Pflanze, daß der Same (semen Canariense) ehedem gegen Krankheiten der Harnwerkzeuge benutzt wurde; „an einigen Orten wird das Mehl unter Weizenmehl gemengt und zu Brot benutzt. - Das beliebteste Futter für Kanarienvögel". Vom Rohrglanzgras sollen - nach Geiger - die Blätter (folia Graminis picti) in Apotheken ehedem eingeführt worden sein. Nach Hoppe-Drogenkunde, 1958, sind die Samen von P. canariensis: Diureticum, Vogelfutter.

Phaseolus

Phaseolus siehe Bd. IV, Reg. / V, Glycine.
Bohne siehe Bd. V, Vicia.
Bohnenmehl siehe Bd. II, Resolventia.
Faba siehe Bd. V, Sedum; Vicia.

Hessler-Susruta: P. lobatus; P. radiatus; P. trilobus.
Berendes-Dioskurides: Kap. Vietsbohne, P. vulgaris L.; Kap. Zwergbohne, P. Nanus L.
Sontheimer-Araber: P. vulgaris; P. Mungo.
Hoppe-Bock: P. vulgaris L. (Welsch Bonen).
Geiger-Handbuch: P. vulgaris (gemeine Bohne, Schminkbohne, Schneidebohne); P. multiflorus Lam. (= P. vulgaris β L., **P. coccineus L.**; Feuerbohne); P. nanus (Zwergbohne).
Hager-Handbuch: **P. vulgaris L.**; P. diversifolius Pers.; **P. lunatus L.**
Zitat-Empfehlung: **Phaseolus vulgaris (S.); Phaseolus lunatus (S.); Phaseolus coccineus (S.).**

Dragendorff-Heilpflanzen, S. 335 uf. (Fam. Leguminosae); Bertsch-Kulturpflanzen, S. 156—159.

Ob - wie oben angegeben - P.-Arten bei Dioskurides und den Arabern als gebräuchlich angenommen werden können, ist unwahrscheinlich. Man meint jetzt, daß es sich bei ihnen um die Langbohne, **Vigna sinensis (L.) Savi ex Hassk.** gehandelt hat. Bertsch-Kulturpflanzen führt dazu aus: „Lange Zeit war man der Ansicht, daß unsere Gartenbohne aus Ostindien stamme und daß die Namen Phaseolus bei Dioskurides und Aristophanes, Faseolus und Phasiolus bei Plinius, diese Pflanze anzeigen, zumal der neugriechische Name Phasoulia und der italienische Fagiola in der Tat die Gartenbohne bezeichnen. Aber bei keiner vor- und frühgeschichtlichen Ausgrabung hat man Reste der Gartenbohne gefunden, wohl aber von anderen Hülsenfrüchten"; erste Erwähnung der Pflanze, „D o l i c h o s", bei Theophrast (um 300 v. Chr.); Dioskurides unterschied bereits 2 Arten: S m i l a x kepaea [Kap..-Überschrift bei Berendes: Vietsbohne - Gartenbohne; Frucht wird als Gemüse verwendet, ist harntreibend, verursacht schwere Träume] und Phaseolus [Kap. Zwergbohne bei Berendes; erweicht den Bauch, ist gut gegen Erbrechen]; nach Abbildungen in sehr frühen Handschriften hat man die Pflanzen zu identifizieren versucht, so hat man „Phaseolus" als eine Dolichos melanopthalmus gedeutet, nach Bertsch ist aber richtig: die niedrige, nicht windende Form der Langbohne [Schreibweise nach Zander-Pflanzennamen: **Vigna sinensis (L.) Savi ex Hassk. ssp. sinensis,** A u g e n b o h n e]. „Smilax kepaea bzw. Gartenbohne" des Dioskurides ist die hochwachsende, windende Form der Langbohne [Schreibweise nach Zander: **Vigna sinensis (L.) Savi ex Hassk. ssp. sesquipedalis (L.) Van Eseltine,** S p a r g e l b o h n e]. Zitat-Empfehlung: **Vigna sinensis (S.) ssp. sinensis; Vigna sinensis (S.) ssp. sesquipedalis.**

Die Langbohne soll aus Zentralafrika stammen. Von hier soll sie unter Umgehung Ägyptens nach Indien gelangt sein, wo sie in den Bergländern viel angepflanzt wird. Durch den Heereszug Alexanders des Großen nach Indien im Jahr 333 scheint sie den Griechen bekanntgeworden zu sein, und sie haben sie dann in ihre Heimat mitgenommen. Von Griechenland aus kam die Pflanze nach Italien; die erste Andeutung befindet sich bei Virgil; mit Sicherheit wird sie erstmals aufgeführt bei Columella (1. Jh. n. Chr.). Im Mittelalter scheint sich die Pflanze etwas weiter nach Norden verbreitet zu haben. Im Capitulare de villis (um 830) wird sie als F a s i o l u m aufgeführt. In der Physica der hl. Hildegard erscheint sie als V i c h b o n a. Im Jahr 1565 beschreibt Matthioli sowohl die Langbohne (Vigna) als auch die Gartenbohne (Phaseolus). Im Mittelmeergebiet hat sich die erstere bis in unsere Zeit hinein gehalten; sie ist gegen Nässe und Kälte sehr empfindlich, weshalb sie die Alpen nicht überschritten hat.

Die ältesten Funde der Samen von P.-Arten (P. vulgaris und P. lunulatus) stammen aus peruanischen Gräbern. Beide Arten sind uralte Kulturpflanzen Südamerikas; Columbus erwähnt diese Bohnen schon in seinem ersten Reisebericht; bei seiner Landung auf Cuba sah er Felder mit F e x o n e s und Fabas, die von den spanischen sehr verschieden waren. Um das Jahr 1525 berichtet dann Oviedo, daß in Westindien viele Arten von F e s o l e s vorkommen. Noch im 16. Jh. kamen sie nach Spanien. Hier verwandelte sich der ursprünglich mexikanische Name in F r i s o l, und wegen der Ähnlichkeit mit Faseol sind dann die alten griechischen und lateinischen Namen auf die neue Pflanze übertragen worden.

Die erste Beschreibung der Gartenbohne (P. vulgaris L.) findet sich bei Hieronymus Bock, der im Jahr 1539 bereits sieben verschiedene Sorten unterscheidet. Nach Hoppe bezieht sich Bock, im Kap. W e l s c h B o n e n, auf Dioskurides (Nahrungsmittel und Diureticum, macht „melancholisch"). Fuchs, zur gleichen Zeit, schreibt über Welsche Bonen: „Ist eben das Gewächs, so bei dem Dioscoride Smilax cepaea, zu Latein Smilax hortensis genannt wird. Galenus, Theophrastus und ander mehr nennen solch Gewächs Dolichum. Serapion und seine Nachfolger Faseolos oder Phasiolos. Ist in keinem Brauch bei den Apothekern". Die „Bohnen", von denen in Apotheken des 16./17. Jh. einiges vorrätig war (vor allem Mehl, Farina fabarum), sind Saubohnen (→ Vicia). Erst im Laufe des 17. Jh. bürgerte sich die Schminkbohne (P. vulgaris L.) in Deutschland ganz ein.

Die Ph. Württemberg 1741 führt: Semen fabarum (vulgarium albarum, Bohnen; weniger zu medizinischem, als zu Küchengebrauch; das Mehl ist Cosmeticum und Abstersorium, dient zu erweichenden und zerteilenden Kataplasmen), Aqua (dest.) Flores Fabarum. Die Stammpflanze heißt nach Hagen, um 1780: „Bone, Schminkbone, Türksche Bone (Phaseolus vulgaris), wächst in Indien wild; bei uns wird sie in Gärten an Stangen, woran sie sich hinaufwindet, gezogen ... Die Samen (Sem. Phaseoli), die von mancherlei Farben sind und wovon man die weißen auswählte, wurden vormals gebraucht". Geiger, um 1830, schreibt: „Das Bohnenmehl (farina Fabarum) wird zu Umschlägen (Säckchen) gebraucht; auch wurde es als Schminkmittel auf die Haut benutzt". Hager-Handbuch, um 1930, berichtet über Semen Phaseoli, Weiße Bohnen: „Gepulvert, als Bohnenmehl, zu trockenen Umschlägen in der Volksmedizin bei Rose; auch als Bindemittel für Pillen"; über Fructus Phaseoli sine Semine (Bohnentee, Legumina Phaseoli, Bohnenschalentee): „Im Aufguß bei Blasen- und Nierenleiden, auch gegen Gicht und Rheumatismus in der Volksmedizin". Hoppe-Drogenkunde, 1958, Kap. P. vulgaris, gibt an: Verwendet werden 1. der Same („außer der Verwendung als Nahrungsmittel in gepulverter Form zu Kataplasmen, zu Umschlägen bei nässenden und juckenden Ekzemen, Pillenbindemittel. Zur Gewinnung von Amylum Phaseoli - Bohnenstärke. Nährmittel. Zur Herstellung von Pillen, Pudern und dgl."); 2. die Bohnenschalen (sind aufgenommen ins Erg.-B. 6, 1941; „Diureticum, bes. bei Nieren- und Herzkrankheiten. Blutzuckersenkende Droge, als Adjuvans bei leichten Fällen von Diabetes angewandt. — In der Volksheilkunde vor allem als Diureticum"). In der Homöopathie ist „Phaseolus nanus - Zwerg- oder Buschbohne" (**P. vulgaris L. var. nanus (L.) Aschers.**; Essenz aus der nach der Blüte gesammelten Pflanze; Allen 1878) ein wichtiges Mittel, während „Phaseolus vulgaris e tota planta" (Essenz aus ganzer Pflanze) ein weniger wichtiges Mittel ist.

Philadelphus

Geiger, um 1830, erwähnt **P. coronarius L.** (wohlriechender Pfeifenstrauch, wilder Jasmin); ein in Südeuropa heimischer, „bei uns häufig in Anlagen gezogener" Strauch; „davon waren ehedem die, frisch wie Jasmin riechenden, Blumen (flores Philadelphi, Syringae albae, Jasmini sylvestris) offizinell. Durch Destillation mit Wasser liefern sie ein angenehm riechendes, destilliertes Wasser. Öfter wird aus ihnen das falsche Jasminöl bereitet ... Die Blätter werden in Italien zu Salat getan". Nach Dragendorff-Heilpflanzen, um 1900 (S. 268; Fam. Saxifragaceae), werden die Blüten bei Nervenleiden empfohlen. In der Homöopathie ist „Philadelphus coronarius" (Essenz aus frischen Blüten) ein weniger wichtiges Mittel. Zitat-Empfehlung: **Philadelphus coronarius (S.).**

Phillyrea

Nach Berendes beschreibt Dioskurides im Kap. Phillyrea die breitblättrige Steinlinde, **P. latifolia L.** (Blätter sind Adstringens; gegen Mundgeschwüre, Abkochung zu Mundwasser; innerlich zum Befördern des Harns und der Periode). Entsprechendes gibt Dragendorff-Heilpflanzen, um 1900 (S. 525; Fam. Oleaceae), an; die Blüten werden zu Kataplasmen bei Kopfschmerzen benutzt. Zitat-Empfehlung: **Phillyrea latifolia (S.).**

Phlomis

Phlomis siehe Bd. V, Leonotis.
Zitat-Empfehlung: *Phlomis fruticosa (S.)*; *Phlomis tuberosa (S.)*.

Nach Geiger, um 1830, war das Kraut von **P. fruticosa L.** gebräuchlich; von der sibirischen **P. tuberosa L.** wird der Aufguß der Wurzel als Laxiermittel gebraucht; trocken ist sie nährend und wird genossen. Nach Dragendorff-Heilpflanzen, um 1900 (S. 574; Fam. Labiatae), wird von der ersteren das Kraut bei Wunden, Geschwüren, Verbrennungen, von der zweiten die Wurzelknolle gegen Ruhr, bei Hernien und als Speise benutzt.

Phönix

Dactylus siehe Bd. II, Expectorantia. / V, Cynodon; Paeonia; Tamarindus.
Dattel siehe Bd. II, Acraepala. / V, Tamarindus.
Palma siehe Bd. V, Elaeis; Ruscus; Sagus.

Deines-Ägypten: Dattel, Dattelpalme, Dattelsaft, Dattelpalmenwein.
Hessler-Susruta: P. sylvestris.
Grot-Hippokrates; Berendes-Dioskurides (Kap. Dattelpalme);

Sontheimer-Araber; Fischer-Mittelalter, **P. dactylifera L.** (palma, dactilus, datteln; Diosk.: phoinix).
Hoppe-Bock (Dactelbaum, Palma); Geiger-Handbuch; Hager-Handbuch, P. dactylifera L.
Zitat-Empfehlung: **Phönix dactylifera (S.).**

Dragendorff-Heilpflanzen, S. 93 (Fam. Principes-Palmae; nach Zander-Pflanzennamen: Palmae); Tschirch-Handbuch II, S. 38.

Antike Autoren (Theophrast, Plinius) berichten ausführlich über die Dattelpalme (liefert Nutzholz; Blätter zu Flechtwerk, Seilen; Früchte als Nahrungsmittel, für Dattelwein). Über die med. Verwendung der Datteln berichtet Dioskurides (sie sind herb, adstringierend; gegen Durchfall und Fluß der Frauen, Hämorrhoiden; als Umschlag zum Verkleben von Wunden; trockene Datteln gegen Blutspeien, Magen- und Blasenleiden, Dysenterie, Rauheit der Luftröhre). Bock, um 1550, lehnt sich - nach Hoppe - z. T. an Dioskurides an: getrocknete Früchte bei blutigem Sputum und gegen Erbrechen; nach Mesue befördert Dattellatwerge Schleim und Galle; Asche der Kerne mit Wein als Einreibung bei Ausfall der Augenbrauen. In Ap. Lüneburg 1475 waren vorrätig: 3 qr. Dactyli und 1/2 lb. Ossis dactilorum. Die T. Worms 1582 führt unter Früchten auf: Dactyli (Caryotae, Caryotides, Palmulae); Dactylorum caro (Dacteln von Kernen gereinigt) [heißt nach Cordus, 1546, auch Thamar und ist Hauptbestandteil des Diathamaron Nicolai]; Dactylorum ossa (Dactelstein, Dactelkern); Dactylorum ossa adusta et praeparata (gebrannt und bereit Dactelkerne). Die Ap. Braunschweig 1666 enthielt 20 lb. Dactili. In Ph. Württemberg 1741 sind aufgenommen: Dactyli (Datteln, Palmulae, Caristae; Demulcans; bei Katarrhen, Husten und rauher Luftröhre, gegen Stein- und Nierenleiden, Harnzwang). Seit 19. Jh. in Deutschland nicht mehr in Pharmakopöen. Geiger, um 1830, berichtet über Verwendung: „Man verordnet die Datteln [Dactyli, Palmulae, Tragemata] gegen Brustkrankheiten und nimmt sie wie die Feigen unter Brusttee. Sie kommen auch zum Augsburger Brusttee. Die Kerne (nuclei Dactylorum) hat man ehedem gegen Harnkrankheiten verordnet ... Man macht sie ferner mit Zucker ein (Caryoten). Durch Gährung liefern sie Wein, Branntwein und Essig".
In Hager-Handbuch, um 1930, ist von med. Verwendung der Datteln nicht mehr die Rede (Genuß- und Nahrungsmittel, zur Weinbereitung; Kaffeersatz); nur Dattelhonig wird als Volksmittel gegen Brustleiden genannt. Nach Hoppe-Drogenkunde liefern die Kerne ein fettes Öl, Oleum Dactyli.

Phoradendron

Nach Dragendorff-Heilpflanzen, um 1900 (S. 183; Fam. Loranthaceae), werden Phorodendron flavescens Nutt. (Ver. Staaten, Mexiko. Gegen Menstruationsstörungen, als Antispasmodicum, Emeticum, Catharticum, wehentreibendes Mittel) und Phorodendron rubrum Nutt. (Viscum rubrum L., wie Viscum album) gebraucht. Die erste Art, P. flavescens, ist auch in Hoppe-Drogenkunde, 1958, aufgenommen (Herba Phoradendri, Amerikanische Mistel; Antispasmodicum, Sedativum).

Phragmites

Rohr siehe Bd. V, Arundo; Saccharum.

Deines-Ägypten: „Mark des Schilfrohres".
Berendes-Dioskurides: Kap. Rohr, Arundo Phragmites L.
Fischer-Mittelalter: P. communis L. u. Typha (ulva, canna, arundo parva, schelp, selph, ror; Diosk.: typhe).
Hoppe-Bock: P. communis Trin. (Ror).
Geiger-Handbuch: Arundo Phragmites (gemeines Schilfrohr).
Zander-Pflanzennamen: **P. australis (Cav.) Trin. ex Steud.**
Zitat-Empfehlung: **Phragmites australis (S.).**

Dragendorff-Heilpflanzen, S. 85 (Fam. Gramineae); Peters-Pflanzenwelt, S. 9—16.

Bei den Rohr-Arten nennt Dioskurides „Phragmites" (die zerriebene Wurzel zieht als Umschlag Splitter und Dornen heraus; mit Essig lindert sie Verrenkungen und Hüftschmerzen; zerstoßene grüne Blätter gegen Rose u. a. Entzündungen). Diese Indikationen findet man auch bei Bock, um 1550. Geiger, um 1830, schreibt über die Schilfrohrwurzel, Radix Arundinis vulgaris: „ehedem als sog. blutreinigendes Mittel in Abkochung gegeben. Man hielt sie für ein Ersatzmittel der Chinawurzel (von Smilax China). - Die starken Halme werden bekanntlich zum Dachdekken, zum Verrohren der Wände usw. benutzt". Dragendorff, um 1900, schreibt zu P. communis Trin. (= Arundo Phr. L., A. vulgar. Lam.): „Wurzelstock als diuret. und diaphoret. Mittel im Gebrauch, auch eßbar. Schleimabsonderung der Stengel in Amerika nach Insektenstichen angewendet. (Ob nicht das „Garum" der spätgriechischen Ärzte?) Bei Gal. ist Phragm. Kalamos phragmites, bei Abu Mans. u. A. Qasab". Nach Hoppe-Drogenkunde, 1958, ist das Kraut, Herba Phragmites communis, ein „Diureticum. - In Ostasien werden die Rhizome bei Diabetes gebraucht".

Phyllanthus

Phyllanthus siehe Bd. V, Cereus; Terminalia.

Hessler-Susruta: P. emblica; P. multiflorus.
Tschirch-Sontheimer-Araber: P. emblica Willd.

Fischer-Mittelalter: P. Emblica L. (emblici, kebuli, bellerici).
Beßler-Gart: **P. emblica L.** (eine Sorte der Mirobalani bzw. Emblici bzw. Behennüsse).
Geiger-Handbuch: Emblica officinalis Gärtn. (= P. Emblica L., kleiner Mirobalanenbaum).
Hager-Handbuch: P. mollis Müll. Arg. (= Emblica officinalis Gärtn.)
Zitat-Empfehlung: **Phyllanthus emblica (S.).**

Dragendorff-Heilpflanzen, S. 373 uf. (Fam. Euphorbiaceae).

Die Myrobalani Emblicae (als eine der Myrobalanensorten, → Terminalia) kommen in zahlreichen Kompositionen, die auf arabisch-mittelalterlicher Tradition beruhen, vor (Ph. Nürnberg 1546, z. B. Tryphera minor Foenonis, Tryphera sarracenica u. persica Mesuae, Confectio Anacardina Mesuae, Confectio Hamech maior Mesuae, Electuarium Episcopi Mesuae, Pilulae arabicae Nicolai, Pilulae lucis maiores u. minores Mesuae, Pilulae sine quibus esse nolo Nicolai, Pilulae imperiales magistrales, Pil. de Bdellio maiores Mesuae, Oleum de Piperibus Mesuae). In Ap. Lüneburg 1475 waren 3 qr. Mirabalanorum emblicorum vorrätig. Die T. Worms 1582 verzeichnet (neben den anderen) Myrobalani Empeliticae (M. emblicae, Empelitici, Emplici, Myrobalanen Emblici); Pilulae de quinque Myrobalanis, Myrobalani emblicae conditae. In Ap. Braunschweig 1666 waren vorrätig: Myrobalani emblicoum (7½ lb.), Condita m. (2 lb.). Nach Schröder, 1685, purgieren die Emblici und führen den Schleim ab, nach Ph. Württemberg 1741 schrieben die Alten den Myrobalani Emblicae (Aschfarbe Myrobalanen) schleim- und galleabführende Wirkung zu.

Hagen, um 1780, schreibt über den „Mirobalanenbaum (P. Emblica), ist ein hoher Baum, der in Malabar, Zeilon und anderen Orten wächst. Die Früchte dieses Baumes sind die so genannten Mirobalanen (Myrobalani), die fleischig sind, eine Nuß enthalten und einen zusammenziehenden Geschmack haben. Man hat 5 Sorten von diesen Früchten, und es ist noch unbekannt, ob sie von verschiedenen Bäumen abstammen oder alle von dem angezeigten herkommen, und sich bloß durch ihre größere oder geringere Reife unterscheiden. Die aschfarbenen Myrobalanen (Myrobalani Emblicae) kommen gewiß von ihm her. Diese sind etwas größer als Flintenkugeln, schwärzlich, sechseckig und sehen eher Stücken als ganzen Früchten ähnlich ... Die Mirobalanen werden in Apotheken selten mehr gebraucht".

Nach Geiger, um 1830, kommen die Mirobalani Emblicae von Emblica officinalis Gärtn. oder P. Emblica L.; „ehedem wurden die Myrobalanen häufig gebraucht, als Laxiermittel (?), bei Ruhren usw. ... Bei uns jetzt höchst selten. Auch sind sie wohl entbehrlich". In Hager-Handbuch, um 1930, sind Myrobalani noch genannt, dabei die M. Emblicae. „Anwendung. Medizinisch kaum noch als Adstringens, technisch zum Gerben und Färben". Entsprechendes bei Hoppe-Drogenkunde, 1958, Kap. P. Emblica.

Phyllitis

Phyllitis siehe Bd. II, Antidysenterica. / V, Ceterach; Polystichum.
Hirschzunge oder Hirtzzung(e) siehe Bd. V, Blechnum; Ceterach; Liatris.
Lonchitis siehe Bd. V, Serapias; Blechnum.
Scolopendrium siehe Bd. II, Diuretica; Splenetica. / V, Ceterach; Polystichum.

Berendes-Dioskurides: Kap. Hirschzunge, Scolopendrium officinale Sm.
Tschirch-Sontheimer-Araber: Scolopendrium officinale.
Fischer-Mittelalter: Scolopendrium vulgare Smith cf. Ceterach (asplenion, lingua cervina, scolopendria, saxifraga, herba scripta, ceterach; hirtzunge; Diosk.: phyllitis, splenion).
Hoppe-Bock: Kap. Hirtzzung, P. scolopendrium N. (Miltz-, Monkraut).
Geiger-Handbuch: Scolopendrium officinarum Sm. (= Asplenium Scolopendrium L., gemeine Hirschzunge).
Zander-Pflanzennamen: **P. scolopendrium (L.) Newm.**
Zitat-Empfehlung: **Phyllitis scolopendrium (S.).**

Dragendorff-Heilpflanzen, S. 56 (Fam. Polypodiaceae; nach Zander: Aspleniaceae).

Die Hirschzunge hilft nach Dioskurides gegen Schlangenbisse, Durchfall. Bock, um 1550, bildet den Farn, der auch gegen Milzerkrankungen helfen soll, als eine Art von Hirschzunge neben Blechnum spicant und Ceterach officinarum ab.
In Ap. Lüneburg 1475 waren vorrätig: Scolopendrium (4 lb.), Aqua S. (3 St.). Die T. Worms 1582 führt: [unter Kräutern] Phyllitis (Lingua ceruina, Hirtzzung); die T. Mainz 1618: Scolopendrium maius (seu officinarum, Lingua cervina, phyllitis, Hirzzung); T. Frankfurt/M. 1687: Herba Linguae cervinae (Scolopendrium vulgare, Hirschzung). In Ap. Braunschweig 1666 waren vorrätig: Herba scolopendri (4 K.), Aqua s. (1 St.), Conserva s. (1 lb.), Extractum s. (15 Lot), Sal s. (5 Lot), Syrupus s. (16 lb.).
Aufgenommen in Ph. Württemberg 1741: Herba Scolopendri vulgaris (majoris, Lonchitidis, Linguae cervinae, Phyllitidis, Hirschzungen; gehört zu den herbas V. capillares; als Specificum bei Herzklopfen, krampfartigen Bewegungen usw. empfohlen). Die Stammpflanze heißt bei Hagen, um 1780: Hirschzunge (Asplenium Scolopendrium). Anwendung der Droge nach Geiger, um 1830: „Man gibt das Laub in Substanz, in Pulverform, oder besser frisch als Konserve. Äußerlich wurde es als Wundmittel aufgelegt. - Präparate hatte man Extrakt und Wasser (extr. et aqua Scolopendrii) und nahm das Laub noch zu mehreren Zusammensetzungen. Jetzt ist es fast obsolet. Es kommt zu dem Schweizer Falltrank".
Verwendung des Krautes nach Hoppe-Drogenkunde, 1958, Kap. Scolopendrium vulgare: „Expectorans, Diureticum, Diaphoreticum in der Volksheilkunde". In

der Homöopathie ist „Scolopendrium" (Essenz aus frischem Kraut) ein weniger wichtiges Mittel.

Physalis

Physalis siehe Bd. II, Antiarthritica. / V, Nicandra; Solanum; Strychnos.
Alicacabo siehe Bd. II, Succedanea.
Alkekengi siehe Bd. II, Alexipharmaca; Antiarthritica; Antirheumatica; Lithontriptica. / IV, G 1035.
Halicacabus siehe Bd. II, Diuretica.

Hessler-Susruta: P. flexuosa.
Berendes-Dioskurides: Kap. Strychnos Halikakabos, P. Alkekengi L. (oder P. somnifera L.?); Kap. Schlafstrychnos, P. somnifera L.?; Kap. Bertramwurz, P. somnifera?
Tschirch-Sontheimer-Araber: P. Alkekengi.
Fischer-Mittelalter: P. Alkekengi L. (alchikingi, herba salutaris, coralli, concordia, boberella, pfaffenteschel, iudenteschel, saltriane, schlutte; Diosk.: strychnos halikakabos, physalis; Arab.: alkekengi).
Hoppe-Bock: Kap. Von Nachtschadt, **P. alkekengi L.** (Schlutten, Judendocken, Boberellen, Judenkirßen, Teuffelskirßen, Groß steinbrech).
Geiger-Handbuch: P. Alkekengi (gemeine Schlutte, Judenkirsche); P. somnifera; P. pubescens.
Hager-Handbuch: P. alkekengi L. (= Alkekengi officinarum Mönch.).
Zitat-Empfehlung: **Physalis alkekengi (S.).**

Dragendorff-Heilpflanzen, S. 596 uf. (Fam. Solanaceae).

Für die Deutung dreier Dioskurides-Kapitel werden P.-Arten herangezogen, ohne daß diese im einzelnen ganz sicher sind. Bei Strychnos Halikakabos kommt außer P. alkekengi L. auch P. somnifera L. in Frage, beim Schlafstrychnos außer P. somnifera L. auch Solanum dulcamara L. (1. Strychnos Halikakabos hat dieselben Kräfte wie der Gartenstrychnos [→ Solanum nigrum]; die Frucht wegen harntreibender Wirkung gegen Gelbsucht. 2. Schlafstrychnos: Rinde hat schlafmachende Wirkung [weitere Angaben → Solanum, dort bei Dulcamara]). Bock, um 1550, der P. alkekengi L. als eine Sorte von Nachtschatten abbildet, bezieht sich auf den Halikakabos des Dioskurides (Früchte oder Destillat als Diureticum und gegen Steinleiden).
In Ap. Lüneburg 1475 waren Trochisci alkekengi (1½ oz.) vorrätig, eine Zubereitung nach Mesue aus Fructus Alkekengi, verschiedenen Samen, Gummis, Opium usw., die in Ph. Nürnberg 1546 aufgenommen wurde und pharmakopöeüblich blieb; Cordus nennt sie auch Trochisci Halicacabi.

Die T. Worms 1582 führt: [unter Früchten] Halicacabi grana (Physalides, Grana solani vesicarii, Grana solani vel solatri rubei, Grana Alkekengi, Grana vesicariae, Cerasa Judaeorum, Cerasa terrae, Boberellen, Jüdenkirschen, roth Nachtschaden, Steinkirschen, Jüdenhütlein, Winterkirschen, Jüdendöcklen, Schlutten und roth Schlutten); Aqua (dest.) Alkekengi (Halicacabi, Jüdenkirschen- oder Boberellenwasser), Trochisci de halicacabo (de Alkekengi, Pastilli diaphysalidon, Kügelein von Jüdenkirschen). In T. Frankfurt/M. 1687, als Simplicia: Herba Halicacabus (Alkekengi, Vesicaria, Solanum Vesicarium, Solanum Halicacabum, Judenkirschen-Blätter oder Kraut), Semen Halicacabi (Alkekengi, Judenkirschensaamen). In Ap. Braunschweig 1666 waren vorrätig: Herba halicacabi (1/2 K.), Semen alkekengi (6 lb.), Aqua a. (2 St.), Trochisci a. sine opio (10 Lot), Trochisci a. cum opio (6 Lot).
Die Ph. Württemberg 1741 hat aufgenommen: Semen Alkekengi (Halicacabi, Judenkirschen-Saamen; Antinephriticum), Alkekengi (seu Halicacabi baccae, Solani vesicarii, Juden-Kirschen; Refrigerans, treibt Harn, gegen Steinleiden); Aqua (dest.) e Fructus Halicacabi, Trochisci Alkekengi und Trochisci A. cum Opio. Die Stammpflanze heißt bei Hagen, um 1780: P. Alkekengi. Nach Geiger, um 1830, ist von P. Alkekengi offizinell: „Die Frucht, Judenkirsche, Blasenkirsche (baccae Alkekengi) ... Ehedem hat man die Beeren (und Samen) als ein harntreibendes und schmerzstillendes Mittel gebraucht; jetzt wendet man sie kaum mehr an. - Man hatte davon ein Wasser und Syrup. Die Früchte ißt man übrigens roh und mit Essig eingemacht". Von P. pubescens (Ost- und Westindien) und P. somnifera erwähnt Geiger die urintreibende, bei letzterer auch die schlafmachende Wirkung.
In Hager-Handbuch, um 1930, ist über Anwendung von Fructus Alkekengi ausgeführt: „Die Beeren galten früher als Diureticum; sie werden zuweilen noch im Handverkauf gefordert". Hoppe-Drogenkunde, 1958, gibt an: „Diureticum. - In der Homöopathie [dort ist „Physalis Alkekengi" (Essenz aus frischen, reifen Beeren) ein weniger wichtiges Mittel]. - Volksheilmittel bei Nieren- und Blasenleiden, bei Gicht und Rheuma".

Physostigma

Calabarbohne siehe Bd. II, Mydriatica.
Zitat-Empfehlung: *Physostigma venenosum (S.).*
Dragendorff-Heilpflanzen, S. 335 (Fam. Leguminosae); Tschirch-Handbuch III, S. 478 uf.

Die Samen von **P. venenosum Balf.** sind in Westafrika, dort Esere genannt, seit langen Zeiten als Gottesgerichtsbohne im Gebrauch. Die Samen wurden in Europa 1840 durch Danieli bekannt. Bestimmung der Stammpflanze durch Balfour (1860); bald darauf beobachtete Fraser die myotische Wirkung der Samenextrakte. Wegen

dieser eigentümlichen Wirkung auf die glatten Muskelfasern der Regenbogenhaut und anderer Organe wurde die Calabarbohne ins DAB 1, 1872, aufgenommen (Faba Calabarica; daraus zu bereiten ein Extrakt; danach beides in die Erg.-Bücher als Semen Calabar, so noch 1941). Ab DAB 2, 1882, wurde der Inhaltsstoff Physostigmin (Eserin) offizinell (als Salicylat, auch als Sulfat).
Nach Hagers Kommentar, 1874, finden die Calabarbohnen in Substanz keine Anwendung, nur das Extrakt; bei Neuralgien, Epilepsie, Starrkrampf, Säuferwahnsinn, Bronchialkatarrh, Rotlauf, in Pillen oder Pulver. Anwendung nach Hager-Handbuch, um 1930: Aus Semen Physostigmatis werden Extrakt und Tinktur bereitet. Wirkung wie Physostigmin. Dieses findet nur in Form seiner Salze medizinische Anwendung, meist als Salicylat (Sulfat für Tierheilkunde). Innerlich bei Epilepsie, Chorea, Tetanus, bei Darmatonie und -lähmung; äußerlich für Augentropfen. Nach Hoppe-Drogenkunde, 1958, Kap. P. venenosum: „Darmwirksames Mittel nach Operationen. - In der Veterinärmedizin bei Darmkoliken der Pferde. - Zur Darstellung der Alkaloide ... Als pupillenverengendes Mittel in der Augenheilkunde. - In der Homöopathie". Dort ist „Calabar - Calarbarbohne" (Tinktur aus getrocknetem Samen; Hale 1873) ein wichtiges Mittel.

Phytolacca

Phytolacca siehe Bd. II, Antisyphilitica. / IV, G 1215.
Zitat-Empfehlung: *Phytolacca americana (S.)*.
Dragendorff-Heilpflanzen, S. 201 uf. (Fam. Phytolaccaceae).

Geiger, um 1830, beschreibt P. decandra (Kermesbeere, amerikanischer Nachtschatten). „Diese lange schon in Amerika als Arzneimittel benutzte Pflanze wurde in der Mitte des vorigen Jahrhunderts in Europa, besonders durch Coldenius, angerühmt und neuerlich wieder von Zollikofer empfohlen ... Offizinell ist: Das Kraut und die Beeren (herba et baccae Phytolaccae seu Solani racemosi) ... Die älteren Blätter hat man innerlich so wie den Saft äußerlich gegen Krebsgeschwüre gebraucht. Den Saft der reifen Beeren hat Zollikofer vor einigen Jahren gegen chronische Rheumatismen empfohlen. Er war Bestandteil des Balsam. tranquillans ... Man gebraucht [die Beeren] zum Rotfärben des Weins und anderer Flüssigkeiten, sowie Konditorwaren".
Nach Jourdan, zur gleichen Zeit, wendet man außer dem Kraut die Wurzel an (radix Phytolaccae s. Solani racemosi); „nach Hayward kann die Wurzel ... die Ipecacuanha sehr gut ersetzen. Das Extrakt der Blätter ist äußerlich bei offenem Krebs gerühmt worden. Den Aufguß hat man bei Rheumatismus und Hämorrhoiden empfohlen".
In Hager-Handbuch, um 1930, ist P. decandra L. Stammpflanze von: Fructus Phytolaccae (Kermesbeeren; zum Färben von Gewebe, auch von Wein), Radix P. decandrae (Radix Mechoacannae spuria (canadensis), Rad. Solani racemosi;

„die Wurzel wirkt in kleinen Gaben purgierend, in größeren drastisch und narkotisch. Die Wurzel ist gegen Skorbut und Syphilis empfohlen worden"), Folia P. (Anwendung wie die Wurzel). Auch andere Arten werden teils zum Färben, teils als Arzneimittel benutzt. Sie werden in Hoppe-Drogenkunde, 1958, gleichfalls aufgezählt.
In der Homöopathie ist „Phytolacca-Kermesbeere" (P. decandra L.; Essenz aus frischer Wurzel; Hale 1867) ein wichtiges, „Phytolaccae baccis" (Essenz aus reifen Beeren) ein weniger wichtiges Mittel. Schreibweise nach Zander-Pflanzennamen: **P. americana L.** (= P. decandra L.).

Picea

P i c e a siehe Bd. II, Expectorantia; Succedanea. / V, Boswellia; Pinus.
C a r b o siehe Bd. V, Coffea; Quercus; Tilia.
F i c h t e siehe Bd. IV, E 303, 387; G 670, 957, 1592. / V, Usnea.
K o h l e siehe Bd. V, Rhamnus; Tilia.

S o n t h e i m e r-Araber: P i n u s Picea.
F i s c h e r-Mittelalter: P. excelsa Link (pinus, a b i e s citrina, f i e c h t a).
H o p p e-Bock: Kap. T h a n n e n b a u m , P. excelsa Link.
G e i g e r-Handbuch: Pinus Abies L. (= Pinus Picea du Roi, Abies excelsa D. C.; gemeine T a n n e , R o t t a n n e , S c h w a r z t a n n e , K i e f e r).
Z a n d e r-Pflanzennamen: **P. abies (L.) Karst.** (= Pinus abies L., P. excelsa (Lam.) Link, P. vulgaris Link; gemeine Fichte, Rotfichte).
Z i t a t-Empfehlung: **Picea abies (S.); Picea mariana (S.).**

Dragendorff-Heilpflanzen, S. 68 (Fam. C o n i f e r a e ; nach Schmeil-Flora: Fam. P i n a c e a e).

Erst seit 2. Hälfte des 19. Jh. wird die Fichte (auch Rottanne genannt) als Gattung Picea von der Gattung Pinus, und auch Abies, unterschieden, das gibt einige Verwirrungen in der Nomenklatur. So bezeichnet Geiger, um 1830, die Fichte noch als Pinus Abies L. Sie liefert nach seiner Darstellung:
1.) Harz (gemeiner W e i h r a u c h , W a l d r a u c h , O l i b a n u m sylvestre, T h u s vulgare; zum Räuchern in Kirchen). In T. Worms 1582 steht Thus adulterinum [→ B o s w e l l i a], in T. Frankfurt/M. 1687: Resina picea, Rot-Tannenharz. Nach Ph. Württemberg 1741 wird Resina communis seu vulgaris, Fichtenharz, von Abies- und Pinusarten geliefert. Daß dabei auch an die Fichte zu denken ist, zeigt Ph. Preußen 1799 und alle folgenden: Als Stammpflanzen von Resina Pini wird, neben Pinus sylvestris, auch Pinus Abies angegeben. Das DAB 1, 1872, das letztmalig vor den Erg.-Büchern Resina Pini enthält, gibt an: verschiedene tannenartige Gewächse, nach dem Kommentar u. a. Abies excelsa D. C. In Erg.-B. 6, 1941, ist Resina Pini, Fichtenharz, „der freiwillig erhärtete und durch Schmelzen und Kolieren gereinigte und großteils von Wasser befreite Harzsaft verschie-

dener Abietineen, besonders Pinus pinaster Solander und Picea excelsa (Lamarck) Link.
2.) Terpentin (→ Pinus).
3.) Turiones et Ramusculi Abietinis, das sind die Knospen und jungen Triebe der Fichte.
Hager, um 1930, führt Picea nicht extra auf. Bei Turiones Pini ist vermerkt, daß man sie auch von Picea excelsa sammelt. Nach Hoppe-Drogenkunde, 1958, wird von P. excelsa verwendet:
1.) Holzkohle. Sie ist seit 1827 als Carbo vegetabilis offizinell; DAB 6, 1926, Carbo Ligni pulveratus. Hager schreibt im Kommentar zum DAB 1: „Die meiste Kohle, wie sie auf den Markt kommt, ist Fichtenholzkohle, weil sie besser brennt und eine stärkere Hitze gibt als die Kohle harter Holzarten". Verwendung als Absorbens.
2.) Ätherisches Öl der Nadeln, Oleum Piceae foliorum, und der Zapfen, Oleum Piceae fructum, beide für Tannenduftessenzen, für Einreibungen und Badetabletten.
3.) Fettes Öl der Samen, Oleum Piceae.
4.) Terpentin.
In der Homöopathie ist „Abies nigra - Schwarzfichte" (Picea nigra Lk.; alkoholische Lösung von eingetrocknetem Harz; Millspaugh 1887) ein wichtiges Mittel. Schreibweise nach Zander: **P. mariana (Mill.) B. S. P.** (= P. nigra (L.) Link).

Picramnia

Nach Dragendorff-Heilpflanzen, um 1900 (S. 365; Fam. Simarubeae; nach Zander-Pflanzennamen: Simaroubaceae), dient P. pentandra Sw. (= P. antidesma Sieb.) unter dem Namen Hondurasrinde als Bittermittel, bei Dysenterie und Cholera. Desgleichen P. ciliata Benth. et Hook. und Picrodendron arboreum Planch. Bei Hoppe-Drogenkunde, 1958, gibt es ein Kap. P. antidesma; Rinde (Cortex Cascarae amargae, Hondurasrinde) ist Diureticum; bei Hautleiden. In der Homöopathie ist „Cascara amarga" **(P. antidesma Sw.;** Tinktur aus getrockneter Rinde) ein weniger wichtiges Mittel. Zitat-Empfehlung: **Picramnia antidesma (S.).**

Picrasma

Picrasma siehe Bd. V, Quassia; Simaruba.
Picraena siehe Bd. IV, G 1393.
Zitat-Empfehlung: *Picrasma excelsa (S.).*
Dragendorff-Heilpflanzen, S. 365 (Fam. Simarubeae; nach Zander-Pflanzennamen: Simaroubaceae); Tschirch-Handbuch III, S. 789 uf.

Nach Tschirch-Handbuch tritt das jamaicensische Bitterholz erst später als das surinamische (→ Quassia) auf; um 1750 wird es in Europa noch nicht

benutzt; Lindsay, der die Pflanze 1794 beschrieb, erwähnte, daß das Holz bei Fieber benutzt wurde und die Rinde bei der Bereitung von Porter und Ale; es wurde dafür starke Reklame gemacht, und die Quassiabecher kamen auf, die sich aus diesem Holz besser herstellen lassen als aus den dünneren Stücken der Quassia amara; in England verdrängte es das surinamensische Holz, und die Londoner Pharmakopöe von 1809 ließ es allein zu.
Auch die ersten preußischen Pharmakopöen (1799-1813) gaben als Stammpflanze von Cortex und Lignum Quassiae allein Quassia excelsa an, dann diese und Quassia amara, später auch nur Quassia amara. In DAB 2, 1882, erscheint neben der Stammpflanze Quassia amara die Picraena excelsa, ab 1900 P. excelsa genannt. Dragendorff-Heilpflanzen, um 1900, beschreibt - außer 3 weiteren P.-Arten - P. excelsa Planch. (= Picraena excelsa Lindl., Quassia excelsa Sw., Simaruba excelsa D. C.). In Hager-Handbuch, um 1930, ist wieder als Stammpflanze des Surinam-Quassiaholzes angegeben: Picraena excelsa Lindley (= P. excelsa (Swartz) Planchon). Das Kapitel bei Hoppe-Drogenkunde, 1958, ist überschrieben: Picrasma excelsa. Schreibweise nach Zander-Pflanzennamen: **P. excelsa Planch.** (= Aeschrion excelsa (Planch.) O. Kuntze).
Über die Anwendung, die die gleiche wie beim Jamaika-Quassiaholz ist, → Quassia. In der Homöopathie ist „Quassia amara" (Quassia amara L. u. P. excelsa (Swartz) Planch.; Tinktur aus getrocknetem Holz; Allen 1878) ein wichtiges Mittel.

Pilocarpus

Jaborandus siehe Bd. II, Antihydrotica; Expectorantia; Mydriatica.
Zitat-Empfehlung: *Pilocarpus jaborandi (S.)*; *Pilocarpus microphyllus (S.)*; *Pilocarpus pennatifolius (S.)*; *Pilocarpus racemosus (S.)*; *Pilocarpus spicatus (S.)*.
Dragendorff-Heilpflanzen, S. 353 uf. (Fam. Rutaceae); Tschirch-Handbuch III, S. 259.

Erwähnungen und Abbildungen von brasilianischen Jaborandis gehen schon auf das 17. Jh. zurück; nach Tschirch-Handbuch handelt es sich dabei und später aber meist um Piperaceen-Drogen (Piper-, Serronia-, Monniera-Arten). Erst 1873 führte Coutinho in Pernambuco die Blätter einer P.-Art, als schweißtreibendes Mittel, in den Arzneischatz ein, sie fanden danach in Europa rasche Verbreitung. Die Droge wird von verschiedenen P.-Arten geliefert.
Aufgenommen in DAB's; Ausgabe 1882-1890 (Folia Jaborandi, von P. pennatifolius); 1900 (von Arten der Gattung P.); dann Erg.-Bücher (1916: P.-Arten, an erster Stelle P. Jaborandi Holmes; 1941: von P. microphyllus Stapf; daraus wird Tinktur bereitet). Nach Hager-Handbuch, um 1930, werden außerdem genannt: P. pennatifolius Lem., P. trachylophus Holms, P. spicatus St. Hil., P. racemosus Vahl; „Wirkung und Anwendung. Innerlich im Aufguß, seltener als Abkochung, als schweiß- und speicheltreibendes Mittel. (Meist gibt man dem Pilocarpin

den Vorzug). Äußerlich in Form von Kopfwässern zur Beförderung des Haarwuchses". Hoppe-Drogenkunde, 1958, Kap. P. pennatifolius, gibt zu Folia Jaborandi an: „Pilocarpin regt die Speichel- und Schweißsekretion an. - Schweißtreibendes Mittel bei Nierenkrankheiten, Herzkrankheiten und Ödemen. Bei Darmatonien. - In der Augenheilkunde als pupillenverengendes Mittel. - In der Homöopathie [wo „Jaborandi - Jaborandiblätter" (von P. Jaborandi Holmes und P. pennatifolius Lem.; Tinktur aus getrockneten Blättern; Allen 1877) ein wichtiges Mittel ist] als Diureticum und Diaphoreticum. Die Droge wirkt angeblich haarwuchsfördernd".
Zander-Pflanzennamen führt als offizinelle P.-Arten auf: **P. jaborandi Holmes, P. microphyllus Stapf, P. pennatifolius Lem., P. racemosus Vahl, P. spicatus St.-Hil.**

Pimenta

P i m e n t a siehe Bd. II, Analeptica. / V, Elettaria; Eugenia.
P i m e n t siehe Bd. V, Xylopia; Myrica.
Zitat-Empfehlung: *Pimenta dioica (S.)*; *Pimenta racemosa (S.)*.
Dragendorff-Heilpflanzen, S. 469 uf. (Fam. M y r t a c e a e); Tschirch-Handbuch II, S. 1243.

Nach Tschirch-Handbuch wird der N e l k e n p f e f f e r zuerst von Hernandez, um 1600, als mexikanische Droge beschrieben; sie erhielt Mitte 17. Jh. den irreführenden Namen Semen (oder Fructus) Amomi, da sie als Ersatz für das unzugängliche A m o m u m v e r u m diente.
Das Amomum des Dioskurides ist ein kleiner Strauch, dessen Fruchtstand bzw. Samen vielseitig zu gebrauchen ist (hat erwärmende, zusammenziehende, austrocknende, schlafmachende und, auf die Stirn gestrichen, schmerzstillende Kraft; zur Behandlung von Geschwülsten und Kopfausschlag; gegen Skorpionbiß, Podagra, Augen- und Eingeweideentzündungen; zum Sitzbad bei Frauenleiden; Abkochung bei Leber- und Nierenleiden; Zusatz zu Antidoten und kostbaren Salben). Berendes, 1902, schreibt über die Droge: „Das Amomum der Alten (Amomum verum) ist als Pflanze und Frucht nur noch dem Namen nach bekannt, da schon zur Zeit des Mittelalters dasselbe aus dem Handel verschwunden war und verschiedene Gewürze (die Früchte von M y r t u s Pimenta L., S i o n Amomum L., P i p e r Cubeba L., E u g e n i a caryophyllata Thunbg.) dafür substituiert wurden ... Flückiger hält für das Amomum verum geradezu die Früchte von Amomum Cardamomum, die Siam-Kardamomen".
Wenn diese Deutung Flückigers auch für das Altertum zutreffen mag, so kaum für das späte Mittelalter und die folgende Zeit. Denn hier wurden nebeneinander Amomum verum und die große Art der Cardamomen (→ Elettaria) geführt. Bis zum 17./18. Jh. läßt sich nicht genau sagen, was als Amomum verum gehandelt wurde.

(In Ap. Lüneburg 1475 waren 3 qr. semen amami vorrätig; die T. Worms 1582 hat Semen amomi veri, ebenso T. Frankfurt/M. 1687; in Ap. Lüneburg 1718 waren 1 lb. Amomi veri vorrätig. Die Arzneitaxen verzeichnen daneben auch alle die großen Cardamomen. Die Ph. Augsburg 1640 gestattet, anstelle von Amomum zu nehmen: Calamus aromaticus, Grana Juniperi, Semen Citri, Semen Hyperici).
Seit dem 18. Jh. ist es die Regel, daß als Semen bzw. Fructus Amomi die Samen von P. officinalis (Schreibweise nach Zander-Pflanzennamen: **P. dioica (L.) Merr.)** geführt werden.

Ernsting, 1741, schreibt unter Amomum: „Was dieses eigentlich für ein Gewächs sei, dessen Samen in den Apotheken bekannt ist, davon sind sehr viele Meinungen, und werden von den Autoribus verschiedene Gewächse angegeben ... Er wird von einigen West-Indianischer Pfeffer genannt ... auch Nelken-Körner oder Nelken-Pfeffer. Weiter heißt er Piper de Thevet et Tavasci, piper odoratum et camaicense, Hamana, Hern, Kuninga etc., Juden-Pfeffer, Wunder-Pfeffer. Es wird jetzt viel von den Leuten gebraucht in die Brat- und Schlackwürste ... Der Samen wird unter die quatuor semina calida minora gezählt. Auch kommt er unter den Theriac". Diese Droge ist in Ph. Württemberg 1741 beschrieben als Semen Amomi (wohlriechender Saamen oder Frucht aus Indien, Amömlein; wird auch Caryophylli rotundi oder Piper odoratum Jamaicense genannt; andere verkaufen anstelle von Amomum verum auch Cardamomum majus bzw. Amomum racemosum; Cephalicum, Stomachicum, Incidans, Roborans; Alexipharmacum).

Nach Hagen, um 1780, kommen die Amömlein (Semen Amomi, Englisches Gewürz, Nelkenpfeffer, Pimenta) von der Jamaischen Mirte (Myrtus Pimenta). In dieser Weise stehen sie in den preußischen Pharmakopöen bis 1829. Geiger, um 1830, schreibt über die Anwendung: „Man gibt den Nelkenpfeffer in Substanz, in Pulverform, im Aufguß. - Präparate hat man davon: das ätherische Öl (ol. Amomi). Die Frucht wird selten als Arzneimittel gebraucht, mehr als Gewürz in Haushaltungen". Die Droge verschwand dann aus den Pharmakopöen, steht aber wieder im Erg.-B. 6, 1941: „Fructus Pimentae (Piment, Fructus Amomi). Die nicht ganz reifen, noch grün gesammelten und an der Sonne getrockneten Beerenfrüchte von Pimenta officinalis Berg".

Nach Hager, um 1930, hat P. officinalis Lindley (= Myrtus pimenta L., P. vulgaris Wight et Arnott) 5 Hauptvarietäten: Longifolia, cumaensis, ovalifolia, ternifolia, Tabasco. Anwendung: Als Gewürz. Anstelle dieser Früchte kommen u. a. die von P. acris Wight [Schreibweise nach Zander: **P. racemosa (Mill.) J. W. Moore**] vor (Kronpigment). Von ihrer Varietät citrifolia wird das ätherische Öl (Oleum Pimentae acris, Ol. Myrciae, Bayöl) gewonnen. In Erg.-B. 6, 1941, steht dieses Oleum Bay und der daraus zu bereitende Spiritus Myrciae (Bayrum). Nach Hoppe-Drogenkunde, 1958, wird die Frucht von P. officina-

lis als Stimulans bei Verdauungsstörungen und als Gewürz (bes. in der Wurstfabrikation und zu Backwaren) verwendet.
In der Homöopathie sind „Capsicum jamaicum" und „Myrtus Pimenta" (Tinktur aus nicht ganz reifen, getrockneten Beeren von P. officinalis Lindl.) weniger wichtige Mittel.

Pimpinella

Pimpinella siehe Bd. II, Alexipharmaca; Diaphoretica; Diuretica; Cephalica; Vulneraria. / IV, A 11; C 73; G 228, 957. / V, Illicium; Petroselinum; Sanguisorba; Tordylium.
Anis(um) siehe Bd. II, Antiarthritica; Antiparalytica; Attenuantia; Carminativa; Cephalica; Digerentia; Diuretica; Expectorantia; Ophthalmica; Otica; Peptica; Quatuor Semina; Vulneraria. / III, Spiritus Anisi. / IV, A 47; B 4, 52; C 81; D 2, 3; E 3, 11, 14, 30, 57, 72, 192, 244, 270, 293, 316, 339, 365; G 226, 817, 957, 967, 1220, 1494, 1609, 1801, 1827. / V, Ammi; Cassia; Chelidonium; Illicium.
Anissamen siehe Bd. III, Spiritus Salis ammoniaci anisatus.
Bi(e)bernel(l) siehe Bd. V, Sanguisorba.

Hessler-Susruta: - P. anisum.
Deines-Ägypten; Grot-Hippokrates: - „Anis".
Berendes-Dioskurides: - Kap. Anis, P. Anisum L. -- Kap. Steinbrech, P. Saxifraga L.; Kap. Saxifragon, P. Saxifraga? +++ Kap. Poterion, P. spinosa?; Kap. Anderes Tragion, P. Tragium Vill.; Kap. Pseudobunion, P. dioica Spr.?
Tschirch-Sontheimer-Araber: - P. anisum.
Fischer-Mittelalter: - **P. anisum L.** (anisum, pipinella, foeniculum romanum, ciminum dulce, pochwurze, welsch fenchl; Diosk.: anison, anisum) -- **P. saxifraga L.** (amorata, amarella, aromatica, bibenelle, pibinella; Diosk.: kakaulis, pes gallinaceus, pes pulli).
Hoppe-Bock: - Kap. Aenis, P. anisum L. -- Kap. Bibernel, P. saxifraga L. (auch bei Cretischem Seseli) +++ Kap. Bibernel, P. maior Hds. [Schreibweise nach Schmeil-Flora: **P. major (L.) Huds.**].
Geiger-Handbuch: - P. Anisum L. (= Sison Anisum Spr., Anis-Biebernell) -- P. Saxifraga (Steinbrech-Biebernell, weißer Biebernell) +++ P. magna.
Hager-Handbuch: - P. anisum L. -- P. saxifraga L. +++ P. magna L.
Zitat-Empfehlung: **Pimpinella anisum (S.); Pimpinella saxifraga (S.); Pimpinella major (S.).**

Dragendorff-Heilpflanzen, S. 489 uf. (Fam. Umbelliferae); Tschirch-Handbuch II, S. 1192—1194 (Anis), III, S. 764 uf. (Rad. Pimpinellae); H. Leclerc, La Pimpienelle, Janus *37* (1933), 19—39.

(Anisum)
Dioskurides nennt 2 Anis-Sorten, die (bessere) kretische und die ägyptische (Anison hat erwärmende, austrocknende, das Atmen erleichternde, schmerzstillende,

verteilende, harntreibende, die Säfte verdünnende und, bei Wassersucht getrunken, durststillende Kraft; gegen Biß giftiger Tiere und gegen Blähungen; stellt den Durchfall und den weißen Fluß, befördert Milchabsonderung und reizt zum Beischlaf; der Rauch des angezündeten Anison lindert Kopfschmerzen, fein zerrieben und mit Rosenöl eingetröpfelt gegen Ohrenreißen). Kräuterbuchautoren des 16. Jh. übernehmen solche Indikationen.

In Ap. Lüneburg 1475 waren Semen anis (12 lb.), Confectio a. (43 lb.), Pulvis dyanisi (4 oz.) vorrätig. Die T. Worms 1582 führt Semen Anisi (Anesi, Cymini dulcis, Aniß, Eniß); Aqua (dest.) Anisi (Anesi, Anißwasser), Oleum (dest.) A. (Anißöle), Confectio Seminis anisi (Anißzucker), Seminum anisi solutiva seu cathartica (Purgirend Aniß confect), Species Dianisi, Tabulae confectionis ex oleo Anisi (Anißölenküchlein). In Ap. Braunschweig 1666 waren vorrätig: Semen anisi (209 lb.), Aqua a. (1/2 St.), Confectio a. (21 lb.), Confectio a. laxativ. (2 lb.), Elaeosaccharum a. (40 Lot), Oleum a. (20 Lot), Pulvis a. (3 3/4 lb.), Rotuli cum ol. a. (13 Lot), Sal a. (9 Lot), Species dianisi (7 Lot), Spiritus a. (20 St.), Syrupus de a. (6 lb.), Trochisci a. (13 Lot).

Die Ph. Württemberg enthält Semen Anisi (Anis-Saamen; Carminativum, Pneumonicum, Stomachicum); Aqua (dest.) Sem. Anisi, Aqua Zedoariae anisata, Confectio A. laxativa, Confectio sicca Anisi, Elaeosaccharum A., Oleum (dest.) A., Species Dianisi, Spiritus Anisi. Die Stammpflanze heißt bei Hagen, um 1780: P. Anisum; „man pflegt den Anies, der aus der Levante, Kandien und Malta kommt, sehr zu rühmen, dem Magdeburger aber und vornehmlich dem Alikantischen (Anisum Aloniense) ... vor allem den Vorzug zu geben".

Aufgenommen sind in Ph. Preußen 1799: Semen Anisi vulgaris (Anieß, von P. Anisum), Bestandteil von Electuarium e Senna; Semen A. zur Herstellung von Oleum Seminis Anisi (aethereum), dieses zur Herstellung von Elaeosaccharum A., Oleum A. sulphuratum und Tinctura Opii benzoica. Im DAB 1, 1872: Fructus Anisi vulgaris (von P. Anisum L.; Bestandteil von Decoctum Sarsaparillae comp. fortius, Spec. laxantes St. Germain, Syrupus Sarsaparillae comp.), Oleum Anisi (Anisöl; zur Herstellung von Liquor Ammonii anisatus, Tinctura Opii benzoica). In DAB 7, 1968: Anis (Fructus Anisi, von P. anisum L.), Anisöl (Oleum Anisi, auch von → Illicium verum).

Über die Anwendung schrieb Geiger, um 1830: „Man gibt den Anissamen in Substanz, in Pulver-, Pillen- und Latwergenform; im Aufguß". In Hager-Handbuch, um 1930, steht: „Anwendung. Als Carminativum bei Kolik, Blähungen, als Expectorans, im Volke als die Milchsekretion beförderndes Mittel, als Geschmackskorrigens und Gewürz". In Hoppe-Drogenkunde, 1958, Kap. P. Anisum, ist über die Verwendung der Frucht angegeben: „Expectorans, Stomachicum, Carminativum, Aromaticum, Spasmolyticum, Lactagogum, auch in der Homöopathie [dort ist „Anisum - Anis" (Tinktur aus reifen Früchten) ein wichtiges Mittel] und in der Volksheilkunde".

(Pimpinella)
Nach Berendes-Dioskurides ist im Kap. Steinbrech (Kaukalis) P. Saxifraga L. gemeint (wirkt harntreibend). Ob diese Pflanze auch im Kap. Saxifragon angezogen werden kann, ist unsicher. Bock, um 1550, bildet im Kap. von Bibernel, als die größte Sorte - nach Hoppe - P. maior Hds. ab, als mittlere Bibernelle beschreibt er P. saxifraga L., als kleinste Bibernelle eine Variation dieser Art; er ordnet diese Pflanzen bezüglich der Indikationen einem Dioskurides-Kapitel zu, in dem Petroselinum hortense Hoffm. gemeint ist (Wurzel gegen Magenbeschwerden, Kolik, Gebärmutterschmerzen; Wurzel oder Früchte oder Destillat gegen Gifte, Darm- und Nierenleiden, als Emmenagogum, Diureticum; Kraut als Vulnerarium).

In Ap. Lüneburg 1475 waren Radix pympinelle (1/2 lb.) vorrätig. Die T. Worms 1582 führt: Radix Pimpinellae (Petroselini, Steinpeterlen- oder Bockspeterlenwurtz, Bibernellenwurtz), Semen Pimpinellae (Petroselini, Tragoselini, Bibinellae, Papinulae, Bibinellen- oder Bockspeterlensamen). In T. Frankfurt/M. 1687 sind aufgenommen: Herba Pimpinella (Bimpinella, Bibinella, Bipenella Germanica, Saxifraga, Tragoselinum, Teutsch Bibenell, Bibernell, Bockspeterlein, Steinpeterlein), Radix Pimpinellae Germanicae (Saxifragae, Biebenellwurtzel), Semen P. Germanicae. Die Ph. Augsburg 1640 verordnet, daß bei Verschreibung von „Saxifraga" stets „Pimpinella" zu nehmen ist. In Ap. Braunschweig 1666 waren vorrätig: Herba pimpinell. vulg. (1/4 K.), Radix p. (10 lb.), Semen p. (3/4 lb.), Aqua p. (1 St.), Aqua (dest.) p. comm. (2 1/2 St.), Condita rad. p. (39 lb.), Confectio p. (16 lb.), Extractum p. (23 Lot), Pulvis p. (1 3/4 lb.).

In Ph. Württemberg 1741 sind aufgenommen: Radix Pimpinellae albae (umbelliferae, hircinae, Saxifragae, Tragoselini, Bibernell, Steinpeterlein, Pfefferwurtz; Alexipharmacum, Lithontripticum, Uterinum, Vulnerarium, Anticatharhalicum), Herba Pimpinellae (Saxifragae majoris, Bimpinellae, Biebernell, Bockspeterlein, Steinpeterlein; Aperiens, Abstergens, Diureticum, Vulnerarium); Essentia P. albae, Extractum Pimpinellae. Hagen, um 1780, unterscheidet von P. saxifraga (Weißer Bibernell, Pimpinell, Steinpeterlein; liefert Rad. Pimpinellae albae) noch P. magna (Schwarzer Bibernell; liefert Rad. Pimp. nigrae; soll eine Abart der ersteren sein).

Aufgenommen in preußische Pharmakopöen: (1799-1829) Radix Pimpinellae albae (von P. Saxifraga; Präparate in Ausgabe 1799: Extractum und Tinctura P.; Wurzel als Bestandteil von Species ad Gargarisma); (1846) Radix Pimpinella (von P.Saxifraga L. var. nigra). In DAB's (1872-1926) Radix Pimpinellae (von P. saxifraga L. und P. magna L.); in Erg.-Büchern auch Extractum Pimpinellae. In der Homöpathie ist „Pimpinella alba - Bibernelle" (Essenz aus frischer Wurzel; Buchner 1840) ein wichtiges Mittel.

Geiger, um 1830, beschrieb P. Saxifraga als „eine schon in alten Zeiten berühmte Arzneipflanze ... Diese Pflanze variiert nach dem Standort sehr, in der Größe, Zerteilung und Bekleidung der Blätter, woraus viele Formen entstehen, die z. T. als Arten unterschieden wurden, als Pimpinella nigra, P. dissecta, P. alpestris ... Offizinell ist: Die Wurzel (rad. Pimpinellae albae) ... Man gibt die Wurzel teils in Substanz als Pulver oder im Aufguß, äußerlich und innerlich. - Präparate hat man davon die Tinktur (tinct. Pimpinellae albae). Sie kommt ferner zu Gurgelteespecies, pulv. stomachic. Birkmanni, essentia alexipharmaca u. a. Zusammensetzungen. In der Tierarzneikunde wird sie auch noch häufig verschrieben".
Extra beschreibt Geiger noch P. magna; „offizinell ist die Wurzel (radix Pimpinellae albae majoris). Häufig wird sie mit der vorhergehenden verwechselt. Man gebraucht sie besonders in der Tierarzneikunde".
Über die Anwendung von Radix Pimpinellae schreibt Hager, 1874: „Sie dient als ein die Verdauung, die Sekretionen der Schleimhäute der Respirationsorgane beförderndes Mittel. Man benutzt sie als Kaumittel gegen Zungenlähmung, innerlich und in Gurgelwässern gegen Heiserkeit, Rauhigkeit im Halse, Schleimasthma, in Zahnlatwergen. Ist meist nur Handverkaufsartikel gegen Heiserkeit". In Hager-Handbuch, um 1930, ist angegeben: „In der Volksmedizin innerlich im Aufguß, auch in Pastillen- oder Pulverform, gewöhnlich aber als Tinktur bei Heiserkeit, Rauhigkeit im Halse, Rachen- und Mandelentzündung auch als Gurgelwasser; als Kaumittel gegen Zungenlähmung. Ferner zu Zahnpulvern und Zahnpasten". Hoppe-Drogenkunde, 1958, schreibt über Verwendung von der Wurzel (P. saxifraga): „Bei Angina, Pharyngitis, Laryngitis, Bronchitis, Steinleiden und Gicht. Die Tinktur wird als Antidiarrhoicum benutzt. - In der Homöopathie bei Nasenbluten, Kopfschmerzen. - In der Volksheilkunde bei schlecht heilenden Wunden, als Stomachicum und Diureticum. - Zu Mundpflegemitteln. In der Likörindustrie zu verschiedenen Bitterschnäpsen, zu Gewürzextrakten".

Pinguicula

Nach Fischer-Mittelalter kommt **P. vulgaris L.**, das gemeine Fettkraut, in einigen Quellen vor (serpigo, zitteroch, zitrochchrawt, smalzchrawt). In den üblichen Quellen der späteren Zeit fehlt die Pflanze [?] bis zu Geiger, um 1830, der erklärt: „Ein längst als Arzneimittel gebrauchtes Pflänzchen ... Die frischen Blätter werden äußerlich als Wundkraut benutzt. Ehedem brauchte man die Pflanze auch innerlich ... Das Fettkraut gehört unter die verdächtigen Pflanzen; es wirkt purgierend und soll den Schafen, wenn sie davon fressen, tödlich sein. Auch die Läuse soll man damit vertreiben können".
In Hager-Handbuch, um 1930, sind Herba Pinguiculae verzeichnet (Fettkraut, Butterkraut, Bergsanikel, Schmerkraut, Zittrechkraut). „Anwendung. Als Fluidextrakt in kleinen Gaben bei Keuchhusten". Hoppe-Dro-

genkunde, 1958, Kap. Pinguicola vulgaris, schreibt über Verwendung des Krautes: „Bei Krampf- und Reizhusten. - In der Volksheilkunde". Zitat-Empfehlung: **Pinguicula vulgaris (S.).**

Dragendorff-Heilpflanzen, S. 613 (Fam. Lentibulariaceae).

Pinus

Pinus siehe Bd. II, Antirheumatica; Antiscorbutica; Antisyphilitica; Expectorantia; Otica. / III, Essentia Pini. / IV, E 191; G 311, 931, 1340, 1341, 1357. / V, Abies; Boswellia; Cedrus; Croton; Fagus; Larix; Picea; Viscum.
Bernstein siehe Bd. III, Reg. / IV, E 109, 160.
Colophonium siehe Bd. II, Agglutinantia; Antiphthisica; Exsiccantia. / IV, G 1553. / V, Convolvulus.
Fuligo siehe Bd. III, Reg. / IV, E 23.
Geigenharz siehe Bd. IV, C 14.
Kiefer siehe Bd. IV, G 1808. / V, Pinus.
Kolophonium siehe Bd. IV, E 324; G 210, 1410.
Oleum Terebinthinae siehe Bd. II, Diuretica. / III, Reg. / IV, B 50; D 8.
Pech siehe Bd. I, Mumia. / IV, E 195, 215; G 1404. / V, Opopanax.
Pinea siehe Bd. II, Analeptica; Expectorantia; Stimulantia.
Pix siehe Bd. II, Antipsorica; Antiphthisica; Rubefacientia; Succedanea. / III, Reg. / IV, E 191; G 146, 957. / V, Betula; Fagus; Juniperus.
Ruß siehe Bd. III, Reg. / IV, G 134.
Succinum siehe Bd. II, Antidysenterica; Antispasmodica; Aphrodisiaca; Diuretica; Emmenagoga; Mundificantia; Nervina; Otica; Specifica. / III, Reg.; Pilulae de Succino. / IV, D 8; C 62, 73.
Terebinthina siehe Bd. II, Antidysenterica; Antipsorica; Antirheumatica; Attrahentia; Defensiva; Digerentia; Hydropica; Mundificantia; Opomphalica; Putrefacientia; Vulneraria. / IV, C 62; G 1023, 1737. / V, Abies; Larix; Pistacia.
Terpentin siehe Bd. I, Gallus. / II, Anthelmintica; Antiparalytica; Diuretica. / IV, B 4; C 14; E 119, 134, 156, 190, 276, 316; G 956, 1045, 1310, 1421. / V, Abies; Larix; Picea; Pistacia.
Terpentinöl siehe Bd. II, Anthelmintica; Antidota. / III, Reg. IV, E 51, 101, 153, 198, 288, 320, 359, 369, 370; F 38; G 181, 220, 608, 1807. / V, Lavandula.

Hessler-Susruta: P. Devadarn; P. longifolia.
Deines-Ägypten: P. pinea; Terebinthenharz; Föhrenharz.
Grot-Hippokrates: P. Pinea (Holz, Nüsse, Harz); Fichtenharz; Terebinthina.
Berendes-Dioskurides: Kap. Pinie, P. pinea L.; P. maritima; P. Laricio Poir.; P. halepensis Ait. Kap. Andere Harze, dabei u. a. von Kiefer; Kolophonium.
Sontheimer-Araber: Pinus (Resina, Oleum, Semen); P. Pinea; P. parva; P. indica; Colophonium.
Fischer-Mittelalter: - P. silvestris L. (picea, pinus, abies resinosa, kynbaum; Früchte: pinea, kynapfel; Harz: colofonia, gummi pini silvestris, pix liquida) - - P. Pinea L. (pinee) +++ P. cembra L. (coptus, terebinthus); P. halepensis (strobilus); P. maritima Poir.; P. orientalis.
Hoppe-Bock: Kap. Kynbaum, Foerenholtz, P. silvestris L.; Kap. Hartz oder Kyfferbaum, P. cembra L.

Geiger-Handbuch: - P. silvestris (Fichte, Föhre, Kiefer, Kienbaum) -- P. Pinea (Pinienfichte, Zirbelnußbaum) +++ P. Pumilio Hänk. (= P. Mugho Poir., Zwergfichte, Krummholzbaum); P. Pinaster Ait. (= P. maritima Lam.; italienische u. französische Fichte); P. Taeda; P. Cembra.
Hager-Handbuch: - P. silvestris L. +++ P. pumilio Hänk.; P. montana Mill.; P. pinaster Sol. (= P. maritima Poiret, Seestrandkiefer); P. australis Michx. (= P. palustris Mill., Besenkiefer); P. taeda L. (Weihrauchkiefer); P. heterophylla Ell. (Kubanfichte); P. echinata Mill.; P. laricio Poir.; P. balsamea L. u. a.
Zander-Pflanzennamen: **P. cembra L.** (Zirbelkiefer, Arve); **P. halepensis Mill.** (Seekiefer); **P. mugo Turra** (= P. montana Mill.; Berg- oder Krummholzkiefer) **ssp. pumilio (Haenke) Franco** (= P. pumilio Haenke); **P. nigra Arnold** (= P. austriaca Hoess., P. nigricans Host; Schwarzkiefer) **ssp. laricio (Poir.) Maire** (= P. laricio Poir.); **P. palustris Mill.** (= P. australis Michx. f.; Sumpfkiefer); **P. pinaster Ait.** (= P. maritima Lam. non Mill.; Strandkiefer); **P. pinea L.** (Pinie); **P. sylvestris L.** (Gemeine Kiefer, Föhre); **P. taeda L.**
Zitat-Empfehlung: **Pinus cembra (S.); Pinus halepensis (S.); Pinus mugo (S.); Pinus nigra (S.); Pinus palustris (S.); Pinus pinaster (S.); Pinus pinea (S.); Pinus sylvestris (S.); Pinus taeda (S.).**

Dragendorff-Heilpflanzen, S. 65—68 (Fam. Coniferae; nach Schmeil-Flora: Fam. Pinaceae); Tschirch-Handbuch III, S. 1009—1012 (Geschichte der Harze).

Das Kap. Pinus-Arten umfaßt bei Hoppe-Drogenkunde, 1958, 21 Seiten. Es werden verwendet: 1. der Terpentin (DAB 6; „medizinisch zu Salben und Pflastern"); 2. das Balsamterpentinöl (Oleum Terebinthinae aethereum; DAB 6; „Bestandteil von Salben, Pflastern, Linimenten und Umschlägen, gegen Krätze, Verbrennungen, Frostschäden, Rheuma etc., als Hautreizmittel. Zu Inhalationen bei Bronchialleiden"); aus diesem wird Oleum Terebinthinae rectificatum gewonnen (DAB 7; Expectorans, Antisepticum, Diaphoreticum. Zur Umstimmungs- und Reizkörpertherapie. In der Homöopathie innerlich bei Rheuma, Ischias, chron. Pneumonie, Nierenleiden); Oleum Terebinthinae sulfuratum (Erg.-B. 6; Volksheilmittel, bes. unter der Bez. Harlemer Öl oder Tilly-Tropfen); aus dem Pinen des Balsamterpentinöls stellt man her: Terpinum hydratum und Terpineolum, Camphora synthetica); 3. das Holzterpentinöl (Oleum Terebinthinae e ligno; „schmerzstillendes Mittel, zu Einreibemitteln, Wund- und Brandsalben, Inhaliermitteln. - In Moskitoschutzmitteln und Desinfektionspräparaten"); 4. das Kienöl (technische Verwendung); 5. das Sulfat-Holzterpentinöl und 6. das Sulfit-Holzterpentinöl (beide für techn. Zwecke); 7.

das Burgunderharz (Resina Pini, Erg.-B. 6; „zu Pflastern, Räuchermitteln"); 8. das Colophonium (DAB 6; „innerlich bei Rheuma und Katarrhen, äußerlich in Form von Streupulvern bei Geschwüren. Zu Pflastern und Salben. Zur Befestigung von Wundverbänden"); 9. das Galipot (Resina communis, Scharrharz; freiwillig ausgetretenes Harz oder an den Wundflächen der Bäume bei der Terpentingewinnung erstarrtes Harz, das abgekratzt und gesammelt wird; Verwendung wie Colophonium, aber meist zu techn. Zwecken); 10. Kiefernwurzelöl; 11. das Harzöl (Oleum Resinae empyreumaticum; meist techn. Verwendung); 12. das Tallöl (Nebenprodukt bei der Zellstoffgewinnung; techn. Verwendung); 13. der Holzteer (Pix liquida, DAB 6; „Desinficiens und Expectorans bei Erkrankungen der Luftwege. Antisepticum. Bei Hauterkrankungen"); 14. das Teeröl („Antisepticum. Mittel gegen Parasiten. Bei Hautleiden"); 15. das Pech (Pix nigra, Pix navalis; Abdampfrückstand bei der Destillation des Holzteers; Erg.-B. 6; „bei Hautkrankheiten"); 16. der Holzessig (Acetum pyrolignosum crudum, durch trockene Destillation von Kiefernholz gewonnen, daraus Acetum pyrolignosum rectificatum; „Adstringens und Desinficiens, bes. in der Veterinärmedizin"); 17. die Harzsäuren; 18. das Pinosylvin; 19. die Kiefernsprossen (Turiones Pini, Erg.-B. 6; HAB; „Diureticum, bei Bronchitis, zu Inhalationen, sekretionsförderndes Mittel, Hautreizmittel, bei Rheuma, zu Bädern und zur Herstellung von Extrakten. - Gegen Erkältungskrankheiten wird ein Fichtennadelsirup oder ein Gelee aus den jungen zarten Trieben hergestellt. Bekanntes Mittel der Volksheilkunde, bes. bei Katarrhen, Rachitis, Gicht, Rheuma, Magenbeschwerden, Hautleiden etc. und als „Blutreinigungsmittel". - In der Homöopathie äußerlich als Tinktur bei Rheuma, innerlich bei Rachitis"); 20. die äther. Öle der Nadeln und Zweigspitzen (Oleum Pini aethereum, Erg.-B. 6; „Zur Herstellung von Tannenduftessenzen. Zu Inhalations- und Zerstäubungsmitteln, bes. bei Erkrankungen der Atmungsorgane (sekretionsfördernd). Bestandteil von Einreibemitteln, gegen Nervenschmerzen und rheumatische Erkrankungen. - Zu Badetabletten. - Zu Desinfektionsmitteln"); 21. der Kiefernnadelextrakt (Extractum Pini silvestris, Erg.-B. 6; „Badezusatz, Hautreizmittel und Adstringens, bei körperlicher und nervöser Erschöpfung, Gicht, Rheuma, Stoffwechselstörungen etc., zu Pinselungen bei Hautkrankheiten"); 22. die Waldwolle (Fasern der Kiefernadeln); 23. der Kiefernsaft (Lympha Pini; bei Katarrhen und Halsleiden); 24. die Kiefernpollen (Ersatz für Lycopodium); 25. das fette Öl der Samen; 26. die Kiefernrinde (Gerbmaterial); 27. der Bernstein („gegen chronische Katarrhe in Form der Tinktur. - Zu Räuchermitteln"); 28. das Bernsteinöl (gewonnen durch Destillation aus Bernsteinabfällen, dann durch Wasserdampfdestillation Oleum Succini rectificatum; Erg.-B. 6; „früher gegen Keuchhusten und Bronchitis. Krampfstillendes Mittel").

Unter den zahlreichen P.-Arten, die Hoppe aufführt, befinden sich: P. pinea

(Pinie; verwendet werden: 1. der Terpentin - 2. das Balsamterpentinöl - 8. das Colophonium - die Samen und das fette Öl der Samen. Semen Pineae liefern Fett, werden wie Mandeln verwendet). P. montana (Latschenkiefer mit ssp. pumilio, mugus; äther. Öl im Erg.-B. 6, Oleum Pini pumilionis; „zur Inhalation bei Erkrankungen der Luftwege. - Desinfektionsmittel für Krankenzimmer"). P. cembra (Zirbelkiefer; verwendet werden: 1. der Terpentin - 20. das äther. Öl der Nadeln und das fette Öl der Samen").

(Terpentin)
Das wichtigste Produkt von Pinusarten (Kiefern) ist Terpentin. In der Antike wurde hauptsächlich Lärchenterpentin (→ Larix) benutzt. Bis zum 17. Jh. hatte man in der Regel zwei Sorten: Das ebengenannte (Terebinthina communis = Resina Laricis) und Terebinthina Cypria oder Veneta (→ Pistacea); Schröder, 1685, zitiert dazu Clusius, der meinte, „daß man in Apotheken vom wahren Terebinthin gar nichts wisse, und saget, daß ihriger ein aus jungen Tannen gesammeltes Harz sei". Die Begriffe Tanne, Fichte, Kiefer - lat. Pinus und Abies - gehen lange durcheinander, wie noch bei Geiger, um 1830, sehr deutlich ist: Die Kiefer (heute Pinus) heißt pinus silvestris, zu deutsch Kiefer, aber auch Gemeine Fichte. Die Fichte (heute Picea) heißt bei ihm Pinus Abies oder Abies excelsa, zu deutsch Gemeine Tanne, aber auch Kiefer. Das Terpentin des ausgehenden 17. Jh. kann also, der Erklärung Schröders bzw. Clusius' nach, durchaus von der Kiefer (Pinus silvestris) gestammt haben.
Im 18. Jh. hat man 3 Sorten Terpentin (Ph. Württemberg 1741). Außer den beiden oben genannten Arten (Terebinthina vera seu de Cypro und Terebinthina Veneta) zusätzlich Terebinthina communis sive vulgaris „ex Abietis et Pini arboris extracta" (wird zu Salben und Pflastern gebraucht, bei Krätze usw. besonders gelobt).
Die Ph. Preußen 1799 leitet Terebinthina communis von Pinus silvestris ab. Diese Ware verschwindet dann aus den beiden nächsten Ausgaben der preußischen Pharmakopöen (dort nur noch Lärchenterpentin); wird 1827 wieder aufgenommen. Die Stammpflanzen lauten in der Ausgabe von 1846: Pinus sylvestris L., Pinus Pinaster Lamb. et Abies excelsa Dec. Das DAB 1, 1872, gibt an: Pinus Pinaster Ait. et aliae species Pini generis. Das DAB 6, 1926, schreibt nur: „Balsame verschiedener Pinusarten". Im Hager, um 1930, wird nach wie vor als Hauptlieferant P. pinaster Sol. angegeben (Bordeau-Terpentin, französisches Terpentin).
Präparate mit Terpentin in der Ph. Preußen 1799 sind: Ceratum Aeruginis; Emplastrum Ammoniacum, Empl. Hydrargyri, Empl. Lithargyri comp., Empl. opiatum; Unguentum basilicum.
In DAB 1, 1872: Ceratum Resinae Pini; Empl. Ammoniaci, Empl. aromaticum, Empl. Belladonnae, Empl. Cantharidum ordinarium u. perpetuum, Empl. foeti-

dum, Empl. Galbani crocat., Empl. Hydrargyri, Empl. Lithargyri comp., Empl. opiatum, Empl. oxycroceum, Empl. Picis irritans; Ungt. acre, Ungt. basilicum, Ungt. Terebinthina u. compositum.
In DAB 6, 1926: Empl. adhaesivum, Empl. Cantharidum ordinarium u. perpetuum u. pro usu veterinario; Ungt. basilicum, Ungt. Cantharidum pro usu veterinario.
Im Hager, um 1930, ist zur Verwendung des Terpentins erklärt: Nur äußerlich in Pflastern, Salben, Linimenten, selten unvermischt. Wird Terebinthina für innerliche Anwendung verordnet, so ist Terebinthina laricina abzugeben.

(Oleum Terebinthinae)
Schon in Ph. Nürnberg 1546 wird eine Vorschrift für Oleum Terebinthinae angegeben: Lärchenterpentin wird aus der Retorte im Sandbad destilliert. Die T. Worms 1582 unterscheidet das teure Oleum Terebinthinae clarum (vielleicht erste Destillationsfraktion) vom Ol. Terebinthinae vulgare. In T. Frankfurt/M. 1687 wird entsprechend den beiden Terpentinarten verzeichnet: Das teure Oleum Terebinthinae Venetae (rectificirt Venedisch Terpentinöl) und Oleum Terebinthinae vulgaris. In Ap. Braunschweig 1666 waren vorhanden: Oleum Terebinthinae (3 lb.), Oleum T. rect. (13 lb.), Spiritus T. communis (10 lb.).
Seit dem 18. Jh. (Ph. Württemberg 1741 bis DAB 7, 1968) wird das Öl aus dem üblichen, also meist aus P.-Arten gewonnenen Terpentin hergestellt. Es wurde seit dem 19. Jh. in der Regel aus dem Handel bezogen (Herstellungsvorschriften in preußischen Pharmakopöen bis 1813; seit der nächsten Ausgabe, 1827, nicht mehr, dafür außerdem „Oleum Terebinthinae rectificatum"; beide zusammen offizinell bis DAB 6; in DAB 7, 1968: Gereinigtes Terpentinöl - Ätherisches Öl aus dem Terpentin von Pinus-Arten, besonders P. australis Michaux fil., Pinus pinaster Aiton). Nach Hager, um 1930, wird Terpentinöl äußerlich zu Einreibungen u. Inhalationen angewandt, innerlich (als gereinigtes) bei Bronchitis, Blasenkatarrh, Gallensteinen, Phosphorvergiftung. Die Ph. Württemberg 1741 bezeichnete das Öl als Diureticum und Antigonorrhoicum. In der Homöopathie ist „Oleum Terebinthinae - Terpentinöl" (alkohol. Lösung von Ol. Terebinthinae rectificat.; Buchner 1840) ein wichtiges Mittel.
Eine besondere Zubereitung ist das Oleum Terebinthinae sulfuratum. Nach Erg.-B. 6, 1941, wird es aus geschwefeltem Leinöl (Ol. Lini sulfuratum) und Terpentinöl durch Mischen bzw. Lösen hergestellt. Nach Hager, um 1930, wird es in der Volksmedizin tropfenweise bei den verschiedensten Krankheiten benutzt; als Synonyme sind dort angegeben: Schwefelbalsam, Harlemer Balsam oder Öl, Silberbalsam, Tillytropfen, Balsamum sulfuris terebinthinatus. Die Vorschrift stand, ehe sie in die Erg.-Bücher gelangte, letztmalig im DAB 1, 1872, davor in den Pharmakopöen seit dem 18. Jh., z. B. Ph. Württemberg 1741; sie soll auf Ruland (um 1600) zurückgehen und war eine, offen-

sichtlich besonders bewährte Art der Schwefelbalsame, die seit Mitte 17. Jh. in Pharmakopöen erscheinen. Die Vorschrift der Ph. Nürnberg 1666 (aus Schwefel und Terpentinöl) blieb ebenfalls längere Zeit offizinell (bis Ph. Württemberg 1798: Balsamum sulphuris terebinthinatus; Diureticum, Antigonorrhoicum; Vulnerarium, gegen Geschwüre).

(Colophonium)

In Ph. Württemberg 1741 ist beschrieben, daß bei der Wasserdampfdestillation des Terpentins außer dem übergehenden Terpentinöl ein öliger Rückstand im Destillationskolben erhalten wird, das Terebinthina cocta; nach dem Erkalten wird es hart; seine Herstellung findet sich schon bei Dioskurides im Kap.: Die Art und Weise, das Harz zu brennen. Dieses Tereb. cocta steht in Arzneitaxen des 17. Jh. (T. Augsburg 1640) und des 18. Jh. Erhitzt man dieses Produkt längere Zeit weiter, bis es den Terpentingeruch verloren hat, so erhält man Colophonium, Geigenharz. Dieses war jedoch nicht die verbreitetste Art der Gewinnung:

Bei Dioskurides ist es ein Fichten- bzw. Kiefernharz, das aus Kolophon eingeführt wurde. In Ap. Lüneburg 1475 waren 1 lb. Colophonium vorhanden, in Ap. Braunschweig 1666 13 lb. Gummi colophoniae, in Ap. Lüneburg 1718 64 lb. Über die Gewinnung schreibt Hagen, um 1780, daß Resina communis (d. i. in der Regel Kiefernharz) solange geschmolzen wird, bis es durchsichtig und gelb geworden ist und allen Terpentingeruch verloren hat. Im Hager, um 1930, steht: „Kolophonium ist das durch Destillation mit Wasserdampf vom Terpentinöl und durch längeres Erhitzen vom Wasser befreite Harz verschiedener Pinusarten". Es fehlte in keiner Pharmakopöe bis zum DAB 6, 1926. Hauptsächliche Verwendung als Zusatz zu Pflastern und Salben, in der Ph. Preußen 1799 z. B. für Empl. Conii, Ungt. basilicum; in DAB 1, 1872, für Empl. Mezerei cantharidatum, Ungt. acre. Nach Ph. Württemberg 1741 ist Colophonium ein Roborans und Siccans; sein Dampf dient bei Stuhlzwang und Vorfall von After und Uterus. Nach Hager, um 1930, als blutstillendes Mittel bei Blutegelbissen und bei innerlichen Blutungen; vielfältiger Gebrauch in der Technik.

(Resina Pini)

Ebenso wie Terpentin von verschiedenen Nadelhölzern, darunter - und zwar wesentlich - von Pinusarten erhalten wurde, so auch das Harz. Es war durchgehend offizinell bis DAB 1, 1872; dann Erg.-Bücher. Die Angaben über die Stammpflanzen waren zunächst - wie beim Terpentin ausgeführt - unklar. In der Inventurliste Lüneburg 1475 steht lediglich „Resina" (10 lb.). Die T. Worms 1582 hat eine billige Sorte: Resina abietis, Tannenharz, und eine teure: Resina pinea (Weißharz, Pinharz, Kübelharz). Die T. Frankfurt/M. 1687 führt:

Resina abietis arida, Kübelharz, und Resina abietis humida, Weich Dannenharz. In Ap. Braunschweig 1666 waren 200 lb. Resinae vorrätig, in Ap. Lüneburg 1718 waren vorhanden: Gummi Resina Abietinae aridae communis (Kübelharz, gemeines Harz) 22 lb., von Gummi Picis liquida seu Resina Abietis alba (Weiß Pech, Spiegelharz) 18 lb. Die Ph. Württemberg 1741 verzeichnet nur Resina communis (Res. vulgaris, Harz, Fichtenharz, Kübelharz; Gebrauch zu Pflastern, als Emolliens, Discutans, Digerans; Herkunft „ex Abietibus et Pinis") und nicht das „Weißpech", das ein Burgunderharz war. In Ph. Preußen 1799 wird angegeben: Resina Pini seu communis, von Pinus silvestris und Pinus Abies. Seit der Ausgabe 1827 ist Burgundisches Harz, Resina Pini Burgundica, vorgeschrieben; aus Pinus-Arten. Die Ausgabe 1846 schreibt genauer: aus P. sylvestris L. et Abies excelsa Dec. Die Angabe im DAB 1, 1872, ist wieder allgemeiner gehalten: Von verschiedenen tannenartigen Gewächsen. Hager nennt in seinem Kommentar dazu:
P. silvestris L., P. Strobus L., P. palustris Will., Abies excelsa D. C. In Erg.-B. 6, 1941, steht: Resina Pini, Fichtenharz: „Der freiwillig erhärtete und durch Schmelzen und Kolieren gereinigte und großenteils von Wasser befreite Harzsaft verschiedener Abietineen, besonders P. pinaster Sol. und Picea excelsa (Lamarck) Link". Im DAB 1, 1872, wird Resina Pini benutzt zur Herstellung von Ceratum Resina Pini, Emplastrum ad Fonticulos, Empl. Picis irritans.

(Pix)
Im Hager, um 1930, ist erklärt: „Die Bezeichnung Pix (Pech) kommt eigentlich nur der festen, beim Erwärmen knetbaren Masse zu, die als Rückstand bei der Destillation von Holz- und Steinkohlenteer erhalten wird. Mit dem Namen Pix bezeichnet man aber auch die Teerarten, die bei der trockenen Destillation von Holz, Steinkohlen, Braunkohlen und Torf erhalten werden".
Über Teer- und Pechpräparate, in der Antike allgemein geschätzt, berichtet Dioskurides: Flüssiges Pech (aus Kiefern- und Fichtenholz) ist wirksam gegen tödliche Gifte, bei Schwindsucht, Lungengeschwüren, Husten, Asthma; als Salbe bei Mandelschwellungen, gegen Bräune, bei Ohrenleiden, gegen Geschwüre, Fisteln usw. Trockenes (bis klebriges) Pech hat erwärmende, erweichende, eitermachende, Geschwülste und Drüsengeschwüre verteilende und ausfüllende Kraft. Berendes zitiert die Ansicht Sprengels, daß dieses Pech besonders von P. brutia Tenor, eine der T. maritima und T. halepensis ähnliche Art, gewonnen wurde.
Im 16. Jh. führt die T. Worms 1582 folgende Sorten: Pix virginea, Jungfrauenpech (eine in den üblichen Quellen nicht auffindbare Sorte); Pix liquida (Pissa Hygra, Pix fluida, Weichbech, Teer); Pix arida (Pix concreta seu excocta palimpissa, Hartbech, Steinbech); Pix navalis (Zopissa, Hypochyma, Apochyma, Pix radulana). Die 3 Sorten Weich-, Hart- und Schiffspech stehen auch in T. Mainz 1618. Nach Ernsting, um 1750, ist Pix

arida eine zusammengeschmolzene Mischung von Resina und Pix liquida, so daß 2 Sorten übrigbleiben, die auch in der Ph. Württemberg 1741 verzeichnet sind: Pix (Pech), aus Nadelhölzern (Pinus, Abies, Larix), und Pix navalis (Palampissa; Gebrauch in Pflastern; Siccans, Calefaciens, Discutans). Eine klare Darstellung gibt Hagen, um 1780. Im Kapitel Pinus silvestris schreibt er: „Der Theer (Pix liquida) wird aus dem trockenen Holze durch eine absteigende Destillation erhalten, indem man das Kienholz in großen Haufen auftürmt, mit Moos und Erde bewirft, und rundum Feuer macht, da denn das dicke brenzliche Öl oder der Theer in das darunter in die Erde eingegrabene Faß abfließt. An einigen Orten verrichtet man dieses in besonderen Öfen. Das dünne über dem braunen Theer schwimmende Öl wird gelber Theer genannt.

Das Pech oder Schiffspech (Pix solida, navalis s. atra) wird entweder aus sehr harzigem Holze sogleich bei der Destillation erhalten, oder am öftersten dadurch, daß man den Theer unter beständigem Umrühren so lange über dem Feuer hält, bis er die gehörige Härte des Peches hat".

Neben den beiden Harzprodukten Pix liquida und Pix navalis, bei denen es sich wirklich um Teerprodukte handelt, tragen auch andere Produkte die Bezeichnung Pix, und andererseits Teerprodukte andere Namen. Das zeigt deutlich die Zusammenstellung bei Jourdan, um 1830:

1.) Pix liquida heißt auch: P. liquida nigra, Pissa, Pix cedria, Resina Pini empyreumatica liquida, Terebinthina empyreumatica; Teer, flüssiges Pech. „Man erhält sie [die Flüssigkeit] durch langsame, trockene unterwärts gehende Destillation von Holzstämmen verschiedener Zapfenbäume, Pinus sylvestris, pallustris und maritima".

2.) Pix solida s. atra s. nigra s. navalis s. vegetabilis s. arida s. sicca, Resina Pini empyreumatica solida, Palampissa; schwarzes Pech, Schiffspech. „Man erhält es durch abwärtsgehende Verbrennung des Strohes, welches zum Filtrieren des gemeinen Terpentins benutzt wurde".

3.) Andere Produkte, die u. a. die Bezeichnung Pix haben: a) Pix Burgundica für Resina Burgundica, auch genannt: Pix abietina, Resina seu Pix alba, Resina Abietis humida s. alba humida, Pix arida (→ Resina Pini);
b) Pix graeca für Colophonium.

Die Ph. Preußen 1799 hat sowohl Pix liquida wie Pix navalis entfallen lassen, in der Ausgabe von 1827 ist jedoch Resina Pini empyreumatica solida (Pix navalis, Schiffspech) wieder aufgenommen, in der Ausgabe 1846 außerdem wieder Resina empyreumatica liquida (Pix liquida, Theer), beides von P. silvestris L. Im DAB 1, 1872, stehen 3 Pix-Arten: Pix liquida, Pix navalis und Pix alba (als Synonym für Resina Pini Burgundica). Im DAB 6, 1926, gibt es 3 Holzteerarten (Pix betulina, Pix Juniperi und Pix liquida, letzterer vornehmlich von P. silvestris L. und Larix sibirica Ledeb. gewonnen) und Pix Lithanthracis (d. i. Steinkohlenteer). Pix navalis kam nach dem DAB 1 in die Erg.-Bücher.

Über die Anwendung schreibt Hager, um 1930: Pix liquida ist ein Antisepticum; innerlich in Form von Pillen und Kapseln gegen Krankheiten der Atmungsorgane, äußerlich bei verschiedenen Hautkrankheiten. Pix navalis zur Herstellung von Salben und Pflastern, auch zur Herstellung von Schusterpech, Pix sutoria (aus Pix navalis, Pix liquida, Terpentin und Wachs).

(Fuligo)
Der Ruß hat in der Pharmazie von der 2. Hälfte des 17. bis Ende des 18. Jh. eine gewisse Rolle gespielt, allerdings nicht der Kienruß. Dieser ist nach Hagen, um 1780: „Der in einem besonders gestalteten Ofen aufgefangene Rauch von angezündetem Kienholze, Pech oder Teer, der aus sehr leichten Flocken besteht, auch Kienrauch, Schwarzball genannt". Er wurde in großem Maßstabe hergestellt; man gebrauchte ihn zur schwarzen Farbe der Buchdrucker, zum Anstreichen mit Leim- und Ölfarben, zu Schusterarbeiten, für Malertusche. Pharmazeutisch gebraucht wurde vielmehr der Glanzruß (Spiegelruß), der dichter ist, viele harzige und ölige Teile enthält, und den man aus Schornsteinen gewann. Er war als solcher in einige Pharmakopöen aufgenommen (Fuligo splendens z. B. noch Ph. Sachsen 1837). In Arzneitaxen ist er kaum zu finden, da er allgemein erhältlich war. Mehrere Präparate wurden in den Apotheken daraus bereitet, z. B. Spiritus fuliginis, den wir erstmalig in T. Leipzig 1669 und in Ph. Brandenburg 1698 verzeichnet fanden (hier wird Eichenholzruß genommen); der Ruß wurde trocken destilliert und die wäßrige Phase verwendet. Nach Ph. Württemberg 1741 wirkt Spiritus Fuliginis als Sudoriferum, Diureticum, Antepilepticum, Antihystericum; er ist Bestandteil des Specificum Antatrophum Wepferi (die Pharmakopöe schreibt ausdrücklich vor: Glanzruß aus Schornstein; gegen Schwindsucht und Rachitis). Als schweißtreibende Rußtropfen (Tinctura Fuliginis, Tct. macrocosmica) waren essigsaure Auszüge aus Spiegelruß mit Salmiak und Pottasche oder essigsaurem Kalk (nach Thon, um 1830) noch in Gebrauch.

(Turiones Pini)
Die T. Frankfurt/M. 1687 verzeichnet: Summitates Pini (Fichtengipfel). Nach Ph. Württemberg 1741 wird eine Essentia Pini und ein Extractum Pini aus Turiones bzw. Summitates Pini hergestellt. Die Ph. Preußen 1799 führt Turiones Pini (Fichtenknospen von Pinus silvestris), zur Herstellung der Tinctura Pini composita. Beides ist in die Ausgabe 1846 nicht mehr aufgenommen. Dulk schreibt in seinem Kommentar, 1829, daß die sog. Fichtensprossen, richtiger Kiefernsprossen, fälschlich Zapfen (Strobuli s. Coni Pini) genannt, nicht mit den Knospen der Rottanne verwechselt werden dürfen. Sie werden im Frühling von den Enden der Zweige gesammelt; man brauchte sie bei scorbutischen, Gicht- und rheumatischen Anfällen. Im DAB 1, 1872, sind Turiones Pini wieder aufgenommen, dann Erg.-

Bücher bis zur Gegenwart; dort auch eine Tinctura Pini composita und, in den älteren Ausgaben, Extractum Pini silvestris, aus Turiones Pini zu bereiten.
In der Homöopathie ist „Pinus silvestris - Kiefer" (Essenz aus frischen Sprossen; Buchner 1852) ein wichtiges Mittel. Als weniger wichtiges Mittel ist „Pinus Lambertiana" (Essenz aus frischen Sprossen von P. Lambertiana Dougl.) angegeben.

(P i n i e)
Bei Dioskurides heißen die Samen der Pinienfichte, P. pinea L., Pityiden. Sie haben verdauende und einigermaßen erwärmende Kraft; auch gegen Husten und Brustleiden. Als andere Teile der Pinie werden Rinde, Blätter, Holzspäne, genutzt. Für spätmittelalterliche Quellen sind, wie auch später, nur die „Früchte", d. h. die Samen von Interesse. In Ap. Lüneburg 1475 waren vorhanden: Pineae (2½ lb.), Confectio Pineorum (2 lb.); in Ap. Braunschweig 1666: Pineari (3 lb.); Lohoch de Pino (40 lb.). Die T. Worms 1582 hat: Nucus Pineae (S t r o b i l i, Pityides, Nuclei Pinei, C o c c a l i Hippocratis; Zirbelnüßlein, Pinienkerne oder -nüsse, P i g n o l e n) und Nuces pineae mundatae (Zirbelnüßlein von ihren Häutlein gereinigt). Über die Wirkung macht Ph. Württemberg 1741 die Angaben: Demulcans, Resolvens, Pinguefaciens, Antiphthisicum; gegen trockenen Husten und Harnzwang. Im 19. Jh. steht die Droge vereinzelt in T. Württemberg 1822 (Nuces pineae). Geiger, um 1830, berichtet, daß sie wie Mandeln, als Emulsion, gebraucht wurden; ehedem kamen sie zu mehreren Kompositionen.

(P i n u s p u m i l i o)
Die Latschenkiefer, P. mugo Turra mit vielen Unterarten, liefert das Oleum Pini pumilionis der Erg.-Bücher. Geiger, um 1830, wußte von P. Pumilio Hänk. (= P. Mugho Poir., Krummholzbaum), daß hiervon der Ungarische Balsam, B a l s a m u m U n g a r i c u m, kommt. Durch Wasserdampfdestillation aus jungen Zweigen erhalten wird in Ungarn das Krummholzöl, O l e u m t e m p l i n u m. Dieses Öl war schon länger bekannt, jedenfalls ist es schon in Arzneitaxen des 17. Jh. zu finden (T. Frankfurt/M. 1687; es heißt dort auch O l e u m T e d a e). In Ap. Braunschweig 1666 waren 2 lb. Ol. templinum vorhanden. Nach Hager, um 1930, wird das Ol. templinum aus den Fruchtzapfen der Edeltanne gewonnen.

(Z i r b e l k i e f e r)
Nach Hoppe hat Bock, um 1550, P. cembra L. abgebildet. Diese Art hat nur geringe Bedeutung. Geiger, um 1830, berichtet, daß man aus ihr den Karpatischen Balsam, Z e d r o b a l s a m (B a l s a m u m c a r p a t i c u m s. L i b a n i) herstellt. Aus den kleinen Kernen, den Zirbelnüssen (Nuclei C e m b r a e), die in Rußland verzehrt werden, wird ein fettes Öl gepreßt. Im Hager, um 1930, ist die Art nicht vermerkt, wohl in Hoppe-Drogenkunde; man verwendet das

Terpentin daraus, das ätherische Öl der Nadeln (Oleum Pini cembrae) und das fette Öl der Samen (Speiseöl in Rußland).

(Succinum)
Bernstein ist fossiles Coniferenharz, vor allem von P. succinifera (Göppert) Conventz. Es war in der Antike und bei den Arabern bekannt, in der Therapie des 17./18. Jh. geschätzt, von abnehmendem Interesse im 19. Jh., im 20. Jh. in der Pharmazie nicht völlig vergessen.

Piper

Piper siehe Bd. II, Antiparalytica; Aphrodisiaca; Aromatica; Calefacientia; Digerentia; Diuretica; Masticatoria; Odontica; Rubefacientia. / IV, G 747, 819, 1344. / V, Aframomum; Capsicum; Cyperus; Daphne; Pilocarpus; Pimenta; Polygonum; Vitex; Zanthoxylum.
Cubebae siehe Bd. II, Antidinica; Aromatica; Diuretica; Masticatoria; Ophthalmica; Sialagoga. / IV, C 34; E 365; G 1604. / V, Commiphora; Syzygium.
Kawaharz siehe Bd. II, Anaesthetica.
Matico siehe Bd. II, Antidysenterica; Haemostatica. / IV, E 261.
Pfeffer siehe Bd. II, Carminativa. / IV, E 3, 77, 157, 167, 259, 314, 367, 383. / V, Brassica; Capsicum; Pimenta; Schinus; Syzygium.

Hessler-Susruta: - P. nigrum - - P. longum +++ P. chavya.
Grot-Hippokrates: P. nigrum.
Berendes-Dioskurides: Kap. Pfeffer - P. nigrum L. - - P. longum L.
Sontheimer-Araber: - P. nigrum - - P. longum - - - P. cubeba +++ P. Betel.
Fischer-Mittelalter: - P. nigrum L. u. Chavica longa Krst. (nimolum, piper, peffer; Diosk.: perperi) - - - P. Cubeba L. (cubeba) +++ Piper Betle L. [Arab.].
Beßler-Gart: - Piper-Arten (**P. nigrum L.; P. longum L.; P. rectrofractum Vahl** = P. officinarum (Miqu.) C. DC.): piper, pfeffer, falfel - - - **P. cubeba L. fil.** (cubeben).
Geiger-Handbuch: - P. nigrum - - P. longum - - - P. Cubeba L. +++ P. Betle; P. methysticum (Ava- oder Kava-Pfeffer); P. citrifolium; P. carpunya; P. siriboa; P. umbellatum; P. peltatum.
Hager-Handbuch: (Kap. Piper) - P. nigrum L. - - P. longum L. (und P. officinarum D. C. = Chavica officinarum Miq.) +++ **P. betle L.; P. methysticum G. Forst.** (= Macropiper methysticum Miqu.). - - - (Kap. Cubebae) P. cubeba L. fil. +++ (Kap. Matico) P. angustifolium var. Ossanum C. D. C. [Schreibweise nach Zander-Pflanzennamen: **P. angustifolium Lam.**]; P. lineatum Ruiz et Pavon; P. camphoriferum C. D. C.; P. acutifolium R. et P. var. subver bascifolium; P. molliconum Kunth.; P. asperifolium R. et P.

Z i t a t-Empfehlung: **Piper nigrum (S.); Piper longum (S.); Piper rectrofractum (S.); Piper cubeba (S.); Piper betle (S.); Piper methysticum (S.); Piper angustifolium (S.).**

Dragendorff-Heilpflanzen, S. 154—158 (Fam. P i p e r a c e a e); Tschirch-Handbuch III, S. 180 (Fructus Pip. nigri et albi); S. 192 (Fructus Cubebae); S. 194 (Pip. longum); II, S. 1254 (P. angustifolium).

(P i p e r)
Nach Dioskurides liefert ein kleiner, in Indien wachsender Baum eine längliche Frucht (entspricht Piper longum), deren unreife Samen den weißen und deren reife Samen den schwarzen Pfeffer liefern [diese Ansicht hält sich nach Berendes bis ins 16. Jh.]. Verwendung vielseitig, wobei der schwarze kräftiger wirken soll als der weiße (erwärmende, harntreibende, Verdauung befördernde, reizende, zerteilende, Verdunklung auf den Augen vertreibende Kräfte; gegen Wechselfieber, Biß giftiger Tiere; Abortivum; als Zäpfchen Empfängnis verhütend; gegen Husten und Brustleiden; mit Honig bei Entzündung der Schlundmuskeln; mit Lorbeerblättern gegen Leibschneiden; stillt Schmerzen, macht Schlaf und Appetit; in Brühen unterstützt er die Verdauung; in Teer zerteilt er Drüsen; mit Natron entfernt er weiße Flecken. Die Wurzel des Pfeffers bei Milzleiden).
Pfeffer war in der arabischen Medizin hochgeschätzt, er ist daher im 16. Jh. und später Bestandteil vieler Composita, vor allem der Confectiones aromaticae (in Vorschriften nach Mesue, Nicolai, Avicenna), auch in Confectiones opiatae (z. B. im P h i l o n i u m, T r y p h e r a, A u r e a a l e x a n d r i n a, T h e r i a c a, M i t h r i d a t i u m). Wenn nur „Piper“ verschrieben wurde, war nach Ph. Nürnberg 1546 schwarzer zu nehmen, nach Ph. Augsburg 1640 weißer.
In Ap. Lüneburg 1475 waren vorrätig: Piper album (1/2 lb.), P. communis (1 lb.), P. nigrum (20 lb.); Pulvis Diatrion piperis (1/2 oz.). Die T. Worms 1582 verzeichnet: Piper album (L e u c o p e p e r i, Piper immaturum, Unzeitiger Pfeffer, weißer Pfeffer); Piper nigrum (M e l a n o p e p e r i, Schwartzer Pfeffer, Pfefferkörner); Piper longum (M a c r o p e p e r i, Langerpfeffer); unter destillierten Ölen steht Oleum stillatitium Piperis. Die Ap. Braunschweig 1666 enthielt: Piper album (4 lb.), Piper nigrum (160 lb.), Pulvis Pip. nigr. (50 lb.), Pip. longum (10 lb.), Plv. Pip. long. (2 1/4 lb.); Condita Pip. nigr. (2 lb.), Oleum Pip. nigr. (1 1/2 Lot), Oleum de Piperibus (1/2 lb.), Rotuli diatrion Pip. (10 Lot), Species diatrion Pip. (17 Lot).
Die Pfeffersorten der Ph. Württemberg 1741 (außer Piper Hispanicum → C a p s i c u m) sind: Piper Album, rotundum (weißer Pfeffer; Anwendung wie schwarzer Pfeffer, aber weniger scharf), Piper nigrum rotundum (Malabaris Molagozogi; häufiger Gebrauch in Küchen, seltener in Medizin; Calefaciens, Incidans, Resolvens; gegen viertägiges Fieber), Piper longum (Macropiper; Incidans, Attenuans, Resolvens, Digestivum; für Composita wie Theriak, Mithridat, Diascordium); offizinell ist auch Oleum Piperis.

Nach Hagen, um 1780, leitet sich vom Gemeinen Pfeffer, Piper nigrum, sowohl der schwarze wie der weiße Pfeffer ab. „Der schwarze Pfeffer (Piper nigrum) sind die unreifen grünen Beeren, deren Farbe durchs Trocknen schwarz wird, und die in ihrem unreifen Zustande ungleich schärfer und hitziger als die reifen sind. Zum weißen Pfeffer (Piper album) läßt man sie solange auf dem Baume reifen, bis sie von selbst herunterfallen, weicht sie in Meerwasser ein, befreit sie dann durchs Reiben von der äußeren Haut und trocknet sie ... Ein Pfund schwarzer Pfeffer gibt eine Drachme bis 4 Skrupel wesentliches Öl, welches aber bei weitem nicht so scharf als der Pfeffer selbst ist. Langer Pfeffer (Piper longum) ist eine der vorigen ähnliche Pflanze, die ebenfalls in Ostindien gebaut wird, und sich, gleich unserem Hopfen, um die Bäume hinaufwindet. In Apotheken sind davon die noch unreif getrockneten und mit vielen kleinen Körnern ganz dicht besetzten Fruchtzapfen unter dem angezeigten Namen aufgenommen. Man befindet ihn oft noch hitziger als den schwarzen".

In preußischen Pharmakopöen sind aufgenommen: 1799-1813 Piper album (von P. nigrum), Bestandteil des Pulvis aromaticus; 1827-1829 Piper album und P. nigrum (beides von P. nigrum L.). Dann erst wieder in DAB 6, 1926, Fructus Piperis nigri („Die vor der Reife gesammelten und getrockneten, beerenartige Früchte von Piper nigrum Linné"). Das Erg.-B. 6, 1941, führt außerdem Fructus Piperis albi, die neben Piper nigrum in allen früheren Erg.-Büchern aufgenommen waren.

Nach Geiger, um 1830, sind von P. nigrum gebräuchlich: „Die Frucht in unreifem Zustand, als schwarzer Pfeffer ... Die reife Frucht kommt geschält als weißer Pfeffer in den Handel ... Der schwarze Pfeffer wird mehr als Gewürz zum Hausgebrauch, denn als Arzneimittel benutzt. Den weißen Pfeffer nimmt man in Substanz ... Präparate hatte man ehedem vom schwarzen Pfeffer: Das ätherische Öl und eine Essenz (essentia Piperis). - Jetzt wird das Piperin gegen Wechselfieber usw. angewendet". Von Piper longum wird berichtet: „Die unreife Frucht in Ähren, langer Pfeffer (Piper longum) ... Anwendung: Als Arzneimittel wird er bei uns nicht gebraucht. Man benutzt ihn zuweilen noch, um dem Essig eine widernatürliche Schärfe zu geben. - Die Indianer machen ihn mit Essig ein (Alchan) ... Liefert einen scharfen Branntwein".

Tschirch-Handbuch vermerkt, daß auch die Wurzel von P. longum L. als Radix piperis gelegentlich verwandt wurde.

In Hager-Handbuch, um 1930, sind Fructus Piperis nigri und albi beschrieben. „Anwendung: Als Gewürz. Als Heilmittel benutzte man den schwarzen Pfeffer in Pulverform gegen Wechselfieber, auch als Stomachicum; ferner im Aufguß zu Gurgelwässern, äußerlich in Salben gegen Kopfgrind. Außer als Bestandteil der Pilulae asiaticae nur in der Volksmedizin gebräuchlich. - Der weiße Pfeffer wird bisweilen im Volke noch gegen Hämorrhoidalleiden angewandt; man verschluckt 5-15 ganze Körner auf einmal". Anwendung von Fructus Piperis longi (von P.

officinarum DC. u. P. longum L.): „Fast nur als Fliegengift; der Pfeffer wird mit der zehnfachen Menge Milch aufgekocht".
In der Homöopathie ist „Piger nigrum - Schwarzer Pfeffer" (Tinktur aus unreifen, getrockneten Früchten; Allen 1878) ein wichtiges Mittel.

(Cubebae)
Nach Tschirch-Handbuch wurden die Araber mit der Droge erst bekannt, als sie ihren Handel nach dem malaiischen Archipel ausdehnten; es wird bezweifelt, ob den Arabern immer die rechte Cubebe vorlag, das arab. Kabábe war wohl ein Kollektivbegriff für viele ähnliche Früchte; älteste Erwähnung bei Paulos Aeginetes (7. Jh.); seit hohem Mittelalter geschätztes Gewürz, auch Arzneimittel. In Ap. Lüneburg 1475 waren $3^1/_2$ lb. Cubebae vorrätig. Die T. Worms 1582 führt iubebae unter „Gewürtzen oder Spezerei". Die Ap. Braunschweig 1666 hatte: Cubebae (24 lb.), Pulv. c. (1 lb.), Balsamum c. (2 Lot), Confectio c. (20 lb.), Extractum c. (4 Lot), Oleum c. (6 Lot). In Ph. Württemberg 1741 sind aufgenommen: Cubebae (Schwindel-Körner; Calefaciens, Incidans, Discutiens, Roborans (für Nerven), treibt Blähungen; Specificum gegen Schwindel; Aphrodisiacum); Confectio (sicca) Cubebarum.
Bei Hagen, um 1780, heißt die Stammpflanze Piper Cubeba. Aufgenommen in alle preußischen Pharmakopöen und bis DAB 6, 1926. Bezeichnungen: Ph. Preußen 1799-1829 Cubebae (Bestandteil der Species aromaticae), von P. Cubeba seu Piper caudatum Bergii; 1846 von P. Cubeba L. fil. Blumei nec reliquor. auct. Cubeba officinalis Miquel.; 1862 Fructus Cubebae von Cubeba officinalis Miquel.; DAB 1, 1872, wieder Cubebae, von Cubeba officinalis Miq. (P. Cubebae L. fil.); aufgenommen ist außerdem Extractum Cubebarum; Cubebae sind in Spec. aromaticae enthalten. Die Stammpflanze Cubeba officinalis bleibt bis Ausgabe DAB 1890; 1900 Piper Cubebae, bis 1926; dort wieder Fructus Cubebae („Die getrockneten, meist noch nicht völlig reifen Früchte von Piper cubeba Linné fil.").
Nach Geiger gibt man die Kubeben meist in Pulverform innerlich; „sie werden in neuesten Zeiten häufig verschrieben, auch äußerlich unter Species zu Umschlägen". Nach Jourdan, zur gleichen Zeit, wirken sie „reizend, kräftig magen-, nervenstärkend ... in Indien wendet man sie bei chronischer Gonorrhöe an, bei uns braucht man sie auch bei der hitzigen Entzündung". Anwendung nach Hager, um 1930: Bei Gonorrhöe als Pulver in Oblaten, Latwerge, Pillen, Tabletten, häufig zusammen mit Copaivabalsam. Unzerkleinert als Volksmittel gegen Kopfschmerzen (daher Schwindelkörner). Hoppe-Drogenkunde, 1958, gibt über Verwendung an: „Bei Erkrankungen der Harnorgane. Carminativum, bei Bronchialleiden. In USA zu Asthmazigaretten".
In der Homöopathie ist „Cubeba - Kubeben" (Tinktur aus getrockneten, unreifen Beeren) ein wichtiges Mittel.

(Verschiedene)
I.) Geiger erwähnt außer den angeführten Piper-Arten folgende weitere:
1.) P. citrifolium (Mohomo-Pfeffer). „In Brasilien, Cayenne wachsend. Die Früchte werden wie schwarzer Pfeffer benutzt“ [nicht in Hoppe-Drogenkunde].
2.) P. carpunya, Blätter in Peru als Tee benutzt [nicht in Hoppe-Drogenkunde].
3.) P. methysticum (Ava- oder Kava-Pfeffer). „Auf den Südseeinseln wachsend. Es wird aus der Wurzel ein berauschendes Getränk, Ava, bereitet. In England wird die Tinktur der Wurzel als Arzneimittel gebraucht“. Nach Hager, um 1930, liefert P. methysticum Forster (= Macropiper methysticum Miqu.) die Kavakavawurzel, Rhizoma Kava-Kava. „Anwendung. Bei den Südseeinsulanern zur Bereitung eines berauschenden Getränkes (Kawa-Kawa). Arzneilich wird das Kavakavaharz oder ein harzhaltiges Extrakt aus der Wurzel als Diaphoreticum bei Bronchitis und Katarrhen und besonders bei Gonorrhöe angewandt“. Aufgenommen in Erg.-Bücher zu den DAB's (1918; 1941: Rhizoma Kava-Kava, Extr. fluid. Kava-Kava).
In der Homöopathie ist „Piper methysticum - Kawawurzel“ (Essenz aus frischem Wurzelstock mit den daranhängenden Wurzeln; Allen 1878) ein wichtiges Mittel.
4.) P. Betle. In Ostindien werden die Blätter zum „Betelkauen“ (zusammen mit Arecanuß und Kalk) benutzt. Nach Hager, um 1930, stellt man aus den Blättern ein ätherisches Oleum Betle, Betelöl, her. „Gegen Entzündungen der Hals- und Bronchialschleimhäute, bei Diphtherie und Mittelohrentzündungen“.
5.) P. siriboa, soll wie P. Betle benutzt werden [nicht in Hoppe-Drogenkunde].
6.) P. umbellatum (antillisches Anisholz), wächst im südlichen Amerika. Ätherisches Öl als Magenmittel. In Hoppe-Drogenkunde als brasilianische Droge erwähnt.
7.) P. peltatum. In Westindien wachsend. Wurzel als schweißtreibendes Mittel gebraucht [nicht in Hoppe-Drogenkunde].

II.) Zur Zeit Geigers noch nicht, erst seit Mitte des 19. Jh. benutzt, wurde Matico. Wiggers, um 1850, nennt als Stammpflanze der Blätter bzw. des Krautes: Artanthe elongata Miq. (= Piper angustifolium Ruiz; aus Peru). In Erg.-Bücher aufgenommen, so Ausgabe 1897: Folia Matico, von P. angustifolium; nach Ausgabe 1946: „von Arten der Gattung Piper, besonders Piper angustifolium Ruiz et Pavon und deren Varietäten“. Hager, um 1930, schreibt über Anwendung von Folia Matico (Herba Matico, Herba Soldado, Soldatenkraut): „Innerlich als blutstillendes Mittel bei Lungen- und Darmblutungen im Aufguß, auch in Pillen oder als Tinktur. Äußerlich gepulvert zum Aufstreuen auf blutende Wunden. Bei Blasenkatarrh, Tripper, im Aufguß, sowohl innerlich, wie als Einspritzung“.
In der Homöopathie ist „Matico“ (P. angustifolium R. et P. und P. elongatum Vahl; Tinktur aus getrockneten Blättern) ein wichtiges Mittel.

Piptadenia

Nach Dragendorff-Heilpflanzen, um 1900 (S. 296; Fam. L e g u m i n o s a e), hat P. rigida Benth. (= A c a c i a Angica Mart.) bassorinreiches Gummi. In Hager-Handbuch (Erg.-Bd. 1949) werden P. rigida Benth. und P. colubrina Benth. unter „G u m m i a r a b i c u m" als Lieferanten von Gummi Piptadeniae genannt. Nach Hoppe-Drogenkunde, 1958, wird die Rinde von P. columbrina, Brasilien, arzneilich verwendet. Das Rindenextrakt von P. peregrina enthält B u f o g e n i n.

Piscidia

P i s c i d i a siehe Bd. IV, G 1032.
Zitat-Empfehlung: *Piscidia piscipula (S.)*.
Dragendorff-Heilpflanzen, S. 329 (Fam. L e g u m i n o s a e); Tschirch-Handbuch III, S. 804.

Nach Tschirch-Handbuch bedienen sich die Eingeborenen der Antillen „der Rinde [von **P. piscipula (L.) Sarg.** (= P. erythrina (Loefl.) L., E r y t h r i n a piscipula L.)] seit langem als Schmerzstillungsmittel, wie der Dominikaner Jean Baptiste Zabet 1722 berichtet, und zum Betäuben der Fische - daher Piscidia und in Amerika B a r b a s c o. Der auf den Antillen lebende englische Arzt Hamilton empfahl die Droge 1830. Seit 1844 wird besonders das Extrakt in Europa als Narcoticum und Hypnoticum benutzt".
Aufgenommen in die Erg.-Bücher zu den DAB's (1897: Cortex Piscidiae, Wurzelrinde von Piscidia erythrina; 1941: Cortex Piscidiae Radicis, „getrocknete Wurzelrinde von Piscidia Erythrina Linné (P a p i l i o n a c e a e)"; daraus zu bereiten: Fluidextrakt). In der Homöopathie ist „Piscidia Erythrina" (Essenz aus frischer Wurzelrinde; Allen 1878) ein wichtiges Mittel. Hoppe-Drogenkunde, 1958, Kap. P. erythrina (= I c h t h y o m e t i a Piscipula), schreibt über Verwendung der Wurzelrinde: „Sedativum, Hypnoticum, Diaphoreticum, Diureticum. - Schmerzstillendes Mittel, bei Keuchhusten. Bei Dysmenorrhöe. - Von den Eingeborenen als Fischgift benutzt".

Pistacia

P i s t a c i a siehe Bd. II, Analeptica; Stimulantia. / V, Pinus.
L e n t i s c u s siehe Bd. II, Adstringentia; Antidysenterica; Cephalica; Diuretica. / V, Boswellia; Prunus.
M a s t i x siehe Bd. II, Adstringentia; Cicatrisantia; Digerentia; Exsiccantia; Masticatoria; Stomachica. / IV, B 4; C 34. / V, Carlina; Schinus.
S c h i n i F l o s siehe Bd. II, Diuretica.

D e i n e s-Ägypten: P. atlantica.
G r o t-Hippokrates: - P. lentiscus (M a s t i x) - - P. Terebinthinus (Holz).

B e r e n d e s-Dioskurides: - Kap. S c h i n o s , P. Lentiscus L.; Kap. Mastixharz; Kap. Öl des Mastixbaumes - - Kap. T e r e b i n t h e , P. Terebinthus L. - - - Kap. P i s t a c i e n , P. vera L.
T s c h i r c h-Sontheimer-Araber: - P. lentiscus (Harz, Oleum, Oleum Mastichinum) - - P. terebinthina (Fructus, Oleum, Resina) - - - P. vera.
F i s c h e r-Mittelalter: - P. Lentiscus L. (l e n t i s c u s , m e l b o u m); Harz: Mastix; Früchte: Pistacee - - P. Terebinthus L. (terebenthina) - - - P. vera var. hortensis (pistacia).
G e i g e r-Handbuch: - P. Lentiscus (Mastixbaum) - - P. Terebinthus (Terpentinbaum) - - - P. vera (grüne P i m p e r n u ß) + + + P. Atlantica.
H a g e r-Handbuch: Kap. Pistacia, P. lentiscus L., P. terebinthinus L., P. vera L.; Kap. Mastix, P. lentiscus α var γ Chia D. C.
Z a n d e r-Pflanzennamen: - **P. lentiscus L.** (= T e r e b i n t h u s lentiscus (L.) Moench) - - **P. terebinthus L.** - - - **P. vera L.**
Z i t a t-Empfehlung: **Pistacia lentiscus (S.); Pistacia terebinthus (S.); Pistacia vera (S.).**

Dragendorff-Heilpflanzen, S. 395 uf. (Fam. A n a c a r d i a c e a e); Tschirch-Handbuch III, S. 1141 (Mastix); E. Stock, Der Chios-Mastix im Wandel der Jahrhunderte, Pharm. Zentralhalle Deutschl. *75*, 641—646 (1934).

Pistacia-Arten waren in der Antike hochgeschätzt. Nach Berendes-Dioskurides werden verwendet:
1.) von P. lentiscus: Früchte, Blätter, Rinde, Wurzel (hpt. als Adstringens; der Saft aus den Pflanzenteilen, eingedickt, dient gegen Blutsturz, Bauchfluß, Dysenterie, als Uterinum; Abkochung der Blätter gegen freßende Geschwüre, harntreibend; Öl der reifen Früchte gegen Krätze, Aussatz, in Zäpfchen, Salben usw.); Mastixharz (gegen Blutsturz, Husten, für den Magen; zu Zahnmitteln und Pomaden);
2.) von P. terebinthinus: Blätter, Früchte, Rinde (Adstringens, Anwendung wie bei (1); die Frucht als Aphrodisiacum; gegen Biß giftiger Spinnen); Harz, d. i. die feinste Art von Terpentin (gegen Husten, Schwindsucht, Ohrenleiden; äußerlich bei Seitenstechen);
3.) von P. vera: Nüsse (Genuß- und Magenmittel, gegen Schlangenbiß).
Die Araber setzten die Tradition fort; sie wurde im Abendland aufgenommen, wobei sich das Interesse auf 3 Drogen konzentrierte: Mastix, Terpentin, Pistaciennüsse.

(M a s t i x)
In Ap. Lüneburg 1475 waren vorrätig: Mastix ($5^1/_2$ lb.), Oleum Masticis (3 lb.), Pilulae de Aloe et Mastice ($^1/_2$ oz.). Die T. Worms 1582 nennt: Mastiche (Resina lentiscina vulgaris. Gemeiner Mastix), Mastiche Cypria (Mastiche optima. Cyprischer Mastix, der best Mastix), Pilulae mastichinae (Pilule von Mastix), Oleum

Mastichinum (Mastixöle). Der Bestand in Ap. Braunschweig 1666 war: Mastiches (5 lb.), Emplastrum mastichin. (8½ lb.), Oleum m. (coctum seu expressum) (3 lb.), Oleum (dest.) m. (12 Lot), Pilulae m. (16 Lot), Pulvis m. (4 lb.), Spiritus m. (2½ Lot), Syrupus m. (6 lb.).
Nach Ph. Württemberg 1741 wird Mastix (Resina Lentiscina), dessen beste Sorte von Chios kommt, innerlich und äußerlich benutzt (Calefaciens, Adstringens, Roborans); Zubereitungen sind: Aqua mastichina (mit Nux moschata, verd. Spiritus ausgezogen und destilliert), Oleum mastichinum (in Oleum rosatum gelöst), Oleum Mastiches (durch trockene Destillation gewonnen), Pilulae mastichinae (mit Agaricus, Aloe), Spiritus mastichinus (Tinktur mit 7 anderen Drogen zusammen; geringfügig verändert, dabei etwas gesüßt, heißt das Präparat Elixir mastichinum); Syrupus mastichinus.
Die Ph. Preußen 1799 verwendet Mastix in Emplastrum Cantharidum perpetuum, Empl. opiatum, und führt einen Spiritus Mastiches compositus (= Spir. matricalis; mit Myrrhe und Olibanum). In Geigers Handbuch, 1830, sind viele weitere Präparate genannt, vor allem Pillen, Salben, Pflaster, Zahnpulver, Räucherpulver und Räucherkerzen.
Im DAB 1, 1872, ist als Stammpflanze die var. γ Chia gefordert; das Emplastrum oxycroceum enthält neben Wachs und anderen Harzen Mastix. DAB 6, 1926, nennt im Kap. Mastix P. lentiscus L. Über die Anwendung von Mastix schreibt Hager, um 1930: als Kaumittel, zu Mundwässern, Zahntinkturen, Zahnkitt, zu Wundverbänden, Räucherungen, Pillen und Pflastern. Entsprechendes in Hoppe-Drogenkunde, 1958.
Eine zeitlang war auch Mastixholz in Gebrauch. Es ist als Lignum Lentiscium in Taxen des 17./18. Jh. verzeichnet (T. Augsburg 1640, T. Braunschweig 1721), steht auch in Ph. Württemberg 1741; man bereitet daraus Dekokte (Wirkung als Siccans, Adstringens, gegen Flüsse, Uterus- und Darmvorfall, harntreibend, befestigt lockere Zähne). In Ap. Lüneburg 1718 waren davon 3 lb. 8 oz. vorhanden. Hat Anfang 19. Jh. keine Bedeutung mehr, steht aber noch in T. Württemberg 1822.

(Chiosterpentin)
Geiger, um 1830, schreibt bei P. Terebinthus bzw. dem, durch Einschnitte in den Stamm erhaltenen Balsam, Terebinthina cypria seu de Chio, daß er eine der feinsten Sorten Terpentin sei, mit der Zeit erhärtend. „Er kommt höchst selten echt vor, wird meistens mit venetianischem Terpentin verfälscht. Bei uns wendet man ihn nicht an“. Hoppe-Drogenkunde, Kap. P. terebinthus, schreibt zur Verwendung dieses Terpentins: „Bei Hautleiden (obsolet!)“.
Die Ph. Württemberg 1741 führt diese Sorte als Terebinthina vera (de Cypro de Chio; für den Theriak gebraucht); der Preis ist doppelt so hoch wie bei gewöhnlichem Terpentin. In der Ap. Braunschweig 1666 waren 10 lb. Terebinthini

Cypriae vorhanden; daraus bereitet: Oleum T. Cypriae (1 lb.), Spiritus T. Cypriae (4 Lot). In der Homöopathie ist „Terebinthina Chios" (alkohol. Lösung) ein weniger wichtiges Mittel.

(Pistazien)
Von den Pistazienfrüchten bzw. Samen - von P. vera L. - schreibt Geiger, daß sie in Latwergen und Emulsionen selten gebraucht werden. Man nimmt sie wegen ihrer schönen grünen Farbe besonders zu Magenmorsellen (Morsuli Imperatoris). Die Zuckerbäcker gebrauchen sie häufig zu allerlei Konfekten, in der Küche zu Torten, Pasteten usw. Verwendung nach Hoppe, 1958, wie Mandeln.
In Ph. Württemberg 1741 ist die Wirkung der Pistaciae (Nuces pistaciae, Syrische Pimpernüßlein) angegeben als: Roborans, Stomachicum, samenbildend. Die Ap. Braunschweig 1666 führte Pistaciari non excorticati (21 lb.) und Pist. excorticati (8 lb.). Synonyme der T. Worms 1582: Listacia, Psittacia, Fistica. Auch hier wurden einfache und „aufgeklopfte und von den Häutlein gereinigte" unterschieden.

Pistia

Nach Hessler kommt bei Susruta: **P. stratiotes L.** vor. Diese Pflanze ist - nach Berendes - der Stratiotes des Dioskurides (gegen Nierenblutungen; als Umschlag mit Essig gegen Entzündungen, Rose, Ödeme). Auch nach Sontheimer bei I. el B.; Dragendorff-Heilpflanzen, um 1900 (S. 107; Fam. Araceae), schreibt über P. Stratiotes L.: „Ostindien, Ägypten, Brasilien etc. - Blätter bei Ruhr, Hämoptöe, Diabetes, äußerlich bei Hämorrhoiden und Abszessen benutzt"; ist das Senenutet des Pap. Eb., kommt bei Gal. und Diosc. vor, bei I. el B. als Sthráthiothes angeführt; die Asche soll in der indischen Medizin als Pánásalz gebraucht werden. Zitat-Empfehlung: **Pistia stratiotes (S.).**

Pisum

Pisum siehe Bd. V, Cicer; Dolichos; Lathyrus.
Erbse siehe Bd. V, Cicer; Lathyrus.

Deines-Ägypten; Grot-Hippokrates; Berendes-Dioskurides (Kap. Erbse); Fischer-Mittelalter, **P. sativum L.** (orobeia, arabeia, arvilia, rovilia, erbeyß; Diosk.: erebinthos hemeros).
Hoppe-Bock: P. sativum L. (Kap. Erweyssen).

G e i g e r-Handbuch: P. sativum (gemeine Erbse).
Z i t a t-Empfehlung: **Pisum sativum (S.).**

Dragendorff-Heilpflanzen, S. 331 (Fam. L e g u m i n o s a e); Bertsch-Kulturpflanzen, S. 165—170.

Die Erbse befindet sich seit prähistorischer Zeit in Kultur, sie ist außer als Nahrungsmittel auch arzneilich verwandt worden. Nach Dioskurides treibt sie den Harn, die Menstruation und die Frucht ab, befördert Milchabsonderung; mit Rosinen abgekocht gegen Gelb- und Wassersucht; als Umschlag gegen Hodenschwellung und Warzen; gegen Krätze, Schorf, Flechten, Geschwülste. Solche Indikationen übernimmt auch Bock, um 1550. Als Drogen werden die Erbsen in Apotheken in der Regel nicht geführt; in T. Worms 1582 steht: Farina Pisorum, Erbsenmehl. Geiger, um 1830, schreibt darüber: Das Mehl der Samen (semen Pisi sativi) wurde wie Bohnenmehl zu Überschlägen verwendet. Nach Meissner, zur gleichen Zeit, nimmt man reife Erbsen zu erweichenden Kataplasmen.

Pithecellobium

P i t h e c o l o b i u m siehe Bd. V, Enterolobium.
Zitat-Empfehlung: *Pithecellobium dulce (S.).*

Dragendorff-Heilpflanzen, um 1900 (S. 288 uf.; Fam. L e g u m i n o s a e), führt 13 P i t h e c o l o b i u m-Arten; einige sind alkaloidhaltig (P i t h e c o l o b i n); von Pithecolobium dulce Benth. (= I n g a dulce Willd., M i m o s a dulce Roxb. [Schreibweise nach Zander-Pflanzennamen: **P. dulce (Roxb.) Benth.**]) ist die Rinde adstringierend. Entsprechende Angabe in Hoppe-Drogenkunde, 1958: die Rinde von Pithecolobium dulce (C a m a m b i l a r i n d e, K a m a s c h i l r i n d e) ist Gerbmaterial (erwähnt werden weitere 4 P.-Arten).

Plantago

P l a n t a g o siehe Bd. II, Acopa; Adstringentia; Antinephritica; Aphrodisiaca; Defensiva; Refrigerantia; Vulneraria. / V, Alisma; Polygonum; Salsola.
A r n o g l o s s u m siehe Bd. II, Abstergentia; Antidysenterica; Refrigerantia. / V, Cassia.
P s y l l i u m siehe Bd. II, Emollientia.
S p i t z w e g e r i c h siehe Bd. IV, G 957.
W e g e r i c h siehe Bd. IV, G 957.

B e r e n d e s-Dioskurides: - Kap. F l o h k r a u t, P. Psyllium L. +++ Kap. W e g e r i c h, P. asiatica L., P. Lagopus L.; Kap. H o l o s t e o n, P. albicans L.

Sontheimer-Araber: - P. Psyllium - - P. major +++ P. Lagopus; P. coronopus; P. asiatica.
Fischer-Mittelalter: - P. Psyllium L. (pulicaria, psillenkrawt) - - P. major L. und P. media L. (arnoglossa, septinervia, centinervia, lingua arietis, proserpinata, auriculus leporis, soldago, wegerich, wegebreite, wegwart; Diosk.: arnoglosson, plantago maior) - - - P. media L. (plantago, agni glossa, proserpinata, herba siluana, arnoglossa, barba siluana, barba benedicta, lingua arietis, lingua agni, quinquina, viatica, semitana, wegerech, schaffzung, wegprayt) - 4 - P. lanciolata L. (lantiolata, plantago lantiolata, amarusta, quinquenervia, plantago minor, catti glossa, sagitella, hastula, herba siluana, herba martis, lingua agni, lingua cigni, rippa, rippelwurz, hunderip, katzenplumen, spitzwegrich, katzenzung, klein wegrich; Diosk.: arnoglosson, plantago minor) +++ P. Coronopus L. (stellaria); P. serpentina.
Hoppe-Bock: - - P. maior L. (Roter oder Großer Wegerich) - - - P. media L. (Breiter oder Mittel Wegerich) - 4 - P. lanceolata L. (Spitzer Wegerich) +++ P. coronopus L. (Rappenfuoß).
Geiger-Handbuch: - P. Psyllium (Flohsamen-Wegerich) - - P. major (Großer, breiter Wegerich, Sauohr) - - - P. media - 4 - P. lanceolata +++ P. maritima; P. Coronopus; P. Löfflingii; P. Cynops; P. indica L. (= P. arenaria Kit.).
Hager-Handbuch: - P. psyllium L. [Schreibweise nach Zander-Pflanzennamen: **P. afra L.**] - - **P. major L.** - - - **P. media L.** - 4 - **P. lanceolata L.** +++ P. cynops L. [nach Zander = P. afra L.]; P. arenaria Walst. u. Kitaibel.
Zitat-Empfehlung: **Plantago afra (S.); Plantago major (S.); Plantago media (S.); Plantago lanceolata (S.).**

Dragendorff-Heilpflanzen, S. 618 uf. (Fam. Plantaginaceae); V. J. Brondegaard, Wegerich als Wundheilmittel in der Volks- und Schulmedizin, Sudhoffs Archiv *47* (1963), S. 127—151.

(Psyllium)
Dioskurides schreibt vom Flohkraut, daß der Same zu Umschlägen bei Gicht, Geschwülsten, Ödemen, Verrenkungen, Kopfleiden, zu Kataplasmen mit Essig bei Darm- und Nabelbrüchen benutzt werden kann; wirkt kühlend. Eine Abkochung des Krautes gegen Rose; mit Fett zerstoßen gegen Geschwüre. Der Saft mit Honig bei Ohrenfluß.
In Ap. Lüneburg 1475 waren 3 qr. Semen psillii vorhanden, in Ap. Braunschweig 1666 Semen psillii (1 lb.) und Electuarium de p. ($3^1/_4$ lb.); in Ap. Lüneburg 1718 7 lb. Flöhkrautsamen. In T. Worms 1582 stehen als Bezeichnungen für Semen Psyllii: Pulicariae, Cynoidis, Cynocephali, Flöchsamen, Psiliensamen; T. Frankfurt/M. 1687 hat nur die Bez. Semen Psyllii. Die

Ph. Württemberg 1741 schreibt über die Wirkung von Semen Psyllii (Pulicariae): Refrigerans, Demulcans, Laxans; bei Gallenleiden; gegen Trockenheit von Kehle und Zunge und gegen Angina. Hagen, um 1780, gibt als Stammpflanze P. Psyllium an; „wird bei uns nicht gefunden und wächst in mehr südlicheren Gegenden auf sandigem Boden". Als Fußnote bemerkt er, daß nach Meinung von Prof. Bergius der Same von dem in der Provence, Italien und bei Genf wachsenden, staudigen Wegerich (Pl. Cynops) gesammelt werden.
Dementsprechend Stammpflanzen in Ph. Preußen 1799: P. Psyllium u. P. Cynops. Ausgabe von 1813 nur noch P. Cynops; 1827 P. Cynops Linn. et P. arenaria Waldst. Kit.; 1846 nicht mehr aufgenommen. Wieder in Erg.-B. 6, 1941: „Die reifen Samen von Plantago Psyllium Linné". Anwendung nach Hager, um 1930: Die unzerkleinerten Samen zur Herstellung von Schleim, der innerlich und äußerlich bei Entzündungen, technisch als Appretur zum Steifen von Geweben verwendet wird. Neuerdings auch als gelindes Abführmittel empfohlen. Hoppe-Drogenkunde, 1958, Kap. P. Psyllium, schreibt über Verwendung: „Purgans, Antiphlogisticum, Expectorans. - Äußerlich zu Umschlägen bei rheumatischen Erkrankungen und Entzündungen. - In der Kosmetik".

(Plantago)
Dioskurides beschreibt 2 Wegericharten, von denen man die kleine mit P. lagopus L. und die große mit P. asiatica L. identifiziert hat. Die Anwendung ist vielseitig: Blätter haben austrocknende, adstringierende Kraft; sie wirken hemmend bei Blutflüssen, Geschwüren, Karbunkeln; bei Hundebissen, Brandwunden, Drüsenschwellungen; gegen Dysenterie und Magenkrankheiten; gekochtes Kraut gegen Bleichsucht, Epilepsie, Asthma. Saft der Blätter gegen Geschwüre im Mund, bei Fisteln, Augen- und Ohrenleiden; als Klistier bei Dysenterie; als Zäpfchen gegen Gebärmutterkrämpfe und -flüsse. Der Same mit Wein getrunken hält Bauchfluß und Blutungen auf. Die gekochte Wurzel gegen Zahnschmerzen; gegen Blasen- und Milzgeschwüre und gegen das viertägige Fieber.
Bock, um 1550, überträgt diese Indikationen auf seine Wegerich-Arten: P. major, P. media und P. lanceolata.
Die T. Worms 1582 führt Semen Plantaginis, Wegerich- oder Wegbreitsamen, und unter Herba: Plantago (Arnogloßa, Arnium, Probatium, Olus agnium, Heptapleuron, Septinervia, Multinervia, Wegerich, Schaffzung, Ballenkraut). Nach Ph. Augsburg 1640 ist bei Verordnung von „Plantago" stets major zu nehmen. In Frankfurt/M. 1687 sind außer Semen Plantaginis 2 Krautsorten verzeichnet: Plantago major (latifolia, großer oder breiter Wegerich) und Plantago minor (angustifolia, lanceolata, quinquenervia, kleiner oder spitzer Wegerich); außerdem die Wurzeldroge Radix Plantaginis (Arnoglossi, Wegerichwurtz). Diese vier Drogen sind noch in T. Württemberg 1822 enthalten (die Samen als „latifoliae" gekennzeichnet).

In Ap. Braunschweig 1666 waren vorrätig: Semen Plantaginis (6 lb.), Radix P. (3 lb.), Herba P. maior. (1 3/4 K.), Herba P. minor. (1/2 K.), Aqua P. maior. (3 St.), Aqua P. minor. (1 St.), Aqua (e succo) P. (2 St.), Essentia P. (24 Lot), Extractum P. (4 Lot), Syropus P. (2 1/2 lb.). Wirkung der Drogen nach Ph. Württemberg 1741:
Herba Plantaginis (majoris, latifoliae, Arnoglossi, Septinerviae, breiter Wegerich): Refrigerans, Siccans, Adstringens; als Dekokt Vulnerarium und Gurgelmittel;
Herba Plantaginis angustifoliae (quinquenerviae minoris, spitziger Wegerich): Wie vorige Droge; Saft bei Wechselfieber;
Radix Plantaginis latifoliae (Plantaginis majoris): Dekokt bei Wechselfieber; Zusatz zu Wundtränken und Gurgelmitteln;
Semen Plantaginis (Wegerich-Samen): Adstringens, Refrigerans; gegen Steinleiden, Bruchschäden, bei Blut- und Bauchflüssen.
Präparate: Aqua P., Extractum P., Syrupus P. majoris.
Nichts davon kommt in Ph. Preußen 1799; vereinzelt stehen noch einmal Folia Plantaginis majoris in den Ausgaben von 1827 und 1829. Geiger, um 1830, schreibt über die Anwendung: „Die Wegericharten hat man als kühlend zusammenziehende Mittel bei Bluthusten usw. gebraucht. Neuerlich ist der spitze Wegerich wieder gegen Wechselfieber vorgeschlagen worden. Äußerlich dienen sie frisch, so wie der ausgepreßte Saft, als Wundmittel, gegen Bienenstiche, frische Wunden und alte Geschwüre als Hausmittel; auch wird mit Fett daraus eine Wundsalbe bereitet". Hoppe, 1958, Kap. P. major, schreibt über Verwendung des Krautes: „Mucilaginosum. Besonders wirkungsvoll ist die Frischpflanze. - In der Homöopathie u. a. bei Hautleiden, bei Kopf-, Zahn- und Ohrschmerzen. Blutstillendes und Wundmittel auch bei Brandwunden und Zellgewebsentzündungen. - In der Volksheilkunde bei Katarrhen der Luft- und Harnwege. - Die Samen wirken diuretisch".
In Erg.-B. 6, 1941, wurden wieder aufgenommen: Herba Plantaginis majoris und Herba Plantaginis lanceolata, sowie Extractum Plantaginis fluidum. In der Homöopathie ist „Plantago major - Wegerich" (Essenz aus frischer Pflanze; Hale 1875) ein wichtiges Mittel, „Plantago media" und „Plantago lanceolata" (Essenzen aus frischen Pflanzen) sind dagegen weniger wichtige Mittel.

(Verschiedene)
Geiger, um 1830, nennt noch eine ganze Reihe weiterer P.-Arten (ohne größere Bedeutung):
P. maritima L., „eine schon lange als Sodakraut benutzte Pflanze". P. Coronopus L., „offizinell war sonst das Kraut (Herba Coronopi, Herba Stellae)". P. Loefflingii L., „offizinell war sonst das Kraut unter dem Namen Herba Coronopi Serpentinae". P. indica L. (= P. arenaria Kit.), wird häufig mit P. Psyllium verwechselt.
In der Homöopathie ist „Plantago ovata" (P. ovata Forsk.; Essenz aus frischer Pflanze) ein weniger wichtiges Mittel.

Platanthera

Platanthera siehe Bd. V, Orchis.
Zitat-Empfehlung: *Platanthera bifolia (S.)*.
Dragendorff-Heilpflanzen, S. 150 (Fam. Orchidaceae; die Pflanze heißt hier Habenaria bifolia R. Br.).

Die zweiblättrige Kuckucksblume, **P. bifolia (L.) L. C. Rich.**, ist wahrscheinlich die Stendelwurtz (weitere Synonyme → Orchis) in Fuchs Kräuterbuch. Ihre Wurzel wurde - zunächst neben anderen runden Orchideenwurzeln, dann bevorzugt diese - als Radix Satyrii gesammelt und war im 16./18. Jh. pharmakopöe-üblich. Über die Kraft und Wirkung schreibt Fuchs, um 1550: „Die Wurzel dieses Gewächses, in rotem Wein getrunken, macht Lust und Begierde zu den ehelichen Werken. Dergestalt gebraucht, ist sie gut zu dem Krampf, der da hinter sich zieht. Plinius schreibt, so einer die unterste Wurzel, die da größer ist, einnehme, gebäre er ein Knäblein. Hergegen wenn er die oberste und die kleinste braucht, so gebärt er ein Mägdlein". In T. Worms 1582 stehen als Synonyme von Radix Satyri: Satyrii Triphylli seu Trifolii, Testiculi vulpis, Testiculi leporini, Panis Apuleii, Stendelwurz, Knabenkrautwurtz, Standthartwurtz. In Ap. Braunschweig 1666 waren vorrätig: Radix satyrionis (5 1/2 lb.), Condita radicis satyrion. (1 lb.), Electuarium diasatyrioni (4 1/2 lb.). Schröder, 1685, erläutert: „Dioskurides macht einen Unterschied unter den Orchidibus und Satyriis, nennt diejenige, die eine gedoppelte Wurzel haben, Orchides, diejenigen aber, die nur eine Wurzel haben, nennt er Satyria. Plinius aber confundiert solche. - Die Arten der Orchidum oder Satyriorum sind unterschiedlich und können alle ohne Unterschied gebraucht werden, doch wählen die Apotheken vor anderen Cynosorchim. - Sie wachsen in Feldern, Wäldern und Weinbergen, blühen im April und Mai. - In Apotheken hat man die Wurzel, deren größere Zwiebel die beste ist, die anderen, welken, kann man wegwerfen. Man sammelt sie bei eintretendem Frühling oder dem ausgehenden Herbst. - Sie wärmt und feuchtet, hat einen süßen Geschmack, wird gebraucht (wegen der geilen Bezeichnung) zur Stärkung der Mannheit, sie soll gleichfalls auch die Mutter stärken und zur Empfängnis geschickt machen".

Die Ph. Württemberg 1741 führt Radix Satyrii (Cynosorchidis latifoliae C. B., Stendelwurtz, Knabenkrautwurtz; Aphrodisiacum, fürs Electuarium Diasatyrium) [Es bleibt damit zu rechnen, daß neben Platanthera-Knollen auch die anderer Orchideen unter dieser Bezeichnung gebraucht wurden].

Bei Hagen, um 1780, heißt die Stammpflanze Orchis bifolia, bei Geiger, um 1830, hat sie die heutige Bezeichnung P. bifolia Rich. „Davon war die Wurzel (rad. Satyrii) offizinell. Man gebrauchte sie mit Zucker eingemacht. Sie läßt sich auch zu Salap benutzen, doch liefert sie keine gute". Bei Hager, um 1930, ist die Pflanze immer noch als Lieferant von Salep aufgeführt (sie wurde u. a. in DAB 2, 1882, u. DAB 3, 1890, ausdrücklich genannt), sonst hat sie keine Bedeutung in der offiziellen Therapie mehr. Hoppe-Drogenkunde, 1958, Kap. P. bifolia (= Orchis bifolia) bemerkt lediglich: „liefert Tubera Salep".

Platanus

Platanus siehe Bd. II, Humectantia. / V, Acer.
Zitat-Empfehlung: *Platanus orientalis (S.)*; *Platanus occidentalis (S.)*.
Dragendorff-Heilpflanzen, S. 271 (Fam. Platanaceae).

Die im Orient heimische Platane **P. orientalis L.** spielte in der antiken Mythologie eine Rolle. Nach Dioskurides wird sie auch medizinisch genutzt (Blätter in Wein zum Umschlag bei Augenfluß, gegen Ödeme und Entzündungen; Rinde mit Essig als Mundwasser gegen Zahnschmerz; grüne Früchte mit Wein getrunken gegen Schlangenbiß, mit Fett äußerlich gegen Verbrennungen). Fischer nennt „Araber" als mittelalterlichen Nachweis von P. orientalis L.
In Hoppe-Drogenkunde, 1958, ist **P. occidentalis L.** aufgeführt, da in der Homöopathie „Platanus occidentalis" (Essenz aus frischer, junger Zweigrinde) als weniger wichtiges Mittel gebraucht wird.

Plectranthus

Plectranthus siehe Bd. V, Coleus; Pogostemon.

Geiger, um 1830, erwähnt P. graveolens; „davon wurde das starkriechende Kraut unter dem Namen Patchouly vor kurzem als Arzneimittel nach Frankreich gebracht". Bei Dragendorff-Heilpflanzen, um 1900 (S. 585; Fam. Labiatae), heißt P. graveolens R. Br.: P. parviflorus W. (als Patschoulikraut verwendet). Er nennt ferner die Kapländische P. fructicosus L'Hérit. (= Germanea urticaefolia Lam.); gegen Fieber, Krampf, als Insektizidum. Diese Pflanze (Schreibweise nach Zander-Pflanzennamen: **P. fruticosus L'Hérit.**) hat ein Kapitel bei Hoppe-Drogenkunde, 1958 (das Kraut ist Insektizid).
In der Homöopathie ist „Plectranthus fructicosus" (Essenz aus frischer, blühender Pflanze; Allen 1878) ein wichtiges Mittel.

Pluchea

Pluchea siehe Bd. V, Blumea.

Dragendorff-Heilpflanzen, um 1900 (S. 665; Fam. Compositae), nennt 7 P.-Arten, darunter die südasiatische P. indica Less. (= Baccharis indica

L.), die ebenso wie die brasilianische P. Quitoc D. C. (= Gnaphalium suaveolens Arrab.) als Carminativum, Antihystericum, bei Flatulenz und zu aromatischen Bädern gebraucht wird. In Hoppe-Drogenkunde, 1958, ist ein Kap. P. indica (Blätter als Diaphoreticum, Bestandteil von Entfettungstees).
Nach Fischer kommen in arabisch-persischen Quellen vor: Conyza odora und Conyza Dioscoridis. Dragendorff schreibt dazu: P. odorata Cass. (= Conyza odorata L.), soll bei Abu Mansur [10. Jh.] vorkommen. P. Dioscoridis D. C. (= Conyza Dios. Rauw., Baccharis Dios. L.); Blatt und Wurzel (Schahbena Abu Mans.) ist Excitans, Confortativum, Aromaticum.

Plukenetia

Nach Dragendorff-Heilpflanzen, um 1900 (S. 381; Fam. Euphorbiaceae), enthalten P.-Arten „Kautschuk, die Blätter werden auf Ödeme und Abszesse angewendet, auch als Gemüse gegessen". Hoppe-Drogenkunde, 1958, hat P. conophora aufgenommen; verwendet wird das stark trocknende, fette Öl der Samen. Zander-Pflanzennamen verweist von P. conophora auf die neue Bezeichnung: **Tetracarpidium conophorum (Muell. Arg.) Hutchins. et Dalz.**

Plumbago

Plumbago siehe Bd. II, Rubefacientia; Vesicantia. / V, Lathraea; Polygonum.
Zitat-Empfehlung: *Plumbago zeylanica (S.)*; *Plumbago indica (S.)*; *Plumbago europaea (S.)*.

Hessler-Susruta zitiert **P. zeylanica L.** und P. rosea [Schreibweise nach Zander-Pflanzennamen: **P. indica L.**], bei Sontheimer-Araber kommt P. zeylanica und **P. europaea L.** vor.
Aufgenommen in Ph. Württemberg 1741: Radix Dentariae minoris (Dentariae pentaphillae, Violae dentariae, Saniculae albae, Symphyti dentarii, Zahnwurtzel, weisse Steinbrechwurtzel; Adstringens, Siccans, für Bruchschäden und Wunden). Die Stammpflanze der Zahnwurzel (Rad. Dentariae seu Dentellariae) heißt bei Hagen, um 1780: P. Europaea. Geiger, um 1830, schrieb darüber: „Eine schon in früheren Zeiten als Arzneimittel gebrauchte Pflanze. - Wächst im südlichen Europa und im Kaukasus ... Offizinell ist: Die Wurzel, Zahnwurzel, sonst auch das Kraut, Antonskraut (rad. et herba Dentellariae, herba Sancti Antonii) ... Wurzel und Kraut werden gegen Zahnweh gekaut, das damit abgekochte Baumöl wird gegen die Krätze, Kopfgrind und selbst gegen den Krebs äußerlich eingerieben".
Dragendorff-Heilpflanzen, um 1900 (S. 516; Fam. Plumbaginaceae), schreibt zu P. europaea L.: „Wurzel (Radix Dentariae seu Dentillariae)

und Kraut [sind] scharf, rufen Blasen und Geschwüre hervor, gegen Zahnschmerz, Kopfgrind, Krätze, Krebsgeschwüre, innerlich als Emeticum gebraucht". Verwendung des Krautes nach Hoppe-Drogenkunde, 1958: Blasenziehendes Mittel; in der Volksheilkunde bei Epilepsie.
In der Homöopathie sind „Plumbago europaea" (Essenz aus frischem Kraut) und „Plumbago littoralis" (P. littoralis L.; Essenz aus frischen Blättern) weniger wichtige Mittel.

Plumeria

Nach Geiger, um 1830, ist das Holz des Baumes P. alba (lignum Citri, lign. Jasmini) sehr harzreich und leicht entzündlich, hat zitronenartigen Geruch und soll gegen Syphilis dienlich sein; es wird nicht selten dem gelben Santelholz substituiert. Dragendorff-Heilpflanzen, um 1900 (S. 539; Fam. Apocyneae; nach Zander-Pflanzennamen: Apocynaceae), schreibt über Plumiera alba L.: Die frische Wurzel gegen Piaws, der scharfe Milchsaft gegen Warzen, Flechten, das aromatische Holz wie Sandel gebraucht.
Außer 10 weiteren P.-Arten führt Dragendorff Plumiera acutifolia Poir. auf (Rinde gegen Intermittens, Diarrhöe, Gonorrhöe. Wurzel purgierend, Milchsaft ätzend). Diese und andere Arten in Hoppe-Drogenkunde, 1958. In der Homöopathie ist „Plumeria" (P. acutifolia Poir.; Essenz aus frischer Rinde) ein weniger wichtiges Mittel.
Schreibweisen nach Zander-Pflanzennamen: **P. alba L.; P. rubra L. var. acutifolia (Poir.) L. H. Bailey** (= P. acutifolia Poir.). Zitat-Empfehlung: **Plumeria alba (S.); Plumeria rubra (S.) var. acutifolia.**

Podophyllum

Podophyllum siehe Bd. IV, E 77. / V, Jeffersonia.
Zitat-Empfehlung: *Podophyllum peltatum (S.).*
Dragendorff-Heilpflanzen, S. 233 (Fam. Berberideae; nach Schmeil-Flora: Berberidaceae); Tschirch-Handbuch III, S. 773; R. Zaunick, Podophyllinharz in neuer medizinischer und biologischer Anwendung, Pharmazie *4* (1949), S. 35 uf.

Geiger, um 1830, erwähnt P. peltatum (Entenfuß, Maiapfel); „davon wird die Wurzel in Amerika als Brech- und Purgiermittel gebraucht". Aufgenommen in DAB 2, 1882: Podophyllinum; wird aus dem weingeistigen Extrakt des Rhizoms von P. peltatum durch Wasser gefällt. Anwendung nach Hager (1884) als Drasticum, Cholagogum, Pepticum. Das Harz blieb offizinell bis DAB 6, 1926. Es ist als „Podophyllinum" (Ursubstanz wie DAB 6) in der Homöopathie ein wichtiges Mittel. Außerdem wird in der Homöopathie „Podophyllum“ (**P. peltatum L.**; Essenz aus frischem Wurzelstock mit Wurzeln; Buchner 1852) als wichtiges Mittel verwandt. In Hager-Handbuch, um 1930, steht über die Anwendung von Rhizoma Podophylli (von P. peltatum (L.) Willdenow): „Als Abführmittel, als Brechmittel. Meist wird aber an Stelle des Rhizoms das daraus gewonnene Harz, das Podophyllin, angewandt“). Nach Hoppe-Drogenkunde, 1958, Kap. P. peltatum, werden verwendet: 1. die Wurzel („Laxans. - In der Homöopathie bei Leberleiden, Gallensteinen, Magenkatarrhen, Verstopfung, Diarrhöen“); 2. das Harz („Laxans, bes. bei chronischer Obstipation. - Vermifugum, bes. in der Veterinärmedizin. - Cholagogum. - Mitosehemmend, auch gegenüber malignen Tumoren“).

Pogonopus

In Dragendorff-Heilpflanzen, um 1900 (S. 620; Fam. Rubiaceae), wird die südamerikanische P. febrifugus Benth. als Surrogat der Fieberrinde erwähnt. Nach Hoppe-Drogenkunde, 1958, ist diese Droge (Cortex Pogonopi) auf Inhaltsstoffe untersucht worden.

Pogostemon

Dragendorff-Heilpflanzen, um 1900 (S. 585; Fam. Labiatae), nennt unter 9 P.-Arten bzw. Varietäten: P. Heyneanus Benth. (= P. Patchouli Pellet.) - Wurzel gegen Unreinheiten der Haut; Blatt, Blüte, Frucht als zerteilendes Mittel. Nach Hoppe-Drogenkunde, 1958, Kap. P. patchouli, wird verwendet 1. das Blatt (Antisepticum; zur Herstellung ätherischen Öls; zum Parfümerieren von Webwaren, Vertreiben von Insekten), 2. das äther. Öl (in Parfümerie- und Seifenindustrie). Hoppe gibt ebenso wie Hager-Handbuch, um 1930, weitere P.-Arten an, die ätherische Öle liefern. So nennt Hager außer P. patchouli Pell. [Schreibweise nach Zander-Pflanzennamen: **P. cablin (Blanco) Benth.**], die die Stammpflanze für das Patschuli des europäischen Handels ist: P. Hayneanus Benth. (Patschuli aus Bombay), P. comosus Miq. (von Java); außerdem liefern Microtaena cymosa Prain und Plectranthus patchouli Clarke Patschuliblätter und Öl. In der Homöopathie ist „Patchouly“ (P. Patchouli Pell.; Tinktur aus getrockneten Blättern) ein weniger wichtiges Mittel. Zitat-Empfehlung: **Pogostemon cablin (S.).**

Polemonium

Polemonium siehe Bd. II, Antidysenterica. / V, Dictamnus.
Zitat-Empfehlung: *Polemonium caeruleum (S.).*

Nach Berendes ist das Kap. Polemonion (bei Dioskurides) auf P. coeruleum [Schreibweise nach Zander-Pflanzennamen: **P. caeruleum L.**] bezogen (Wurzel mit

Wein gegen Dysenterie, giftige Tiere; bei Harnverhaltung, Ischias, Milzleiden; gekaut gegen Zahnschmerzen). Die Pflanze wird bei Sontheimer-Araber zitiert. Geiger, um 1830, erwähnt P. coeruleum (blaue Polemonie, Sperrkraut); „davon war sonst das Kraut (herba Valerianae graecae) offizinell". Dragendorff-Heilpflanzen, um 1900 (S. 600 uf.; Fam. Polemoniaceae), gibt zu P. coeruleum L. an: „wird wie Baldrian, auch als Antisyphiliticum und gegen Rabies gebraucht". In der Homöopathie ist „Polemonium coeruleum" (Essenz aus frischer Pflanze) ein weniger wichtiges Mittel.

Polianthes

Nach Tschirch kommt in arab. Quellen Polyanthes tuberosa L. vor. Dragendorff-Heilpflanzen, um 1900 (S. 134; Fam. Amaryllideae; nach Zander-Pflanzennamen: Agavaceae), ist von **P. tuberosa L.**, der Tuberose, Zwiebel emetisch wirkend. Hoppe-Drogenkunde, 1958, nennt die Pflanze; verwendet wird das äther. Öl (Oleum Tuberosa) in der Parfümindustrie. Zitat-Empfehlung: **Polianthes tuberosa (S.).**

Polygala

Polygalon siehe Bd. II, Humectantia. / V, Galega.
Kreutz- oder Kreuzblume siehe Bd. V, Gymnadenia; Orchis.
Senega siehe Bd. II, Diaphoretica, Expectorantia; Vomitoria. / IV, E 31. / V, Primula.
Zitat-Empfehlung: *Polygala senega (S.)*; *Polygala vulgaris (S.)*; *Polygala amara (S.)*.
Dragendorff-Heilpflanzen, S. 347 uf. (Fam. Polygalaceae); Tschirch-Handbuch II, S. 1535.

(Senega)
Nach Tschirch-Handbuch wurde die Senegawurzel, ein altes Volksmittel nordamerikanischer Indianer, 1735 durch Tennet (Philadelphia) als Mittel gegen Brustkrankheiten in die Schulmedizin eingeführt; Linné nannte die Pflanze 1749 P. marilandica. Hagen, um 1780, beschreibt „Senegapflanze (Polygala Senega), wächst in Virginien, Pensilvanien und Marieland. Es ist davon vor kurzem die Wurzel (Rad. Senegae, Senekal, Polygalae, Virginianae) in Gebrauch gekommen". Aufgenommen in Ph. Württemberg 1785: Radix Seneka (Senegar, Senegan, Virginische oder Pensylvanische Klapper-Schlangenwurzel; gegen Schlangenbiß, Brustleiden, Fieber). Weiter in den Pharmakopöen bis DAB 6, 1926 („Radix Senegae - Senegawurzel. Die getrockneten Wurzelstöcke und Wurzeln von **Polygala senega Linné**"). Zubereitungen aus der Wurzel in DAB 1, 1872: Extractum und Syrupus Senegae, letzterer noch im DAB 6.
Anwendungsformen nach Geiger, um 1830: „Man gibt die Senega in Substanz, in Pulverform, jedoch selten, am häufigsten und zweckmäßigsten in Abkochung. -

Präparate hat man: Extrakt, ferner Tinktur und Sirup". Hager-Handbuch, um 1930, schreibt über „Anwendung. Die Wurzel wird mehrmals täglich, meist in Form der Abkochung, als auswurfbeförderndes Mittel bei Luftröhrenkatarrh, Lungenentzündung usw. angewandt. Zu längerem Gebrauch eignet sie sich nicht, da sie die Verdauung ungünstig beeinflußt. In Deutschland ist Senegawurzel dem freien Verkehr entzogen". In Erg.-B. 6, 1941, steht Senegafluidextrakt und -tinktur. In der Homöopathie ist „Senega - Senegawurzel" (Tinktur aus getrockneter Wurzel; Seidel 1830) ein wichtiges Mittel.

(Verschiedene)
1.) Bretschneider-China nennt P. sibirica und P. tenuifolia. Nach Dragendorff, um 1900, ist P. sibiria L. = P. tenuifolia Willd.; „Wurzel bei Husten, Karbunkeln und Abzessen der Mamma, das Blatt bei Spermatorrhöe". In Hoppe-Drogenkunde, 1958, ist P. tenuifolia erwähnt: „Wurzeldroge wird als Expectorans benutzt" (China).
2.) Berendes identifiziert die Kreuzblume (das Polygalon) des Dioskurides mit P. venulosa Sibth. (schwach adstringierend; scheint als Trank die Milch zu vermehren).
3.) Nach Berendes kann bei Plinius die Kenntnis der **P. vulgaris L.** angenommen werden. Sontheimer-Araber nennt diese Art. Sie ist nach Hoppe bei Bock, um 1550, abgebildet (Creützblümlin, Ramsel): befördert Milchbildung, zu Umschlägen gegen Schwellungen und fieberhafte Erkrankungen; Zierpflanze. Geiger, um 1830, beschreibt die Art, von der die Wurzel (rad. Polygalae vulgaris, Polygalae hungaricae) wie P. amara, in Abkochung, benutzt wird. Nach Hoppe, um 1958, ist das Kraut, Herba Polygalae vulgaris, „Volksheilmittel bei Erkrankungen der Luft- und Harnwege".
4.) Hagen, um 1780, beschreibt die „Bittere Kreutzblume (Polygala amara)... Durch das Kraut und die Wurzel (Hb., Rad. Polygalae amarae) ist der Arzneischatz vor kurzem vermehrt worden". Geiger berichtet dazu: „Die bittere Kreuzblume wurde 1762 besonders durch Candon, nachher von Collin als Arzneimittel eingeführt... Offizinell ist: die ganze Pflanze (herba cum radice Polygalae amarae). Gewöhnlich wird die Wurzel verschrieben... Man gibt die Pflanze in Substanz, in Pulverform, als Latwerge; ferner in Abkochung. - Präparate hat man davon: das Extrakt". Herba Polygalae in den preußischen Pharmakopöen und DAB 1, 1872; dann Erg.-Bücher (1941: „Herba Polygalae amara cum Radicibus"). In der Homöopathie ist „Polygala amara - Kreuzblume" (Essenz aus frischer, blühender Pflanze) ein wichtiges Mittel.
Nach Kommentar Hager, 1874, wird P. amara bei Lungenleiden, besonders chronischen Lungenkatarrhen gebraucht. Nach Hager-Handbuch, um 1930 (**P. amara L.** und Varietäten), in der Volksmedizin in Abkochung als Magenmittel und bei Katarrhen. Hoppe, 1958, schreibt: „Expectorans. Amarum. - In der Volksheilkunde

zur Förderung der Milchsekretion in der Human- und Veterinärmedizin. Stomachicum. Blutreinigungsmittel".

Polygonatum

Polygonatum siehe Bd. V, Paris.
Sigillum Salomonis siehe Bd. II, Cosmetica; Emollientia. / V, Paris.

Berendes-Dioskurides: Kap. Weißwurz, Convallaria Polygonatum L. (= P. offic. All.); Kap. Ephemeron, Convallaria verticillata L.? oder Conv. multiflora L.?
Sontheimer-Araber: Convallaria Polygonatum.
Fischer-Mittelalter: P. officinale Moench., cf. Dictamnus u. P. verticillatum (dictamnum, diptam, sigillum salamonis, albutum, affodili, scarpicum, policaria maior, helleborus albus, wis wurze, magerato, uns frawen lilie, weyswurz, nieswurz di weis, diptan; Diosk.: polygonaton, ephemeron).
Hoppe-Bock: P. multiflorum All. (Weißwurtz); P. verticillatum All. (klein Weißwurtz).
Geiger-Handbuch: Convallaria Polygonatum (Weißwurzel, Salomons-Siegel); Convallaria multiflora (vielblumige Weißwurzel).
Hager-Handbuch: P. officinale All. (= P. vulgare Desf.); P. multiflorum All.; P. biflorum (W.) Ell. u. P. giganteum Dietr.
Schmeil-Flora: **P. odoratum (Mill.) Druce** (= P. officinale All., Convallaria polygonatum L.); **P. verticillatum (L.) All.; P. multiflorum (L.) All.**
Zitat-Empfehlung: **Polygonatum odoratum (S.); Polygonatum verticillatum (S.); Polygonatum multiflorum (S.).**

Dragendorff-Heilpflanzen, S. 127 (Fam. Liliaceae).

Das Polygonaton hat nach Dioskurides eine Wurzel, die als Umschlag gut für Wunden ist; sie entfernt auch Flecken im Gesicht. Das Ephemeron liefert Blätter, die als Umschlag mit Wein Ödeme und Geschwulste verteilen; die Wurzel im Mundspülwasser gegen Zahnschmerzen.
Die Kräuterbuchautoren des 16. Jh. wissen zwischen den abgebildeten Pflanzen, die Weißwurz genannt werden und die unstreitig Polygonatum-Arten sind, und antiken Quellen noch keine rechte Übereinstimmung zu finden. Fuchs lehnt sich bezüglich Wirkung an das Polygonaton des Dioskurides an (in den Apotheken und bei den gemeinen Kräutlern wird es Sigillum Salomonis genannt), während Bock die Indikationen teils nach dem Kap. Daphnoides bei Dioskurides, teils nach dem Destillierbuch von Brunschwig nimmt (innerlich: Gebranntes Wasser treibt geronnenes Blut aus dem Bauch, den Lendenstein durch den Harn; gegen

Frauenkrankheiten; zerteilt innere Geschwüre. Die Beeren und Blätter purgieren. Äußerlich: Blätter als Niesmittel. Wurzel oder gebranntes Wasser zerteilt Schwellungen, entfernt Flecken und Mäler).

In T. Worms 1582 ist aufgenommen: Radix Sigilli Salomonis (Polygonati, Scalae coeli, Fraxinulae s. fraxinellae Italicae, Fraßinellae s. fraßinulae Italicae, Geniculatae, Genichellae, Geniculi, Fraxinellae geniculatae, Weißwurtzel); in T. Frankfurt/Main 1687: Radix Polygonati s. Sigilli Salomonis, Weißwurtz. In Ap. Braunschweig 1666 waren vorrätig: Radix sigilli Salomoni (10 lb.), Aqua sig. Sal. (2 St.). Die Ph. Württemberg 1741 nennt: Radix Polygonati majoris (latifolii, vulgaris, Sigilli Salomonis, Geniculatae, Genicellae, Weiß-Wurtz, Schminckwurtzel; Cosmeticum; als Kataplasma gegen blaue Flecken); Aqua (dest.) Sigillum Salomonis. Hagen, um 1780, gibt als Stammpflanze Convallaria Polygonatum (Weißwurzel) an; liefert die „Schminkwurzel". Geiger, um 1830, schreibt: „Die Alten gebrauchten die Wurzel bei Quetschungen, Geschwülsten, Wunden und Hautausschlägen, vorzüglich auch als Schönheitsmittel für die Haut. Jetzt wird sie kaum mehr angewendet". Nach Hoppe-Drogenkunde, 1958, ist die Wurzel von P. officinale „blutzuckersenkendes Mittel. - Diureticum in der Volksheilkunde, äußerlich bei Blutergüssen, Quetschungen etc." Ferner wird als Diureticum verwendet: P. multiflorum u. P. verticillatum.

Polygonum

Polygonum siehe Bd. II, Adstringentia; Antidysenterica; Cosmetica. / IV, G 313, 471, 564, 1750. / V, Capsella; Dracunculus; Fagopyrum; Holosteum; Spergularia.
Bistorta siehe Bd. II, Adstringentia; Antiscorbutica. / V, Potentilla.
Knöterich siehe Bd. IV, G 1749.
Nat(t)erwur(t)z siehe Bd. V, Chenopodium; Dracunculus.
Persicaria acris siehe Bd. II, Antiscorbutica.
Schlangenwur(t)z(el) siehe Bd. V, Allium; Aristolochia; Cimicifuga; Eupatorium; Ophiorrhiza; Polygala; Rauvolfia.
Vogelknöterich siehe Bd. IV, E 60, 247; G 564, 957.

Berendes-Dioskurides: - Kap. Wasserpfeffer, P. Hydropiper L. -- Kap. Männliches Polygonon, P. aviculare L. +++ Kap. Weibliches Polygonon, P. maritimum L.?; Kap. Krataiogonon, P. Persicaria L.?

Tschirch-Sontheimer-Araber: - P. Hydropiper -- P. aviculare +++ P. maritimum; P. Persicaria; P. tinctorium.

Fischer-Mittelalter: - P. Hydropiper L. (piper montanum, piperastrum, centiturbida, wasserpfeffer, flohkrut; Diosk.: Hydropiper); P. persicaria L. cf. P. hydropiper (persicaria, herba St. Mariae, plumbago, pfersichkraut) -- P. aviculare L. (centenodia, proserpinacea cf. Plantago, sanguinaria cf. Holosteum, polligonium, gramen, lingua avis, herba solis, geniculata, centummorbida, weggraz, wegebrede, anetret, denngras, spatzenzünglein, wegwart, vogelzungen, egelgras); P. fagopyrum L. s. Fagopyrum --- P. amphibium L., P. Bistorta L. (centrum grana, wipperina, bistorta, basilicus, herba serpentina, dragontea, ysion, gugarus, alabardon, colubrina, collum draconis, britannica, crebeswurz, natterwurz, nabilwurz, serpentin).

Beßler-Gart: - P. hydropiper L. (Kap. Persicaria, pfersichkrut, Waßerpfeffer; Kap. Ydropiper, Wasserpfeffer, piper montanum, piperastrum) -- P. aviculare L. (Proserpinata, poligonia, moltigonia, corigiola minor, lingua passerina, guicolata) --- P. bistorta L. (Bistorta).

Hoppe-Bock: - Kap. Floechkraut und Hydropipere, 1. P. hydropiper L. (Wasserpfeffer, Muckenkraut, Rassel, Pfawenkraut); 2. **P. lapathifolium L.** (Floechkraut weible); 3. **P. persicaria L.** (ander Floechkraut) -- im Kap. Weggrass, P. aviculare L. (Wegdritt, bluotkraut) --- Kap. Schlangenwurtz, Natterwurtz, P. bistorta L.; im Kap. Samkreutter, **P. amphibium L.** (das vierdt und allerschoenest Samkraut, das recht Potamigiton).

Geiger-Handbuch: - P. Hydropiper (brennendes Flohkraut, Wasser-Pfeffer) -- P. aviculare (Tausendknöterig, Wegetritt, Blutkraut) --- P. Bistorta (Natterknöterig, Schlangenkraut) +++ P. Persicaria (Flohknöterig); P. amphibium; P. tinctorium; P. orientale; P. lapathifolium, P. mite Schrank, P. minus, P. antihaemorrhoidale Mart., P. tartaricum, P. emarginatum, P. Convolvulus, P. dumetorum.

Hager-Handbuch: - **P. hydropiper L.** -- **P. aviculare L.** (Vogelknöterich) --- **P. bistorta L.** (Natterwurzel) +++ P. cuspidatum Sieb. et Zucc.; P. dumetorum L. Im Erg.-Band außerdem: P. amphibium L.; P. maritimum L.

Zitat-Empfehlung: **Polygonum hydropiper (S.); Polygonum aviculare (S.); Polygonum bistorta (S.); Polygonum lapathifolium (S.) Polygonum amphibium (S.); Polygonum persicaria (S.).**

(Hydropiper)

Nach Berendes wird der Wasserpfeffer bei Dioskurides beschrieben (Blätter mit Früchten als Kataplasma zum Zerteilen von Ödemen und Verhärtungen; getrocknet, gepulvert als Pfefferersatz für Speisen). Entsprechendes bei Bock, um 1550 (auch der Saft als Wundheilmittel; frisches Kraut entfernt Flöhe).

In T. Worms 1582 steht: [unter Kräutern] Persicaria (Hydropiper, Piper aquaticum seu caninum, Herba pavonis, Pavonaria, Polycraton und Polycriton Hippocratis, Flöchkraut, Mückenkraut, Flöchpfeffer, Rassel, Wasserpfeffer, Pfersingkraut, Schmertzen, Pfauwenkraut); in T. Frank-

furt/M. 1687 heißt die Droge auch Herba Pulicariae. In Ap. Braunschweig 1666 waren vorrätig: Herba persicariae (1/4 K.), Essentia p. (18 Lot). Nach Hagen, um 1780, ist vom Wasserpfeffer (Bitterling, P. Hydropiper) das Kraut offizinell (Hb. Persicariae seu Hydropiperis).
Geiger, um 1830, erwähnt die Pflanze. „Auf die Haut gelegt, erregt das frische Kraut Rötung derselben. Die Tierärzte legen das gequetschte Kraut noch bei unreinen Geschwüren auf. Auf ähnliche Art wird es bei Menschen als Hausmittel gebraucht. Der Saft soll Zahnweh stillen. - Innerlich soll es harntreibend wirken und als Antiscorbuticum nützlich sein"; Verwechslungen mit P. Persicaria und lapatifolia, sowie mit P. mite. Jourdan, zur gleichen Zeit, gibt an, daß sich unter dem Namen Persicaria finden:
1.) P. Persicaria L. (Herba P. minoris); „wurde ehedem für ein Wundmittel gehalten" [die Pflanze ist in Bocks Kräuterbüchern abgebildet].
2.) P. Hydropiper L. (Herba P. urentis, Mercurius terrestris); „frisch auf die Haut gelegt, wirkt es rotmachend", Bestandteil eines Infusum diureticum.
Nach Hager, um 1930, wurde die scharf schmeckende Pflanze früher als Herba Hydropiperis angewandt, „jetzt unter dem Namen Chilillo als Antirheumaticum und Diureticum empfohlen".
In der Homöopathie ist „Hydropiper - Wasserpfeffer" (Essenz aus frischer, blühender Pflanze) ein wichtiges Mittel.

(Vogelknöterich)
Das „männliche Polygonon" des Dioskurides ist nach Berendes P. aviculare L. (hat adstringierende, kühlende Kraft; der Saft gegen Blutspeien, Bauchfluß, Cholera, Harnzwang; Diureticum; mit Wein gegen Biß giftiger Tiere, Wechselfieber; als Zäpfchen gegen Fluß der Weiber; eingeträufelt bei Ohrenleiden und Eiterfluß; mit Wein und Honig gegen Geschwüre; Blätter als Umschlag bei Magenleiden, Blutauswurf, Geschwüren, Entzündungen, Ödemen, frischen Wunden). Kräuterbuchautoren des 16. Jh. übernehmen solche Indikationen.
In T. Worms 1582 steht: [unter Kräutern] Polygonia (Polygonum, Proserpinaca, Sanguinaria, Herba sanguinalis, Polycarpon, Cnopodium, Teuthalis, Pedalium, Unguis muris, Scorpinaca, Misereuiuium, Statumaria, Polygonum Heracleum sive Herculeum, Corrigiola, Multinodia, Centumnodia, Gramen porcinum, Cynochala, Heliobotane Aetii. Weggraß, Denngraß, Wegdritt, Sewgraß); in T. Frankfurt/Main 1687 als lateinische Bezeichnung nur Herba Polygonum, Centumnodia. In Ap. Braunschweig 1666 waren vorrätig: Herba centinodii (1/4 K.), Aqua c. (1 St.). Die Ph. Württemberg führt Herba Centumnodiae (Centinodii minoris, Polygoni, Sanguinariae, Wegtritt, Weggraß, Tausendknoten, Blutkraut; Refrigerans, Adstringens; bei Blut- und Bauchflüßen).
Geiger, um 1830, erwähnt die Pflanze. „Offizinell war sonst das Kraut oder vielmehr die ganze Pflanze (herba Centumnodii, Polygoni, Sanguinariae). Es hat

einen schwach adstringierenden Geschmack und war als Wundkraut gegen alle Arten von Blutflüssen usw. hoch berühmt. Man hat diese Pflanze mit Polygala amara verwechselt".
Hager, um 1930, berichtet: „Das Kraut ist unter der Bezeichnung Homeriana tee, Weidemanns Knöterichtee oder ‚russischer' Knöterich mit großer Reklame als Mittel gegen Hals- und Brustleiden, sogar gegen Schwindsucht angepriesen worden. Eine gewisse Wirkung bei Katarrhen soll vorhanden sein". Das Erg.-B. 6, 1941, hat die Krautdroge aufgenommen. Über die Verwendung schreibt Hoppe-Drogenkunde, 1958: „Adstringens, Adjuvans in der Lungentherapie. Bei Gicht und Rheuma. - In der Homöopathie [dort ist „Polygonum aviculare - Vogelknöterich" (Essenz aus frischem Kraut) ein wichtiges Mittel]. - In der Volksheilkunde bei schlecht heilenden Wunden. Antidiarrhoicum, Diureticum, Haemostypticum".

Tschirch-Handbuch II, S. 114.

(Bistorta)
Der Schlangenknöterich, P. bistorta L., wird nach Hoppe bei Bock, um 1550, auch bei Brunfels, Fuchs, abgebildet und beschrieben; die Indikationen lehnen sich an die Beschreibung des Ampfer (→ Rumex) bei Dioskurides an, ergänzt durch Angaben entsprechend Brunschwigs Destillierbüchern (Wurzel als Stypticum bei Dysenterie, Menses, bei Blutgerinnsel, gegen Gelbsucht; Destillat aus Wurzel oder Kraut als Waschung gegen Skorpion- und Spinnenstiche; Destillat oder Wurzelpulver gegen Geschwüre; Pulver zur Blutstillung bei Wunden; in Wein gegen Pest; mit Honig zur Füllung hohler Zähne gegen Zahnschmerzen).
In Ap. Lüneburg 1475 waren 1/2 qr. Radix bistorte vorrätig. In T. Worms 1582 ist unter Radices verzeichnet: Bistorta (Bretannica seu Britannica, Serpentaria rubra, Colubrina rubra, Naterwurtz, Schlangenwurtz, Wurmwurtz); in T. Frankfurt/M. 1687 heißt Radix Bistortae auch Krebswurtz. In Ap. Braunschweig 1666 waren vorrätig: Herba bistortae (1/4 K.), Extractum b. (11 Lot). Außerdem Radix serpentariae (15 lb.) und Foecul. gers. serpentar. (6 Lot) [Es ist nicht auszuschließen, daß „Serpentaria" hier nicht mit „Bistorta" identisch ist, es könnte sich auch um → Artemisia Dracunculus handeln, für die im 17. Jh. das Synonym Serpentaria (neben Dracunculus) gebraucht wurde, oder um → Arum maculatum, die auch als Serpentaria minor bezeichnet wurde].
Die Ph. Württemberg 1741 führt Radix Bistortae (Serpentariae vulgaris rubrae, Colubrinae, Schlangen- oder Natterwurtz, Wurmwurtzel; Adstringens, Vulnerarium, Alexipharmacum). Noch in einigen Länderpharmakopöen des 19. Jh.
Geiger, um 1830, schreibt über die Anwendung: „Man gibt die Wurzel in Substanz und im Aufguß, bei Blutungen, Durchfällen, losen Zähnen, gegen Fieber usw. Mit Unrecht ist diese bei uns so häufig vorkommende und gewiß kräftige Pflanze in neueren Zeiten fast ganz außer Gebrauch. Sie kann zum Gerben benutzt werden. Nordischen Völkern dient sie zur Speise". Nach Hoppe-Drogenkunde, 1958,

ist das Kraut in der Schweiz, das Rhizom in Frankreich und UdSSR offizinell. „Verwendung: Antidiarrhoicum und Mucilaginosum. Äußerlich bei Schleimhautentzündungen und Geschwüren. Zu Mund- und Gurgelwässern".

(Verschiedene)
Geiger beschreibt die Verwendung folgender weiterer Arten:
1.) P. antihaemorrhoidale; „die eigentümlich scharfe Pflanze wird nach Martius in Brasilien zu Bädern und Kataplasmen gegen Hämorrhoiden und Gicht angewendet".
2.) P. amphibium; „davon war sonst auch das Kraut (herba Persicariae acidae) offizinell ... wurde gegen Blasenstein empfohlen". In Bocks Kräuterbüchern enthalten (Umschlag gegen alte Geschwüre). In der Homöopathie ist „Polygonum amphibium - Wasserknöterich" (Essenz aus frischem Wurzelstock) ein wichtiges Mittel.
3.) P. tinctorium; „wird zum Blaufärben benutzt".
4.) P. orientale; „hat adstringierende Eigenschaften".
Bei Dragendorff-Heilpflanzen (S. 192-194; Fam. Polygonaceae) finden sich viele weitere Arten, darunter P. maritimum („gegen Steinkrankheiten verwendet"). Die Essenz aus der frischen Pflanze ist in der Homöopathie ein weniger wichtiges Mittel.

Polypodium

Polypodium siehe Bd. II, Abstergentia; Antiarthritica; Antiscorbutica; Expectorantia; Melanagoga; Purgantia; Splenetica. / IV, A 13; G 711. / V, Athyrium; Currania; Dryopteris; Polystichum.
Tüpfelfarren siehe Bd. V, Dryopteris; Polystichum.

Berendes-Dioskurides: Kap. Tüpfelfarn, **P. vulgare L.**
Tschirch-Sontheimer-Araber: P. vulgare.
Fischer-Mittelalter: P. vulgare L. (polypodium, driorteris, saxifragia, filex quercinus, steinfarn, engelworc, ranuos, trophwurz, süßwurz, huniges wurz, engelsüß; Diosk.: polipodion, scolopendrion, pteris, filicula flucticalis); P. Barometz (→ Cibotium); P. crenatum Fil. (eine Variation von P. vulgare).
Hoppe-Bock: Kap. Engelsüß, P. vulgare L.
Geiger-Handbuch: P. vulgare (gemeiner Tüpfelfarren, Kropfwurzel, Korallenwurzel, wildes Süßholz).
Hager-Handbuch: P. vulgare L. (Eichenfarn, Erdfarn, Kreuzfarn, Steinfarn, Tüpfelfarn).
Zitat-Empfehlung: **Polypodium vulgare (S.).**

Dragendorff-Heilpflanzen, S. 57 uf. (Fam. Polypodiaceae).

Dioskurides schreibt von der Wurzel des Tüpfelfarns, der auf moosbewachsenen Felsen und alten Baumstämmen, am liebsten von Eichen wächst, daß sie purgierende Kraft hat; führt Schleim und Galle ab; äußerlich gepulvert zu Umschlägen bei Verdrehungen und Rissen zwischen den Fingern.
In Ap. Lüneburg 1475 waren 4 lb. Radix Polipodii vorhanden, in Ap. Braunschweig 1666 30 lb. davon und 4 Lot Extractum P.; in Ap. Lüneburg 1718 12 lb. der Wurzel. Synonyme nach T. Worms 1582: Radix Filiculae catonis, Engelsüßwurtz, Süßfarnwurtz, Tropfwurtz, Steinfarnwurtz. In Ph. Augsburg 1640 wird ausdrücklich angegeben, daß bei der Verordnung von Polypodium „quercinum" zu nehmen ist, d. h. auf Eichen gewachsen. Die Droge war beliebt und wurde vielartig angewandt; nach Ph. Württemberg 1741 als Aperiens, Incidans; bei Bauch- und Nierenleiden; Melanagogum; meist als Infus. Steht noch in Ph. Preußen 1799-1813, weiter in einigen Pharmakopöen; nicht im DAB, aber in Erg.-Büchern bis zur Gegenwart (als Rhizoma Polypodii): „Der getrocknete, im Frühjahr oder Herbst gesammelte, von Spreuschuppen, Wedelresten und Wurzeln befreite Wurzelstock von Polypodium vulgare Linné" (1941).
Über die Wirkung schreibt Jourdan, um 1830: „Schwach adstringierend, besonders bei catarrhalischen Krankheiten, auch gegen Würmer; sie macht die Basis des Herrenschwand'schen Mittels gegen den Bandwurm aus"; nach Hager, um 1930: „Selten als Expectorans"; nach Hoppe-Drogenkunde, 1958: „Das Harz soll anthelmintisch wirken. - Mucilaginosum. - Das frische Rhizom kann als Expectorans dienen".
Von P. Calaguala Ruiz schreibt Hager, um 1930, daß zuweilen aus Peru und Chile Rhizoma Calahualae (Calagualae) als Expectorans nach Europa gelangen. Geiger, um 1830, bezeichnet die Stammpflanze als Aspidium oder Polypodium coriaceum Sw. (= Tectaria Calaguala).

Polyporus

Polyporus siehe Bd. V, Fomes; Trametes.
Agaricus siehe Bd. II, Adjuvantia; Antihydrotica; Digerentia; Panchymagoga; Phlegmagoga; Purgantia. / IV, C 34; G 646. / V, Amanita; Fomes; Russula.
Fungus siehe Bd. V, Amanita; Auricularia; Calvatia; Cynomorium; Fomes; Elaphomyces; Trametes.
Lärchenschwamm siehe Bd. IV, E 244; F 45; G 952.

Berendes-Dioskurides: Kap. Lärchenschwamm, Boletus Laricis Jacq. (= P. officinalis Fries, Agaricus albus).
Tschirch-Araber: P. officinalis.
Fischer-Mittelalter: P. officinalis L. (agaricus, polyporus abietis, tannenswam).
Hoppe-Bock: P. officinalis Fr. („ein beruempter Schwam, des lob in der artznei gepreiset ist").

G e i g e r-Handbuch: Boletus Laricis Jacq. (= Boletus purgans Pers., P. officinalis Fries, Lerchen-Löcherschwamm, purgierender L ö c h e r s c h w a m m). H a g e r-Handbuch: Kap. Agaricus, P. officinalis Fries [Schreibweise um 1970: **P. officinalis Villars ex Fr.**].
Z i t a t-Empfehlung: **Polyporus officinalis (S.).**

Dragendorff-Heilpflanzen, S. 36 uf. (Fam. P o l y p o r a c e a e); Tschirch-Handbuch III, S. 858.

Das A g a r i k o n wird nach Dioskurides für eine Wurzel gehalten (wirkt adstringierend, erwärmend; gegen Leibschneiden, innere Rupturen und Sturzverletzungen; bei Leberleiden, Asthma, Gelbsucht, Dysenterie, Milzleiden, Harnverhaltung, Gebärmutterleiden, Schwindsucht, Magenleiden; gegen Epilepsie, Ischias- und Gelenkschmerzen, befördert Menstruation, hält Fieberschauer zurück; zur Reinigung des Bauches; gegen tödliche Gifte, Schlangenbisse und -stiche; überhaupt gegen alle innerlichen Leiden dienlich; wird mit Wasser, Wein, Sauerhonig oder Honigmet gegeben). Kräuterbuchautoren des 16. Jh. übernehmen solche Indikationen.
In Ap. Lüneburg 1475 waren 1½ lb. Agarici vorrätig. Die T. Worms 1582 führt: [unter Wurzeln] A g a r i c u m (a Galeno quoque inter radices recensetur, Agaricus, F u n g u s l a r i c i s. L e r c h e n s c h w a m m, A g a r i c k, D a n n e n s c h w a m m), Agaricum trochiscatum (sive praeparatum. Bereyter Lerchenschwamm); in T. Frankfurt/M. 1687: Agaricus albissimus (außerlesener Lerchenschwamm) und A. trochiscatus. In Ap. Braunschweig 1666 waren vorrätig: Agaricus (27 lb.), Extractum a. (2 Lot), Pilulae de a. (8 Lot), Oxymel de a. (4 lb.), Trochisci a. (3 lb.).
Die Ph. Württemberg 1741 führt [unter Fungis et Muscis]: Agaricus albus (Agaricum, Lerchen-Schwamm; führt Galle, Serum und Schleim ab; gegen Asthma und Husten), Agaricus trochiscatus, Extractum A., Pilulae Hierae cum Agarico. Die Stammpflanze heißt bei Hagen, um 1780: Lerchenschwamm (Boletus pini Laricis); „in den Apotheken hat dieser Schwamm (Agaricus) ein ganz anderes Aussehen [als in der Natur], weil er, ehe er verschickt wird, von der farbigen Haut gereinigt, an der Sonne gebleicht und mit Hämmern lange geschlagen wird. Er ist daher weiß, leicht, zerreiblich und hat einen scharfen, bitteren und ekelhaften Geschmack. Den besten erhält man aus Aleppo".
Angaben in Ph. Preußen 1799: Boletus Laricis (seu Agaricum, Lärchenschwamm, Boletus Laricis Jacquini); in DAB 1, 1872: Fungus Laricis (Lärchenschwamm. Agaricus albus. Boletus Laricis Linn., Polyporus officinalis Fries). Dann Erg.-Bücher (Erg.-B. 6, 1941: Fungus Laricis. Lärchenschwamm. Agaricus albus, von F o m e s officinalis Faull).
Über die Verwendung schrieb Geiger, um 1830: „Man gibt den Lerchenschwamm in Substanz, in Pulverform (trochisci Agarici), ferner im weinigten Aufguß. Äußerlich legt man in bei Blutungen, sowie auf Geschwüre auf. Präparate hat

man außer dem Pulver: Extrakt, Tinktur und Harz, und nahm in ehedem zu noch mehreren Zusammensetzungen. Sein innerlicher Gebrauch erfordert wegen seiner drastischen Wirkung große Vorsicht, und er wurde darum in neuerer Zeit wenig mehr von Ärzten verordnet; doch hat ihn neuerlich Toel wieder gegen colliquative Schweiße der Phthisiker angerühmt".

Hager (1874) berichtet im Kommentar zum DAB 1: „Der gepulverte Lärchenschwamm wird von den Ärzten oft noch mit Agaricum praeparatum bezeichnet... wirkt purgierend, antidiaphoretisch und tonisch. Man gibt ihn vor dem Schlafengehen gegen die profusen Schweiße schwindsüchtiger und gichtischer Kranken. Der Arzt macht vom Lärchenschwamm selten Gebrauch, häufiger benutzt ihn das Publikum als Ingredienz der bitteren Schnäpse". In Hager-Handbuch, um 1930, steht: „Anwendung. Als Abführmittel, besonders in bitteren Teemischungen, in bitteren Schnäpsen. Zur Gewinnung von Agaricinsäure". Diese, aufgenommen in DAB's: 1890-1910 als Agaricinum, 1926 als Acidum agaricinicum, wird nach Hager angewendet: „Als schweißbeschränkendes Mittel, namentlich gegen die profusen Schweiße der Phthisiker und gegen die durch gewisse Medikamente, z. B. Antipyrin, erzeugten Schweiße".

Nach Hoppe-Drogenkunde, 1958, Kap. P. officinalis, wird der getrocknete Hut des Pilzes verwendet als „Amarum und Purgans. Bei Bronchialasthma und Nachtschweiß der Phthisiker. — In der Homöopathie [dort ist „Boletus laricis - Lärchenschwamm" (Tinktur aus getrocknetem Pilz) ein wichtiges Mittel] vielfach verwendet. - In der Likörindustrie als Bittermittel. Zur Darstellung des Agaricins. Antihydroticum"; in den Handel kommt meist Agaricus albus mundatus, Geschälter Lärchenschwamm.

Polystichum

Polystichum siehe Bd. V, Dryopteris.

Berendes-Dioskurides: Kap. Andere Zungensumpfwurz, Aspidium Lonchitis Lw.
Sontheimer-Araber: Aspidium Lonchitis.
Geiger-Handbuch: Aspidium Lonchitis Sw. (= Polypodium Lonchitis L., Milz-, Schild-, Tüpfelfarren).
Zander-Pflanzennamen: **P. lonchitis (L.) Roth** (= Aspidium lonchitis (L.) Sw., Lanzenfarn).
Zitat-Empfehlung: **Polystichum lonchitis (S.).**

Die eine Lonchitis-Sorte des Dioskurides wird als P. lonchitis (L.) Roth gedeutet (Vulnerarium, gegen Entzündungen; innerlich mit Essig gegen Milzerkrankungen). Die T. Worms 1582 führt: [unter Kräutern] Lonchitis altera

(Scolopendrium majus, Asplenium majus, Asplenium Siluestre, Scolopendrium Siluestre, Spicantum, groß Nesselfarn, Spicant, groß Miltzkraut, Miltzfarn) [später wurden solche Synonyme auch für → Phyllitis gebraucht, in T. Worms sind aber neben diesen Herba Lonchitis altera die Herba Phyllitis gesondert geführt].
Bei Geiger, um 1830, wird Aspidium Lonchitis Sw. erwähnt; „davon war das Laub (herba Polypodii Lonchitis) offizinell". Dragendorff-Heilpflanzen, um 1900 (S. 55; Fam. Polypodiaceae; nach Zander: Aspidiaceae), schreibt zu Aspidium Lonchitis Sw. (= Polypodium Lonch. L.): „Bei Milzkrankheiten verwendet, äußerlich auf Wunden. Lonchitis (hetera), auch Serapias, Lingua Orchidis bei Gal., Diosc. und den römischen Autoren, Lonchitis acher des I. el B.".

Polytrichum

Polytrichum siehe Bd. II, Quinque Herbae capillares. / V, Adiantum.

Fischer-Mittelalter: Polytrichum spec. cf. Adiantum capillus Veneris (politricum, adianto aureo, widertan, güldin widerton).
Hoppe-Bock: P. commune L. (Schreibweise um 1970: **P. commune L. ap. Hedw.).**
Geiger-Handbuch: P. commune (goldner Widerthon, Goldhaar, gelbes Venushaar, Jungfernhaar).
Hager-Handbuch (Erg.): P. commune L. (Muscus capillaceus major, Goldhaar, Frauenhaar, goldenes Venushaar, Golden Widerton).
Zitat-Empfehlung: **Polytrichum commune (S.).**

Dragendorff-Heilpflanzen, S. 52 (Fam. Polytrichaceae).

Im 16./17. Jh. unterscheidet man, orientiert an antiken Vorbildern, zwischen Polytrichon Dioskurides (→ Adiantum) und Polytrichon Apuleii. Dies letztere ist, nach der Abb. bei Fuchs, um 1540, eindeutig ein Moos mit Sporenträgern, es heißt dort Goldfarbenes Widerthon. Über die Wirkung macht Fuchs folgende Angaben: gegen Haarausfall, treibt Schleim aus Brust und Lunge, Harn und Steine; gegen Gelb- und Milzsucht, Kröpfe. „Man treibt sonst viel Abenteuer mit diesem Widerthon, das lassen wir als Narrenwerk und Teufelsgespenst fahren". Anfangs bemerkt er: „Wird in den Apotheken nit gebraucht". Das änderte sich bald. Die T. Worms 1582 führt: [unter Kräutern] Adianthum aureum (Chrysotrichon, Gülden Widertodt, Güldenhaar). Die T. Frankfurt/M. 1687 verweist von Herba Polytrichon aureum auf Adianthum aureum. In Ap. Braunschweig 1666 war ½ K. Herba Polytrichi aurei vorhanden, in Ap. Lüneburg 1718 6 lb. Die Ph. Württemberg 1741 schreibt: Selten in medizinischem

Gebrauch; man rechnet es zu den antimagischen Kräutern. Nach Beschreibung Hagens, um 1780, wird die „männliche" Pflanze von P. commune mit Sporenträgern verwandt. Nach Geiger, um 1830, hat man Herba Polytrichi, Adianthi aurei, Muscus capillaceus major, gegen Verstopfung der Drüsen gegeben; „abergläubische Leute gebrauchen es noch gegen vermeintliche Zauberei des Viehs"; benutzt werden auch andere Polytrichum-Arten. Die T. Württemberg 1822 führt die Droge noch.
In der Homöopathie ist „Adiantum aureum - Widerton" (P. commune L.; Essenz aus frischer Pflanze) ein wichtiges Mittel. Nach Hoppe-Drogenkunde, 1958: „Adstringens, bes. in der Volksheilkunde".

Populus

Populus siehe Bd. II, Abstergentia; Acopa. / III, Essentia Populi vulneraria. / V, Calophyllum; Tussilago.
Pappel siehe Bd. IV, G 1441. / V, Alcea; Malva; Usnea.

Grot-Hippokrates: Pappelharz.
Berendes-Dioskurides: Kap. Weißpappel, P. alba L.; Kap. Schwarzpappel, P. nigra L.
Sontheimer-Araber: P. alba, P. nigra.
Fischer-Mittelalter: **P. alba L.** (albare, Diosk.: leuke); **P. nigra L.** u. P. canescens L. (populus, lentus, albare, olber, ulbenbaum); **P. tremula L.** (tremula, aspa, espenbom, nespel).
Hoppe-Bock: Kap. Bellen (Pappelbaum), P. nigra L. u. P. alba L. (Sarbaum); Kap. Aspen, P. tremula L.
Geiger-Handbuch: P. nigra (schwarze Pappel oder Espe, Bellen); P. alba (Silberpappel, Silberespe); P. tremula (Silberpappel, Espe); P. dilatata Ait. (= P. italica du Roi, P. fastigiata Desf., P. pyramidata Mönch.).
Hager-Handbuch: P. nigra L. (Varianten P. pyramidalis Roz., P. dilatata Ait. u. a.); P. monilifera Ait. (= P. canadensis Desf.); **P. balsamifera L.**; P. alba L. u. **P. tremuloides Michx.**
Zitat-Empfehlung: **Populus alba (S.); Populus nigra (S.); Populus tremula (S.); Populus balsamifera (S.); Populus tremuloides (S.).**

Dragendorff-Heilpflanzen, S. 163 uf. (Fam. Salicaceae); Peters-Pflanzenwelt, Kap. Die Pappel, S. 155 bis 160.

Dioskurides unterscheidet eine Weißpappel (Rinde gegen Ischias und Harnzwang; Blattsaft gegen Ohrenschmerzen; Knospen mit Honig als Salbe gegen Schwachsichtigkeit) und eine Schwarzpappel (Blätter mit Essig aufgelegt gegen

Podagraschmerzen; das Harz kommt in Salben hinein; Frucht mit Essig gegen Epilepsie). Bock, um 1550, beschreibt - nach Hoppe - als Pappelbaum sowohl P. nigra L. als auch P. alba L. und weist ihnen die Indikationen der Weißpappel des Diosk. zu; als Aspen behandelt er P. tremula L., bezogen auf die Schwarzpappel des Diosk. mit zugehörigen Wirkungen.
In Ap. Lüneburg 1475 waren 2 lb. Unguentum populii vorrätig, eine beliebte Salbe, deren Vorschrift in Ph. Nürnberg 1546 aufgenommen ist (Unguentum Populeon Nicolai; enthält außer frischen Oculi Populi arboris, die mit Schweineschmalz ausgezogen werden, u. a. Blätter von Mandragora, Hyoscyamus, Lactuca, Bardana); sie blieb in Gebrauch (Erg.-B. 6, 1941, aus frischen Pappelknospen, etwas Ammoniak und Weingeist, ausgezogen mit weißer Vaseline).
Die T. Worms 1582 hat außer dieser Salbe ein Oleum Populinum (Poppelöle, Alberbroßöle) aufgenommen. In Ap. Braunschweig 1666 waren vorrätig: Unguentum populeon (40 lb.), Oleum populi ($8^1/_2$ lb.). Nach Ph. Württemberg 1741 wurden aus frischen Oculi sive Gemmae Populi die Salbe (Paregorgicum, Refrigerans, Emolliens; bei Hämorrhoidalschmerzen, Verbrennungen; zerteilt geronnene Milch in der Brust) und eine Essentia Populi vulneraria hergestellt. Hagen, um 1780, schreibt beim Schwarzen Pappelbaum (P. nigra) von der Verwendung der Augen oder Knöpfe (Pappelknöpfe, Oculi Populi). Sie sind in einige Länderpharmakopöen des 19. Jh. aufgenommen (z. B. Ph. Hessen 1827), auch die Salbe (z. B. Ph. Hannover 1861). In DAB 1, 1872, stehen Gemmae Populi (von P. nigra L. u. a. Populus-Arten) und Unguentum Populi; dann beides in die Erg.-Bücher (Ausgabe 1941: „Die frischen oder gut getrockneten, im Frühjahr gesammelten, geschlossenen Laubknospen von Populus nigra Linné, P. balsamifera L., P. monilifera Aiton und anderen heimischen und angepflanzten Arten").

Nach Hager, 1874, kommt den Gemmae Populi ein besonderer Heilwert nicht zu, man benutzt sie zur Herstellung der Salbe; diese ist nur noch ein Handverkaufsartikel, „in dessen Stelle das Publikum einer grüngefärbten, mit Rosmarinöl und Thymianöl aromatisierten Fettsalbe den Vorzug zu geben pflegt". Im Hager, um 1930, steht über die Pappelsalbe, daß sie „zuweilen bei Hämorrhoidalleiden und bei Verbrennungen in der Volksmedizin angewandt wird"; über die Rinden von P. alba L. und P. tremuloides Michx. wird vermerkt, daß erstere gegen Harnbeschwerden, die zweite als Fiebermittel medizinisch benutzt werden.
In Hoppe-Drogenkunde, 1958, Kap. P. nigra, steht über Verwendung der Pappelknospen: „Der Glykosidkomplex bewirkt Senkung der Blutharnsäure und stärkere Ausscheidung der Harnsäure. Bei chronischer Polyarthritis empfohlen. - In der Volksheilkunde Diureticum, Expectorans und bei Erkrankungen der Harnorgane. Zur Herstellung der Unguentum Populi, als Wundheilmittel und Hämorrhoidalmittel benutzt, bei Rheuma und Gicht".

In der Homöopathie ist „Populus tremuloides - Espe" (Essenz aus der frischen Rinde junger Zweige und den Blättern; Hale 1875) ein wichtiges, „Populus candicans" (Essenz aus frischen Sprossen) ein weniger wichtiges Mittel.
Von der Balsampappel (P. balsamifera) erwähnt Geiger, daß man daraus eine Sorte Takamahak (→ Calophyllum) gewinnt. Im Kap. Tacamahaca der Ph. Hessen 1827 sind P. Balsamifera L. und P. Candicans Ait. erwähnt.

Porlieria

Von P. hygrometra R. et P. wird nach Dragendorff-Heilpflanzen, um 1900 (S. 344; Fam. Zygophyllaceae), und nach Hoppe-Drogenkunde, 1958, das Holz wie Guajak gebraucht. Schreibweise nach Zander-Pflanzennamen: **P. hygrometa Ruiz et Pav.**

Portulaca

Portulaca siehe Bd. II, Anonimi; Aphrodisiaca; Quatuor Semina; Refrigerantia. / IV, G 152. / V, Euphorbia.
Portulak siehe Bd. V, Sedum.
Andrachne portulacca siehe Bd. II, Antidysenterica.

Grot-Hippokrates: P. oleracea.
Berendes-Dioskurides: Kap. Portulak, P. oleracea L.
Sontheimer-Araber: P. oleracea; P. sylvestris.
Fischer-Mittelalter: P. sativa Haworth u. P. oleracea (portulaca, adragnis, adracius, perculata, pes pulli, spolta, borago domestica, urcilla, burtel, purcil, burgele, portlkraut; Diosk.: andrachne).
Hoppe-Bock: P. oleracea L. subspec. sativa Thell. (zam Burgel, Grensel); P. oleracea L. var. silvestris DC. (gemein und acker Boertzel).
Geiger-Handbuch, P. oleracea (Burzelkraut).
Schmeil-Flora: **P. oleracea L. ssp. oleracea** [= ssp. silvestris (DC.) Čel.]; **P. oleracea L. ssp. sativa (Haw.) Čel.**
Zitat-Empfehlung: **Portulaca oleracea (S.) ssp. oleracea; Portulaca oleracea (S.) ssp. sativa.**

Dragendorff-Heilpflanzen, S. 205 (Fam. Portulacaceae).

Der Portulak findet nach Dioskurides vielfältige Anwendung (er hat kühlende und adstringierende Kraft; man verwendet die Pflanze und den Saft innerlich und äußerlich. Gegessen gegen Eingeweidebrennen und Rheumatismus, Nieren- und Blasenverletzungen, unterdrückt den Drang zum Beischlaf; gekocht gegen Würmer, Blutspeien, Dysenterie, Hämorrhoiden, Blutsturz. Äußerlich als Kataplasma bei Kopfschmerzen, Augen- und anderen Entzündungen, Magenhitze, Rose, Blasenleiden; zu Augenmitteln; als Klistier bei Eingeweidefluß, Jucken an der Gebärmutter; zu Umschlägen, mit Öl, Wein usw., bei Kopfschmerzen, Kopfausschlag, mit Grütze auf entzündete Wunden). Entsprechend vielseitig sind die Indikationen in Kräuterbüchern des 16. Jh., wobei Bock - wie Brunschwig - auch reichlich Destillate verwenden läßt (Schlafmittel, gegen Bräune u. a.).

In Ap. Lüneburg 1475 waren vorrätig: Semen portulacae (1$^1/_2$ lb.), Siropus de p. (ohne Mengenangabe). Die T. Worms 1582 führt: [unter Kräutern] Portulaca (Andrachne, Porcellana, Bortzelkraut, Burtzel, Burzel, Borzel, Sauwburtzel, Grensel, Grentzel, Butzenaugen); Semen P., Aqua (dest. simpl.) Portulaca. In Ap. Braunschweig 1666 waren vorrätig: Herba portulacae ($^1/_4$ K.), Semen p. (2$^1/_2$ lb.), Aqua p. (2$^1/_2$ St.), Conserva p. (3$^1/_4$ lb.), Essentia p. (3 Lot), Lohoch de p. (4 lb.), Syrup. p. (6 lb.).

Die Ph. Württemberg 1741 verzeichnet Semen Portulacae hortensis (latifoliae, sativae, Burtzelkrautsaamen; Refrigerans); Aqua dest. simpl. Portulacae. Nach Geiger, um 1830, hat man Kraut und Samen verwendet; „der Portulak wird frisch als diätisches Mittel, als kühlend-harntreibend, gegen den Skorbut, verordnet. Man ißt ihn als Salat, Gemüse, in Suppen usw. - Präparate hatte man ehedem: eine Konserve und Syrup (cons. et syr. Portulacae). Der Same gehörte zu den seminibus 4 frigidis minoribus“. Nach Hoppe-Drogenkunde, 1958, verwendet man P. oleracea zur Steigerung der Magensaftabsonderung, in der Volksheilkunde als Blutreinigungsmittel.

In der Homöopathie ist „Portulaca“ (P. oleracea L.; Essenz aus frischen Blättern) ein weniger wichtiges Mittel.

Potamogeton

Potamogeton siehe Bd. II, Adstringentia.

Deines-Ägypten: P. lucens.

Berendes-Dioskurides: Kap. Laichkraut, **P. natans L.** u. P. zosteraefolium Schumch.

Sontheimer-Araber: P. natans.

Fischer-Mittelalter: P. natans L. (altital.).

Beßler-Gart: P. densus L. oder **P. crispus L.** (fragliche Deutung von Barba silvana).

H o p p e-Bock: P. natans L. (S a m k r a u t); P. lucens L. (das ander Samkraut).
Z i t a t-Empfehlung: **Potamogeton natans (S.); Potamogeton crispus (S.).**

Dragendorff-Heilpflanzen, S. 75 (Fam. P o t a m o g e t o n a c e a e).

Von der ersten Art des Laichkrautes (die als P. natans L. gedeutet wird) schreibt Dioskurides, daß sie ein gutes Mittel gegen Jucken, fressende und alte Geschwüre ist; von einer zweiten Art, daß die Frucht bei Dysenterie und Magenleiden, sowie gegen roten Fluß der Frauen hilft. In Kräuterbüchern des 16. Jh. wurden diese Indikationen übernommen (Samkraut, Potamogeiton), die Pflanze kam aber nicht in offiziellen Gebrauch. In der Homöopathie ist „Potamogeton natans" (Essenz aus frischer Pflanze) ein weniger wichtiges Mittel.

Potentilla

P o t e n t i l l a siehe Bd. II, Adstringentia. / IV, G 957. / V, Geum.
G ä n s e f i n g e r k r a u t siehe Bd. IV, G 957.
P e n t a p h y l l u m siehe Bd. IV, C 81.
T o r m e n t i l l a siehe Bd. I, Cetaceum. / II, Adstringentia; Antidysenterica; Vulneraria. / IV, A 43; G 957.

D e i n e s-Ägypten: - P. reptans.
G r o t-Hippokrates: P. argentea.
B e r e n d e s-Dioskurides: - Kap. G ä n s e f u ß , P. reptans L.
S o n t h e i m e r-Araber: - P. reptans.
F i s c h e r-Mittelalter: - **P. reptans L., P. anserina L. und P. recta L.** (c a r d o m a, h e r c u l a r i s, e x s c e l e r a t a, t a n a c e t u m agrestum, p o n t a f i l o, g r e n s i c h, f ü n f f i n g e r k r a u t, g e n s e r i c h; Diosk.: p e n t a p h y l l o n, q u i n q u e f o l i u m) - - P. tormentilla L. (t o r n e l l a, r a t i l i a, p o r t e n t i l l a, c a t h a p h i l o n, c o n s o l i d a rubea, b i r c k w u r t z, b l u o t h w u r t z, t u r n e l l a, f i c w u r z, s c h e i s w u r t z).
B e ß l e r-Gart: - Kap. P e n t a f i l o n, P.-Arten, besonders P. reptans L. - - Kap. T o r m e n t i l l a, **P. erecta (L.) Raeusch.** (d o r m e n t i l, p o r e n t i l l a, b i s t o r t a rubea).
H o p p e-Bock: - Kap. Fünffingerkraut: 1. **P. verna L.** (das kleinst under jnen); 2. **P. argentea L.** (das zweite mit den Eschenfarben blettern); 3. P. reptans L. (das dritt und gemein; das groß und aller bekantlichst); 4. **P. alba L.** (das vierdt und frembd); 5. P. recta L. Kap. G e n s e r i c h, P. anserina L. - - Kap. Tormentill, P. erecta H. (Birckwurtz, Bluotwurtzel) - - - C o m a r u m palustre L.
G e i g e r-Handbuch: - P. reptans (kriechendes F i n g e r k r a u t); P. argentea; P. Anserina (G ä n s e k r a u t); P. alba. - - P. Tormentilla Schrank. (= Tor-

mentilla erecta L.; Ruhrwurzel, Blutwurzel, Heilwurzel) --- **P. palustris Scop.**

Hager-Handbuch: -- P. silvestris Necker (= Tormentilla erecta L.). Erg.-Band 1949: - P. anserina L. (= P. argentina Huds., Argentina vulgaris Lam.); P. reptans L.; **P. aurea L.**

Zitat-Empfehlung: **Potentilla reptans (S.); Potentilla anserina (S.); Potentilla recta (S.); Potentilla erecta (S.); Potentilla argentea (S.); Potentilla alba (S.); Potentilla palustris (S.); Potentilla aurea (S.); Potentilla verna (S.).**

Dragendorff-Heilpflanzen, S. 276 uf. (Fam. Rosaceae); Tschirch-Handbuch III, S. 104.

(Pentaphyllum)

Das Pentaphyllon des Dioskurides wird - nach Berendes - mit P. reptans L. identifiziert (Dekokt der Wurzel gegen Zahnschmerzen, Mundfäule, zum Gurgeln bei rauher Luftröhre; gegen Bauchfluß und Dysenterie, Gicht und Ischias; Essigabkochung zu Umschlägen bei Geschwüren, Abszessen, geschwollenen Halsdrüsen, Rose, Feigwarzen, Krätze; Wurzelsaft gegen Leber- und Lungenleiden, tödliche Gifte. Blätter gegen periodische Fieber, Epilepsie; zu Umschlägen bei Wunden und Fisteln; Blattsaft gegen Gelbsucht. Die Pflanze dient auch für Darmbrüche, zum Blutstillen, gegen Blutfluß). Bock, um 1550, übernimmt solche Indikationen und bezieht sie auf weitere P.-Arten (insgesamt 5), die er gemeinsam als Fünffingerkraut abhandelt (das Destillat wird zum Einreiben beim Zittern der Hände - wie bei Brunschwig - empfohlen). Nach Fischer läßt sich in mittelalterlichen Quellen eine bestimmte Art nicht sicher zuordnen, es kommen besonders P. reptans L., P. anserina L. und P. recta L. infrage. In späteren pharmazeutischen Quellen wird deutlich unterschieden, und zwar ist - entsprechend Dioskurides - das Pentaphyllum: P. reptans L.

In T. Worms 1582 ist aufgenommen: [unter Kräutern] Quinquefolium (Pentaphyllon, Pentapetes, Chamaezelon, Pentafolium, Fünfffingerkraut, Fünffblat); Radix Quinquefolii (Pentaphylli, Fünfffingerkrautwurtzel). Genauso in T. Frankfurt/M. 1687. In Ap. Braunschweig 1666 waren vorrätig: Herba pentaphylli (1/2 K.), Radix p. (3 lb.), Aqua p. (1 St.), Extractum p. (24 Lot).

Die Ph. Württemberg 1741 führt: Radix Pentaphylli (Quinquefolii majoris repentis C. B., Fünfffingerkrautwurtz; Alexipharmacum, Vulnerarium, Adstringens; wird von Tabernaemontanus der Radix Chinae gleichgestellt; Bestandteil des Theriak), Herba Pentaphylli (lutei, Quinquefolii, Fünfffingerkraut; Vulnerarium, Adstringens). Die Stammpflanze heißt bei Hagen, um 1780: P. reptans. Geiger, um 1830, schreibt dazu: „Offizinell war ehedem: die Wurzel und das Kraut (rad. et herba Pentaphylli, Quinquefolii majoris) ... Man gebrauchte die Pflanze gegen Wechselfieber, Durchfälle usw., äußerlich als Wundkraut".

In der Homöopathie ist „Potentilla reptans - Kriechendes Fingerkraut" (Essenz aus frischer, blühender Pflanze) ein wichtiges Mittel. Anwendung nach Hoppe-Drogenkunde, 1958: Adstringens, Hämostypticum.

(A n s e r i n a)
Bock, um 1550, bildet im Kap. Genserich: P. anserina L. ab und bezieht sich - nach Hoppe - mit den Indikationen auf das M y r i o p h y l l o n des Dioskurides (Abkochung des Krauts in Wasser mit Salz gegen Bluterguß; Bock empfiehlt ferner Abkochung in Wein gegen Leib- und Rückenschmerzen, Leukorrhoe; wie Brunschwig das Destillat zum Umschlag gegen Augenentzündung, Sehstörungen; Zaubermittel gegen Diarrhöe).
In T. Worms 1582 stehen: [unter Kräutern] Portentilla (A r g e m o n e altera, I n g u i n a r i a Plinii, Anserina, Argentina, T a n a c e t u m Siluestre, A g r i m o n i a Siluestris, Potentilla, Genserich, Gänßkraut, Grensig, G r i n s i g, G r u n s i g, S i l b e r k r a u t). In T. Frankfurt/M. 1687: Herba Anserina (Potentilla, Argentina, Argentaria, Gänserich, Silberkraut, Grünsich). In Ap. Braunschweig 1666 waren vorrätig: Herba potentillae ($^1/_2$ K.), Aqua anserinae ($2^1/_2$ St.). Die Ph. Württemberg 1741 hat aufgenommen: Herba Anserinae (Argentinae, Argentariae, Potentillae, Genserich, Gänßkraut, Silberkraut; Refrigerans, Adstringens, Vulnerarium); Aqua (dest.) Argentina (sive Anserina). Die Stammpflanze heißt bei Hagen, um 1780: P. Anserina; „Kraut und Wurzel (Hb. Rad. Anserinae, Argentinae) werden selten mehr gebraucht". Auch nach Geiger, um 1830, war davon sonst die Wurzel und Kraut gebräuchlich; Anwendung in ähnlichen Fällen wie die vorhergehende (P. reptans); „der ausgepreßte Saft des Krauts wurde gegen Lungenschwindsucht gebraucht".
Aufgenommen in Erg.-B. 6, 1941: Herba Anserinae. Verwendung nach Hoppe-Drogenkunde: „Adstringens. - Spasmolyticum, bes. bei Gelbsucht, Dysmenorrhoe, Darmkoliken und Meteorismus. Uterus- und herzwirksames Mittel. - Gurgelmittel, bei entzündlichen Erkrankungen, zu Waschungen bei Ausschlägen, Wunden und Geschwüren. - In der Homöopathie bei Menstrualkoliken [hier ist „Potentilla anserina - Gänsekraut" (Essenz aus frischer, blühender Pflanze) ein wichtiges Mittel]. - In der Volksheilkunde als Hämostypticum".

(T o r m e n t i l l a)
Die Indikationen, die Bock in seinem Kräuterbuch zur Tormentill (Blutwurzel) gibt, lehnen sich - nach Hoppe - an das Dioskurides-Kap. für das Fünffingerkraut (siehe vorn, Pentaphyllum) an; er ergänzt einiges, besonders nach Brunschwig.
In Ap. Lüneburg 1475 waren vorrätig: Radix tormentillae (2 lb.), Aqua t. ($2^1/_2$ St.). Die T. Worms 1582 führt: Radix Tormentillae (C h r y s o g o n i, H e p t a p h y l l i, B e t u l a r i a e, S e p t i f o l i i, Tormentill, Birckwurtz, R o t h e y l w u r t z); in T. Frankfurt/M. 1687 Radix Tormentillae (Heptaphylli,

Consolidae rubrae, Tormentillwurtzel, Blutwurtz, Heilwurtz, roth Guntzel, Ruhrwurtz). In Ap. Braunschweig 1666 waren vorrätig: Herba tormentillae (1/2 K.), Radix t. (5 lb.), Aqua t. (2 1/2 St.), Conserva t. rad. (1/2 lb.), Extractum t. (8 Lot), Pulvis t. (2 lb.).

Die Ph. Württemberg 1741 hat aufgenommen: Radix Tormentillae (Heptaphylli, Tormentillae sylvestris, Tormentill, Rothwurtz, Bluth- und Ruhrwurtz; Adstringens, Vulnerarium, Alexiterium); Herba Tormentillae (Septifolii, Tormentill, Bluthwurtz-Kraut, Siebenfinger-Kraut; Vulnerarium als Dekokt, selten in Gebrauch); Extractum Tormentillae. Die Stammpflanze heißt bei Hagen: Tormentilla erecta.

Radix Tormentillae ist aufgenommen in preußische Pharmakopöen: Ausgabe 1799-1829 (von Tormentilla erecta). DAB 1 u. 2, 1872 u. 1882 (von jetzt an Rhizoma Tormentillae - hier von P. Tormentilla Sibthorp.), dann Erg.-Bücher bis Ausgabe 1916 (von P. silvestris Necker), so auch in DAB 6, 1926. In der Homöopathie ist „Tormentilla - Heidecker" (Essenz aus frischem Wurzelstock) ein wichtiges Mittel.

Über die Anwendung schrieb Geiger, um 1830: „Man gibt die Wurzel in Substanz in Pulverform, ferner in Abkochung (besser Aufguß). - Präparate hat man: das Extrakt (extr. Tormentillae) ... eine Essenz (essent. Tormentillae) und destilliertes Wasser (aqua Tormentillae) aus der frischen Wurzel zu erhalten ... in neuern Zeiten selten gebraucht".

Im Kommentar zum DAB 1 hieß es: „Die Tormentillwurzel war vor Zeiten ein sehr beliebtes Heilmittel, heute wird sie von den Ärzten (und sehr mit Unrecht) kaum beachtet, mitunter aber im Handverkauf gefordert und vom Publikum als ein Hausmittel bei Durchfall, Ruhr, passiven Schleimflüssen, selbst bei Wechselfieber im Aufguß oder als Pulver genommen. Das mittelfeine Pulver ist ein vorzügliches Zahnpulver".

In Hager-Handbuch, um 1930: „Wurde wegen ihres hohen Gerbstoffgehaltes früher vielfach als ‚deutsche Ratanhia' bei ruhrartigen Erkrankungen in der Abkochung angewandt, heute nur noch gegen Durchfall usw. im Handverkauf und in der Tierheilkunde. Auch zu adstringierenden Zahnpulvern und Gurgelwässern".

Hoppe-Drogenkunde, 1958, gibt an: „Antidiarrhoicum. Äußerlich zu Zahnpulvern, Pinselungen und Spülungen bei Schleimhautentzündungen, bes. der Rachenhöhle. - In der Volksheilkunde auch bei Gelenkrheumatismus. - Technisch als Gerbmittel und zur Tintenfabrikation".

(Verschiedene)

In Geiger-Handbuch werden noch erwähnt:

1.) P. argentea; Anwendung des Krautes (herba Argentinae, Potentillae) wie P. reptans.

2.) P. alba; lieferte ehedem herba Potentillae albae.

3.) P. rupestris; lieferte ehedem die adstringierende Wurzel rad. Quinquefolii fragiferi.
4.) P. palustris Scop. (= Comarum palustre L., Sumpffingerkraut, Siebenfingerkraut, Blutauge); „offizinell war ehedem: Das Kraut (herba Comari palustris, Pentaphylli aquatici). - Es ist wie die übrigen Potentillen zusammenziehend". Bei Bock, um 1550, ist - nach Hoppe - Comarum palustris L. im Kap. Von Erdbeern beschrieben („Noch wechst ein Kraut mit siben zertheilten blettern, Sibenfingerkraut"). In Hoppe-Drogenkunde werden das gerbstoffhaltige Kraut und Rhizom kurz genannt. Schreibweise nach Zander-Pflanzennamen: **P. palustris (L.) Scop.**
In der Homöopathie sind - als weniger wichtige Mittel - in Gebrauch: „Potentilla erecta" (Essenz aus frischer, blühender Pflanze) und „Potentilla aurea" (Essenz aus frischer, blühender Pflanze).

Prenanthes

Prenanthes siehe Bd. V, Chondrilla.

Geiger, um 1830, erwähnt P. muralis L. (= Chondrilla muralis Lam.; Hasenstrauch [Heißt bei Dragendorff: Lactuca muralis E. Mey.]); „davon war das ... Kraut (herba Chondrillae) offizinell, wiewohl darunter von den Alten" Chondrilla juncea verstanden wurde.
Ferner erwähnt Geiger **P. serpentaria Pursh;** „diese Pflanze wird in Amerika gegen den Biß giftiger Schlangen gebraucht. - Ebenso gebraucht man die in Nordamerika einheimische P. altissima".
Dragendorff-Heilpflanzen, um 1900 (S. 692; Fam. Compositae), nennt P. Serpentaria Pursh (= Nabalus Serp. Hook. fil.) - gegen Schlangenbiß -, desgleichen **P. alba L.** (= Nabalus altissimus Hook. fil.). Hoppe-Drogenkunde, 1958, hat ein Kap. P. serpentaria; wird in der Homöopathie und bei Schlangenbißen verwendet; ebenso P. alba.
In der Homöopathie ist „Nabalus Serpentaria" (P. Serpentaria Pursh.; Essenz aus frischer Pflanze; Hale 1867) ein wichtiges, „Nabalus albus" (P. alba L.; Essenz aus frischer Pflanze) ein weniger wichtiges Mittel.

Primula

Primula siehe Bd. II, Antidinica; Antiparalytica; Cephalica; Expectorantia. / V, Bellis; Dahlia; Orchis.
Himmelschlüssel siehe Bd. V, Fumaria; Succisa.
Schlüsselblumen siehe Bd. IV, G 943, 957.

Fischer-Mittelalter: - P. officinalis L. (primula veris, herba britanica, sanamunda, bethonica, lilifagus, celidium, clavis sanc-

ti petri, lingua bubule, clavis coeli, himelschluzzel, gännselpluem, schlüsselblumen, gloecklesblumen) +++ P. acaulis Jacqu. (clevera); P. Auricula L. (sanicola).
Beßler-Gart: - P. veris L. em. Huds. (= P. officinalis Mill.) zum Kap. Herba paralisis (slussel blomen).
Hoppe-Bock: Kap. Von Schlüsselbluomen - P. veris L. (= P. officinalis Jacq.) (Himmelschlüsselbluomen, St. Petersschlüssel, Weiß Bathonien, Fastenbluomen) +++ P. elatior Schr. („die ander so in den Wäldern wachßt").
Geiger-Handbuch: - P. veris W. (= P. officinalis Jacq., Frühlings-Schlüsselblume).
Hager-Handbuch: - P. officinalis Jacquin (= P. veris *α* L.).
Zander-Pflanzennamen: - **P. veris L.** (= P. officinalis (L.) Hill) +++ **P. vulgaris Huds.** (= P. acaulis (L.) Hill); **P. auricula L.; P. elatior (L.) Hill.**
Zitat-Empfehlung: **Primula veris** (S.); **Primula vulgaris** (S.); **Primula auricula** (S.); **Primula elatior** (S.).

Dragendorff-Heilpflanzen, S. 512 (Fam. Primulaceae).

Nach Hoppe stellt Bock, um 1550, fest, daß Schlüsselblumen bei Dioskurides nicht vorkommen; Indikationen gibt er an wie Brunschwig, um 1500 (Blüten oder gebranntes Wasser bei Ohnmacht, Schwächezuständen, Schlaganfall, Herzbeschwerden; Blüten und Blätter als Kataplasma für Wunden; Wasser gegen Kopfschmerzen, die beim Beginn von Pest, Typhus auftreten; zum Reinigen der Gesichtshaut).
In Ap. Lüneburg 1475 waren Aqua primilaverum (2 St.) vorrätig. Die T. Worms 1582 führt: Flores Primulae veris (Phlomidis, Verbasculi, Herbae paralysis, Brachae cuculi, Herbae primi floris, Herbae Arthriticae seu Artheticae, Schlüsselblumen); Aqua (dest.) Florum herbae paralyticae (Schlüsselblumenwasser), Conserva Florum herbae paralyticae (seu primulae veris, Schlüsselblumenzucker). In T. Frankfurt/M. 1687, als Simplicia: Flores Primulae veris (paralyseos, Schlüssel-Blumen), Herba Primula veris (Herba Paralysis, Verbasculum odoratum, arthriticum, Schlüsselblumenkraut, Himmelschlüssel, S. Peters Schlüssel, weisse Betonien) [von Radix Primulae veris wird auf die Krautdroge verwiesen]. In Ap. Braunschweig 1666 waren vorrätig: Flores primulae veris (1 K.), Herba p. ver. (3/4 K.), Aqua p. ver. (2 1/2 St.), Aqua p. ver. cum vino (1/2 St.), Conserva p. ver. (4 lb.), Essentia p. ver. (13 Lot), Oleum p. ver. (1 1/2 lb.), Spiritus p. ver. (1 lb.).
Die Ph. Württemberg 1741 beschreibt: Flores Primulae veris (flore odorato, Paralyseos, Verbasculi pratensis odorati C. B., Schlüsselblumen, Himmelsschlüssel, St.-Peters-Schlüssel; Nervinum, Antepilepticum, Anodynum, Pectoralium); Aqua (dest.) Primulae veris, Conserva (ex floribus) P. veris, Syrupus Florum Paralyseos sive P. veris.

Die Stammpflanze heißt bei Hagen, um 1780: P. veris (Himmelsschlüssel, Bathengen); hiervon sammelt man die wohlriechenden Blumen (Flor. Primulae veris); „auswärts werden auch von einer Abart dieses Gewächses, die in allen Teilen größer ist, eine bleichgelbere Krone mit platterer Mündung und engerem Kelche hat, die Blumen, das Kraut und die Wurzel (Flor., Hb., Rad. Paralyseos), wovon letztere ohne Geruch ist, aufbehalten. Oft werden aber auch diese Teile von der gemeinen Himmelschlüssel genommen". Auch Geiger, um 1830, beschreibt in erster Linie P. veris, wovon die Blumen (flores Primulae veris, flores Paralyseos), sonst auch das Kraut und die Wurzel (herba et radix P. veris seu Paralyseos) offizinell sind; „man gibt zuweilen statt der echten die Blumen von P. elatior ... die Blumen sind größer, der Rand flach ausgebreitet. Die Farbe ist blasser gelb. Sie sind fast geruchlos". Über die Anwendung schreibt Geiger: „Die Blumen werden als ein angenehmer Tee im Aufguß gegeben. Man mischt sie auch wohl anderen Species bei. - Kraut und Wurzeln wurden ehedem wie die Blumen häufig gegen Kopfschmerz, Schwindel usw. gebraucht. Das Pulver der Wurzel erregt Niesen. - Aus den Schlüsselblumen wird auch durch Gärung mit Zuckersaft und Zitronen ein angenehmer Wein, Schlüsselblumenwein, bereitet".

Die Blütendroge wurde ins DAB 1, 1872, aufgenommen (Flores Primulae, von P. officinalis Jacq. = P. veris Sm.). Hager, 1874, schreibt dazu: „Die Aufnahme dieses längst vergessenen Medikaments in die Pharmakopöe ist als eine Konzession der Anforderungen von Württembergischer Seite zu betrachten ... die Pharmakopöe warnt vor einer Verwechslung mit Primula elatior Jaquin ... Die Schlüsselblumen wurden vor Zeiten viel von Brustkranken im Aufguß gebraucht, später glaubte man in ihnen ein Mittel gegen Migräne und Schwindel entdeckt zu haben".

Die Arzneipflanze (P. veris L.) fand dann Aufnahme in die Erg.-Bücher zu den DAB's; in Erg.-B. 6, 1941, sind verzeichnet: Flores Primulae cum Calycibus, Flores P. sine Calycibus, außerdem Radix Primulae (von P. elatior Schreb. und P. veris L.), daraus zu bereiten Tinctura Primulae. Ins DAB 7, 1968, kam dann die Primelwurzel (von P. veris L. und P. elatior (L.) Hill.). Über die Verwendung schrieb Hager-Handbuch, um 1930: Flores Primulae früher als Volksmittel bei Brustleiden; die Wurzel ist während des Krieges als Ersatz für Senegawurzel vorgeschlagen worden. Nach Kommentar zum DAB 7 dient die Wurzel als Expectorans. Hoppe-Drogenkunde, 1958, Kap. P. officinalis (= P. veris α-officinalis) gibt über Verwendung an: 1. die Wurzel („Expectorans, bei Bronchialkatarrhen und Pneumonien. Diureticum. - In der Volksheilkunde bei Rheuma, Gicht, Migräne und ähnlichen Leiden"); 2. die Blüte („Expectorans, Diureticum. Bestandteil von Hustenmischungen").

In der Homöopathie ist „Primula veris - Gebräuchliche Schlüsselblume" (Essenz aus frischer, blühender Pflanze) ein wichtiges Mittel. Verwendung nach Hoppe: „Bei Nierenaffektionen, Neuralgien, Migräne".

Prosopis

Prosopis siehe Bd. IV, Reg. / V, Parkia.
Zitat-Empfehlung: *Prosopis juliflora (S.).*

Dragendorff-Heilpflanzen, um 1900 (S. 294 uf.; Fam. Leguminosae), führt 11 P.-Arten, darunter P. juliflora D. C. (= Algaroba juliflora Benth., Acacia juliflora Willd., P. glandulosa Torr., Algaroba glandulosa Torr. et Gr.; Schreibweise nach Zander-Pflanzennamen: **P. juliflora (Sw.) DC.**, Mesquitebaum); liefert Mesquitegummi; aus der Frucht bereiten die Indianer ein berauschendes Getränk (Vino Mesquite). Nach Hoppe-Drogenkunde, 1958, wird das Gummi von P. juliflora (auch Sonoragummi genannt) wie Gummi arabicum verwandt; Kulturmedium für Bakterien.

Protium

Protium siehe Bd. V, Boswellia; Calophyllum. Canarium; Hymenaea.
Anime siehe Bd. V, Bursera; Hymenaea; Vateria.
Zitat-Empfehlung: *Protium icicariba (S.).*
Dragendorff-Heilpflanzen, S. 369 uf. (Fam. Burseraceae); Tschirch-Handbuch III, S. 1137.

(Elemi occidentale)
Haller, um 1750, schreibt vom Elemi: „Man brachte es sonsten aus Aethiopien [→ Boswellia], jetzo aber hat man es auch aus Amerika, besonders Neuspanien und Brasilien“; der Baum, von dem es stammt, soll bei Linné Elemifera foliis ternatis heißen. In der Ph. Württemberg 1741 wird diese Ware aufgeführt: Elemi (wild Oelbaum-Hartz; kommt aus Amerika, besonders Neuspanien und Brasilien; Calefaciens, Digerans, Resolvens, Vulnerarium; zu Balsamen und Pflastern). Bei Hagen, um 1780, heißt die Stammpflanze Amyris elemifera. Geiger, um 1830, schreibt zu Amyris elemifera L. (= Icica Icicariba Dec., Amerikanischer Elemibaum): „Von diesem noch nicht genau bestimmten Baum wird das jetzt fast allein im Handel vorkommende amerikanische Elemi abgeleitet ... Das Elemiharz wird jetzt selten innerlich, als Emulsion, mit Gummi und Eidotter abgerieben, gegeben, meistens äußerlich zu Salben und Pflaster verwendet. - Präparate hat man den Arcaeusbalsam (bals. Arcaei, ung. Elemi), von denen es mehrere Arten gibt als bals. Arcaei rubrum, bals. Arcaei liquid. Es ist ferner ein Bestandteil des emplastri opiati seu cephalici“.
Angaben in preußischen Pharmakopöen: Ausgabe 1799: Amyris Elemifera - Bestandteil von Empl. opiatum und Ungt. Elemi -; 1813, wie 1799, jedoch wird orientalische Ware (von Amyris Zeilanica [→ Canarium]) der amerikanischen vorgezogen; 1827/29, wieder nur Amyris Elemifera L.; 1846, Icica Icicariba Dec.

Das DAB 1, 1872, gibt an: In Yucatan einheimische, unbekannte Pflanze. Die Erg.-Bücher führen dann nur noch die philippinische Ware [→ Canarium].
Um 1900 (Dragendorff-Heilpflanzen) heißt die Stammpflanze Protium Icicariba March. (= Amyris ambrosiana L., Icica Icicariba D. C. ... Liefert das westindische oder occidentalische Elemi, das auch oft als Anime bezeichnet und bei Wunden und Geschwüren äußerlich verwendet wird). Außerdem nennt er (bei Fam. Rutaceae) Amyris Plumieri D. C. (= Amyris elemifera L., Icica viridiflora Aubl.) und Amyris hexandra Ham.; „sie liefern Elemiharz von Yucatan, selten in Europa benutzt".
Tschirch, der sich eingehend pharmakognostisch mit Elemidrogen befaßt hat, schreibt im Handbuch 1925 über Amerikanische Elemi's: „Das brasilianische Elemi wird gewöhnlich von Protium Icicariba (DC.) L. March. (= Icica Icicariba [DC.] L. March.) abgeleitet... Da der Baum bis hinauf nach Venezuela verbreitet ist, könnte er auch das Elemi von British-Guiana liefern, doch wird dies für gewöhnlich von P. heptaphyllum (Aubl.) L. March. (= Icica heptaphylla Aubl.) abgeleitet... Das von den Praktikern sehr geschätzte Yucatan-Elemi des Handels ... stammt wohl von einem Protium". Tschirch schreibt weiter: „Die Ableitung von der Rutaceae Amyris elemifera (L.) Royle halte ich für zweifelhaft. Einige nennen auch Amyris Plumieri (?)".

(Anime)
Neben dem Elemi führt die Ph. Württemberg 1741 ein Animi (Animae; neuspanischer und brasilianischer Baum; Attenuans, Resolvens, Roborans für Nerven; äußerlich in Pflastern, gegen Kopf- und Nervenleiden). Die Droge steht schon in T. Worms 1582: Anime (Belzuinum amygdalinum, Anime oder Gummi anime); T. Frankfurt/Main 1687 schreibt Gummi Animae (ein frembd wohlriechend Indianisch Gummi). In Ap. Braunschweig 1666 waren vorrätig: Gummi animae (13 lb.), Pulvis a. (1/4 lb.). Nach Hagen, um 1780, stammt das „Animengummi" von → Hymenaea Courbaril. Die botanische Zuordnung ist Geiger, um 1830, unklar. Dragendorff, um 1900, meint, daß das westindische Elemi (von P. Icicariba March.) oft auch als Anime bezeichnet wird. Nach Hoppe-Drogenkunde, 1958, wird Resina Anime (Balsamum Mariae, Rotes Animeharz, Columbianisches Tacamahak-Harz) von P. heptaphyllum geliefert.

(Verschiedene)
Nach Dragendorff kommt der Gileadbalsam [→ Commiphora; nach Hager-Handbuch, Erg.-Bd. 1949, ist „Gileadbalsam" ein Synonym für Mekkabalsam (Opobalsamum verum)] eventuell von P. Carana March. (= Icica Carana H. B. K.) oder von P. altissimum March. (= Icica alt. Aubl.); letztere Pflanze gibt auch ein dem Tacamahac und Elemi ähnliches Harz.

Prunella

P r u n e l l a siehe Bd. V, Ziziphus.
Zitat-Empfehlung: *Prunella grandiflora (S.)*; *Prunella vulgaris (S.)*.
Dragendorff-Heilpflanzen, S. 573 (Fam. L a b i a t a e).

Nach Berendes-Dioskurides ist das Kap. P o l y k n e m o n auch auf **P. vulgaris L.** bezogen worden. Fischer zitiert mittelalterliche Quellen für B r u n e l l a vulgaris L. (brunella, c o n s o l i d a minor, b u g u l a, b r u n w u r z, wuntcruth, w u n t w u r z, cleine b e i n w e l l e, p r a w n e l l). Bei Bock, um 1550, ist - nach Hoppe - im Kap.: Von Braunellen u. a. P. vulgaris L. und P. grandiflora J. em. Mch. [Schreibweise nach Schmeil-Flora: **P. grandiflora Jacq.**] zu erkennen; Bock weiß die Pflanzen bei älteren Autoren nicht zu identifizieren (Destillat bei Erkrankungen der Eingeweide, treibt geronnenes Blut aus, stillt Schmerzen; bei entzündeten Wunden, zu Mundspülungen).
Die T. Worms 1582 führt: [unter Kräutern] Prunella (S y m p h i t u m minus, Herba diui Antonii, Brunellen, Braunellen, G o t t h e y l, S. A n t h o n y - k r a u t), Aqua P. (Brunellenkrautwasser); die Krautdroge, mit gleichen Synonymen, in T. Frankfurt/M. 1687. In Ap. Braunschweig 1666 waren vorrätig: Herba prunellae (1 K.), Aqua p. (2 St.).
Die Ph. Württemberg 1741 beschreibt: Herba Prunellae (Consolidae minoris, Brunellae vulgaris, Prunellenkraut, Gottheyl, St. Anthonikraut; Refrigerans, Adstringens, geschätztes Vulnerarium und Antiscorbuticum; zum Gurgeln bei Schlundentzündungen); Aqua (dest.) Prunellae. Die Stammpflanze heißt bei Hagen, um 1780: P. vulgaris (Braunelle); „das Kraut (Hb. Brunellae, Prunellae) wird gesammelt". Geiger, um 1830, gibt von P. vulgaris (Brunelle, Braunelle, B r a u n h e i l) an: „Man gibt das Kraut und die Blumen im Aufguß oder Abkochung. Es wurde gegen Blutflüsse und Diarrhöe, auch als Gurgelwasser und Wundmittel gebraucht; jetzt wendet man es höchst selten an"; wie diese und oft an ihrer Stelle wird P. grandiflora benutzt.
Hoppe-Drogenkunde, 1958, schreibt im Kap. Brunella vulgaris: „Verwendung. In der Homöopathie [hier ist „Prunella vulgaris - Brunelle" (Essenz aus frischer, blühender Pflanze) ein wichtiges Mittel]. - Zu Gurgelwässern. - In der Volksheilkunde".

Prunus

P r u n u s siehe Bd. II, Purgantia.
A m y g d a l a e siehe Bd. II, Acraepala; Adstringentia; Analeptica; Cosmetica; Expectorantia; Ophthalmica; Otica; Succedanea. / IV, G 1016.
C e r a s u s siehe Bd. II, Antapoplectica; Antepileptica; Cephalica; Cosmetica; Febrifuga; Refrigerantia. / III, Spiritus Cerasorum nigrorum.
K i r s c h l o r b e e r siehe Bd. IV, G 1671.

Laurocerasus siehe Bd. IV, G 566, 1231.
Mandeln siehe Bd. II, Acraepala; Stimulantia. / IV, C 3, 37; E 73, 80, 81, 82, 211, 238, 253, 286, 337, 371; G 1817.
Mandelmilch siehe Bd. III, Reg.
Mandelöl siehe Bd. I, Cetaceum; Gallus; Scorpio. / II, Lenitiva. / III, Reg. / IV, G 300, 1135, 1234, 1406.
Pfirsich siehe Bd. IV, C 10.
Pflaumen siehe Bd. II, Purgantia. / IV, E 223, 317.
Schlehe siehe Bd. V, Acacia; Rhamnus.

Berendes-Dioskurides: - Kap. Kirschen, P. Cerasus L., P. avium L. -- Kap. Pfirsiche, P. persica L. --- Kap. Pflaumenbaum, P. domestica L. (Zwetsche), P. insititia L. (Haferpflaume, Mirabelle, Reineclaude) -4- P. spinosa L. (im Kap. Pflaumenbaum und im Kap. Poterion (?)) -5- Kap. Mandelbaum, P. Amygdalus Baill.
Sontheimer-Araber: - P. Cerasus -- Amygdalus persica -5- Amygdalus (communis, amararum, dulcium) +++ P. armeniaca; P. Mahaleb.
Fischer-Mittelalter: - P. cerasus L., P. avium L. (cromella, amerella, amarenum, chersbom, weychssel, kirßbaum, kirse; Diosk.: kerasia) -- P. persica Stokes (persicus, pfersichbom, phirsich; Diosk.: persica mela) --- P. domestica L. (prinus, pruma, pflomboum, prumen; Diosk.: kokkymelea) -4- P. spinosa L., P. insititia L. (agaritia, agatia, prunellum, spina nigra, uquimela, prugella, krichim, kriechen, slehe; Galen: proumnon) -5- P. amygdalus Stokes (amidtale, amigdalus, mandilboum; Diosk.: amygdale) +++ P. armenica L. (crisomillus, muniacus, antepersicus, precocia, armenia, amerellen, emelbom); P. mahaleb L. (lentiscus); P. Padus L.
Hoppe-Bock: - Kap. Kirsen, P. cerasus L., P. avium L., P. mahaleb L. -- Kap. Pfersing/Molleten, P. persica S. et Z., P. armenica L. --- Kap. Pflaumen/Kriechen, P. domestica L., und im Kap. Schlehen, P. domestica L. subsp. insititia Poir. var juliana L. (Haferschlehe) -4- Kap. Schlehen, P. spinosa L. -5- Kap. Mandelbaum, P. amygdalus St.
Geiger-Handbuch: - P. Cerasus L. (= Cerasus caproniana D., C. acida Gärtner, Sauerkirsche, Weichsel) -- Amygdalus persica L. (= Persica vulgaris Mill., Pfirsichbaum) --- P. domestica -4- P. spinosa (Schlehenpflaume, Schwarzdorn) -5- Amygdalus communis +++ P. insititia (Kriechen, Haberschlehen); P. armeniaca L. (= Armeniaca vulgaris Pers., Aprikose); P. avium L. (= Cerasus avium Mönch., C. dulcis Gärt., Vogelkirsche); P. Lauro-Cerasus (Kirschlorbeer); P. Padus (Traubenkirsche, Ahlkirsche, Maibaum); P. Mahaleb (Steinkirsche).
Hager-Handbuch: - P. cerasus L. (= Cerasus acida G., C. caproniana D.C.) -- P. persica (L.) Sieb. et Zucc. --- P. domestica L. (P. domestica subspec. oeco-

nomica C. K. Schn.) -4- P. spinosa L. -5- P. amygdalus Stokes (Baillon) var. amara et dulcis D. C. (= Amygdalus communis L.) +++ P. laurocerasus L.; P. armeniaca L.; P. serotina Ehrh. (= P. virginiana Mill.).
Zander-Pflanzennamen: - **P. cerasus L.** (= Cerasus vulgaris Mill.; Sauerkirsche, Weichselkirsche) **ssp. acida Aschers. et Graebn.** (Schattenmorelle), **ssp. cerasus var. austera L.** (= Cerasus austera (L.) Borkh.; Süßweichsel, Morelle), **var cerasus** (Glaskirsche, Amarelle, Baumweichsel) -- **P. persica (L.) Batsch** (= Amygdalus persica L., A. pumila Lour. non L.; Pfirsichbaum) --- **P. domestica L. ssp. domestica** (Pflaume, Zwetschge, Zwetsche), **ssp. insititia (L.) Schneid.** (= P. insititia L.; Haferpflaume, Kriechenpflaume, Spilling), **ssp. italica (Borkh.) Gams** (= P. italica Borkh., P. claudiana (Pers) Poit. et Turp.; Reineclaude, Rundpflaume), **ssp. syriaca (Borkh.) Janchen** (= P. syriaca Borkh.; Mirabelle) -4- **P. spinosa L.** (Schlehdorn, Schlehe) -5- **P. dulcis (Mill.) D. A. Webb** (=Amygdalus communis L., P. communis (L.) Arcang. non Huds., P. amygdalus Batsch; Mandelbaum), **var. amara (DC.) Buchheim** (= P. amygdalus var. amara (DC.) Focke; Bittermandelbaum), **var. dulcis** (= P. amygdalus var. sativa (F. C. Ludw.) Focke; Mandelbaum), **var. fragilis (Borkh.) Buchheim** (Krachmandelbaum) -6- **P. armeniaca L.** (= Armeniaca vulgaris Lam.; Aprikose, Marille) -7- **P. laurocerasus L.** (= Laurocerasus officinalis M. J. Roem., Cerasus laurocerasus (L.) Loisel.; Kirschlorbeer, Lorbeerkirsche) -8- **P. padus L.** (= Cerasus padus (L.) Delarbre, Padus avium Mill.; Traubenkirsche) -9- **P. virginiana L.** (= Padus virginiana (L.) Borkh. non Mill., Padus nana (Du Roi) Borkh., Padus rubra Mill., Prunus nana Du Roi) -10- **P. avium (L.) L.** (=Cerasus avium (L.) Moench; Süßkirsche, Vogelkirsche), **var. duracina (L.) Schübl. et Martens** (Knorpelkirsche), **var. juliana (L.) Schübl. et Martens** (Herzkirsche) -11- **P. mahaleb L.** (= Cerasus mahaleb (L.) Mill., Padus mahaleb (L.) Borkh.; Felsenkirsche, Steinweichsel, Weichselrohr).
Zitat-Empfehlung: **Prunus cerasus (S.); Prunus persica (S.); Prunus domestica (S.); Prunus spinosa (S.); Prunus dulcis (S.); Prunus armeniaca (S.); Prunus laurocerasus (S.); Prunus padus (S.); Prunus virginiana (S.); Prunus avium (S.); Prunus mahaleb (S.).**

Dragendorff-Heilpflanzen, S. 282—286 (Fam. Rosaceae); Tschirch-Handbuch II, S. 59 (Kap. Prunus domestica), S. 74 (Kap. Prunus Cerasus), S. 607 u. S. 1477 (Kap. Prunus Amygdalus), S. 1480 uf. (Kap. Prunus Laurocerasus); Bertsch-Kulturpflanzen, S. 108—112 (Kap. Pflaume), S. 112—117 (Kap. Kirsche), S. 118 uf. (Kap. Kirschpflaume).

Eine ganze Reihe von P.-Arten sind seit prähistorischen Zeiten, frühzeitig schon gezüchtet, den Menschen als Obstlieferanten dienlich gewesen, sie haben außerdem Arzneimittel in reicher Zahl geliefert. Dioskurides beschreibt in diesem Zusammenhang:

1.) Kirsche, die als P. cerasus L. oder P. avium L. gedeutet wird (machen offenen Leib, getrocknet stopfen sie; Kirschgummi ist appetitanregend, gegen Husten; mit Wein getrunken gegen Blasensteine).
Bock, um 1550, übernimmt diese Indikationen im Kap. Kirsen, in dem er P. cerasus L. als wildwachsende Form („die Castanienbraunen sawren Kirsen, Amarellen, Wicchßlen, W e i n s t e l l“) und als kultivierte Form („Die sawre Kirsen in den gärten, E m m e r l i n g, Bloder Kirsen“) beschreibt und P. avium L. abbildet; als „das wild klein geschlecht, Wild kirßen“ beschreibt er P. mahaleb L.
2.) Pfirsich (getrocknet stopft er, Abkochung gegen Magen- und Bauchfluß). Bock bildet im Kap. Pfersing und Molleten neben dieser Pflanze die „Molletin, die kleine gäle Summer oder Johans Pfersing, Molleten“ (P. armeniaca L.) ab, die Indikationen sind die gleichen (Früchte gegen Fieber, Blüten gegen Magenerkrankungen; Gummi mit Wein gegen Blasensteine, mit Safran gegen Heiserkeit, mit Essig gekocht als Einreibung gegen Hauterkrankungen; Blattsaft, auf Nabel gebracht, gegen Würmer; Kerne gegen das Grimmen von Darm, Gebärmutter oder Gliedern, zum Umschlag gegen Kopfschmerzen).

3.) Pflaume (getrocknet gegen Durchfall. Blätter, abgekocht, zum Halsgurgeln. G u m m i mit Wein gegen Steinleiden, mit Essig zur Einreibung bei Kinderflechten). Entsprechendes bei Bock (Früchte auch als Latwerge gegen Fieber, getrocknete Früchte in Wein gegen Magenkartarrh, als Laxans) im Kap. Pflaumen/Kriechen (Spilling).
4.) Schlehe; sie wird von Diosk. als eine wilde Pflaumenart (auch Theophrast nennt sie wilde Pflaume, S p o d i a s) im Kap. Pflaume beschrieben. Bock bildet im Kap. Schlehen P. spinosa L. ab und beschreibt als „Grosse Schlehen, Haberschlehen“ - nach Hoppe - außerdem P. domestica L. ssp. insititia Poir. var. juliana L. (Früchte beider gegen Dysenterie, Diarrhöe; nach Erfahrung Bocks wirkt Destillat aus Blüten gegen Seitenstechen und Magenbeschwerden).

5.) Mandelbaum (verwendet werden (a) Wurzeln des bitteren Mandelbaumes; gegen Sommersprossen. b) Frucht, ebenfalls gegen Sommersprossen; treibt als Zäpfchen Menstruation; mit Essig zur Einreibung gegen Kopfschmerzen; gegen Geschwüre, Hundebiß. Innerlich ist sie schmerzstillend, erweicht den Leib, macht Schlaf, treibt Harn, gegen Blutsturz, bei Nieren- und Lungenentzündung; gegen Harnverhaltung und Steinleiden, Leberaffektionen, Husten, Blähungen; gegen Trunkenheit; zum Töten von Füchsen. Die süße Mandel wirkt viel schwächer als die bittere, auch sie ist verdünnend und harntreibend; grüne Mandel mit Schale gegen Magenfäule. c) Gummi; adstringiert, gegen Blutsturz, Husten, Steinleiden; mit Essig zur Einreibung gegen Hautflechte. d) Mandelöl, aus bitteren Mandeln mit heißem Wasser ausgezogen, dann gepreßt; Uterinum; gegen Kopfschmerzen, Ohrenleiden, Leber- und Steinleiden, für Asthmatiker und Milzkranke. Äußerlich gegen Sommersprossen, Runzeln, beseitigt Schwachsichtigkeit. Mit Wein gegen Schorf und Grind). Bock übernimmt solche Indikationen.

(C e r a s u m)

In Ap. Lüneburg 1475 waren 1 oz. Semen cerusarum vorrätig. Die T. Worms 1582 führt: [unter Früchten] Cerasa acida (Cerasa amarena seu amarina passa. Sauwer oder Amarellen gebacken oder gedörrt Kirschen, gebacken oder gedörrt Weinkirschen), Cerasorum nuclei excorticati (auffgeklopffte Kirschenkerne), Gummi cerasi (Kirschbaumgummi, K a t z e n h a r t z), Succus Acetum cerasorum amarenorum (Weinkirschen oder Amarellenkirschenessig), Aqua dest. Cerasorum nigrorum Siluestrium (Wild schwartzkirschenwasser), Cerasia amarena condita (Eingemacht Amarellen oder Weinkirschen), Rob cerasorum amarenorum (gesottener Weinkirschensafft), Sirupus Cerasorum amarenorum (Weinkirschensyrup). In Ap. Braunschweig 1666 waren vorrätig: Cerasa sicca (41 lb.), Aqua c. nigri sylvest. (2 St.), Candisirte Pflaumen und Kirschen (10 lb.), Condita c. (6 lb.), Roob c. acid. (38 lb.), Spiritus c. nigr. sylv. (9 lb.), Syr. c. cum caryopsi (10 lb.), Syr. c. ex succo (26 lb.), Syr. c. cum flor. tunici (17 lb.).

Die Ph. Württemberg 1741 führt: Cerasa acida (exsiccata, saure Kirschen, Wein-Kirschen, Weichseln; aus frischen wird der Saft für den Sirup gewonnen; für Gallensüchtige), Cerasorum Nuclei (zu Emulsionen; Anodynum, Diureticum), Cerasorum Gummi (Kirschen-Hartz, Kirschengummi; Verw. wie Gummi arabicum); Spiritus C. nigrorum, Syrupus C. acidorum. Die Stammpflanze heißt bei Hagen, um 1780: „Kirschbaum (Prunus Cerasus) . . . In Apotheken zieht man die roten, sauren oder Bierkirschen den übrigen vor. Der Saft davon wird zu Zuckersaft verwandt. Die Kirschkerne (Nuclei Cerasorum) werden zu Kirschwasser gebraucht. Es fließt aus dem Baum ein . . . Gummi, welches Kirschenharz oder auch K i r s c h e n k l a r (Gummi Cerasorum) genannt wird".

In Ph. Preußen 1799 stehen: Cerasa acida (von P. Cerasus) und Cerasa nigra (von P. avium; Schwarze Kirschen, Vogelkirschen); Syrupus Cerasorum (aus Kirschsaft), Aqua Cerasorum (Kirschen und ihre zerstoßenen Steine werden mit Wasser destilliert). Geiger, um 1830, erwähnt, daß gelegentlich auch die Blüten und Fruchtstiele (Pedunculi Cerasorum) früher gebräuchlich waren; die innere Rinde des Baumes wurde als Fiebermittel angerühmt.

Um 1870 (DAB 1) wird „Kirschwasser" aus bitteren Mandeln bereitet. Syrupus Cerasorum bzw. Sirupus Cerasi bleibt bis DAB 6, 1926, offizinell.

Das Kap. Cerasus in Hager-Handbuch, um 1930, ist kurz. Es werden beschrieben: 1. Fructus Cerasi nigri (Sauerkirschen, Cerasa acida, Amarellen, Morellen, Weichselkirschen); zu pharmazeutischem Gebrauch, nämlich zur Herstellung des Sirupus Cerasorum, dienen nur die sauren schwarzen Kirschen; 2. Pedunculi (Stipites) Cerasorum (Kirschenstiele); als Gewürz für saure Gurken, selten med. als Diureticum; 3. Sirupus Cerasorum. Hoppe-Drogenkunde, 1958, Kap. P. cerasus (= Cerasus acida) beschreibt die Verwendung von: 1. Fruchtsirup („Arzneimittelträger, Geschmackskorrigens. Zur Herstellung von Krankengetränken"); 2. Fruchtstiel („Diureticum, Antidiarrhoicum. - Bestandteil von Entfettungstees"); 3. das fette Öl der Fruchtkerne („Speiseöl").

Im Kap. P. avium wird von Hoppe das Gummi (Gummi Cerasorum, Kirschgummi) beschrieben; „Verwendung: Ähnlich wie Gummi arabicum"; wird auch von anderen P.-Arten gewonnen. In der Homöopathie ist „Padus avium" von P. avium L.; Essenz aus frischen Blättern) ein weniger wichtiges Mittel.

(Persica)
Die T. Worms 1582 führt: Flores Persici (Pfersingbaumblühe), Rob persicorum (Gesottener Pfersingsafft). In Ap. Braunschweig 1666 waren vorrätig: Flores persicorum (1/4 K.), Herba p. folior. (1/4 K.), Nucli P. (5 lb.), Aqua p. (1 1/2 St.), Conserva p. flor. (1/4 lb.), Syrup. p. ex flor. (2 1/2 lb.).
Die Ph. Württemberg 1741 beschreibt: Flores Persicorum (Mali persicae, Pfersisch-Blüth; Laxans, führt Serum aus, tötet Würmer; man macht daraus Sirup und Konserve), Pfersicorum Nuclei (Pfersich-Kern; zum Vorbeugen und Abtreiben von Stein und Gries; für Klebemittel und Einreibung gegen Kopfschmerz und Schlaflosigkeit); Syrupus Persicorum Florum. Die Stammpflanze heißt bei Hagen: Pfirsichbaum, Amygdalus Persica.
Über die Verwendung schreibt Geiger, um 1830: „Die Blumen werden im Aufguß gegeben. - Präparate hat man davon: den Syrup (syr. flor. Persicorum). Die Blätter wurden von White mit Erfolg gegen Krankheiten der Harnwerkzeuge gebraucht. Die Kerne gibt man in Emulsion. Von den jungen Zweigen und Kernen erhält man durch Destillation ein dem Kirschlorbeer- und Bittermandel-Wasser ganz analoges Wasser (auch Öl) (aqua foliorum et nucleorum Persicorum), welches jenes bei gleicher Konzentration vollkommen ersetzt. Letztere geben auch viel reines, dem Mandelöl ähnliches, fettes Öl (ol. nucleor. Persicorum) ... Das Gummi hat gleiche Eigenschaften wie das Kirschen- und Pflaumengummi".
Hager-Handbuch, um 1930, schreibt vom Pfirsich: Verwendet werden Folia Persicae (gebrauchte man früher zur Herstellung des Aqua Persicarum foliorum) und Oleum Nucum persicarum (Pfirsichkernöl, Oleum Amygdalarum gallicum). War als Oleum Persicarum im DAB 6, 1926, aufgenommen. Nach Hoppe-Drogenkunde wird von P. persica verwendet: das fette Öl der Fruchtkerne (wird mit Aprikosen gemeinsam verarbeitet), Anwendung wie Mandelöl. Die Pfirsichblüten dienen zur Herstellung eines Sirups, der in der Volksheilkunde Verwendung findet. In der Homöopathie ist „Amygdalus persica e cortice" (Essenz aus frischer Rinde) ein weniger wichtiges Mittel.

(Prunus)
In Ap. Lüneburg 1475 waren vorrätig: Prunorum Damastenorum (1 lb.), Semen Prunorum (1 qr.). Die T. Worms 1582 führt: Pruna Damascena (Brabeia, Brabyla, Pruna Syracusana, Pruna Syriaca, Prunidactyla. Bilsenpflaumen, Blauwspilling, Damascenerpflaumen, Syrischpflaumen), Pruna Iberica (Pruna passa alba, Pruna Hispanica. Weiß Quetschgen, Spanischpflaumen, Spanisch

Quetschgen), Pruna passa dulcia (Pruna Ungarica. Ungarischpflaumen, süß Quetschgen), Pruna passa acida (klein Quetschgen, sauwer Quetschgen), Prunorum passorum pulpa extracta (Außgezogen Quetschgen Marck), Pruna pruniolana (Pruna prouincialia, Pruna Chesemina. Prouintzpfläumlen), Gummi pruni (Pflaumenbaumgummi), Rob prunorum (Gesottener Pflaumensafft), Diaprunum simplex (Pflaumenlatwerg), Diaprunum compositum (Didamascenum. Quetschgenlatwerg), Diaprunum compositum laxatiuum (Purgirend Quetschgenlatwerg). In Ap. Braunschweig 1666 waren vorrätig: Cortex prunor. sylv. (2 lb.), Prunori deprunellis (10 lb.), Prunori gallicori (110 lb.), Prunori Ungaricori (50 lb.), Condita pruni laxativ. (1½ lb.), Elec. diaprun. lax. (2¼ lb.).
Schröder, 1685, schreibt über Prunus Domestica sativa (Pflaumen, Zwetschen, Plums, P r u y m e n): „Diese sind von verschiedenen Arten, der Farbe, dem Geschmack, der Gestalt und Größe nach. Denn sie sind süß, säuerlich, sauer, braunschwarz, rot, gelb (waxgelb Spilling), weiß, lang, rund, klein, groß, gar klein: In Apotheken aber sind am gebräuchlichsten pruna Damascena, statt deren man gebrauchen kann die Ungarischen oder auch andere süße, die im Ofen sind gedörrt worden. Außer diesen hat man noch P r u n e o l a (Pruna de Brignioles), die ausgekernt und gedörrt zu uns gebracht werden (Prunellen, prunier, prunells, plums. Spaensche Pruymen) . . . Die Damascenische, die aus Syrien nach Venedig trocken gebracht werden, sind die besten. Nach diesen folgen die Ungarischen und Siebenbürgischen. Diesen können hernach auch unsrige beigefügt werden, wiewohl sie nicht so kräftig sind. Der Gummi vom Pflaumenbaum zermalmt den Stein sehr, wird aber selten gebraucht.

Die Pflaumen (Zwetschen) kühlen und feuchten von Natur. Die rohen frischen laxieren zwar, allein sie faulen gar leicht und sind nicht gar gesund zu essen, besonders nach dem Tisch, wenn man selbsten zu viel tut. Die Damascenischen Pfläumlein sind gesünder, laxieren, nehmen den Feuchtigkeiten ihre Schärfe, machen die Zungen feucht, sie löschen auch den Durst". Bereitete Stücke sind: 1. eingemachte Pflaumen mit Honig und Wein; 2. das Fleisch von Pflaumen; 3. der einfache Sirup von Pflaumen; 4. Diaprunum compositum Lenitivum diadamascenon; 5. Diaprunum non Laxativum ohne Zucker; 6. Diaprunis solutivum Nicolai diagrydiatum; 7. Laxier-Pflaumen.

Die Ph. Württemberg 1741 führt: Pruna Damascena (Pruna magna atro-coerulea, dulcia. Zwetschgen, Quetschen; Refrigerans, Humectans, Laxans), Pulpa Prunorum, Bestandteil des Electuarium lenitivum. Die Stammpflanze heißt bei Hagen: P. domestica. Pflaumenmus und das Electuarium (jetzt Elect. e Senna genannt) stehen in einigen Länder-Pharmakopöen des 19. Jh. (Ph. Preußen, 1799-1829, Ph. Hamburg 1845).

Geiger, um 1830, beschreibt Pflaumen als diätetisches Mittel. Nach Hager-Handbuch, um 1930, werden Pflaumen als Obst und zur Herstellung von Pflaumenmus verwendet. Nach Hoppe-Drogenkunde sind sie „Mildes Laxans. - Genuß-

und Nahrungsmittel". In der Homöopathie ist „Prunus domestica" (Essenz aus frischer Rinde) ein weniger wichtiges Mittel.

(Acacia germanica)
Die T. Worms 1582 führt: Pruna siluestria (Agriococcimela, Pruneola. Schlehen), Aqua (dest.) Prunellorum Siluestrium immaturorum (Unzeitig Schlehenwasser), Cortex Radicis pruni Siluestris (Schlehenwurtzelrinden), Acacia vulgaris (Succus prunellorum siluestrium immaturorum inspissatus. Uffgetruckneter unzeitiger Schlehensafft), Prunella siluestria condita (Eingemacht Schlehen), Rob prunorum siluestrium (Gesottener Schlehensafft). In Ap. Braunschweig 1666 waren vorrätig: Cortex prunorum sylv. (2 lb.); außerdem verschiedenes von „Acacia", hinter dem man Schlehen vermuten darf: Flores acatiae (1/4 K.), Aqua a. (2 St.), Conserva a. flor. (1 1/2 lb.), Succus Acatiae (1 lb.), Syrupus a. flores (22 lb.). Die Ap. Lüneburg 1718 hatte: Flor. Acatiae germanicae (vel Pruni sylvestris, Schleendornblüt; 11 lb., 8 oz.), Fructus Acatiarum (2 lb., 8 oz.), Succus Acatiae (Schleensaft; 2 lb.), Aqua (dest.) A. Flores (b lb.), Aqua A. Flor. cum vino (5 lb.).
Schröder, 1685, schreibt über Acacia Germanica: „In Apotheken hat man davon die Blüte der wilden Schlehendorn, selten die Rinde der Wurzeln. Die Blätter, Früchte und Rinden kühlen, trocknen im 3. Grad, adstringieren, machen dick; man gebraucht sie am meisten in den Bauch- und Mütterflüssen, äußerlich aber in Gurgelwassern und Mutterbädern. Die Blüte resolviert, führt den Sand der Nieren aus, lindert das Herzdrücken, Seitenstechen, und laxiert". Bereitete Stücke sind: 1. das destillierte Wasser (Andere destillierens mit Wein); 2. der Spiritus sowohl aus der Blüte als aus den Früchten; 3. Blütenkonserve; 4. Syrup; 5. Saft oder Rob von Schlehen. Er wird aus den Früchten gepreßt, inspissiert, in Zeltlein geformt und so aufgehalten, den gebraucht man nachher statt der wahren Acacien; 6. der Wein; 7. eingemachte Schlehen.

Die Ph. Württemberg 1741 hat aufgenommen: Flores Acaciae Germanicae (Pruni silvestris, Schlehenblüth; Laxans, führt Serum und Nierengries aus; Anthelminticum, Antepilepticum), Acaciae Germanicae Succus (eingetrockneter Schlehen-Safft; Refrigerans, Adstringens; wird statt Acacia Aegyptica genommen), Acaciae Germanicae (nostratis, Pruna agrestia; gedörrte Schlehen; Refrigerans, Adstringens, zu Gurgelmitteln), Cortex Acaciae Germanicae radicum (Schlehendornwurtzel-Rinden; Adstringens, Refrigerans, zu Gurgelmitteln, Bädern, als Uterinum; Dekokt auch gegen Febris intermittens empfohlen); Aqua A., Syrupus A. Florum. Die Stammpflanze heißt bei Hagen: Schleedorn, P. spinosa; die Schleeblumen (Flor. Acaciae) werden teils frisch, teils trocken gebraucht; bei ihrem Einkauf muß man sich vorsehen, weil an ihrer Stelle oft die Blüten der Ahlkirsche (Prunus Padus) ausgegeben werden; die Früchte wurden vor Zeiten unreif gesammelt; es wurde damals auch der ausgepreßte und eingedickte Saft derselben (Succus Acaciae Germ. s. nostr.) in Apotheken aufgehalten.

Geiger, um 1830, schreibt über die Anwendung: „Man gibt die Schlehenblüte im Aufguß. Sie werden noch als Frühlingskur, als gelinde eröffnendes Mittel gebraucht. Die Rinde und Wurzel wurden in Abkochung gegeben. Man rühmte besonders letztere, die zugleich sehr bitter ist, gegen Asthma, die Rinde gegen Fieber. Sie gehört zu den Chinasurrogaten, auch die Blätter werden als Tee, anstatt chinesischem, getrunken. Sie sollen gegen die Lockerheit der Zähne dienlich sein. - Präparate hat man von den Blumen: Wasser, Sirup und Konserve. Der Saft der unreifen Früchte wurde ehedem eingedickt als Schlehenmus (succus Acaciae germanicae, nostratis) aufbewahrt. Mit Unrecht ist derselbe jetzt außer Gebrauch. Die reifen durch Frost erweichten Früchte werden roh gegessen, oder getrocknet und gekocht, oder mit Zucker eingemacht ... Mit Apfelmost und Branntwein liefern sie ein angenehmes Getränk, welches die Engländer Rumpunk oder Oportowein nennen".
Hager-Handbuch, um 1930, beschreibt die Schlehenblüte; sie dient in der Volksmedizin als mildes Abführmittel. Hoppe-Drogenkunde berichtet ausführlicher über die Verwendung von 1. Blüte (in Erg.-B. 6, 1941: Flores Pruni spinosi; „Mildes Laxans, Diureticum, ‚Blutreinigungsmittel', Kneipp-Mittel. - Bei Erkältungskrankheiten. - In der Homöopathie [wo „Prunus spinosa - Schlehe" (Essenz aus frischen Blüten; Wahle 1834) ein wichtiges Mittel ist] bei Koliken und Kopfschmerzen"); 2. Frucht („Adstringens. - Getrocknete Früchte oder Mus aus frischen Früchten werden als Mittel bei Magenschwäche, Blasen- und Harnleiden angewandt"); ferner werden verwendet: Folia Pruni spinosae, Schlehenblätter (in der Volksheilkunde als Blutreinigungsmittel), Cortex Pruni spinosae radicis, Schlehenwurzelrinde (in der Volksmedizin als Fiebermittel).

(Amygdalus)

In Ap. Lüneburg 1475 waren vorrätig: Amigdalarum dulcium (½ lb.), Oleum amigd. dulc. (2 lb.), Ol. amigd. amar. (2 lb.), Confectio amigd. (3 lb.). Die T. Worms 1582 führt: [unter Früchten] Amygdalae (Nuces graecae, Nuces Thasiae. Mandeln), Amygdalae prouinciales (Leonisch oder Prouintzmandeln), Amygdalae amarae (Bittermandeln), Gummi Amygdali (Mandelbaumgummi), Confectio Amygdalarum (Mandelzucker, Zuckermandeln), Confectio Amygdalarum amararum (Bittermandelzucker), Oleum (expressum) Amygdalarum dulcium (Süß Mandelöle), Oleum Amygdalarum recenter expressum (Mandelöle frisch ausgepreßt), Oleum Amygdalarum amararum (Bitter Mandelöle). In Ap. Braunschweig 1666 waren vorrätig: Amigd. amarar. (16 lb.), Amigd. ambrosini (72 lb.), Amigd. commun. (139 lb.), Amigd. oblong. (127 lb.), Candisat. amigdalar. (25 lb.), Confectio amigd. dulc. (20 lb.), Lohoch amigd. (3 lb.), Oleum amigd. amarar. (4 lb.), Oleum amigd. dulc. (6 lb.).
Schröder, 1685, schreibt über Amygdalae: „Dieses sind Früchte des Mandelbaums und entweder süß oder bitter. In Apotheken hat man beide Mandeln. Die süßen

Mandeln ernähren, sind gemäßigt warm und feucht, lindern die Schärfe der Feuchtigkeiten, daher taugen sie in Schmerzen und Wachen, die von ermelter Feuchtigkeitsschärfe herrühren; am meisten aber gebraucht man sie in Emulsionen. Die bitteren sind warm und trocken im 2. Grad, machen dünn, eröffnen, treiben den Harn, taugen bei den Verstopfungen der Leber, der Milz, der Gekröseäderlein und Mutter. Äußerlich nehmen sie die Flecken hinweg, wenn man sie kaut und die Flecken damit bestreicht, taugen bei Kopfschmerzen (in Stirnumschlägen). Sie taugen auch wegen der harntreibenden Kraft gegen die Trunkenheit. Der Mandelgummi taugt zum Stein, man streicht ihn auf Seide". Bereitete Stücke sind: Süß und Bitter Mandel-Confekt, ausgepreßtes süßes und bitteres Mandelöl.

Die Ph. Württemberg 1741 führt: Amygdalae amarae (bittere Mandeln; zum Ölauspressen benutzt; giftig für Tiere), Amygdalae dulcis (süsse Mandeln; man bevorzugt die großen, die Ambrosinas genannt werden; zu Emulsionen und zur Ölbereitung); Oleum A. amarorum expressum (Resolvens, Discutans; wird nicht innerlich verordnet), Ol. A. dulcium (innerlich bei Pleuritis, Nephritis, Koliken, als Relaxans; erleichtert die Geburt; gegen Husten; in Klistieren). Die Stammpflanze heißt bei Hagen: Amygdalus communis.

Geiger, um 1830, erwähnt als Präparate: Syrup (Syr. emulsivus); Wasser (Aqua Amygdalarum amararum concentrata); Mandelkleie (Furfur Amygdal.; Rückstand bei der Ölpreßung; Pariser Mandelkleie aus geschälten, ausgepreßten Mandeln, mit Mehl, Veilchenwurzelpulver und wohlriechenden Ölen); Mandelseife; Mandeln werden in Haushaltungen verschiedenen Speisen, Backwerk, zugesetzt und sind Ingredienz verschiedener Konditorwaren, Magenmorsellen (Morsuli imperatoris) usw. ... [Es ist hier noch das Marzipan zu erwähnen, das als Süßigkeit seit dem späten Mittelalter eine große Rolle spielte und vielfach auch in Apotheken hergestellt wurde, um Ärzten und hochgestellten Persönlichkeiten, z. B. zu Weihnachten, ein Geschenk zu machen].

Die Ph. Preußen 1799 enthält: Amygdalae (von Amygdalus communis), bitter und süß; Oleum Amygdalarum; Syrupus Amygd. (aus süßen und bitteren Mandeln). DAB 1, 1872: Amygdalae amarae (Amygdalus communis L. α amara D. C.; zur Herstellung des Bittermandelwassers); Amygdalae dulces (Amygdalus communis L. β dulcis D. C.; wohlschmeckendes Vehiculum für andere Arzneistoffe); Oleum Amygdalarum (expressum seu frigide paratum; innerlich in Form von Emulsionen als Demulcans bei entzündlichen Zuständen der Verdauungs- und Luftwege); Syrupus Amygdalarum. Hager beschreibt in seinem Kommentar zum DAB, 1874, das Bittermandelöl, das nicht aufgenommen, aber in allen Apotheken vorrätig ist. Es wurde 1803 von Martrès entdeckt und vereinigt in sich die Wirkung der Blausäure und des Benzaldehyds. Seit DAB 2, 1882, ist es offizinell und wird seit DAB 6, 1926, nicht mehr aus bitteren Mandeln, sondern aus Mandelsäurenitril hergestellt. Damit verschwinden auch die Amygdalae amarae aus der Pharmakopöe und gelangen in das Erg.-B. (Samen von P.

amygdalus Stokes). Die süßen Mandeln (von P. amygdalus Stokes) und das fette Mandelöl bleiben offizinell bis DAB 6, 1926. Der Syrup war letztmalig in DAB 5, 1910, verzeichnet. In der Homöopathie sind „Amygdalae amarae - Bittere Mandeln" (Amygdalus communis L. var. amara Hayne; Tinktur aus reifen, von der Schale befreiten Samen) ein wichtiges Mittel.
Im Kap. Amygdalus beschreibt Hager, um 1930: 1. Amygdalae amarae (zur Gewinnung von Mandelöl; Preßrückstand zur Gewinnung von Bittermandelwasser und äther. Bittermandelöl); 2. Ol. Amygd. (amar.) aethereum (wegen schwankenden Gehaltes von Cyanwasserstoff kaum noch als Arzneimittel verwandt; zur Herstellung von Likören und Branntweinen); 3. A m y g d a l i n u m (das Glykosid der bitteren Mandeln, der Pfirsich- und Aprikosenkerne; Anwendung selten, wie Bittermandelwasser); 4. Aqua Amygdalarum amararum (setzt die Sensibilität und Reflextätigkeit herab bei starkem Hustenreiz, Bronchitis, Pneumonie, Keuchhusten, Gastralgie, Angina pectoris); 5. Amygdalae dulcis (zu Emulsionen, zur Gewinnung des fetten Öls; in der Kuchen- und Zuckerbäckerei, zur Herstellung von Marzipan, Makronen, Morsellen usw.); 6. Oleum Amygdalarum (das fette Öl der süßen und bitteren Mandeln, innerlich als reizlinderndes Mittel, meist in Emulsionen. Äußerlich zu Salben, Augen- und Ohrenöl); 7. Sirupus Amygdalarum.
Nach Hoppe-Drogenkunde werden verwendet: 1. der reife Same der bitteren Varietät („in der Homöopathie als Tinktur, bei Diphtherie, Epilepsie, Asthma"); 2. der reife Samen der süßen Varietät („Hustenmittel"); 3. das fette Öl der bitteren und süßen Mandel („Salbengrundlage, zu Linimenten u. a. galenischen Präparaten. - Bei Magen- und Darmentzündungen"); 4. das äther. Öl der bitteren Mandeln (für Likörindustrie, zu Marzipan usw.); 5. die Mandelkleie (in Kosmetik und Parfümerieindustrie).

(V e r s c h i e d e n e)
Geiger beschreibt noch folgende P.-Arten:
1.) P. armeniaca L. (Aprikose); „offizinell ist eigentlich nichts von diesem Baum. Das Obst gehört zu den beliebtesten und schmackhaftesten und wird häufig, teils roh oder auf verschiedene Weise zubereitet (eingemacht usw.), genossen. Die Kerne der süßen Varietäten werden wie Mandeln gegessen. Man bringt sie wohl auch anstatt Pfirsichkerne in die Apotheke".
In Ap. Braunschweig 1666 waren 8 lb. Candisirte A m b r i c o s e n vorrätig. Hager, um 1930, erwähnt Folia Persicae, aus denen früher ein dest. Wasser bereitet wurde (Aqua Persicae foliorum), und das fette, wie Mandelöl gebrauchte Oleum A r m e n i a c a e (Ol. Nucum persicorum). Entsprechendes bei Hoppe-Drogenkunde.
2.) P. Lauro-Cerasus (Kirschlorbeer); „dieser Baum wurde 1576 aus Trapezunt nach Europa gebracht und ungefähr in der ersten Hälfte, aber allgemeiner erst

gegen Ende des vorigen [18.] Jahrhunderts, als Arzneipflanze benutzt ... Offizinell sind: Die Blätter, Kirschlorbeerblätter (folia Lauro-Cerasi) ... Die Blätter werden frisch, jedoch selten, im Aufguß, unschicklicher in Abkochung gegeben ... Präparate hat man davon: das konzentrierte Kirschlorbeerwasser (aqua Lauro-Cerasi). Die Konzentration ist nach verschiedenen Dispensatorien leider! sehr verschieden angegeben ... Das ätherische Öl (ol. Lauro Cerasi) kann, als ein schnelltötendes Gift, an sich nicht als Arzneimittel dienen. Man kann es aber zur Darstellung eines beständig gleichförmigen Kirschlorbeerwassers benutzen. - Die Blätter werden in warme Milch gelegt, um ihr einen angenehmen Geschmack zu geben. Nur wenige dürfen auf eine große Menge Milch genommen werden".
Aufgenommen in Ph. Württemberg 1741: Herba Lauro-cerasi (sive folia Lauro-Cerasi. J. B. Cerasi folio laurino, Kirsch-Loorbeerblätter, vulgo Mandelblätter). Die Stammpflanze heißt bei Hagen: Lorbeerkirschbaum, Kirschlorbeerbaum, P. Laurocerasus; die Blätter nennt man uneigentlich Mandelblätter; das darüber abgezogene Wasser hat sich in neueren Zeiten als ein sehr schnell tötendes Gift bekannt gemacht.
Blätter und Wasser waren im 19. Jh. pharmakopöe-üblich (Ph. Preußen 1799 bis DAB 1, 1872). Bereits im DAB 2, 1882, heißt es im Kap. Aqua Amygdalarum amararum, daß es anstelle von Aqua Laurocerasi abgegeben werden darf. Über die Wirkung schreibt Hager, um 1930, zu Folia Laurocerasi, daß sie frisch zur Herstellung von Kirschlorbeerwasser dienen, Oleum Laurocerasi wie Bittermandelöl und Aqua Laurocerasi wie Bittermandelwasser benutzt werden. Hoppe-Drogenkunde schreibt über 1. Blatt („Schmerzstillendes Mittel. In der Homöopathie [wo „Laurocerasus - Kirschlorbeer" (Essenz aus frischen Blättern; Wahle 1835) ein wichtiges Mittel ist] bei Herzinsuffizienz, bei lähmungsartigen Zuständen, bei nervösen Katarrhen, bei Gastroenteritis und Koliken") und über 2. das äther. Öl der Blätter („Schmerzstillendes Mittel, bei Asthma, Krämpfen").

3.) P. Padus; „die Rinde dieses längst bekannten Baums wurde gegen Ende des vorigens [18.] Jahrhunderts und besonders seit 1812 durch Horn, Bremer u. a. empfohlen, als Arzneimittel benutzt ... Offizinell ist: Die Rinde (cort. Pruni Padi), ehedem auch die Blüten und Früchte (flores et baccae Padi, Cerasi racemosi sylvestris) ... Man gibt die Rinde in Substanz, in Pulverform, ferner als Aufgußabsud, oder in Abkochung, wo der Blausäuregehalt entfernt wird. - Präparate hat man davon: das destillierte Wasser (aq. Pruni Padi), welches mit dem Kirschlorbeer-, Bittermandel-Wasser usw. übereinstimmt ... Die Blumen und Früchte werden nicht mehr als Arzneimittel gebraucht".

Cortex Pruni padi ist in einige Länderpharmakopöen des 19. Jh. aufgenommen (z. B. Ph. Hessen 1827). Hoppe-Drogenkunde schreibt über Verwendung der Rinde: „Tonicum, Sedativum. - In der Homöopathie [wo „Prunus Padus e cortice - Ahlkirsche" (Essenz aus frischer Rinde; Lemke 1853) ein wichtiges Mittel ist] bei Kopfschmerzen, Herzbeschwerden, Mastdarmbeschwerden". In der Homöopathie

ist ferner „Prunus Padus e foliis" (Essenz aus frischen Blättern) ein weniger wichtiges Mittel.
4.) P. Mahaleb; „die Kerne sind unter dem Namen Mogaleb- oder Morgatzsamen bekannt. Sie riechen angenehm bittermandelartig und schmecken bitter; enthalten fettes und ätherisches, blausäurehaltiges Öl. Man nimmt sie zu wohlriechenden Seifen. Blätter und Blumen liefern durch Destillation mit Wasser ebenfalls ein angenehm riechendes, blausäurehaltendes Wasser. Das Holz ist, vorzüglich trocken, sehr wohlriechend, Sanctgeorgs- oder St. Lucienholz, es soll in Spanien gegen die Wasserscheu [Tollwut] gebraucht worden sein".
In der Homöopathie ist „Prunus Mahaleb" (Essenz aus Rinde junger Zweige) ein weniger wichtiges Mittel.
[5.] In Hager-Handbuch, 1930, wird aufgeführt: P. serotina Ehrh., liefert Cortex Pruni virginianae; Anwendung in Amerika gegen Lungenleiden, als Beruhigungsmittel. Die Rinde ist nach Hoppe-Drogenkunde: „Tonicum, Sedativum". In der Homöopathie ist „Cerasus virginiana - Virginische Traubenkirsche" (Essenz aus frischer Rinde; Hale 1867) ein wichtiges Mittel.

Psidium

Psidium siehe Bd. IV, Reg. / V, Punica.
Djamboe siehe Bd. IV, G 629, 1658.
Zitat-Empfehlung: *Psidium guajava (S.)*; *Psidium guineense (S.)*

Geiger, um 1830, erwähnt die ost- und westindischen P. pyriferum (Cujava-Birne) und P. pomiferum (Cujava-Apfel); Früchte als Obst, aus den Cujava-Äpfeln wird mit Zucker eine kühlende und adstringierende Konserve bereitet; „die Rinde ist adstringierend und wird als Fiebermittel anstatt China gebraucht. - Von P. pomiferum waren ehedem die wohlriechenden Blätter und Wurzeln (herba et radix Guajavae) offizinell. Sie sind adstringierend".
Dragendorff-Heilpflanzen, um 1900 (S. 470 uf.; Fam. Myrtaceae), nennt 21 P.-Arten, darunter P. Guajava L. (= P. pomiferum et piriferum L., P. sapidissimum Jcq.); die unreifen Früchte als Adstringens, Antidysentericum und Anthelminticum, die reifen als Obst, die Blätter (in Java Djamboe) als Wundmittel, Stypticum, Stomachicum, gegen Cholera und zu Kataplasmen, die Rinde als Adstringens, die Wurzel (Guajava) auch gegen Diarrhöe.
In Erg.-Bücher zu DAB's aufgenommen: Folia Djambu (1916), Folia Djamboe (1941), auch Fluidextrakt. Anwendung nach Hager-Handbuch, um 1930: „Bei Magen- und Darmkatarrhen und Appetitlosigkeit als Infusum, in Pastillen, als Fluidextrakt; in der Heimat als Wund- und Fiebermittel. Die Rinde und Wurzel, auch die Früchte werden als Adstringens angewandt, besonders bei Diarrhöe der Kinder; Rinde zum Gerben, ausgezogene Rinde zur Herstellung von Papier".

Nach Hoppe-Drogenkunde, 1958, werden außer P. Guajava verschiedene Arten verwendet, so in Brasilien P. Araca (Blätter als Adstringens). Nach Dragendorff wird die Wurzel von P. Araca Raddi auch gegen Menorrhagien gebraucht.
Schreibweise nach Zander-Pflanzennamen: **P. guajava L.** (= P. pyriferum L., P. pomiferum L.) und **P. guineense Sw.** (= P. araca Raddi).

Psoralea

Grot-Hippokrates; Sontheimer-Araber (Triphyllum), P. bituminosa.
Fischer-Mittelalter: **P. bituminosa L.** (altital.: trifolio asfalate).
Beßler-Gart: Kap. Sulfurata, P. bituminosa L.
Zitat-Empfehlung: **Psoralea bituminosa (S.); Psoralea pentaphylla (S.); Psoralea glandulosa (S.).**

Der Harzklee, P. bituminosa L., in Antike und Mittelalter bekannt, aber wenig med. genutzt, wird von Geiger, um 1830, nicht erwähnt. Erst in der 2. Auflage seines Handbuchs, 1840, kommen Herba Trifolii bituminosi vor. In der Homöopathie ist „Psoralea bituminosa" (Essenz aus frischem, blühenden Kraut) ein weniger wichtiges Mittel.
Jourdan, um 1830, nennt zwei andere Arten:
P. pentaphylla L., Mexikanische Giftwurzel; man wendet die Wurzel (Radix Contrayervae novae s. albae s. majoris s. Mexicanae) statt der echten Radix Contrayervae (→ Dorstenia) an;
P. glandulosa, Paraguaytee; das Kraut, Herba Culen, wird als magenstärkend und wurmwidrig bezeichnet.
Dragendorff-Heilpflanzen, um 1900 (S. 317; Fam. Leguminosae), schreibt über die drei Arten:
1.) P. bituminosa L. (Drüsen- oder Harzklee); „als Antispasmodicum, Antihystericum, Antiepilepticum, gegen Fieber, Schlangenbiß, Zahnschmerz und zur Beförderung des Monatsflusses empfohlen. Ist das Trisphyllon des Nicander, Triphyllon des Hipp. und Gal., Trifolium acutum des Scrib. Larg. Bei I. el B. wird sie als Hawmânat und Trifolon aufgeführt".
2.) P. pentaphylla L.; „Wurzel als Ersatz der Contrayerva gebraucht".
3.) P. glandulosa L.; „Wurzel wirkt emetisch, Blatt (Chulen) als Stomachicum, Anthelminthicum, Wundmittel gebraucht".

Psychotria

Psychotria siehe Bd. V, Cephaelis; Palicourea.
Zitat-Empfehlung: *Psychotria emetica (S.).*

Geiger, um 1830, beschreibt P. emetica (peruvianische Brechpflanze); „diese Pflanze, welche man früher für die Mutterpflanze der Ipecacuanha hielt,

wurde 1765 zuerst von Mutis bekanntgemacht. - Sie wächst in Neugranada und Brasilien ... Offizinell: Die Wurzel, gestreifte Ipecacuanha (rad. Ipecacuanhae striatae). Sie wird bei uns kaum gebraucht".
Dragendorff-Heilpflanzen, um 1900 (S. 635; Fam. Rubiaceae), verzeichnet P. emetica Mut. (= Ronabea emetica Rich., Ipecacuanha grossa Gomez.) als Brechmittel. Nach Tschirch-Handbuch zählt Radix Ipecac. nigra striata (von P. emetica (L. fil.) Mutis) zu den falschen Ipecacuanhen. Nach Hager-Handbuch, um 1930, ist diese Wurzeldroge, die unter Verwechslungen und Verfälschungen der echten Ipecacuanha aufgezählt ist, alkaloidarm.

Ptelea

Nach Dragendorff-Heilpflanzen, um 1900 (S. 355; Fam. Rutaceae), dienen von der amerikanischen **P. trifoliata L.**, „Blätter und Schößlinge als Anthelminticum, die Früchte als Hopfensurrogat, die Wurzeln als Tonicum". Die Pflanze hat ein kurzes Kap. in Hoppe-Drogenkunde, 1958; verwendet werden Blätter und Rinde von P. trifoliata (Lederstrauch) in der Homöopathie. Dort ist „Ptelea trifoliata" (Essenz aus frischen Blättern und Rinde; Hale 1873) ein wichtiges Mittel. Zitat-Empfehlung: **Ptelea trifoliata (S.).**

Pteridium

Pteridium siehe Bd. V, Dryopteris; Osmunda.

Berendes-Dioskurides: Kap. Saumfarn, Pteris aquilina L.
Sontheimer-Araber: Pteris.
Fischer-Mittelalter: Pteris aquilina (→ Dryopteris).
Hoppe-Bock: Kap. Groß Farnkraut, P. aquilinum K.
Geiger-Handbuch: Pteris aquilina (gemeiner Adlerfarren, Flügelfarren, Farrenkrautweiblein, Jesus Christus-Wurzel).
Schmeil-Flora: **P. aquilinum (L.) Kuhn,** Adlerfarn.
Zitat-Empfehlung: **Pteridium aquilinum (S.).**

Dragendorff-Heilpflanzen, S. 53 (Fam. Polypodiaceae; nach Zander-Pflanzennamen: Dennstaedtiaceae).

Dioskurides schildert die Wirkung des Wurzelstockes vom Adlerfarn sehr ähnlich der des Wurmfarns: mit Honig gegen Bandwürmer u. a. Eingeweidewürmer; verhindert Empfängnis; Abortivum; äußerlich als Pulver auf feuchte Geschwüre. So nimmt es nicht wunder, daß beide Farne im 16. Jh. als gleichwertig betrachtet wurden. Man bezeichnete sie (z. B. Fuchs um 1550) als weibliches (Filix foemina,

Phelypteris) und als männliches (Filix mas, Pteris) Geschlecht des Waldfarns.
Schröder, 1685, schreibt über Filix: Ist a) mas foemina ramosa mit einem Stiel, b) mas non ramosa mit vielen Stielen; beide werden ohne Unterschied gebraucht ... In Apotheken hat man die Wurzel besonders von dem Weiblein. (Auch Bock nannte dies Geschlecht „under allen Farn der breuchlichest und gemeinest").
In T. Worms 1582 finden sich die Bezeichnungen: Radix Filicis (Radix Pterios, Blechri, Dasycloni, Bletri Nicandri, Farnwurtz, Waldfarnwurtz); in T. Frankfurt/M. 1687 nur Radix Filicis (Fahrenwurzel); in Ap. Braunschweig 1666 waren vorrätig: Herba filicis (1/4 K.), Radix f. (8 lb.), Essentia f. ex radice (11 Lot).
In der Ph. Württemberg 1741 ist noch eindeutig als Radix Filicis (Farnkrautwurzel) der Adlerfarn offizinell (illa species, quam Filicem majorem ramosam sive foeminam vocant; treibt Würmer aus; als Dekokt bei Milz-, Stein- und podagrischen Leiden). In späteren Ausgaben (1785) steht ebenfalls diese Droge, dabei aber der Hinweis, daß Linné in seiner Materia medica den Ersatz durch Filicem non ramosam dentatam sive Filicem marum angegeben habe. Der Adlerfarn verschwand dann aus der Therapie.
Hoppe-Drogenkunde, 1958, gibt im Kap. P. aquilinum (= Pteris aquilina) über Verwendung des Rhizoms an: „Zur Gewinnung von Stärkemehl. Stellenweise als Nahrungsmittel sowie als Mastfutter für Schweine benutzt. Als Wurmmittel nicht geeignet. Bei Magen- und Darmentzündungen".

Pterocarpus

Pterocarpus siehe Bd. V, Calamus; Eucalyptus; Santalum.
Kino siehe Bd. II, Adstringentia; Anthelmintica. / V, Angophora; Butea; Ceratopetalum; Coccoloba; Eucalyptus; Macaranga; Uncaria.
Sandalum siehe Bd. V, Moringa; Santalum.
Sandalum rubrum siehe Bd. II, Odontica. / IV, D 3.
Sandelholz siehe Bd. IV, E 272, 281, 316, 383; G 957, 1459, 1479, 1752, 1762, 1789, 1796, 1814. / V, Caesalpinia.

Sontheimer-Araber: P. santalinus.
Fischer-Mittelalter: P. Santalinus L. (sandalum rufum).
Geiger-Handbuch: P. santalinus (Santelholz, Flügelfrucht, Roter Santelholzbaum); P. Draco (Drachenblut - Flügelfrucht); P. erinaceus Lam. (P. senegalensis Hoker., Igelflügelfrucht, afrikanischer Kinobaum).
Hager-Handbuch: Kap. Santalum, P. santalinus L. fil. [nach Zander-Pflanzennamen: **P. santalinus L. f.**]; Kap. Kino, **P. marsupium Roxb.**, **P. indicus Willd.**, P. Wallichii.

Z i t a t-Empfehlung: **Pterocarpus santalinus (S.); Pterocarpus marsupium (S.); Pterocarpus indicus (S.).**

Dragendorff-Heilpflanzen, S. 326 uf. (Fam. L e g u m i n o s a e); Tschirch-Handbuch III, S. 56-65 (Kap. Kino); S. 927 (Kap. Lignum Santali rubrum).

(S a n d a l u m r u b r u m)
In Ap. Lüneburg 1475 waren Sandali rubri (3 1/2 lb.) vorrätig. Die T. Worms 1582 führt: [unter Hölzern] Santalum vel santalum rubeum (R h o d o s a n t a l o n, Santalum rosaceum. Roter Sandel). In Ap. Braunschweig 1666 gab es Lignum santali rubri optimi (5 lb.), dasselbe geraspelt (1 1/2 lb.) und gepulvert (6 lb.); außerdem Lignum s. rubri communis (6 lb.). Zubereitungen → Santalum.
Die Ph. Württemberg 1741 führt: Lignum Sandalinum Rubrum (Santalum Rubrum Officinale, rothes Sandel-Holtz; Siccans, Adstringens); Bestandteil von Emplastrum sive C e r a t u m S a n d a l i n u m a l i a s I n c o g n i t u m, Unguentum Sandalinum, Essentia Lignorum. Die Stammpflanze heißt nach Hagen, um 1780: „Rother Sandelbaum (H e r o c a r p u s Santalinus) ... Aus den Spalten der Rinde dieses Baumes soll sich ein blutroter Saft ergießen, der getrocknet eine Gattung des Drachenblutes gibt".
Geiger, um 1830, führt aus: „Das schon von den Arabern als Arzneimittel gebrauchte rote S a n d e l h o l z kommt, wie König zuerst zeigte, von dem Baum [P. santalinus] ... Offizinell ist: das Holz, rotes Santel- oder Sandelholz, K a l l i a t u r h o l z (lign. santalinum rubrum) ... Der Baum liefert auch eine Art Drachenblut. Anwendung. Man gebraucht das Holz in Substanz, in Pulverform; ferner in Abkochung mit anderen Hölzern und Wurzeln. - Es macht einen Bestandteil des roten Hufelandischen Zahnpulvers (pulv. dentifric. rubr. Hufelandi), der Holzessenz und des Holztranks (essent. et spec. Lignorum) nach älteren Vorschriften aus, auch kam es ehedem zu manch anderen Zusammensetzungen. - Es wird ferner zum Rotfärben, zu roten Firnissen und Beizen auf Holz usw. benutzt".
Vereinzelt noch in Pharmakopöen des 19. Jh. (Ph. Hamburg 1852). Nach Hager, um 1930, ist Lignum santalinum rubrum, von P. santalinus L. fil., färbender Bestandteil in Teemischungen, Zahnpulvern, Pflastern, Räucherkerzen; zum Färben von Mundwässern; zur Herstellung von Holzbeizen. Im Erg.-B. 6 steht das Holz und die Tinktur. Verwendung des Kernholzes nach Hoppe-Drogenkunde, 1958, Kap. P. santalinus: „Schmückender Bestandteil von Teegemischen, bes. in ‚Blutreinigungstees'. - In der Kosmetik zu Zahnpulvern und Mundwässern. - Zum Färben von Likören und Backwaren"; auch andere P.-Arten liefern Rotsandelholz.

(K i n o)
Kino ist eine Sammelbezeichnung für rotbraune, beim Verletzten der Rinde austretende oder am Baum erhärtende, gerbstoffhaltige Sekrete. Nach Tschirch wurde der Name zuerst für das Kino von P. erinaceus Lam. benutzt. Der englische Arzt

Forthergill führte es 1755 als G u m m i (rubrum adstringens) g a m b i e n s e, Novum G u m m i a f r i c a n u m, in die Therapie ein, doch gab es nie ein Kino africanum im Großhandel. Hier wurden ähnliche Produkte aus Vorderindien, Australien, Mexiko geführt, die von ganz verschiedenen Bäumen stammten.
Hagen schreibt um 1780 vom Kino (auch R u b r u m a d s t r i n g e n s, A d - s t r i n g e n s F o r t h e r g i l l i genannt), es sei eine neuere Materialware aus Afrika, „wovon eine hinlängliche Kenntnis noch fehlt". Auch in der Ph. Preußen 1799, heißt es noch vom Kinoharz (Gummi Kino seu Gummi Gambiense), es stamme von einem nicht genügend bekannten afrikanischen Baum. Geiger, um 1830, nennt dagegen bereits mehrere Sorten: 1. Afrikanisches Kino von P. erinaceus Lam.; 2. Ostindisches Kino (Kino asiaticum) von N a u c l e a Gambir u. B u t e a frondosa; 3. Amerikanisches Kino (Kino americanum) von C o c c o l o - b a uvifera; 4. Neuholländisches Kino (Kino australe) von E u c a l y p t u s resinifera. Verwendung in Substanz, Pulverform, in Pillen, in Mixturen als Emulsion, als Tinktur.
Bis zum DAB 1, 1872, sind Kino und seine Tinktur, beide ähnlich wie Catechu angewandt, offizinell. Stammpflanze: P. Marsupium Mart.; danach kommt es, nebst Tinktur, in die Erg.-B's.
Über die Verwendung von Kino schreibt Hoppe, 1958, Kap. P. Marsupium: „Adstringens, ähnlich wie Catechu angewandt, bes. zu Zahnwässern. - Zu Färberei- und Gerbzwecken"; Kino wird auch von anderen P.-Arten geliefert; außerdem gibt Hoppe 15 weitere Gattungen an, aus denen Arten von Kino gewonnen werden. In der Homöopathie ist „Kino" (alkohol. Lösung des eingetrockneten Saftes) ein weniger wichtiges Mittel.

Pulicaria

P u l i c a r i a oder P o l i c a r i a siehe Bd. V, Plantago; Polygonatum; Polygonum; Sedum.
F l o (e) h k r a u t siehe Bd. V, Hedeoma; Inula; Mentha; Plantago; Polygonum; Senecio.
R u h r w u r (t) z (e l) siehe Bd. V, Cephaelis; Lonidium; Potentilla.

F i s c h e r-Mittelalter: P. dysenterica u. P. vulgaris (p o l i c a r i a, n a s c a, c o n i s a); P. vulgaris (= c o n i z a minore), P. dysenterica (= coniza mezzana, c e r u d a e); P. spec. (policaria, coniza).
H o p p e-Bock: Klein D ü r w u r t z, P. vulgaris Gaert. (P. dysenterica Gaert.?).
G e i g e r-Handbuch: I n u l a dysenterica (R u h r - A l a n t, mittlere Dürrwurzel, falsches F a l l k r a u t); Inula Pulicaria (Floh-Alant).
S c h m e i l-Flora: **P. dysenterica (L.) Bernh.**, R u h r w u r z; **P. vulgaris Gaertn.**, Kleines F l o h k r a u t.
Z i t a t-Empfehlung: **Pulicaria dysenterica (S.)**; **Pulicaria vulgaris (S.)**.

Die Ph. Württemberg 1741 führt: Herba Conyzae pulicariae (Mediae, Asteris conyzoidis luteo florae, antidysentericae Hoffmanni, gelbe Müntze, Ruhrkraut; gegen Ruhr und Gelbsucht; der Rauch soll giftige Bestien, Mücken und Flöhe vertreiben). Bei Hagen, um 1780, gibt es einen Abschnitt: „Dürrwurz, Berufkraut (Inula dysenterica) ... Das Kraut (Hb. Conyzae, Conyzae mediae, Arnicae Suedensis) ist scharf und wenig im Gebrauch". Geiger, um 1830, erwähnt die Pflanze: Inula dysenterica; „davon war das Kraut offizinell... Man hat es gegen Ruhr usw. gebraucht. Es ist gewiß nicht ohne bedeutende medizinische Kräfte". Außerdem erwähnt Geiger: Inula Pulicaria; „davon war das stark- und widerlich-riechende Kraut (herba Pulicariae, Conyzae Pulicariae) offizinell. Man gebrauchte es gegen Durchfälle usw., gegen vermeintliches Beschreien der Kinder. Der Geruch und Rauch soll Mücken und Flöhe vertreiben". In Dragendorff-Heilpflanzen, um 1900 (S. 667; Fam. Compositae), sind genannt:

1.) P. dysenterica Gärtn. (= Inula dys. L.); „Kraut und Blüte bei Ruhr und Hämoptöe, Blüten wie Arnika gebraucht";

2.) P. vulgaris Stev. (= Inula Pul. L., Diplopappus vulg. Cass.); „Kraut als Insectizid (Räucherung) und zu abergläubischen Zwecken gebraucht".

Pulmonaria

Pulmonaria siehe Bd. IV, A 30. / V, Hieracium; Lobaria; Usnea.
Lungenkraut siehe Bd. IV, G 957. / V, Chenopodium; Hieracium; Lobaria.
Zitat-Empfehlung: *Pulmonaria officinalis (S.).*
Dragendorff-Heilpflanzen, S. 562 uf. (Fam. Borraginaceae; nach Zander-Pflanzennamen: Boraginaceae).

Nach Fischer kommt **P. officinalis L.** in mittelalt. Quellen vor (pulmonaria, lac benedictae virginis, palla marina, lungwurtz, unser frawen gespüm); Fischer verweist dabei auf Sticta. Die Pflanze ist - nach Hoppe - bei Bock, um 1550, im Kap. Von Walwurtz, als „das walt geschlecht, klein Walwurtz" beschrieben, Anwendungen werden nicht genannt.

In T. Worms 1582 sind verzeichnet: [unter Kräutern] Pulmonaria maculata (Fleckenkraut, Backkraut); in T. Frankfurt/M. 1687 Herba Pulmonariae maculosae (Symphytum maculosum, Lungenkraut). In Ap. Braunschweig 1666 waren vorrätig: Herba pulm. macul. (1/2 K.), Conserva p. mac. (2 lb.) [auch Herba pulmon. Hartzensi (8 K.), vielleicht eine andere P.-Art aus dem Harz]. Die Ph. Württemberg 1741 führt: Herba Pulmonariae maculosae (latifoliae, symphyti maculosi, Flecken-Lungenkraut; gegen Lungenleiden, Ulcera, Schwindsucht, Blutspeien). Die Stammpflanze der Herba Pulmonariae maculosae heißt bei Hagen, um 1780, P. officinalis. Geiger, um 1830, schreibt über die Verwendung: „Ehedem wurde das Kraut in Lungenkrankheiten hochgerühmt, daher sein Name. Vor kurzem ist wieder viel Rühmens von einem Geheimmittel gegen Lungenschwindsucht gemacht worden, dessen Hauptingredienz Lungenkraut war. Die Pflanze verdient mehr die Beachtung der Ärzte". Aufgenommen in Erg.-B's. zu den DAB's (1916 und später; 1941: Herba Pulmonariae, von P. officinalis L.). Hoppe-Drogenkunde, 1958, schreibt über Verwendung: „Mucilaginosum, Expectorans, Adstringens, Antidiarrhoicum. - Bei Lungenerkrankungen und Blasenleiden. - In der Homöopathie [dort ist „Pulmonaria vulgaris" (Essenz aus frischem, blühenden Kraut) ein weniger wichtiges Mittel)] und in der Volksheilkunde bes. bei Katarrhen".

Pulsatilla

P u l s a t i l l a siehe Bd. II, Antisyphilitica. / IV, G 120.

H o p p e-Bock: Kap. Kuchenschell, A n e m o n e pulsatilla L. (Kueschellen, H a c k e t k r a u t, S c h l o t t e n b l u o m e n).
G e i g e r-Handbuch: P. vulgaris Mill. (=Anemone Pulsatilla L.; gemeine [große blaue] K ü c h e n s c h e l l e, O s t e r b l u m e); P. pratensis Mill. (= Anemone pratensis L.).
H a g e r-Handbuch: Kap. Pulsatilla, P. vulgaris Mill. (=Anemone pulsatilla L.), P. pratensis Mill. (= Anemone pratensis L.) u. a. Arten; in Amerika P. hirsutissima (Pursh.) Britton.
Z a n d e r-Pflanzennamen: **P. vulgaris Mill.** (= Anemone pulsatilla L.); **P. pratensis (L.) Mill.** (= Anemone pratensis L.).
Z i t a t -Empfehlung: **Pulsatilla vulgaris (S.); Pulsatilla pratensis (S.).**

Dragendorff-Heilpflanzen, S. 228 (Fam. R a n u n c u l a c e a e).

Bock, um 1550, bildet - nach Hoppe - Anemone pulsatilla L. [also P. vulgaris Mill.] ab; über Zuordnung zu einem Dioskurides-Kapitel ist er sich nicht klar, er erwägt Kapitel, in denen R a n u n c u l u s-Arten oder eine Umbellifere eigentlich gemeint gewesen sind (Kraut zum Entfernen von faulem Fleisch, zum Reinigen von Geschwüren; Saft gegen Warzen und Hautflecken; Kraut zu Umschlägen gegen brüchige Nägel; Wurzelpulver als Niesmittel. Abkochung der Wurzel oder Samen in Wein gegen Steinleiden, als Emmenagogum).
Die T. Frankfurt/M. 1687 führt: Radix Pulsatillae (Küchenschellwurtz). Auch in Ph. Württemberg 1741: Radix Pulsatillae ceruleae (H e r b a e V e n t i, Kuchen Schell, Osterblumen-Wurtzel; Alexipharmacum, gegen Pest). Die Stammpflanze heißt bei Hagen, um 1780: Anemone pratensis (Küchenschelle, Osterblume); „das Kraut (Hb. Pulsatillae, Pulsat. nigricantis) ist scharf und beißend und in neueren Zeiten zu arzneiischem Gebrauche angewandt".

Geiger, um 1830, schreibt über P. pratensis Mill.: „Eine seit 1771 vorzüglich durch Störck als Arzneimittel eingeführte Pflanze ..." und über P. vulgaris Mill: „Eine schon in früheren Zeiten als Arzneimittel benutzte Pflanze, wird häufig anstatt der vorhergehenden angewendet ... Offizinell ist: das Kraut (herba Pulsatillae). Es soll eigentlich von Puls. pratensis gesammelt werden (herb. Pulsat. nigricantis), gewöhnlich wird aber Puls. vulgaris eingesammelt ... Man gibt das Kraut im Aufguß. Ferner den ausgepreßten frischen Saft äußerlich und innerlich bei Augenübeln, schwarzem Star usw. Präparate hat man davon: das destillierte Wasser ... ferner das Extrakt".
Krautdroge und Extrakt wurden seit 1827 in preußische Pharmakopöen aufgenommen (von Anemone pratensis L.). Das DAB 1, 1872, nennt als Stammpflanzen: Anemone pratensis L. u. A. Pulsatilla L.; Krautdroge und Extrakt dann in die Erg.-Bücher; in Erg.-B. 6, 1941, nur noch Herba Pulsatillae (von Anemone pulsatilla u. A. pratensis). Die Wirkung ist nach Hager, 1874, narkotisch. Nach Hager-Handbuch, um 1930, Anwendung „bei Asthma, Keuchhusten, Krämpfen, einseitigem Kopfschmerz. In der Homöopathie bei Bleichsucht und Menstruationsstörungen". Hoppe-Drogenkunde, 1958, gibt an: „Sedativum bei Erkrankungen der Genitalorgane. Bei Neuralgien und Migräne, bei Keuchhusten und Bronchitis. Bei Zirkulations- und vasomotorischen Störungen. Konstitutionsmittel für das weibliche Geschlecht. Diureticum, Diaphoreticum bei Gicht, Rheuma, Grippe etc. (in Form von Zubereitungen aus der frischen Pflanze). - In der Homöopathie Nervenmittel, bei Menstruationsstörungen, bei Kreislaufstörungen, bei Nierenleiden und Erkrankungen der Harnwege und zahlreichen anderen Indikationsgebieten. Hautreizendes Mittel. - In der Volksheilkunde".
In der Homöopathie ist „Pulsatilla - Kuhschelle" (P. pratensis Mill.; Essenz aus frischer Pflanze; Hahnemann 1816) ein wichtiges Mittel. Daneben wird noch „Pulsatilla Nuttalliana" (P. Nutt. Sprengel; Essenz aus frischer Pflanze) als weniger wichtiges Mittel geführt.

Punica

Punica siehe Bd. II, Adstringentia; Stomatica.
Balaustium siehe Bd. II, Adstringentia; Antidysenterica; Exsiccantia; Refrigerantia.
Granatäpfel, Granatbaum siehe Bd. II, Anthelmintica.
Granatrinde siehe Bd. I, Aselli.
Granatwurzel siehe Bd. IV, G 1288.

Hessler-Susruta: P. granatum.
Deines-Ägypten (Granatapfelbaum).
Grot-Hippokrates: (Granatbaum, Granatbaumblätter, Granatapfel, seine Rinde und Schale).
Berendes-Dioskurides: Kap. Granatapfel, Kap. Granatblüte, Kap. Granatrinde, Kap. Balaustion: P. Granatum L.

T s c h i r c h-Sontheimer-Araber: P. Granatum.
F i s c h e r- Mittelalter: P. Granatum L. (b a l a u s t i c a, g r a n a t u m).
B e ß l e r-Gart: Kap. Granatum (poma granata) und Kap. Balaustia (granates blomen): **P. granatum L.** (auch die Fruchtschale - P s i d i a, cortex maligranati - wird erwähnt).
H o p p e-Bock: P. granatum L. (Granatöpffel).
G e i g e r-Handbuch: P. Granatum (Granatapfel, Granatbaum).
H a g e r-Handbuch: P. granatum L.
Z i t a t-Empfehlung: **Punica granatum (S.).**

Dragendorff-Heilpflanzen, S. 463 (Fam. P u n i c a c e a e); Tschirch-Handbuch III, S. 335-337.

Bei Dioskurides gibt es 3 Drogen von P. granatum L.:
1.) Granatapfel (hilft dem erhitzten Magen, urintreibend; der Kern [d. h. Beerenfrucht ohne die Schale] gegen Magen- und Bauchfluß, Blutspeien; zu Sitzbädern bei Dysenterie und Gicht; der Saft des Kerns gegen Geschwüre, Überwachsen der Fingernägel, Wucherungen, Ohren- und Nasenleiden).
2.) Granatblüte (ist adstringierend, austrocknend, stopfend, zum Verkleben blutiger Wunden; zu Mundwasser, gegen Darmbrüche). Wird von kultivierten Pflanzen gewonnen, dann K y t i n o i genannt, oder von wilden, dann Balaustion genannt (haben gleiche Wirkungen).
3.) Granatrinde (Anwendung der adstringierenden Droge wie die vorigen); Abkochung der Wurzeln wird noch als Bandwurmmittel erwähnt.
Kräuterbuchautoren des 16. Jh. übernehmen solche Indikationen; Bock, um 1550 fügt - nach Hoppe - im Kap. Granatöpffel noch einige hinzu, so z. B. Kerne, Blüten und Fruchtschalen gegen Dysenterie, Menorrhoe, bei blutigem Sputum; Abkochung der Fruchtschale in Wein als Wurmmittel; gepulverte Blüten oder Rinde gegen Husten, letztere mit Essig als Einreibung gegen Hämorrhoiden.
In Ap. Lüneburg 1475 waren vorrätig: Balaustia (2½ qr), Semen Psidiae (½ lb; wahrscheinlich die Granatapfelsamen). Die T. Worms 1582 führt [unter Früchten] M a l a g r a n a t a (Granata, Mala punicae, R h a e a e Sidae, Granaten, Granatöpffel, M a r g r a n d e n ö p f f e l); Cortex Granatorum (Corium mali punici, Malicorium, S i d i o n, Granaten- oder Margrandenapffelrinde), Succus Granatorum (Vinum granatorum seu malorum punicorum, Granatensafft), Rob granatorum (seu malorum punicorum. Gesottener Granatensafft), Sirupus Granatorum acidorum et dulcium (Saurer oder süßer Granatensyrup). In T. Mainz 1618 gab es auch Flores Balaustia (Wild Granatenblüt), in T. Frankfurt/M. 1687 als Simplicia: B a l a u s t i a (Granatäpffelblüt), Cortex Granatorum pomorum (M a l i c o r i u m, P s i d i u m, Granatäpffel Schalen), Semen Granatorum (Granatenkern). In Ap. Braunschweig 1666 waren vorrätig: Cortex granatorum (10½ lb), Pulvis cort. g. (½ lb), Flores balaustiorum (8 lb), Succus g. (1½ lb), Syrupus g. (3 lb).

Nach Ph. Württemberg 1741 braucht man: Cortex Granatorum (Cortices Mali Punici, Malicorium, Granaten-Schalen; selten im innerlichen Gebrauch, häufiger für Gurgelmittel, Bäder, adstringierende Bähungen), Flores Balaustiorum (Balaustiae, Mali punicae silvestris, Granatenblüthe; Adstringens, Refrigerans, für Gurgelmittel, Niespulver); Syrupus Granatorum (aus Saft bereitet), Vinum Granatorum. Der Granatenbaum heißt bei Hagen, um 1780: P. Granatum; „in Apotheken werden von diesem Gewächse die getrockneten Blumen, die gefüllt sein müssen, nebst dem Kelche unter dem Namen Granatenblüthe (Flor. Balaustiorum), die Rinde der Granatäpfel (Cort. Malicorii seu Granatorum) und Samen (Sem. Granatorum) aufbewahrt".

In Ph. Preußen 1799 sind aufgenommen: Flores Granati (seu Balaustia. Granatbaum. P. Granatum) und Cortex Granatorum (seu Malicorium, Granatapfelschale). Über die Anwendung schreibt Geiger, um 1830: „Man gibt die Schalen [Cortex G.] in Substanz als Pulver oder in Abkochung. (Sie wurde vor mehreren Jahren als ein vorzügliches Surrogat der China empfohlen). Die Blumen werden ähnlich, aber bei uns selten gebraucht ... Die Samen werden jetzt nicht mehr angewendet. Präparate hatte man ehedem: eine Conserve (Conserva Balaustiorum); aus den frischen Kernen wurde mit Zucker ein Sirup (syrup. Granatorum) bereitet, und man nahm die Blumen und Schalen zu mehreren Zusammensetzungen. - Die Schalen werden zum Gerben benutzt. Das Fleisch der Früchte wird gegessen. Auch läßt sich durch Gährung aus dem Saft ein Wein (Granatäpfelwein) bereiten".

Diese Drogen verschwinden im 19. Jh. aus den Pharmakopöen (über „Rinde" siehe unten). Dafür kam eine andere Droge hinein, die Geiger bereits nennt: die Rinde der Wurzel (cort. radicis Granati); seit einigen Jahren in Gebrauch; die Wurzelrinde wird in Substanz und in Abkochung (gegen den Bandwurm) gegeben. Nach Tschirch-Handbuch war die Benutzung der Wurzel als Bandwurmmittel, die im Altertum gut bekannt war, schon im Mittelalter fast ganz in Vergessenheit geraten; dann war von ihr nicht mehr die Rede, bis sie im 19. Jh. von englischen Ärzten (Buchanan, 1807; Flemming 1810 u. a.) empfohlen wurde, die ihre Anwendung als Anthelminticum in Indien kennengelernt hatten.

In preuß. Pharmakopöen seit 1846: Cortex Radicis Granati, Granatwurzelrinde, von P. Granatum L. So im DAB 1, 1872. Seit DAB 2, 1882, bis DAB 6, 1926, ist Cortex Granati die getrocknete Rinde der oberirdischen Achsen und der Wurzeln von P. granatum Linné. Anwendung nach Hager, um 1930: Als Bandwurmmittel in Abkochung; anstelle der Rinde wird auch das Fluidextrakt angewandt, ferner das P e l l e t i e r i n in Form des Tannates; die Rinde und das Fluidextrakt [aufgenommen in Erg.-B. 6, 1946] werden ferner noch als Adstringens und Emmenagogum angewandt. Hager beschreibt kurz, ohne Angabe von Anwendung: Cortex Granati fructum (Granatapfelschalen), Flores Granati (Granatblüten, Balaustia), Fructus Granati (Granatfrucht).

Nach Hoppe-Drogenkunde, 1958, Kap. P. granatum, werden verwendet: 1. die Stamm-, Ast- und Wurzelrinde („Bandwurmmittel. Adstringens. Zu Gurgelwässern“); 2. die Blüte („Adstringens bei Diarrhöen“); 3. die Schale der Frucht („Adstringens“). In der Homöopathie ist „Granatum - Granatbaum“ (Tinktur aus Rinde des Stammes und der Wurzel; Müller 1839) ein wichtiges Mittel.

Pyrola

Pyrola siehe Bd. II, Adstringentia; Vulneraria. / V, Chimaphila.
Zitat-Empfehlung: *Pyrola rotundifolia (S.), Moneses uniflora (S.).*

Nach Fischer kommen in mittelalterlichen Quellen vor: Pirola rotundifolia L. u. P. secunda L. (pirola, pirula, winttergrün), wobei P. rotundifolia das „groß wintergrün weiblin“ (auch holzmangolt) und P. secunda das „wintergrün menlin“ ist. Bock, um 1550, bildet nach Hoppe im Kap. „Wynter gruen“ Pirola rotundifolia Fern. ab; er lehnt sich bezüglich Indikationen an das Kap. Limoneion bei Dioskurides an, das jedoch keine P.-Art meint (Stypticum; Samen mit Wein gegen Dysenterie und Menorrhöe); außerdem: Dekokt oder Destillat als Wundheilmittel; frisches Kraut als Kataplasma oder zu Salbe, trockenes Kraut gegen Geschwüre.
Die T. Worms 1582 führt unter Kräutern: Pyrola (Pyrula, Aptophyllon, Herba pirifolia, Pirula, Pirola, Consolida Pirifolia, Wintergrün, Waldmangolt, Holtzmangolt); in Ap. Braunschweig 1666 waren 1 K. Herba pyrolae vorrätig. Die Ph. Württemberg 1741 beschreibt: Herba Pyrolae rotundifoliae (Limonii Cordi, Wintergrün, Holtz- oder Wald Mangold; Refrigerans, Adstringens, Consolidans, Vulnerarium). Die Stammpflanze heißt bei Geiger, um 1830, P. rotundifolia; „davon war sonst das Kraut (herba Pyrolae) offizinell... Wurde ehedem häufig gegen Durchfälle, als Wundkraut usw. gebraucht, und verdient, nicht ganz vergessen zu werden“; auch von P. uniflora wurde ehedem das Kraut wie von obiger gebraucht.
Dragendorff-Heilpflanzen, um 1900 (S. 506; Fam. Pirolaceae; nach Schmeil-Flora: Pyrolaceae) nennt außer 6 weiteren P.-Arten: Pirola rotundifolia L. [Bezeichnung nach Schmeil-Flora: **P. rotundifolia L.**] (Kraut gegen Durchfall und als Wundmittel) und Pirola uniflora [nach Schmeil: P. uniflora L.] (Brechmittel) [nach Zander-Pflanzennamen heißt die Pflanze jetzt: **Moneses uniflora (L.) A. Gray**].
In der Homöopathie sind „Pirola rotundifolia“ (Essenz aus frischen Blättern) und „Pirola uniflora“ (Essenz aus frischer, blühender Pflanze) weniger wichtige Mittel.

Pyrus

Pyrus oder Pirus siehe Bd. V, Boswellia; Cydonia; Malus; Sorbus.
Pira siehe Bd. II, Exsiccantia.

Grot-Hippokrates: (Birne).
Berendes-Dioskurides: Kap. Birne, Pirus communis L.
Tschirch-Sontheimer-Araber: P. communis.
Fischer-Mittelalter: Pirus communis L. (pira, birboum, pirbom, birn; Diosk.: apios).
Beßler-Gart: Kap. Pira, P. communis L. (byrn, cumetiran, cumechre, bern).
Hoppe-Bock: Kap. Byrbaum, Pirus communis L.
Geiger-Handbuch: P. communis.
Zander-Pflanzennamen: **P. communis L.**
Zitat-Empfehlung: **Pyrus communis (S.).**

Dragendorff-Heilpflanzen, S. 274-276 (Fam. Rosaceae); Bertsch-Kulturpflanzen, S. 104-108.

Nach Berendes wurden Birnenbäume in Griechenland wenig, in Italien reichlich angebaut. Dioskurides beschreibt die arzneiliche Verwendung (Adstringens zu verteilenden Umschlägen; Abkochung getrockneter Birnen stillt den Durchfall), auch des Wilden Birnenbaumes (ist stärker adstringierend, auch die Blätter; Holzasche gegen Pilzvergiftung). Bock, um 1550, übernimmt diese Indikationen; er ergänzt: als Breiumschlag oder Badezusatz gegen Prolapsus.
Nach Bertsch-Kulturpflanzen war die Birne in Deutschland im frühen Mittelalter noch selten; im 16. Jh. gibt Val. Cordus aber für Mitteldeutschland bereits 50 Birnensorten an.
In Ap. Lüneburg 1475 waren von Confectio pirorum 1 lb. vorrätig, in Ap. Braunschweig 1666 Candisatum pirorum mosch[catella] 21 lb. Die T. Worms 1582 führt [unter Condita:] Pyra moschatella condita (Eingemacht Muschattella byren). Schröder, 1685, berichtet über Pyrus: „Birnbaum .. Allen anderen ziehe die Muscatellerbirn vor, wegen ihres aromatischen Geschmacks, daher man sie auch in Apotheken eingemacht hat, sie kommen auch öfters als ein Stärckmittel zu Confectionen und Latwergen. Sie kühlen, adstringieren, lassen sich übel verdauen, doch wenn man selbe kocht, so sind sie besser, wie die Salernitanische Schule gedenkt ... Die süßen laxieren, die sauren und herben stopfen. Die gekochten und hernach gedörrten sind gut im Bauchfluß".
Nach Geiger, um 1830, waren ehedem die Früchte des wilden Baumes gebräuchlich (fructus Pyri sylvestris); „man verordnete die noch unreifen Früchte in ähnlichen Fällen wie die Mispeln. - Die (meisten) Birnen gehören zu den angenehmeren Obstarten und werden als kühlendes diätetisches Mittel verord-

net. Außerdem aber häufig teils roh, frisch und getrocknet (Hutzeln) oder auf mancherlei Weise zubereitet, als Mus usw. genossen. Sie geben, besonders die härteren Sorten (auch wilden), durch Auspressen des Saftes und Gärung einen angenehmen leichten Obstwein (Birnwein, Birnmost) und Essig; durch Destillation einen angenehmen Branntwein. Die Kerne können auf Öl benutzt werden."
Hoppe-Drogenkunde, 1958, erwähnt im Kap. Pirus Malus (Apfel) den Birnbaum; seine Blätter sind ein brauchbares Harndesinfiziens.

Quassia

Quassia siehe Bd. II, Anthelmintica; Tonica; Vomitoria. / IV, E 137, 245; G 952. / V, Picrasma; Simaruba; Tachia.
Zitat-Empfehlung: *Quassia amara (S.)*.
Dragendorff-Heilpflanzen, S. 365 (Fam. Simarubeae; nach Zander-Pflanzennamen: Simaroubaceae); Tschirch-Handbuch III, S. 789.

Hagen, um 1780, schreibt über den Quassienbaum (Q. amara): „wächst häufig in Surinam, woher er nach Kajenne verpflanzt worden. Das in neuerer Zeit eingeführte Quassien- oder Surinamische Bitterholz (Lignum Quassiae) ist das Holz von der Wurzel oder, wie einige mit größerer Wahrscheinlichkeit behaupten, von dem Stamme des Baumes". In Ph. Preußen 1799-1813 ist Cortex und Lignum Quassiae, dann nur noch Lignum Quassiae (bis DAB 6, 1926) aufgenommen. Ab Ph. Preußen 1827 wird neben Quassia excelsa [→ Picrasma] **Q. amara L.** als Stammpflanze angegeben (DAB 1, 1872, verlangte allein die letztere Droge).
Über die Anwendung schreibt Geiger, um 1830: „Man gibt die Quassia in Substanz, in Pulverform, jedoch selten; zweckmäßiger im wäßrigen oder weinigen Aufguß oder Abkochung. - Präparate hat man davon das Extrakt ... Die Tinktur wird selten gebraucht [Extrakt und Tinktur im Erg.-B. 6, 1941] ... Der Aufguß des Holzes, mit Zucker versetzt, wird auch zum Töten der Fliegen angewendet". Hager, 1874, bezeichnet Q. als ein bitteres Tonicum. Nach Hager-Handbuch, um 1930, ist die Anwendung als Bittermittel selten; als Klistier gegen Spulwürmer; zur Herstellung von Fliegenpapier.
In der Homöopathie ist „Quassia amara" (Q. amara L. u. Picrasma excelsa (Swartz) Planchon; Tinktur aus getrocknetem Holz; Allen 1878) ein wichtiges Mittel.

Quercus

Quercus siehe Bd. I, Gallae. / II, Adstringentia; Exsiccantia; Febrifuga. / IV, C 39. / V, Bowdichia; Fagus; Ilex; Teucrium; Viscum.
Eiche siehe Bd. II, Adstringentia; Exsiccantia. / IV, C 67; E 213, 237; G 957. / V, Fomes; Lobaria; Usnea.
Eichel siehe Bd. IV, E 274; G 957.
Kork siehe Bd. IV, C 28.

Grot-Hippokrates: Eiche; Q. Ilex.
Berendes-Dioskurides: Kap. Eiche u. Kap. Eicheln, Q. Robur L., Q. pedunculata Ehrh.; Kap. Speiseeiche u. Ilexeiche, Q. Esculus L. (oder Q. Ballota Desf.?) u. Q. Ilex L.; Kap. Färberkokkos, **Q. coccifera L.**
Sontheimer-Araber: Quercus; Q. coccifera.
Fischer-Mittelalter: Q. Robur L. (robur); Q. pedunculata Ehrh. u. Q. sessiliflora Sm. (quercus, glans, eiche, aiche); Q Ballota Desf. bei Avic.; Q. Cervis L.; Q. coccinellifera L.; Q. escula; Q. Ilex L. (ilex); Q. Suber L.
Beßler-Gart: Q. sessiliflora Salisb. (= **Q. petraea (Matt.) Liebl.**) (arbor glandis, eychbaum, hullus).
Hoppe-Bock: **Q. robur L.** (Eichbaum); Q. petraea Liebl. (Hageichen).
Geiger-Handbuch: Q. Robur (gemeine Eiche, Steineiche, Späteiche, Winterschlageiche); Q. pedunculata (Stieleiche, Sommereiche, Druideneiche) - Q. Zerris (Zerreiche, Galleiche); Q. Aegilops (Knoppereiche); Q. Esculus (Speiseeiche); **Q. infectoria Oliv.** (Färbereiche, wahre Galleiche); Q. coccifera (Kermeseiche); Q. Suber (Korkeiche); Q. tinctoria W. (Färbereiche, Schwarzeiche).
Hager-Handbuch: Q. pedunculata Ehrh. (Stiel- oder Sommereiche) u. Q. sessiliflora Sm. (Trauben- oder Wintereiche); **Q. alba L.**; **Q. ilex L.** (Steineiche); Q. ballota Desf.; Q. vallonea Kotschy; **Q. suber L.** u. Q. occidentalis Gay (= Q. suber L. var. latifolia Duham.).
Zitat-Empfehlung: **Quercus coccifera** (S.); **Quercus petraea** (S.); **Quercus robur** (S.); **Quercus infectoria** (S.); **Quercus alba** (S.); **Quercus ilex** (S.); **Quercus suber** (S.).

Dragendorff-Heilpflanzen, S. 165-167 (Fam. Fagaceae); Tschirch-Handbuch II, S. 470 uf. (Kork), III, S. 99; Peters-Pflanzenwelt: Kap. Die Eiche, S. 141-148.

(Eiche)
Nach Grot kommen bei Hippokrates vor: Eichenrinde, Eichenblätter (Kühlmittel), Eicheln (Stopf-, Wundmittel). Dioskurides schreibt allen Teilen der Eiche adstringierende und austrocknende Kraft zu; am stärksten adstringiert die Bastschicht zwischen Rinde und Stamm, auch das, was um die Eichel herum unter der Schale ist (Abkochung gegen Magenleiden, Dysenterie, Blutspeien; in Zäpfchen gegen Fluß der Frauen). Die Eicheln leisten dasselbe (sie wirken auch harntreibend, ge-

gen giftige Tiere; Abkochung mit Milch gegen Gift; als Umschlag gegen Entzündungen, mit Schmalz gegen Verhärtungen und Geschwüre). Im Kap. „Aschenlauge des Feigenbaumes" (→ Ficus) wird angegeben, daß zur äußerlichen u. innerlichen Verwendung auch ein Lixivium aus Eichenholz dienen kann. Außer dieser Eiche, bei der es sich um Q. robur L., die Stieleiche, handelt, beschreibt er noch die Speise- und Ilexeiche (Wirkung ähnelt der der anderen; gestoßene Blätter auf Geschwülste; Wurzelrinde zum Schwärzen der Haare). In Kräuterbücher des 16. Jh. gehen solche Indikationen ein, Bock überträgt sie auf die beiden einheimischen Eichen (Stieleiche und Steineiche), die auch weiterhin pharmazeutisch genutzt werden.

In T. Worms 1582 sind aufgeführt: Quercus folia (Eychbaumbletter), Glandes (Glandes quercini, Dryobalani, Acyli, Eycheln), Glandium calyculi (Cupulae glandium, Glandium putamini, Cyttari, Eychelen hülßlen, die Häublein an den Eycheln), Farina Glandium (Eychelmehl); in T. Frankfurt/Main 1687 Cortex Quercus (Eichen-Rinden), Folia Quercus tenellae (zarte Eichenblätter), Glandes (Eicheln), earum cupulae (Eicheln-Häublein), Farina Glandium (Eicheln-Mehl). In Ap. Braunschweig 1666 waren vorrätig: Glandium (2 lb.), Herba quercus folior. (2 K.), Aqua q. folior. (1$^1/_2$ St.), Conserva q. summit. (1$^1/_2$ lb.), Liquor ligni q. (12 Lot).

Die Ph. Württemberg 1741 verzeichnet: Herba Quercus (folia Q., Eichenlaub; Adstringens; in Gurgelmitteln und Dekokten zu äußerlichem Gebrauch), Glandes quercinae (Eicheln; kräftiges Adstringens; bei Bauchflüssen, gegen das Unvermögen, den Harn zu halten), Cortex Quercus (Eichen-Rinde; Adstringens zu äußerlichem Gebrauch als Gurgelmittel, für Bäder, Bähungen), Aqua (dest.) Quercus folia. Bei der Uva Quercina (Eichtraube; Adstringens, Antidysentericum) handelt es sich nach der Pharmakopöe um traubenartige Auswüchse an Eichenwurzeln, die durch Insektenstiche hervorgerufen werden sollen. Hagen, um 1780, beschreibt bei der Eiche (Q. Robur) die frühere Verwendung der Blätter (Fol. Quercus) und der kurzen rauhen Kelche („kleine Schüsselchen, Cupulae s. Calyculae glandium Quercus, worin die Früchte eingeschlossen sind"); „jetzo sind die Früchte, die Eicheln oder Eckern (Glandes Quercus Ilicis) genannt werden, stark im Gebrauche".

Über Anwendung schreibt Geiger, um 1830: „Man gibt die Eichenrinde innerlich in Pulverform und in Abkochung, jedoch selten. Sie wird mehr äußerlich zu Bähungen, Bädern usw. gebraucht. - Präparate hat man Extrakt (extr. cort. Quercus) und die Autenrieth'sche Salbe gegen das Durchliegen, ist eine Verbindung des Gerbestoffs mit Bleioxyd... Die Blätter werden mit Unrecht selten mehr gebraucht. - Die Eicheln werden nur geröstet (glandes Quercus tostae) verordnet... Sie werden im Aufguß und Abkochung wie Kaffee getrunken, sind ein vorzüglich stärkendes, tonisch reizendes Mittel und wohl eins der besten Surrogate des Kaffees. Die rohen Eicheln sind die beste Mästung für Schweine. Auch läßt sich aus ihnen Branntwein bereiten, und das Mehl kann zu Brot verbacken werden. Aus dem Stamm fließt im Frühjahr beim Verwunden ein süßer Saft hervor, und die Blätter schwitzen, besonders in südlichen Gegenden, eine zuckerartige Substanz, Eichenhonig oder Eichenmanna aus, die in jenen Ländern gesammelt und ebenso wie Honig oder Manna benutzt wird. Die Rinde dient vorzüglich zum Gerben der Häute (Rotgerberei). Die Kelche können zum Schwarzfärben gebraucht werden". Hager-Handbuch, um 1930, schreibt zu Cortex Quercus: Verwendung „als adstringierendes Mittel wie Tannin, innerlich in Abkochung; äußerlich zu Gurgelwässern, Einspritzungen, Waschungen, Bädern". Nach Hoppe-Drogenkunde, 1958, Kap. Q. sessiliflora (= Q. petraea), werden verwendet: 1. die Rinde („Adstringens. - Zu Umschlägen und Verbänden (als Dekokt), zu Bädern, bei Frostschäden, Geschwüren, Ausschlag, zu Mund- und Gurgelwässern. Mitunter als Stypticum verwendet. Bei Fußschweiß und Fluor albus. - In der Homöopathie [wo ‚Quercus e cortice' (Q. Robur L. u. Q. sessiliflora Salisb.; Essenz aus frischer Rinde junger Zweige) ein wichtiges Mittel ist] bei Milz- und Leberschwellungen, gegen Alkoholismus"); 2. die gerösteten Samen („Adstringens, bes. gegen Durchfall in der Kinderheilkunde. Bei Verdauungsbeschwerden alter Leute. Bei Menstruationsstörungen. - Zu Nährpräparaten. Zur Herstellung von Eichelkakao, einer Mischung von Glandes Quercus tostae mit Kakao und geröstetem Weizenmehl. Gegengift bei Vergiftungen In der Volksheilkunde bei Skrophulose und Rachitis"). 3. das Blatt („Adstringens. - Zu Frühlingskuren"). In der Homöopathie ist „Quercus e glandibus" (Q. Robur L.; Tinktur aus getrockneten Früchten mit Schale) ein wichtiges Mittel.

Aufgenommen ist in Ph. Preußen 1799: Cortex Quercus, Folia Q. und Glandes Q. (alle von Q. Robur); in DAB 1, 1872: Cortex Quercus (von Q. pedunculata Ehrhart et Q. sessiliflora Martyn), daraus zu bereiten Unguentum Plumbi tannici (Ungt. ad Decubitum), Semen Quercus tostum (Eichelkaffee); in DAB 6, 1926: Cortex Quercus („die getrocknete Rinde junger Stämme und Zweige von Quercus robur Linné und Quercus sessiliflora Salisbury") [Ungt. Plumbi tannici wird jetzt mit Gerbsäure hergestellt]; in Erg.-B. 6, 1941, Semen Quercus tostum.

(Suber)

Nach Tschirch wurde der Kork von der Korkeiche, Q. suber L., in der Antike benutzt (Schwimmgürtel, Dachbedeckung, für Bienenkörbe); das Verkorken von Gefäßen war bei den Römern selten im Gebrauch (sie verschlossen Gefäße mit Holz, Pech, Gips, Kreide, Wachs, oder sie gossen Öl auf die Flüssigkeiten); erst das Aufkommen enghalsiger Glasflaschen (15. Jh.) und die Notwendigkeit, derartige Flaschen gefüllt versenden zu müssen, brachte den Kork in allgemeinen Gebrauch.

In T. Worms 1582 steht [unter Hölzern] Suber (Phellos, Pantoffelholz). In Ph. Württemberg 1741 ist aufgenommen: Lignum Suberis (Pantoffelholz, Korck; kommt aus Spanien und Italien; Adstrictorium; mehr in mecha-

nischem als medizinischem Gebrauch; oft zum Verschließen von Gläsern). Valentini, 1714, schrieb über den Gebrauch des Korkes: „Wird in der Medizin langsam oder gar nicht gebraucht, außer daß einige das Pulver von dem gemeinen oder gebrannten Kork gegen das übermäßige Bluten innerlich geben. Äußerlich aber soll der gebrannte Kork, mit dem Saccharo saturni und frischer Butter vermischt, die Hämorrhoides stillen. Zuweilen hängen ihn die Weiber, so die Kinder gewehnen, an den Hals, um die Milch zu vertreiben. Sonsten dient er den Schustern, den Fischern und anderen Handwerkern. Die Apotheker stopfen und verwahren die Gläser damit. Die Spanier brennen den Kork auch zu einer ganz schwarzen und sehr leichten Farbe, welche die Franzosen Noir d'Espagne nennen". Hagen, um 1780, beschreibt ausführlich den „Korkbaum, Pantoffelholzbaum (Quercus Suber) ... Die Rinde ist der so genannte Gork oder das Pantoffelholz ... Der so sehr wichtige Gebrauch des Korkes zu Stöpseln oder Pfropfen (Suberes, Epistomia) ist bekannt genug".
Geiger vermerkt: „In Apotheken benutzt man den Kork hauptsächlich zu Stöpseln, die von verschiedener Dicke zu Medizingläsern und Bouteillen im Handel vorkommen. Es ist eins der besten Verschließungsmittel, wenn keine scharfen ätzenden Substanzen (Säuren und Alkalien) in den Gefäßen enthalten sind ... Die Korkkohle (carbo Suber, Nigrum hispanicum) ist äußerst leicht und locker, glänzend schwarz und öfter schön pfauenschweifig angelaufen. Sie eignet sich wegen ihrer zarten, lockeren Beschaffenheit vorzüglich zu Zahnpulver, auch in der Malerei als schwarze Farbe. Die Asche (wahrscheinlich Kohle?) des Korks hat man ehedem mit Fett angemacht gegen Hämorrhoiden gebraucht. In der Ökonomie und Technik ist der Kork ein wichtiges Material; außer seiner Anwendung zum Verschließen der Gefäße wird er zum Beschlagen der Schiffe gebraucht. Man verfertigt Schwimmgürtel usw. davon". Hager, um 1930, schreibt über die Anwendung von Kork (Cortex Quercus suber): „Zu Korkstopfen und Spunden, Sohlen, Schwimmgürteln, zu Isolierungen, zur Herstellung von Linoleum und für viele andere Zwecke". Nach Hoppe, 1958, Kap. Q. super, werden bei der Rinde unterschieden: Männlicher Kork (hart, rissig; zu Schwimmgürteln, Linoleumwaren; wird von etwa 25jährigen Bäumen abgeschlagen) und weiblicher Kork (aus der neuen Korkschicht, die sich nach dem Abschlagen bildet; sie entsteht immer wieder neu. Ist elastisch, dient zu Medizinkorken, Korksohlen usw.).

(Verschiedene)
Eichenarten werden im pharmazeutischen Zusammenhang noch mehrfach genannt. 1.) Geiger kennt 4 Eichenarten als Lieferanten von Galläpfeln; er hebt Q. infectoria Oliv. hervor, „liefert, wie Olivier erst zu Anfang dieses Jahrhunderts zeigte, vorzüglich die echten Galläpfel" [→ Bd. I dieses Lexikons unter „Gallae"]. 2.) Die Kermeseiche, bei Geiger Q. coccifera, „liefert die sog. Kermesbeeren". In Ap. Braunschweig 1666 waren 1 lb. Semen granor. tinctor. vorrätig. Nach

Ernsting, 1741, heißen sie auch Grana chermes, Karmoisinbeeren, Scharlachbeeren; ihm war noch nicht bekannt, daß es sich um eine tierische Droge handelt [→ Bd. I unter „Kermes"].
3.) Nach Geiger kommt von Q. tinctoria W. „die Rinde mit dem Splint unter dem Namen Querzitronenholz [in den Handel]... Man wendet das Holz zum Gelbfärben an. Die Farbe ist sehr schön und dauerhaft".
4.) In Ph. Württemberg 1741 wird erwähnt, daß Cineres clavellati (Pottasche) auch aus Eichenholz gewonnen wird.
5.) Nach Hager, um 1930, liefert Q. ballota Desf., hauptsächlich im westlichen Mittelmeergebiet, Semen Quercus ballotae; „das daraus gewonnene Stärkemehl wird unter dem Namen Racahout als Kindernahrung verwendet".

Quillaja

Quillaja siehe Bd. II, Expectorantia. / IV, G 1028, 1609.
Zitat-Empfehlung: *Quillaja saponaria (S.).*
Dragendorff-Heilpflanzen, S. 272 (Fam. Rosaceae); Tschirch-Handbuch II, S. 1527 uf.

Nach Tschirch-Handbuch kam die Rinde [von **Q. saponaria Mol.**], die in Chile seit langem verwendet wird, um 1840, zuerst nach England und Frankreich, dann nach Deutschland. Arzneiliche Verwendung empfahl Le Boeuf 1850. Einfuhr über Panama, daher „Panamarinde". Offizinell von DAB 3, 1890, bis DAB 6, 1926 (hier heißt es: „Die von der braunen Borke befreite, getrocknete Stammrinde von Quillaia saponaria Molina"). Anwendung nach Kommentar (1891) zum DAB 3: „Sehr ausgedehnte Verwendung zum Waschen, besonders gefärbter Zeuge, und hat in dieser Beziehung die Seifenwurzel und Seifenbeeren (Sapindus) fast verdrängt... Äußerlich wird sie in der Medizin als Kopfwaschwasser, bei übelriechendem Schweiß und gegen Ekzeme benutzt. - Innerlich ist sie neuerdings von Kobert als Ersatz der Senega empfohlen worden, da sie besser vertragen werden soll. Man verwendet sie als Dekokt". Nach Hager-Handbuch, um 1930: „Innerlich wie Senegawurzel als Expectorans im Aufguß oder Abkochung. Auch zum Gurgeln bei chronischer Bronchitis. Äußerlich in Zahnpulvern, Mundwässern und Kopfwaschwässern. Der wäßrige Auszug bietet gegen übelriechenden Schweiß, naße Flechten, Ozaeana u. a. gute Dienste. Die Hauptmengen werden des Saponingehaltes wegen zum Waschen von farbigen, empfindlichen Geweben im Haushalt und in der Technik verwendet". Hoppe-Drogenkunde, 1958, gibt außerdem an: „Zu Ungeziefermitteln. - Zur Herstellung von Schaumlöschmitteln und Saponinen. - In der Getränkeindustrie als Schaumbildner". Synonyme für Cortex Quillajae: Seifenrinde, Seifenholz, Waschrinde, Waschholz.
In der Homöopathie ist „Quillaya" (Tinktur aus getrockneter Rinde) ein weniger wichtiges Mittel.

Ramonda

Nach Geiger, um 1830, war von Ramondia pyrenaica Rich. (= Verbascum Myconi L.) einst „das Kraut unter dem Namen herba Auriculae Ursi, Myconi, offizinell". Dragendorff-Heilpflanzen, um 1900 (S. 612; Fam. Gesneriaceae), schreibt zu dieser Art: „wie Verbascum benutzt". Bezeichnung nach Zander-Pflanzennamen: **R. myconi (L.) Rchb.**
Zitat-Empfehlung: **Ramonda myconi (S.).**

Randia

Dragendorff-Heilpflanzen, um 1900 (S. 632; Fam. Rubiaceae), nennt 9 R.-Arten, darunter R. dumetorum L. (= R. spinosa Bl., Gardenia spin. L. fil.) - gegen syphilitische Geschwüre -, die bei Hoppe-Drogenkunde, 1958, im Kap. R. Braudis erwähnt wird; beide Arten werden „in Indien zum Fischfang und zum Waschen benutzt".

Ranunculus

Ranunculus siehe Bd. II, Putrefacientia; Vesicantia. / V, Anemone; Pulsatilla; Scrophularia, Smyrnium.
Batrachium siehe Bd. II, Antipsorica.

Berendes-Dioskurides: - Kap. Kleines Chelidonion, R. Ficaria L. +++ Kap. Batrachion, **R. asiaticus L.**, R. languinosus L., R. muricatus L., R. aquatilis L.
Sontheimer-Araber: +++ R. asiaticus, R. languinosus, R. muricatus, R. aquatilis.
Fischer-Mittelalter: - Ficaria verna L. cf. Solanum dulcamara (ficaria, morella, chelidonia minor, testiculus sacerdotis, vicwurz, ficwurz, feigblatterneppich, figwartzenkrut; Diosk.: chelidonium mikron) +++ R. spec. (gallipes, morsus galli, pes corvinus, ixia, hanenfuz, hannsporen, rabenfueß; Diosk.: batrachion, apium silvestre); **R. acer L.; R. aconitifolius L.; R. bulbosus L.** (apium raninum seu rusticum seu risus); R. Flammula L. u. **R. aquatilis L.** (flammula, apium fluviale seu aquaticum seu ranarum, cardona, piperella, wassersamb, pranttkrawt); R. languinosus L.; R. muricatus L.; **R. sceleratus L.** cf. R. bulbosus, R. flammula (herba venenata seu scelerata, batrachis, apiastellum, apium rusticum seu regale seu risus, hanenwürz, borncrut, wolfswurz, prennwurz, wildmerk, wildeppich, hanendrit, merk); R. Thora L.

B e ß l e r-Gart: - Kap. Apium emorroidarum, Ficaria verna Huds. +++ Kap. Apium silvestre, R. spec., „ursprünglich im Süden besonders R. asiaticus L., im Norden R. sceleratus L., R. flammula L., R. aquatilis L."; Kap. Apium rusticum, R. sceleratus L.
H o p p e-Bock: - **R. ficaria L.** (Feigblattern-Eppich, M e r t z e n k r e u t l i n, M e i e n k r a u t, B i b e r h ö d l i n, P f a f f e n h ö d l i n, S c h w a l b e n - k r a u t) +++ im Kap. Kleiner H a n e n f ü ß und W a s s e r E p f f, Ranunculi genannt, R. sceleratus L., R. bulbosus L., R. acer L.; im Kap. Anderer Hanenfuoß und R a p p e n f u o ß, genannt C o r o n o p u s, **R. repens L., R. auricomus L.**; in Kap. S a m k r e u t t e r, **R. fluitans Lam.**
G e i g e r-Handbuch: - R. Ficaria L. (= Ficaria ranunculoides Moench.) +++ R. Thora; R. aquatilis (= R. heterophyllus); R. Flammula; R. Lingua; R. sceleratus; R. acris; R. polyanthemos; R. repens; R. bulbosus; R. arvensis; R. asiaticus.
H a g e r-Handbuch: - R. ficaria.
Z i t a t-Empfehlung: **Ranunculus asiaticus (S.); Ranunculus acer (S.); Ranunculus aconitifolius (S.); Ranunculus bulbosus (S.); Ranunculus aquatilis (S.); Ranunculus sceleratus (S.); Ranunculus ficaria (S.); Ranunculus repens (S.); Ranunculus auricomus (S.); Ranunculus fluitans (S.); Ranunculus flammula (S.); Ranunculus lingua (S.); Ranunculus glacialis (S.).**

Dragendorff-Heilpflanzen, S. 230 uf. (Fam. R a n u n c u l a c e a e).

(F i c a r i a)
Dioskurides beschreibt ein Kleines Chelidonion, das allgemein als R. ficaria L. (zeitweilig Ficaria verna Huds. genannt) identifiziert wird (Saft der Wurzeln mit Honig, in die Nase gebracht, zum Reinigen des Kopfes; auch als Gurgelwasser, Brustmittel). Kräuterbuchautoren des 16. Jh. übernehmen dies; Bock fügt hinzu: Kraut, Wurzel, Saft, Pulver oder gebranntes Wasser gegen Hämorrhoiden.
In T. Mainz 1618 sind aufgenommen: Radix Chelidonii minoris (Klein Schwalbenkraut, Feygwartzkraut); in T. Frankfurt/M. 1687 [unter Kräutern] Chelidonium minus (Chelidonia minor, Ficaria minor, klein S c h e l l k r a u t, S c h o r b o c k s k r a u t, Feigwartzkraut). In Ap. Braunschweig 1666 waren vorrätig: Herba chelidon. minor (1/4 K.), Radix c. m. (5 lb.), Aqua c. m. (2 1/2 St.), Aqua (ex Succo) c. m. (1/2 St.), Conserva c. m. (1 1/4 lb.), Sal c. m. (24 Lot), Spiritus c. m. (2 Lot). Die Ph. Württemberg 1741 verzeichnet: Radix Chelidonii (sive Chelidoniae minoris, Chelidonii rotundi folii, Feigwarzenwurtzel, klein Schellkrautwurtzel, Scharbockskrautwurzel; Spleneticum, Antiscorbuticum; frisch zerstoßen, mit Apfel und Crocus gemischt, gegen Tumoren und Hämorrhoidalschmerzen). Bei Hagen, um 1780, heißt die Stammpflanze R. Ficaria; „das Kraut und die Wurzel ... werden selten mehr gebraucht". Geiger, um 1830, schreibt: „Man benutzt das frische Kraut zu Frühlingskuren, gegen den Scorbut usw. Die Wurzel hat man ehedem äußerlich auf blinde Hämorrhoiden, Feigwarzen und Schrunden gelegt".

Hoppe-Drogenkunde, 1958, erwähnt R. ficaria im Kap. R. acer. Das Scharbockskraut wird verwendet „in der Homöopathie [dort ist „Ranunculus Ficaria" (Essenz aus frischem Kraut) ein weniger wichtiges Mittel] gegen Hämorrhoiden. In der Volksheilkunde bei chronischen Hautleiden und zu Blutreinigungskuren".

(Verschiedene)
Im Kap. Batrachion nennt Dioskurides 4 Arten, die als R.-Arten gedeutet werden (Blätter, Blüten und Stengel gegen schorfige Nägel, Krätze, Brandmale, Warzen, Fuchskrankheit, Frostbeulen; Wurzel erregt Niesen, lindert Zahnschmerzen). Indikationen dieses Kapitels hat Bock - nach Hoppe - auf die Pflanzen seines Kapitels: Kleiner Hanenfuoß und Wasser-Epff, Ranunculi genannt, übertragen, dabei auf 3 R.-Arten (R. sceleratus, R. bulbosus, R. acer; daneben auf Anemone nemorosa und Anemone ranunculoides).
Geiger, um 1830, erwähnt außer R.-Arten, die nur beschrieben werden, als Arzneipflanzen:
1.) R. Flammula [Schreibweise nach Zander-Pflanzennamen **R. flammula L.**]. „Davon war ehedem das Kraut (herba Flammulae, Flammulae Ranunculi [minoris]) offizinell. Es ist äußerst scharf und erregt, auf die Haut gelegt, Blasen. In Schweden wird die zerquetschte Wurzel auf die Handwurzel gelegt, um Wechselfieber zu vertreiben".
In der Homöopathie ist „Ranunculus Flammula" (Essenz aus frischem Kraut) ein weniger wichtiges Mittel.
2.) R. Lingua [heute **R. lingua L.**]; „davon war das sehr scharfe giftige Kraut und die Wurzel (herba et radix Ranunculi flammei majoris) offizinell. Sie wurden als blasenziehendes Mittel wie Canthariden gebraucht".
3.) R. sceleratus L.; „das Kraut (herba Ranunculi palustris) war ehedem offizinell. Die Pflanze gehört zu den schärfsten giftigsten Arten dieser Gattung ... Man benutzt sie als blasenziehendes Mittel. Bettler erregen sich damit künstliche Geschwüre". Nach Jourdan, um 1830, ist die Pflanze „eins der heftigsten reizenden und scharfen Gifte. Einige Schriftsteller halten diese Pflanze für die herba Sadoa des Salust, durch deren Gebrauch das sardonische Lachen entsteht".
Dragendorff-Heilpflanzen erwähnt Verwendung in Toscana, Indien, Persien. In der Homöopathie ist „Ranunculus sceleratus - Gifthahnenfuß" (Essenz aus frischem Kraut; 1833) ein wichtiges Mittel. Es wird - nach Hoppe, 1958 - ähnlich R. acer „vor allem bei Hautleiden, Muskel- und Gelenkschmerzen, Grippe" verwendet.
4.) R. acris [heute R. acer L.]; „offizinell war ehedem: das Kraut (herba Ranunculi pratensi)". Hoppe, 1958, schreibt im Kap. R. acer über die Verwendung: „Anemonin und Protoanemonin sind wurmwirksam ... Anemonin findet auch als Antispasmodicum und Anodynum Verwendung. - In der Homöopathie [wo „Ranunculus acer - Scharfer Hahnenfuß" (Essenz aus frischem Kraut;

Allen 1878) ein wichtiges Mittel ist] bei Hautleiden, bei Muskel- und Gelenkrheumatismus, Gicht, Neuralgien, Schleimhautentzündungen etc. - In der Volksheilkunde als blasenziehendes Mittel, gegen chronische Hautleiden, Gicht und Rheuma".
5.) R. repens L.; „das Kraut und die Blumen (herba et flores Ranunculi dulcis seu mitis) waren ehedem offizinell". In der Homöopathie ist „Ranunculus repens" (Essenz aus frischem Kraut) ein weniger wichtiges Mittel.
6.) R. bulbosus L.; „offizinell sind: die Wurzelknollen und das Kraut (bulbi et herba Ranunculi bulbosi). Die ganze Pflanze ist sehr scharf und giftig. Die frische Wurzel auf die Haut gelegt zieht Blasen und wird deshalb als ein schnell blasenziehendes Mittel gebraucht, ebenso das Kraut". Verwendung nach Hoppe, 1958: „Blasenziehendes Mittel bei Gicht, Rheumatismus, Neuralgien, Grippe, Hautleiden, bes. in der Homöopathie". Dort ist „Ranunculus bulbosus - Knollenhahnenfuß" (Essenz aus frischer, blühender Pflanze; Franz 1828) ein wichtiges Mittel.
Außer den genannten Arten ist in der Homöopathie noch „Ranunculus glacialis" **(R. glacialis L.;** Essenz aus frischem Kraut) ein weniger wichtiges Mittel. Verwendung nach Hoppe, 1958, „in der Volksheilkunde als Diaphoreticum".

Raphanus

Raphanus siehe Bd. II, Anthelmintica; Antiscorbutica; Digerentia. / IV, A 54. / V, Armoracia; Cakile.
Hederich siehe Bd. V, Alliaria; Sinapis; Sisymbrium.
Meerrettig siehe Bd. II, Diuretica. / IV, E 262, 266; G 1828. / V, Armoracia; Brassica.

Hessler-Susruta: - - R. sativus.
Deines-Ägypten: „Rettich".
Grot-Hippokrates: - - R. sativus.
Berendes-Dioskurides: R. Radicula L., R. Radiola D. C. und R. sativus L. zu den Kapiteln: Rettich und Wilder Rettich.
Sontheimer-Araber: - R. Raphanistrum - - R. sativus.
Fischer-Mittelalter: - R. raphanistrum L. cf. Cochlearia und Capsella (armoriaca, rapistrum, agaricum, anetum, rapa agrestis, seraphina, hederich, manna) - - R. sativus L. (radix, raphanus maior und minor, rafanus domesticus, rapaciolum, retich; Diosk.: raphanos, radix).
Beßler-Gart: - - R. sativus L. (Kap. Raffanus; „Die Glossen unterscheiden nicht scharf zwischen Rettich und Meerrettich").
Hoppe-Bock: - R. raphanistrum L. subsp. segetum Cl. - Hederich - (eine Art wilder Senff) - - R. raphanistrum L. subsp. sativus Domin - Rettich - (Rhetich).
Geiger-Handbuch: - R. Raphanistrum (Ackerrettig, Hederich, Heiderich) - - R. sativus (Gartenrettig), mit Varietäten: 1. Gemeiner Rettig mit weißer oder

roter Wurzel, dabei „R a d i e s c h e n“; 2. Schwarzer Rettig, dabei Winter- und Sommerrettig.
Z a n d e r-Pflanzennamen: - **R. raphanistrum L.** (Hederich) - - **R. sativus L. var. sativus** (= var. radicula Pers.; Radieschen) und **R. sativus L. var. niger (Mill.) S. Kerner** (Rettich, R a d i) + + + **R. sativus L. var. oleiformis Pers.** (Ölrettich).
Z i t a t-Empfehlung: **Raphanus raphanistrum (S.); Raphanus sativus (S.) var. sativus; Raphanus sativus (S.) var. niger; Raphanus sativus (S.) var. oleiformis.**

Dragendorff-Heilpflanzen, S. 257 (Fam. C r u c i f e r a e); Bertsch-Kulturpflanzen, S. 182-185.

Nach Bertsch-Kulturpflanzen nimmt man gewöhnlich an, daß der Gartenrettich vom Ackerrettich (R. raphanistrum) abstammt; Bertsch gibt als Ursprungsland Kleinasien an, von wo der Rettich bald nach Ägypten kam (um 2700 v. Chr. belegt); dort bedeutender Anbau, besonders vom Ölrettich; in der Antike mehrere Sorten bekannt; in Deutschland von den Römern zur Kaiserzeit eingeführt und seit dem Mittelalter allgemein angebaut; die Radieschen sind erst am Ausgang des Mittelalters aufgetaucht, und zwar an den atlantischen Meeresküsten Europas, sie sind wahrscheinlich aus einer anderen Form als dem gewöhnlichen Rettich hervorgegangen, man denkt auch an eine Einführung aus dem östlichen Asien.
Nach Dioskurides hat der Garten-Rettich vielfältige Wirkungen (bewirkt Aufstoßen, treibt Urin; schärft die Sinne, gekocht gegen chronischen Husten; die Rinde mit Sauerhonig wirkt brechenerregend, ist aber gut gegen Wassersucht; gegen Pilzvergiftung, befördert Menstruation; äußerlich zu Milzumschlägen, gegen Geschwüre; Samen sind brechenerregend, treiben Harn, reinigen Milz, Gurgelmittel bei Angina, gegen Schlangenbiß, reißt Gangräne auf); über den Wilden Rettich sind die Angaben kurz (erwärmend, harntreibend, hitzig). Die Kräuterbuchautoren des 16. Jh. übernehmen solche Indikationen und erweitern sie zum Teil.

(H e d e r i c h)
In T. Worms 1582 gibt es Semen Rapistri (Raphani Siluestris, Armoraciae, Hederich- oder H e y d e r i c h s s a m e n, Heydenrättichssamen), in T. Frankfurt/M. 1687 Semen Rapistri (Raphani sylvestris, L a m p s a n a e, Hederichsaamen). Geiger, um 1830, schreibt zu R. Raphanistrum: „Davon waren ehedem die scharfen Samen (semen Rapistri albi) officinell. - Sie können wie Senf gebraucht werden“. In der Homöopathie ist „Raphanistrum arvense“ (R. Raphanistrum L.; Essenz aus frischer Pflanze) ein weniger wichtiges Mittel.

(R e t t i c h)
In Ap. Lüneburg 1475 waren vorrätig: Radix raphani (1 lb.), Semen r. (6 lb.), Aqua r. minoris (2 St.), Aqua r. maioris ($1^1/_2$ St.). In T. Worms 1582 gibt es:

Radix Raphani (Radiculae, Rättichwurtzel), Semen R. (Radicis, Radiculae, Rättichsamen); Aqua R. (Rättichwasser); die gleichen Drogen in T. Frankfurt/M. 1687. In Ap. Braunschweig 1666 waren vorhanden: Radix raphani vulgaris (10 lb.), Semen r. (1/4 lb.), Aqua r. vulg. (2 St.), Syrupus r. Ferneli (7 lb.). Die Ph. Württemberg 1741 führt: Semen Raphani (Rettigsaamen; Incidans, Diureticum); Aqua R. hortensis (et rusticanus). Die Stammpflanze vom Rettich heißt bei Hagen, um 1780: R. sativus; „ist in China einheimisch, bei uns wird er jährlich aus Samen gezogen. In Absicht der Wurzel gibts viele Abarten. Zum arzneiischen Gebrauch, der jedoch selten ist, wählt man den bekannten schwarzen Rettich (Rad. Raphani nigri seu hortensis), aus dem der Saft ausgepreßt wird". Geiger, um 1830, beschreibt als Anwendung: „Man gebraucht vorzüglich den ausgepreßten Saft der Rettige als antiscorbutisches, harntreibendes Mittel, gegen Brustkrankheiten usw.; ebenso wird der frische Rettig als diätetisches Mittel verordnet. Äußerlich wird er in Scheiben zerschnitten oder zerrieben aufgelegt, um die Haut zu röten. - Präparate hatte man ehedem: destilliertes Wasser und Syrup (aqua et syrupus Raphani nigri). Seine Anwendung als Speise, roh mit Essig usw. angemacht, ist bekannt. - Auch die scharfen Samen wurden ehedem innerlich als harntreibendes Mittel gebraucht und kamen zu mehreren Zusammensetzungen. Sie enthalten viel fettes Öl und lassen sich darauf benutzen".
In Hoppe-Drogenkunde, 1958, ist zu „R. sativus var. β-nigra" ausgeführt: Rettichsaft wird bei Bronchitis verordnet. - In der Volksheilkunde gegen Husten. Choleretieum (die Wirkung ist umstritten); Rettichpräparate bei Leber- und Gallenleiden; homöopathisch bei Kopfschmerzen, Schlaflosigkeit, Diarrhöe, Meteorismus, Leberleiden.
In der Homöopathie ist „Raphanus sativus - Schwarzer Rettich" (Essenz aus frischer Wurzel; 1841) ein wichtiges Mittel.
Nach Hoppe-Drogenkunde liefert der Ölrettich ein Speiseöl, Rettichöl; aus seinem Ruß stellen die Chinesen ihre Schwarze Tusche her.

Rauvolfia

Zitat-Empfehlung: *Rauvolfia serpentina (S.)*; *Rauvolfia vomitoria (S.)*; *Rauvolfia tetraphylla (S.)*.
W. Schneider, Die Erforschung der Rauwolfia-Alkaloide von ihren Anfängen bis zur Gegenwart, Arzneimittelforschung *5*, 666-672 (1955); R. Gicklhorn, Ein Beitrag zur Geschichte der Rauwolfia, Medizinische Welt, Nr. 35, 1788-1792 (1960); F. W. Rieppel, Zur Frühgeschichte der Rauwolfia, Arch. f. Gesch. d. Med. *40*, 231-239 (1956).

Dragendorff-Heilpflanzen, um 1900 (S. 540; Fam. Apocyneae; nach Zander-Pflanzennamen: Apocynaceae), berichtet, daß von Rauwolfia nitida Jacq. der Milchsaft brechenerregend und purgierend wirkt, desgleichen von R. vomitoria Afz., R. glabra Lk., R. tomentosa Jacq. (deren Milchsaft auch gegen Cho-

lera verwendet wurde), Stammform Rauwolfia canescens W. (deren Wurzelrinde ebenfalls ähnlich, sowie als Vesicans verwendet wird; enthält Alkaloid).
Über die indische Ophioxylon serpentinum Willd. (= Rauwolfia serpentina Benth., Ophioxylon album Gärtn.) berichtet er: „Wurzel gegen Fieber, Würmer, Schlangenbiß, zur Beförderung der Geburt etc. gebraucht".
Die in der Volksmedizin - nicht Europas - seit alten Zeiten benutzten R.-Arten wurden um 1950 durch Entdeckung ihrer Alkaloide und deren Wirkungen weltberühmt. In Hoppe-Drogenkunde, 1958, sind aufgenommen:
1.) Rauwolfia serpentina (= R. trifoliata, R. observa, Ophioxylon serpentinum; Schreibweise nach Zander: **R. serpentina (L.) Benth.**); die Wurzel (Radix Rauwolfiae, Radix Mustelae, Lignum serpentinum, Indische Schlangenwurzel) wird verwendet: „In der indischen Medizin als Gegenmittel bei Schlangenbissen und Insektenstichen. Bei Diarrhöen, Dysenterie, Fieber. Anthelminticum, Beruhigungsmittel. In der modernen Medizin als Hypnoticum und Sedativum. Sedativum für das Zentralnervensystem. Spasmolyticum für den Darm".
2.) Rauwolfia vomitoria (= R. senegambia, R. congolana, R. Stuhlmanni; nach Zander: **R. vomitoria Afzel.**); die Wurzel (Radix Rauwolfiae vomitoriae) wird verwendet: „In der Volksheilkunde in Afrika gegen Schlangenbisse. Emeticum und Purgans. Beruhigungsmittel bei Geisteskrankheiten".
3.) Rauwolfia canescens (= R. heterophylla, R. tomentosa, R. glabra, R. hirsuta, R. fruticosa, R. subpubescens; nach Zander: **R. tetraphylla L.**); man unterscheidet die Varietäten typica, tomentosa, intermedia und glabra. Die Wurzel (Radix Rauwolfiae canescentis) wird verwendet: Im tropischen Amerika „die Wurzelrinde bei Schlangenbissen und als Fiebermittel, Früchte und Milchsaft bei Hautleiden. In der Industrie vor allem zur Gewinnung der Gesamtalkaloide oder einzelner Alkaloide".

Ravensara

Geiger, um 1830, erwähnt Agatophyllum aromaticum W. (= Evodia aromatica Gärtn.); „ein auf Madagaskar wachsender dicker Baum ... Davon werden die äußerst gewürzhaften Blätter in Ostindien benutzt". Die Pflanze heißt bei Dragendorff-Heilpflanzen, um 1900 (S. 237; Fam. Lauraceae), R. aromatica Sonner. (so auch bei Hoppe-Drogenkunde, 1958). Verwendung nach Dragendorff: Frucht (Nux caryophyllata) als Aromaticum, Rinde und Blatt desgleichen und zur Herstellung fetten Öles; nach Hoppe: Same Ersatz für Muskatnüsse.

Reaumuria

Geiger, um 1830, erwähnt R. vermiculata L. als sodaliefernde Pflanze. Nach Dragendorff-Heilpflanzen, um 1900 (S. 446; Fam. Tamariscaceae; nach Zander-Pflanzennamen: Tamaricaceae), wird die Pflanze außerdem gegen Krätze verwandt.

Remijia

Dragendorff-Heilpflanzen, um 1900 (S. 626 uf.; Fam. Rubiaceae), nennt 12 R.-Arten, die z. T. von einigen Autoren als Cinchona-Arten angesprochen waren; die Rinden wurden als China-Surrogat benutzt. In Hager-Handbuch, Erg.-Bd. 1949, heißt die Rinde von R. ferruginea (St. Hilaire). D. C. „Quina mineira" (de Remijio). Diese Art hat ein Kap. bei Hoppe-Drogenkunde, 1958: die Rinde (Cortex Cupreae, Falsche Chinarinde) ist Chinarindenersatz; erwähnt werden 3 weitere Arten. Schreibweise nach Zander-Pflanzennamen: **R. feruginea DC.** Zitat-Empfehlung: **Remijia feruginea (S.).**

Reseda

Reseda siehe Bd. IV, E 81.

Berendes-Dioskurides: Kap. Großes Sesamoeides, R. mediterranea L. oder R. undata L.; Kap. Kleines Sesamoëides, R. canescens?; Kap. Phyteuma, R. Phyteuma L.
Tschirch-Sontheimer-Araber: R. mediterranea.
Fischer-Mittelalter: **R. luteola L.** (guaderella, follicularia, erba bionda).
Hoppe-Bock: R. luteola L. (Orant, Sterckkraut).
Geiger-Handbuch: R. luteola (Wauresede, Gelbkraut, Harnkraut); **R. lutea L.; R. odorata L.**
Zitat-Empfehlung: **Reseda luteola (S.); Reseda lutea (S.); Reseda odorata (S.).**

Dragendorff-Heilpflanzen, S. 263 (Fam. Resedaceae); Bertsch-Kulturpflanzen, S. 244.

Der Literatur nach ist in antiken und arabischen Quellen R. mediterranea L. nachzuweisen (reinigt den Bauch von Schleim und Galle), später wird R. luteola L. wichtig, aber weniger als Arzneipflanze, denn als Farbpflanze. Bock, um 1550, bildet sie - nach Hoppe - ab, identifiziert sie falsch bei Dioskurides und berichtet nur - außer zum Gelbfärben von Wäsche - über äußerliche, abergläubische Anwendung zum Liebeszauber.

Nach Geiger, um 1830, ist R. Luteola „eine schon in alten Zeiten als Arzneimittel gebrauchte Pflanze ... Offizinell ist: Das Kraut und die Blumen (herba et flores Luteolae) ... Man gab die Pflanze innerlich als harn- und schweißtreibendes Mittel usw. Jetzt ist sie (mit Unrecht) außer Gebrauch. - Sie ist ein wichtiges Farbkraut und wird zum Gelbfärben benutzt. Die Farbe ist schön und dauerhaft. - Von R. lutea ... war ehedem die ... Wurzel und das Kraut (herba et rad. Resedae vulgaris) offizinell. - Auch [von] R. odorata ... war ehedem das Kraut (herba Resedae odoratae) gebräuchlich. Man gab es als auflösendes Mittel im Aufguß, ebenso den ausgepreßten Saft". Bei Hoppe-Drogenkunde, 1958, ist im Kap. R. luteola nur die frühere Verwendung der Pflanze zum Gelbfärben (Schüttgelb), heute z. T. noch in der Seidenfärberei, angegeben.

Rhamnus

Rhamnus siehe Bd. II, Antigalactica; Digerentia. / V, Berberis; Crozophora; Lycium; Paliurus; Ribes; Ziziphus.
Rhamnus Purshiana siehe Bd. IV, G 1335.
Cascara sagrada siehe Bd. II, Purgantia. / IV, G 963, 1433, 1802.
Faulbaum siehe Bd. IV, E 56, 235; G 228, 957, 968, 1545.
Frangula siehe Bd. II, Purgantia. / IV, E 10, 193; G 1007, 1398, 1413.
Kreuzdorn siehe Bd. IV, G 957.
Sagradra siehe Bd. IV, G 1398.

Grot-Hippokrates: (Kreuzdorn).
Berendes-Dioskurides: +++ Kap. Wegdorn, R. oleoides L., R. saxatilis L.; Kap. Lykion, R. infectoria L.
Sontheimer-Araber: +++ R. infectorius.
Fischer-Mittelalter: - R. cathartica L. (paliurus, rhamnus, rampinus, spina infectoria, hofolter, hagedorn, adildorn, stekdorn; Diosk.: rhamnos, spina alba) -- R. frangula L. (pervinca agrestis, beinhöltzlin, fulbaum) +++ R. saxatilis L.
Hoppe-Bock: - R. cathartica L. (Wegedornbeer) -- Frangula alnus Miller (Faulbaum, Leußbaum, Zapfenholtz).
Geiger-Handbuch: - R. cathartica (Purgir-Wegdorn, Kreuzdorn) -- R. Frangula (glatter Wegdorn, Faulbaum) +++ R. infectoria (Färber-Kreuzdorn).
Hager-Handbuch: - R. cathartica L. -- **R. frangula L.** (= Frangula Alnus Mill.) +++ R. Purshiana D. C.
Zander-Pflanzennamen: - **R. catharticus L.** +++ **R. saxatilis Jacq. ssp. saxatilis** (= R. infectorius L.; Färberdorn); **R. purshianus DC.**
Zitat-Empfehlung: **Rhamnus frangula (S.); Rhamnus catharticus (S.); Rhamnus saxatilis (S.); Rhamnus purshianus (S.).**

Dragendorff-Heilpflanzen, S. 412-414 (Fam. Rhamnaceae); Tschirch-Handbuch II, S. 1402 (Frangula und Spina cervina); S. 1406 (Cascara Sagrada); III, S. 650 (Lycium).

(S p i n a c e r v i n a)
Nach Tschirch-Handbuch war R. catharticus im Norden „schon im 9. Jh. z. B. in der angelsächsischen Tierarzneikunde (als H i r s c h d o r n oder Wegdorn) in Benutzung, der Syrup der Beeren dann im Arzneibuch von Wales (13. Jh.). Im 14. Jh. übersetzte man das Wort Hirschdorn in Spina cervina (so bei Crescenzi und auch bei Gesner) oder C e r v i s p i n a (so bei Cordus). Matthioli nennt die Pflanze Spina infectoria, Caesalpini Spina cervalis, Lonicerus Spina alta, Dodonaeus Rhamnus solutivus". Bock, um 1550, bildet diese Pflanze im Kap. Wegedornbeer ab; er hält sie für ein Rhamnus und lehnt sich mit Indikationen - „man weiß nicht viel in der Arzt Bücher von dem Gewächs" - an das entsprechende Kapitel (Wegdorn) bei Dioskurides an, Berendes meint jedoch, daß dort andere, ähnliche Pflanzen gemeint sind (R. oleoides L., R. saxatilis L. und → Paliurus). Ein aus den Beeren bereiteter Sirup ist seit dem 16. Jh. offizinell. Er steht in allen Augsburger Pharmakopöen (1564 uf.: S y r u p u s d o m e s t i c u s sive de Spina cervina) und wird allgemeiner gebräuchlich (T. Mainz 1618: Syr. de Spina Cervina, Creutzdorn Saft; T. Frankfurt/M. 1687: Syr. Domesticus seu e spina cervina sive infectoria Aug., Kreutzbeer Syrup; in Ap. Lüneburg 1718 waren 6 lb. davon vorrätig - hier auch 2 lb. Spina cervina (Safftgrün) -).

Die Ph. Württemberg 1741 führt: Spinae Cervinae Baccae (Rhamni Cathartici seu Solutivi, Spinae Infectoriae, Creutz-Beer, Wegdorn-Beer; aus dem Saft frischer, reifer Beeren macht man Syrupus Domesticus - gegen Wassersucht, Cachexie, Arthritis, Lues - und grüne Farbe „Safftgrün"; die getrockneten Beeren, als Dekokt, bewegen den Stuhlgang und werden gegen Cachexie und Arthritis empfohlen). Beeren und Sirup weiterhin in mehreren Länderpharmakopöen, z. B. Ph. Preußen 1827: Spina cervina Baccae, Kreuzdornbeeren, und Syrupus Spinae cervinae; Ph. Hannover 1862: Baccae Rhamni catharticae und Syrupus Rh. catharticae. Beide von DAB 1, 1872 (jetzt nur als Fructus Rh. cath. bezeichnet), bis DAB 4, 1900; in DAB 5, 1910, noch der Sirup; Erg.-B. 6, 1941, Fructus Rh. cath., getrocknet und frisch.

Über die Verwendung schreibt Geiger, um 1830: „Ehedem gab man die Beeren frisch und getrocknet zum Purgieren, ebenso die Rinde zum Brechen und Purgieren in verschiedenen Krankheiten, Wassersucht, Podagra usw. Jetzt wendet man nur noch den Syrup (syrupus Domesticus) an, dessen Gebrauch auch besonders bei Kindern Vorsicht erfordert (in Frankreich hat man auch ein roob Domestic.) - aus den fast reifen Beeren bereitet man ferner das B l a s e n g r ü n , S a f t g r ü n . . . Auch die Rinde dient zum Gelb- und Braunfärben".

Hager, 1874: Die Beeren werden als mildes Diureticum und Abführmittel gebraucht; aus dem Saft macht man den Sirup. Hager, um 1930: „Die Früchte werden frisch zur Herstellung von Kreuzdornsirup verwendet. Die getrockneten Beeren werden nur im Handverkauf gefordert, als mildes Abführmittel. Die nicht ganz reifen Früchte dienen zur Herstellung von Saftgrün und Blasengrün (S u c -

cus viridis)". Hoppe-Drogenkunde, 1958: Verwendet werden 1. die Rinde („Laxans... Früher wurde aus der Rinde das „Saftgrün" extrahiert"); 2. die unreifen und die frischen oder getrockneten reifen Früchte („Laxans, bes. in Form von Sirup... In der Volksheilkunde auch als Diureticum und Blutreinigungsmittel. - Die Früchte werden zur Herstellung von Saftgrün (= Blasengrün = Succus viridis) und Schüttgelb benutzt... Die unreifen Früchte werden als Gelbbeeren gehandelt").

In der Homöopathie ist „Rhamnus cathartica" (Essenz aus frischen, reifen Früchten) ein weniger wichtiges Mittel.

(Frangula)

Bock, um 1550, schreibt vom Faulbaum, daß man ihn nur „außerhalb des Leibs" benutzt (die mittlere Rinde, mit Essig zerstoßen, gegen Grind, mit Essig gekocht, gegen faule Zähne; „weiter Erfahrnus weiß ich nicht"). In Ap. Braunschweig 1666 waren vorrätig: Cortex frangulae (1 lb.), Pulvis cort. frang. (1/2 lb.); in Ap. Lüneburg 1718 4 lb. und 8 oz. Cort. Frangulae (Faulbaum Rinde); in T. Frankfurt/M. 1687 aufgenommen.

Die Ph. Württemberg 1741 führt: Cortex Frangulae (Alni Nigrae Bacciferae, Faulbaum, Hundsbaum, Zapffenholtz-Rinde; heftiges Purgans; äußerlich für Krätzesalbe); bei Hagen, um 1780, heißt die Stammpflanze R. Frangula. Die Rinde ist vereinzelt in Länderpharmakopöen des 19. Jh. aufgenommen. Nach Tschirch-Handbuch wurde die Rinde „erst 1843 durch Gumprecht in Hamburg wieder zu Ehren gebracht" (in Ph. Hamburg 1852). In allen DAB's (1872-1968). DAB 6, 1926, enthält als Zubereitung: Extractum Frangulae fluidum; Erg.-B. 6, 1941: Extr. Frang. siccum und Extr. Frang. examaratum fluidum, daraus bereitet Elixir Frangulae.

Über die Anwendung schrieb Geiger, um 1830: „Ehedem wurde besonders die frische Rinde (seltener die Beeren) innerlich verordnet. Jetzt wird sie noch in der Tierarzneikunde gebraucht... Auch äußerlich gegen Hautausschläge wendet man sie an. - Präparate hat man davon: Eine Salbe (ung. Rhamni Frangulae). Die Samen können auf Öl benutzt werden, und das Holz gibt eine vorzügliche Kohle zu Schießpulver".

Hager, 1874: „Die Faulbaumrinde hat je nach ihrem Alter zweierlei Wirkung. Die frisch getrocknete, auch die bis zu einem Jahre gelagerte Rinde äußert eine gewisse emetische Wirkung neben der ihr eigentümlichen Rhabarberwirkung. Diese emetische Wirkung verliert sich nach einer zweijährigen Lagerung vollständig, so daß nur die Rhabarberwirkung übrigbleibt... Die alte Faulbaumrinde ist ein sehr billiger Ersatz der teuren Rhabarber und wird in Form des konzentrierten Dekokts bei Hämorrhoidalleiden, Leber- und Milzleiden, habitueller Verstopfung, Wassersucht etc. gegeben".

Hager, um 1930: „Anwendung. Als billiges und sicher wirkendes Abführmittel bei Verstopfung, Hämorrhoidalbeschwerden und Leberleiden in Form der Abkochung, oft in Verbindung mit Natriumsulfat. Größere Gaben bewirken Kolikschmerzen. Frische Rinde wirkt brechenerregend".
Hoppe, 1958: 1. die Rinde („Laxans, bes. bei chronischer Obstipation. - Bestandteil zahlreicher galenischer Präparate und Teegemische"); 2. die Frucht („Laxans. Besonders empfohlen werden die unreifen grünen Früchte"). In der Homöopathie ist „Frangula - Faulbaum" (Essenz aus frischer Rinde; Allen 1878) ein wichtiges Mittel.

(Lycium)
Dioskurides beschreibt außer dem indischen Lykion (→ Berberis), das als das bessere gerühmt wird, die entsprechende Droge eines dornigen Baumes, der häufig in Lykien, Kappadokien usw. wächst (man verwendet den Saft der ganzen Pflanze einschließlich Wurzeln, auch der Früchte; der beim Kochen entstehende Schaum kommt zu Augenmitteln; Lykion ist ein Adstringens, vertreibt Verdunkelungen von den Pupillen; gegen Krätze der Augenlider, Jucken und alte Flüße; als Salbe bei eitrigen Ohren, Mandelentzündungen, Zahnfleischrissen, Schrunden am After und beim Wolf; gegen Magenleiden und Dysenterie, Blutspeien und Husten, Hundebiß; gegen Geschwüre; als Zäpfchen stellt es den Fluß der Frauen). Berendes schreibt dazu: „Das Lykion, Lycium, der Alten, welches sowohl die Pflanze als auch das aus derselben hergestellte Extrakt ist, gehört schon lange der Geschichte an, denn Cornarius (Anfang des 16. Jh.) sagt, daß es nur in einigen Offizinen noch gefunden werde, aber wo es dargestellt und woher es gebracht sei, wisse man nicht, auch die Importeure von Arzneistoffen kennten es kaum dem Namen nach". An diesen Ausführungen ist die Ungewißheit über die Herkunft zutreffend, die Droge hat sich aber doch noch längere Zeit über das 16. Jh. hinaus gehalten.
In Ap. Lüneburg 1475 waren 1/2 lb. Licium vorrätig. Die T. Worms 1582 führt Lycium (Succus inspissatus pyxacanthae seu Spinae buxeae. Uffgetrückneter Buxdornsaft), die T. Frankfurt/M. 1687: Lycium vulgare (Extractum Rhois sive Sumach, Buxdornsafft oder Extract). Schröder, 1685, schreibt von dem Baum, daß er den Heutigen unbekannt ist; „die Apotheken bereiten ihr Lycium gemeiniglich, doch nicht sonder einen groben Fehler, aus den Baccis Periclymeni, andere aus der Frucht des Hartriegels, andere aus Schlehen, doch wäre es besser, wie C. B. erinnert, stattdessen aus Oxyacantha oder Rhamno oder dem Safft Rhois dergleichen zu bereiten ... Was die Kräfte anbelangt, so ist er ein vortreffliches Mittel zur Festmachung der Zähne und den Bauchflüssen, nimmt die Schmerzen der Augen hinweg und wird gebraucht, wo einiger Adstriktion und Stärkung vonnöten ist".
Die Ph. Württemberg 1741 führt: Lycii Succus (Buxdorn-Safft; Stammpflanze heißt Lycium; selten im Gebrauch; Refrigerans, Adstringens, gegen Mund- und

Zahnfleischgeschwüre). Geiger, um 1830, führt die Droge unter R. infectoria (Färber-Kreuzdorn): „Offizinell sind: Die Beeren (grana Lycii, gallici, graines d'Avignon)... Auch leitet man von diesem Strauch den Bocksdornsaft (succus Lycii) ab... Wurde in alten Zeiten aus dem Orient gebracht... Anwendung. Die Beeren wurden sonst innerlich als Arzneimittel gebraucht, jetzt nicht mehr. Ihr vorzüglichster Nutzen ist in der Färberei. Sie geben eine schöne gelbe Farbe für Leinwand usw. Auch bereitet man aus der Abkochung mit Tonerde Schüttgelb (stil de grains), welches in gedrehten Kügelchen in den Handel kommt. Auf gleiche Weise werden die Beeren von R. tinctoria und R. saxatilis... angewendet". Die Ableitung des Lykion von → Lycium hält Geiger für fragwürdig. Berendes identifiziert die Stammpflanze des griechischen Lykion mit R. infectoria, ebenso Beßler-Gart.

(Cascara Sagrada)
Nach Tschirch-Handbuch war die Rinde von R. purshianus DC. (= Frangula Purshiana Cooper) „seit langem bei den spanisch-mexikanischen Ansiedlern unter dem Namen Cascara Sagrada in Benutzung... Die Pflanze fehlt noch in den amerikanischen Werken über Materia medica des 18. Jh.... Sie wurde erst 1814 von Pursh... beschrieben. Die Rinde wurde... 1877 in den amerikanischen Arzneischatz eingeführt. [Bundy] empfahl 1878 besonders das Fluidextrakt. Dies kam auch zuerst nach Europa, die Rinde in reichlicher Menge erst später, etwa um 1883". Aufgenommen in DAB 5, 1910: Cortex Rhamni Purshianae; dann Erg.-B. 6, 1941 (die Rinde, Fluidextrakt, entbitterter Fluidextrakt, Trockenextrakt, Cascara Sagrada-Pillen und -Wein).
Hoppe, 1958, gibt über Verwendung der Rinde an: „Laxans, bes. bei chronischer Obstipation, vor allem in Form galenischer Präparate". In der Homöopathie ist „Cascara Sagrada" (Tinktur aus der getrockneten Rinde) ein wichtiges Mittel.

Rheum

Rheum siehe Bd. II, Adstringentia; Anthelmintica; Antidysenterica; Antispasmodica; Cholagoga; Masticatoria; Panchymagoga; Sialagoga. / III, Charta exploratoria lutea; Extractum Rhei compositum. / IV, B 21; C 83; G 646, 673, 819, 957, 1016, 1335, 1411, 1433, 1501. / V, Centaurea; Ribes.
Rhabarber (oder Rhabarbarum) siehe Bd. I, Vipera. / II, Emmenagoga; Hepatica; Purgantia. / III, Morsuli de Rhabarbaro. / IV, Reg.; C 34, 40, 69; E 12, 56, 61, 77, 111, 148, 166, 182, 183, 208, 244, 265, 299, 301, 346, 364, 365; G 439, 817, 952, 1007, 1159, 1496, 1521, 1553, 1802. / V, Berberis; Ephedra; Euphorbia; Exogonium; Rhamnus; Ribes; Rumex; Thalictrum.

Berendes-Dioskurides: Kap. Rhapontik, R. Rhaponticum L.
Sontheimer-Araber: R. palmatum; R. Ribes.
Fischer-Mittelalter: R. officinale L., R. palmatum L.; R. Rhaponticum L. (reum indicum, reum ponticum, reum modium, rebarbere, reupon-

t i k); R. Ribes L. [Schreibweise nach Zander-Pflanzennamen: **R. ribes L.**].
G e i g e r-Handbuch: R. Rhaponticum; R. australe Don. (= R. emodi Wallich); R. palmatum; R. compactum; R. hibridum; R. undulatum (= R. Rhabarberum L.); R. Ribes.
H a g e r-Handbuch: **R. rhaponticum L.; R. officinale Baill.;** R. palmatum L. (var. tanguticum) [nach Zander: **R. palmatum L. var. tanguticum Maxim.;** Kronrhabarber]; **R. emodi Wall.;** R. undulatum L. [nach Zander: **R. rhabarbarum L.;** Krauser Rhabarber]; R. compactum L.; R. palmatum L. [nach Zander: **R. palmatum L. var. palmatum;** Medizinalrhabarber].
Z i t a t-Empfehlung: **Rheum ribes (S.); Rheum rhaponticum (S.); Rheum officinale (S.); Rheum palmatum (S.) var. tanguticum; Rheum emodi (S.); Rheum rhabarbarum (S.); Rheum palmatum (S.) var. palmatum.**

Dragendorff-Heilpflanzen, S. 189 uf. (Fam. P o l y g o n a c e a e); Tschirch-Handbuch II, S. 1386-1390.

(R h a p o n t i c u m)
Der pontische Rhabarber (R h e o n oder R h a) wurde zur Zeit des Dioskurides aus den Ländern am und jenseits vom Pontus eingeführt (daher Rha ponticum). Verwendung innerlich (gegen Aufblähen des Magens, Schlaffheit, jeglichen Schmerz, Krämpfe, Milz-, Leber- u. Nierenkrankheiten, Leibschneiden, Bruch- u. Blasenbeschwerden, Spannung des Unterleibs, Gebärmutterleiden, Ischias, Blutspeien, Asthma, Schlucken, Dysenterie, Magenleiden, periodische Fieber, Bisse giftiger Tiere) und äußerlich (mit Essig gegen Flechten, mit Wasser umgeschlagen zum Verteilen alter Geschwülste; Adstringens).
In Ap. Lüneburg 1475 waren 1/2 lb. Reupontici vorhanden. Die T. Worms 1582 unterscheidet Rhaponticum vulgare usitatum (mit dem Verweis auf C e n t a u r e u m magnum) und Rhaponticum verum (Rhabarbarum ponticum, Rha, Rheon sive Rheum, R h a c o m a sive R h e c o m a Plinii, R a d i x p o n t i c a , Pontisch Wurtz, Pontisch Rhebarbara). In Ap. Braunschweig 1666 waren 5 lb. Radix rhapontic. veri vorhanden, in Ap. Lüneburg 1718 10 lb. Die Ph. Württemberg 1741 schreibt über die Droge (wahrhaffte Rhapontic), daß sie in Apotheken selten echt ist, meist ist Radix Centaurii majoris oder Rhaponticum Helenii folio vorhanden; am besten gibt man, wenn Rhaponticum verum verschrieben ist, Rhabarbarum verum orientale, mit dessen Wirkung sie etwa übereinstimmt.
Hagen, um 1780, schreibt über „Rhapontik (Rheum Rhaponticum). Wächst an dem Pontischen Meere in Trazien, Scytien, und man sieht sie bisweilen in unseren Gärten. Die Wurzel davon wird eigentlich Rhapontik oder Pontische Rhabarber (Rhaponticum) genannt, wird aber bloß von Roßärzten gebraucht". Entsprechend schreibt Geiger: „Man gibt die Rhapontik in Substanz und im Aufguß in ähnlichen Fällen wie Rhabarbar. Bei uns wird sie jetzt nur noch von Tierärzten verschrieben . . . Es ist die Rhabarbar der Alten".

Hager, um 1930, schreibt über Radix Rhapontici (Radix Rhei nostratis, sibirici, pontici, austriaca; falscher Rhabarber): „Anwendung wie Rhabarber, aber nur auf ausdrückliche Verordnung zulässig"; als Stammpflanzen kommen außer R. rhaponticum L. auch andere Arten in Frage wie R. undulatum, R. emodi.

(Rhabarber)
Der chinesische Rhabarber, der schon Jahrtausende vor Christus dort benutzt wurde, war im antiken Kulturkreis wahrscheinlich nicht bekannt; er wurde erst durch die Araber (seit etwa 6. Jh. n. Chr.) eingeführt und gehörte zu den sehr teuren Drogen. In Ap. Lüneburg 1475 waren 1 lb. Reubarbari vorhanden (1 lb. kostete 20 Rheinische Gulden). In T. Worms 1582 steht Radix Rhabarbarum (Rheonbarbaricon, Rheumbarbarum, Rha oder Rheum Sceniticum, Rhebarbera); der Preis ist noch hoch, aber nicht mehr so ungewöhnlich wie im Mittelalter. Die Droge fehlt in keiner Taxe oder Pharmakopöe bis zur Gegenwart mehr, sie wurde in vielen Präparaten verarbeitet. In Ap. Braunschweig 1666 waren vorrätig: Radix rhabarbar. ver. (50 lb.); Cassia cum r. (2 lb.), Condita radic. r. (1 1/4 lb.), Extractum r. veri (7 Lot), Pillulae de r. (4 Lot), Pulvis r. (1/4 lb.), Rotuli diaturb. cum r. (12 Lot), Trochisci de r. (5 Lot).
In Ph. Württemberg 1741 sind verzeichnet: Radix Rhabarbari veri (Rhab. lanuginosi sive Lapathi Chinensis longifolii, edle oder wahre Rhabarbar; Polychrestum, über das Tilingius eine Rhabarbarologia geschrieben hat); Elixir Proprietatis cum R., Extractum R., Species Diathurbith cum R., Syrupus de Cichorio cum R., Syrupus de R., Tinctura R. sive Anima Rhabarbari.
Hagen, um 1780, schreibt vom „Rhabarber (Rheum Rhabarbarum, palmatum, compactum). Man weiß noch nicht, von welcher dieser 3 Pflanzen die gute und echte Rhabarber gesammelt werde. Wahrscheinlich ist, daß alle 3 dazu benutzt werden, und dieses kann vielleicht einen Einfluß auf die Verschiedenheit der Rhabarbersorten haben ... Alle Rhabarber, die im Handel ist, kommt aus China, ob man gleich unter Chinesischer, Persischer oder Russischer einen Unterschied macht. Dieselbe Rhabarber nämlich wird durch die Kalmucken nach Sibirien und Rußland gebracht, durch die Einwohner der großen Bucharei in ganz Persien herumgeführt und durch die chinesischen Bucharen in China überall verhandelt. Dennoch aber wird die Russische Rhabarber (Rhab. Sibiricum, Russicum, Moscouiticum), die aus Sibirien kommt, für die beste gehalten, weil die Russen vermöge eines kaiserlichen Befehls gehalten sind, keine schlechte Rhabarber einzuführen. Beim Einkauf derselben in China wird jederzeit ein Sachverständiger mitgenommen, der die eingehandelten Wurzeln genau auslesen muß, da denn die schlechten Stücke ausgeworfen und auf der Stelle verbrannt, die guten dagegen von der noch anhängenden äußeren Haut, dem holzigen Wesen und anderen Auswüchsen aufs sorgfältigste gesäubert werden".

Die Ph. Preußen 1799 hat: Radix Rhei (Rhabarber; noch nicht näher bekannte Rheumart); Extractum Rhei; Extractum Rhei compositum; Pulvis Rhei comp.; Syrupus Rhei; Tinctura Rhei aquosa.
Geiger, um 1830, führt als mögliche Stammpflanzen 6 Arten auf und meint zu R. australe Don. (= R. emodi Wall.): „von dieser Pflanze wird nach neuesten Nachrichten die den Arabern schon bekannte und seit etwa 250 Jahren durch Adolph Occo in Deutschland eingeführte Rhabarbar gewonnen"; bei R. palmatum: „Früher hielt man diese Art (zum Teil noch jetzt) vorzüglich für die Mutterpflanze der Rhabarbar". Die Wirkung charakterisiert er in Kürze: „gehört zu den geschätztesten, zugleich tonisch- und abführend wirkenden Mitteln".

Lange Ausführungen widmet Wiggers, um 1850, dem Rhabarber. Er kennt folgende Sorten:
1.) Asiatische. a) „Kron-Rhabarber, Radix Rhei optimi. Chinesische, russische, moskowitische, bucharische und sibirische Rhabarber. In Rußland heißt sie chinesische, in England russische Rhabarber usw. Überhaupt sind alle diese Namen fast nur aus merkantilischen Verhältnissen entstanden und auch zum Teil den folgenden Sorten gegeben worden. Um daher Irrungen zu vermeiden, so habe ich für diese Rhabarbersorte einen Namen an die Spitze gestellt, welcher allen Verhältnissen derselben am besten entspricht. Diese Kron-Rhabarber stammt von einer Rheum-Art, welche nach Calau (Apotheker bei der Rhabarber-Bracke zu Kiachta in Sibirien) in der chinesischen Tartarei wächst; allein da es nicht einmal diesem Commissair möglich geworden ist zu erfahren, ob Rheum palmatum oder Rh. compactum oder Rh. undulatum oder Rh. leucorrhizum oder Rh. tataricum oder Rh. cruentum oder Rh. australe, welche man abwechselnd als Stammpflanzen aufgestellt findet, oder ob dort eine noch unbekannte Rheum-Art zur Gewinnung dient, so kann uns noch viel weniger ein Urteil darüber zustehen ... Zur Kron-Rhabarber gehören als Varietäten: 1. Taschkent-Rhabarber, 2. Weiße Rhabarber.
b) Bucharische Rhabarber. Radix Rhei bucharici. Zwar schon lange unter diesem Namen als eine aus der Bucharei nach Rußland kommende und darin kursierende Rhabarbersorte bekannt, aber erst kürzlich als eigene Sorte bestimmt dargelegt. Man hat sie immer von Rheum undulatum abgeleitet ...
c) Canton-Rhabarber. Radix Rhei chinensis. Dänische, holländische, batavische, tatarische, alexandrinische, türkische, ostindische, chinesische Rhabarber ... Wurde früher von Ainslie von Rheum palmatum abgeleitet, und in den letzteren Zeiten betrachtet man vielmehr Rheum australe als Stammpflanze derselben ...
d) Persische Rhabarber. Radix Rhei persici. Eine noch wenig und nicht sicher bekannte Rhabarbersorte; man vermutet Rheum Ribes als Stammpflanze ...
e) Himalaja-Rhabarber. Radix Rhei de Himalaya ... wahrscheinlich von Rheum Emodi stammend oder von Rheum Webbianum.

2.) Europäische Rhabarber-Sorten. Radices Rhei europaei. Die Wurzeln von kultivierten Rheum-Arten. Die hierher gehörigen Sorten werden nach den Ländern benannt, worin die Kultur geschieht. Meistens hat man Rheum palmatum, Rh. undulatum, Rh. compactum, Rh. hybridum, Rh. Rhaponticum und in neuester Zeit Rh. australe dazu gewählt. Inzwischen existiert zwischen den Wurzeln von wildwachsenden und von kultivierten Pflanzen wie es scheint, noch ein so wesentlicher Unterschied, daß uns die asiatischen Rhabarbersorten vielleicht niemals durch diese europäischen entbehrlich werden dürften . . .
a) Englische Rhabarber. Radix Rhei anglici. Apotheker Hayward zu Banbury in Oxfordshire hat 1777 die Kultur der Rhabarber in England zuerst eingeführt [es handelte sich aber um Rheum Rhaponticum] . . .
b) Französische Rhabarber. Radix Rhei gallici. Wird von mehreren Rheum-Arten in verschiedenen Teilen von Frankreich gewonnen. Man kultiviert zu diesem Zweck das Rheum palmatum, Rh. compactum, Rh. undulatum und Rh. Rhaponticum.
c) Deutsche Rhabarber. Radix Rhei germanici [Kultur ist im größeren Maßstabe nicht gelungen, nur in einigen Ländern Österreichs; man unterscheidet daher Ungarische Rhabarber, wahrscheinlich von Rheum Rhaponticum, Mährische Rhabarber, von Rheum compactum, und Schlesische Rhabarber, von Rheum australe]".

Das DAB 1, 1872, führt: Radix Rhei (unbekannte chinesische Rheumart); Extractum Rhei u. Extr. Rhei comp.; Pulvis Magnesiae cum Rheo; Syrupus Rhei; Tinctura Rhei aquosa u. Tct. Rhei vinosa. Als Stammpflanzen gibt Hager im zugehörigen Kommentar an: R. undulatum L., R. compactum L., R. palmatum L., R. Emodi Wallr. etc. „Die Mutterpflanzen der guten Rhabarbersorten sind mit Sicherheit nicht bekannt. Die vorstehend angeführten sind von den Botanikern dafür angegeben worden. Man unterscheidet hauptsächlich eine Asiatische und eine Europäische Rhabarber, von welchem nur die erstere in den Apotheken gehalten werden darf. Die Europäische hat einen sehr untergeordneten Wert".
DAB 2 u. 3 (1882, 1890) schreiben bei Radix Rhei: Wurzelstock von Rheum-Arten Hochasiens, wohl Rheum officinale. DAB 4, 1900: wahrscheinlich Rheum palmatum. Ab DAB 5, 1910: Rhizoma Rhei, von R. palmatum L. u. R. officinale Baillon. DAB 6, 1926: R. palmatum Linné var. tanguticum Maximowicz. DAB 7, 1968: R.-Arten, bes. der Sammelart R. palmatum, nicht von R. rhaponticum L. und R. rhabarbarum L. (= R. undulatum L.); außer dem Rhizom („Rhabarber") ist noch das Extrakt aufgenommen. Über die Anwendung steht in Hager-Handbuch, um 1930: „Rhabarber regt in kleineren Gaben die Eßlust an und wirkt magenstärkend, bei wiederholter Anwendung oder in größeren Gaben abführend, in der Regel ohne lästige Nebenerscheinungen hervorzurufen . . . Man gibt

ihn mehrmals täglich zur Beförderung der Verdauung, bei veraltetem Darm- und Magenkatarrh, Leber- u. Milzleiden u. dgl., als Abführmittel in Pulvern, Pillen, Tabletten, Pastillen, Kapseln, Aufgüßen, oder Auszügen".
Vom europäischen, kultivierten Rhabarber wird berichtet: „Schon seit mehreren Jahrhunderten werden in Europa, wenn auch bisher ohne nennenswerten Erfolg, eine Reihe von Rheum-Arten für arzneiliche Zwecke angebaut, so Rh. emodi Wall., Rh. undulatum L., Rh. compactum L., Rh. palmatum L., Rh. officinale Baill... Vom Gebrauch in der Apotheke ist diese Ware auszuschließen. Sie soll für Veterinärzwecke Verwendung finden". Beschrieben wird im Hager die Herstellung von Extractum Rhei, Extractum Rhei fluidum, Extractum Rhei compositum, Sirupus Rhei, Tinctura Rhei aquosa u. vinosa (außer dem Fluidextrakt alle in DAB 6, 1926). Rhabarber ist Bestandteil zahlloser Spezialitäten.
In der Homöopathie ist „Rheum - Rhabarber" (R. palmatum L., R. officinale Baill.; Tinktur aus Wurzelstock; Hahnemann 1816) ein wichtiges, „Rheum e radice rec." (R. palmatum, R. officinale; Essenz aus frischer Wurzel) ein weniger wichtiges Mittel.
Hoppe-Drogenkunde, 1958, Kap. R. palmatum (= R. palmatum var. tanguticum) gibt über Verwendung des Rhizoms an: „Laxans, bes. bei chronischen Darmkatarrhen. Stomachicum, Amarum. Bestandteil zahlreicher galenischer Präparate. - Auch als Antidiarrhoicum benutzt. - In der Homöopathie bes. bei Diarrhöen der Kinder und Säuglinge, bei Erwachsenen bei Durchfällen mit Koliken. - Dem Rhabarber wird auch eine antibiotische Wirksamkeit zugeschrieben. In der Likörindustrie zu Bitterschnäpsen, Boonekamp und anderen Likören. - In der kosmet. Industrie zu Haarfärbemitteln".

Rhinacanthus

Rhinacanthus siehe Bd. IV, Reg.

Nach Dragendorff-Heilpflanzen, um 1900 (S. 618; Fam. Acanthaceae), dient die indisch-japanische R. communis Nees (= Justicia nasuta L.) bei Frieselflechten, Herpes, Syphilis, als Aphrodisiacum.

Rhinanthus

Fischer-Mittelalter: Alectorolophus species (christa, centrum gallis, melancum, lolium, nigella, avena agrestis, hebica, nummularia).
Hoppe-Bock: Im Kap. Leußkraut, Alectorolophus spec. (A. minor W. et Gr. oder A. maior Rchb.).

Geiger-Handbuch: Alectorolophus Crista Galli M. B. (R. Crista galli L., Hahnenkamm, Wiesenklapper, Ackerrodel).
Schmeil-Flora: **R. alectorolophus (Scop.) Poll.** (Klappertopf).
Zitat-Empfehlung: **Rhinanthus alectorolophus (S.).**

Dragendorff-Heilpflanzen, S. 608 (Fam. Scrophulariaceae).

Nach Bock, um 1550, sind Eigenschaften und Anwendungen wie bei → Pedicularis palustris (Läuse-, Wurmmittel). Nach Geiger, um 1830, wurde ehedem das Kraut, Herba Cristae Galli, gelegentlich benutzt; die Samen gelten als Insecticidum.

Rhizophora

Rhizophora siehe Bd. V, Kandelia.
Zitat-Empfehlung: *Rhizophora mangle (S.).*
Dragendorff-Heilpflanzen, S. 468 (Fam. Rhizophoraceae).

Nach Geiger, um 1830, ist R. Mangle L. (Wurzelbaum, Leuchterbaum) ein in Ost- und West-Indien einheimischer Baum. „Offizinell ist die Rinde (cort. Mangles). Sie ist braungelb, schmeckt adstringierend und soll der China ähnlich wirken. Bei uns wird sie nicht gebraucht. Sie wird auch zum Gerben benutzt". In Hoppe-Drogenkunde, 1958, werden als Herkunftsgebiete Südamerika und Westafrika angegeben. Die Rinde ist Gerbmaterial (zur Gewinnung des Mangroven-rindengerbstoffs; Farbmittel zum Rot-, Braun- und Schwarzfärben). Schreibweise nach Zander-Pflanzennamen: **R. mangle L.**

Rhodiola

Berendes-Dioskurides: Kap. Rhodiaswurzel, Sedum Rhodiola D. C.
Sontheimer-Araber: Sedum Rhodiola.
Hoppe-Bock: Kap. Rosenwurz, Sedum roseum Scop.
Geiger-Handbuch: Sedum Rhodiola Decand. (= R. rosea L., Rosenwurzel).
Zitat-Empfehlung: **Rhodiola rosea (S.).**

Dragendorff-Heilpflanzen, S. 267 (Fam. Crassulaceae; unter Sedum).

Die Rhodiaswurzel des Dioskurides (gegen Kopfleiden, Bestreichen von Stirn und Schläfen) wird nach Berendes als S. Rhodiola D. C. identifiziert [Schreibweise nach Zander-Pflanzennamen: **R. rosea L.** = Sedum rosea (L.) Scop., S. rhodiola

DC.]. Bock, um 1550, bildet die - im Garten kultivierte - Pflanze ab und übernimmt die Indikation des Dioskurides.
Die T. Worms 1582 führt: Rhodia radix (Rosenwurtz); T. Frankfurt/M. 1687: Radix Rhodiae (Roseae, Rosenwurtz). In Braunschweig 1666 waren 3¼ lb. vorrätig. In Ph. Württemberg 1741 ist beschrieben: Radix Rhodiae (Rosariae, Rosenwurtz; Subadstringens, Cephalicum). Geiger, um 1830, erwähnt die Pflanze: „Davon war ehedem die Wurzel (rad. Rhodiae) offizinell ... Man brauchte sonst das Pulver äußerlich und innerlich als kühlendes Mittel, auch die frische Wurzel gegen den Scorbut. Den Grönländern ist die Pflanze ein Nahrungsmittel".

Rhododendron

Hagen, um 1780, beschreibt: „Sibirische Schneerose (Rhododendron Chrysanthum) ... Die Blätter und Stiele dieses Gewächses (Stipites et Hb. Rhododendri Chrysanthi) sind neuerlich in Gichtkrankheiten empfohlen worden". Geiger, um 1830, berichtet von R. chrysanthum (gelbblühender Alpenbalsam, sibirische Schneerose): „Diese Pflanze wurde von Gmelin und Pallas als Arzneimittel gerühmt und vorzüglich seit 1779 von Kölpin eingeführt ... Offizinell sind: Die Blätter (fol. Rhododendri chrysanthi) ... Man gibt die Blätter (mit den Zweigen und Blumenknospen) in Substanz, in Pulverform, ferner im Aufguß. - Präparate hat man davon eine Tinktur". Jourdan, zur gleichen Zeit, gibt als Wirkung an: „Reizend, narkotisch, schweiß- und harntreibend". In der Homöopathie ist „Rhododendron - Goldgelbe Alpenrose" (*R. chrysanthum Pall.*; Tinktur aus getrockneten Zweigen; Seidel 1831) ein wichtiges Mittel.
Ein weniger wichtiges Mittel der Homöopathie ist „Rhododendron ferrugineum" (Tinktur aus getrockneten Blättern). Diese Art erwähnt auch Geiger, um 1830; verwendet werden die Blätter (fol. Rhododendri ferruginei); sie werden oft anstelle der anderen gegeben und sollen ähnliche Wirkungen haben. Diese Art **(R. ferrugineum L.)** hat in Hoppe-Drogenkunde, 1958, ein Kapitel (Verwendung der Blätter: „Diaphoreticum. Bei rheumatischen und gichtartigen Erkrankungen. Bei Steinleiden").
Erwähnt wird bei Geiger auch **R. maximum L.** (die Blätter werden anstatt der sibirischen Schneerose gebraucht; nach Jourdan bei chronischen Rheumatismen) und **R. ponticum L.** (nach Hoppe-Drogenkunde ein insektizides Mittel).
Zitat-Empfehlung: **Rhododendron ferrugineum (S.); Rhododendron maximum (S.); Rhododendron ponticum (S.).**

Dragendorff-Heilpflanzen, S. 507 uf. (Fam. Ericaceae).

Rhus

R h u s siehe Bd. II, Abstergentia, Adstringentia; Stomatica; Vesicantia. / IV, Reg.; E 349. / V, Cotinus; Lithraea; Rhamnus; Toxicodendron.
S u m a c h siehe Bd. V, Coriaria; Rhamnus; Toxicodendron.

G r o t-Hippokrates: R. Coriaria.
B e r e n d e s-Dioskurides: **R. coriaria L.**
T s c h i r c h-Araber: R. Coriaria.
F i s c h e r-Mittelalter: R. Coriaria L. (sumach).
G e i g e r-Handbuch: R. Coriaria (Gerber-Sumach); R. copallina; R. typhina; R. Metopium; R. glabra.
H a g e r-Handbuch: **R. glabra L., R. typhina L., R. aromatica Ait.** u. a. Arten.
Z i t a t-Empfehlung: **Rhus coriaria (S.); Rhus glabra (S.); Rhus typhina (S.); Rhus aromatica (S.).**

Dragendorff-Heilpflanzen, S. 397-400 (Fam. A n a c a r d i a c e a e).

(S u m a c h)
Dioskurides beschreibt den Gerbersumach recht genau und gibt vielfältige Verwendung des Baumes, dessen Frucht auch zu Speisen dient, an (Blätter adstringieren; Abkochung färbt Haare schwarz; gegen Dysenterie, zum Spülen eitriger Ohren; als Umschlag mit Essig und Honig gegen Überwachsen der Nägel und Gangrän. Frucht gegen Magenleiden und Dysenterie; zu Umschlägen bei Quetschungen, Abschürfungen; gegen weißen Fluß, Hämorrhoiden. Gummi des Baumes gegen Zahnschmerzen in hohle Zähne zu stecken).
In Ap. Lüneburg 1475 waren 1/2 lb. Sumach vorrätig. Die T. Worms 1582 führt: Semen Sumach (Rhois culinarii. Sumachkörner). In Ap. Braunschweig 1666: Semen Sumach (1/2 lb.). Die Ph. Württemberg 1741 beschreibt: Semen Sumach (Rhois Ulmi folio, Rhus coriarii, culinariae, obsoniorum, G e r b e r b a u m , F ä r b e r b a u m-Saamen; Adstringens, gegen Bauch- und Blutflüsse). Die Stammpflanze heißt bei Hagen, um 1780: G ä r b e r b a u m , R. Coriaria; die Früchte enthalten einen schwarzen Samen, „sie wurden vor Zeiten unter dem Namen Sumach (Sumach, Sem. Sumach) in Apotheken gehalten" [Fußnote Hagens: „Einen ungleich größeren Nutzen hat der in Spanien aus den getrockneten und gepulverten Blättern und jungen Zweigen dieses Baumes verfertigte S c h m a c k , welches eine Art Lohe ist, womit der Korduan bereitet wird"]. Geiger, um 1830, beschreibt R. Coriaria und R. typhina, die gleichartig benutzt werden: Blätter, Blumen, Beeren oder Samen, teils äußerlich, teils innerlich als Adstringens; hauptsächlicher Nutzen als „Schmack" zum Häutegerben, auch zum Schwarzfärben.

(Verschiedene)
Weitere R.-Arten bei Geiger sind:
1.) R. copallina; „der schon in alten Zeiten bekannt gewesene Copal wurde bisher meistens von dieser Pflanze hergeleitet". Nach Dragendorff, um 1900, dient die Wurzel von R. copallina L. gegen Syphilis, Hämorrhoiden, Warzen, Ausschlag. Als gerbstoffhaltig im Kap. Rhus-Arten von Hoppe-Drogenkunde, 1958, erwähnt.
2.) R. Metopium; davon soll falsches Quassienholz gesammelt werden; aus der Rinde fließt ein weißes Harz, Doctor-Gummi genannt, aus, das zum Heilen von Wunden dient. Nach Dragendorff wird das Holz von R. Metopium L. gegen Gelbsucht, Syphilis etc. empfohlen.
3.) R. glabra; Blätter in Amerika bei Durchfällen gebraucht. Nach Dragendorff ist Rinde gegen Intermittens und Speichelfluß empfohlen worden. In der Homöopathie ist „Rhus glabra" (Essenz aus frischer Rinde; Hale 1867) ein wichtiges Mittel.

Kapitel, die R.-Arten behandeln, sind in Hoppe-Drogenkunde, außer den genannten:
4.) R. aromatica [Schreibweise nach Zander-Pflanzennamen: R. aromatica Ait. (= R. canadensis Marsh.)]. In der Homöopathie ist die Essenz aus frischer Wurzelrinde ein weniger wichtiges Mittel. Aufgenommen in Erg.-B. 6, 1941: Cortex Rhois aromaticae Radicis (Gewürzsumachwurzelrinde), Tinktur und Fluidextrakt. Verwendung nach Hoppe: Bei Dysenterie, Diureticum; bei Diabetes.
5.) R. semialata [nach Zander ist R. semialata var. osbeckii: **R. chinensis Mill.**]; liefert Gallen.

Ribes

Ribes nigrum siehe Bd. IV, A 38.
Ribium siehe Bd. II, Abstergentia; Acidulae.
Johannisbeere siehe Bd. IV, G 957.

Fischer-Mittelalter: - R. rubrum L. (ribes, johannis trubelin) - - R. nigrum L. (piperella) - - - R. grossularia L. (usnea, crispino, agresse).
Hoppe-Bock: - Kap. Sant Johannstreubel, R. rubrum L. - - - Kap. Grosselbeer, R. grossularia L.
Geiger-Handbuch: - R. rubrum (rothe Johannisbeeren) - - R. nigrum - - - R. Grossularia L. (Stachelbeere).
Hager-Handbuch: - R. rubrum L. - - R. nigrum L.
Zander-Pflanzennamen: - **R. spicatum Robs. emend. Willmoth.** (Nordische Johannisbeere mit nur wenigen Sorten) und **R. sylvestre (Lam.) Mert. et W. D. J. Koch** (hiervon die meisten roten Gartenjohannisbeeren abstammend) - - **R. nigrum L.** (mit vielen Sorten) - - - **R. uva-crispa L.** (mit Varietäten; früher R. grossularia L.).

Z i t a t-Empfehlung: **Ribes spicatum (S.); Ribes sylvestre (S.); Ribes nigrum (S.); Ribes uva-crispa (S.).**

Dragendorff-Heilpflanzen, S. 269 (Fam. S a x i f r a g a c e a e); Bertsch-Kulturpflanzen, S. 148-152.

(R i b i u m)
Nach Bertsch-Kulturpflanzen bezeichnet „Ribes" ursprünglich im Arabischen den R h a b a r b e r des Libanon (R h e u m ribes L.), „der bei den Arabern als Heilpflanze hochgeschätzt war. Man suchte bei uns Ersatz für diese Arznei und verwendete Pflanzen mit säuerlichem Saft. So wurde die Johannisbeere in Kultur genommen".
Bock, um 1550, beschreibt kultivierte („zam grossel") und das „wild geschlecht". Bezüglich Indikationen lehnt er sich - nach Hoppe - an Dioskurides-Kapitel an, die S a u e r d o r n und R h a m n u s a r t e n betreffen (Früchte, auch als Sirup oder Latwerge, bei Fieber, Dysenterie, als Stomachicum; äußerlich gegen Masern, Pocken, Blattern usw. der Kinder).
Nach Schröder, 1685, hat man rote Ribes in den Apotheken (auch weiße). „Sie werden in Gärten gepflanzt und reifen um das Fest Johannes. Sie kühlen und trocknen im anderen Grad, haben dünne Teilchen, adstringieren etwas, taugen dem Magen, werden gebraucht im Bauchfluß, der roten Ruhr, stillen die Cholera, nützen in Gallenfiebern, widerstehen der Fäulung und löschen den Durst. N. Gleich wie die weißen nicht so sauer sind, also sind sie auch nicht so kalt.
Die bereiteten Stücke:
1. Die eingemachten Beeren. Diese werden mit ihrem eigenen Dekokt und Zucker bereitet. 2. Einfacher Rob von Johannis-Träublein. Dieser ist ein bis zur Honigdicke inspissierter Saft. 3. Zusammengesetzter Rob von Johannissträublein. Ist ein Sirup aus dem Saft und Zucker. 4. Der Wein. Das ist der fließende Saft".
In Ap. Braunschweig 1666 waren vorrätig: Aqua ribium (1 St.), Condita r. (2½ lb.), Gelatina r. (3 lb.), Roob r. cum saccharo (4 lb.), Roob r. purgi D. L. (4 lb.), Syrupus r. ex succo (24 lb.). In Ph. Württemberg 1741 sind aufgenommen: Conditum aus Ribium (Fructus), Roob und Syrupus Ribium. Nach Hagen, um 1780, ist Rothe Johannisbeere oder Johannistraube (R. rubrum) „bekannt genug. Man sammelt die Beeren (Baccae Ribium seu Ribesiorum rubrorum) zum Zuckersafte". In preußischen Pharmakopöen (1799-1829) stehen: Fructus Ribium rubrorum; daraus bereitet Syrupus Ribium.
Nach Geiger, um 1830, ist die Anwendung: Der Saft der reifen Beeren wird mit Zucker aufgekocht zu Sirup und Gallerte (syrupus et gelatina Ribium seu Ribesiorum) verwendet. Ehedem hatte man noch das Mus (roob Ribium) und den Johannisbeerwein (vinum Ribium), welcher durch Gärung des Saftes mit Zusatz von Zucker bereitet wird ... Sie geben ferner einen lieblichen Branntwein und guten Essig. Auch kann man aus den Beeren Citronensäure bereiten".

In Hager-Handbuch, um 1930, ist Fructus Ribis beschrieben, ohne Angabe der Anwendung. Hoppe-Drogenkunde, 1958, gibt an: Frische reife Frucht „zur Herstellung von Fruchtsirup für medizinische Zwecke. Zu Marmeladen, Säften usw. für den Hausgebrauch". In den Erg.-Büchern zu den DAB's ist (noch 1941) Sirupus Ribis (aus frischen roten Johannisbeeren) aufgenommen.

(Schwarze Johannisbeere)
Nach Bertsch-Kulturpflanzen wurde die in Nordeuropa (auch in Deutschland) wild vorkommende R.nigrum L. erst in der 2. Hälfte des 16. Jh. beachtet. Schröder, 1685, erwähnt auch Ribes nigra, aber: „diese sind nicht gebräuchlich". Bei Hagen heißen die Schwarzen Johannisbeeren (R. nigrum): Gichtbeeren; „werden an einigen Orten gesammelt und entweder getrocknet oder aus dem frisch ausgepreßten Safte ein Zuckersaft bereitet".
Nach Geiger, um 1830, werden verwendet: „Die Stengel, Blätter und Beeren ... Man gibt die Stengel und Blätter im Aufguß. Letztere sollen, wenn sie vorher abgebrüht wurden, als Tee anstatt dem chinesischen getrunken werden können? Die Beeren gebrauchte man sonst zu einem Sirup und Mus (syrupus et roob Ribesiorum nigrorum)". Hager-Handbuch, um 1930, gibt an: Fructus Ribis nigri (Ahlbeeren, Gichtbeeren) zur Bereitung von Sirup, Gelee und Likör, Folia Ribis nigri als schweißtreibendes Mittel, auch in Kneipp'schen Heilmitteln. Die Blätter stehen im Erg.-B. 6, 1941. Anwendung nach Hoppe-Drogenkunde, 1958: „Diureticum, Diaphoreticum, bes. bei Wassersucht, Rheuma, Gicht. Volksheilmittel bei Keuchhusten und Krampfhusten, Bestandteil zahlreicher Hausteemischungen".

(Stachelbeere)
Nach Bertsch ist Ende 15. Jh. erstmals ein Stachelbeerzweig auf der Randleiste einer Handschrift abgebildet. Bock, um 1550, beschreibt eine wildwachsende „Grosselbeere" (keine Erwähnung der Kultur). Indikationen übernimmt er aus einem Dioskurides-Kapitel, das Rhamnus-Arten betrifft (Blätter zu Umschlägen gegen Schmerzen und Hauterkrankungen; wird im Haus und gegen Zauber gebraucht). Geiger, um 1830, erwähnt die Pflanze als wild und kultiviert; „offizinell waren sonst: Die Beeren (baccae Uvae crispae, Grossulariae) im unreifen Zustande, wo sie einen sehr herb sauren Geschmack besitzen ... Die edleren Sorten geben, vorsichtig gedörrt, ein angenehmes Zugemüse zu Speisen".

Richardsonia

Richardsonia siehe Bd. V, Cephaelis; Ionidium.
Dragendorff-Heilpflanzen, S. 637 (Fam. Rubiaceae).

Nach Geiger, um 1830, ist Richardia scabra L. (= R. brasiliensis Mart.) „eine schon lange bekannte Pflanze, von der Gomez 1801 zeigte, daß sie eine Art

Ipecacuanha liefere. - Wächst in Brasilien, Neuspanien ... Offizinell ist die Wurzel, weiße mehlige Ipecacuanha (rad. Ipecac. albae farinosae)"; diese Droge kam vor einiger Zeit häufig, zum Teil fast ausschließlich, im Handel als Ipecacuanha vor, jetzt ist sie aber wieder seltener. Nach Geiger liefert auch die brasilianische R. emetica Mart. eine Art Ipecacuanha.
In Hager-Handbuch, um 1930, wird die mehlige Ipecacuanhawurzel (Radix Ip. falsa, undulata, alba farinosa, amylacea), abgeleitet von R. scabra (L.) St. Hilaire und vielleicht auch von R. brasiliensis Gomez, als eine der „Verwechslungen und Verfälschungen" von offizineller Ipecacuanha aufgeführt; „die Wurzel wurde früher als selbständige Sorte neben der offizinellen Ipecacuanha verwendet, doch ist sie an Wirkung ganz erheblich schwächer; gegenwärtig gelangt sie nur hier und da nach Europa, ohne Anwendung zu finden".

Ricinus

Ricinus siehe Bd. II, Anthelmintica; Antidysenterica; Purgantia; Vomitoria. / IV, E 81, 96, 178; G 803, 957, 1006, 1154, 1237, 1517, 1684; H 37. / V, Croton; Euphorbia; Garcinia; Jatropha; Orchis.
Cataputia siehe Bd. II, Opomphalica; Purgantia. / V, Euphorbia; Garcinia.

Hessler-Susruta: R. communis.
Deines-Ägypten: (Rizinus).
Berendes-Dioskurides: Kap. Wunderbaum, **R. communis L.**
Tschirch-Sontheimer-Araber: R. communis.
Fischer-Mittelalter: R. communis L. (arbor mirabilis, palma Christi, cici, catapucia maior, crutzbaum; Diosk.: kiki).
Hoppe-Bock: R. communis L. (Wunderbaum, wundelbaum).
Geiger-Handbuch; Hager-Handbuch: R. communis L.
Zitat-Empfehlung: **Ricinus communis (S.).**

Dragendorff-Heilpflanzen, S. 379 (Fam. Euphorbiaceae); Tschirch-Handbuch II, S. 641 uf.

In den alten Hochkulturen (z. B. der Inder, Sumerer, Ägypter) war die Pflanze gebräuchlich. Dioskurides berichtet, daß man aus den Samen Öl preßt: „es ist ungenießbar, sonst aber für Lampen und Pflaster gut zu verwenden". Medizinisch benutzt man die Samen (sie führen - fein gestoßen - Schleim, Galle, Wasser durch den Bauch ab; solches Purgieren ist aber unangenehm, weil der Magen heftig erschüttert wird; gestoßene Samen als Umschlag gegen Finnen und Sommersprossen), auch Blätter (bei Ödemen, Augenentzündungen, geschwollenen Brüsten, Rose). Kräuterbuchautoren des 16. Jh. übernehmen solche Angaben, Bock z. B. gibt die Samen als Purgiermittel, äußerlich gegen Hautflecken und -ausschläge; Blätter als Kataplasma; das Öl aus den Samen dient für Lampen; die Pflanze wird als Zierpflanze in Gärten gezogen.

In Apotheke Lüneburg 1475 waren 1/2 lb. Semen cataputiae vorrätig. In T. Worms 1582 stehen sie als Semen Cataputiae maioris (Cici, Seselis cyprii, Pentadactyli, Seseli agrestis, Ricini, Palmae Christi, Manus Christi, Kervae, Chervae, Granum regium, Großtreibkörner, Wunderkörner, Zeckenkörner, Creutzbaumkörner, Mollenkrautkörner); es gibt sie auch als Semen Cat. maioris excorticatae (Außgescheelt Zeckenkörner) [über Cataputia minoris → Euphorbia]. In der Inventurliste Braunschweig 1666 sind nur Semen Cataputiae verzeichnet [maiores? minores?], Lüneburg 1718 im Vordruck nur Semen Cataputiae Majoris (seu Ricini Vulgaris, seu Granorum Tilli, Wunderbaum Samen, Große Springkörner) - davon 9 oz. vorrätig -, handschriftlich ist Minor zugetragen (davon 2 lb. vorrätig).

Valentini 1714, schreibt über die Zecken-Körner (Semen Ricini): „Diese Körner haben eine sehr starke purgierende Kraft und treiben den zähen Schleim, Galle und anderen Unrat oben und unten aus. Weil sie aber in großer dosi, zu 8 bis 15 zu nehmen, auch gar vehement wirken, werden sie fast gar nicht gebraucht, zumal da die Grana Tilli oder Amerikanische Purgier-Nüsse bekannt worden, deren nur eine halbe genugsam purgieren kann. Sonst aber sollen die Ägypter ein Öl daraus pressen, welches sie zu ihren Ampeln und Leuchtern, ja auch zum essen gebrauchen".

Die Ph. Württemberg 1741 führt Semen Cataputiae majoris (Ricini vulgaris, Purgier-Körner, Treib-Körner; Hydragogum, Purgans; das aus den Samen gepreßte Öl äußerlich für gelähmte Glieder, innerlich zum Ausführen von Serum). Bei Hagen, um 1780, und folgenden heißt der Wunderbaum R. communis; „die so große Schärfe des Samens sitzt blos in der Schale. Das aus demselben ausgepreßte Öl ist unter dem Namen Kastoröl oder Palmöl (Oleum Palmae, de Palma Christi, Ricini, de Kervia) bekannt" [ob die 3/4 lb. „Oleum palmae" in Ap. Braunschweig 1666 dieses Öl oder ein Palm-öl, das es nach der Beschreibung Valentinis auch gab, war, ist nicht feststellbar].

Anfang 19. Jh. verschwinden die Samen aus den Pharmakopöen, dafür findet das Riciniusöl allgemeine Aufnahme. In allen DAB's (Ausgabe 1926: „Oleum Ricini - Rizinusöl. Das aus den geschälten Samen von Ricinus communis Linné ohne Anwendung von Wärme gepreßte und dann mit Wasser ausgekochte Öl"; auch in DAB 7, 1968).

Um 1830 schrieb man über Verwendung: (Geiger:) „Man gibt die entschälten Samen in Substanz, in Emulsionen, höchst selten. - Jetzt gebraucht man nur noch das daraus gepreßte fette Öl. - Die Alten gebrauchten auch die Wurzel"; (Jourdan, der beim Öl Handelswaren und in der Apotheke bereitetes unterscheidet:) „Frisch ist das Ricinusöl ein mildes Abführmittel und wird oft als Wurmmittel angewendet". Hager, 1874: „Man gebraucht das Ricinusöl ... als mildes Purgans, setzt es auch wohl den Klistieren zu"; zur allgemeinen Orientierung schreibt er: „Der

Wunderbaum ist in China, Ostindien und Afrika zu Hause und wird in Westindien und dem südlichen Europa angebaut. Aus seinem Samen, welcher früher als Semen Ricini seu Cataputiae majoris offizinell war, wird in Amerika und im südlichen Europa, besonders in Italien, durch warmes oder kaltes Auspressen das Ricinusöl gewonnen. Das frisch gepreßte Öl besitzt eine auffallende Schärfe von sehr drastischer Wirkung. Durch Kochen mit Wasser wird diese Schärfe entfernt. Aus dem von der Schale befreiten Samen fällt das Öl ganz farblos aus".
Angaben aus Hager-Handbuch, um 1930: (zu Semen Ricini:) „Die Samen werden wegen ihrer Giftigkeit medizinisch nicht verwendet, sie dienen nur zur Gewinnung des Ricinusöles. Die Preßkuchen werden wegen der Giftigkeit nicht als Viehfutter, sondern als Düngemittel verwendet oder zur Gewinnung der fettspaltenden Enzyme"; (zu Oleum Ricini:) „Ricinusöl ist ein mildes, sicher wirkendes Abführmittel, das auch von Kindern und Wöchnerinnen gut vertragen wird ... Angenehmer als das reine Öl lassen sich Emulsionen nehmen. In Klistieren verwendet man es in Haferschleim. Äußerlich wird es zu Pomade und Haaröl verwendet, in Weingeist gelöst zu Haarspiritus. Technisch zum Einfetten von Leder, als Schmieröl für Motoren, besonders für Flugzeugmotoren; zur Herstellung von Türkischrotöl für die Färberei". Nach Hoppe-Drogenkunde, 1958, werden verwendet: 1. der Same („zur Gewinnung des Rizinusöls"); 2. das fette Öl der Samen („Laxans, bes. in Fällen, in denen gründliche Entleerung ohne Reizung des Darmes erfolgen soll, z. B. bei Vergiftungen, akuten Diarrhöen, bei leichter Dysenterie etc., nicht bei chronischer Obstipation. - Zu Einreibemitteln. - In der Kosmetik zu Haarölen, Brillantinen etc. Der größte Teil der Weltproduktion wird für technische Zwecke verwendet").
In der Homöopathie ist „Ricinus communis - Wunderbaum" (Tinktur aus reifen Samen; Allen 1878) ein wichtiges Mittel.

Robinia

Robinia siehe Bd. V, Caragana; Lonchocarpus.
Zitat-Empfehlung: *Robinia pseudoacacia (S.).*
Dragendorff-Heilpflanzen, S. 321 (Fam. Leguminosae).

Geiger, um 1830, erwähnt R. Pseudacacia; „davon waren die jasminähnlich riechenden Blumen (flor. Pseudacaciae) offizinell. Die Rinde soll brechenerregend sein". Hoppe-Drogenkunde, 1958, Kap. R. Pseud-Acacia [Schreibweise nach Zander-Pflanzennamen: **R. pseudoacacia L.**] schreibt über Verwendung: 1. die Rinde („In der Homöopathie [dort ist „Robinia Pseudacacia - Akazie" (Essenz aus frischer Rinde der jungen Zweige; Hale 1873) ein wichtiges Mittel] bei Hyperacidität, Ulcus ventriculi et duodeni und Obstipation"); 2. das Blatt („Aromaticum"); 3. die Blüte („Aromaticum, Gewürz. - Zur Herstellung aromatischer Wässer ... Ungeziefermittel"). Außerdem hat Hoppe ein Kap. R. amara; „die Wurzel wird als Ersatz für Ginseng empfohlen".

Roccella

Lackmus siehe Bd. III, Reg. / IV, E 7. / V, Crozophora.
Zitat-Empfehlung: *Roccella tinctoria (S.).*
Dragendorff-Heilpflanzen, S. 47 (Roccella; Fam. Usneeae; um 1970: Roccellaceae), S. 49 uf. (Lecanora; Fam. Lecanoreae), S. 45 (Pertusaria; Fam. Pyrenolichenes), S. 46 (Variolaria, Parmelia; Fam. Parmeliaceae); Tschirch-Handbuch III, S. 900-909.

R.-Arten gehören zu den Farbflechten, die bei einem Gärprozeß bei Gegenwart von Alkali (hpt. Ammoniak) den blauen Lackmusfarbstoff liefern; beim Ansäuern wird er rot. Arzneilich ist er kaum benutzt worden, allgemein jedoch pharmazeutisch-analytisch zum Erkennen von Säuren oder Basen seit 19. Jh.: die Ph. Hessen 1827 führt Lacca Musci (aus Lichen Roccella L. = R. Tinctoria Acharii, und aus Lichen Tartareo L. = Lecanora Tartarea Achar.). In Ph. Preußen 1827 ist aufgenommen: Charta exploratoria coerulea (wäßrige Lackmuslösung auf Filtrierpapierstreifen aufgetrocknet) und Charta exploratoria rubefacta (das blaue Papier durch Essigsäure oder Salzsäure gerötet); beide in Pharmakopöen bis DAB 7, 1968. Hager, um 1930, gibt als die wichtigsten Stammpflanzen an:
1.) **R. tinctoria DC.** und R. fuciformis Ach. (beide zusammen früher als Lichen Roccella L. oder Parmelia rocella Ach. bezeichnet).
2.) Lecanora tartarea Fries u. Pertusaria communis Fries.
Im Hager ist ferner der Flechtenfarbstoff Orseille erwähnt. Stammpflanzen: R. Montagnei Bél., R. fuciformis, R. pernensis, R. tinctoria (ferner aus Variolaria- und Lecanora-Arten und vielen anderen Flechten); dient zum Färben von Seide und Wolle.

Die Verwendung von Farbflechten zum Violettfärben ist in den alten Hochkulturen und in der Antike nach Tschirch wahrscheinlich, aber nicht sicher belegt (bei Theophrast R. tinctoria? R. phycopis?). Seit 14. Jh. wurde Orseille in Florenz hergestellt. Über das Geheimverfahren erfuhr man erst näheres im 18. Jh. Pharmazeutisches Interesse hat Orseille nie besessen.
In Arzneitaxen des 18. Jh. ist Lacca Musica (Malerlack) aufgenommen (T. Braunschweig 1721). In Ap. Lüneburg 1718 waren 4 lb., 8 oz. Succus coeruleus (= Succus pictoris, Lack Muß, Mahler Lack) vorhanden. Ernsting, um 1750, erklärt Lacca Musica (Lack-Muß, blau TornIß, Turniß) als „blaue Farbe, so in 4eckigten Stücken aus Holland zu uns kommt, allda es aus einer gewissen Erde und den Baccis Heliotropii tricocci gemacht wird". Die „gewisse Erde" ist nach Valentini, 1714, die sog. Perelle, d. i. (nach Tschirch) eine Art Erdorseille, geliefert von der Farbflechte Ochrolechia parella Massal (= Parmelia parella Schaer., Lecanora parella Ach.).
Um 1750 ist offensichtlich nicht bekannt, daß der blaue Malerlack ein Flechtenprodukt ist, die Ableitung des Wortes Lackmus von Lacca Musci = Moos- bzw.

Flechtenlack (z.B. Wittstein, Ethymolog. Handwörterbuch 1847) ist daher unzutreffend, was nicht ausschließt, daß der - seit dem 16. Jh. aus Holland kommende - Malerlack von Anfang an Flechtenfarbstoffe enthielt, vielleicht auch schon aus R.-Arten.

Hagen, um 1780, berichtet von Orseille, Lichen Roccella: „wird nach neuen Berichten nur allein zur Verfertigung des Lackmus oder blauen Lacks (Lacca musica seu coerulea) in Holland angewandt, und es werden dazu von den Kanarischen und Kapverdischen Inseln jährlich ohngefähr 2600 Centner von diesem Moose gesammlet. Es wird dasselbe in den Lakmusfabriken mit Urin, Kalkwasser, gelöschtem Kalk und Pottasche so lange zusammen eingeweicht und gegoren, bis sich alles in eine breiartige Masse verwandelt, und eine blaue Farbe angenommen hat. Durch Umrühren sichert man sie vor der Fäulniß. Sie wird darauf in einer Mühle fein gemahlen, durch Haartücher gepreßt, und nachdem man ihr eine würfliche Gestalt gegeben hat, getrocknet". In Thon's Waaren-Lexikon, 1832, werden 3 Möglichkeiten von Lackmus-Stammpflanzen angegeben:

1.) Von der Lackmus-Schildflechte (Kräuterorseille, Parmelia Roccella seu Lichen Roccella);

2.) von der krebsaugenartigen Schildflechte, Erdorseille, Parmelia parelles seu Lichen parellus;

3.) von Färber-Kroton, Croton tinctorium (→ Crozophora).

Wiggers, um 1850, schreibt über Lacca musica, Lackmus: „wird, wie es scheint, nur in Rotterdam fabriziert, ebenfalls [d. h. wie Orseille, Pigmentum Roccellae] aus der Roccella tinctoria, aber in den letzten Zeiten auch aus der von Schweden dahin kommenden Lecanora tartarea. Die erste Flechte dient nach Müller allein zur Fabrikation der besten Sorte, und die letzte zugleich mit anderen Arten von Lecanora, Variolaria und Parmelia für die der zahlreichen übrigen Sorten". Dies entspricht etwa den Angaben Hagers, um 1930, der auch vermerkt: „Lackmus wird fast ausschließlich in Holland hergestellt".

Rosa

Rosa oder Rose siehe Bd. I, Fungus Cynosbati. / II, Adstringentia; Antapoplectica; Anticancrosa; Antiscorbutica; Cephalica; Cholagoga; Cordialia; Cosmetica; Defensiva; Refrigerantia; Splenetica. / IV, A 39; C 34, 81; E 42, 51, 93, 94, 102, 211, 301, 327; G 141, 711, 773, 789, 1016, 1492. / V, Crataegus; Nymphaea; Paeonia.
Rosenblüten siehe Bd. III, Extractum Gummi Gamandrae.
Rosa Junonis siehe Bd. V, Lilium. / Rosa St. Marie, V, Anastatica. / Rosa regis, V, Delphinium.
Cynosbatus siehe Bd. I, Reg. / II, Adstringentia.
Hagebutten siehe Bd. II, Adstringentia. / IV, C 23; E 247; G 957. / V, Ziziphus.

Grot-Hippokrates: R. canina; Rosenöl.

Berendes-Dioskurides: Kap. Rosen, (als Gartenrosen) R. centifolia L. und R. gallica (R. pumila) L.; (als goldgelbe) R. lutea Miller; (niedrige, wilde

Art) R. arvensis Hudson; Kap. Kynosbatos (Oxyakantha, Hundsrose), R. sempervirens L., R. canina L.
Sontheimer-Araber: R. canina, R. rubra, R. foetida [Schreibweise nach Zander-Pflanzennamen: **R. foetida J. Herrm.** = R. lutea Mill.].
Fischer-Mittelalter: Rosa spec., insb. R. canina L. (rosa, tribulus, zizisa, antera, cinosbato, iuiube, hagen, veltrosen, buttenrosen; [Staubbeutel:] haynbutten, hanboten; Diosk.: roda, rosa); R. rubiginosa L. (rosa bedegar vel vini, wichhagenrosen); R. centifolia, alba u. villosa (rosa alba, wyß, edel, gefüllt, zam rosen).
Beßler-Gart: Kap. Rosa (rosen, rodon, hard), Rosen-Arten; „die Kapitel über die schon lange arzneilich in den verschiedensten Zubereitungen genutzten Gartenrosen und wilden Rosen gehören zu den umfangreichsten überhaupt".
Hoppe-Bock: Kap. Wild Heckrosen, **R. canina L.** (wild Rosen; Gallen: Schlaffcuntz), R. eglanteria L. [nach Zander = **R. rubiginosa L.**] (Weinrosen, Frawendorn, Mariendorn), **R. gallica L.** (das 3. geschlecht, Hannrosen, Haberrosen, Feldrosen), **R. arvensis Huds.** (das 4. wild Heckrosengeschlecht). Kap. Zam garten Rosen („der zamen Rosen findt man weiß, leibfarb und rot, etliche gefült, etliche ongefült"); genaue Bestimmung nur in 3 Fällen möglich: **R. alba L.** (die weiß gefülte rosen), **R. damascena Mill.** (Damascener Rosen), **R. centifolia L.** (leibfarb und rot, etliche gefült).
Geiger-Handbuch: R. centifolia, R. damascena, R. alba, R. moschata Mill., R. gallica, R. canina, R. villosa, R. tomentosa, R. rubiginosa, R. lutea Ait. (R. eglanteria L.), R. arvensis Huds. (R. repens Gm.).
Hager-Handbuch: R. gallica L., R. centifolia L., R. damascena Mill., R. canina L.
Zitat-Empfehlung: **Rosa foetida (S.); Rosa canina (S.); Rosa rubiginosa (S.); Rosa gallica (S.); Rosa arvensis (S.); Rosa alba (S.); Rosa damascena (S.); Rosa centifolia (S.).**

Dragendorff-Heilpflanzen, S. 281 uf. (Fam. Rosaceae); Tschirch-Handbuch II, S. 812-816.

Nach Tschirch-Handbuch war die Rose dem semitischen Kulturkreise fremd (erwähnte „Rosen" sind keine R.-Arten gewesen), sie ist „eine Gabe der indogermanischen Kulturwelt" (vielleicht ist ein indogermanisches Volk in Persien für die erste Kultur verantwortlich zu machen); Theophrast (um 300 v. Chr.) schildert ausführlich die wilde und die Gartenrose und ihre Kultur, es gibt bereits gefüllte Spielarten; nach Italien kam die orientalische Gartenrose frühzeitig mit den griechischen Kolonisten (seit etwa 7. Jh. v. Chr.); wilde Rosensträucher standen an den Opferstätten der alten Germanen. Die größten Rosengärten entwickelten sich im Orient, von woher die Araber und Türken dann die Damascener-Rose, die Moschusrose von Schiras, die Zentifolie u. a. nach Europa brachten; Rosengärten dann zunächst in Spanien und Italien, seit 16. Jh. auch diesseits der Alpen.

Nach Berendes-Dioskurides wirken (Garten-) Rosen kühlend und adstringierend (aus frischen Rosen wird Saft gewonnen und getrocknet, für Augenmittel. Blätter (in Wein) bei Kopfschmerzen, Augen-, Ohren-, Zahnfleisch-, After- und Mutterschmerzen; zerquetschte Blätter zu Umschlägen bei Unterleibsentzündungen, Magenfäule, Hautleiden; trockene Blätter zu Antidoten; gebrannte Blätter in Augenmitteln. Blüten gegen Zahnfleischleiden, die Köpfe [= Fruchtknoten] innerlich gegen Bauchfluß und Blutspeien. Gelbe, ungefüllte Rosen sind unbrauchbar, wilde zu vielem besser geeignet als gebaute). Von der wilden Rose wird die trockene Frucht, ohne das wollige Innere (in Wein gegen Bauchfluß) verwendet. Ausführlich wird die Bereitung des Rosenöls in einem Kap. beschrieben (aus trockenen Rosen, Öl und anderen Drogen; adstringierend, kühlend; innerlich öffnet es den Leib; gegen Geschwüre, Schorf und Ausschlag; zu Umschlag gegen Kopfschmerzen, als Spülung gegen Zahnschmerzen, gegen Verhärtungen der Augenlider; für Klistiere bei Reizungen der Eingeweide und der Gebärmutter), ferner die Bereitung von Rosenpastillen (aus welk gewordenen Rosen, indischer Narde, Myrrhe; gegen Schweißgeruch und zum Pudern nach dem Bade.).
Kräuterbuchautoren des 16. Jh. übernahmen die vielseitigen Indikationen aus dem Diosk.-Kap. von den Gartenrosen, übertragen auf Gartenrosen der Zeit, wie Damascener-Rose, Zentifolie [als Gartenrosen bei Dioskurides werden besonders R. centifolia L. und R. gallica L. angenommen; im frühen Mittelalter - z. B. St. Gallen - gilt als Gartenrose R. gallica L., die Zentifolie kam erst gegen Beginn der Neuzeit in nördliche Gärten]; das Diosk.-Kap. von der wilden Rose wurde auf die einheimischen Wildrosen bezogen (Indikation - bei Bock - z. T. nach Brunschwig: Destillat bei fieberhaften Erkrankungen, Herzschwäche, in Umschlag gegen Kopfschmerzen und Augenbeschwerden).

In Ap. Lüneburg 1475 waren vorrätig: Flor. rosar. rubr. (1½ lb.), Semen r. hyemal. (ohne Mengenangabe), Aq. r. rub. (6 St.), Aq. r. alb. (4 St.), Elect. de zucco r. (5 qr.), Mel r. (10 lb.), Oleum r. (4 lb.), Pulv. rosat. no[vellae] (3 oz.), Zucc. r. (1½ lb.), Sir. r. (7 lb).
Die T. Worms 1582 führt: Flores Rosae rubrae (Rosae Milesiae, Rot Rosen [über doppelt so teuer wie die folgenden]), Flor. Rosae albae (Weißrosen), Flor. Rosae Siluestris (Heckrosen); Semen Rosarum (Rosensamen, das sind die Körner, die in der roten Frucht, die man Butten oder A r ß k i t z l e n nennt, gefunden werden); Acetum rosarum (Rosenessig), Succus R. (Rosensafft), Aqua (dest.) R. albarum (Weiß Rosenwasser), Aqua R. rubrarum (Rot Rosenwasser), Aqua R. rorulentarum cum suis calicibus et crocinis flosculis distillata (Rot Rosenwasser, das von den gantzen Rosen, mit den understen Knöpfflen, geelen Blümlein unnd dem Morgentauwe, der darauff ligt, gedistillirt ist), Aq. R. Siluestrium (Heckrosenwasser), Conserua Rosarum rubrarum recens (Frischer Rosenzucker), Cons. R. rub. antiqua (Alter Rosenzucker [zum gleichen Preis wie vorangegangener]), Cons. R. Hispanica (Spanischer Rosenzucker [doppelt so teuer]), Sirupus R. rubrarum (Rot Rosen-

syrup), Sir. ex rosis rubris siccis (Syrup von gedörrten roten Rosen), Sir. R. solutiuus simplex (Mucharum rosarum, ex multiplici infusione rosarum, Purgirender Rosensyrup), Sir. R. solutiuus compositus (Mucharum rosarum compositus, Purgirender Rosensyrup von Rhabarbara), Mel rosarum (Rosenhonig), Mel r. solutiuum (Purgirend Rosenhonig), Mel r. sol. comp. (Purgirend Rosenhonig mit Rhabarbara), Electuarium e succo rosarum (Purgirend Rosentäfflein), Trochisci de rosis (Ein art von Rosenküglein), Sief de rosis (Augenküchlein von Rosen), Tabulae Rosatae nouellae (Das new Rosenconfect), Ol. (dest.) Ros. (Rosenöle), Ol. Ros. (Rosenöle), Ol. Ros. omphacinum (Rosenöle von unzeitigem Baumöle gemacht), Unguentum Rosatum (Rosensalb).

In Ap. Braunschweig 1666 waren vorrätig: Flores R. albar. (1/2 K.), Flores R. princ. (1/2 K.), Flores R. rubr. (1/4 K.), Flores R. sylvestr. (1/2 K.), Pulvis R. Flor. (1/4 lb.), Semen Anther. R. (3 1/2 lb.), Semen Cynosbathi (5 lb.); Acetum R. (1/2 St.), Aqua Cynosbath. c. Vino (1 St.), Aqua R. (8 St.), Balsamum R. (3 Lot), Condita cynosbathi (1 lb.), Conserva R. albar (19 lb.), Conserva R. cum Spir. Vitrioli (8 lb.), Conserva R. hyspan. (8 lb.), Conserva R. provinc. (23 lb.), Conserva R. rubrar. (153 lb.), Electuarium R. ex Succo (6 lb.). Elect. rosat. Mesuae (3/4 lb.), Mel. R. (46 lb.), Morsuli ex R. (1 lb.), Mors. sacchar. rosat. (1 lb.), Oleum R. (21 lb.), Roob cynosbathi (2 lb.), Rotuli aromat. rosat. (5 Lot), Species aromat. rosat. c. M. (8 Lot), Species aromat. rosat. s. M. (8 Lot), Species de Succ. R. (8 Lot), Spec. rosat. novelli (2 1/2 Lot), Spiritus R. (4 lb.), Succus R. (5 qr.), Syrupus Cynosbathi (2 lb.), Syr. de R. pallidis (7 lb.), Syr. de R. siccis (9 lb.), Syr. de Succo R. (6 lb.), Syr. Julep. R. (13 lb.), Syr. rosat. simpl. (8 lb.), Syr. rosat. solid. amb. (8 lb.), Syr. rosat. solutionibus (23 lb.), Tinctura R. (2 lb.), Trochisci de R. (3 1/2 Lot), Unguentum rosat. Mesuae (9 lb.).

In Ph. Württemberg 1741 sind verzeichnet: Flores Rosarum albarum (Rosae albae vulgaris majoris, weisse Rosen; gegen Augenentzündungen, Specificum bei Fluor albus), Flores R. pallidarum (bleiche Rosen, Ulmer-Rosen; Laxans, bei Gallenleiden und Wassersucht), Flores R. rubrarum (vulgarum, Zucker-Rosen, rothe Rosen; Adstringens, Roborans, Analepticum, Cordiale), Flores R. finarum (intense rubrarum, flore simplici sericeo, Knopff-Rosen, feine Rosen, Eßig-Rosen; Adstringens; für Bereitung von Tinktur und des Rosenessigs), Cynosbata (Huefften, Hagenbutten; Diureticum, Aperitivum, gegen Soodbrennen), Semen Cynosbati (Rosarum silvestrium, Haegen-Huefften-Hagenbutten-Saamen; gegen Steinleiden); Acetum rosatum, Aqua R. (aus frischen Blüten), Conserva R.rubrarum, pallidarum, vitriolata, Diacrydium rosatum, Mel rosatum simplex und solutivum, Muccharum R., Oleum R. coctum, Saccharum rosat. tabulat., Spiritus R. per Fermentatione und cum Vino, Syrupus R. siccarum, simplex und solutivus, Tinctura R., Unguentum rosatum und simplex. In der zugehörigen Arzneitaxe steht auch Oleum destillatum R., das wohl nicht selbst bereitet, sondern aus dem Handel bezogen wurde.

Hagen, um 1780, äußert sich in 4 Abschnitten zu Rosen:
1.) Zentifolienrose (R. centifolia) ist in unseren Gärten häufig. Sie hat die Benennung von den vielen Blumenblättern. Diese allein werden in Apotheken gebraucht. Man hat davon verschiedene Abarten, wovon zwei vornehmlich bekannt sind. Die Provinzrosen (Flor. Rosae pallidae) sind mehr oder weniger groß und von bleichroter Farbe. Sie werden meistens zum Einsalzen (Fl. Ros. sale conditi), zur Destillation des Rosenwassers und der mit Wasser bereiteten Roseninfusion (Mucharum Rosarum) verwandt. Die andere Abart ist die rote oder Zuckerrose (Flor. Rosae rubrae), deren Strauch höher wächst und deren Blumen röter, dennoch aber weniger ansehnlich sind ... Werden vornehmlich zum Trocknen und zum Rosenzucker (Conserua Rosarum) verwandt.
2.) Eßigrose, Knopfrose (R. Gallica), wächst ebenfalls in Gärten. Der Strauch ist allemal kleiner als von anderen Rosen. Die Blume ist meistens einfach und selten so wie die vorige ganz gefüllt. Die Blumenblätter haben einen schwachen Geruch und eine sehr schöne und dunkle Karmoisinfarbe. Deshalb werden sie auch, ehe sie sich noch völlig auseinander gefaltet haben, nachdem man den weißen Nagel weggeschnitten hat, unter dem Namen Damascenerrosen (Flor. Rosae Damascenae) getrocknet, um einigen Species dadurch ein schöneres Ansehen zu geben.
3.) Weiße Rose (R. alba), wird in Gärten gehalten. Die Stämme derselben sind hoch und nebst den Blattstielen stachlig ... Die weißen Blumenblätter (Flor. Rosae albae) werden besonders getrocknet.
4.) Wilde oder Hundsrose (R. canina), wächst wild an Bergen. Sie hat ebenfalls wohlriechende, hellrote, manchmal auch fast weiße Blumen. Die Blumenblätter (Flor. Rosae syluestris) sind nicht mehr im Gebrauch. Man sammelt davon auch die Früchte und den Samen. Erstere ... sind unter der Benennung der Hagebutten oder Hambotten (Fructus Cynosbati) bekannt. Die Samen (Sem. Cynosbati) sind länglich, eckig und haarig. [Fußnote zu diesem Abschnitt:] Zuweilen trifft man an dem wilden Rosenstrauch Höcker oder Auswüchse an, die manchmal die Größe eines Apfels haben, von außen ganz haarig und braunrot sind, inwendig aber aus lauter kleinen Höhlen bestehen. Man nahm sie in vorigen Zeiten unter dem Namen Schlafapfel oder Rosenschwamm (Spongia Cynosbati, Fungus Bedeguar s. Rosarum) in Apotheken auf. Sie entstehen durch den Stich eines höchst kleinen geflügelten Insekts (Cynips rosae) auf eben die Art als die Galläpfel. [Aufgenommen in Ph. Württemberg 1741: Spongia Cynosbati (Fungus, Bedegua, Schlaff-Kuntzen, Schlaff-Apffel, Hagenbutten-Schwamm; Adstringens, Antinephriticum, Hypnoticum)].
Die Ph. Preußen 1799 beschränkt sich auf: Acetum R.; Aqua R.; Flores R. incarnatarum (Rote Rosen, R. centifolia) und rubrarum (Essigrosen, R. gallica seu damascena); Mel rosatum; Tinctura R. acidula; Unguentum rosatum.

Geiger, um 1830, beschreibt: 1.) Rosenblütenblätter. Es gibt blaßrote (Flores R. pallidarum s. incarnatarum von R. centifolia, mitunter auch R. damascena), weiße

(Flores R. albae von R. alba), rote (Flores R. rubrarum von R. gallica, Knopfrose). Man verwendet sie in Substanz, in Pulverform und im Aufguß. Präparate sind: Rosenwasser und Rosenöl, gewöhnlich aus der Centifolie, das Öl mitunter aus der Bisamrose bereitet; auch die weiße Rose wird zur Bereitung des weißen Rosenwassers genommen. Die Rosen werden entweder frisch mit Wasser destilliert oder eingesalzen (Rosae insalitae, mit Salz in ein Faß einstampfen; sie bleiben dann frisch und können bei Bedarf zur Destillation genommen werden). Weitere Präparate: Rosenhonig, Syrup, Julep, gekochtes (infundiertes) fettes Öl, Pomade, früher noch Konserve. Muccharum Rosarum ist ein konzentrierter Rosenauszug aus gleichen Teilen frischen Rosen und kochendem Wasser oder der Rückstand von der Destillation des Rosenwassers.
Aus R. gallica wird bereitet: Säuerliche Tinktur, Essig und Konserve (diese war einst gegen Lungenschwindsucht hochberühmt), Rosenzucker und Täfelchen, auch Honig oder Syrup; sie sind Bestandteil der Tragea aromatica; jetzt wendet man die roten Rosen mehr zu Species an, um ihnen ein schönes Ansehen zu geben. Aus R. canina bereitete man ein destilliertes Wasser (Aqua R. sylvestrium).
2.) Früchte und Samen von R.canina, Hundsrose, Heckenrose, Fructus und Semen Cynosbati (Diätmittel). Das Mus, Mark und die Konserve aus den Früchten (Roob, Pulpa et Conserva Cynosbati) werden mehr als Würze denn als Arzneimittel benutzt.
3.) Die Wurzelrinde von R. canina (Cortex Radicis R. caninae s. sylvestris) war einst gegen den Biß toller Hunde berühmt.

Um 1870 (DAB 1) sind offizinell: Aqua R. (zu Augenwässern, kosmetischen Waschungen); Flores R. (von R. centifolia L.; sie werden als Flores R. saliti vorrätig gehalten; gelten als mildes Adstringens; Streupulver bei Wundsein der Kinder); Mel rosatum (in der Kinderheilkunde gegen Schwämmchen und bei Durchfall); Oleum R. (äther. Öl von R. moschata Mill., R. damascena Mill. u. a. R.-Arten; bes. für Parfümeriezwecke); Unguentum rosatum (aus Schweineschmalz, Wachs und Rosenwasser). Um 1925 (DAB 6) sind geblieben: Aqua R. (jetzt aus Rosenöl und Wasser) und Oleum R. (äther. Öl der frischen Kronenblätter verschiedener R.-Arten). In Erg.-B. 6, 1941: Fructus Cynosbati cum Semine (Hagebutten; getrocknete, reife Scheinfrüchte von R. canina L.), Fructus Cynosbati sine Semine (Entkernte Hagebutten); Flores Rosae (vor dem völligen Aufblühen gesammelte und getrocknete Kronblätter von R. gallica L. u. R. centifolia L.); Mel rosatum u. Mel rosatum cum Borace.

In Hoppe-Drogenkunde, 1958, befinden sich folgende Kapitel:
I.) Rosa canina; verwendet werden 1. die Scheinfrucht (Fructus Cynosbati cum und sine Semine, Cynosbata; „mildes Adstringens bei Darmkatarrhen. Diureticum. Bei Nieren-, Blasen- und Gallensteinen. - Als Keuchhusten- und auch als Wurm-

mittel empfohlen. - Wertvoller Vitaminträger, bes. im frischen Zustand"); 2. die Nüßchen (Semen Cynosbati; „bei Blasenleiden. - Als Kernlestee"). In der Homöopathie ist „Rosa canina" (Essenz aus frischen Blumenblättern) ein weniger wichtiges Mittel; bei Heufieber und Strangurie angewandt. Ein wichtiges Mittel ist „Cynosbatus - Rosenschwamm" (Tinktur aus getrockneten, durch den Stich der Rosen-Gallwespe, Rhodites rosae Gir., hervorgerufene Wucherungen an den Zweigen der Hundsrose, R. canina L.), gegen Schlaflosigkeit.
II.) Rosa gallica; verwendet werden 1. das Blütenblatt („Adstringens, bei Durchfall. - Zur Verschönerung von Teegemischen. - Zu Mund-, Augen- und Gurgelwässern. Bestandteil zahlreicher galenischer Präparate. Zu Räucherpulver. - In der Parfümerieindustrie"), die geschlossenen Knospen werden als Gemmae Rosae, Rose Buds gehandelt; 2. das äther. Öl der Blüten (Oleum R. aethereum, Rosenöl; „Rosenöl und Rosenwasser werden arzneilich als Geruchskorrigentien gebraucht. - Das äther. Öl auch bei Bronchialasthma und als Hautreizmittel"); die R.-Arten werden in zahlreichen Kulturformen gezüchtet. Die Zahl der Varietäten, Formen und Bastarde wird auf ca. 8000 geschätzt, von denen aber nur wenige zur Gewinnung der Blütendroge und des äther. Öls herangezogen werden. Insbesondere sind dies die Varietäten und Formen von R. gallica, R. centifolia, R. damascena und R. alba. In der Homöopathie ist „Rosa - Gartenrose" (R. centifolia L.; Essenz aus frischen Blumenblättern) ein wichtiges Mittel.

Rosmarinus

Rosmarinus siehe Bd. II, Antidinica; Antirheumatica; Cephalica; Emmenagoga; Vulneraria. / IV, A 16; B 4; D 7; E 17, 50, 79, 90, 101, 139, 141, 149, 157, 249, 277, 314, 322, 324, 325, 337, 385; G 957, 1267, 1340, 1517, 1827. / V, Ledum.
Rorismarinus siehe Bd. V, Teucrium.
Anthos siehe Bd. II, Acopa; Antiparalytica; Cephalica. / V, Ledum.
Libanotus oder Libanotis siehe Bd. II, Antidysenterica. / V, Athamanta; Ferula; Seseli.

Berendes-Dioskurides (Kap. Libanotis); Sontheimer-Araber; Fischer-Mittelalter (rosmarinum, anthos, libanotis, rosenmarin; Diosk.: libanotis, rosmarinus); Hoppe-Bock (Von Roßmarein); Geiger-Handbuch; Hager-Handbuch: **R. officinalis L.**
Zitat-Empfehlung: **Rosmarinus officinalis (S.).**

Dragendorff-Heilpflanzen, S. 570 (Labiatae); Tschirch-Handbuch II, S. 1033; H. Leclerc, Histoire du Rosmarin, Janus *34*, 196-204 (1930).

Die Libanotis hat nach Dioskurides erwärmende Kraft (heilt Gelbsucht; Zusatz zu kräftigenden Salben). Kräuterbuchautoren des 16. Jh. lehnen sich an dieses Kapitel an; Bock gibt - nach Hoppe - außerdem zahlreiche Indikationen an (Kraut in

Wein, außer gegen Gelbsucht, gegen Leukorrhoe, Atembeschwerden, Lungenleiden; Auswurf befördernd, Verdauung anregend, gegen Gifte; bei Leibschmerzen, Blutreinigungsmittel, Schweiß treibend. Rosmarinblütenzucker oder gebranntes Wasser innerlich und äußerlich bei Ohnmacht, Zittern, Schwindel; Cosmeticum; gegen alte Wunden und Geschwüre; Gewürz- und Zierpflanze).

In Ap. Lüneburg 1475 waren vorrätig: Flor. anthos ($1^1/_2$ qr.), Pulv. dyanthus (1 oz.). Die T. Worms 1582 führt: [unter Kräutern] Rosmarinum coronarium (Libanotis coronaria, Icteritis Apuleii, Herba salutaris, Dendrolibanum. Roßmarein); Flores R. (Anthos, Roßmareinblumen); Acetum florum Rosmarini (Acetum anthosatum, Acetum Rosmarinatum. Roßmareinessig), Aqua (dest.) R. coronarii (Roßmareinwasser), Tabulae Dianthon. (Roßmareinküchlen oder Confect), Ol. (dest.) Rosmarini (Roßmareinöle). In Ap. Braunschweig 1666 waren vorhanden: Flores Anthos (3 lb.), Herba rosmarin. hyspan. (1 K.), Herba rorismar. sylvestr. ($^1/_4$ K.), Semen r. ($1/^1{}_4$ lb.); Aqua r. (1 St.), Balsamum r. ($1^1/_2$ Lot), Confectio r. (10 lb.), Conserva anthos (10 lb.), Elaeosaccharum r. (40 Lot), Essentia a. ($^1/_2$ lb.), Extractum r. ($2^1/_2$ Lot), Oleum r. (24 Lot), Sal r. (10 Lot), Species Dianthos (13 Lot).

Die Ph. Württemberg 1741 führt: Herba Rorismarini (Libanotidis, Rosmarini lati angustifolii, Roßmarin; Balsamicum, Nervinum, Cephalicum, Uterinum, wird innerlich und äußerlich gebraucht), Flores Anthos (Rorismarini, Libanotidis, Rosmarinblüthe; Cephalicum, Nervinum, Uterinum); Aqua (dest.) Anthos, Species Dianthos (Blüten und etwa 15 andere Drogen), Spiritus Anthos, Aqua hungarica (aus Kraut mit Blüten, ferner Salbei und Ingwer, mit Spiritus Vini destilliert).

In Ph. Preußen 1799: Herba Roris marini; Oleum Herbae R. (durch Wasserdampfdestillation gewonnen); Spiritus R.; Unguentum R. compositum (= Unguentum nervinum); auch Aqua aromatica geht u. a. von R.-Kraut aus, Species aromaticae enthalten es ebenfalls.

Geiger, um 1830, nennt als gebräuchlich: Blätter und Blüten. Verwendung meist äußerlich zu aromatischen Tees.

Offizinell um 1870 (DAB 1, 1872): Folia R. (zu aromatischen Bädern, Teeaufguß zur Beförderung der Menses); Oleum R. (Abortivum); Spiritus R.; Unguentum R. compositum (Nervensalbe); Bestandteil von Aqua aromatica (Aqua cephalica, Aqua s. Balsamum Embryonum), Species aromaticae. DAB 6, 1926: Oleum R.; Unguentum R. compositum. Erg.-B. 6: Folia R.; Spiritus R.

Nach Hoppe-Drogenkunde, 1958, werden verwendet: 1. das Blatt („Aromaticum, Stomachicum, Antispasmodicum, Carminativum, Cholagogum. Stimulierendes Nervinum. In der Homöopathie [wo „Rosmarinus officinalis" (Tinktur aus getrockneten Blättern; Buchner 1840) ein wichtiges Mittel ist] bei Menstruationsstörungen, Nervenmittel im Klimakterium. - In der Volksheilkunde zu Umschlägen bei schlechtheilenden Wunden, Ekzemen u. a. In der Likörindustrie ... Zu Mottenschutzmitteln"); 2. das äther. Öl der Blätter („Hautreizmittel. Zur Herstellung galenischer Präparate... Zu schmerzstillenden Einreibungen bei rheumatischen Erkrankungen. Diureticum").

Rubia

R u b i a siehe Bd. II, Abstergentia; Aperientia; Emmenagoga; Lithontriptica; Acidulae; Analeptica; Antidysenterica; Refrigerantia. / V, Galium.
R u b e a t i n c t o r u m siehe Bd. I, Cetaceum.
Zitat-Empfehlung: *Rubia tinctorum (S.)*.
Dragendorff-Heilpflanzen, S. 639 (Fam. R u b i a c e a e); Tschirch-Handbuch III, S. 955 uf.; Bertsch-Kulturpflanzen, S. 243-244.

Der K r a p p, **R. tinctorum L.**, findet sich bei Grot-Hippokrates (als Mucilaginosum) und bei Berendes-Dioskurides (das E r y t h r o d a n o n hat eine rote, zum Färben geeignete Wurzel; sie wirkt harntreibend; gegen Gelbsucht, Ischias, Paralyse; als Zäpfchen zur Beförderung der Menstruation und der Nachgeburt; zu Umschlägen gegen weiße Flecken. Saft mit den Blättern gegen Biß giftiger Tiere. Die Frucht bei Milzleiden). Sontheimer-Araber und Fischer zitieren die Pflanze; letzterer gibt mittelalterliche Bezeichnungen an (r u b e a m a i o r, v a r e n t i a, e r a d o n u m, v e n a t i n c t o r u m, r o t h e, k l e b k r a u t t; Diosk.: erythrodanon, rubia passiva). Kräuterbuchautoren des 16. Jh. haben die Indikationen von Dioskurides übernommen (so Bock, um 1550, im Kap. Von Roedt; wie bei Dioskurides wird einer kultivierten und einer verwilderten Form gedacht, ohne Wirkungsunterschied).
In Ap. Lüneburg 1475 waren vorrätig: Rubie tinctorum (1 qr.). Die T. Worms 1582 führt: Radix Rubiae tinctorum (Rubiae infectoriae, Venae tinctoriae, S c y r i nicandri, Erithrodani. Röte, Rötwurtzel, F e r b e r w u r t z) [dies wohl die angebaute, denn daneben gibt es, wohl die verwilderte:] Radix Rubiae Siluestris (wildrötwurtzel); in T. Frankfurt/M. 1687: Radix Rubae tinctorum (Ferberröthe, Ferberwurtz). In Ap. Braunschweig 1666 waren vorrätig: Radix rubiae tinctor. (8 lb.).
Schröder, 1685, gibt über die Wirkung von „Rubia" an: „Sie wärmt und trocknet (nach anderen kühlt sie), eröffnet, zerteilt, dissolviert, adstringiert etwas, dient den Wunden, wird gebraucht bei Verstopfung der Leber, der Milz, vornehmlich aber der Mutter, in der Gelb- und Wassersucht, dem verstopften Harn und Monatsfluß, als Steckzäpfchen. Die Färber gebrauchen sie auch zum roten Tuch".
Die Ph. Württemberg 1741 beschreibt: Radix Rubiae tinctorum (sativae majoris, Erythrodami Raji, Färber-Röthe-Wurtzel; Vulnerarium, Aperiens). Die Stammpflanze heißt bei Hagen, um 1780: R. tinctorum (Färberröthe); „so selten sie zum arzneiischen Gebrauch angewandt wird, um desto größer ist ihr Nutzen bei der Färbekunst, da sie Garn, Wolle und Baumwolle schön rot färbt". [Fußnote Hagens hierzu:] „Zum Gebrauche der Färber wird diese Wurzel, nachdem sie geschält

und getrocknet worden, zermahlen oder gestoßen, und bekommt dann den Namen Krapp, Grapp oder Röthe. Man bewahrt sie, ehe man noch Gebrauch davon macht, zwei bis drei Jahre in Tonnen gepackt auf, weil man glaubt, daß sie dann reicher an Farbe werde ... Für die beste schätzt man die Seeländische".
Die Wurzeldroge (Radix Rubiae oder Radix R. tinctorum) blieb zunächst noch pharmakopöe-üblich (Ph. Preußen 1799-1846; Ph. Hannover 1861). In der Homöopathie ist „Rubia tinctorum - Krapp" (Tinktur aus getrockneter Wurzel) ein wichtiges Mittel.
Geiger, um 1830, schrieb über die Wirkung von R. tinctorum (Färberröthe, Krapp): „Man gibt die Krappwurzel in Pulverform oder als Trank. Bei anhaltendem innerlichen Gebrauch färben sich die Knochen rot. - Präparate hat man davon: Das Extrakt. Sie ist Bestandteil der 5 kleinen eröffnenden Wurzeln (rad. 5 aperientes minores). - Der größte Nutzen des Krapps ist aber seine Anwendung zum Rotfärben (türkisch Garn usw.) und zur Darstellung des Krapplacks; das Rot ist sehr dauerhaft und schön". Jourdan, zur gleichen Zeit, schreibt von der Verwendung der Wurzel (radix Rubiae tinctoriae seu tinctorum sativae s. majoris): „Adstringierend, besonders durch die Eigenschaft, die Knochen der damit genährten Tiere zu färben, berühmt. Man hat sie bei Rachitis empfohlen".
Hager-Handbuch, um 1930, bemerkt: „Die Wurzel wurde früher bei Englischer Krankheit angewandt, ist aber als Heilmittel veraltet. In der Färberei diente die Krappwurzel früher zum Rotfärben (Türkischrot). Seit der synthetischen Darstellung des Alizarins hat auch diese Verwendung fast ganz aufgehört".
Hoppe-Drogenkunde, 1958, gibt zur Verwendung der Wurzel an: „Diureticum bei arthritischen Beschwerden. Bei Nierenkrankheiten und Nierensteinen. Antidiarrhoicum. - Bei Wunden und Geschwüren. In der Homöopathie bei Nephrolitiasis, Urolithiasis, zur unterstützenden Behandlung bei Rachitis, Knochenbrüchen, Tuberkulose. - Technisch in der Färberei. - Zur Darstellung von Krapplack und Alizarin. Anwendung in der Kosmetik für Schminken und Zahnpasten".
Als weitere R.-Arten erwähnt Hoppe R. cordifolia (= R. munjista); Wurzel wird als Mittel gegen Rheuma, Gelbsucht und bes. in Indien als Färbemittel benutzt. Diese Art gibt Hessler-Susruta an.

Rubus

Rubus siehe Bd. V, Smilax.
Brombeere siehe Bd. II, Adstringentia. / IV, G 957.
Himbeere siehe Bd. IV, E 193, 197.
Steinbeere siehe Bd. V, Arctostaphylos; Vaccinium.

Grot-Hippokrates: - - R. fruticosus.
Berendes-Dioskurides: - Kap. Himbeer, R. Idaeus L. - - Kap. Brombeer, R. tomentosus Willd., R. caesius L., R. amoenus L.

Sontheimer-Araber: - R. idaeus - - R. fruticosus.
Fischer-Mittelalter: - R. idaeus L. (colos, hintberi, himpber; Diosk: batos idaia) - - R. caesius L. (rumix, batus, mora silvatica, vepres, eruscus, rapicus, rubrina, cinobatus, brama, bramberi, prambere, brome, breme, kratzber; Diosk.: batos, kynosbatos, sentes, rubus); R. fruticosus L. (alar, ramnus, rubus).
Hoppe-Bock: - R. idaeus L. (Hymbeeren, Horbeeren, Hundbeeren) - - R. caesius L. (klein geschlecht der Bremen); R. fruticosus L. (groß geschlecht der Bremen) +++ R. saxatilis L. (noch ein Bremen; Bocksbeer).
Geiger-Handbuch: - R. idaeus (Himbeere) - - R. caesius (Bocksbeerstrauch, blaue Brombeere); R. fruticosus (Brombeerstrauch, schwarze Braunbeere) +++ R. saxatilis (Steinbrombeeren); R. Chamaemorus (Multbeere, norwegische Brombeere); R. arcticus (nordische Himbeere, Ackerbreme).
Hager-Handbuch: - R. idaeus L. und Varietäten - - R. fruticosus L. (= R. plicatus W. et N.) und Formen und Arten +++ R. canadensis L., R. villosus Ait., R. hispidus L.
Schmeil-Flora: - **R. idaeus L.** (Himbeere) - - **R. caesius L.** (Kratzbeere); **R. fruticosus L.** (Brombeere; Bezeichnung der Sammelart, die in der Spezialliteratur vielfältig aufgegliedert ist) +++ **R. saxatilis L.** (Steinbeere), **R. chamaemorus L.** (Moltebeere).
Zitat-Empfehlung: **Rubus idaeus (S.); Rubus caesius (S.); Rubus fruticosus (S.); Rubus saxatilis (S.); Rubus chamaemorus (S.).**

Dragendorff-Heilpflanzen, S. 278 uf. (Fam. Rosaceae); Tschirch-Handbuch II, S. 69 (Fructus Rubi idaei), S. 71 (Fructus Rubi fruticosi).

(Rubus idaeus)
Nach Berendes wird von Dioskurides - im Anschluß an die Brombeere - auch die Himbeere beschrieben (hat die gleiche Kraft; außergewöhnlich hilft die mit Honig zerriebene Blüte als Salbe bei Augenentzündung und roseartigen Entzündungen; gegen Magenleiden). Tschirch-Handbuch meint, daß es unsicher ist, ob in der Antike unsere Himbeeren benutzt wurden; das Mittelalter beachtete sie nicht; Cordus benutzte die Früchte (Mora Rubi idaei) neben Maulbeeren und Erdbeeren zum Rob Diamoron; Syrupus Rubi idaei wird auf Gesner zurückgeführt.
Bock, um 1550, gibt - nach Hoppe - reichlich Indikationen, angelehnt an die Dioskurides-Kapitel für Brombeeren und Himbeeren (junge Zweige oder Blätter - als Abkochung oder Destillat - gegen Fieber, Dysenterie, Menorrhoe; zu kühlenden Umschlägen, gegen Mund- und Zahnerkrankungen, Angina, Geschwüre. Früchte, mit Blüten in Wein gekocht, gegen Schlangen- und Skorpiongift; gegen Erbrechen. Wurzeln bei Nierensteinen).

In T. Worms 1582 steht: Aqua (dest.) Mororum rubi Idaei (Hindbeerenwasser); in T. Frankfurt/M. 1687: Aqua Rubi Idaei (Hindbeerwasser), Acetum R. I. (Hindber Essig). In Ap. Braunschweig 1666 waren vorrätig: Herba rubi idaei (1/4 K.), Acetum r. i. (3/4 St.), Aqua r. i. (4 St.), Essentia r. i. (5 Lot), Syrupus r. i. (25 lb.). Aufgenommen in Ph. Württemberg 1741: Aqua dest., Conditum, Roob, Succus und Vinum aus Fructus bzw. Baccae Rubi Idaei. In Ph. Preußen 1799: Fructus Rubi Idaei (von R. Idaeus; Himbeeren); daraus bereitet Acetum, Aqua und Syrupus R. I. In DAB 1, 1872: Aqua R. I. und Aqua R. I. concentrata, Syrupus R. I., daraus zu bereiten Acetum R. I. Der Sirup noch DAB 6, 1926; in Erg.-B. 6, 1941, Folia Idaei (Himbeerblätter).

Nach Geiger, um 1830, werden die Beeren als diätetisches kühlendes Mittel verordnet; „Präparate hat man davon: den ausgepreßten Saft (succ. Rubi idaei), aus welchem mit Zucker der Himbeersyrup (syr. Rubi idaei) bereitet wird. Am schönsten wird derselbe, wenn man die zerquetschten Himbeeren sogleich frisch (langsam und vorsichtig) ausgepreßt, den Saft nur kurze Zeit (1 bis 2 Tage) stehen läßt, bis sich ein gelatinöses Magma, Gallertsäure, oben abgeschieden hat, welches man durch Kolieren trennt, und den Saft sogleich mit Zucker aufkocht . . . Ferner hat man: Essig, Gelé, Mus, Wasser, Julep, ehedem auch Spiritus . . . Die Blätter braucht man (selten) als Tee, zu Gurgelwasser, auch äußerlich als wundheilendes Mittel. - Die Himbeeren sind übrigens ein beliebtes gesundes Obst, welches häufig roh und auf mancherlei Weise zubereitet genossen wird". In Hager-Handbuch, um 1930, steht lediglich: „Die frischen Beeren dienen zur Herstellung des Himbeersirups und des durch Destillation aus den Preßrückständen gewonnenen Himbeerwassers". In Hoppe-Drogenkunde, 1958: Verwendung der Blätter „zu ‚Blutreinigungs'-, Haus- und Frühstücksteegemischen"; Sirupus Rubi idaei „als Geschmackskorrigens, als Getränk für Fieberkranke und bei der Durchführung von Saftkuren".

(Rubus vulgaris)

Brombeeren haben zahlreiche Stammpflanzen, so vertritt - nach Berendes - in Griechenland die Stelle unseres R. fruticosus: R. tomentosus Willd., R. caesius L. u. a. Davon wurde nach Dioskurides reichlich Gebrauch gemacht (Adstringens, Exsiccans; zum Haare färben. Zweigspitzen gegen Durchfall, Fluß der Frauen. Blätter fürs Zahnfleisch, gegen Geschwüre, Grind, Hämorrhoiden; zum Umschlag bei Magen- und Herzkrankheiten. Man nimmt zu ähnlichen Zwecken den ausgepreßten Saft aus Stengeln, Blättern, Früchten).

Nach Tschirch-Handbuch wurden die Brombeeren im Mittelalter stärker beachtet als die Himbeeren; das sehr geschätzte Getränk „Moratum" wurde aus Brombeeren, Honig, Wein und Gewürzen bereitet; bei Cordus heißt der Brombeersaft Succus mororum Rubi. Die Kräuterbuchautoren des 16. Jh. lehnten sich an Dioskurides an. Drogen oder Präparate kamen jedoch nur selten in offizielle Quellen (in T. Worms 1582: Aqua (dest.) Mororum rubi (Brombeernwasser); in

Ph. Württemberg 1741: Herba Rubi vulgaris (Rubi fructu nigro, Brombeerlaub; Adstringens, zu Gurgelmitteln).
Nach Geiger, um 1830, werden die Früchte von R. fruticosus (baccae seu fructus Rubi vulgaris, Mora Rubi), die Blätter von R. caesius (folia Rubi bati) gesammelt; „Anwendung. Die unreifen getrockneten Früchte wurden ehedem gegen Durchfälle usw. verordnet; die reifen als kühlendes diätetisches Mittel. - Man hat als Präparate: den Saft und daraus, mit Zucker gekocht, Syrup, auch Mus und Gallerte, sowie ein destilliertes Wasser war sonst gebräuchlich. Die Blätter werden als Tee, zu Gurgelwasser usw. genommen. Die Beeren werden öfter den Maulbeeren substituiert. Sie sind ein angenehmes Obst".
Hager-Handbuch, um 1930, gibt über Anwendung der Folia Rubi fruticosi an: „Hier und da zu Gurgelwasser und Diarrhöe; die Blätter werden auch als Ersatz für chinesischen Tee verwendet. Die frischen Früchte werden wie andere Beerenfrüchte zur Herstellung von Sirup und Gelee verwendet; sie geben auch einen vorzüglichen Beerenwein". Hoppe, 1958, schreibt über die Verwendung der Blätter (Folia Rubi fruticosi des Erg.-B. 6, 1941): „Adstringens, Antidiarrhoicum. - Zu Gurgelwässern und Waschungen bei Hautausschlägen".

(Verschiedene)
Geiger erwähnt noch 3 Arten:
1.) R. saxatilis; Beeren gegen Skorbut. Diese Art ist - nach Hoppe - auch bei Bock, um 1550, beschrieben.
2.) R. chamaemorus; Beeren gegen Skorbut und Blutspeien; die Blätter (folia Chamaemori) wurden 1815 von J. Frank gegen Harnkrankheiten empfohlen. In Ap. Braunschweig 1666 waren 19 lb. Roob chamaemoron vorrätig.
3.) R. arcticus; die Frucht (baccae norlandicae) gegen Skorbut; sehr wohlschmeckend.

Rumex

Rumex siehe Bd. II, Tonica. / V, Arctium; Lactuca; Oxalis; Polygonum.
Acetosa siehe Bd. IV, C 67.
Britan(n)ica siehe Bd. V, Cochlearia; Helleborus; Inula; Polygonum; Primula.
Lapat(hi)um siehe Bd. II, Adstringentia; Antiarthritica. / IV, C 73; G 1752. / V, Arctium; Chenopodium; Lactuca; Rheum; Spinacia; Trifolium; Tussilago.
Lappacium siehe Bd. V, Arctium; Petasites; Tussilago.
Sauerampfer siehe Bd. IV, C 34, 67; G 957.
Sauerampfersalz siehe Bd. III, Reg.

Hessler-Susruta: **R. vesicarius L.**
Grot-Hippokrates: R. obtusifolius.
Berendes-Dioskurides: Kap. Ampfer, R. acetosus u. Acetosella L.; R. crispus L.; R. Patientia L.; R. bucephalophorus L. oder R. scutatus; Kap. Hippo-

lapathon, R. aquaticus L., R. Hydrolapathon Huds.
Sontheimer-Araber: R. alpinus; R. aquaticus; R. obtusifolius; R. palustris; R. persicarioides.
Fischer-Mittelalter: R. acetosa L. u. obtusifolius L. (paratella, lapathum, argionis, acetosa, accidula, oxigalla, furella, arsdula, erba brusca, amphora, bletecha, ampffer, scharffletich; Diosk.: lapathon, oxylapathon); R. acetosella L. (acetula, accidula, aizon, herba acetosa, oxitropa, klein ampheren, surich; Diosk.: oxalis, anaxyris, lapathon); R. alpinus L. (lapatium rotundum); **R. aquaticus L.** u. R. Hydrolapathum Huds. (lappatum, paratella, lapatis, bulinga, ungula caballina aquatica); R. obtusifolius L. u. **R. crispus L.** (lapatium acutum, oxilapatum, rumex acuta, wylder mangold, grintwurz); R. Patientia L. u. Rheum raponthicum L. (?) (reobarbarus, raponticum, rabarber); R. persicarioides.
Hoppe-Bock: **R. acetosa L.** (Sawrampffer); **R. acetosella L.** (kleinst Sawrampffer); **R. hydrolapathum Hds.** (Wasser Rumex); **R. alpinus L.** (Münch Rhabarbarum, groß Rumex); **R. patientia L.** (zamer Rumex, zam Menwelwurtz); **R. obtusifolius L.** (wild Rumex, gemeine Menwelwurtzel, Grindwurtz, Zittersswurtz, wilder Ampffer oder Mangolt, Strippert, Strupflattich, Buppenkraut).
Geiger-Handbuch: R. Acetosa (gemeiner Sauerampfer); R. Acetosella (kleiner Sauerampfer, Schafampfer); R. aquaticus L. (Wasserampfer); R. alpinus (Alpenampfer, Mönchs-Rhabarber); R. Patientia (Gemüse-Ampfer, englischer Spinat); R. crispus (krauser Ampfer); R. obtusifolius (Grindwurzelampfer) **R. sanguineus L.** (blutroter Ampfer); R. scutatus (römischer Sauerampfer).
Hager-Handbuch: R. crispus L.; R. obtusifolius L.; R. hymenosepalus L. (Canaigre).
Zitat-Empfehlung: **Rumex vesicarius (S.); Rumex aquaticus (S.); Rumex crispus (S.); Rumex acetosa (S.); Rumex acetosella (S.); Rumex hydrolapathum (S.); Rumex alpinus (S.); Rumex patientia (S.); Rumex obtusifolius (S.); Rumex sanguineus (S.).**

Dragendorff-Heilpflanzen, S. 190-192 (Fam. Polygonaceae).

Dioskurides beschreibt 5 Ampferarten, die ziemlich gleichartig benutzt werden konnten: Gekochtes Kraut erweicht den Bauch; roh als Umschlag gegen Kopfausschlag. Samen gegen Dysenterie, Verdauungsbeschwerden, Skorpionsstich; Wurzel gegen Aussatz, Flechten, Ohren- u. Zahnschmerzen, Milzleiden; als Zäpfchen stillen sie den Fluß der Frau; mit Wein gekocht gegen Gelbsucht, Blasenstein, Skorpionenbiß; befördert Menstruation. Auch Bock, um 1550, faßt - nach Hoppe - die Wirkungen aller von ihm angeführten Rumex-Arten zusammen: Gekochte Kräuter als Laxans; Samen gegen Diarrhöe; Wurzelpulver purgiert Cholera und Phlegma, gegen Gelbsucht, in Wein gegen Zahn- u. Ohrenschmerzen. Destillat als Trank oder Umschlag gegen pestilenzische Fieber, Hauterkrankungen, Geschwüre. In Ap. Lüneburg 1475 waren vorrätig: Aqua acetosa (7 St.) und Radix lapathi (2 oz.).

(A c e t o s a)

In T. Worms 1582 sind aufgeführt: [Unter Krautdrogen] Acetosa (Oxalis, Anaxyris, Oxylapathum Galeni, Ampfferkraut, Sauwerampffer); Semen Acetosae (Sauwerampffersamen); [unter rohen Säften] Succus Acetosae (Oxalidis, Sauwerampffersaft); Aqua Acetosae (Oxalydis), Conserva Acetosa (Oxalydis, Sawerampfferzucker), Sirupus de succo acetosa. In Ap. Braunschweig 1666 waren vorrätig: Herba Acetosae (1 K.), Semen A. (1/4 lb.), Aqua A. (2 St.), Aqua A. comp. (1 St.), Conserva A. vulg. (9 lb.), Conserva A. Hyspan. (8 lb.), Extractum A. (9 Lot), Essentia A. (18 Lot), Sal. A. commun. (1 1/2 Lot), Sal A. essentialis (1/2 Lot), Syrupus A. simpl. (6 lb.), Syrupus A. ex succo (5 lb.).

Die Ph. Württemberg 1741 führt: Herba Acetosae (Oxalidis, Acetosae pratensis vulgaris, Saurampfer; Temperans für Galle, Antiscorbuticum; als Dekokt und Brühe); Semen A. (Oxalidis pratensis, Sauerampffer-Samen; Alexipharmacum, Bestandteil von Composita); Radix A. (Oxalidis, Rumicis, Acetosae pratensis Caspar. Bauhini, Sauerampffer-Wurtzel; das Dekokt schlägt Fieber nieder); Aqua (dest.) A., Conserva A., Sal essentiale A., Syrupus Acetosae.

Diese vielartige Verwendung bricht um 1800 ab. Die Ph. Preußen 1799 führt nur noch Rumex acetosa als eine der beiden Stammpflanzen für O x a l i u m s. S a l A c e t o s e l l a e (die andere Stammpflanze ist Oxalis acetosella). Geiger, um 1830, schreibt über die Wirkung von R. acetosa: „Die Wurzel wurde ehedem bei Diarrhöen usw. gebraucht . . . die frischen Blätter sowie der Saft wird als antiscorbutisches Mittel gerühmt. Aus denselben läßt sich auch Kleesalz darstellen. In der Haushaltung wird der Sauerampfer häufig als Gemüse, zu Suppen usw. verwendet. Der Same ist außer Gebrauch". Hager, um 1930, erwähnt vom Sauerampfer nur noch, daß er als Gemüse angebaut wird. In der Homöopathie ist „Rumex Acetosa" (Essenz aus frischer Wurzel) ein weniger wichtiges Mittel.

Gelegentlich kommt in Taxen noch eine andere Acetosa-Art vor. In T. Worms 1582 steht als Krautdroge neben Acetosa noch Acetosa rotunda (Acetosa gallica, Oxalis rotundifolia, Agrestampffer, Runderampffer, Salsenampfer); in T. Mainz 1618 Herba Acetosae rotundae seu Sabandicae. Vielleicht sind dies die Herba Acetosae Hyspanicae, von denen in der Ap. Braunschweig 1666 1/4 K. und von Conserva Ac. Hyspan. 8 lb. vorrätig waren. Hagen, um 1780, schreibt vom Römischen oder Französischen Sauerampf (Rumex scutatus), „wird auf den Steinhaufen in der Schweiz und Provence gefunden und in den Küchengärten oft gebaut. Er hat mehrenteils dünne kriechende Stengel, dessen Blätter fast ganz rund und nach dem Stiel zu mit runden oder spitzigen Ohren versehen sind. Diese (Hb.

Acetosae rotundifoliae) haben einen sehr angenehmen säuerlichen Geschmack". Auch Geiger erwähnt Rumex scutatus; „wird wie die folgende Art [R. Acetosa] verwendet. Man zieht diesen Sauerampfer wegen seinen zarten Blättern und der angenehmen Säure öfters dem gemeinen vor".
Über R. Acetosella berichtet Geiger nur: „Davon können die sauren Blätter ebenfalls zur Gewinnung des Kleesalzes verwendet werden". [Diese Pflanze hat nichts mit Acetosella der Pharmakopöen (→ Oxalis) zu tun].
Hoppe-Drogenkunde, 1958, hat ein Kap. R. acetosa; R. acetosella wird in gleicher Weise verwendet: „In der Volksheilkunde zu sog. Frühjahrskuren und als ‚Blutreinigungsmittel'. - In der Homöopathie bei Hautleiden, Krämpfen etc.".

(Lapathum)
Wie schon in Liste Lüneburg 1475, so wird auch in späteren Listen und Taxen Radix Lapathi verzeichnet: T. Worms 1582 Radix Lapatii, Menwenwurtz, dazu Semen Lapathi, Menwenwurtzelsamen. In T. Frankfurt/M. 1687 steht ausführlicher: Radix Lapathi acuti, folio acuto, Oxylapathi, Rumicis acuti, Cappillaris, Mengelwurtz, Grindwurtz, wilder Mangolt, wilder Ampffer; bei Semen L. acuti, Rumicis, Mengelwurtzsamen. In den Apotheken Braunschweig 1666 und Lüneburg 1718 sind nur die Wurzeldrogen vorhanden (9 lb. bzw. 5 lb.).
Über die Wirkung schreibt Ph. Württemberg 1741: 1. Radix Lapathi acuti (folio acuto, Oxylapathi J. B., Ramicis silvestris, Grindwurtzel, wilder Ampfer, Mangel-Wurtz, Lenden-Wurtz): Adstringens, Vulnerarium; gegen Hautkrankheiten, Scabies. 2. Semen Lapathi acuti: Adstringens, Alexipharmacum. In Ph. Preußen 1799 ist noch aufgenommen: Radix Lapathi acuti, Grindwurzel, von Rumex acutus; die Stammpflanze heißt in den Ausgaben 1827 u. 1829 R. optusifolius Linné [in Schmeil-Flora gibt es keine Art R. acutus mehr]; dann in Preußen nicht mehr offizinell, vereinzelt noch einige Zeit in anderen Pharmakopöen. Geiger schrieb über die Anwendung: „Man gibt die Grindwurzel in Abkochung als Trank. Auch äußerlich zu Waschungen. Die frische geschabte Wurzel wird mit Rahm zur Salbe gemacht, gegen Hautausschläge, Krätze usw. aufgelegt". Im Hager, um 1930, steht bei Radix Lapathi, Ampferwurzel, Zitterwurzel: „Früher gegen Hautkrankheiten; jetzt wird sie kaum noch angewandt". Als Stammpflanze ist neben R. obtusifolius L. noch R. crispus L. angegeben. Diese Art wird auch von Geiger genannt: „Wird schon sehr lange, mit anderen Ampferarten vermengt, als Arzneimittel gebraucht... Von dieser Pflanze wird häufig die Wurzel (rad. Lapathi crispi) anstatt echter Grindwurzel gesammelt". In der Homöopathie ist „Rumex - Ampfer" (R. crispus L.; Essenz aus frischer Wurzel; Hale 1873) ein wichtiges, „Lapathum acutum" (R. obtusifolius L.; Essenz aus frischer Wurzel) ein weniger wichtiges Mittel. Nach Hoppe, 1958, wird die Wurzel von R. obtusifolius und R. crispus verwendet: „Bei Hautleiden und Diarrhöe... Antispasmodicum, Laxans. In der Homöopathie bei Kopfschmerzen und Unterleibsleiden".

(H y d r o l a p a t h u m)
Der Wasserampfer (bei Dioskurides Hippolapathon) fand vorübergehend einige Beachtung, da man ihn für die „B r i t a n i c a" hielt, über die Plinius berichtet hatte: Als Caesar Germanicus in Germanien jenseits des Rheines vorrückte, fand sich im Gebiet der Küste eine einzige Süßwasserquelle: Wer davon trank, dem fielen binnen zwei Jahren die Zähne aus und das Gefüge der Gelenke an den Knien löste sich. Die Ärzte nannten diese Krankheit „Stomakake" (Mundfäule, Skorbut) und „Skelotyrbe". Zur Abhilfe fand sich ein Kraut, das Britanica genannt wird, das nicht nur für die Sehnen und die Krankheiten des Mundes heilsam ist, sondern auch gegen Halsbräune (Angina) und gegen Schlangenbiß. Die Pflanze hat längliche schwarze Blätter und eine schwarze Wurzel... Die Blüte nennen sie „vibones": Wenn man diese, bevor man es donnern hört, sammelt und verschluckt, ist man für das ganze Jahr vor der Angina gefeit. Die Friesen... zeigten uns diese Pflanze.
Es sind viele Überlegungen angestellt worden, welche Pflanze dies gewesen sein könnte. Sie fanden einen Niederschlag in der pharmazeutischen Praxis des 18. Jh. Hahnemann schreibt in seinem Kommentar zum Edinburger Dispensatorium (1800): „Hydrolapathum, Wurzel. Rumex aquaticus L., Wasser-Ampfer... Munting gab im Jahre 1681 eine Abhandlung über diese Pflanze heraus, worin er sich zu zeigen bemüht, daß unser Wasser-Ampfer die Herba brittanica der Alten sei. Er schreibt dem Wasser-Ampfer daher alle die der Herba britanica beigelegten Tugenden zu, und rühmt ihn besonders gegen Scharbock und alle seine Symptome".
In die Württemberger Pharmakopöen des 18. Jh. ist aufgenommen: Radix Hydrolapathi (Lapathi aquatici, magni J. B. longifolii, nigri, palustris sive Britannicae antiquorum, Wasser-Mengel-Wurtz, große Mengel-Wurtzel; Antiscorbuticum, Resolvens, Adstringens; Saft oder Dekokt als Stomachicum; gegen Geschwüre). Geiger schreibt über R. aquaticus L.: „Davon ist die Wurtzel und das Kraut unter den Namen herba et radix Hydrolapathi seu Britannicae offizinell. Die Wurzel... hat wohl dieselben Bestandteile und Wirkung wie die gewöhnliche Grindwurzel. Man gebraucht sie seit langer Zeit in England und Schweden gegen Scharbock, Mundgeschwüre usw. Die gepulverte Wurzel ist in Schweden als Zahnpulver sehr geschätzt". Im 19. Jh. kommt die Droge außer Gebrauch.

(M ö n c h s r h a b a r b e r)
Bock, um 1550, bildet als Münchrhabarber R. alpinus L. ab. Die billige Radix Rhabarbari monachorum kommt in den Apotheken des 17. - Anfang 19. Jh. regelmäßig neben der teuren Radix Rhab. veri vor, z. B. T. Mainz 1618: Münchrharbara; T. Frankfurt/M. 1687: Radix Rhabarbari Monachorum, Lapathi domestici, hortensis, sativi, Münchsrharbar. In Ap. Braunschweig 1666 waren vorhanden: Radix rhab. monachorum (8 1/2 lb.) und Extractum rhab. Monachorum (1 1/2 Lot).

Die Ph. Württemberg 1741 führt ebenfalls Radix Rhabarbari Monachorum (Lapathi latifolii hortensis, Rumicis sativi; wirkt wie echter Rhabarber, aber stärker adstringierend), außerdem Radix Rhapontici officinalis (Lapathi Alpini folia subrotundo J. C., Lapathi hortensis rotundifolia B. C.). Es handelt sich bei Mönchsrhabarber und diesem Rhapontik sicher um Rumexwurzeln, aber von verschiedenen Arten. Hagen, um 1780, schreibt über das „Geduldkraut, Patientia (Rumex Patientia) gehört in Italien zu Hause, ist aber als ein Kohlkraut schon seit sehr vielen Jahren in unseren Gärten bekannt ... Die Wurzel ist lang, dick, fasericht, auswendig braun, inwendig safrangelb. Man nennt sie Mönchsrhabarber (Rhabarbarum monachorum), weil sie in Mönchsklöstern zuerst statt Rhabarber gebraucht sein soll"; Fußnote dazu: „Andere halten die Wurzel des Alpenampfers (Rumex alpinus), der auf den Schweizerischen Gebirgen wächst, und des stumpfblättrigen Ampfers (Rumex optusifolius) für die Mönchsrhabarber".

Geiger, um 1830, schreibt bei R. Patientia, daß die Wurzel und das Kraut (rad. et herba Patientiae, Lapathi hortensis) auch Mönchsrhabarber (rad. Rhabarbari monachorum) genannt wird. Anwendung: „Die Wurzel wurde sonst in Abkochung als blutreinigendes und gelinde abführendes Mittel gegeben, auch äußerlich als Breiumschlag bei Krätze usw. verwendet. Das Kraut wird zu den Frühlingskuren genommen. Man hält es auch für antiskorbutisch. - In mehreren Gegenden wird es als Gemüse wie Spinat verspeist".

Unter R. alpinus schreibt er: „Offizinell ist: Die Wurzel, Alpengrindwurzel, Mönchsrhabarber (rad. Rhabarbari Monachorum, Pseudo-Rhabarbari). Die Wurzel wird in einigen Gegenden wie Rhabarber, auch gegen Würmer, bei Durchfällen usw. gebraucht. Sie wirkt gelinde abführend, zugleich auch adstringierend. Die Blattstiele werden in einigen Gegenden als Gemüse genossen".

Wiggers, um 1850, gibt sowohl R. Patientia L. („Die Wurzel ..., die der des echten Rhabarbers bis zum Verwechseln ähnlich ist, und heutzutage sehr häufig als Mönchsrhabarber vorkommt") als auch R. alpinus L. an („Liefert die Mönchs-Rhabarber, Radix Rhei Monachorum"). Im ausführlichen Hagerschen Handbuch von 1880 kommt die Droge nicht mehr vor. In der Homöopathie ist „Rumex Patientia" (Tinktur aus getrockneter Wurzel) ein weniger wichtiges Mittel.

Ruscus

Ruscus siehe Bd. II, Aperientia. / V, Anthericum; Ruta.
Zapfenkraut siehe Bd. V, Ajuga; Melampyrum.

Berendes-Dioskurides: - Kap. Stechmyrte, **R. aculeatus L.** -- Kap. Hypoglosson, R. Hypoglossum L. +++ Kap. Idäische Wurzel, R. hypophyllus oder Streptopus amplexifolius D. C.?

Sontheimer-Araber: - R. aculeatus -- R. Hypoglossum +++ R. Hypophyllum; R. racemosus.
Fischer-Mittelalter: - R. aculeatus (bruscus, eruscus, frisgones, hulis) -- R. Hypoglossum (flammula, asta alexandrina, laurus terrestris, bonifacia, ipoglossus, bislingua, brencrut) +++ R. racemosus.
Beßler-Gart: - R. aculeatus L. (bruscus) -- **R. hypoglossum L.** (incensaria, brennwortz).
Hoppe-Bock: - R. aculeatus L. (Meußdorn, Keerbesen, Bruscus) -- R. hypoglossum L. (Zapfenkraut, Hockenblat).
Geiger-Handbuch: - R. aculeatus (stacheliger Mausdorn, Myrtendorn) -- R. Hypoglossum (Zungen-, Mäusedorn, Zungenkraut, Zapfenkraut) +++ R. Hypophyllum.
Zitat-Empfehlung: **Ruscus aculeatus (S.); Ruscus hypoglossum (S.).**

Dragendorff-Heilpflanzen, S. 126 (Fam. Liliaceae).

(Bruscus)
Von der wilden Myrsine (Stechmyrte) werden nach Dioskurides benutzt: Blätter, Frucht u. Wurzel, in Wein getrunken (Diureticum, befördert Menses, zertrümmert Blasenstein; gegen Gelbsucht, Harnzwang, Kopfschmerzen); die jungen Stengel als Gemüse. Bock, um 1550, fügt diesen Indikationen hinzu: Zweige zur Abwehr von Mäusen u. Ratten; zur Herstellung von Kehrbesen.
In Ap. Lüneburg 1475 waren vorrätig: Semen brusti (1 lb., 1/2 qr.), Radix brusci (1 lb.). Die T. Worms 1582 führt: Semen Rusci (Oxymyrsines, Myrsines agriae, Myrthacanthae, Myacanthae, Scinci, Scingi, Catangeli, Anangeli, Cyrentae Ocneri, Chamaemyrti, Myrti silvestris s. acumi natae s. humilis s. terrestris, Geniturae Herculis, Spinae murinae s. vespertilionis, Palmae murinae, Brusci, Hieromyrti, Myrti sacrae, Ruscken-, Bruscken-, Meußdorn-, Myrtendorn-, Fledermeußdorn-Samen oder -Körner); Radix Rusci (Brusci, Rusckenwurtzel). Vorrat der Ap. Braunschweig 1666: Semen brusci (5 1/2 lb.), Radix brusci (15 3/4 lb.). In Ph. Württemberg 1741 stehen: Semen Rusci (Mausdornsaamen; wie die Wurzel Diureticum, Abstergens; kaum gebraucht, Bestandteil des Electuarium benedictum laxativum); Radix Brusci (Rusci myrtifolii aculeati, Myrtacanthae, Bruschwurtz, Mausdornwurtzel; Diureticum, Aperiens). Stammpflanze nach Hagen, um 1780: Ruscus aculeatus. Einstige Anwendung nach Geiger, um 1830: „Man gab die Wurzel als auflösendes blutreinigendes Mittel. Sie wurde in der Wassersucht usw. gebraucht, gehörte zu den rad. 5 aperient. major. Ähnlich gebrauchte man die jungen Schößlinge, besonders als harntreibendes Mittel. Aus den Beeren bereitet man ein Gelee. - Die Samen hat man als Kaffeesurrogat empfohlen. Die jungen Sprossen können als Gemüse wie Spargeln

usw. genossen werden. - Die Zweige auf die Speisen gelegt, sollen die Mäuse abhalten?" Nach Hoppe-Drogenkunde, 1958, wird Rhizoma Rusci noch in Frankreich als Diureticum benutzt.

(U v u l a r i a)
Vom Hypoglosson berichtet Dioskurides, daß Wurzel und Saft Salben zugemischt werden; die Stengelschöpfe scheinen als Amulett gegen Kopfschmerzen benutzt zu werden. Nach Berendes handelt es sich hier um R. hypoglossum L. Die Pflanze wird nach Hoppe von Bock im Kap. Zapffenkraut abgebildet, Bock bezieht sich jedoch bezügl. der Indikationen auf ein anderes Kapitel bei Dioskurides, in dem nämlich R. hypophyllum beschrieben wird. Bock nennt einige innerliche (Wurzel mit Wein fördert schwere Geburt, vertreibt Harnwinde, bewegt Menses) und äußerliche Indikationen (trocknet Wunden u. Geschwüre); „wird bei uns Deutschen allein für das feuchte Zäpflein und Halsgeschwür gebraucht, darüber getrunken". Als lat. Namen gibt er u. a. Uvularia an.
In T. Worms 1582 ist unter Kräutern verzeichnet: Uvularia (H i p p o g l o s s u m, Hypoglossum, E p i g l o s s u m, E p i p h y l l o c a r p o n, L i n g u a p a g a n a, Bonifacia, Bislingua, A u f f e n b l a t, Z ö p f f e l k r a u t, Z u n g e n b l a t). In Ap. Braunschweig 1666 waren 1/2 K. Herba uvulariae vorrätig. Aufgenommen in Ph. Württemberg 1741: Herba Uvulariae (Hippoglossi, Bislinguae, Bonifaciae, Lari Alexandrinae, Rusci latifolii fructu folio innascenti Tournefort, Zäpffleinkraut, Zungenkraut, K e h l b l a t t; Traumaticum, Adstringens; als Dekokt zum Gurgeln bei Erkrankungen der Uvula [Zäpfchen im Halse]). Bei Hagen, um 1780, heißt die Stammpflanze der Herba Uvulariae: R. Hypoglossum. Geiger, um 1830, erwähnt lediglich, daß von dieser Pflanze früher die Blätter (herba Uvulariae, Lauri alexandrinae angustifoliae) gebräuchlich waren, von R. Hypophyllum (breitblättrigem Mäusedorn) die Blätter und Wurzel (folia et radix Lauri alexandrinae). Bei Jourdan, zur gleichen Zeit wird R. hypoglossum noch als Adstringens, aber weniger im Gebrauch, angegeben.

Russula

Geiger, um 1830, erwähnt A g a r i c u s emeticus Schäff. (zu Agaricus integer L. gehörend; T ä u b l i n g); „wirkt brechenerregend und purgierenerregend, ätzend giftig und selbst tödlich". Der Pilz heißt bei Dragendorff-Heilpflanzen, um 1900 (S. 43; Fam. A g a r i c a c e a e; um 1970: R u s s u l a c e a e): **R. emetica Fr.** (S p e i t e u f e l). In der Homöopathie ist „Agaricus emeticus - Speiteufel. Giftiger Täubling" (Essenz aus frischem Pilz) ein wichtiges Mittel. Zitat-Empfehlung: **Russula emetica (S.).**

Ruta

R u t a siehe Bd. II, Alexipharmaca; Antapoplectica; Antidysenterica; Antihysterica; Antiscorbutica; Calefacientia; Carminativa; Diuretica; Emmenagoga; Nervina; Prophylactica; Quinque Herbae capillares; Vulneraria. / IV, A 6; C 27. / V, Botrychium; Fumaria; Isatis; Peganum.
G a r t e n r a u t e siehe Bd. IV, G 957.
R a u t e siehe Bd. IV, C 10, 23, 34, 50; G 957. / V, Botrychium.
W e i n r a u t e siehe Bd. IV, G 957 (R.graveolens).

H e s s l e r-Susruta: R. graveolens.
G r o t-Hippokrates: R. hortensis.
B e r e n d e s-Dioskurides: Kap. R a u t e, **R. graveolens L.**, evtl. auch R. montana Clus.
T s c h i r c h-Sontheimer-Araber: R. graveolens, R. sylvestris.
F i s c h e r-Mittelalter: R. graveolens L. (ruta, p i g a n o n, r u d e, rautten, w e i n k r a u t t; Diosk.: p e g a n o n, ruta montana, ruta ortensis).
H o p p e-Bock: Kap. Rauten, R. graveolens L. subsp. hortensis Gams. (best. unn edel Raut, die gemein Raut) und? R. graveolens L. subsp. divaricata Gams. f. crithmifolia Barth. (Die recht wild Raut); diese könnte auch R. m o n t a n a L. sein.
G e i g e r-Handbuch: R. graveolens (Gartenraute, Weinraute).
H a g e r-Handbuch: R. graveolens L. (= R. hortensis Miller).
Z i t a t-Empfehlung: **Ruta graveolens (S.); Ruta montana (S.).**

Dragendorff-Heilpflanzen, S. 351 uf. (Fam. R u t a c e a e); Tschirch-Handbuch III, S. 937.

Dioskurides unterscheidet wildes Bergpeganon (ist schärfer) und Gartenpeganon (als Speise geeignet), medizinisch zu zahlreichen Zwecken gebraucht (beide sind brennend, erwärmend, Geschwüre machend, harntreibend, Menstruation fördernd, gegen Durchfall. Blätter machen tödliches Gift unwirksam; gegen Schlangenbisse; vernichten Leibesfrucht; in Mitteln gegen Leibschneiden, Seiten- und Brustschmerz, Atemnot, Husten, Brustfellentzündung, Ischias- und Gelenkschmerzen, periodische Frostschauer, Aufblähungen des Magens, der Gebärmutter, des Rektums, gegen Gebärmutterkrämpfe; mit Öl gekocht gegen Bandwurm; äußerlich gegen Gelenkschmerzen, Augenschmerzen, Kopfschmerzen, Nasenbluten, Hodenentzündungen, Ausschläge, Warzen und Feigwarzen, Flechten. Blattsaft gegen Ohrenschmerzen, Stumpfsichtigkeit, Rose, Geschwüre, Grind. Same gegen Eingeweideleiden, zu Gegengiften, bei Harnleiden). Kräuterbuchautoren des 16. Jh. übernehmen solche vielseitigen Indikationen.
In Ap. Lüneburg 1475 waren vorrätig: Semen rute (1 qr.), Aqua r. (2 St.), Oleum r. (2 1/2 lb.). In ausführlichen, von gelehrten Ärzten verfaßten Taxen wird um 1600, auch noch in Lemery's Dictionaire des Drogues simples ([3]1716), zwischen Garten- und Wildraute unterschieden (wie bei Dioskurides; auch bei Bock): T. Worms

1582: [unter Kräutern] 1. Ruta (Peganon, Rhyte, Ruta hortulana. Rauten, Weinrauten, Zamrauten). 2. Ruta Siluestris (Peganon Agrion, Moly Galeni, Armala, Harmala, Besasa, Wildrauten). [unter Samen] Semen Rutae Pegani (Rautensamen), Rutae Siluestris (Wildrautensamen). [Zubereitungen] Succus Acetum rutae (Rautenessig), Succus Rutae (Rautensafft), Aqua R. (Pegani, Rautenwasser), Extractio r. (Extract von Rauten), Oleum (dest.) R. (Rautenöle), Oleum Rutaceum (Rautenöle). Simplicia der T. Mainz 1618: [unter Kräutern] 1. Ruta hortensis (Weinrauten). 2. Ruta Sylvestris (Wildt Rauten). [unter Samen] 1. Rusci Bruscus officinarum supra (Rutae hortensis, Weinrautensamen), 2. Rutae Sylvestris (Wildrautensamen). Lemery unterscheidet bei Ruta: 1. eine Gartenform, genannt Ruta domestica seu graveolens hortensis vel hortensis latifolia seu major. 2. Zwei Wildformen, a) Ruta sylvestris major seu montana, b) Ruta sylvestris minor seu R. s. tenuifolia seu R. montana legitima.

In Taxen ist die Wildform, als deren Stammpflanze R. montana L. angenommen wird, doppelt so teuer wie die Gartenform (= R. graveolens L.). Letztere wird seit 17. Jh. die gebräuchliche. Aufgenommen in T. Frankfurt/M. 1687 (als Simplicia) nur Herba Ruta hortensis (Weinrauten) und Semen Rutae (Weinrautensaamen). In Ap. Braunschweig 1666 waren vorrätig: Herba rutae hortensis (2¼ K.), Semen r. (2¼ lb.), Acetum r. (1 qr.), Aqua r. (2 St.), Balsamum r. (2½ Lot), Conserva r. (1¼ lb), Elaeosaccharum r. (10 Lot), Oleum (coctum) r. (2 lb.), Oleum (dest.) r. (27 Lot), Sal r. (30 Lot).

Die Ph. Württemberg 1741 verzeichnet: Herba Rutae hortensis (vulgaris, latifoliae, sativae, Gartenrauten, Weinrauten; Alexipharmacum, Cephalicum, Nervinum, Uterinum, Diureticum), Semen Rutae hortensis (Rauten-Saamen; gegen Gonorrhöe, treibt Urin und monatliche Reinigung); Acetum R., Aqua R. hortensis, Balsamum R., Extractum R., Oleum R. (Blätter mit Olivenöl gekocht), Oleum R. dest. - Stammpflanze bei Hagen um 1780: R. graveolens.

Kraut- bzw. Blattdrogen (Herba, Folia Rutae) in preußischen Pharmokopöen bis 1846 (in Ausgabe 1799 außer dem Kraut - Gartenraute - als Präparate damit: Acetum R., Aqua (dest.) R.; aus frischem Kraut: in Aqua vulneraria vinosa, Unguentum Roris marini comp.; Oleum R. in Mixtura oleosa-balsamica). In DAB 1, 1872, wieder Folia Rutae, Bestandteil von Aqua vulneraria spirituosa. Dann Erg.-Bücher, so in Erg.-B. 6, 1941: Folia Rutae („Die vor der Blüte gesammelten und getrockneten Laubblätter von Ruta graveolens L. subsp. hortensis (Miller) Gams") und Oleum Rutae („Das ätherische Öl von verschiedenen Arten der Gattung Ruta"). In der Homöopathie ist „Ruta - Weinraute" (R. graveolens L.; Essenz aus frischem, vor der Blüte gesammelten Kraut; Hahnemann 1818) ein wichtiges Mittel.

Über Anwendung schreibt Geiger, um 1830: „Man verordnet die Rautenblätter frisch, klein zerschnitten, auf Butterbrot gestreut, auch den Saft als Frühlingskur;

häufiger gibt man sie im Aufguß innerlich, auch äußerlich, zu Bähungen, Bädern, Umschlägen ... Der Same wird jetzt nicht mehr gebraucht". Hager im Kommentar, 1874: „Die Gartenraute wird kaum noch gebraucht. Früher gab man sie innerlich und im Klistier bei Eingeweidewürmern und als Emmenagogum. Sie wirkt milder als die Sabina, dennoch findet sie als Abortivmittel Verwendung". Hager-Handbuch, um 1930: „Das Kraut wirkt als starkes Emmenagogum und Abortivum, auch ebenso wie die Samen als Anthelminticum. Es ist aber wenig empfehlenswert und ziemlich veraltet". Hoppe-Drogenkunde, 1958: [Kraut] „Krampfstillendes und nervenberuhigendes Mittel. Emmenagogum, Hydroticum, Diaphoreticum, Stomachicum. Vor allem in der Homöopathie bei Sensibilitäts- und Motalitätsstörungen, bei Rheuma, Gicht, Neuralgien u. a. - In der Volksheilkunde äußerlich als Hautreizmittel, zum Gurgeln. - Gewürzkraut"; [ätherisches Öl] uteruswirksames Mittel.

Sabal

Von der amerikanischen Palme S. serrulatum Schult. werden in der Homöopathie die Früchte, Sabalfrüchte, Sägepalmenfrüchte, benutzt (Essenz aus frischen reifen Beeren als weniger wichtiges Mittel). Nach Hoppe-Drogenkunde, 1958, wirken sie u. a. als Diureticum und Sedativum.

Dragendorff-Heilpflanzen, S. 93 (Fam. Principes-Palmae).

Sabatia

Sab(b)atia siehe Bd. IV, G. 1431.
Zitat-Empfehlung: *Sabatia angularis (S.).*

Geiger, um 1830, erwähnt die nordamerikanische Sabbatia angularis Pursh.; wird in Amerika wie bei uns das Tausendgüldenkraut gebraucht. Gleiche Angabe über die Pflanze bei Dragendorff-Heilpflanzen, um 1900 (S. 529; Fam. Gentianaceae); Synonym der Pflanze: Chironia angularis L. Hat ein Kap. bei Hoppe-Drogenkunde, 1958, weil in der Homöopathie „Sabbatia angularis" (Tinktur aus getrockneter, blühender Pflanze) ein weniger wichtiges Mittel liefert. Schreibweise nach Zander-Pflanzennamen: **S. angularis (L.) Pursh.**
Bei Dragendorff (Sabattia) und Hoppe ist ferner S. elliotti Steud. als Malariamittel genannt.

Saccharomyces

F a e x m e d i c i n a l i s siehe Bd. IV, Reg.
F a e x V i n i siehe Bd. III, Reg.
H e f e siehe Bd. IV, G 203, 354, 650, 697, 698, 1018, 1223, 1259, 1348, 1414, 1782.

Über die Geschichte der H e f e schreibt Darmstaedter in seinem Handbuch zur Geschichte der Naturwissenschaften und der Technik (Berlin 1908) unter anderem folgendes:

1680 - A. Leeuwenhoek untersucht die B i e r h e f e unter dem Mikroskop und findet, daß sie aus kleinen kugel- oder eiförmigen Körperchen besteht, über deren Natur er jedoch nicht ins reine zu kommen vermag.

1760 - Die ersten Nachrichten [über K u n s t h e f e] gibt F. Justi.

1792 - J. F. Westrumb beschreibt ausführlich die Bereitung der Kunsthefe.

1818 - F. Erxleben spricht die Ansicht aus, daß Hefe ein lebender Organismus sei und die Gärung verursache, verfolgt jedoch den Gedanken nicht weiter.

1837 - Th. Schwann erbringt auf experimentellem Wege den strengen Beweis für die von Cagniard de la Tour (1835) festgestellte Tatsache, daß die Hefe ein lebendes Wesen ist und daß durch ihre Lebenstätigkeit die Gärung sich vollzieht.

1843 - E. Mitscherlich stellt fest, daß man 2 Hefearten, die Oberhefe und die Unterhefe, unterscheiden müsse.

1860 - L. Pasteur stellt fest, daß die Gärung aufs innigste an das Leben und Wachstum der Hefezellen gebunden und daher als deren Arbeitsleistung zu betrachten ist, und daß deren Wachstum auf Kosten der ihre Nahrung bildenden Nährflüssigkeit stattfindet. Er trennt die verschiedenen Arten der Gärung nach den spezifisch verschieden lebenden Erregern.

1870 - M. Rees zerstört durch seine Arbeiten die bis zu seiner Zeit oft geäußerte Meinung, daß die Hefe keine selbständige Pflanze, sondern nur eine Wuchsform der Schimmelpilze sei. Seine Arbeiten erbringen vor allem auch die Kenntnis des fruktifizierenden Zustandes der wahren Hefe, in der er 7 Arten der Gattung „Saccharomyces“ auf Grund der verschiedenen äußeren Gestalt und verschiedenen Größe der Sproßform unterscheidet.

1883 - E. C. Hansen lehrt als Frucht seiner seit 1879 unternommenen Arbeiten die verschiedenen Hefearten, ihre Form, ihre Entwicklung und ihr Verhalten bei der Gärung kennen und führt die erste reingezüchtete Stellhefe in der Brauerei Alt-Karlsberg ein.

1886 - Heer berichtet zuerst über die therapeutische Wirksamkeit der Bierhefe bei Masern, Scharlach, Diphtherie, Purpura, Kinderdiarrhöen, Tuberkulose und Krebsleiden.

Die Hefegärung zur Bereitung alkoholischer Getränke war schon in den alten Hochkulturen geläufig, und sicherlich sind auch hefehaltige Präparate medizinisch

genutzt worden. Deines-Ägypten und Sontheimer-Araber führen das Stichwort Hefe bzw. F a e x. In die offizielle Therapie ging Hefe jedoch nicht ein, sie erlangte größere Bedeutung als Arzneimittel erst im 20. Jh. Hager beschreibt in seinem Handbuch von 1880:
1.) F e r m e n t u m C e r e v i s i a e, Hefe, wird von Bierbrauern entnommen. Man gibt sie löffelweise bei Skorbut, Angina gangraenosa, Furunkeln, Diabetes. Äußerlich benutzt man sie mit Mehlteig gemischt zu Umschlägen.
2.) Fermentum pressum, P r e ß h e f e, P f u n d h e f e; sie wird aus Bierhefe, Malz, Mehl, Calciumphosphat und Stärke hergestellt.
Notizen über Faex medicinalis beginnen in Mercks Jahresberichten 1899. Hager, um 1930, beschreibt im Kap. Faex:
1.) Preßhefe, B a c k h e f e, obergärige Branntweinhefe; sie wird hpt. in Weißbrotbäckereien zum Lockern des Teiges verwandt.
2.) T r o c k e n h e f e, D a u e r h e f e, für Backzwecke; eine besondere Art ist die A c e t o n d a u e r h e f e.
3.) N ä h r h e f e, meist getrocknete Bierhefe, die entbittert ist; zur Herstellung von Suppen, Zusatz zu Gemüse.
4.) Faex medicinalis, M e d i z i n i s c h e H e f e; „Gereinigte untergärige Bierhefe galt von alters her als ein Tonicum und Antisepticum und wurde schon früher innerlich als gelinde abführendes Mittel, ferner bei Skorbut und typhösem Fieber sowie äußerlich als desodorierendes fäulniswidriges Mittel bei offenen übelriechenden Geschwüren gebraucht. Neuerdings werden Hefepräparate vielfach bei Hautkrankheiten, wie Akne, Follikulitis, chronischen Ekzemen und besonders bei Furunkulose angewandt. Auch gegen infektiöse Darmkatarrhe, Diabetes, Influenza, Typhus und Darmträgheit empfohlen. Zu Vaginalspülungen bei Scheidenkatarrh (speziell gonorrhoischem). Die Zahl der medizinischen Hefepräparate des Handels ist sehr groß. Die Präparate bestehen z. T. lediglich aus getrockneter Hefe oder Acetondauerhefe oder aus Gemischen dieser Trockenhefen u. a. Arzneistoffen. Sie werden teils innerlich, teils äußerlich angewandt".
5.) Hefeextrakte (aus Bierhefe) finden Verwendung als Speisewürze, Ersatz für Fleischextrakt.
Faex medicinalis und Extractum Faecis wurden in das DAB 6, 1926, aufgenommen. In DAB 7, 1968: Hefe-Dickextrakt (Extr. Faecis spissum; „Der aus entbitterter Bierhefe oder Preßhefe nach Selbstverdauung gewonnene dicke Extrakt") und Hefe-Trockenextrakt (Extr. Faecis; „Der aus entbitterter Bierhefe nach Selbstverdauung gewonnene, mit gärunfähiger Trockenhefe versetzte und zur Trockne eingedampfte Extrakt"). Die übliche Bierhefe heißt **S. cerevisiae Hansen** [Zitat-Empfehlung: **Saccharomyces cerevisiae (S.)**].

Hoppe-Drogenkunde, 1958, führt außer S. cerevisiae (Bierhefe): S. kefyr. „Findet sich zusammen mit Bacterium acidi lactici und Bacillus caucasicus in den Kefyr-

körnern. K e f y r k ö r n e r quellen in Wasser auf und bewirken in Milch eine komplizierte alkoholische Gärung durch Hefen und Bakterien". Im Erg.-B. 6, 1941, ist aufgenommen: K e f i r. „Mit Hilfe von Kefirkörnern hergestelltes, milchsaures, schäumendes und schwach alkoholhaltiges Milchgetränk von angenehmem, saurem Geschmack und buttermilchartigem Geruch". Wird für Magen- und Darmkranke und für Rekonvaleszenten empfohlen.
Hoppe erwähnt ferner L a c f e r m e n t a t u m, K u m y s s; dies ist ein Präparat aus Kuhmilch und Rohrzucker, das durch Bierhefe in Gärung versetzt worden ist.
Y o g h u r t ist eine früher vor allem in Bulgarien und der Türkei viel bereitete Sauermilch, die auch in Mitteleuropa weite Verbreitung gefunden hat. Bei Verdauungsstörungen als Nährpräparat empfohlen.

Saccharum

S a c ch a r u m siehe Bd. II, Succedanea. / III, Reg. / IV, D 5; E 104.
R o h r z u c k e r siehe Bd. I, Reg. / III, Reg. / V, Bambusa.
Z u c k e r siehe Bd. I, Mel. / III, Reg. / IV, C 33, 67; E 3, 9, 31, 32, 56, 65, 73, 77, 103, 155, 193, 218, 220, 226, 227, 228, 232, 238, 239, 262, 264, 274, 283, 289, 290, 291, 292, 293, 311, 313, 316, 317, 319, 333, 340, 371, 372; G 145, 818, 861, 1199, 1230, 1804, 1829, 1830, 1842.

H e s s l e r-Susruta: S. officinarum; S. sara; S. spontaneum; S. cylindricum; S. munja.
B e r e n d e s-Dioskurides: Kap. R o h r, S. Ravennae L., S. cylindricum Lam.
T s c h i r c h-Sontheimer-Araber; Fischer-Mittelalter, **S. officinarum L.** (z u c k a r u m, s u c c a r a, z o c k e r).
G e i g e r-Handbuch; Hager-Handbuch, S. officinarum L.
Z i t a t-Empfehlung: **Saccharum officinarum (S.).**

Dragendorff-Heilpflanzen, S. 78 (Fam. G r a m i n e a e); Tschirch-Handbuch II, S. 121 uf.; E. O. v. Lippmann: Geschichte des Zuckers, Berlin [2]1929.

Die große Bedeutung des Z u c k e r r o h r s für Medizin und Pharmazie liegt darin, daß aus seinem Saft Zucker bereitet werden kann; diese Gewinnung erfolgte wahrscheinlich erstmals in Indien in den ersten nachchristlichen Jahrhunderten. In der Antike war das Zuckerrohr höchstens vom Hörensagen bekannt. Vermittler nach dem Abendland waren die Araber, die auch die Kultur nach Ägypten verpflanzten (um 700 n. Chr.), wo die Raffinationsmethoden vervollkommnet wurden. Mit der arabischen Medizin kam die vielseitige arzneiliche Verwendung des Zuckers nach Europa. Im späten Mittelalter kannte man dort bereits mehrere Zuckersorten, doch herrschte über die Gewinnungsart und die Stammpflanze bis ins 16. Jh. hinein auch in Gelehrtenkreisen Unklarheit.

In Ap. Lüneburg 1475 waren vorrätig: Farine zuccaria [Puderzucker] (60 lb.), Zuccari electi (21 lb.), Zuccari candi (1 lb. 5 qr.), Zuccari penidi (1 lb.), Cassun [Stückzucker] (346½ lb.), eine weitere Sorte Cassun (210 lb.), Hodzucker [Hutzucker] (480 lb.), Sirupus saccari; die Zubereitungen, die Zukker enthielten, sind nicht zu zählen.

Die T. Worms 1582 nennt:

Saccharum sive Zuccharum canariense (Canarizucker).

Saccharum maderiense (S. maderanum. Maderyzucker).

Saccharum finum (S. refinatum, S. Tabarzeth. Feinzucker).

Saccharum maltanum (S. melitaeum, S. cibale. Melißzucker, Speißzukker).

Saccharum Thomasinum (S. Thomaeum, S. rubrum. Thomaszucker).

Saccharum micellaneum (Cassaunzucker).

Saccharum penidium (Penidia, Zuccarum penidium).

Saccharum candum (S. candium, S. Christallinum. Weissen Candelzucker, Eißzucker, Christalinzucker).

Saccharum candum vulgare seu rubrum (Gemeyner Candelzucker).

In T. Frankfurt/M. 1687 sind verzeichnet:

Saccharum Canariense (Canarien-Zucker).

Saccharum Candum album (Weiß Candi-Zucker).

Saccharum rubrum (Roth Candi-Zucker).

Saccharum violaceum (Blau Candi-Zucker).

Saccharum Hordeaceum (Gersten-Zucker).

Saccharum Meliteum (Melißspeiß-Zucker).

Saccharum Miscellaneum (Weiß Cassaun-Zucker).

Saccharum Penidium (Penid-Zucker).

Saccharum Rubrum Thomae (Braun- oder Thomas-Zucker).

Saccharum Tabarzeth finum (panis sacchari. Fein-Zucker).

Saccharum rosatum tabulatum (Rosen-Zucker).

Saccharum violatum candum (Candirt blau Viol-Zucker).

In Ap. Braunschweig 1666 waren vorrätig: Sacharum Canarii fini (213 lb.), S. cand. alb. (50 lb.), S. cand. rubri (54 lb.), Candies-Brodt (213 lb.), S. farini fini (300 lb.), S. lumpi (110 lb.), S. melis (420 lb.), S. poenidii (23 lb.), S. refinat. (313 lb.), S. Thomae (356 lb.), Sterdt-Zucker (4 lb.).

Über die Wirkung des Zuckers schreibt Valentini, 1714: „Alle diese Zucker haben innerlich genutzt eine besänftigende Kraft, die böse und scharfe salzige Feuchtigkeiten, so die Gurgel und die Lungen anfeinden und wundmachen, zu besänftigen, und kommen derowegen in allen Brustkrankheiten hauptsächlich gut: wiewohlen auch in andern Magen- und Gedärm-Verwundungen, in dem Nieren- und Blasenstein und dergleichen der Zucker und was davon gemacht, auch gut tun ... Äußerlich heilt der Zucker alle Wunden und Löcher und ist zu den Augen, rinnenden Ohren udgl. ein gutes Mittel".

Die Ph. Württemberg 1741 verzeichnet Saccharum (Mel Cannae, Zuccarum, Zucker; aus dem Saft von Arundo saccharifera) und Saccharum Liquidum (Syrupzucker, den man nicht verfestigen kann); die Herstellung des Saccharum Candisatum (Canthum), von dem es weißen und roten gibt, wird beschrieben. Auch in dieser Pharmakopöe ist die Zahl der Präparate, die Zucker enthalten, Legion.

Ausführlich berichtet Hagen, um 1780, über „Zuckerrohr (Saccharum officinarum). Dieses ist die Pflanze, woraus der Zucker (Saccharum) bereitet wird. Sie wächst in beiden Indien und wird, ob sie gleich wild wächst, von den Einwohnern besonders gebaut. Sie ist ein Rohr oder Schilf ... Inwendig ist es weiß und mit einem Mark gleich dem Holundermark gefüllt, der eine ungemeine Süßigkeit enthält. Wenn das Rohr die Hälfte seiner Höhe erreicht hat, wird es abgeschnitten, und der Saft daraus in besonderen Mühlen ausgepreßt. Da dieser leicht sauer wird, so muß er noch an demselben Tage ganz gelinde gesotten werden, wobei sich die groben Unreinigkeiten unten und oben abscheiden. Das oberste, welches als ein Schaum zum Vorschein kommt, wird abgeschöpft und Kagassa genannt. Der auf diese Weise gereinigte Saft wird zum zweitenmal in andern Kesseln mit Zusatz einer starken mit Kalk geschärften Lauge gesotten, unter dem Sieden der Schaum abgenommen und bis zur Trockne abgekocht. Diese erste trockene Substanz, die allezeit braun und nicht zusammenhängend ist, heißt Moskovade (Moscovatum, Sacharum Thomae). Aus diesem von neuem aufgelösten, und wiederum mit Lauge und Rindsblut gesottenen Moskovade wird gelber Farin oder weißer Moskovade gemacht. Je öfter nun die Auflösungen und die Versetzungen mit Lauge, Kalkwasser und Rindsblut wiederholt werden, welches man das Läutern oder Raffiniren des Zuckers nennt, desto weißer und härter wird derselbe. Die vornehmsten Gattungen des Zuckers folgen sich, wenn man von den schlechteren Sorten anfängt und zu den besseren übergeht, also: Weißer Farin oder Kassonade, Lumpenzucker, Melis, klein Melis, Refinade, Puderbrot, Kanarienzucker. Durch die Raffinirung werden die vielen schleimigten und honigartigen Teile, welche den Zucker feucht und braun machen, davon abgeschieden. Wenn der Zucker hierdurch seine gehörige Weiße und Reinigkeit erhalten hat, so läßt man ihn so lange kochen, bis er körnigt zu werden scheint. Nachdem er etwas abgekühlt ist, wird er in irdene Gefäße, die eine kegelförmige Figur haben, deren Spitze, worinnen eine Öffnung ist, nach unten steht, gegossen, in welchen er binnen 24 Stunden gerinnt. Der Saft, der nachher durch die geöffnete Spitze abläuft, ist der sog. Sirop oder Melasse, Melazzo (Sacharum liquidum, Syrupus sacharinus), aus welchem und der vorgedachten Kagassa, wie auch aus dem Spülwasser, womit die Formen und das sämtliche Geräte ausgewaschen worden, durch eine Gärung der Rum, Taffia, Zuckerbrandwein oder Melassenbrandwein (Spiritus sachari) erhalten wird. Der Zuckerkand oder Kandiszucker (Sacharum candum s. cantum) wird durch eine ordentliche Kristallisation erhalten. Je weißer und schöner der Zucker ist, woraus er bereitet wird, um desto besser und weißer ist er".

Die Ph. Preußen 1799 führt Saccharum album (Weißer Zucker, von S. officinarum); 1827 werden als Sorten angeführt: S. albissimum, auch Raffinade genannt, und S. album, auch Melis genannt; von der Ausgabe 1846 an wird keine Stammpflanze mehr angegeben, es konnte also auch Rübenzucker verwandt werden. Hager beschreibt 1874 im Kommentar zum Kap. Saccharum des DAB 1 die Herstellung des Rohrzuckers sowohl aus dem Zuckerrohr als auch aus der Runkelrübe. Die Handelssorten sind:

1.) Raffinade-Zucker, das erste Kristallisationsprodukt aus der geläuterten Zuckerlösung, in der Form der bekannten Zuckerhüte; gilt als der reinste Zucker des Handels, jedoch unterscheidet man auch hier je nach der Reinheit und Weiße die Sorten mit fein, fein mittel, mittel, fein ordinär, ordinär. Die Zuckersorte, welche die Pharmakopöe vorschreibt, ist jedenfalls fein Raffinade.

2.) Melis-Zucker. Der aus der Raffinade abfließende Sirup wird entweder einer nochmaligen Klärung unterworfen oder ohne weitere Reinigung zur Krystallisation gebracht. Er liefert einen etwas weniger weißen Zucker, von etwas gröberen Krystallen und wird ebenfalls in Hutform in den Handel gebracht. Man unterscheidet davon je nach seiner Reinheit fein, mittel etc. Fein-Melis eignet sich besonders zur Darstellung der medizinischen Syrupe.

3.) Lumpenzucker (Lompenzucker, von dem Englischen lump, Klumpen) ist das Kristallisationsprodukt aus dem Syrupe, welcher aus dem kristallisierten Melis abfließt. Diese Zuckerqualität ist gelblich-weiß und kommt in Blöcken oder in formlosen Stücken in den Handel.

4.) Farin-Zucker (Kochzucker) ist entweder zermahlener Lumpenzucker oder aus dem aus den Lumpenformen abtropfenden Syrup bereitet. Die Qualitäten des Farins bestimmt man nach der Farbe und man unterscheidet weißen, hellgelben, gelben, braunen Farin.

5.) Syrup (Melasse). Was aus der Kristallisation des Farins aus Colonialzucker abläuft und in seiner Hauptmasse aus unkristallisierbarem Zucker besteht, kommt als Syrup in den Handel. Er ist dunkelbraun (brauner Lumpen) oder gelblichbraun (heller Lumpen), sehr dickflüssig oder fadenziehend, von süßem, schwach scharfem Geschmack.

6.) Kandiszucker (Kandelzucker, Zuckerkand) ist Rohrzucker in großen Kristallen, und zwar meist aus Colonialzucker oder aus einem Gemisch desselben mit Rübenzucker bereitet. Die Qualität wird nach der Farbe bestimmt, und man hat einen weißen in fast wasserhellen farblosen Kristallen, gelben und braunen. Ein schwarzer Zuckerkand (Sucre de Boerhave) kommt in Frankreich vor.

7.) Kristallzucker bildet größere oder kleinere, mehr tafelförmige farblose Kristalle aus Rübenzucker, auf der Centrifuge ausgeschleudert und trocken gemacht. Diese Zuckerform hat ein sehr hübsches und einen hohen Grad der Reinheit versprechendes Aussehen, ist aber im Allgemeinen ein ziemlich unreiner Zucker. Man lasse sich nicht durch das schöne Aussehen der farblosen Kristalle bestechen, ihn in der Pharmacie zu verwenden.

Über die Anwendung schreibt Hager: „Der Zucker ist ein beliebtes, auf die Digestion wohltätig einwirkendes Vehikel, Constituens und Geschmackscorrigens vieler Arzneimittel ... Bei Vergiftungen mit Metallsalzen (Grünspan), Mineralsäuren, Ätzlaugen dienen größere Gaben Zuckerlösung als Antidot. Zuckerpulver wird als Streupulver bei Hornhautflecken und Augenfell bei Menschen und Haustieren, auf Caro luxurians (sog. wildes Fleisch in Wunden), zum Bereiben der Aphthen (Schwämme) der Kinder, concentrirte Zuckerlösung zum Auspinseln durch Ätzkalk verletzter Augen angewendet. Saccharum aluminatum, Alaunzucker, ist ein Gemisch aus gleichen Teilen Zuckerpulver und Alaunpulver".

Im Hager, um 1930, steht über die Anwendung des Zuckers, der zwar noch Rohrzucker heißt, aber Rübenzucker ist: „Als Nahrungs- und Genußmittel, in der Pharmazie als Geschmackskorrigens und als Verdünnungsmittel". Saccharum blieb bis zur Gegenwart offizinell. In DAB 7, 1968, Zuckersirup (aus Saccharose und Wasser).

Sagittaria

Sagittaria siehe Bd. V, Maranta.
Zitat-Empfehlung: *Sagittaria sagittifolia (S.).*
Dragendorff-Heilpflanzen, S. 76 (Fam. Alismaceae; nach Schmeil-Flora: Fam. Alismataceae).

Fischer-Mittelalter erwähnt das Vorkommen von **S. sagittifolia L.** in altital. Quelle. Nach Tabernaemontanus, um 1700, gibt es ein großes und kleines Pfeilkraut (Sagitta, Sagittalis, Lingua serpentis); „dieses Kraut ist in seiner Natur kalt und feucht, wie der Wasserwegerich, mit dem es auch in Kraft und Wirkung übereinkommt. Es ist dies Kraut gar in keinem Gebrauch. Es meldet D. Camerarius bei dem Matthiolo, daß dies Kraut gut sei den Weibern, welche gern fruchtbar sein wollten, davon getrunken und darinnen gebadet". Geiger, um 1830, schreibt über S. sagittifolia L., daß man die Wurzel, ehedem auch die Blätter (rad. et folia Sagittariae) benutzt habe. „Das Kraut hat man ehedem als kühlendes usw. Mittel gebraucht. Wegen der Gestalt der Blätter hielt man sie auch für ein vorzügliches Wundkraut". In der Homöopathie ist „Sagittaria sagittifolia" (Essenz aus frischem Wurzelstock) ein weniger wichtiges Mittel.

Salicornia

S a l i c o r n i a siehe Bd. V, Salsola.
Zitat-Empfehlung: *Salicornia europaea (S.).*
Dragendorff-Heilpflanzen, S. 197 (Fam. C h e n o p o d i a c e a e).

Nach Fischer-Mittelalter wird „b o r i t h" des Albertus Magnus und „k a l i", „s a l e t a" aus handschriftlichen Glossaren als S. fruticosa L. identifiziert. Die Ph. Württemberg 1741 gibt an, daß S o d a hispanica aus der Asche einer Pflanze gewonnen wird, die Kali geniculatum oder Salicornia genannt wird. Bei Geiger, um 1830, ist S. herbacea (G l a s s c h m a l z, G l a s k r a u t) [nach Schmeil-Flora identisch mit der Bezeichnung **S. europaea L.**, auch Q u e l l e r genannt] als Sodalieferant aufgeführt; zur medizinischen Verwendung schreibt er: Die ganze Pflanze „wird nur frisch angewendet; gehört unter die sog. antiscorbutischen Kräuter".

Salix

S a l i x siehe Bd. II, Adstringentia; Exsiccantia. / III, Carbo Salicis. / V, Boswellia; Equisetum; Trametes; Vitex.
W e i d e siehe Bd. II, Adstringentia. / IV, G 1441, 1751.

D e i n e s-Ägypten: S. safsak Forsk.
B e r e n d e s-Dioskurides: Kap. W e i d e, S. alba L.
T s c h i r c h-Sontheimer-Araber: S. Aegyptiaca; S. Balchica; S. babylonica.
F i s c h e r-Mittelalter: Salix spec. wie **S. viminalis L.**, **S. pentandra L.** (v i m i n a, salix, b r i l l u s, w i d e, v e l b e r, w i l g e n, f e l b e r; Diosk.: i t e a); **S. aegyptiaca L.** u. **S. babylonica L.** bei Avic.; **S. alba L.**; **S. caprea L.**; **S. cinerea L.**; S. nigricans L.
B e ß l e r-Gart: Salix-Arten, bes. S. alba L. (s a l a m e n t u m).
H o p p e-Bock: Kap. Weiden (F e l b i n g e r), S. purpurea L. (die edelsten Weiden, Bandweiden); S. fragilis L. (Bruchweiden); S. alba L. subsp. vitellina Arc. (Bachweiden); S. caprea L. (Seilweiden, S e l l e n).
G e i g e r-Handbuch: S. fragilis (Bruchweide, Knackweide); S. alba (Silberweide); S. pentandra (Lorbeerweide); S. triandra (Buschweide); S. viminalis (Bandweide, Korbweide), S. caprea (Sahlweide, Palmweide, Werftweide, S ö l e).
H a g e r-Handbuch: Salix-Arten, besonders S. alba L., **S. fragilis L.**, **S. purpurea L.**, S. pentandra L., aber auch S. caprea L., S. amygdalina L., S. vitellina L., **S. nigra Marsh.**, S. rubra Huds. u. a.

Z i t a t-Empfehlung: **Salix viminalis (S.); Salix pentandra (S.); Salix aegyptiaca (S); Salix babylonica (S.); Salix alba (S.); Salix caprea (S.); Salix cinerea (S.); Salix fragilis (S.); Salix purpurea (S.); Salix nigra (S.).**

Dragendorff-Heilpflanzen, S. 162 uf. (Fam. S a l i c a c e a e); Tschirch-Handbuch II, S. 1349 uf.

Die Weide ist nach Dioskurides ein altbekannter Baum (Frucht, Blätter, Rinde u. Saft haben adstringierende Kraft; zerriebene Blätter, mit Wasser genossen, verhindern Empfängnis, mit Pfeffer und Wein gegen Darmverschlingung; Frucht gegen Blutspeien, ebenso die Rinde; letztere gebrannt und mit Essig als Umschlag gegen Hautverhärtung und Schwielen; Saft von Blättern und Rinde mit Rosenöl gegen Ohrenleiden; Abkochung zu Bähungen bei Podagra, gegen Kleingrind; Rindensaft gegen Pupillenverdunklung). Bock, um 1550, beschreibt mehrere Arten, die in der Anwendung aber nicht unterschieden werden; Indikationen angelehnt an Dioskurides.

In T. Worms 1582 sind verzeichnet: Folia Salicis (Weidenbletter, W e l g e n - b l e t t e r), Succus Salicis (Weiden- oder Welgenblettersaft). In Ap. Braunschweig 1666 waren 3 lb. Cortex salicis vorrätig, Die Ph. Württemberg 1741 führt Herba Salicis (folia Salicis vulgaris albae, Weidenblätter, Felbenblätter; Refrigerans, Siccans. Adstringens; Anwendung äußerlich und zum Gurgeln).

Nach Hagen, um 1780, brauchte man von der Gemeinen Weide (S. alba) vormals die Blätter, jetzt wird die Rinde von den zartesten Ästen (Cort. Salicis albae) mehr empfohlen; sie hat ähnliche Kräfte wie die C h i n a r i n d e ; einige ziehen die Rinde von S. pentandra vor. Die Ph. Preußen 1799 hat aufgenommen: Cortex Salicis laureae (von S. pentandra), daraus zu bereiten ein Extractum salicis laureae. Seit Ausgabe 1827 ist auch Rinde von S. fragilis zulässig; noch in Ausgabe 1846. Die Rinde steht wieder in Erg.-B. 6, 1941 (Cortex Salicis. „Die zu Beginn des Frühjahrs von jungen, kräftigen 2- bis 3jährigen Zweigen gesammelte und getrocknete Rinde von Salix alba Linné, S. fragilis Linné, S. purpurea Linné und anderen Salix-Arten").

Nach Geiger, um 1830, wendet man die Rinde (vor allem von S. fragilis, S. alba u. S. pentandra, aber auch von anderen Weidenarten) selten in Substanz, in Pulverform, mehr in Abkochung an. - Sie gehört zu den vorzüglichsten Chinasurrogaten (P u l v i s C h i n a e f a c t i t i u s nach Hufeland aus Weidenrinde, Roßkastanienrinde, Enzian, Kalmus und Nelkenwurzel). - Die Rinde kann zum Gerben benutzt werden. Hager, um 1930, schreibt über Anwendung: „Die Rinde ist eine zeitlang als Ersatz für Chinarinde benutzt worden, wird jetzt aber kaum noch angewandt. Die salicinhaltige Rinde dient zur Gewinnung des S a l i c i n s. Technisch wird die Weidenrinde, die in den Korbflechtereien abfällt, zum Gerben benutzt". Nach Hoppe-Drogenkunde, 1958, wird Folia Salicis selten angewandt. Volksheilmittel bei Fieber und Rheuma.

In der Homöopathie ist „Salix purpurea - Weide" (Essenz aus frischer Rinde; Allen 1878) ein wichtiges Mittel, während „Salix alba" und „Salix nigra" (Essenzen aus frischer Rinde) weniger wichtige Mittel sind.

Salsola

Salsola siehe Bd. V, Anabasis; Camphorosma; Chenopodium.
Zitat-Empfehlung: *Salsola kali (S.)*.
Dragendorff-Heilpflanzen, S. 198 (Fam. Chenopodiaceae).

Tschirch-Sontheimer-Araber zitiert: S. Kali u. S. fructicosa, Hb. Alkali. Fischer führt als mittelalterliche Erwähnungen von S. Kali L. an: kali bei Simon Januensis und Avicenna. Hagen, um 1780, beschreibt ausführlich die Sodagewinnung aus Pflanzenasche, die Franzosen und Engländer verwenden dazu S. Kali, S. Soda und S. sativa. Geiger, um 1830, nennt außerdem S. Tragus; „offizinell [nicht in Deutschland] ist von Salsola Soda und S. Kali (oder Tragus) das Kraut. Ersteres unter dem Namen herba Salsolae, Kali majoris, Vitri, letzteres als herba Tragi ... Beide Kräuter werden als Diuretica gebraucht. - Der wichtigste Nutzen dieser und noch anderer am Meeresufer wachsender Salsolaarten, so wie anderer dort wachsender Pflanzen, ist ihre Anwendung zu Soda. Salsola sativa soll die vorzüglichste alicantische Soda geben. Die orientalische, welche noch besser sein soll, aber nicht zu uns in den Handel kommt, liefern S. Kali [und andere Gattungen, wie z. B. Chenopodium, Salicornia, Plantago, Mesembryanthemum] ... Wachsen diese Pflanzen nicht an Meeresufer oder Salzquellen, so enthält diese Asche mehr Kalisalze. Wenigstens ist dies bei Salsola Kali der Fall '. In Schmeil-Flora heißt das Salzkraut **S. kali L.**

Salvia

Salvia siehe Bd. II, Adstringentia; Alexipharmaca; Antapoplectica; Antidinica; Antiphlogistica; Antiscorbutica; Calefacientia; Cephalica; Masticatoria; Vulneraria. / IV, Reg.; A 17. / V, Ambrosia; Asplenium; Buddleja; Chrysanthemum; Stachys; Teucrium.
Salbei siehe Bd. II, Antiarthritica; Antispasmodica. / IV, C 23, 50; E 272; G 809, 957. / V, Eupatorium; Teucrium.
Salveye siehe Bd. V, Eupatorium.

Deines-Ägypten: +++ S. aegyptica.
Grot-Hippokrates: - S. officinalis.
Berendes-Dioskurides: - Kap. Salbei, S. officinalis L. oder S. pomifera L.? +++ Kap. Kleine Salbei, S. Horminum L. [Schreibweise nach Zander-Pflanzennamen: **S. horminum L.**]; Kap. Aithiopis, S. Aethiopis L. [Schreibweise nach Zander: **S. aethiopis L.** = Sclarea aethiopis (L.) Mill.].

Sontheimer-Araber: - S. officinalis +++ S. Horminum; S. Aethiopis.
Fischer-Mittelalter: - **S. officinalis L.** (salvia domestica, lilifagus, cestron, elifagus, lingua humana, selba, salveye; Diosk.: elelisphakon, salvia) -- **S. pratensis L.** (ambrosiana, gallitricum agreste, saluia agrestis, lilifagus, eliphagus, herba regia, centrum galli, wild scharlig, hirschwurz, wilt salbey) --- **S. clarea L.** (sclareia, centrum galli, gallitricum, scarlegia, erba san giovanni, benedicte, scharlach) +++ S. glutinosa L. (melagia); S. verticillata L. (elitagus, saluia, orechtsalbei, odelsalbei); S. virgata Ait. (chiarella maggiore).
Beßler-Gart: - Kap. Saluia, S. officinalis L. -- Kap. Gallitricum, S. pratensis L. --- Kap. Gallitricum, kann auch S. sclarea L. sein; Kap. Ambrosia, mit unsicherer Deutung, wird (für nördliche Gegenden) auch auf S. pratensis L. bezogen.
Hoppe-Bock: Kap. Von Salbei - S. officinalis L. subsp. maior G. (Die groß oder breit Salbei), S. officinalis L. subsp. minor G. (Spitz Salbei, Die klein Edel salbei, orecht Salbei); -- S. pratensis L. (Wild Salbei, Wilder Scharlach) --- Kap. Von Scharlach, S. sclarea L. (Der zam vnn recht Scharlach).
Geiger-Handbuch: - S. officinalis (Edel-Salbey) -- S. pratensis (Wiesensalbey) --- S. Sclarea (Muscateller-Salbey, Scharlachkraut) +++ S. Horminum; S. Aethiopis.
Hager-Handbuch: - S. officinalis L. Erwähnt als ähnlich verwendet: -- S. pratensis L. --- S. sclarea L. +++ S. Horminum L., S. aurea L., S. integrifolia R. et P. u. a.
Zitat-Empfehlung: **Salvia horminum (S.); Salvia aethiopis (S.); Salvia officinalis (S.); Salvia pratensis (S.); Salvia clarea (S.).**

Dragendorff-Heilpflanzen, S. 576-578 (Fam. Labiatae); Tschirch-Handbuch II, S. 1028 uf.; E. Horlbeck, Die Salbei (Salvia officinalis L.); Ein Beitrag zu der Geschichte ihrer Verwendung in Deutschland vom Jahre 800 ab, Dissertation (W. v. Brunn) 1937.

Berendes bezieht 3 Dioskurides-Kapitel auf S.-Arten:
1.) Kap. Salbei, das Elelisphakon (Abkochung der Blätter und Zweige treibt Urin, die Katamenien, den Embryo; Wund- und blutstillendes Mittel, reinigt Geschwüre; zu Bähungen gegen Jucken der Geschlechtsteile); die Zuordnung zu S. officinalis L. ist nicht ganz sicher.
2.) Kap. Kleiner Salbei, das Horminon (Same mit Wein als Aphrodisiacum; mit Honig gegen Hornhautflecken; als Umschlag gegen Ödeme und Splitter; auch das Kraut wird zu Umschlägen verwandt); es soll S. horminum L. gemeint sein.
3.) Kap. Aithiopis (Wurzel gegen Ischias, Brustfellentzündung, Blutspeien, Rauheit der Luftröhre); soll S. aethiopis L. sein.

(Salvia officinalis)
Kräuterbuchautoren des 16. Jh. beziehen die Salbei auf das obige (1.) Diosk. Kap.; sie unterscheiden eine Art mit breiten und eine mit spitzen Blättern, die der Ab-

bildung bei Bock nach beide S. officinalis L. sind (so Hoppe, die subsp. maior und minor erkennt); Bock lobt die beiden Pflanzen für Arznei- und Küchenzwecke, seine Indikationen lehnen sich an Dioskurides an und gehen über sie hinaus (Salbeiwein gegen Gift, Husten, Seitenstechen; bei Leber- und Gebärmutterleiden, als Diureticum, Emmenagogum, Antidysentericum; Vulnerarium, besonders nach Bissen giftiger Tiere; gegen Hautausschläge, Geschwülste an Genitalien; zu Dampfbädern; Speisegewürz).

In Ap. Lüneburg 1475 waren vorrätig: Flores salvie (ohne Mengenangabe), Aqua salvi (2 St.). Die T. Worms 1582 führt: [unter Kräutern] Saluia (Elelisphacos, Crosmis, Corsaluium Apuleii, Salbey, Saluien); Aqua (dest.) Saluiae (Salbeyenwasser), Conserva Florum Saluiae (Salbeyblumenzucker), Sirupus Extractionis saluiae D. Theodori (Salbeyensyrup), Oleum (dest.) Saluiae (Salbeyenöle). Simplicia der T. Mainz 1618 sind: Herba Salvia maior domestica (grosse Salbey), S. minor (minuta, Romana, Edle Salbey, Spitze Salbey) [letztere doppelt so teuer wie die erstere]; Flores S. (Salbeiblumen); in T. Frankfurt/M. 1687: Herba Salvia hortensis major (latifolia, grosse oder breite), Herba S. minor (tenuifolia, pinnata, angustifolia, acuta, nobilis, Edle-, Spitz- oder Kreutz-Salbey), Flores S. (Salbeyblüth), Semen S. (Salbeysaamen). In Ap. Braunschweig 1666 waren vorrätig: Flores salviae (1/2 K.), Herba s. (2 1/4 K.), Aqua s. (2 St.), Aqua s. cum vino (1 St.), Conserva s. (7 1/2 lb.), Essentia s. (1 Lot), Extractum s. (1 1/2 Lot), Oleum s. (1 lb, 8 Lot), Sal s. (8 Lot), Spiritus s. comp. (12 lb.).

Die Ph. Württemberg 1741 beschreibt: Herba Salviae hortensis (Majoris et minoris, Salbey; Nervinum, Balsamicum, Uterinum; wird äußerlich und innerlich gebraucht), Flores Salviae hortensis (Salbey-Blüthe; Balsamicum und Nervinum wie das Kraut); Aqua (dest.) S., Conserva (ex floribus) S., Oleum (dest.) Salviae. Die Stammpflanze heißt bei Hagen, um 1780: S. officinalis; „das Kraut (Hb. Saluiae) ist jetzt nur noch gebräuchlich, vor Zeiten sammelte man auch die Blumen und den Samen".

Herba bzw. Folia Salviae blieben pharmakopöe-üblich bis zur Gegenwart. In Ph. Preußen 1799: Herba Salviae (von S. officinalis), zur Herstellung von Acetum aromaticum, Aqua aromatica, Aqua Salviae, Aqua vulneraria vinosa, Species ad Gargarisma. In DAB 1, 1872: Folia Salviae, zur Herstellung von Aqua aromatica, Aqua Salviae, Aqua S. concentrata, Aqua vulneraria spirituosa. In DAB 7, 1968: Salbeiblätter (Folia Salviae, von S. officinalis Linné). Als Zubereitungen stehen in Erg.-B. 6, 1941: Aqua, Extractum fluidum, Oleum und Tinctura Salviae. In der Homöopathie ist „Salvia officinalis - Salbei" (Essenz aus frischen Blättern; Clarke 1902) ein wichtiges Mittel.

Über die offizinelle Salbei (S. officinalis) schrieb Geiger, um 1830: „Es gibt Varietäten mit breiteren Blättern (breitblättrige Salbey) und mit schmalen Blättern (schmalblättrige Salbey) . . . Offizinelle Teile sind: Die Blätter (herba seu folia Salviae hortensis). Ehedem auch die Blumen (flores Salviae) ... Man gibt die Salbey im Aufguß innerlich, zum Gurgeln usw., in Pulverform mit anderen Substanzen gemengt. — Präparate hat man davon: Das ätherische Öl ... dieses wird selten gebraucht; das Wasser, Extrakt. Ehedem hatte man noch eine Conserve und das durch Auslaugen aus der Asche erhaltene Salz (sal Salviae), ein unreines kohlensaures Kali".

Nach Jourdan, zur gleichen Zeit, ist die Wirkung der Droge: „Reizend, nervenstärkend, tonisch, schwach adstringierend, auflösend und austrocknend". Hager, 1874, schreibt: „Die Salbei ist ein mildes Adstringes und Aromaticum, welches der Arzt selten anwendet, aber ein beliebtes Hausmittel ist und im Aufguß gegen Nachtschweiß, Diarrhöe, äußerlich zu Mund- und Gurgelwässern, bei blutendem Zahnfleisch, Bräune, Katarrh usw. gebraucht wird". Entsprechendes in Hager-Handbuch, um 1930, und bei Hoppe-Drogenkunde, 1958.

(S a l v i a p r a t e n s i s)

Bei Bock, um 1550, ist außer der breiten und spitzen (edlen) Salbei als Wilde Salbei: S. pratensis L. abgebildet; nach Hoppe läßt Bock die Pflanze, die milder wirken soll als Muskatellerkraut (siehe unten bei Scharlach), wie wildwachsende Minzen (→ M e n t h a) verwenden.

Die T. Worms 1582 führt: [unter Kräutern] Saluia Siluestris (Saluia Bosci, B o s c i s a l u i a, S c o r o d i a n a, S c o r d i a n a, S c o r o d o n i a, Wildsalbey); in T. Mainz 1618 Herba S. Sylvestris (Wild Salbey), in T. Frankfurt/M. 1687 Herba S. sylvestris (Hormini pratensis species, wilde Salbey).

Schröder, 1685, berichtet im Kap. Salvia (nach der obigen) über S. Sylvestris: „Diese ist nicht gebräuchlich und kommt den Kräften nach mit dem Hormino überein".

Geiger, um 1830, schreibt über S. pratensis: „Offizinell ist: Das Kraut (herba Salviae pratensis, Hormini pratensis) ... Die Wiesensalbey wird jetzt selten mehr als Arzneimittel gebraucht, obgleich sie bestimmt medizinische Kräfte hat und wenigstens äußerlich zu Bädern usw. benutzt zu werden verdient. Man soll das Kraut anstatt Hopfen dem B i e r beimischen, wodurch es sehr berauschende Eigenschaften erhält".

(S c h a r l a c h)

Bock bildet als rechten Scharlach S. sclarea L., das M u s k a t e l l e r k r a u t, ab; nach Hoppe weiß Bock die Pflanze bei Dioskurides nicht eindeutig festzulegen (Scharlachwein als Aphrodisiacum, gegen Magenkatarrh, Leukorrhöe; Krautpulver als Niesemittel gegen Schnupfen, reinigt das Hirn; als Dampfbad zur Förderung der Menses, Secundina und Totgeburt austreibend).

In T. Worms 1582 sind aufgenommen: [unter Kräutern] Orminium verum (Oruala, Orualla, Tota bona, Gallitricum verum. Welscher Scharlach) und Orminium vulgare (Sclarea satiua, Scarlea satiua. Scharlach, Garten Scharlach); in T. Mainz 1618: Herba Horminum sativum (Scharlach); in T. Frankfurt/M. 1687: Herba Orminum (Horminum verum, sativum, Welscher Scharley, Scharlach), Semen Hormini (Ormini, Scharley saamen). In Ap. Braunschweig 1666 waren vorrätig: Herba gallitrichi (1/2 K.), Semen g. (1/4 lb.), Aqua g. (2 1/2 St.).

Schröder, 1685, schreibt im Kap. Horminum (Scarlea, Scharleyen), von der die Sorten hortense (zahm, wohlriechend) und Sylvestre (wild) unterschieden werden: „In Apotheken hat man die Blätter, mit den Blumen aber gar selten. Es wärmt und trocknet, abstergiert, macht dünn, wird selten gebraucht, außer daß man es in Wein mit Hollunder und Rebenblüte zu hängen pflegt. (Wenn man den Samen zur Schlafenszeit auf das Auge legt, so nimmt er alle Unreinigkeiten hinweg und verhütet den Star). Sonst heilt man auch mit wildem Scharley-Dekokt und Rosenhonig die stinkenden Nasengeschwüre"; Schröder gebraucht die Droge auch gegen Fäulnis des Zahnfleisches, ein Destillat mit Wein gegen „weißen Weiberfluß".

Die Ph. Württemberg 1741 beschreibt: Herba Gallitrichi (Hormini Sclarea dicti, sativi sive hortensis, Scharlachkraut; selten im Gebrauch; Siccans, Abstergens, Vulnerarium). Die Stammpflanze heißt bei Hagen, um 1780: Saluia Sclarea (Scharley, Scharlachkraut, Muskatellerkraut); „das Kraut (Hb. Hormini, Sclareae, Gallitrichi) ist wenig mehr im Gebrauch". Geiger, um 1830, schreibt über die Anwendung der Blätter (herba Sclareae): „Im Aufguß innerlich und äußerlich; zu Bädern und Waschungen. Sie gehört unter die vorzüglich aromatisch stärkenden und krampfstillenden Mittel. - Die Blätter werden in Wein getan, um ihm Muskateller-Geschmack zu geben".

In Hager-Handbuch, um 1930, ist die Droge, ohne Anwendungsangabe, beschrieben. Hoppe-Drogenkunde, 1958, sagt bei S. sclarea darüber aus: „Zu Mund- und Gurgelwässern. - Bei Blutungen und Geschwülsten, bes. in der Volksheilkunde. - In den Mittelmeerländern zum Aromatisieren verschiedener Weinsorten. Zusatz zur Bierfabrikation. - Zur Gewinnung des ätherischen Öls".

(Verschiedene)

Jourdan, um 1830, beschreibt unter Salvia u. a. S. Horminum L.; das Kraut (herba Hormini s. Gallitrichi) wirkt reizend, tonisch. Nach Berendes ist dies die Kleine Salbei des Dioskurides.

Außer dieser erwähnt Geiger noch S. Aethiopis; „davon war sonst das Kraut unter dem Namen herba Aethiopis offizinell".

Sambucus

Sambucus siehe Bd. II, Cephalica; Defensiva; Emollientia; Purgantia; Resolventia. / III, Acetum sambucinum. / IV, Reg.; G 796, 1747, 1748. / V, Auricularia; Viburnum.
Ebulus siehe Bd. II, Hydragoga; Panchymagoga. / IV, G 957.
Flieder siehe Bd. II, Diaphoretica; Resolventia. / IV, E 255; G 1749. / V, Syringa.
Fliedergeist siehe Bd. III, Reg.
Holunder siehe Bd. IV, G 957.
Holunderbeersaft, Holunderessig siehe Bd. III, Reg.

Grot-Hippokrates: S. nigra.
Berendes-Dioskurides: Kap. Hollunder, S. nigra L.; Kap. Zwerghollunder, S. Ebulus L.
Sontheimer-Araber: S. nigra; S. Ebulus.
Fischer-Mittelalter: S. nigra L. (rixus, cameactus, atrapassa, holuntar, holar, holder, holler; Diosk.: akte, sambucus); S. ebulus L. (meatrix, atrix, ebulum, cama, albatron, atich; Diosk.: chamaiakte, ebulus).
Hoppe-Bock: S. nigra L. (Holunder, Holder); S. ebulus L. (Attich, kleiner Holder); S. racemosa L. (Wald Holder, Hirschholder).
Geiger-Handbuch: S. nigra (Holder, Flieder); S. Ebulus (Attich-Hollunder); S. racemosa.
Hager-Handbuch: **S. nigra L.; S. ebulus L.; S. racemosa L.; S. canadensis L.**
Zitat-Empfehlung: **Sambucus nigra (S.); Sambucus ebulus (S.); Sambucus racemosa (S.); Sambucus canadensis (S.).**

Dragendorff-Heilpflanzen, S. 640 uf. (Fam. Caprifoliaceae); Gilg-Schürhoff-Drogen, Kap. Der Holunder, S. 179-187.

Nach Dioskurides ist die Wirkung des gemeinen Holunders und des Zwergholunders gleich (Blätter und zarte Stengel führen Schleim und Galle ab; Wurzel, in Wein gekocht, für Wassersüchtige, gegen Schlangenbiß; Sitzbad als Uterinum, auch mit Früchten; Blätter zu Umschlägen bei Entzündungen, Verbrennungen, Hundebiß, Geschwüren, Podagra). Bock, um 1550, behandelt Holunder und Attich getrennt, lehnt sich mit den Indikationen in beiden Fällen an Dioskurides wie oben an.

(Sambucus)
In Ap. Lüneburg 1475 waren vorrätig: Aqua sambuci (2 St.), Oleum s. (1 lb.). Die T. Worms 1582 führt: Flores Sambuci (Actes, Holderblüte); Succus S., Aqua Florum S., Cortex S. interiores (die mittel Holderrinde), Rob sambucinum, Oleum Sambucinum. Die Ap. Braunschweig 1666 hatte: Cortex sambuci (2 lb.), Flores s. (2 K.), Baccae s. (7 lb.), Acetum sambuc. flor. ($^1/_2$ St.), Aqua s. ($1^1/_2$ St.),

Conserva sambuc. cymar. (3/4 lb.), Oleum s. (5 lb.), Roob s. comm. (120 lb.), Conserva s. florum (1 lb.), Sal s. (3 Lot), Spiritus s. ex baccis (1 1/4 lb.), Spiritus s. ex floribus (2 1/2 lb.), Syrupus s. baccar. (8 lb.).

In Ph. Württemberg 1741 sind aufgenommen: Flores Sambuci (Hollunderblüthe; Discutiens, Emolliens, Resolvens, vermehrt die Milch, mildert Schmerzen, treibt Schweiß; als Infus bei Husten); Semen S. (Hollundersaamen; Laxans); Fructus S. (Baccae exsiccatae, grana Actes, Hollunderbeeren; Alexipharmacum, Sudoriferum, Diureticum, Antidiarrhoicum); Cortex S. mediani (Hollunder-Rinde; gegen Wassersucht, Gelbsucht; menstruationsbefördernd; gegen Erisypel); [aus Blüten:] Acetum S., Aqua S. - hieraus Julapium sambucinum -, Mel S., Spiritus S. Florum; [aus Früchten:] Roob S., Spiritus Sambuci.

In Ph. Preußen 1799 wurden aufgenommen: Flores Sambuci (Fliederblumen, Hohlunderblumen), Aqua Florum S., Succus S. inspissatus (= Roob S.); Bestandteil von Species ad gargarisma, Species resolventes externae. In DAB 1, 1872: Flores S., Succus S. inspissatus (Fliedermus); Bestandteil von Species ad Gargarisma und Aqua S.; Species laxantes St. Germain.

In DAB 6, 1926: Flores S., in Species laxantes. In Erg.-B. 6, 1941: Aqua S., Succus S. inspissatus. In DAB 7, 1968: Holunderblüten. Anwendung nach Geiger, um 1830: „Die Hollunderblumen gibt man im Teeaufguß, in Mixturen, äußerlich in Pulverform zu Umschlägen, Säckchen, Breiumschlägen; oder im Aufguß zu Bähungen ... Von den Beeren hat man das Mus (roob Sambuci), welches der Apotheker nicht kaufen, sondern selbst bereiten muß. Aus den Körnern erhält man durch Auspressen ein grünes, fettes Öl (ol. ex arillis Sambuci) von widerlichem Hollundergeruch und Geschmack, welches sonst offizinell war. Durch Gärung und Destillation erhält man aus den reifen Beeren einen angenehmen Branntwein. Die Rinde und Blätter werden jetzt selten mehr angewendet".

Hager, 1874, gibt bei Flores S. an, daß sie als schweißtreibendes Mittel im Gebrauch stehen. Hager-Handbuch, um 1930: „Anwendung. Innerlich im Aufguß für sich oder mit anderen schweißtreibenden und Auswurf befördernden Mitteln bei Erkältungen in der Volksmedizin sehr gebräuchlich. Äußerlich zu Kräuterkissen, Bähungen, Gurgelwassern"; Fructus S. dient zur Bereitung von Suppen und Fruchtsaft; Folia S. als Volksmittel gegen Wassersucht; Cortex S. früher als Abführmittel, jetzt nur noch als Volksmittel gegen Wassersucht.

Nach Hoppe-Drogenkunde, 1958, Kap. S. nigra, werden verwendet 1. die Blüte („Diaphoreticum, bes. bei Erkältungskrankheiten. Diureticum. - Zu Gurgelmitteln und Mundspülungen. Bestandteil zahlreicher Teegemische"); 2. die Frucht („Frische Früchte dienen zur Bereitung von Säften und Marmeladen. - Getrocknete Früchte werden als Laxans, Diaphoreticum und Diureticum benutzt. Bei Erkältungskrankheiten").

In der Homöopathie sind „Sambucus nigra - Holunder, Deutscher Flieder" (Essenz aus frischen Blättern und Blüten; Hahnemann 1819) und „Sambucus e cortice" (Essenz aus frischer Rinde junger Zweige; Buchner 1840) wichtige Mittel. „Sambucus e floribus" (Essenz aus frischen Blüten) ist ein weniger wichtiges Mittel.

(E b u l u s)

In Ap. Lüneburg waren vorrätig: Radix ebuli (ohne Mengenangabe), Aqua ebuli (2 St.). Die T. Worms 1582 enthält: [unter Kräutern] Ebulus (Chamaeacte, Sambuscus pumila seu humilis seu arvensis, Attich, kleiner Holder, Ackerholder); Fructus Ebuli grana (Baccae chamaeactes, Attichbeern); Radix E. (Chamaeactes); Succus E.; Cortex Radicis ebuli (Attichwurzelrinden). Bestand der Ap. Braunschweig 1666: Herba ebuli (1/2 K.), Radix e. (4 lb.), Aqua e. (1/2 St.).
Die Ph. Württemberg 1741 führt: Radix Ebuli (Sambuci humilis seu agrestis, Chameactes, Attich, Acker-Holunderwurtz; Purgans, Hydragogum), Herba E. (gegen Wassersucht); Semen E. (Hydragogum, Diureticum; in Wein, als Substanz oder Infus; man preßt ein Öl daraus für innerlichen und äußerlichen Gebrauch); Ebuli Baccae (exsiccatae, Attich-Beer; Anwendung wie Semen E.); Roob E., Spiritus E. (aus Früchten). Über die Anwendung schreibt Geiger, um 1830: „Ehedem gebrauchte man die Wurzel (besonders die Rinde derselben), die innere Rinde und Blätter frisch, innerlich als Purgier- und harntreibendes Mittel; letztere auch äußerlich zu Umschlägen auf Geschwülste; die Blumen wie Hollunderblüten als Teeaufguß. - Von den Beeren hat man noch als Präparat das Mus (roob Ebuli), welches wie das Hollundermus angewendet wird, aber wirksamer sein soll".
Drogen und Präparate verschwinden im 19. Jh. aus deutschen Pharmakopöen. In Erg.-B. 6, 1941, steht wieder Radix Ebuli. In der Homöopathie ist „Sambucus Ebulus - Attich" (Essenz aus frischen, reifen Beeren) ein wichtiges Mittel. Hoppe, 1958, Kap. S. ebulus, schreibt über Verwendung: 1. die Wurzel („Diureticum, Diaphoreticum, Laxans. - Kneippmittel bei Wassersucht"); 2. die Frucht („Frische reife Beeren bes. in der Homöopathie ... Getrocknete Früchte dienen als Laxans, Diaphoreticum ... Ferner werden verwendet: Folia Ebuli, Attichblätter ... Bei Erkältungskrankheiten in der Volksheilkunde. - Kneippmittel").

(V e r s c h i e d e n e)

1.) S. racemosa L. wird von Geiger nur als Verwechslungsmöglichkeit mit den beiden anderen Arten erwähnt. Nach Hoppe, 1958, Früchte „in der Volksheilkunde als Laxans und Emeticum verwendet ... Rinde der Zweige und Wurzeln: Diureticum, Diaphoreticum, Laxans".
2.) S. canadensis L.; nach Hoppe, 1958, dienen die Früchte als Laxans, Rinde als Diureticum. In der Homöopathie ist „Sambucus canadensis" (Essenz aus frischen Blättern und Blüten) ein weniger wichtiges Mittel.

Samolus

Geiger, um 1830, erwähnt S. Valerandi; „offizinell war ehedem das Kraut (herba Samoli, Anagallidis aquaticae)... Gehört zu den antiscorbutischen Kräutern und kann als Salat genossen werden". Nach Dragendorff-Heilpflanzen, um 1900 (S. 512; Fam. Primulaceae), ist das Kraut Antiscorbuticum und Gemüse. Schreibweise nach Schmeil- Flora: **S. valerandi L.** Zitat-Empfehlung: **Samolus valerandi (S.).**

Sanguinaria

Sanguinaria siehe Bd. II, Alterantia. / IV, G 1215, 1470. / V, Atriplex; Capsella; Digitaria; Geranium, Holosteum; Polygonum; Sisymbrium.
Blutwurz(el) oder Bluothwurtz siehe Bd. V, Capsella; Iris; Potentilla.
Zitat-Empfehlung: *Sanguinaria canadensis (S.).*

Geiger, um 1830, erwähnt S. canadensis (kanadisches Blutkraut); „in Amerika wird die Pflanze als Arzneimittel angewandt, auch in Europa ist sie von mehreren Ärzten, neuerlichst von Zollikofer, als ein kräftig wirkendes Mittel vorgeschlagen worden. Man gibt sie in Substanz, in geringen Dosen oder als Tinktur. Sie wirkt leicht brechenerregend. Ihre Wirkung soll der Digitalis ähnlich sein". **S. canadensis L.** wird in Dragendorff-Heilpflanzen, um 1900 (S. 248; Fam. Papaveraceae), kurz genannt. In Hager-Handbuch, um 1930, hat die Pflanze bzw. das Rhizoma S. canadensis, ein Kapitel. „Anwendung. Selten. Innerlich bei Verdauungsstörungen und Verschleimung der Luftwege... in Abkochungen und Pulver wie Ipecacuanha als Emeticum. Äußerlich in Pulvern gegen Flechten. Veraltet. In der Tierheilkunde bei Pferden und Rindern als Fiebermittel".
In der Homöopathie ist „Sanguinaria - Kanadische Blutwurzel" (Tinktur aus getrocknetem Wurzelstock mit Wurzeln; Hering 1845) ein wichtiges Mittel.

Sanguisorba

Bibernell siehe Bd. IV, E 305. / V, Peucedanum; Pimpinella.
Bibernellwurzel siehe Bd. III (Tinctura Martis helleborata).
Blut(h)kraut oder Bluotkr(a)ut siehe Bd. V, Atriplex; Capsella; Chenopodium; Hypericum; Lythrum; Polygonum; Sanguinaria.
Poterium siehe Bd. V, Sarcopoterium.
Stoebe(s) siehe Bd. II, Adstringentia; Antidysenterica. / V, Sarcopoterium.

Sontheimer-Araber: - Poterium Sanguisorba.
Fischer-Mittelalter: - Poterium sanguisorba Willd. (sorbastrella, bipenula, sebastella) -- S. officinalis L. (pinpinella, sorbastrella, sanguisorbula, engelsburc).

H o p p e-Bock: Kap. H e r g o t s b e r t l i n, welscher B i b e r n e l l - 1. **S. minor Scop.** - - 2. **S. officinalis L.** (das ander geschlecht, M e g e l k r a u t).
G e i g e r-Handbuch: - Poterium sanguisorba (B e c h e r b l u m e, Gartenbibernell, italienische schwarze Bibernell, Megelkraut, N a g e l k r a u t).
H a g e r-Handbuch (Erg.-Bd. 1949): - S. officinalis L. (= Poterium officinale Benth. et Hook.).
Z i t a t-Empfehlung: **Sanguisorba minor (S.); Sanguisorba officinalis (S.).**

Dragendorff-Heilpflanzen, S. 279 uf. (unter „Poterium"; Fam. R o s a c e a e).

Nach Sontheimer (auch bei Dragendorff angegeben) soll die Bibernelle [Schreibweise nach Zander-Pflanzennamen: S. minor Scop., früher Poterium sanguisorba L., P i m p i n e l l a minor (Scop.) Lam.] in arabischen Schriften identifizierbar sein. Bock, um 1550, weiß - nach Hoppe - weder diese „welsche Bibernelle", noch „das ander geschlecht" [Schreibweise nach Zander: S. officinalis L., früher S. maior Gilip] bei älteren Autoren aufzufinden; Anwendung beider beschreibt er zusammen (Stypticum bei Ruhr, Menstruation).
In T. Frankfurt/M. 1687 sind aufgenommen: Herba Pimpinella Italica (Sanguisorba, S o r b a r i a, Welsch Pimpinell). In Ap. Braunschweig 1666 waren vorrätig: Herba pimpinell. Italici (1/4 K.), Aqua p. Ital. (1/2 St.). Schröder, 1685, hat ein Kap. Sanguisorba. Verwandt wird S. minor hirsuta, nicht S. major [diese würde S. officinalis L entsprechen]; „in Apotheken hat man das Kraut mit den Blumen und die Wurzel. Sie kühlt gemäßigt, trocknet, adstringiert, dient den Wunden und der Lunge, hat einen angenehmen Geschmack, wird gebraucht in Katarrhen, Lungenbeschwerden, der Lungensucht, die von der Zernagung herrührt, in bösen Krankheiten, Bauchflüßen, verhütet das Abortieren, äußerlich dient sie für allehand Blutflüsse. Wenn man dieses Kraut frisch in Wein tut beim Zechen, so soll es Hauptschmerzen verursachen, wie Simon Pauli will. Allein dieses ist nicht allezeit wahr. Die bereiteten Stücke: 1. Das destillierte Wasser aus dem ganzen Gewächs . . . 2. Der Sirup aus dem Saft und Zucker. 3. Die Konserve aus den Blumen".
In Ph. Württemberg 1741 sind aufgenommen: Radix Pimpinellae sanguisorbae (Pimpernell-Wurtzel, B l u t h k r a u t, K ö l b l e i n k r a u t-Wurtzel; Adstringens, Vulnerarium; gegen Tollwut); Herba Pimpinellae sanguisorbae (Welscher B i e b e r n e l l, Kölbleinskraut, Bluthkraut; Adstringens, Diureticum, Vulnerarium). Bei Hagen, um 1780, heißt die Stammpflanze der Kräuter: N a g e l k r a u t, S p e r b e r k r a u t, Becherblume, Poterium Sanguisorba; liefert Herba Pimpinellae Italicae. Die Wurzel (Rad. Pimpinellae italica) kommt dagegen vom Schwarzen Bibernell, W i e s e n k n o p f, Sanguisorba officinalis. Auch Spielmann, zur gleichen Zeit, unterscheidet: Pimpinella rubra vel Italica (Sanguisorba,

Pimpernelle), die bei ihm Poterium Sanguisorba L. heißt, und Pimpinella nigra, von Pimpinella magna L.
Geiger, um 1830, gibt als Stammpflanze nur Poterium sanguisorba an, von der Wurzel und Kraut (rad. et herb. Pimpinellae hortensis, italicae minoris) gebraucht wurden; „Wurzel und Kraut gab man ehedem gegen Ruhr, Blutfluß, als Gurgelwasser usw. - Präparate hatte man ehedem destilliertes Wasser, Sirup und Conserve (aq., syr. et cons. Pimpinellae hortensis). Jetzt ist die Pflanze fast ganz obsolet... Das Kraut ist ein beliebtes Suppenkraut und wird mit der Wurzel als Salat usw. genossen".
Wiggers, um 1850, unterscheidet wieder:
1.) Poterium Sanguisorba L.; liefert Herba Pimpinellae hortensis und Radix Pimpinellae italicae minoris.
2.) Sanguisorba officinalis L.; liefert Radix Pimpinellae italicae majoris.
In Hoppe-Drogenkunde, 1958, ist ein Kap. Sanguisorba officinalis; Verwendung als „Antidiarrhoicum und Hämostypticum, bes. in der Volksheilkunde". In der Homöopathie ist „Sanguisorba officinalis" (Essenz aus frischem, blühendem Kraut) ein weniger wichtiges Mittel.

Sanicula

S a n i c u l a siehe Bd. II, Hepatica; Vulneraria. / V, Alchemilla; Cardamine; Cortusa; Plumbago.
S a n i c k e l siehe Bd. V, Alchemilla; Astrantia; Heuchera.
S a n i k e l (l) siehe Bd. V, Hepatica; Pinguicula.
Zitat-Empfehlung: *Sanicula europaea (S.).*
Dragendorff-Heilpflanzen, S. 484 uf. (Fam. U m b e l l i f e r a e).

Nach Fischer kommt **S. europaea L.** in mittelalterlichen Quellen vor (d i a p e n s i a, s a n a r i a, f e r r a r i a maior, c o n s o l i d a minor, h e r b a st. l a u r e n t i i, s a n a c i o, s a n a k e l). Bock, um 1550, bildet die Pflanze - nach Hoppe - im Kap. Sanickel ab und gibt Indikationen nach einem Dioskurides-Kap., in dem eine andere Pflanze gemeint ist (Wurzel und Blätter, mit Honigwasser abgekocht, bei Lungenleiden, Erkrankungen anderer innerer Organe, bei Brüchen; gegen Blutauswurf, Leib- und Nierenschmerzen, als Stypticum; Kraut als Vulnerarium, besonders bei Brüchen).
Die T. Worms 1582 führt: [unter Kräutern] Sanicula (S e n n i c u l a, Diapensia, Sanicula quinque folia, Ferrarea minor, S a n i c k e l), in T. Frankfurt/M. 1687 außer der Krautdroge noch Radix S. (Sanickelwurtz). In Ap. Braunschweig 1666 waren vorrätig: Herba saniculae (1 K.), Aqua s. ($2^1/_2$ St.). Aufgenommen in Ph. Württemberg 1741: Radix Saniculae (S. officinarum, vulgaris, Diapensiae, Sanickelwurtzel, B r u c h k r a u t w u r t z; Adstringens, Zusatz zu Wunddekokten, gegen Brüche), Herba Saniculae (S. quinquefoliae, Diapensiae, Sanickel, Bruchkraut; Refrigerans, Adstringens, Vulnerarium, dies meist in Dekokten). Die

Stammpflanze heißt bei Hagen, um 1780, S. Europaea (Sanickel, Saunickel, Schernäckel).
In Geiger-Handbuch, um 1830, ist S. europaea (Sanikel, Heil aller Schäden) beschrieben, Anwendung ist nicht genannt. Hager-Handbuch, um 1930, schreibt darüber: [Folia Saniculae] „Als Volksmittel bei Erkrankungen der Luftwege". Hoppe-Drogenkunde, 1958, äußert sich ausführlicher: 1. Kraut: „Bei chronischen Katarrhen. Wundheilmittel, gegen innere Blutungen, bes. in der Volksheilkunde. - In der Homöopathie bei Magen- und Darmgeschwüren, bei Mund- und Nasenentzündungen." 2. Wurzel: „Adstringens, bei inneren Blutungen, Wundheilmittel". In der Homöopathie ist „Sanicula europaea" (Essenz aus frischem, blühenden Kraut) ein weniger wichtiges Mittel.

Santalum

Santalum siehe Bd. II, Antiarthritica. / IV, G 1604. / V, Pterocarpus.
Santalum album siehe Bd. IV, G 746.
Santalum citrinum siehe Bd. II, Cephalica; Ophthalmica.
Sandelholz oder Santelholz, gelbes siehe Bd. I, Ambra. / V, Plumeria.

Hessler-Susruta; Sontheimer-Araber; Fischer-Mittelalter; Geiger-Handbuch; S. album L. (Weißer Santelbaum).
Hager-Handbuch: S.-Arten, bes. **S. album L.** u. S. myrtifolium Roxb., außerdem über 10 weitere Arten.
Zitat-Empfehlung: **Santalum album (S.).**

Dragendorff-Heilpflanzen, S. 183 (Fam. Santalaceae); Tschirch-Handbuch II, S. 961 uf.

Nach Tschirch-Handbuch ist unbekannt, welches Sandelholz (gelbes oder rotes) die Ägypter um 1500 v. Chr. aus dem Lande Punt, wohin es wohl aus Indien gebracht wurde, holten; Susruta beschreibt - in Indien - weißes und gelbes Sandelholz; die Griechen kannten es nur flüchtig, den Orientalen war es im Mittelalter gut bekannt; Sandalum citrinum ist Bestandteil des Diambra nach Mesue; nach Europa kam im Mittelalter zuerst mehr rotes Sandelholz [→ Pterocarpus] als die anderen Sorten.
In Ap. Lüneburg 1475 waren vorrätig: Sandali albi (1 lb.), S. citrini (4 oz.), Ceroti sandalini (ohne Mengenangabe), Elect. triasandali (1 qr.), Pulv. triasandali (1/2 lb.). Die T. Worms 1582 führt: [als Simplicia, unter Kräutern] Santalum (santalum album, Weisser Sandel), Santalum luteum (sive citrinum, Santalum aromaticum, odoriferum, Santalum Machoziri, Mazahari et Mathazari, Geeler Sandel). In Ap. Braunschweig 1666 waren vorrätig: Ligni santali albi (19 lb.), Ligni raspati s. alb. (1 lb.), Pulvis s. alb. (3 1/2 lb.), Ligni s. citrini (19 lb.), Ligni rasp. s.

citr. (3/4 lb.), Pulvis s. citr. (1/2 lb.), Extractum s. citr. (2 Lot), Rotuli Diatria s. (6 Lot), Species Diatria s. (9 Lot), Trochisci de s. (5 Lot), Unguentum santalini (2 lb.).

Schröder, 1685, schreibt im Kap. Lignum Santalum: „Ist ein ausländisches Holz, das aus Indien zu uns gebracht wird. Das beste ist das gelbe, diesem folgt nach das weiße, das rote ist das schlimmste und dieses, das keinen Geruch hat ... Es dient der Leber und dem Herzen, wird gebraucht in Ohnmachten, Herzklopfen, Verstopfung der Leber, äußerlich in Katarrhen, Hauptschmerzen, Erbrechen, in Hitze der Leber (wenn mans überschlägt). Der rote Sandel kühlt mehr und adstringiert. Die drei Sandelhölzer mäßigen die Hitze des Geblüts, daher man sie auch insgemein für Leber- und Herzmittel hält". Bereitete Stücke sind: 1. der gummige Extrakt; 2. Species diatrion Santal.; 3. Sandelsalbe; 4. Sandelpflaster; 5. die Trochisci von Sandel.

Die Ph. Württemberg 1741 beschreibt: Lignum Sandalinum album (Santalum Album Officinale, Sandalum Album, weisses Sandel-Holtz; der Baum wird von den Indern Sercanda genannt) und Lignum Sandalinum Citrinum (Santalum Citrinum Officinale, gelber Sandel; Cardiaca, Hepatica; als Dekokt bei lymphatischen Leiden) [auch Lignum S. Rubrum ist aufgenommen, → Pterocarpus]; Ceratum sandalinum; Bestandteil der Essentia Lignorum. Stammpflanze des weißen und gelben Sandelholzes heißt bei Hagen, um 1780: S. album. Geiger, um 1830, führt aus: S. album L. liefert sowohl weißes (äußeres Holz und Splint) wie gelbes (Kern älterer Bäume, mit starkem, ambraähnlichen Geruch) Sandelholz; „man gibt das Holz in Pulverform, auch Pillen beigemischt; jetzt wird es mehr als Rauchwerk benutzt".

In Erg.-B. 4, 1916, wieder aufgenommen: Lignum Santalum citrinum, in Erg.-B. 6, 1941, stattdessen Lignum Santali albi (beide von S. album L.). Nach Hoppe-Drogenkunde, 1958, Kap. S. album, werden verwendet: 1. das Holz („Zur Gewinnung des äther. Öls. - Zu Räucherpulvern. - In China als Stomachicum"; 2. das äther. Öl („Bei bakteriellen Entzündungen der Harnwege, desinfizierendes und sekretionbeschränkendes Mittel"). In der Homöopathie sind „Santalum album" (Tinktur aus getrocknetem Holz) und „Oleum Santali" (alkohol. Lösung des Öls) weniger wichtige Mittel.

Santolina

Santolina siehe Bd. V, Artemisia.

Berendes-Dioskurides: Kap. Abrotonon, dabei u. a. Chamaecyparissus.
Fischer-Mittelalter: S. Chamaecyparissus L. (abscinthium, sandonicum, herba lumbricorum, centonicum, herba st. Marie).
Hoppe-Bock: Kap. Cypressen, dabei u. a. **S. chamaecyparissus L.**

G e i g e r-Handbuch: S. Chamaecyparissus (H e i l i g e n p f l a n z e, C y p r e s - s e n k r a u t); S. fragrantissima.
Z i t a t-Empfehlung: **Santolina chamaecyparissus (S.).**

Dragendorff-Heilpflanzen, S. 673 (Fam. C o m p o s i t a e).

Das als Zierpflanze bekanntere Cypressenkraut hat als Arzneipflanze keine große Bedeutung gehabt. Man hat gemeint, aus Dioskurides herauslesen zu können, daß diese Pflanze im Kap. Abrotonon vorkommt, bei Plinius als H a b r o t a n u m montanum. So auch Bock, um 1550, der die Indikationen zur abgebildeten Pflanze in dieser Weise an Dioskurides anlehnt.
In ausführlichen Taxen des 16. - Anfang 19. Jh. (T. Württemberg 1822) kommt das Kraut vor. In T. Worms 1582 als Herba A b r o t o n u m foemina (C y p a - r i s s u s hortulana, Santolina, G a r t e n c y p r e ß , S t a b w u r t z w e i b l e n), in T. Frankfurt/M. 1687 als Herba Cyparissus hortulana (C h a m a e c y p a - r i s s u s seu A b r o t a n u m foemina, Cupressus herba). Die Ph. Württemberg 1741 beschreibt die Wirkung der Herba Cupressae als Anthelminticum u. Diureticum. Hagen, um 1780, führt beim Zipressenkraut (Santolina Chamaecyparissus) aus: „Wächst im südlichen Europa wild, bei uns wird es in Töpfen gezogen ... Das Kraut (Herba Santolinae, Abrotani montani) ist hin und wieder im Gebrauche". Geiger, um 1830, meint: Die Pflanze „wurde gegen Würmer, Magenschwäche, Gelbsucht usw. gebraucht; jetzt ist sie fast ganz außer Gebrauch, wiewohl sie als aromatisch-bitteres Mittel gewiß wirksam ist".
Hoppe-Drogenkunde, 1958, Kap. S. Chamaecyparissus, nennt die Blüte als Vermifugum.
Als zweite S.-Art nennt Geiger S. fragrantissima; „davon wird das wohlriechende Kraut und Blumen äußerlich zum Zerteilen der Geschwülste aufgelegt; auch wird der Saft bei chronischen Augenkrankheiten in die Augen geträufelt". Diese Art wird bei Dragendorff-Heilpflanzen jedoch als A c h i l l e a fragrantissima Sch. Bip. bezeichnet.

Sapindus

S a p i n d u s siehe Bd. V, Quillaja.
Zitat-Empfehlung: *Sapindus saponaria (S.).*

Hagen, um 1780, beschreibt den „ S e i f e n b a u m (Sapindus Saponaria), ist ein hoher Baum, der in West- und Ostindien wächst. Die Früchte, die man S e i f e n - b e e r e n oder S e i f e n n ü s s e (Nuculae S a p o n a r i a e) nennt, haben die Größe eines Gallapfels und enthalten unter einer fleischigen Hülse, die man in Ostindien und Amerika zum Reinmachen der Hände, Wäsche, silbernen Borden

u. d. statt Seife braucht, eine runde glänzend schwarze Nuß ... In unseren Apotheken findet man sie nicht".
Geiger, um 1830, schreibt darüber: „Man hat die Früchte sonst innerlich verordnet, bei Bleichsucht usw. - Auch hatte man davon ein Extrakt und Tinktur. Die Indianer benutzen die Früchte wie Seife zum Waschen des Körpers, der Leinwand usw. Die zerquetschten Nüsse schäumen stark mit Wasser und sollen besser reinigen als Seife. Die schwarzglänzenden Samen wurden zu Knöpfen und Rosenkränzen verwendet". Bei Dragendorff-Heilpflanzen, um 1900 (S. 408; Fam. Sapindaceae), ist angegeben: „Die Früchte (Sapindi) sollen eßbar sein und gegen Katarrh, Bleichsucht, Kolik, Meteorismen und gegen Leiden der Harnorgane gebraucht werden". Verwendung der Früchte von **S. saponaria L.** nach Hoppe-Drogenkunde, 1958: „Zur Darstellung von Saponin. - Das fette Öl wird medizinisch und zur Seifenfabrikation gebraucht".

Sapium

Nach Dragendorff-Heilpflanzen, um 1900 (S. 385; Fam. Euphorbiaceae), gibt S. sebiferum Roxb. ein Samenöl zu Einreibungen; Blatt als Adstringens. Nach Hoppe-Drogenkunde, 1958, wird von der Pflanze der Same (Talgbaumsamen; für Nahrungszwecke) und das Fett des Fruchtfleisches (Chinesischer Talg; zur Herstellung von Kerzen, besonders für kultische Zwecke. - Zusatz in der Seifenindustrie) verwendet. Eine Reihe von amerikanischen S.-Arten liefern Kautschuk (den sog. Caucho-Blanco). Schreibweise nach Zander-Pflanzennamen: **S. sebiferum (L.) Roxb.**

Saponaria

Saponaria siehe Bd. II, Antisyphilitica; Expectorantia; Tonica. / V, Gentiana; Gypsophila; Sapindus; Silene.
Seifenkraut siehe Bd. II, Diaphoretica. / V, Gypsophila; Silene.

Grot-Hippokrates: S. officinalis.
Berendes-Dioskurides: Kap. Seifenkraut, **S. officinalis L.**; Kap. Okimoeides, S. Ocimoeides L.? (nach Zander: **S. ocymoides L.**).
Sontheimer-Araber: S. officinalis; S. ocymoides.
Fischer-Mittelalter: S. officinalis L. (borit, herba fullonis, sapanaria, herba philippi, sandex, electra, ostrutium, astricium, centauria maiore, aalcraut, weschwurz, wertwurz, seyfkraut, krutwurz; Diosk.: struthion, radix oder herba lanaria).

H o p p e-Bock: S. officinalis L. (S p e i c h e l w u r t z , Seiffenkraut, W a s c h - k r a u t); an anderer Stelle noch einmal als eine Art der Wynterviolen (wild viol, wild acker v i o l e n).
G e i g e r-Handbuch; Hager-Handbuch: S. officinalis L.
Z i t a t-Empfehlung: **Saponaria officinalis (S.); Saponaria ocymoides (S.).**

Dragendorff-Heilpflanzen, S. 206 (Fam. C a r y o p h y l l a c e a e); Tschirch-Handbuch II, S. 1522; P. Cuttat, Beiträge zur Geschichte der offizinellen Drogen [dabei Radix Saponariae] (Dissertation phil. Fak.) Basel 1937.

Das Struthion des Dioskurides ist nach Berendes [→ G y p s o p h i l a] das Seifenkraut (die Wollwäscher gebrauchen es zum Reinigen der Wolle; die Wurzel ist scharf und harntreibend; bei Leberleiden, Husten, Orthopnöe, Gelbsucht; steintreibend, milzerweichend, menstruationsbefördernd; Abortivum; zu Umschlägen gegen Aussatz, Geschwülste; Zusatz zu Kollyrien; erregt Niesen). Kräuterbuchautoren des 16. Jh. übernehmen solche Indikationen.
In Ap. Braunschweig 1666 waren 1/2 K. Herba saponariae vorrätig. Schröder, 1685, schreibt über Saponaria: „In Apotheken hat man die Blätter, selten aber die Wurzel. Es wärmt und trocknet, macht dünn, eröffnet, treibt den Schweiß, wird gebraucht im Keuchen, bringt den Monatsfluß, dient in Franzosen, äußerlich zerteilt es die Geschwülste“. Kommt seit 18. Jh. in offiziellen Gebrauch. Die Ph. Württemberg 1741 hat aufgenommen: Herba Saponariae (majoris laevis, L y c h n i - d i s Saponariae dictae, Seiffenkraut; Attenuans, Aperiens, Sudoriferum; äußerlich bei Krätze und Hautschäden) und Radix Saponariae majors laevis (C. B. Lychnidis Saponariae dictae, Seiffenkrautwurtzel; Sudoriferum, Attenuans, Aperiens, Diureticum; gegen Brustleiden, Geschlechtskrankheiten, treibt Menses; Stahl soll die Droge der Sarsaparille vorgezogen haben).
In preußischen Pharmakopöen sind aufgenommen: Herba Saponariae (von S. officinalis; Ausgabe 1799) und Radix S. (Ausgabe 1799-1829); die Wurzel in vielen Länderpharmakopöen, in DAB's (1872, dann wieder 1926).
Anwendung nach Geiger, um 1830: „Man gibt die Seifenwurzel (selten das Kraut) in Abkochung als Trank. - Präparate hat man davon Extrakt ... Die Wurzel macht einen Bestandteil des Holztrankes (spec. lignorum) aus. - Man kann sie zum Reinigen der Zeuge wie Seife benutzen“. Hager, 1874, schreibt: „Die Seifenwurzel wird nur geschnitten vorrätig gehalten. Ihre Abkochung schäumt wie Seifenwasser und wird auch mehr als Fleckreinigungsmittel bei guten und feinen Zeugstoffen gebraucht, weniger als Mittel bei Störungen der Verdauungswege, Hautausschlägen, Rheuma etc.“. Hager-Handbuch, um 1930 (zu Radix Saponariae rubra): „Anwendung. Als Expectorans und Diureticum als Ersatz für Senegawurzel in Abkochungen“. Hoppe-Drogenkunde, 1958, Kap. S. officinalis: Verwendet werden 1. die Wurzel („Expectorans. - Bei chronischen Hautleiden, Ekzemen, Flechten, bei Furunkulose. - Zu Zahnpflegemitteln. - In der Homöopathie [wo „Saponaria“

(Tinktur aus getrockneter Wurzel) ein weniger wichtiges Mittel ist] bei Erkältungskrankheiten und bestimmten Depressionen. - In der Volksheilkunde auch als Diureticum, Laxans und Cholagogum"); 2. das Kraut („Expectorans. - Bei Hautleiden").

Sarcocephalus

Nach Dragendorff-Heilpflanzen, um 1900 (S. 629; Fam. Rubiaceae), wird von S. esculentus Sab. die Rinde als Adstringens und Fiebermittel, Holz als Stimulans und Tonicum, die Rinde auch wie Coca gebraucht. Nach Hoppe-Drogenkunde, 1958, ist das Holz dieser Pflanze (Lignum Njuno) Tonicum, Febrifugum.

Sarcopoterium

Nach Zander-Pflanzennamen hieß **S. spinosum (L.) Spach** früher: Poterium spinosum L. Dies ist nach Berendes (Kap. Becherblume) die Stoibe des Dioskurides (Frucht und Blätter sind adstringierend, deshalb Dekokt bei Dysenterie als Injektion; gegen eitrige Ohren; Blätter als Umschlag bei Augenverletzungen, sie hemmen den Blutfluß). Kommt nach Sontheimer bei I. el B. vor. Geiger, um 1830, erwähnt den „in Sizilien, Griechenland, Kreta" einheimischen Strauch als die Stoebe der Alten. So auch bei Dragendorff-Heilpflanzen, um 1900 (S. 280; Fam. Rosaceae; unter Poterium spinosum). Zitat-Empfehlung: **Sarcopoterium spinosum (S.).**

Sarcostemma

Bei Dragendorff-Heilpflanzen, um 1900 (S. 549; Fam. Asclepiadaceae), sind 5 S.-Arten genannt, darunter S. australe R. Br. (Milchsaft gegen Pocken und als Wundmittel), die auch Hoppe-Drogenkunde, 1958, als Saponindroge erwähnt.
S. viminale (L.) R. Br. (nach Dragendorff = Cynanchum viminale L., Asclepias acida Roxb.; nach Zander-Pflanzennamen = Euphorbia viminalis L., Cynanchum aphyllum L.) ist als Stammpflanze des heiligen Soma der Inder diskutiert worden. Zitat-Empfehlung: **Sarcostemma viminale (S.).**

Sarracenia

Nach Dragendorff-Heilpflanzen, um 1900 (S. 264; Fam. S a r r a c e n i a c e a e), werden von der nordamerikanischen **S. purpurea L.** und anderen S.-Arten Wurzel und Blätter gegen Blattern und Dysenterie, auch als Diureticum, Diaphoreticum, Tonicum empfohlen. In der Homöopathie ist „Sarracenia purpurea“ (Essenz aus frischer Pflanze; Hale 1867) ein wichtiges Mittel.

Sassafras

S a s s a f r a s siehe Bd. II, Antiarthritica; Antirheumatica; Antisyphilitica; Cephalica; Diaphoretica; Diuretica; Odontica; Sanguinem depurantia; Stimulantia. / IV, C 81; D 4; E 14, 139, 383; G 796, 957, 1260. / V, Atherosperma; Ocotea.
S a s s a f r a s h o l z siehe Bd. V, Doryphora; Mespilodaphne.
S a s s a f r a s n ü s s e siehe Bd. V, Nectandra.
Zitat-Empfehlung: *Sassafras albidum (S.).*
Dragendorff-Heilpflanzen, S. 243 (Fam. L a u r a c e a e); Tschirch-Handbuch II, S. 1248.

Nach Tschirch-Handbuch „war Sassafras, schon vor der Eroberung Nordamerikas bei den Eingeborenen hochgeschätzt, die erste amerikanische Arzneidroge, die die Aufmerksamkeit der Europäer auf sich zog. Es kam zuerst um 1574 nach Spanien und noch im 17. Jh. gingen eigens Schiffe aus, es zu holen“.
In T. Worms 1582 ist aufgenommen: L i g n u m p a u a m u m (L i g n u m f l o r i d u m, Sassafrassum); in T. Frankfurt/M. 1687 heißt es: Lignum Sassafras (F e n c h e l - H o l t z). In Ap. Braunschweig 1666 waren vorrätig: Lignum sassafras (34 lb.), Electuarium s. (1 lb.), Oleum ligni s. (3 Lot), Spiritus s. (2½ lb.).
Schröder, 1685, schreibt vom „Sassafras. Ist ein großer Baum, wächst in Florida ... riecht wie Fenchel, wird genannt P a v a m e oder Sassafras. In Apotheken hat man das Holz und die Rinden, die dem Holz vorgezogen werden, besonders wenn sie von der Wurzel sind ... Die Rinde wärmt und trocknet im 3. Grad, das Holz wärmt und trocknet im 2. Grad, macht dünn, eröffnet, zerteilt, treibt den Schweiß, wird gebraucht in allehand Krankheiten, besonders in Verstopfungen, zur Stärkung der innerlichen Teile, in der Unfruchtbarkeit und den Franzosen. In den Katarrhen ist es gleichfalls eine Panacea. Es taugt auch zur Wassersucht, ist das beste Mittel gegen Flüsse, in Form einer Essenz oder eines Infuses taugt es auch zur Unfruchtbarkeit ... Daraus destilliert man auch mit Quendel und Wein ein Wasser wider die Flüsse“.
In Ph. Württemberg 1741 sind aufgenommen: Lignum Sassafras (Lignum Pavanum J. B., Sassafras, Fenchel-Holtz; bei lymphatischen Leiden, Katarrhen, Arthritis, Fluor albus; als Dekokt und Infus); Cortex Sassafras (Tugenden wie das Holz); Aqua (dest.) Ligni S., Essentia Ligni S. simplex und composita, Oleum Ligni S., Syrupus e Corticibus Ligni Sassafras. Bei Hagen, um 1780, heißt der Sassafrasbaum: L a u r u s Sassafras.

Die Holzdroge blieb in den deutschen Pharmakopöen bis DAB 6, 1926. In den preußischen Pharmakopöen heißt die Stammpflanze bis 1846: Laurus Sassafras L.; in dieser Ausgabe ist auch schon der in der Folgezeit übliche Name: Sassafras officinalis Nees ab E. angegeben (DAB 6, 1926: „Holz der Wurzel von S. officinale Nees“). In Hager-Handbuch, Erg.-Bd. 1949, heißt die Stammpflanze: S. variifolium (Salisbury) O. Kuntze (Nat. Form) und S. sassafras (L.) Karsten; in Zander-Pflanzennamen: (S. officinale Nees et Eberm. =) **S. albidum (Nutt.) Nees var. molle (Raf.) Fern.**

Offizinelle Zubereitungen waren: In Ph. Preußen 1799, Bestandteil der Species ad Decoctum Lignorum; in DAB 1, 1872, wie oben, außerdem von Syrupus Sarsaparillae compositus und Tinctura Pini composita. In Erg.-B. 6, 1941, finden sich: Cortex Sassafras Radicis, Tinctura und Oleum Sassafras.

Geiger, um 1830, nennt die Stammpflanze Persea Sassafras Spr. „Es wird jetzt nur allein das Holz in Abkochung (nicht so zweckmäßig) oder Aufguß mit anderen Wurzeln als Holztrank gegeben. Die Rinde, obgleich sie weit wirksamer ist, wird weniger gebraucht ... Man setzt es wohl auch dem Bier zu, um ihm einen angenehmen, gewürzhaften Geschmack zu geben. Die Indianer benutzen die Blätter als Würze unter die Speisen (Gombo)“. Anwendung nach Hager, 1874: „In der Abkochung als ein schweiß- und harntreibendes, daher blutreinigendes Mittel gebraucht. Man wendet es gegen chronische Hautausschläge, Scrofeln, Rheuma, Gicht usw. an“; Hager, um 1930: „es wirkt schweiß- und harntreibend. Als Blutreinigungsmittel, bei hartnäckigen Hautausschlägen, Katarrh, Rheuma, Syphilis, für sich oder mit anderen Hölzern und Wurzeln zusammen (Species lignorum)“. Hoppe-Drogenkunde, 1958, Kap. S. officinale (= S. variifolium): Verwendet werden 1. das Wurzelholz („Diureticum, Blutreinigungsmittel“); 2. das äther. Öl („Diureticum. - Bes. in USA zu Frühjahrskuren. - Zum Aromatisieren von erfrischenden Getränken und Tabakswaren“); neben dem Wurzelholz wird auch Cortex Sassafras gehandelt („Diureticum und Blutreinigungsmittel“), dieses offizinell in Erg.-B. 6 und HAB. Dort ist „Sassafras“ (Tinktur aus getrockneter Wurzelrinde) ein weniger wichtiges Mittel.

Satureja

Satureja siehe Bd. V, Calamintha; Mentha; Thymus.
Pfefferkraut (oder -crut) siehe Bd. V, Lepidium; Origanum.

Grot-Hippokrates: +++ S. Thymbra.
Berendes-Dioskurides: -- Kap. Wirbeldosten, Clinopodium vulgare L. --- Kap. Akinos, Thymus Acinos L. +++ Kap. Thymbra, S. Thymbra L.; Kap. Tragoriganon, S. Juliana L.?
Tschirch-Sontheimer-Araber: - S. hortensis -- Clinopodium vulgare.

Fischer-Mittelalter: - S. hortensis L. (satureia, timbria, puleium maius, psillum, timola, saturegia, serpillus domesticus vel maior, cunila, chonela, pfeffercrut; cf. Lepidium, veldysopp, wilder ysopp, gärtkol; Diosk.: thymos, epithymis, thyrsion, thymus) - - Clinopodium vulgare L. (betonica minore) - - - Calamintha acinos Clairville (calamentum montanum s. minus, menta montana, pulegium montanum, clinopodio, steinminz) +++ *S. thymbra L.* (epygadrium).
Beßler-Gart: - Kap. Satureia, S. hortense L., im Süden auch S. thymbra L. (gartenkole, tymbra, carwe, gartenkomel, gartencle) - - Kap. Pes corui, S. vulgaris (L.) Fritsch (rabenfuß, clinopodium).
Hoppe-Bock: - Kap. Von Satureia oder garten Hysop, S. hortensis L. (Zwibel Hysop) - - S. vulgaris Fr. (klein Wolgemut oder Dosten) - - - S. acinos Sch. (wilder und berg Hysop, wild Basilgen).
Geiger-Handbuch: - S. hortensis (Garten-Saturei, Bohnenkraut, Wurstkraut, wilder Isop) - - Clinopodium vulgare (Wirbeldoste, Weichborste) - - - Thymus Acinos (Bergthymian, wilde Basilie) +++ S. Thymbra (canadisches Bohnen- oder Pfefferkraut).
Hager-Handbuch: - S. hortensis L.
Schmeil-Flora: - **S. hortensis L.** - - **S. vulgaris (L.) Fritsch** - - - **S. acinos (L.) Scheele.**
Zitat-Empfehlung: - **Satureja hortensis (S.)** - - **Satureja vulgaris (S.)** - - - **Satureja acinos (S.).**

Dragendorff-Heilpflanzen, S. 578 uf. (Fam. Labiatae).

(Satureja hortensis)
Das Bohnenkraut, S. hortensis L., kommt in arabischen und mittelalterlichen Quellen vor. Bock, um 1550, gibt - nach Hoppe - über die Pflanze an, daß sie wie Quendel und Thymian [beide → Thymus] arzneilich verwendet werden soll; außerdem dient sie als Speisegewürz, ist appetitanregend, dem Magen bekömmlich, wirkt als Aphrodisiacum.
Die T. Worms 1582 führt: [unter Kräutern] Satureia (Thymbra satiuae, Cunila, Joseple, Saturon, Satureij, Kabsysop, Gartenysop, Winterysop, Hünerfüll) und Satureia Romana (Thymbra Siluestris, Cunila rustica, Römischsaturey) [erstere in Gärten kultiviert, letztere vielleicht wildwachsend aus Italien?]. In T. Frankfurt/M. 1687, als Simplicia: Herba Satureja (Cunila, Sadaney, Hünerfüll, Saturey, Sengenkraut), Semen Satureyae (Sadanaysaamen). In Ap. Braunschweig 1666 waren vorrätig: Herba saturegiae ($1^1/_2$ K.), Semen s. ($^3/_4$ lb.), Aqua s. (2 St.), Oleum s. (10 Lot).
Schröder, 1685, schreibt über die gebräuchliche Satureja hortensis (oder Culinaria sativa): „In Apotheken hat man das Kraut mit den Blumen. Dieses

Kraut... eröffnet, zerteilt, wird gebraucht in Rohigkeit des Magens, Keuchen, verstopftem Monatsfluß, schärft das Gesicht, äußerlich zerteilt es die Geschwulste und stillt die Ohrenschmerzen. Wenn man es in der Kammer ausstreut, so soll es die Flöhe töten. Bereitete Stücke sind: 1. Das Wasser aus dem blühenden Kraut; 2. das destillierte Öl mit dem Wasser".
Die Ph. Württemberg 1741 beschreibt: Herba Saturejae sativae (hortensis, Cunilae sativae, Saturey, Garten-Isop, Bohnen-Kraut; Stomachicum, Carminativum, Diureticum, Uterinum); Oleum (dest.) Satureiae. Die Stammpflanze heißt bei Hagen, um 1780: S. hortensis (Pfefferkraut, Saturey, Wurstkraut, Bonenkraut). Geiger, um 1830, gibt an: „Die Saturei [herba Satureiae] wurde ehedem innerlich bei Brustkrankheiten usw. gebraucht. Jetzt wird sie zuweilen noch äußerlich zu Bädern verwendet. - Präparate hat man ätherisches Öl, Wasser und Tinktur. - Häufig benutzt man sie in Haushaltungen als Würze an Speisen, Bohnen, Würsten usw.". Nach Hager-Handbuch, um 1930, wird das Kraut nur noch als Gewürz benutzt; Hoppe-Drogenkunde, 1958, gibt darüber hinaus an: „Antidiarrhoicum, Stomachicum, Carminativum, Expectorans. - Zu Kräuterbädern". Herba Saturejae sind im Erg.-B. 6, 1941, aufgenommen.

(Clinopodium)
Der Wirbeldost, heute (um 1970) S. vulgaris (S.) zu nennen, ist nach Berendes das Klinopodion des Dioskurides (Kraut gegen Biß giftiger Tiere, Krämpfe, innere Rupturen, Harnzwang; befördert Katamenien, treibt Embryo aus, vertreibt Warzen). Die Pflanze kommt nach Dragendorff in arabischen, nach Fischer und Beßler in mittelalterlichen Quellen vor. Bock, um 1550, gesellt - nach Hoppe - der Pflanze keine entsprechende bei älteren Autoren zu und legt ihr auch keine eigenen Indikationen bei. Geiger, um 1830, erwähnt die Pflanze unter dem Namen Clinopodium vulgare; „davon war ehedem das Kraut (herba Clinopodii majoris, Ocimi sylvestris) gebräuchlich ... Man hat es als Surrogat des chinesischen Tees vorgeschlagen". Bei Dragendorff, um 1900, heißt die Pflanze: Calamintha Clinopodium Benth. (= Clinopodium vulgare L., Melissa Clinop. Benth.); „als Carminativum und Surrogat des Tees verwendet".

(Acinos)
Nach Geiger kommt als Stammpflanze der Herba Clinopodii bzw. Ocimi sylvestris auch Thymus Acinos in Frage. Diese Pflanze, heute als S. acinos (S.) bezeichnet, wird von Berendes beim Diosk.-Kap. Akinos angezogen (getrunken hemmt er den Durchfall und die Menstruation; als Kataplasma gegen Drüsenverhärtungen und roseartigen Entzündungen). Die Pflanze kommt nach Fischer in mittelalterlichen Quellen vor; Bock, um 1550, bildet sie ab, er schreibt der Pflanze keine eigenen Indikationen zu. Nach Dragendorff, der sie Calamintha Acinos Benth. (= Acinos vulgaris Pers., Thymus Acinos L., Melissa Ac. Benth., Calamintha

arvensis Lam.) nennt, wird das Kraut als Carminativum und Aromaticum gebraucht.

Saururus

Nach Dragendorff-Heilpflanzen, um 1900 (S. 154; Fam. Saururaceae), wird die Wurzel der nordamerikanischen **S. cernuus L.** bei Pleuritis angewendet. In der Homöopathie ist „Saururus cernuus" (Essenz aus frischer Wurzel) ein weniger wichtiges Mittel.

Saussurea

Saussurea siehe Bd. V, Costus.
Zitat-Empfehlung: *Saussurea lappa (S.)*.
Dragendorff-Heilpflanzen, S. 685 (Fam. Compositae); Tschirch-Handbuch II, S. 1010 uf.

Nach Tschirch-Handbuch (Kap. Kostus) wird in Indien die Wurzel von S. Lappa Clarke (= Aplotaxis auriculata D. C., Aucklandia Costus Falconer) seit den ältesten Zeiten als Universalantidot, Parfüm- und Räuchermittel benutzt; sie ist „der echte hochberühmte (sog. arabische) Kostus der Alten... Doch ist zu bemerken, daß unter dem Namen Kostus sehr verschiedene Pflanzen gingen", z. B. Bryonia-, Galanga-, Colombo- oder Costus-Arten. Während letztere allgemein zu Beginn des 19. Jh. als Stammpflanzen von Kostus angegeben werden, trat gegen Mitte dieses Jh. ein Wandel der Anschauungen ein. Wiggers, um 1850, schreibt von Aucklandia Costus Falc.: „Liefert den Kostus oder Kostwurzel, Costus s. Radix Costi... Geschmack gewürzhaft, bald mehr bald weniger bitter, wonach man einen Costus amarus und Costus dulcis unterscheidet. Wurde früher von einer zu den Scitamineen angehörigen Pflanze abgeleitet, nämlich von Costus arabicus und Costus speciosus, bis Falconer vor einigen Jahren [1845] den angeführten Ursprung darlegte". Tschirch-Araber zitiert Aucklandia costus Falk.

Nach Hoppe-Drogenkunde, 1958, wird von S. lappa die Wurzel (Radix Saussureae - Indische Costuswurzel) verwendet („Medizinisch als Aromaticum und Stimulans. - Fixativ in der Parfümerieindustrie"). Nach der gleichen Quelle wird die Wurzel von S. arenaria als Ersatz für G i n s e n g empfohlen.

Saxifraga

S a x i f r a g a siehe Bd. II, Antinephritica; Aphrodisiaca; Diuretica; Lithontriptica. / V, Asplenium; Chrysosplenium; Filipendula; Lithospermum; Melilotus; Phyllitis; Pimpinella; Tragopogon.
S a x i f r a g i a siehe Bd. V, Dianthus; Polypodium.
S a x i f r a g o n siehe Bd. V, Frankenia; Gypsophila; Pimpinella.
S t e i n b r e c h (e) siehe Bd. V, Asplenium; Cardamine; Filipendula; Lithospermum; Physalis; Pimpinella; Plumbago.
Zitat-Empfehlung: *Saxifraga granulata (S.).*
Dragendorff-Heilpflanzen, S. 267 (Fam. S a x i f r a g a c e a e).

Das S a x i f r a g o n des Dioskurides (es hilft bei Harnzwang und Schlucken, gegen Blasenstein; Diureticum) ist nach Berendes nicht bestimmbar, unter anderen Deutungen hat man an **S. granulata L.** gedacht. Diese Art führt auch Fischer-Mittelalter auf (in seinen Quellen kann es sich aber auch um L i t h o s p e r m u m handeln) (saxifraga, m i l i u m s o l i s, b r u s c u s, c a u d a p o r c i n a, g r a n a s o l i s, l y t h o s p e r m a, v i s t a g o, s t e i n w u r z e, s t e i n - b r e c h e). Bock, um 1550, bildet S. granulata L. (Weiß Steinbrech) ab und bezieht sie auf obiges Dioskurides-Kapitel.
In T. Worms 1582 sind aufgenommen: Herba Saxifragia alba (Weisser Steinbrech); Semen Saxifragiae (Steinbrechsamen), Radix Saxifragiae (Steinbrechwurtzel), Aqua (dest.) Saxifragiae albae (Weiß Steinbrechwasser). Das gleiche in T. Frankfurt/M. 1687. In Ap. Braunschweig 1666 waren vorrätig: Herba saxifragiae (1/2 K.), Aqua s. (1 1/2 St.). Die Ph. Württemberg 1741 führt: Herba Saxifragiae albae (vulgaris, rotundifolia, radice granulosa, weisser Steinbrech, Steinbrech-Kraut; gegen Nierenstein und -gries), Radix Saxifragiae albae (Saxifragiae rotundifoliae C. B. radice tuberosa, weisse Steinbrechwurtz; Resolvens, Attenuans, bei Bruch-, Nieren- und Blasenleiden); Aqua (dest.) Saxifragiae.
Bei Hagen, um 1780, heißt die Stammpflanze S. granulata; „die Wurzel (Rad. Saxifragae albae) besteht aus lauter kleinen, runden Körnern . . . Der Gestalt wegen sind diese einzelnen Körner fälschlich mit dem Namen Steinbrechsamen (Semen Saxifr. alb.) belegt worden". Geiger, um 1830, berichtet über S. granulata: „Offizinell ist: Die Wurzel, fälschlich unter dem Namen Samen, das Kraut und die Blumen . . . Man gab die Teile dieser Pflanze, besonders die Wurzel, als harntreibendes Mittel gegen Steinbeschwerden, bei Brustkrankheiten. Jetzt ist fast nichts mehr davon im Gebrauch, ausgenommen als Hausmittel bei Krankheiten der Tiere".
In der Homöopathie ist „Saxifraga granulata" (Essenz aus frischer, blühender Pflanze) ein weniger wichtiges Mittel.

Scandix

Scandix siehe Bd. II, Diuretica. / IV, E 84. / V, Anthriscus; Armoracia; Myrrhis.
Zitat-Empfehlung: *Scandix pecten-veneris (S.).*

Im Berendes-Dioskurides wird das Kap. Venuskamm auf S. pecten Veneris L. [Schreibweise nach Schmeil-Flora: **S. pecten-veneris L.**] bezogen (wilde Gemüsepflanze; treibt den Harn; Abkochung gut für Blase, Leber und Niere). Fischer-Mittelalter nennt altital. Quelle für S. Pecten Veneris L. (aguselli). Geiger, um 1830, erwähnt S. Pecten (Nadelkerbel, Venuskamm); „offizinell war sonst das Kraut (herba Scandicis, Pectinis Veneris)"; außerdem S. australis (südlicher Nadelkerbel); „davon war sonst das Kraut, Italienerkerbel (herba Scandicis italicae) offizinell". Diese Art nennt auch Sontheimer-Araber.
In Dragendorff-Heilpflanzen, um 1900 (S. 490; Fam. Umbelliferae), wird von S. Pecten Scop. (= S. Pecten Veneris L., Myrrhis P. V. All.) und S. australis L. (= Myrrhis austr. All.) angegeben: „Kraut als Expectorans, Purgans, Diureticum gebraucht. Erstere wurde von Galen als Skandix benutzt, letztere gilt für die Skanâdiks des I. el B.".

Schinopsis

Nach Dragendorff-Heilpflanzen, um 1900 (S. 400; Fam. Anacardiaceae), liefert Quebrachia Lorentzii Gris. (= Laxopterygium Lorentzii Gris., S. Lorentzii) Gummi und Quebrachoholz. Hager-Handbuch, um 1930, und Hoppe-Drogenkunde, 1958, geben S. Lorentzii (Griesebach) Engler als Stammpflanze von Lignum Quebracho colorado (Rotes Quebrachoholz) an, das zum Färben und zur Herstellung von Quebrachoextrakten dient [das Extractum Quebracho der älteren Erg.-Bücher zu den DAB's (z. B. 1897) wurde aus der → Aspidosperma-Droge gewonnen]. Die Stammpflanze heißt nach Zander-Pflanzennamen: **S. quebracho-colorado (Schlechtend.) Barkl. et T. Mey.**
Zitat-Empfehlung: **Schinopsis quebracho-colorado (S.).**

Schinus

Geiger, um 1830, erwähnt S. Molle; „davon war die angenehm balsamisch riechende Rinde (cort. Mellis) offizinell. Der Baum schwitzt ein dem Elemi ähnliches Harz aus". Dragendorff-Heilpflanzen, um 1900 (S. 396 uf.; Fam. Anacardiaceae), führt 8 S.-Arten, mit mehreren Varietäten auf, darunter:

1.) S. mollis L. (Pfefferstrauch); „liefert Gummi und aromatisches Harz, das als Purgans und gegen Gicht, Rheuma etc. verwendet wird. Die Rinde und Blätter dienen äußerlich bei Wunden, Geschwüren und innerlich als Diureticum. Die Frucht als Stomachicum, Roborans, bei Gliederschmerz, Diureticum und in Arabien bei Blennorrhagie". Hat ein Kapitel bei Hoppe-Drogenkunde, 1958: Verwendet wird die Frucht (Schinuspfeffer, Peruanischer Pfeffer), als Ersatz für Schwarzen Pfeffer; in Mexiko wird aus der Rinde ein Gummiharz gewonnen (Arociraharz, Amerikanischer Mastix). Schreibweise nach Zander-Pflanzennamen: **S. molle L.**

2.) S.terebinthifolia Raddi; Rinde als Stimulans, Tonicum, Adstringens, äußerlich gegen Rheuma, Gicht, Syphilis, das Blatt und die Frucht zu Bädern bei Wunden und Geschwüren etc. gebraucht. Wird bei Hoppe erwähnt, auch in Hager-Handbuch, Erg.-Bd. 1949; aus der Rinde (Cortex Schini terebinthifolii, Arocira) wird in Brasilien Fluidextrakt und Tinktur bereitet. Schreibweise nach Zander: **S. terebinthifolius Raddi.**

Zitat-Empfehlung: **Schinus molle (S.); Schinus terebinthifolius (S.).**

Schleichera

Nach Dragendorff-Heilpflanzen, um 1900 (S. 408; Fam. Sapindaceae), wird von der indischen S. trijuga Willd. (= Melicocca trijuga Juss., Cusambium spinosum) Schellack gewonnen; aus den Samen Marcassaröl. Hoppe-Drogenkunde, 1958, schreibt zu der Pflanze: dieses fette Öl wird als Brennöl und gegen Haarausfall und Hautleiden verwendet, die Rinde als Adstringens. Das Oleum Schleicherae steht auch in Hager-Handbuch, Erg.-Bd. 1949 (gegen Haut- und Haarleiden).

Schoenocaulon

Sabadilla siehe Bd. II, Anthelmintica. / III, Acetum Sabadillae.
Zitat-Empfehlung: *Schoenocaulon officinale (S.).*
Dragendorff-Heilpflanzen, S. 112 (Fam. Liliaceae); Tschirch-Handbuch III, S. 719.

Die Sabadillsamen wurden als Droge im 18. Jh. in Deutschland bekannt. Aufgenommen in Ph. Württemberg 1741; im 19./20. Jh. in den meisten Pharmakopöen. Haller, um 1750, schreibt bei Sabadilli semen, Mexicanischer Laussamen, daß man als Stammpflanze ein Veratrum oder Aconitum vermutet; „er tötet die Läuse geschwind bei Menschen und Vieh, wenn man ihn nur aufstreut oder zerstoßen mit Schmalz zu einer Salbe macht oder auch in die Kleider streut". Nach Hagen, um 1780, halten Herr Prof. Bergius und Retz Veratrum Sabadilla für die Pflanze, die den Sabadill- oder Mexikanischen Laussamen gibt.

So schreibt auch Geiger, um 1830, über Veratrum Sabadilla Retzius: „Diese Pflanze wurde zuerst von Monard 1572 erwähnt. Retzius beschrieb sie später genauer und Bergius leitete zuerst die Sabadillsamen davon ab. - Ist in Mexico zu Hause... Man verschreibt den Sabadillsamen in Substanz, in Pulverform, ferner zum Aufguß. Er muß zum innerlichen Gebrauch immer von den Kapseln befreit werden. Seine Anwendung erfordert große Behutsamkeit. Äußerlich wird er zum Vertreiben des Ungeziefers gebraucht. - Er macht einen Bestandteil des Läusepulvers und der Läusesalbe (pulv. et ung. Pediculorum) aus; auch diese äußerliche Anwendung erfordert Vorsicht und kann durch Mißbrauch leicht schädlich werden".
Zwischendurch nahm man an, daß Veratrum Sabadilla aus China stamme (so z. B. Ph. Preußen 1827). In Ph. Preußen 1846 werden als Stammpflanzenbezeichnungen angegeben: Schoenocaulon officinale A. Grey (Asagraea officinalis Lindl., Veratrum officinale Schlechtend.); die Droge entfällt in der Ausgabe 1862, steht aber wieder in DAB 1, 1872: Fructus Sabadillae (von Sabadilla officinalis Brandt).
Hager schreibt in seinem Kommentar dazu (1874): „Man benutzte die Sabadille vor Zeiten als ein Excitans und Irritans, welches innerlich genommen Erbrechen erregt und auf der Haut Entzündung hervorruft. Im Klystier benutzt man sie gegen Eingeweidewürmer. Die Sabadillsalbe wird heute durch Fettmischungen mit Veratrin ersetzt".
Die Droge kommt dann in die Erg.-Bücher, 1910 wieder ins DAB 5 und 1926 ins DAB 6 (Semen Sabadillae: Die reifen Samen von Schoenocaulon officinale (Schlechtendahl et Chamisso) Asa Gray). Verwendung nach Hager-Handbuch, um 1930: „Nur noch als Ungeziefermittel in Sabadillessig und in Viehwaschpulvern". Nach Hoppe-Drogenkunde, 1958, Kap. Sabadilla officinalis, wird der Same verwendet: „Bei Neuralgien in Form von Salbe. — In der Veterinärmedizin. - Zur Ungeziefervernichtung, vor allem gegen Kopfläuse".
In der Homöopathie ist „Sabadilla - Sabadillsamen" (Tinktur aus reifen Samen; Stapf 1825) ein wichtiges Mittel. Abkürzung nach Zander-Pflanzennamen: **S. officinale (Schlechtend.) A. Gray.**

Scilla

Scilla siehe Bd. V, Colchicum; Pancratium; Urginea.
Zitat-Empfehlung: *Scilla bifolia (S.)*; *Scilla non-scripta (S.)*.
Dragendorff-Heilpflanzen, S. 124 (Fam. Liliaceae).

Der zweiblättrige Blaustern, **S. bifolia L.** (= S. bifolia Ait, Anthericum bifolium Scop., Stellaria bifolia Moench., Ornithogalum bifolium Lam.) steht als Saponinpflanze bei Hoppe-Drogenkunde, 1958. Sie ist, nach Hoppe, bei Bock, um 1550, beschrieben; er weiß die Pflanze - Hornungblume - nicht sicher zu deuten und schreibt ihr emetische Eigenschaften zu.

S. festalis Salisb. (= S. nutans Smith, **S. non-scripta (L.) Hoffmgg. et Link**, Agraphis nutans Link, Hyacinthus non scriptus L.) liefert nach Geiger, um 1830, durch Ausziehen mit Wasser ein Gummi, das Gummi arabicum ersetzt. In der Homöopathie ist die Essenz aus der frischen Pflanze als „Agraphis nutans" ein weniger wichtiges Mittel.

Scirpus

Scirpus siehe Bd. V, Juncus.

Hessler-Susruta: S. kysoor.
Deines-Ägypten: „Binse".
Berendes-Dioskurides: Kap. Sumpfschoinos, **S. lacustris L.** u. S. Holoschoinos L. [Schreibweise nach Zander-Pflanzennamen: **S. holoschoenus L.** (= Holoschoenus vulgaris Link)].
Fischer-Mittelalter: Scirpus spec. (scirpus, iuncus oder cipperus triangularis, dens equinus, harheu).
Geiger-Handbuch: S. lacustris (große Sumpfbinse).
Zitat-Empfehlung: **Scirpus lacustris (S.); Scirpus holoschoenus (S.).**

Dragendorff-Heilpflanzen, S. 90 (Fam. Cyperaceae).

Die Simsen (Binsen) haben in der offiziellen europäischen Therapie kaum eine Rolle gespielt. Zwei Arten des Sumpfschoinos, für die Dioskurides verschiedene Verwendungen angibt (u. a. harntreibend), wurden von Berendes für die Sumpfbinse (S. lacustris L.) und die Große Simse (S. holoschoenus L.) gehalten. Nach Geiger, um 1830, waren von S. lacustris offizinell: Wurzel und Same (Radix et Semen Scirpi majoris, Junci maximi); „der vorwaltende Bestandteil ist Adstringens. Jetzt wird selten etwas von dieser Pflanze als Arzneimittel benutzt. Ehedem gebrauchte man sie als ein Diureticum, gegen Steinbeschwerden usw. Die Halme benutzt man zum Dachdecken, Polstern der Satteln usw.".

Scopolia

Geiger, um 1830, erwähnt Hyoscyamus Scopolia L. (= Scopolina atropoides Schultes) als eine narkotisch giftige Pflanze. Dragendorff-Heilpflanzen, um 1900 (S. 589; Fam. Solanaceae), nennt 8 S.-Arten, darunter **S. carnio-**

lica Jacq. (= Hyoscyamus Scop. L.); „mitunter wie Mandragora verwendet". In der Homöopathie ist „Hyoscyamus Scopolia" (Essenz aus frischem, blühenden Kraut) ein weniger wichtiges Mittel. Die Pflanze hat ein Kap. in Hager-Handbuch, um 1930; verwendet werden Rhizoma Scopoliae carniolicae (Scopoliawurzel, Walkenbaumwurzel, Europäische Scopoliawurzel - im Gegensatz zur Japanischen Scopoliawurzel von S. japonica Maxim., die wie die europäische verwendet wird); „Anwendung. Wie die Belladonnawurzel in Form von Extrakt, Pflaster, Tinktur und Salbe. Gegen das Zittern bei Schüttellähmung. Zur Gewinnung der Alkaloide". Entsprechende Angaben in Hoppe-Drogenkunde, 1958, über Anwendung von Wurzel und Blatt. Zitat-Empfehlung: **Scopolia carniolica (S.).**

R. Wannenmacher, Scopolamin — Scopolia — Scopoli, in: Vorträge der Hauptversammlung . . . in Dubrovnik (Veröff. d. Int. Ges. f. Gesch. d. Pharmazie, Neue Folge, Bd. 16), Stuttgart 1960, S. 219-221, ausführlicher in Geschichtsbeilage Deutsche Apotheker-Ztg. *11* (1959), S. 28 uf.

Scorzonera

Scorzonera siehe Bd. II, Aperientia.
Zitat-Empfehlung: *Scorzonera hispanica (S.)*; *Scorzonera humilis (S.)*.
Dragendorff-Heilpflanzen, S. 692 uf. (Fam. Compositae).

Berendes identifiziert das Kleine Hierakion des Dioskurides, das die gleiche Kraft hat wie das Große (→ Tragopogon), mit S. resedifolia (oder S. elongata Willd.?).
Fischer-Mittelalter verweist auf einige Glossare mit **S. hispanica L.** (mora agrestis, swartzwurze).
In T. Mainz 1618 ist aufgenommen: Radix Scorzonerae (Schlangenmortwurzel); in T. Frankfurt/M. 1687, als Simplicium, Radix Scorzonerae (Viperariae, Schlangenmordwurtzel). In Ap. Braunschweig 1666 waren vorrätig: Radix scorzonerae (7 lb.), Aqua s. (1/2 St.), Condita rad. s. (5 lb.), Essentia s. (6 Lot), Pulvis s. (1/2 lb.).
Schröder, 1685, schreibt im Kap. Scorzonera von mehreren Arten; gebräuchlich ist die spanische; „in Apotheken hat man die Wurzel. Sie wärmt und feuchtet, dient wider Gift, wird gebraucht bei Schlangenbißen, der Pest, Melancholie, der schweren Not, Schwindel, ja sie taugt auch überdies zur Mutterkrankheit".
Die Ph. Württemberg 1741 beschreibt: Radix Scorzonerae (Latifoliae, Sinuatae, Serpentariae, Scorzonerawurtzel, Schlangenwurtzel; sowohl Nahrungsmittel als auch Medikament: Diaphoreticum, Alexipharmacum); Aqua (dest.) S., Conditum Rad. Scorzonerae. Die Stammpflanze heißt bei Hagen, um 1780: S. Hispanica (Spanische Skorzonere); als Fußnote fügt er hinzu: „Auswärts sammelt man diese Wurzel von der niedrigen Skorzonere (Scorzonera humilis)"

[Diese ist in Ph. Württemberg 1741 - siehe oben - gemeint, wie aus folgendem hervorgeht:] Jourdan, um 1830, beschreibt im Kap. Scorzonera, als pharmakopöe-üblich:
1.) **S. humilis L.** (Waldscorzonere, N a t t e r m i l c h); man wendet die Wurzel (radix Scorzonerae latifoliae sinuatae seu Serpentariae) an;
2.) S. Hispanica L. (Gartenscorzonere, S c h l a n g e n g r a s, Schwarzwurz, N a t t e r g r a s); man wendet die Wurzel (radix Scorzonerae seu Viperinae) an; die Wirkung ist reizend, harntreibend.
Geiger, zur gleichen Zeit, beschreibt vor allem S. hispanica (spanische Scorzonere, S c h w a r z w u r z e l, G a r t e n h a f e r w u r z e l); „die trockene Wurzel [rad. Scorzonerae hispanicae] wird (jetzt selten) in Abkochung gegeben. - Präparate hatte man ehedem: Wasser, Extrakt und die eingemachte Wurzel. Die frische Wurzel wird jetzt als diätisches Mittel verordnet und häufig als Gemüse gegessen. Die gerösteten dienen auch als Kaffeesurrogat". Über S. humilis schreibt Geiger: „Davon ist die Wurzel (rad. Scorzonerae humilis) offizinell. Diese soll eigentlich, und nicht die vorhergehende, zum Arzneigebrauch gesammelt werden. Sie schmeckt ziemlich bitter, wird in Sibirien als vorzügliches Wundmittel und selbst gegen den Biß giftiger Schlangen gebraucht".
Die Wurzeldroge war noch eine zeitlang offizinell. In preußischen Pharmakopöen (1799-1813) Radix Scorzonerae (von S. hispanica und S. humilis), ebenfalls in Ph. Sachsen 1820, 1837 (von S. hispanica). Hoppe-Drogenkunde, 1958, hat ein kurzes Kap. S. hispanica; Verwendung der Wurzel als „Stomachicum. - Frisch als Gemüse"; S. Humilis „wird in gleicher Weise ausgewertet".

Scrophularia

S c r o p h u l a r i a siehe Bd. V, Lamium.

B e r e n d e s-Dioskurides: +++ Kap. G a l i o p s i s, S. peregrina L.; Kap. Weitere S i d e r i t i s, S. lucida L. oder S. chrysanthemifolia L.?
F i s c h e r-Mittelalter: - S. nodosa L. (scrophularia, f r o m i l l a, c a s t r a g u l a, s t r a n g u l a r i a, m i l l e m o r b i a, f e r r a r i a, s e u w u r t z, c h i f e r w u r z, drueßwurz) - - S. aquatica L. (haydnisch w u n d c h r a w t; Diosk.: galiopsis, g a l e o b d o l o n).
B e ß l e r-Gart: - L a u r e a (d r u ß w o r t z) und Kap. Scrofularia (suwe wurtz), S.nodosa L. +++ Kap. F i s t u l a pastoris, S. peregrina L.
H o p p e-Bock: Kap. Von B r a u n w u r t z, - **S. nodosa L.** (die kleinst Braunwurtz) - - S. alata Gil. (= S. aquatica L. z. T.) [Schreibweise nach Schmeil-Flora: **S. umbrosa Dum.**] (die groß Braunwurtz).
G e i g e r-Handbuch: - S. nodosa (knotige Braunwurzel, K r o p f w u r z e l, S c r o p h e l k r a u t) - - S. aquatica (Wasser-Braunwurzel).

H a g e r-Handbuch: S. nodosa L. -- S. aquatica L. +++ S. frigida Boiss.
Z i t a t-Empfehlung: **Scrophularia nodosa (S.); Scrophularia umbrosa (S.).**

Dragendorff-Heilpflanzen, S. 603 uf. (Fam. S c r o p h u l a r i a c e a e).

Das Dioskurides-Kapitel Galiopsis bezieht Berendes auf S.peregrina L., Fischer auf S. aquatica L. [= S. umbrosa Dum.] (Blätter, Saft und Frucht zerteilen Carcinome, Drüsen am Ohr und an der Schamgegend, gegen Geschwüre, Gangräne).
Bock, um 1550, entnimmt - nach Hoppe - für die kleine (S. nodosa L.) und für die große (S. aquatica L.) Braunwurz die Indikationen aus Diosk.-Kapiteln, in denen keine S.-Arten gemeint waren (Kleine Braunwurz: Samen mit Wein bei Vergiftung durch Tiere; Wurmmittel, gegen Ischias; äußerlich gegen Aussatz, Geschwüre, Hämorrhoiden. Große Braunwurz: Samen zu Umschlag bei Augenleiden; Krautsaft gegen Ohrenschmerzen).
In T. Worms 1582 ist aufgenommen: Radix Scrophulariae (Millemorbiae, Castrangulae, Braunwurtz, Sawwurtz, groß F e i g w a r z e n k r a u t [kleines Feigwarzenkraut → R a n u n c u l u s ficaria], K n o l l e n k r a u t, F i s c h w u r t z); in T. Frankfurt/M. 1687: Radix Scrophulariae (Ficariae majoris, Ferrariae, Millemorbiae, Castrangulae, Braunwurtzel, Sauwurtz, groß Feigwartzenwurtz); Aqua (dest.) Scrophulariae (Braunwurtzwasser). In Ap. Braunschweig 1666 waren vorrätig: Radix scrophulariae (8 lb.), Aqua s. (1/2 St.).
Schröder, 1685, schreibt über Anwendung von Scrophularia: „In Apotheken hat man die knotige Wurzel. Sie wärmt und trocknet, digeriert, hat einen bitteren Geschmack, wird gebraucht gegen Kröpfe und Feigwarzen, bei krebsigen, kriechenden Geschwüren und bösen Rauden, äußerlich bei harten Geschwulsten". Aufgenommen in Ph. Württemberg 1741: Radix Scrophulariae (nodosae foetidae, vulgaris et majoris, F i c a r i a e, Ferrariae, Castrangulae, Braunwurtz, Saukrautwurtz, Feigwartzwurtz; Vulnerarium, Incisivum, Amarum).
Hagen, um 1780, beschreibt 2 S.-Arten:
1.) Braunwurz, S. nodosa; „die Wurzel wird unter dem Namen Kropf- oder Braunwurzel (Rad. Scrophulariae, Scrophulariae vulgaris s. foetidae) gesammelt".
2.) Wasserbraunwurz, S. aquatica; „die Blätter (Fol. s. Hb. Scrophulariae aquaticae, B e t o n i c a e aquaticae) haben die besondere Eigenschaft, den Sennesblättern den unangenehmen Geruch und ekelhaften Geschmack zu benehmen, ohne dadurch ihre Kräfte zu vermindern".
Geiger, um 1830, behandelt hauptsächlich S. nodosa: „Offizinell ist: die Wurzel und das Kraut ... Man gibt die Pflanze in Substanz und in Abkochung innerlich und äußerlich, gegen Kröpfe, geschwollene Drüsen, Skrofeln, Krätze (den Samen gegen Würmer) usw.; auch die frische zerquetschte Wurzel und das Kraut wurden aufgelegt. Jetzt ist die Pflanze ziemlich obsolet"; neuerliche Anwendung gegen die Hundswut. Erwähnt wird weiter S. aquatica: „Offizinell war ehedem auch das

Kraut (herba Scrophulariae aquaticae, Betonicae aquaticae) ... Man wendet es in ähnlichen Fällen wie das vorhergehende an. Es war als Wundkraut, äußerlich und innerlich gebraucht, sehr berühmt. Man behauptete, daß es den Sennesblättern, damit gekocht, den widerlichen Geruch und Geschmack nehme, ohne die Wirkung zu verändern?".

Hoppe-Drogenkunde, 1958, hat ein Kap. S. nodosa; verwendet werden: 1. das Kraut („Diureticum. - Die Herzwirksamkeit ist gering. - In der Homöopathie [wo ‚Scrophularia nodosa - Braunwurz' (Essenz aus frischer, vor Beginn der Blüte gesammelter Pflanze; Millspaugh 1887) ein wichtiges Mittel ist] bei Drüsenschwellungen, bei Ekzemen. - In der Volksheilkunde auch als Anthelminticum"); 2. die Wurzel („bei Hautleiden"). S. aquatica wird wie S. nodosa verwendet.

Scutellaria

Bei Geiger, um 1830, werden 2 S.-Arten genannt:

1.) **S. galericulata L.** (gemeines Helmkraut, Schildkraut, Fieberkraut); „offizinell ist: das Kraut (herba Tertianariae, Trientalis) ... Die Pflanze wurde ehedem im Aufguß und Abkochung gegen Tertianfieber usw. gegeben. Jetzt ist sie (mit Unrecht) außer Gebrauch".

2.) S. lateriflora L., in Nordamerika einheimisch; „die Pflanze wurde vor einigen Jahren als ein Mittel gegen Wasserscheu vorzüglich angerühmt".

In der Homöopathie ist „Scutellaria lateriflora - Helmkraut" (Essenz aus frischer Pflanze; Hale 1867) ein wichtiges Mittel. Hoppe-Drogenkunde, 1958, hat deswegen ein kurzes Kap. darüber aufgenommen; „Verwendung: Bitteres Tonicum, Febrifugum, in der Homöopathie. S. gallericulata u. a. Arten liefern ebenfalls Herba Scutellariae".

Zitat-Empfehlung: **Scutellaria galericulata (S.); Scutellaria lateriflora (S.).**

Dragendorff-Heilpflanzen, S. 570 uf. (Fam. Labiatae).

Secale

Secale siehe Bd. V, Claviceps.

Berendes-Dioskurides: Kap. Olyra, **S. cereale L.** (?).

Fischer-Mittelalter: S. cereale L. (siligo, germanum, olira, roggo, ruckenkorn).

Hoppe-Bock: S. cereale L., Rockenkorn; unterschieden wird S. hibernum (Winterroggen) und S. aestivum (Sommerroggen).

G e i g e r-Handbuch: S. cereale (gemeiner R o g g e n , K o r n).
Z i t a t-Empfehlung: **Secale cereale (S.).**

Dragendorff-Heilpflanzen, S. 88 (Fam. G r a m i n e a e); Bertsch-Kulturpflanzen, S. 59-64.

Nach Bertsch stammt der kultivierte Roggen vom Bergroggen, S. montanum, ab. „In der Hallstadtzeit finden wir die ersten Körner des absichtlich geernteten Roggens in Norddeutschland ... Von hier breitet sich dann der Kulturroggen gegen Süden und Westen aus. In der La-Tène-Zeit erreicht er Westdeutschland und in der römischen Zeit Südwestdeutschland und die Schweiz ... Die Slaven sind also nicht die ersten Roggenzüchter gewesen. Sie haben den Roggen bei ihrer Einwanderung in Norddeutschland vorgefunden, und ohne ihr Zutun, allein durch die natürliche Entwicklung ist er schließlich zum Hauptgetreide des Ostens geworden".
Die pharm. Bedeutung ist gering. In Arzneitaxen steht, wenn Mehlsorten (F a r i n a) aufgenommen sind, auch Secalina farina, Rockenmehl (T. Worms 1582); gelegentlich in Pharmakopöen (Ph. Preußen 1827: „Secale Farina, Roggenmehl, S. cereale L.", geführt unter Medikamenten, die in Apotheken nicht vorrätig zu sein brauchen).
In Ap. Braunschweig 1666 waren 1 K. Flores s i l i g i n i s vorrätig. Nach Ernsting, 1741, sind Flores Siliginis = Rocken-Blumen; „auch werden die Flores Cyani [→ C e n t a u r e a] also genannt".
Fuchs, um 1550, schreibt über Kraft und Wirkung: „Roggen ist etwas zäh und schleimig, darum er leicht Verstopfung gebiert. Das Brot, so aus dem Roggen gemacht wird, beschwert den Magen. Darum es nur für das gemeine Volk, das da arbeitet und Speis bedarf, die wohl sättigt, soll gebraucht werden". Auch Bock nennt - nach Hoppe - als hauptsächliche Anwendung die als Nahrungsmittel; das gebrannte Wasser soll gegen Nierensteine, Fieber und Augenentzündungen verwendet werden. Geiger, um 1830, schreibt: „Das Mehl und die Kleie des Roggens werden zu Umschlägen gebraucht. - Der größte Nutzen des Roggens zu Brot usw. ist bekannt. Den S a u e r t e i g braucht man auch, mit Senf usw. vermischt, als Reizmittel auf die Haut. Mit B r o t k r u s t e verfertigt man auch sonst ein Pflaster (Emplastrum crustae panis)".
In der Homöopathie ist „Secale cereale" (Essenz aus frischen Blütenähren) ein weniger wichtiges Mittel.

Securidaca

Geiger, um 1830, erwähnt als ehedem offizinell Semen Securidacae von C o r o n i l l a Securidaca (B e i l k r o n w i c k e). Bei Mössler, um 1830, heißt die Pflanze B o n a v e r i a Securidaca Scop. (= Securidaca vera Gaertn., S e c u -

rilla Pers., Coronilla Securidaca L.); bei Dragendorff, um 1900: Securigera Coronella D. C.; er gibt an, daß der Same früher bei Verdauungsschwäche verordnet wurde; soll Hedysaron oder Pelekinos Galen's sein, und Andarmârum des Ibn Baithar.

Dragendorff-Heilpflanzen, S. 317 (Fam. Leguminosae).
Hoppe-Drogenkunde erwähnt eine tropische Polygalacee Securidaca longepedunculata, deren Rinde verwendet wird.

Sedum

Sedum siehe Bd. II, Antiscorbutica. / IV, C 27. / V, Paris; Rhodiola; Sempervivum; Umbilicus.

Berendes-Dioskurides: Kap.: Zwiebelpfeffer, S. Cepaea L.; Kap.: Kleine Hauswurz, S. amplexicaule D. C.; Kap.: Andere Hauswurz, S. stellatum L.
Sontheimer-Araber: S. Cepaea; S. rupestre.
Fischer-Mittelalter: **S. acre L.**, im Süden S. amplexicaule DC. (vermicularis, prassula minor, barba Jovis minor, erdpfeffer, blatelose, erdaphel, mauerpfeffer, dubenkropf, hauswurz, tewfels part, stainpfeffer, genselkraut, katzenwibel); **S. album L.** (erba granellosa, vermicoloria, ertwiß); S. fabaria Koch (crassula maior, faba crassa, laurea, druswurz, heidensch wundkrut); S. telephium L. (policaria, crassula, orphinum, faba greca, wintwurz, donrwurz).
Beßler-Gart: Kap. Vermicularis, S.-Arten, besonders S. telephium L. und S. acre L.
Hoppe-Bock: Kap. Mauerpfeffer, 1. Klein Hauswurtz, S. album L. 2. Katzentreubel, Judentreubel, S. acre L. 3. das dritt und größt, S. rupestre L. subsp. reflexum Hegi et Schmid. 4. S. villosum L. Kap. Knabenkraut/Fotzzwang, S. telephium L. subsp. purpureum Sch. et K. (Bruchwurtz, Wundkraut, Zumpenkraut, S. Johanskraut, Bonenblatt).
Geiger-Handbuch: S. Telephium (fette Henne, Donnerbart, Wundkraut - fälschlich Portulak); S. acre (Mauerpfeffer, kleiner Hauslauch); S. rupestre; S. reflexum; S. album (Tripmedam, Würstlein); S. Anacampseros L.
Zitat-Empfehlung: **Sedum acre (S.); Sedum album (S.); Sedum telephium (S.); Sedum anacampseros (S.); Sedum forsterianum (S.); Sedum reflexum (S.); Sedum cepaea (S.); Sedum alpestre (S.).**

Dragendorff-Heilpflanzen, S. 266 uf. (Fam. Crassulaceae).

(Mauerpfeffer)
Bei Dioskurides gibt es 3 Arten Aeizoon. Die kleine Hauswurz (nach Berendes S. amplexicaule D. C.) wird als Blattdroge wie die große Hauswurz (→ Sempervivum) verwandt. Die 3. Art (nach Berendes S. stellatum L.) hat erwärmende, scharfe, Geschwüre erregende Kraft; verteilt Drüsen. Kräuterbuchautoren des 16. Jh., wie Bock, beziehen die Wirkungen des Mauerpfeffers, von dem sie mehrere Arten kennen, darunter S. acre L., auf diese Dioskurideskapitel.
Die T. Worms 1582 verzeichnet unter Kräutern: Vermicularis (Aizoum minus, Sedum minus, Trithales, Cauda muris, Digitellus, Herba vermiculata, Crassula minor, klein Haußwurtz, klein Donderbar); in T. Frankfurt/M. 1687 heißt die Droge: Herba Sedum minus (Vermicularis, Illecebra, Mauer-Pfeffer, klein Haußwurtz). In Ap. Braunschweig 1666 waren vorrätig: Herba vermicularis (1/2 K.), Aqua v. (1 St.).
Die Ph. Württemberg 1741 hat aufgenommen: Herba Sedi (Vermicularis flore flavo, Mauer Pfeffer, Katzen-Träublein, klein Hauswurtz; spezifisches Antiscorbuticum); Aqua dest. simpl. von Sedum. Bei Hagen, um 1780, heißt die Stammpflanze: S. acre (Klein Hauslauch, Mauerpfeffer, Ohnblatt, Blattlos). Über ihre Wirkung schreibt Geiger, um 1830: „Man gebraucht das frische Kraut und den Saft innerlich als antiscorbutisches, diuretisches, Brech- und Purgiermittel, äußerlich bei faulen Geschwüren, Krebs usw. Auch das Pulver wird innerlich gegeben. Neuerlich wurde es von Fauverge und anderen gegen Epilepsie gebraucht. Es erregt leicht Erbrechen. - Das Kraut macht auch einen Bestandteil der Pappelsalbe (unguent. Populeum) aus". Hoppe-Drogenkunde, 1958, gibt im Kap. S. acre an: „Verwendung: Blutdrucksenkendes Mittel, bei Hypertonie empfohlen. - In der Homöopathie bei blutenden Hämorrhoiden. - In der Volksheilkunde bei Epilepsie. - Frisches Kraut als Purgans".
In der Homöopathie ist „Sedum acre - Mauerpfeffer" (Essenz aus frischer, blühender Pflanze; Buchner 1840) ein wichtiges Mittel.

(Telephium)
Nach Beßler kann in mittelalterlichen Quellen als „Vermicularis" auch **S. telephium L.** gemeint sein. Bock faßt die Pflanze - nach Hoppe die Subspecies purpureum [Schreibweise nach Schmeil-Flora: **ssp. telephium**] - als ein Knabenkraut auf (Destillat gegen Magen-, Lungen-, Leberleiden, Erkrankungen der Gebärmutter, Dysenterie; Vulnerarium, Stypticum). Aufgenommen in Ph Württemberg 1741: Herba Crassulae (Crassulae majoris, Fabariae, Telephii vulgaris, Illecebrae majoris, fette Henne, Knabenkraut, Bruchkraut, Wundkraut; Refrigerans, Adstringens, Vulnerarium).
Hagen, um 1780, beschreibt die Fette Henne, Donnerbart (S. Telephium); hat grünlich-weiße Blümchen [demnach **ssp. maximum (L.) Krock**]; offizinell ist die Wurzel (Rad. Fabariae, Fabae crassae, Telephii, Crassulae maioris). Anwendung

nach Geiger, um 1830: „Die Blätter und Wurzeln wurden als kühlende, reinigende Mittel, letztere auch gegen Fallsucht, gebraucht; äußerlich als Wundmittel usw. - Die Blätter werden als Salat und anstatt Portulak gebraucht". In der Homöopathie ist „Sedum Telephium" (Essenz aus frischer, blühender Pflanze) ein weniger wichtiges Mittel.

(Verschiedene)
Geiger berichtet noch über folgende S.-Arten:
1.) S. Anacampseros L. (Schreibweise nach Zander-Pflanzennamen: **S. anacampseros L.**); „davon war ehedem auch das Kraut (herba Anacampserotis) offizinell. Es hat gleiche Eigenschaften wie das vorhergehende [S. Telephium]. Wird gegen den Skorbut und als Salat gegessen".
2.) S. rupestre; „davon wird das Kraut auch als antiskorbutisches Mittel gebraucht; auch ißt man die Blätter in England als Salat" [es dürfte sich hierbei um (nach Schmeil) S. rupestre L. ssp. elegans (Lej.) Hegi et Schmid handeln, die (nach Zander) jetzt **S. forsterianum Sm. ssp. elegans (Lej.) E. F. Warb.** heißt].
3.) S. reflexum; „offizinell war sonst das Kraut (herba Sedi minoris flore luteo). Es schmeckt schleimig-krautartig und wird als Salat, unter Suppen, als Gemüse genossen". Bock, um 1550, hat diese Art als dritten und größten Mauerpfeffer abgebildet [Hoppe identifiziert nach Abbildung und Beschreibung als: S. rupestre L. subsp. reflexum Hegi et Schmid.; dies entspricht nach Schmeil-Flora: S. rupestre L. ssp. rupestre; Bezeichnung nach Zander-Pflanzennamen: **S. reflexum L.**].
4.) S. album L.; „offizinell war ehedem auch das Kraut (herba Sedi minoris albi). - Es wurde bei stinkenden Geschwüren und selbst beim Krebs gebraucht".
Als weitere Arten - nicht bei Geiger - sind zu nennen:
5.) **S. cepaea L.**; soll die Kepaia des Dioskurides sein (Blätter gegen Harnzwang und Blasenkrätze; auch die Wurzel wird verwandt).
6.) **S. alpestre Vill.**; ist in der Homöopathie als „Sedum repens" (Essenz aus frischer, blühender Pflanze) ein weniger wichtiges Mittel.

Selinum

Selinum siehe Bd. IV, G 1498. / V, Ferula; Peucedanum.
Zitat-Empfehlung: *Selinum carvifolia (S.)*.

Nach Hoppe beschreibt Bock, um 1550, **S. carvifolia L.** einmal im Kap. Berg-Fenchel (Roßkymmel, Wisenfenchel) [Indikationen → Peucedanum palustre] und zum anderen im Kap. Berwurtz (wild Roßkymmel, Schwartz Hirtzwurtz). In der Homöopathie ist „Selinum carvifolium" (Essenz aus frischer Pflanze) ein weniger wichtiges Mittel.
In Dragendorff-Heilpflanzen, um 1900 (S. 493 ff.; Fam. Umbelliferae), erscheint S. nur einmal als Gattungsbezeichnung (die japanische S. Benthami S.

Wats.), andere S.-Arten werden nur als Synonyme für andere Umbelliferen (z. B. Peucedanum, Anethum usw.) aufgeführt.
In Hoppe-Drogenkunde, 1958, ist ein kurzes Kap. S. palustre; das Kraut (Herba Selini, Eppichkraut, Silje) dient als „Volksheilmittel bei Epilepsie".

Semecarpus

Semecarpus siehe Bd. IV, G 425. / V, Anacardium.
Zitat-Empfehlung: *Semecarpus anacardium (S.)*.
Dragendorff-Heilpflanzen, S. 394 (Fam. Anacardiaceae).

Nach Sontheimer-Araber war S. Anacardium bei I. el B. bekannt; davor schon im 6. Jh. bei Paulus Aegineta; nach Fischer in mittelalterlichen Quellen vereinzelt (anacardi, elephantis, elephantenlus, helfinlüs; bei Avicenna).
In Ap. Lüneburg 1475 waren 5 qr. Anacardi vorrätig. Die T. Worms 1582 führt: [unter Früchten] Anacardium (Anacardus. Elephanten oder Helffanten Lauß) [daneben bereits Anacardium Brasilianum → Anacardium]. In T. Frankfurt/M. 1687: Anacardia (Elephantenlauß). In Ap. Braunschweig 1666 waren vorrätig: Anacardi (1 lb.), Confectio anacardina (1½ lb.) [diese auch unter Confectiones liquidae in T. Frankfurt/M. 1687].
Schröder, 1685, berichtet im Kap. Anacardium: Frucht, der Farbe und Figur nach einem Herzen gleich, von einem ostindischen Baum; „in Apotheken hat man die Frucht aber gar selten. Sie wärmt und trocknet ... taugt dem Haupt, stärkt die Sinne und das Gedächtnis"; bereitete Stücke sind: 1. Lattwerg oder Elephantenläuß-Confect, 2. Honig aus der frischen Frucht, wenn man sie in Wasser kocht, 3. Öl, aus den Früchten gepreßt.
Die Ph. Württemberg 1741 hat aufgenommen: Anacardium (Elephanten-Lauß; die orientalische hat Herzform, die occidentalische Nierenform; Roborans für den Magen, venerisches Stimulans; öliger Saft löst Verhärtungen, gegen Hühneraugen; selten in medizinischem Gebrauch, auch die Confectio Anacardina ist obsolet). Bei Hagen, um 1780, heißt der „Ostindische Anakardienbaum (Semecarpus Anacardium) ... Die so genannten Ostindischen Elephantenläuse (Anacardium orientale) sind die Früchte desselben. Es sind platte herzförmige Nüsse, die eine doppelte Schale haben, nämlich eine innere, die den weißen und süßlichen Kern einschließt, und eine äußere, die schwarz und glänzend ist. Zwischen beiden Schalen befindet sich in einer zellichten Substanz ein schleimichter schwarzer Saft, der bei der frischen Nuß sehr scharf ist und auf der Haut, wo er hinkommt, Blasen macht ... Die Indianer bedienen sich dieses Saftes, um Leinwand, Seide und Baumwolle zu zeichnen, weil er einen kohlschwarzen Fleck hinterläßt, der weder durch Waschen mit Seife noch Lauge, noch auf eine andere Art herausgebracht werden kann".

Geiger, um 1830, schreibt über S. Anacardium (ostindischer Dintenbaum, Elephantenlaus): „Den scharfen Saft der Früchte hat man sonst zum Wegbeizen der Muttermäler gebraucht. Jetzt braucht man die Früchte noch als Amulett gegen Zahnschmerzen usw."; in Indien Saft als unauslöschliche Tinte. Jourdan, zur gleichen Zeit, gibt als Stammpflanze Anacardium longifolium Link an: „Der Genuß des Kerns soll das Gedächtnis stärken. Der Schleim wird äußerlich bei Hautkrankheiten gebraucht".

In Hager-Handbuch, um 1930, werden im Kap. Anacardium sowohl Fructus Anacardii orientalis (Ostindische, männliche Elefantenläuse; vom Ostindischen Tintenbaum, **S. anacardium L. fil.** = Anacardium officinarum Gärtn.) als auch Fructus Anacardii occidentalis [→ Anacardium] beschrieben; „die Früchte beider Arten sind infolge des Cardolgehaltes außerordentlich scharf und blasenziehend, die Wirkung ist etwas schwächer, aber anhaltender als die der Canthariden. Die Auszüge der Fruchtschale nehmen an der Luft eine tiefschwarze Farbe an, und man hat solche mit Äther-Alkohol hergestellten Auszüge als „unauslöschliche Tinte" verwendet... Man hat die Früchte als Sympathiemittel gegen Zahnweh verwendet, indem man sie auf einen Faden zieht und auf der Haut trägt, auch das ist gefährlich".

Hoppe-Drogenkunde, 1958, Kap. S. Anacardium, schreibt über Verwendung der Frucht: „Der Balsam wird als Cardolum pruriens als blasenziehendes Mittel sowie gegen Warzen und Hühneraugen angewandt. - In der Homöopathie [dort ist „Anacardium - Ostindische Elefantenlaus" (Tinktur aus reifen Früchten; Hahnemann 1835) ein wichtiges Mittel] als Hautmittel. Bei Darmerkrankungen. Technisch zur Herstellung von Stempelfarben und Tinten".

Sempervivum

Sempervivum siehe Bd. IV, C 35; G 1371. / V, Sedum.
Zitat-Empfehlung: *Sempervivum tectorum (S.).*

Nach Dragendorff-Heilpflanzen, um 1900 (S. 267; Fam. Crassulaceae), war entweder **S. tectorum L.** oder S. arboreum L. [Bezeichnung nach Zander-Pflanzennamen: **Aeonium arboreum (L.) Webb. et Berth.**] das Aizoon to mega der Griechen; auch bei den Arabern gebraucht. Berendes entschied sich für S. arboreum L. (Berendes-Dioskurides, Kap. Große Hauswurz; das große Aeizoon) (hat kühlende, adstringierende Kraft, wirksam gegen Rose, Geschwüre, Augenentzündungen, Brandwunden, Podagra; Saft gegen Kopfschmerzen, innerlich gegen Schlangenbiß, Bauchfluß und Dysenterie; mit Wein gegen Eingeweidewürmer; stellt als Zäpfchen den Fluß der Frauen; Saft als Salbe gegen Triefaugen). Kräuterbuchautoren des 16. Jh. übernehmen solche Indikationen für S. tectorum L., die vielfältig - nach Fischer - in mittelalterlichen Quellen vorkommt (aizoon, zion, sempervivum, buphtalmon, barba iovis, sticados, sacerdos, siluana, domicilla, squamaria, cardus sancte Marie, huswurtz, tonerburz, dachwurz, chrebswurz, wynnterwurz, waldwurz, gruenwurz, hauslauch, dünderbar).

In T. Mainz 1618 ist verzeichnet (unter Kräutern): Sedum maius (Semper vivum maius, Gross Hauswurtz); in T. Frankfurt/M. 1687: Herba Sedum majus (Sempervivum, Aizoon majus, Haußwurtz, Donnerbart). In Ap. Braunschweig 1666 waren 1/2 lb. Syrupus sempervivi M. vorrätig. Die Ph. Württemberg 1741 gibt eine Vorschrift für Syrupus Sedi Majoris sive Sempervivi. Hagen, um 1780, schreibt über die Pflanze: „Die Blätter (Folia Semperuiui s. Sedi maioris) enthalten eine Menge... Safts, der sich durch höchstrektifizierten Weingeist verdickt oder niedergeschlagen wird. Man pflegt diese Vermischung als Schminke zu gebrauchen, oder auch wohl zu demselben Zwecke... diesen [Niederschlag] als eine Salbe oder Pomade aufzubewahren. Da der Saft gewöhnlich nur gebraucht wird, und die Blätter auch im Winter grün bleiben, so trocknet man sie nicht".

Geiger, um 1830, schreibt über S. tectorum (Hauswurzel, Hauslauch, Hauslaub, Donnerkraut): „Offizinell sind die frischen Blätter... Man gebraucht den ausgepreßten Saft der Blätter als kühlendes Mittel innerlich und äußerlich; er wird, mit Weingeist vermischt, als Reinigungs- und Schönheitsmittel für die Haut, gegen Sommersprossen usw. benutzt. Die zerquetschten Blätter lindern die Schmerzen der Bienenstiche; man legt sie auf Hühneraugen, um sie zu erweichen. Die jungen Blätter lassen sich wie Portulak als Salat usw. benutzen. - Als Präparat hatte man ehedem aus dem Saft mit Zucker einen Syrup (syrupus Sempervivi). Die Blätter kamen noch zu mehreren Zusammensetzungen".

Hoppe-Drogenkunde, 1958, gibt im Kap. S. tectorum über die Anwendung an: „In der Homöopathie bei Dysmenorrhöe und Amenorrhöe. - In der Volksheilkunde bei Verbrennungen, Wunden etc.".

In der Homöopathie ist „Sempervivum tectorum - Hauslauch" (Essenz aus frischen Blättern; Hale 1875) ein wichtiges Mittel.

Senecio

Senecio siehe Bd. V, Erechthites.
Senecion siehe Bd. V, Erigeron.
Cacalia siehe Bd. V, Baccharis; Petasites.
Herigeron siehe Bd. II, Refrigerantia.

Berendes-Dioskurides: - Kap. Kreuzwurz, S. vulgaris L. +++ Kap. Kakalia, Cacalia verbascifolia Sibth. [nach Dragendorff = S. thapsoides D. C.].

Sontheimer-Araber: - S. vulgaris.
Fischer-Mittelalter: - S. vulgaris L. (sennetion, erigeron, peleciosa, crescione, selplacha, rietacher, rotlacha, beinwurz, cruceworz, flöhkraut) -- S. Jacobaea L. (alberga, herba sancti bernardi, verzola; Diosk.: erigeron, herbalum, senecium) --- S. Fuchsii Gmelin (herba sortis, wundchrawt, recht heidensch wundkrut) +++ S. sarracenicus L.
Hoppe-Bock: - Kap. Von Creützwurtz, **S. vulgaris L.** -- Kap. Von S. Jacobsbluom, **S. jacobaea L.** (Groß Creützwurtz) --- Kap. Von Heidnisch wundkraut, S. nemorensis L. subsp. Fuchsii Dur. [Schreibweise nach Zander-Pflanzennamen: S. nemorensis L. ssp. fuchsii (Gmel.) Čelak. = **S. fuchsii C. C. Gmel.**] +++ Kap. Von Scharten (das dritt geschlecht), S. silvaticus L.? (das vierdt geschlecht), S. erucifolius L.?
Geiger-Handbuch: - S. vulgaris (gemeiner Baldgreis oder Kreuzkraut, Speykreuzkraut, gelbes Vogelkraut) -- S. Jacobaea (Jacobs-Baldgreis, Jacobskraut) +++ S. ovatus W. (= S. sarracenicus plur. aut.; heidnisch Kreuzkraut oder Wundkraut); Cacalia canescens W. (Cacalia tomentosa L., Kleinia tomentosa Haw.; Pestwurzel) [nach Zander = **S. haworthii (Sweet) Schultz Bip.**].
Hager-Handbuch: - S. vulgaris L. -- S. jacobaea L. +++ S. aureus L.
Zitat-Empfehlung: **Senecio vulgaris (S.); Senecio jacobaea (S.); Senecio fuchsii (S.); Senecio haworthii (S.); Senecio aureus (S.); Senecio leucostachys (S.).**

Dragendorff-Heilpflanzen, S. 681 uf. (Fam. Compositae).

Nach Berendes ist das Erigeron des Dioskurides S. vulgaris L., während Fischer es als S. jacobaea L. deutet (Blätter mit Blüten haben kühlende Kraft, daher zu Umschlägen bei Hoden- und Afterentzündungen; auch auf andere Wunden; Stengel gegen Magenschmerzen). Bock, um 1550, identifiziert - nach Hoppe - seine Kreuzwurz (S. vulgaris L.) mit obigem Diosk.-Kap. und lehnt sich mit den Indikationen dort an (Stomachicum; zu Breiumschlägen gegen brennende Schmerzen, Geschwulst an Brüsten, Gelenken, Genitalien; als Pflaster gegen aufgebrochene Geschwüre, eiternde Wunden; Destillat bei fieberhaften Krankheiten wie Pest oder Typhus). Die große Kreuzwurz (S. jacobaea L.) weiß Bock in alter Literatur nicht zu deuten; er betrachtet sie als nahe verwandt mit der vorigen (gegen entzündete Wunden oder Geschwüre).
Die T. Worms 1582 führt: [unter Kräutern] Senecio (Erigerum, Carduncellus, Kreutzwurtz), die T. Frankfurt/M. 1687 als Simplicium, Herba Senecio (Senecium, Erigerum, Herba pappa, Kreutzwurtz, Grindkraut). In Ap. Braunschweig 1666 waren vorrätig: Herba senetionis (1/4 K.), Aqua s. (2 1/2 St.).
Die Ph. Württemberg 1741 beschreibt: Herba Senecionis (Erigeri vulgaris, Creutz-

wurtz, Grindwurtz-Kraut, G o l d k r a u t ; ist äußerst wirksam; bei Skorbut, Arthritis, Gelbsucht; ausgepreßter Saft bei Krämpfen der Kinder). Die Stammpflanze heißt bei Hagen, um 1780: S. vulgaris (Kreuzkraut); das Kraut wurde ehemals gebraucht.

Geiger, um 1830, beschreibt S. vulgaris: „Eine längst schon als Arzneimittel benutzte Pflanze, wurde 1824 besonders durch Dr. Finazzi wieder angerühmt... Offizinell ist: das Kraut mit den Blumen (herba cum floribus Senecionis, Erigerontis)... Man gibt den frisch ausgepreßten Saft des Krauts (gegen Convulsionen); auch als Brechmittel in Leberkrankheiten, bei Blutspeien hat man ihn gebraucht. Äußerlich legt man das zerquetschte Kraut auf Geschwüre". Als weitere Art beschreibt Geiger: S. Jacobaea; „offizinell war ehedem das bitterlich- und scharfschmeckende Kraut und die Blumen (herba et flores J a c o b e a e)". Jourdan, zur gleichen Zeit, gibt zu S. vulgaris an: „Nach Finazzi dient ein Eßlöffel des Safts zur Verhütung hysterischer Zuckungen", S. Jacobaea L. wirkt tonisch.

Hager-Handbuch, um 1930, erwähnt S. vulgaris L. (liefert Folia Senecionis) und S. jacobaea L. (Herba Senecionis jacobaeae); „Anwendung. In Form des Fluidextrakts und der Tinktur gegen Menstruationsbeschwerden und Koliken". Nach Hoppe-Drogenkunde, 1958, sind Herba Senecionis vulgaris „uteruswirksames und blutdrucksenkendes Mittel. - Bei Amenorrhöe und Dysmenorrhöe. - Blutstillmittel. - In der Zahnheilkunde bei hypertrophischen Zahnfleischveränderungen mit Blutungen. Zu Spülungen". In der Homöopathie ist „Senecio aureus - Goldenes Kreuzkraut" (**S. aureus L.**; Essenz aus frischer, blühender Pflanze; Hale 1875) ein wichtiges Mittel, während „Senecio gracilis" (S. gracilis Pursh.; Essenz aus frischer Pflanze), „Senecio Jacobaea" (Essenz aus frischer Pflanze) und „Cineraria maritima" (C i n e r a r i a maritima L. [= **S. leucostachys Bak.**]; Essenz aus frischer Pflanze) weniger wichtige Mittel sind.

Serapias

S e r a p i a s siehe Bd. V, Anacamptis; Epipactis; Orchis; Polystichum.
Zitat-Empfehlung: *Serapias lingua (S.)*; *Serapias cordigera (S.)*.

Dragendorff-Heilpflanzen nennt bei den O r c h i d a c e a e (S. 150) **S. cordigera L.** (= H e l l e b o r i n e cordigera Pers.), **S. lingua L.** (= O r c h i s Lingua All.), S. occulta J. Gray (= S. parviflora Parlat.) und S. triloba Viv. „Eine Serapias scheint die L o n c h i t i s Galens zu sein". Auch Berendes-Dioskurides deutet die Z u n g e n s u m p f w u r z (Lonchitis; Wurzel in Wein als Diureticum) als S. Lingua L. Im Kap. „A g r o s t i s am Parnass" (Saft und Abkochung der Wurzel für Augenmittel; Same harntreibend, brechenerregend, Bauchfluß stellend) bemerkt er: „Für Sprengel ist die Pflanze rätselhaft. Fraas bezieht sie auf Serapias grandiflora".

Serratula

S e r r a t u l a siehe Bd. V, Centaurea; Cirsium; Liatris; Teucrium; Vernonia.
S e r a t u l a siehe Bd. V, Stachys.
S c h a r t e siehe Bd. V, Erigeron; Senecio.
Zitat-Empfehlung: *Serratula tinctoria (S.).*

Fischer identifiziert t e r z o l a (altital.) als **S. tinctoria L.** Nach Hoppe unterscheidet Bock, um 1550, nach Feuchtigkeit des Standorts und nach Helligkeit der Blütenfarbe zwei Spielarten der S c h a r t e, die als S. tinctoria L. identifiziert werden (Verwendung in der Färberei; im Umschlag oder in Bädern bei Blasen- und Steinleiden). Geiger, um 1830, beschreibt die Pflanze (Färberscharte, F ä r b e - d i s t e l, G i l b k r a u t); „davon ist die Wurzel und das Kraut (rad. et herba Serratulae) offizinell ... Man gebraucht die Wurzel und das Kraut im Aufguß äußerlich und innerlich, auch den ausgepreßten Saft des letzteren. Jetzo wird die Pflanze kaum mehr als Arzneimittel gebraucht ... Ihr wichtigster Nutzen ist ihre Anwendung zum Färben; sie gibt dem mit A l a u n und W e i n s t e i n oder Zinnsolution gebeiztem Zeug eine schöne und dauerhafte gelbe Farbe". Nach Dragendorff-Heilpflanzen, um 1900 (S. 687; Fam. C o m p o s i t a e), wird Kraut und Wurzel gegen Hämorrhoiden, Geschwülste, Hernien benutzt. Hoppe-Drogenkunde, 1958, hat ein kurzes Kap. S. tinctoria, verwendet wird das Kraut, Färberscharte; früher zur Herstellung von S c h ü t t g e l b.

Sesamum

S e s a m u m siehe Bd. II, Adstringentia.
S e s a m u s siehe Bd. V, Camelina.

H e s s l e r-Susruta: S. orientale.
D e i n e s-Ägypten: S. indicum.
G r o t-Hippokrates: S. orientale; S. indicum?
B e r e n d e s-Dioskurides: Kap. Sesam, S. orientale L.
T s c h i r c h-Sontheimer-Araber: S. orientale.
F i s c h e r-Mittelalter: S. orientale L. u. S. indicum L. (s i s a m u s, sesamszkrut).
G e i g e r-Handbuch: S. orientale.
H a g e r-Handbuch: S. indicum DC. und S. orientale L. (= S. indicum var. orientale DC.).

Zander-Pflanzennamen: **S. indicum L.** (= S. orientale L.).
Zitat-Empfehlung: **Sesamum indicum (S.).**

Dragendorff-Heilpflanzen, S. 613 (Fam. Pedaliaceae); Tschirch-Handbuch II, S. 577-579.

Nach Tschirch-Handbuch ist die Kultur der Sesampflanze in Indien uralt; das ausgepreßte Öl der Samen diente auch zu Opferzwecken; in den Euphratländern wurde frühzeitig Sesam kultiviert und vertrat die Stelle des Ölbaumes; nach Ägypten kam die Pflanze in vorgeschichtlicher Zeit.
Nach Dioskurides werden verwendet: Sesamsamen (als Umschlag bei Anschwellungen in den Sehnen, gegen Ohrenleiden, Brandwunden, Schmerzen im Darm, Schlangenbisse; mit Rosenöl gegen Kopfschmerzen), das Kraut (in Wein gekocht, für die gleichen Zwecke; gegen Augenentzündungen und Schmerzen), das Öl aus den Samen (wirkt ebenso wie Walnußöl und Behenöl: vertreibt Leberflecken, Finnen, das Dunkle der Narben, reinigt den Bauch; mit Gänsefett gegen Ohrenleiden).
Die T. Worms 1582 führt: Oleum Sesaminum (Sesamöle), die T. Frankfurt/Main 1687: Oleum Sesaminum e semine (Sesamöhl, Leindotter-, Flachsdotteröhl). In Ap. Braunschweig 1666 waren vorrätig: Semen sesamini (2¹/₄ lb.), Oleum (expressum) s. (¹/₂ lb.), Oleum (dest.) s. (14 Lot). In Ph. Württemberg 1741 ist aufgenommen: Semen sesami (Digitalis orientalis, Sesamum dictum Tournef., Leindotter, Flachsdottersaamen; kommt aus Ägypten, Sizilien, Italien; Emolliens, Resolvens, Digerans).
Die Stammpflanze heißt bei Hagen, um 1780: S. Orientale; „vor Zeiten wurden in Apotheken die Samen davon aufbehalten [ägyptischer oder alexandrinischer Ölsamen, Canariensamen]... Nebst diesen bekam man über Alexandrien und Venedig das Sesamöl (Ol. Sesami), das teils durch Auskochen, teils durch Auspressen des Samens erhalten wird".
Geiger, um 1830, erwähnt S.orientale. „Davon war der Same, Oelsame (sem. Sesami) offizinell... Enthält viel fettes Oel, Sesamöl (ol. Sesami), welches durch Auspressen erhalten wird und ehedem auch bei uns sowohl innerlich als äußerlich, ähnlich wie Mandelöl und Baumöl, benutzt wurde. - Im Orient und Amerika wird der Same zu Suppen, als Gemüse usw., wie Hirsen benutzt und das Öl an Speisen, zum Salben in Bädern usw. angewendet. Der Absud des Krautes wird in Ägypten als krampf- und schmerzlinderndes Mittel gebraucht".
In DAB 5, 1910, und DAB 6, 1926, war aufgenommen: Oleum Sesami („das aus den Samen von S. indicum Linné ohne Anwendung von Wärme gepreßte Öl"). Nach Hager-Handbuch, um 1930, dienen Semen Sesami zur Gewinnung des Sesamöls, als Nahrungsmittel; Oleum Sesami „als Speiseöl und für viele andere Zwecke wie andere fette Öle. Zu Haaröl ist es weniger geeignet. Zur Herstellung von Margarine, die nach gesetzlicher Bestimmung in Deutschland 10 % Sesamöl enthalten muß, damit sie durch die Erkennungsreaktion dieses Öles, die kein anderes Öl gibt, leicht nachgewiesen werden kann".

Seseli

S e s e l i siehe Bd. V, Ammi; Angelica; Bupleurum; Laser; Laserpitium; Myrrhis; Tordylium.
S e s e l i s siehe Bd. V, Ricinus.
S e s e l e o s siehe Bd. V, Tordylium.
Zitat-Empfehlung: *Seseli tortuosum (S.)*; *Seseli libanotis (S.)*; *Seseli annuum (S.)*; *Seseli hippomarathrum (S.)*.

In Berendes-Dioskurides ist in 3 Kapiteln Bezug auf S.-Arten genommen:
1.) Kap. Massiliensisches Seseli, wird als *S. tortuosum L.* gedeutet (Wurzel und Same heilen Harnzwang und Orthopnöe; gegen Gebärmutterkrämpfe und Epilepsie; treiben die Katamenien und den Embryo aus; gegen alle innerlichen Leiden, chronischen Husten; Same mit Wein ist gut für die Verdauung und gegen Leibschneiden; gegen Wechselfieber).
2.) Kap. O r e o s e l i n o n , kann entweder **S. libanotis (L.) Koch** oder **S. annuum L.** sein (Same und Wurzel in Wein treiben Harn, befördern Menstruation, werden Antidoten, treibenden und erwärmenden Arzneien zugesetzt).
3.) Kap. H i p p o m a r a t h r o n ; Stammpflanze ist unsicher, für die eine Sorte wurde S. Hippomarathrum L. (Schreibweise nach Schmeil-Flora: **S. hippomarathrum Jacq.**) herangezogen (Wirkung ähnlich den beiden vorangehenden).
Nach Tschirch-Sontheimer kommen in arab. Quellen S. tortuosum und S. Libanotis vor, nach Fischer in mittelalterlichen: S. Massiliense und S. annuum L. (t r a g o s e l i n o).

In Ap. Lüneburg 1475 waren von S i l e r montanum 2½ lb. vorrätig (siehe hierzu und zum folgenden auch unter L a s e r p i t i u m). In T. Worms 1582 sind aufgeführt: Semen Seselios (Seselii, Seselis Maßiliensis sive Maßiliotici, Sileris montani, P l a t i c y m i n u m. Seselsamen, Silermontan, Z i r m e t s a m e n); in T. Frankfurt/M. 1687 Semen Seseleos vulgaris (officinarum, Sileris montani, Silermontansaamen). Dies sind wahrscheinlich die Semen seselios, von denen 5 lb. in Ap. Braunschweig 1666 vorrätig waren.
Die Ph. Württemberg 1741 beschreibt Semen Seseli Massiliensis (Sileris montani, S e ß e l - S a a m e n , B e r g - K ü m m e l ; Carminativum, Alexipharmacum, Diureticum, Emmenagogum; kommt in den T h e r i a k). Die Stammpflanze heißt bei Hagen, um 1780: „P u l s t h a b e r , R o ß k ü m m e l (Seseli tortuosum)"; liefert Semen Seseleos massiliensis.

Geiger, um 1830, erwähnt wieder 2 Arten:
1.) S. tortuosum; „offizinell war sonst der Samen (französischer Berg- oder Roßkümmel) . . . Bei uns ist er jetzt außer Gebrauch".
2.) S. Hippomarathrum (Pferde-Sesel); „hat ähnliche Eigenschaften wie die vorhergehende".

Bei Dragendorff, um 1900 (S. 492; Fam. Umbelliferae), wird angegeben:
1.) S. tortuosum L. (= Marathrum tortuosum Lk.); Frucht als Cordiale, Diureticum, gegen Flatulenz, Würmer gebraucht.
2.) S. Libanotis Koch (= Libanotis vulgaris D. C., Libanotis montana All., Athamanta Libanotis L.); Wurzel als Aromaticum gebraucht.
3.) S. Hippomarathrum Jacq. (= Hippomarathrum vulgare Lk.).

Setaria

Setaria siehe Bd. V, Panicum.

Hessler-Susruta: Panicum italicum.
Berendes-Dioskurides: Kap. Mohrenhirse, P. italicum L. (?)
Fischer-Mittelalter: S. italica L. (fenicum, panicum, venich, fenic, phench); S. viridis P. B. (palerius).
Hoppe-Bock: S. italica P. B. (Fench, wilde u. kleine Hirse); S. viridis P. B. (eine Sorte onkraut).
Geiger-Handbuch: Panicum italicum.
Zitat-Empfehlung: **Setaria italica (S.); Setaria viridis (S.).**

Dragendorff-Heilpflanzen, S. 82 (Fam. Gramineae); Bertsch-Kulturpflanzen, S. 83-92.

Nach Bertsch-Kulturpflanzen stammt die Kolben-Borstenhirse, **S. italica (L.) P. Beauv.**, von der Grünhirse, **S. viridis (L.) P. Beauv.** ab und ist in Europa von der Bronzezeit an nachweisbar. „Wir betrachten die Kolbenhirse als eine Errungenschaft des westlichen Alpenvorlandes ... Nach den übereinstimmenden Berichten des Caesar, Plinius und Strabo war die Kolbenhirse das Hauptgetreide der Iberer. Den Römern war sie gut bekannt ... Im Norden der Alpen ist die Kolbenhirse ganz an den unmittelbaren Fuß dieses Gebirges beschränkt geblieben. In vorgeschichtlicher Zeit hat sie die Donau nach Norden hin nirgends überschritten ... Wesentlich älter ist der Anbau der Hirsen in Ostasien ... Von Indien aus dürfte die Hirse China erreicht haben. Hier läßt sie sich bis zum Jahr 2800 v. Chr. zurückverfolgen".
Nach Dioskurides wird die Mohrenhirse - bei den Römern Panicum genannt -, die als die Kolbenhirse, aber auch als Sorghum-Art gedeutet wird, ebenso wie die echte Hirse (→ Panicum) angewendet. In Kräuterbüchern des 16. Jh. (z. B. Bock) sind beide abgebildet. Die größere Bedeutung in Deutschland hatte Panicum miliaceum L., jedoch konnte - wie Geiger bemerkt - als „Hirse" auch immer S. italica zur Anwendung kommen.

Shorea

S h o r e a siehe Bd. V, Dryobalanops.
D a m m a r (a) siehe Bd. IV, G 519. / V, Hymenaea; Vateria.
Zitat-Empfehlung: *Shorea wiesneri (S.)*.
Dragendorff-Heilpflanzen, S. 444 (Fam. D i p t e r o c a r p a c e a e).

Über D a m m a r h a r z berichtet Marmé, 1886: „Das nach Lucanus im Jahre 1827 zum ersten Male in Deutschland eingeführte Dammarharz wird teils von A b i e t i n e e n, teils von D i p t e r o c a r p e e n gesammelt. Zur ersteren Familie gehört die Dammarfichte, D a m m a r a alba Rumph = Dammara orientalis Lambert, welche auf den Molukken und großen Sundainseln heimisch ist. Zur zweiten zählen H o p e a micrantha Vriese und Hopea splendida Vriese, welche beide in Hinterindien und auf den benachbarten Inseln verbreitet sind".
Dammarharz war, teils unter der Bezeichnung „Dammar", teils „Resina Dammar" offizinell von DAB 2, 1882, bis DAB 6, 1926. Angaben über die Stammpflanzen: 1882, von Dammara alba (= A g a t h i s alba), Dammara orientalis, Hopea micrantha, Hopea splendida. 1890, von Dammara alba (= Agathis alba), D. orientalis, Shorea (= Hopea) micrantha, Sh. (H.) splendida und wohl noch anderen südindischen Bäumen. 1900, von S. Wiesneri, vielleicht auch noch von anderen Bäumen aus der Familie der Dipterocarpaceen (der Kommentar zum DAB 4 sagt dazu: „Bezüglich der Abstammung herrschte bis vor nicht langer Zeit sehr große Unsicherheit. An den Angaben der ed. III des Arzneibuches hatte Carl Müller (1891) schon eine scharfe und einschneidende Kritik geübt. Immerhin mußte man noch annehmen, daß Bäume aus den Familien der C o n i f e r a e, Dipterocarpaceae und vielleicht der B u r s e r a c e a e das Harz liefern. Wir wissen aber jetzt durch Untersuchungen, die Wiesner in Padang auf Sumatra selbst anstellte und noch weiterhin veranlaßte, daß das von Agathis Dammara Rich., einer Conifere, die man für den Hauptlieferanten der Droge hielt, gelieferte Harz etwas anderes, nämlich der „K a u r i c o p a l" ist, und daß das offizinelle Dammarharz nur von einer Dipterocarpaceae, nämlich von der S. Wiesneri, die Stapf dem Entdekker zu Ehren benannte, stammt. Diese Ableitung gilt also nur für das offizinelle Harz, und die Tatsache, daß auch andere Harze anderer Abstammung in Ostasien Dammar heißen, wird dadurch nicht berührt".
Angaben über die Stammpflanzen 1910 wie 1900. 1926: „Das Harz von Bäumen aus der Familie der Dipterocarpaceae". Die Droge war in die Pharmakopöen aufgenommen, weil sie zur Herstellung des „Emplastrum adhaesivum - Heftpflaster" diente. Hoppe-Drogenkunde, 1958, gibt vielfältige technische Anwendung an; medizinisch zu Pflastern. Schreibweise des Dammarbaums nach Zander-Pflanzennamen: **S. wiesneri Schiffn.**

Sickingia

Nach Dragendorff-Heilpflanzen, um 1900 (S. 621; Fam. R u b i a c e a e), werden die Rinden der brasilianischen S. rubra Schum. und S. viridiflora Schum. als Fiebermittel gebraucht. Entsprechendes bei Hoppe-Drogenkunde, 1958 (die Rinden werden als Cortex A r a r i b a e rubrae und albae bezeichnet).

Sida

S i d a siehe Bd. V, Abutilon.

Geiger, um 1830, erwähnt S. carpinifolia L.; von dem „Strauch und mehreren anderen des Geschlechts Sida, deren man jetzt 183 kennt, werden die Blumen wie bei uns die Malven angewendet". Nach Dragendorff-Heilpflanzen, um 1900 (S. 423; Fam. M a l v a c e a e), dient die Pflanze gegen Insektenstiche und zu Gargarismen. Genannt werden außerdem 18 Arten.

Sideritis

S i d e r i t i s siehe Bd. II, Antidysenterica. / V, Scrophularia; Stachys; Tragopogon; Verbena.

Nach Berendes-Dioskurides wird das Kap. Sideritis auf S. scordioides L. oder auf S t a c h y s-Arten bezogen (Blätter als Umschlag verkleben Wunden und halten Entzündungen ab); bei der Deutung des Kap. K e s t r o n wird u. a. S. syriaca L. genannt. Bei Fischer-Mittelalter ist erwähnt: S. scordioides, S. hyssopifolia L. cf. Stachys (sideritis, h e r a c l e a).
Schröder, 1685, schreibt im Kap. Sideritis: „In Apotheken hat man das Kraut gar selten. Es abstergiert, adstringiert, dient den Wunden, läßt sich inner- und äußerlich gebrauchen, meistens aber dient es bei Brüchen. Man gebraucht es auch bei Krankheiten, die von Hexereien herrühren. Die Marktschreier pflegen damit die Brüche und den weißen Weiberfluß zu heilen, andere waschen mit dessen Dekokt die Stirn bei Kopfschmerzen, andere fovieren damit die müden Glieder".
In Ap. Braunschweig 1666 waren 1/2 K. Herba sideritidis vorrätig. In T. Frankfurt/M. 1687 sind aufgenommen: Herba Sideritidis (Heraclea, G l i e d k r a u t). Die Ph. Württemberg 1741 beschreibt: Herba Sideritidis (hirsutae, procumbentis, Gliederkraut, W u n d k r a u t, F e l d - A n d o r n, B e r u f f - o d e r B e s c h r e y k r a u t; Vulnerarium, Antarthriticum, Subadstringens, Diureticum). Die Stammpflanze heißt bei Hagen, um 1780: S. hirsuta (Berufskraut, Gliedkraut, Z e i ß c h e n k r a u t); „wurde vormals gebraucht". Geiger, um 1830, bemerkt

zu der Pflanze: „Man gebraucht das Kraut im Aufguß, zu Bädern usw. In unseren Gegenden wird dafür immer Stachys recta genommen".
Dragendorff-Heilpflanzen, um 1900 (S. 572; Fam. Labiatae), führt unter seinen S.-Arten auf: S. hirsuta L. (gegen Hysterie, Menstruationsbeschwerden, Fieber, Seitenstechen); S. scordioides L.; S. hyssopifolia L.; S. syriaca L. (wird wie S. hirsuta benutzt, soll Kestron des Diosk. sein). In Hoppe-Drogenkunde, 1958, ist ein kurzes Kap. S. hirsuta (Berufskraut, Eisenkraut; Tonicum). Zitat-Empfehlung: **Sideritis hirsuta (S.).**

Siegesbeckia

Geiger, um 1830, erwähnt S. orientalis; „diese Pflanze hat Linné anstatt der Akmelle [→ Spilanthes] zu gebrauchen vorgeschlagen". Nach Dragendorff-Heilpflanzen, um 1900 (S. 670; Fam. Compositae), ist von der asiatischen Sigesbeckia orientalis L. „Kraut schweißtreibend, Alterativum, Stimulans, Adstringens, bei Harnbeschwerden, Fluor albus, Karbunkeln und als Wundmittel". Nach Hoppe-Drogenkunde, 1958, dient das Kraut bei Gicht- und Hautleiden; von der chinesischen S. pubescens wird das Kraut bei Geschwülsten und Wunden empfohlen.

Silaum

In Geiger-Handbuch, um 1830, ist erwähnt (ohne Angabe von Verwendung): Cnidium Silaus Spr. (= Peucedanum Silaus L., Silaus pratensis Besser, Silau-Roßfenchel). In Dragendorff-Heilpflanzen, um 1900 (S. 493; Fam. Umbelliferae), heißt die Pflanze: Silaus flavescens Bernh. (= Silaus pratensis Bess., Peucedanum Silaus L., Sium Silaus Roth, Cnidium Silaus Spr.); „Wurzel, Kraut und Frucht bei Flatulenz, Lithiasis, Harnverhalten benutzt". Schreibweise nach Schmeil-Flora: **S. silaus (L.) Sch. et Th.** Zitat-Empfehlung: **Silaum silaus (S.).**

Silene

Silene siehe Bd. V, Cucubalus; Lychnis.
Zitat-Empfehlung: *Silene vulgaris (S.)*; *Silene armeria (S.)*; *Silene dioica (S.)*; *Silene alba (S.)*; *Silene otites (S.)*; *Silene gallica (S.)*; *Silene nutans (S.)*.
Dragendorff-Heilpflanzen, S. 207 (Fam. Caryophyllaceae).

Bei Geiger, um 1830, kommen 5 Arten vor, die heute der Gattung S. zugeordnet werden:

1.) S. inflata Sm. (= Cucubalus Behen L.; gemeiner, weißer Behen, weißer Wiederstoß, weißer Gliedweich); „davon war sonst die Wurzel (rad. Behen alb.) gebräuchlich. Man hielt sie für das Behen album der Araber. - Das Kraut wird in Gotland äußerlich gegen Rotlauf gebraucht. Man kann es, jung, als Gemüse und die jungen Wurzelsprossen als Salat essen". Jourdan, zur gleichen Zeit, charakterisiert die Droge als Radix Behen nostratis.
Man ist nicht ganz sicher, ob die Herakleia des Dioskurides mit dieser Pflanze zu identifizieren ist (Frucht erregt Erbrechen; spezifisches Reinigungsmittel für Epileptiker). Fischer-Mittelalter nennt als Bezeichnungen: behen bianco, polemonia. Die Pflanze ist nach Hoppe bei Bock, um 1550, als Wundmittel beschrieben (Daubenkropff, Lidweich, Splyspettell).
Hoppe-Drogenkunde, 1958, hat ein kurzes Kap. S. inflatus; die saponinhaltige Pflanze wird in der Volksheilkunde verwendet. Nach Zander-Pflanzennamen heißt sie: **S. vulgaris (Moench) Garcke** (= S. cucubalus Wibel, S. inflata (Salisb.) Sm.).
2.) S. armeria L. (Gartensilene); „Offizinell ist nichts davon. Die Pflanze wurde beschrieben, weil sie mit Tausendgüldenkraut verwechselt werden soll". Fischer gibt als mittelalterliche Bezeichnung an: centaurea maggiore.
3.) Lychnis dioica (Lichtrose, Seifenkraut), mit roter Blume (Lychnis diurna, Lychnis sylvestris); „Offizinell war ehedem die Wurzel, weiße Seifenwurzel (radix Saponariae albae)".
Fischer verweist bei Lychnis dioica L. zugleich auf Gypsophila Struthium (auricula leporis, condisi); er führt außerdem die gleiche Pflanze als Melandrium rubrum Garcke (wundchrawt) auf. Bei Bock ist - nach Hoppe - Melandrium rubrum G. abgebildet (Märgen Rößlin, Lidweich, Widerstoß; ein Vulnerarium).
Schreibweise nach Zander: **S. dioica (L. emend. Mill.) Clairv.** (= Lychnis dioica L. emend. Mill., Lychnis diurna Sibth., Melandrium dioicum (L. emend. Mill.) Coss. et Germ., Melandrium rubrum (Weigel) Garcke).
4.) Lychnis dioica, eine Varietät mit weißer Blume (Lychnis vespertina, Lychnis arvensis).
Nach Hoppe ist bei Bock auch Melandrium alba G. abgebildet. Schreibweise nach Zander: **S. alba (Mill.) E. H. L. Krause** (= Melandrium album (Mill.) Garcke, Lychnis alba Mill., Lychnis vespertina Sibth.).
5.) S. Otites Pers. (= Cucubalus Otites L., Ohrlöffelkraut; „Offizinell war ehedem das Kraut (herba Viscaginis)... In England hat man den weinigten Aufguß, mit Theriak vermischt, gegen die Hundswut angewendet".
Fischer nennt S. otites Sm. (cherzella, caprinella).
Schreibweise nach Schmeil-Flora: **S. otites (L.) Wib.**
Zu erwähnen ist noch, 1.) daß nach Berendes-Dioskurides das Kap. Okimoeides evtl. mit **S. gallica L.** zu identifizieren ist, und 2.) daß nach Hoppe bei Bock **S. nutans L.** als ein 2. Geschlecht von Gauchblumen beschrieben ist.

Silphium

S i l p h i u m siehe Bd. IV, Reg. / V, Thapsia; Ferula.
Zitat-Empfehlung: *Silphium laciniatum (S.).*

Dragendorff-Heilpflanzen, um 1900 (S. 668; Fam. C o m p o s i t a e), nennt 3 S.-Arten, darunter **S. laciniatum L.** (H a r z k r a u t ; bei Katarrh und Asthma), die bei Hoppe-Drogenkunde, 1958, ein Kapitel hat, weil in der Homöopathie „Silphium laciniatum - K o m p a ß p f l a n z e" (Essenz aus frischem, blühenden Kraut; Hale 1875) ein (wichtiges) Mittel ist.

Silybum

S i l y b u m siehe Bd. V, Acanthus; Cnicus.

B e r e n d e s-Dioskurides: Kap. M a r i e n d i s t e l , S i l y b u s marianus Gärtn.; S. syriacus Gärtn.(?).
S o n t h e i m e r-Araber: S. marianum.
F i s c h e r-Mittelalter: S. Marianum (Gärtner) cf. E r y n g i u m u. D i p s a c u s (e r i n g i u m , c a r d u s s a n c t a e M a r i a e , cardus lactatus, s p i n a b i a n c a , v e h d i s t e l , b r e i t d i s t e l e , mariendistel, k r a u ß d i s t e l , w i ß d i s t e l ; Diosk.: s i l i b o n).
H o p p e-Bock: S. marianum Gaertn. (V e h e d i s t e l , M a r g e n d i s t e l , F r a w e n d i s t e l).
G e i g e r-Handbuch: S. marianum Gärtn. (= C a r d u u s marianum L., Mariendistel, S i l b e r d i s t e l , S t e c h k e r n d i s t e l , F r o s c h d i s t e l).
H a g e r-Handbuch: S. Marianum Gaertn.
Z a n d e r-Pflanzennamen: **S. marianum (L.) Gaertn.**
Z i t a t-Empfehlung: **Silybum marianum (S.).**

Dragendorff-Heilpflanzen, S. 688 (Fam. C o m p o s i t a e); H. Schadewaldt, Der Weg zum Silymarin, Med. Welt *20* (N. F.), 902-914 (1969).

Die Wurzel des Silybon bei Dioskurides, als Wurzel der Mariendistel identifiziert, ist (in Met) ein Brechmittel. Bock, um 1550, gibt - nach Hoppe - Indikationen für Destillate nach Brunschwig (um 1500) an: Destillat aus Blättern oder Samen gegen Seitenstechen, Pest, Gifte, Fieber; Umschläge bei Lebererkrankungen und Ohnmacht. Die Droge wurde dann eine zeitlang pharmakopöe-üblich. Die T. Worms 1582 führt: als Krautdroge **Carduus Marianus** (Carduus divae Mariae, Silybum, Frawendistel, Mariendistel, Vehdistel, Unser lieben Frawendistel) und Semen Cardui Mariani. Die T. Frankfurt/Main 1687 hat außer der Krautdroge (Herba Carduus Mariae, M a r i a n u s , L e u c o -

graphis, Lacteus, Milchdistel, Viehdistel) und der Samendroge noch die Wurzeldroge. In Ap. Braunschweig 1666 waren vorrätig: Herba cardmariae (1 K.), Semen cardbenedict. Mariae (1/2 lb.), Aqua c. b. Mariae (3 St.), Extractum c. m. (4 Lot).
In Ph. Württemberg 1741 sind verzeichnet: Herba Cardui Mariae (Lactei, Spinae albae; gegen Seitenstechen und Leberleiden), Semen Card. Mar. (albis maculis notati vulgaris; Antipleuriticum, gegen innere Entzündungen), Aqua dest. Card. Mar. Zur Zeit Geigers, um 1830, werden die Drogen und Zubereitungen kaum noch offiziell gebraucht. „Man gibt die Samen in Pulverform oder besser als Emulsion. Der gemeine Mann hält sie für ein Mittel gegen das Seitenstechen. Das Kraut und die Wurzel wurden ehedem ähnlich wie die Krebsdistel [→ Onopordon] gebraucht". In die Erg.-Bücher zu den DAB's kamen wieder Fructus Cardui Mariae (Marienkörner, Stechkörner) und die daraus bereitete Tinctura Cardui Mariae Rademacheri.
Hoppe-Drogenkunde, 1958, Kap. S. Marianum (= Carduus Marianus) schreibt über Verwendung der Früchte (ohne Pappus): „Bitteres Tonicum. Choleretícum. Bei Varizen und Ulcera cruris . . . In der Homöopathie [wo „Carduus marianus - Mariendistel" (Tinktur aus reifem Samen; Reil 1852) ein wichtiges Mittel ist] bei Milz-, Leber-, Gallen- und Gallenblasenerkrankungen. Gegen Koliken. Vorbeugungsmittel gegen Seekrankheit".

Simaba

Dragendorff-Heilpflanzen, um 1900 (S. 364; Fam. Simarubeae; nach Zander-Pflanzennamen: Simaroubaceae), nennt 6 S.-Arten, darunter S. Cedron Planch. (Same gegen Intermittens, als Antidot bei Vergiftung durch Biß schädlicher Tiere). Diese Droge (Cedronsamen) wird nach Hoppe-Drogenkunde, 1958, als Febrifugum verwendet, bei Schlangenbiß in der Eingeborenenmedizin, zur Gewinnung des fetten Öls. In der Homöopathie ist „Cedron" (Simaruba Cedron Planch.; Tinktur aus reifen Samen; 1854, dann Hale 1875) ein wichtiges Mittel.

Simaruba

Simaruba siehe Bd. II, Antidysenterica; Tonica. / V, Picrasma; Simaba.
Dragendorff-Heilpflanzen, S. 364 (Fam. Simarubeae; nach Zander-Pflanzennamen: Simaroubaceae); Tschirch-Handbuch III, S. 794 uf.

Nach Tschirch-Handbuch stammt die erste Nachricht über eine S.-Rinde von dem Jesuiten Soleil, der die Droge aus Cayenne erhielt. Wurde später offizinell.

Nach Hagen, um 1780, heißt die Stammpflanze für die Simaroubarinde oder Ruhrrinde: Quassia Simaruba; nach Ph. Württemberg 1785: Burseria gummifera. Angaben der preußischen Pharmakopöen: Ausgabe 1799, Cortex Simarubae von Quassia Simaruba; 1827, von Quassia Simaruba Linn. Simaruba officinalis De Candoll; 1846, von Simaruba officinalis Dec. et Simaruba medicinalis Endlicher. Die Droge wurde dann obsolet, aber wieder in Erg.-B. 6, 1941: Cortex Simarubae Radicis („die getrocknete Rinde junger, dünner Nebenwurzeln von Simaruba-Arten und älterer, dickerer Wurzeln von S. amara Aublet"). In der Homöopathie ist „Simaruba" (S. amara Aubl. u. S. glauca D. C.; Tinktur aus getrockneter Rinde) ein weniger wichtiges Mittel.
Geiger, um 1830, schrieb über die Anwendung von Cortex Simarubae (von Quassia Simaruba L. = S. amara Aubl., S. officinalis Decand.): „wird wie die Quassie [→ Quassia und Picrasma], unter denselben Formen, besonders in Abkochung gegeben". Nach Dragendorff-Heilpflanzen, um 1900, dient die Rinde von S. amara Aubl. (Cortex Simarubae guyanensis) als Stomachicum und Amarum, bei Diarrhöe und Ruhr. Desgleichen S. glauca D. C. (= S. amara Hayne, S. medicinalis, Quassia Simar. Wright), die als Jamaicensische Simaruba im Handel vorkommt. Von beiden werden auch die Früchte, angeblich als Purgans und Emeticum, verwendet. Hager-Handbuch, um 1930, und Hoppe-Drogenkunde, 1958, geben an: Antidiarrhoicum, Antidysentericum, Amarum.
Geiger erwähnt außer S. amara eine S. versicolor St. Hil. (= Quassia versicolor Spreng.); Rinde, auch Blätter (cort. bzw. fol. Paraibae) werden in Brasilien äußerlich zu Waschungen bei hartnäckigen Hautkrankheiten gebraucht, Pulver gegen Ungeziefer auf dem Kopf; wirkt innerlich leicht betäubend. Dragendorff berichtet, daß die Rinde wie die obige Simaruba gebraucht wird, auch gegen Schlangenbiß, Syphilis, Hydrops; Saft gegen Krätzmilben u. a. Hautparasiten.

Sinapis

Sinapis siehe Bd. II, Antirheumatica; Antiscorbutica; Attrahentia; Hydropica; Masticatoria; Rubefacientia. / IV, G 1517. / V, Armoracia; Brassica; Eruca.

Hessler-Susruta: - S. alba +++ S. dichotoma; S. chinensis; S. racemosa.
Berendes-Dioskurides: - S. alba L. (Kap. Senf) +++ S. incana L.
Sontheimer-Araber: - - S. arvensis.
Fischer-Mittelalter: - - S. arvensis L. (eruca, portastrum, euthinum, sinapus albus, senff, hederich) [Senf bei Dioskurides bezieht Fischer auf den schwarzen Senf → Brassica].
Beßler-Gart: - S. alba L. (im Süden auch Eruca sativa Lam.) und Brassica nigra (L.) Koch, im Kap. Sinapis (senffsamen, chardal).

H o p p e-Bock: - **S. alba L.** (zam und garten senff . . . mit den weißen samen; gaeler Senff) - - **S. arvensis L.** (wilder Senff).
G e i g e r-Handbuch: - S. alba (gelber oder englischer Senf) - - S. arvensis.
H a g e r-Handbuch: - S. alba L. (= Brassica alba Hook f. et Th.).
Z i t a t-Empfehlung: **Sinapis alba (S.); Sinapis arvensis (S.).**

Dragendorff-Heilpflanzen, S. 256 (Fam. C r u c i f e r a e); Tschirch-Handbuch II, S. 1492 uf.; Bertsch-Kulturpflanzen, S. 174 uf.

Nach Berendes ist im Dioskurides-Kapitel Senf: S. alba L. gemeint, im Kap. Grauer Senf: S. incana L., im Kap. Rauke: Eruca sativa L. Nach Tschirch ist der Senf: schwarzer Senf (→ Brassica), der graue Senf dagegen: weißer Senf; er leitet sein Handbuchkapitel ein: „Welche Senfarten im Altertum verwandt wurden, läßt sich nicht mehr mit einiger Sicherheit feststellen, doch befand sich Brassica nigra wohl darunter" [die Indikationen für Senf bei Dioskurides → Brassica]; „über die Kultur des Sinapis berichtet Columella [1. Jh. n. Chr.], dem wir außerdem eine Anleitung zur Bereitung des Tafelsenfs verdanken. Die Römer verwendeten Senf besonders als Gewürz . . . Die Araber bedienten sich seiner viel zu reizenden Umschlägen, als Wurmmittel, gegen Zahnschmerz und als Aphrodisiacum . . . Von einer Kultur von Sinapis- und Brassica-Arten im Norden hören wir erst im 9. Jh. . . . Im 13. und 14. Jh. war S e n a p i u m in jedem Haushalt zu finden".
Bertsch-Kulturpflanzen kommt zu dem Schluß, daß im Altertum und frühen Mittelalter wahrscheinlich nicht zwischen schwarzem, weißem und Ackersenf (S. arvensis) unterschieden wurde. Bock, um 1550, bildet - nach Hoppe - alle 3 ab: Den schwarzen und weißen als 2 Arten („zam und garten senff"), den Ackersenf erwähnt er als „wilder Senff". Die Indikationen des Gartensenf lehnen sich an Dioskurides an (Samen mit Wein zum Reinigen des Gehirns, als Stomachicum, Aphrodisiacum, bei Fieber; mit Essig als Pflaster gegen Lepra; Abkochung zur Spülung bei Angina; im Pflaster gegen Milzschwellung und Ischias, in Haarwuchssalben; Saft gegen Sehstörungen); der weiße Senf soll der stärker wirkende sein (Aphrodisiacum, Diureticum, gegen Leibschmerzen; [nach Plinius] gegen Vergiftung durch Skorpione oder andere Tiere, bei Quetschungen und Knochenbrüchen).
Die pharmazeutischen Quellen seit Ausgang des Mittelalters unterscheiden deutlich zwischen weißem und schwarzem Senf, wobei der weiße in der Regel als Eruca bezeichnet wird [hierbei bleibt offen, wie bei → Eruca ausgeführt ist, ob es sich um E. sativa oder S. alba gehandelt hat], der schwarze schlechthin als Sinapis [→ Brassica].
In Ap. Lüneburg 1475 waren 2 lb. Semen eruce vorrätig. In T. Worms 1582 stehen: Semen Erucae (E u z o m i, R a u c k e n, Weissersenffsamen); Con-

fectio seminis erucae (Weissen Senffzucker); Oleum (dest.) Erucae. In T. Frankfurt/M. 1687 steht die Droge Semen Erucae officinarum (hortensis, Raucken oder weisser Senffsamen). In Ap. Braunschweig 1666 waren vorrätig: Semen erucae (2 lb.), Confectio e. (9 lb.). Die Ph. Württemberg 1741 führt: Semen Erucae (Sinapi hortensis, Sinapi albi, weisser Senff; Antiscorbuticum, Diureticum; wird äußerlich auch zum Senfteig (Sinapismus) genommen; neben Senfsamen und Most zur Bereitung von „mustarda“).
Während Ph. Preußen 1799 als Stammpflanze von Semen Erucae sowohl Sinapis alba als auch Brassica Eruca angibt, wird in späteren Ausgaben (1813-1829) nur noch S. alba genannt. So auch in anderen Länderpharmakopöen des 19. Jh. Später wieder in Erg.-Büchern (1916, 1941: „Semen Erucae. Weißer Senfsame. Semen Sinapis albae. Die reifen Samen von Sinapis alba Linné“).
Geiger, um 1830, schreibt über S. alba bzw. Semen Sinapis albi: „Die Anwendung des weißen Senfs ist ganz dieselbe wie die des schwarzen Senfs, gewöhnlich werden beide (in gleichen Teilen) vermengt. - Die jungen zarten Blätter werden als angenehmes schmackhaftes Gemüse genossen“. Er erwähnt auch S. arvensis: „Officinell waren ehedem: die Samen (semen Rapistri arvorum). Sie sind sehr scharf und wurden als harntreibendes Mittel gebraucht“. Hager-Handbuch, um 1930, gibt bei Semen Erucae an: „Anwendung. Als Gewürz für sich oder mit schwarzem Senf zusammen“. Hoppe-Drogenkunde, 1958, Kap. S. alba (= Brassica alba): Verwendet werden 1. der Same („medizinisch wie Semen Sinapis nigrum (vgl. Brassica nigra) . . . Hautreizmittel, bei chronischen Verdauungsstörungen . . . Zur Fabrikation von Speisesenf (Mostrich)“); 2. das fette Öl der Samen („Speiseöl, Brennöl, Schmieröl“). In der Homöopathie ist „Sinapis alba - Weißer Senf“ (Tinktur aus reifen Samen von S. alba L.; Millspaugh 1887) ein wichtiges Mittel.

Siparuna

Nach Dragendorff-Heilpflanzen, um 1900 (S. 246; Fam. Monimiaceae), sind S.-Arten - er nennt 6 - Aromatica (andere Artbezeichnung für S.: Citriosma). In Hoppe-Drogenkunde, 1958, ist S. Apiosyce aufgeführt; das Blatt - Folia Siparunae - wird in brasilianischer Heilkunde benutzt.

Sison

Sison siehe Bd. V, Aegopodium; Ammi; Apium; Pimpinella.
Zitat-Empfehlung: *Sison amomum (S.).*

Nach Hoppe bildet Bock, um 1550, S. amomum L. als Deutschen Amomo („Der frembd samen, welchen die Apothecker für Amomum verkauffen“)

ab; Indikationen wie Petersilie (→ Petroselinum). Auch Dragendorff-Heilpflanzen (S. 489; Fam. Umbelliferae) nennt S. Amomum L. (= Sium Amomum D. C., S. aromaticum Lam.); „einer der Semina quatuor calida minora"; soll bei Galen (als Sison) und bei I. el B. vorkommen. Nach Geiger, um 1830, wurde von S. Amomum „sonst der Same (die Frucht), deutsches oder gemeines Amomum (semen Amomi seu Ammeos vulgaris)" gebraucht.

Sisymbrium

Sisymbrium siehe Bd. V, Alliaria; Nasturtium.
Sisymbrium siehe Bd. V, Mentha.
Sanguinaria siehe Bd. II, Adstringentia (bei Ernsting ist Sanguinaria = Sophia chirurgorum).

Grot-Hippokrates: - **S. polyceratium L.**
Berendes-Dioskurides: Kap. Vielschotige Rauke (Erysimon), S. polyceratium L. (oder S. Irio L.?).
Tschirch-Sontheimer-Araber: S. polyceratium.
Fischer-Mittelalter: - S. polyceratium L. (ersimum) --- S. Sophia L. (eraglia, accipitrina, sisimbrium) +++ S. silvestre.
Hoppe-Bock: -- S. officinale Scop. (Eisenkraut das weiblin, das siebent Senffkraut; auch im Kap. Verbena, Ysenkraut). --- S. sophia L. (Kap. Wormkraut, Welsamen).
Geiger-Handbuch: -- S. officinale Scop. (= Erysimum officinale L., Wegsenf, gelbes Eisenkraut) --- S. Sophia (großes Besenkraut, Wurmkraut).
Hager-Handbuch: -- **S. officinale (L.) Scop.** --- **S. sophia L.** +++ **S. irio L.**
Zitat-Empfehlung: **Sisymbrium polyceratium (S.); Sisymbrium officinale (S.); Sisymbrium irio (S.); Sisymbrium sophia (S.).**

Dragendorff-Heilpflanzen, S. 253 uf. (Fam. Cruciferae).

(Erysimum)
Das Erysimon des Dioskurides wird als eine S.-Art (meist S. polyceratium L.) gedeutet (mit Honig gegen Brustflüsse, innerliche Geschwüre, Husten, Gelbsucht, Ischias, tödliche Gifte; Umschlag gegen Krebs, Verhärtungen der Drüsen und Brüste, Hodenentzündungen). Bock, um 1550, überträgt solche Indikationen auf S. officinale L. (Samen mit Honig und Wein gegen Asthma, Husten, Lungenleiden, Gicht, Podagra, Gelbsucht, Vergiftung; als Pflaster gegen Schwellungen an Drüsen und Genitalien).
In Ap. Braunschweig 1666 waren von Syrupus de erysimo $2^1/_2$ lb. vorrätig. In T. Frankfurt/M. 1687 stehen Semen Erysimi (Hederich oder Wegsenff-saamen), in Ph. Württemberg 1741: Herba Erysimi (Verbenae foeminae, Irionis, wilder Weg-Senff; Attenuans, Resolvens; zur Herstellung des Syru-

pus de Erysimo Lobelii gebraucht). Bei Hagen, um 1780, heißt die Stammpflanze vom Wegsenf: Erysimum officinale; Kraut und Samen sind offizinell.
Anwendung von S. officinale Scop. (= Erysimum officinale L.) nach Geiger, um 1830: „Man gibt das Kraut in Substanz, in Pulverform, im Aufguß; äußerlich wird es zerquetscht auf Geschwülste gelegt, vorzüglich gebraucht man den ausgepreßten Saft in Verbindung mit Zucker und Gewürzen als Syrup (syrupus de Erysimo Lobelii), den Samen gab man in Substanz. - Die jungen zarten Blätter können als Gemüse genossen und der Same wie Senf benutzt werden". Im Hager, um 1930, sind die Herba Erysimi beschrieben; „Anwendung. Gegen Kehlkopfkatarrh, Heiserkeit, Verschleimung (Sängerkraut)".
In der Homöopathie ist „Erysimum officinale" (S. officinale Scop.; Essenz aus frischer, blühender Pflanze) ein weniger wichtiges Mittel.

(Sophia)
Bock, um 1550, bildet S. sophia L. als Wurmkraut ab; nach Hoppe hält er die Pflanze für eine Verwandte einer bei Dioskurides beschriebenen, aber nicht sicher gedeuteten, weil sie ebenfalls als Wurmmittel angewendet wird; äußerlich gegen Ungeziefer; Samen gegen Diarrhöe; Kraut als Kataplasma bei Frakturen.
In T. Worms 1582 gibt es: Semen Sophiae herbae (Thalictri, Sophienkrautsamen, Wellsamen); in T. Frankfurt/M. 1687 heißen die Semen Sophiae herbae auch Semen Sanguinariae. In Ap. Braunschweig 1666 waren 1½ lb. Semen sanguinar. vorrätig. Die Ph. Württemberg 1741 führt: Semen Sophiae Chirurgorum (Nasturtii silvestris tenuissime divisi, Sisymbrii annui, Absinthii minoris folio Tournefort., Sophienkraut-, Well-Saamen, Habicht-Saamen; Vulnerarium, Mundificans, Anthelminticum, Diureticum).
Nach Hagen, um 1780, heißt die Stammpflanze der Semen Sophiae - die vor Zeiten im Gebrauch waren - das Große Besenkraut, S. Sophia. Geiger, um 1830, berichtet darüber: „Das frische Kraut wird gequetscht auf Wunden und Geschwüre gelegt; innerlich im Aufguß gegeben. Den Samen gibt man in Substanz und im Aufguß gegen Würmer, Steinbeschwerden usw. Neuerlich wird derselbe in hiesiger Gegend [Heidelberg] wieder von Ärzten verschrieben". In Hager-Handbuch, um 1930, ist die Pflanze nur erwähnt („lieferte Herba und Semen Sophiae Chirurgorum").

Sium

Sium siehe Bd. V, Apium; Bunium; Panax; Silaum; Sison; Veronica.
Sisarum siehe Bd. V, Ipomoea; Panax.
Zitat-Empfehlung: *Sium sisarum (S.); Sium latifolium (S.); Sium erectum (S.).*

Geiger, um 1830, beschreibt als S.-Arten:
1.) S. Sisarum (Zuckerwurz); „offizinell ist die Wurzel (rad. Sisarum) . . .

wird als diätetisches Mittel bei Brustkrankheiten usw. verordnet".
Nach Berendes kann das Sisaron bei Dioskurides die Zuckerwurzel, S. Sisarum L., gewesen sein (gekochte Wurzel gut für den Magen, treibt Harn, regt Appetit an). Fischer-Mittelalter verweist von S. Sisarum auch auf Ocimum basilicum (silum, gerla; Diosk.: sisaron, sion). Bock, um 1550, bildet - nach Hoppe - **S. sisarum L.** im Kap. Zam garten Rapuntzel ab (Gierlein, Gerlin); Indikationen wie bei Dioskurides. Nach Dragendorff-Heilpflanzen, um 1900 (S. 490; Fam. Umbelliferae), wird die Wurzel (Zuckerwurz, Klingelrübe) „als Gemüse, als Expectorans und gegen Mercurialspeichelfluß verwendet".
2. S. latifolium (breitblättriger Wassermerk); „offizinell war sonst die Wurzel und das Kraut (radix et herba Sii palustris). Sie wurden als harntreibendes Mittel gebraucht, was kaum zu billigen sein möchte, da die Pflanze, als am Wasser wachsendes Doldengewächs, zu den verdächtig narkotischen gehört, und man auf den Genuß der Wurzel Raserei ja den Tod will folgen gesehen haben".
Die Pflanze, **S. latifolium L.**, wird von Berendes zum Diosk.-Kap. Merk zitiert (Blätter gegen Steinleiden, treiben Harn, führen Fötus aus und befördern Menstruation; gegen Dysenterie). Fischer bezieht S. latifolium L. gemeinsam mit S. angustifolium L. auf altital. Quellen (sinon, berrola).
3.) S. angustifolium L. (= Berula angustifolia Mert. u. Koch) [wird nur beschrieben].
Fischer-Mittelalter nennt Berula angustifolia Koch mit Verweis gleichzeitig auf Veronica beccabunga (berula, fabaria, faba inuersa, syngiber aquaticus, berenbuge, bunge). Die Pflanze (**S. erectum Huds.**) ist - nach Hoppe - abgebildet bei Bock im Kap. „Von Epff/Apium" als Brunnenpeterlin, Sion odoratum, Bynenkraut, Kaspar; er nennt keine med. Anwendung. Nach Dragendorff ist das Kraut als Diureticum empfohlen.

4.) S. Ninsi (Ninseng); liefert „die berühmte indianische Kraftwurzel (rad. Ninsi seu Ninsing)... Darf nicht mit Ginseng verwechselt werden. Diese ehedem in sehr großem Ansehen und hohen Preis gestandene Wurzel (man verkaufte die Unze um 150 holländische Gulden) ist in neueren Zeiten bei uns (mit Recht) außer Gebrauch. In China und Japan wird sie aber noch häufig gegen allerlei Krankheiten gebraucht". Dragendorff gibt als Stammpflanze an: Aralia quinquefolia Decne. (= Panax quinq. L., Sium Ninsi Thunb.). Hoppe-Drogenkunde, 1958, hat ein kurzes Kap. S. Ninsi; die Wurzel dient als Ginsengersatz.

5.) S. nodiflorum L. (= Heloschiadium nodiflorum Koch); „offizinell ist das Kraut (herba Sii nodiflori). Withering verordnete es bei verschiedenen Hautkrankheiten. Die Wirkung soll diuretisch sein."

Bei Dragendorff ist S. nodiflorum L. als ein Synonym für Apium nodiflorum Reichb. angegeben (Kraut als Diureticum, gegen Lithiasis, als Emmenagogum, bei Hautkrankheiten).
6.) S. Falcaria L. (= Critamus agrestis Besser); „davon war sonst das Kraut (herba Sii Falcariae) offizinell".
Die Pflanze heißt bei Dragendorff: Falcaria Rivini Host.; „Kraut als Diureticum und Stimulans gebraucht".

Smilax

Smilax siehe Bd. II, Antisyphilitica. / V, Calystegia; Humulus; Phaseolus; Phragmites; Taxus.
Sarsaparilla siehe Bd. II, Alterantia; Antiarthritica; Antirheumatica; Antisyphilitica; Diaphoretica; Diuretica. / IV, C 70, 75; E 3, 255; G 152, 273, 818, 942, 957, 1752, 1789. / V, Aralia; Carex; Menispermum.

Berendes-Dioskurides (Kap. Rauher Smilax); Sontheimer-Araber; Fischer-Mittelalter; Hoppe-Bock, **S. aspera L.**
Geiger-Handbuch: - S. aspera - - S. officinalis Kunth (Stechwinde), S. Sarsaparilla L., S. syphilitica Humb. - - - S. China + + + S. glauca.
Hager-Handbuch: - - S. medica Schlecht. et Cham. (Veracruz-Sarsaparille); S. officinalis Humb. (Jamaica-Sars.); S. papyracea Duhamel (Para-Sars.); S. ornata Hook. f. (Jamaica-Sars.); S. syphilitica H. B. et Kth., S. cordato-ovata Rich.; S. Herberi Apt., S. utilis Hemsley, S. Tonduzii Apt. - - - **S. china L.**, S. glabra Roxb., S. lanceaefolia Roxb.
Zander-Pflanzennamen: - - **S. utilis Hemsl.** (= S. saluberrima Gilg).
Zitat-Empfehlung: **Smilax aspera (S.); Smilax china (S.); Smilax utilis (S.).**

Dragendorff-Heilpflanzen S. 128 uf. (Fam. Liliaceae); Tschirch-Handbuch II, S. 1515 uf.; R. Schmitz, Einige Mitteilungen über Radix Chinae, ein in Vergessenheit geratenes Luesmittel des 16. Jahrhunderts, in Veröff. d. Int. Ges. f. Gesch. d. Pharmazie, Neue Folge, Bd. 22) Stuttgart 1963, S. 119-129; Gilg-Schürhoff-Drogen: Kap. Die Sarsaparillwurzel, S. 215-226.

(Smilax aspera)
Nach Dioskurides werden die Blätter des Rauhen Smilax als Antidotum verwendet. Nach Fischer-Mittelalter kommt die Pflanze in altitalienischen Quellen vor. Bock, um 1550, bildet sie ab (Indikationen wie Dioskurides). Nach Schröder, 1685, haben Dodonaeus und Matthiolus gemeint, Smilax Europaea und Sarsaparilla seien einerlei Gewächs; „allein sind sie weit voneinander unterschieden. Denn die Wurzel Smilacis asperae knotich wie Glas und viel kürzer und weicher ist. Die Wurzel der Sarsaparillen hat aber keine Knoten". Ob Radix Sarsaparilla vulgaris (gemein Salsen-Parillenwurtz) der T. Worms 1582, die halb so teuer ist wie Radix Sarsaparilla, von S. aspera stammte? Als spezielle Droge

wurde die Wurzel von S. aspera kaum benutzt. Geiger, um 1830, schreibt, daß sie ähnliche Kräfte haben soll wie die echte Sarsaparille. Jourdan, zur gleichen Zeit, bemerkt im Kap. Sarsaparilla: „Auch Smilax aspera liefert eine statt der wahren Sassaparille angewendete Wurzel".

(S a r s a p a r i l l a)
Nach Tschirch-Handbuch fanden die Spanier die Sarsaparille bei den Eingeborenen Süd- und Mittelamerikas in Gebrauch. Sie wurde als Antisyphiliticum nach Europa gebracht und hier seit Mitte 16. Jh. zu einer hochgeschätzten Droge, die bis zum 20. Jh. offizinell blieb. In Ap. Braunschweig 1666 waren 23 lb. Radix sarsae parillae vorrätig. Nach Schröder, 1685, gab es 3 Sorten von Sarsaparilla (Salsa parilla, Smilax aspera peruviana, Z a r z a p a r i l l a, S a r m e n t u m Indicum, Stechende Winde):
1.) aus neu Hispanien [= Mexiko], sie ist weißer, bleicher, dünner;
2.) aus Honduras, aschenfarb und dicker, besser als die erste;
3.) aus Provinz Quitto, wächst um die Stadt Guajaquill, ist schwärzlich aschenfarb, größer und dicker als die anderen.
Sie „treibt den Schweiß, wird gebraucht in den Franzosen, die sie in Sonderheit heilt, in Katarrhen und den daher entstehenden Krankheiten, z. B. im Zipperlein".
In Ph. Württemberg 1741 steht Radix Sarsaparillae (Salsaparillae, Zarzaparillae; sunt Smilacis viticulis asperis Peruvianae; bei Lymphkrankheiten); ferner Extractum S. Hagen, um 1780, schreibt, daß die Sarsaparillwurzel von Smilax Sarsaparilla herkommen soll, „wiewohl andere sie von einem anderen Gewächse (Smilax aspera) ableiten ... Man verschickt die Wurzeln ... entweder in die Runde zusammengelegt (Sars. rotunda) oder der Länge nach zusammengebunden (Sars. longa ... Man bringt sie auch in Bunden, welche man lose Sarsaparill (Sars. de Honduras) nennt ... ohne alle Ordnung in große Päcke zusammengerollt".
Die Stammpflanze heißt in Ph. Preußen 1799 wie bei Hagen: S. Sarsaparilla; in den Ausgaben 1813-1829: S. siphilitica Humboldt; 1846-1862: nicht genügend definierte Smilax-Arten; DAB 1, 1872: S. medica Schlechtendahl u. a. Smilax-Arten - man bereitet aus ihnen Decoctum Sarsaparillae compositum mitius und fortius (Zittmannsches Dekokt), ferner Syrupus Sars. compositus -; DAB 2, 1882 bis DAB 5, 1910 schreiben Honduras-Sarsaparille vor, ohne Angabe der Stammpflanzen; DAB 6, 1926: „Die unter dem Namen Honduras-Sarsaparille eingeführten, von den knorrigen Wurzelstöcken befreiten, getrockneten Wurzeln der mittelamerikanischen Smilax utilis Hemsley und anderer verwandter Arten"; aufgenommen ist noch Decoctum Sars. compositum. In Erg.-B. 6, 1941, stehen Extractum, Extr. fluidum und Tinctura Sarsaparillae.
Über die Anwendung schreibt Geiger: „Man gibt die Sarsaparill selten in Sub-

stanz, in Pulver- oder Latwergenform; meistens in Abkochung, entweder für sich oder häufig in Verbindung mit anderen Species; dahin gehören die verschiedenen antisyphilitischen Tränke, als Zittmann'sches, Polini'sches, portugiesisches Dekokt, Trank von Figaroux usw.". Hager, 1874, schreibt: „Sie hat einen alten, aber vielseitig angefochtenen Ruf als Heilmittel veralteter syphilitischer, gichtischer, rheumatischer, skrophulöser Leiden". Im Hager, um 1930, heißt es: „Die Sarsaparille ist ein Hauptbestandteil vieler Teemischungen, die als sog. Blutreinigungsmittel dienen. Sie soll die Eßlust anregen, die Verdauung befördern, besonders also bei Gicht, veraltetem Rheuma, Syphilis und Hautausschlägen wirksam sein. Man benutzt sie in Form der Abkochung, bei Syphilis gewöhnlich als Zittmannsches Dekokt. Der Verbrauch hat gegenüber früher erheblich abgenommen". In Hoppe-Drogenkunde, 1958, Kap. S. utilis (= S. saluberrima): Verwendung der Wurzel als „stoffwechselbeeinflussendes Mittel, bes. bei Lues, Hautleiden, Schuppenflechte und rheumat. Erkrankungen. Diureticum und Diaphoreticum. Bestandteil zahlreicher Blutreinigungstees".
In der Homöopathie ist „Sarsaparilla - Sarsaparille" (Tinktur aus getrockneter Wurzel; Hahnemann 1839) ein wichtiges Mittel.

(Chinawurzel)
Nach Tschirch-Handbuch wurde „die Anwendung der noch heute in der chinesischen Medizin als Antisyphiliticum, Rheumaticum und Aphrodisiacum sehr beliebten Droge in Europa durch Garcia Da Orta bekannt"; sie gelangte 1525 durch die Portugiesen nach Europa und wurde allgemein apothekenüblich. Die T. Worms 1582 enthält Radix Chinae (Schinae, Radix sinarica, Rubi viticosi, Schina- oder Chinawurtz); außerdem Radix Chinae vulgaris (Gemein Schinawurtz), deren Preis um 1/5 niedriger liegt, als der hohe der vorangehenden Droge. Einen Hinweis darauf, was diese zweite Art war, vermag vielleicht Valentini, 1714, zu geben. Nach ihm pflegen die Materialisten die Droge „noch zuweilen in die Feine, Mittelgattung und die Gemeine zu sortieren, davon die Gemeine gemeiniglich als alt verlegen und wurmstichig gar nichts, die Mittelgattung wenig nutz, die Feine aber die recht ist". In der Regel gab es in den Apotheken nur eine Sorte. In Ap. Braunschweig 1666 waren 5 lb. Radix chynae vorrätig. Die Ph. Württemberg 1741 führt Radix Chinae (Chinnae, Cinae, Chinawurtzel, Pockenwurtzel; eine Smilax-Art; bei serösen Krankheiten, Syphilis, Podagra etc.; als Dekokt).
Hagen, um 1780, unterscheidet die Orientalische China- oder Pockenwurzel (Rad. Chinae orientalis s. ponderosa) von S. China von der Okzidentalischen oder Amerikanischen Chinawurzel (Rad. Chinae occidentalis), die von S. Pseudochina gesammelt werden soll und die weniger empfohlen wird. Die Ph. Preußen 1799 schreibt vor: Radix Chinae ponderosae, von Smilax China; die Droge

entfällt in der nächsten Ausgabe und ist nur noch ganz vereinzelt in Länderpharmakopöen des 19. Jh. anzutreffen. Geiger, um 1830, schreibt: „Die Chinawurzel wird auf ähnliche Art wie die Sarsaparill und in ähnlichen Fällen gegeben. Ist aber jetzo (vielleicht mit Unrecht) fast ganz von letzterer verdrängt ... Auch die Wurzel von Sm. glauca Mart., einer in Brasilien einheimischen Art, wird gegen Syphilis gebraucht". Kurze Zeit wird Rhizoma Chinae noch einmal offizinell (DAB 1, 1872, dann Erg.-Bücher, 1897). Die Droge wurde für den Syrupus Sarsaparillae compositus gebraucht. Hager schreibt im Kommentar, 1874: „Heute ist sie, obgleich ein in ihrem Vaterlande allgemein gebrauchtes Blut und Säfte reinigendes Volksarzneimittel, so gut wie obsolet und nur noch Bestandteil einiger medizinisch wertlosen Spezialitäten". Nach Hoppe-Drogenkunde, 1958, ist Rhizoma Chinae (Tubera Chinae ponderosa) „Blutreinigungsmittel".

Smyrnium

S m y r n i u m siehe Bd. II, Diuretica; Emmenagoga.
Zitat-Empfehlung: *Smyrnium olusatrum (S.); Smyrnium perfoliatum (S.).*

Nach Berendes-Dioskurides können die Böotische M y r r h e (aus der abgeschnittenen Wurzel erzeugt) und das H i p p o s e l i n o n auf S. Olusatrum L. [Schreibweise nach Zander-Pflanzennamen: **S. olusatrum L.**] zurückgeführt werden (das Hipposelinon dient als Gemüse; Frucht oder Wurzel befördert Menstruation; gegen Frostschauer und Harnzwang).
Das Smyrnion wird als **S. perfoliatum L.** gedeutet (Blätter als Gemüse in Salzlake eingemacht, stellen den Durchfall; Wurzel gegen Schlangenbiß, Husten, Harnverhaltung; als Kataplasma gegen Ödeme, Geschwülste, Verhärtungen, befördert Vernarbung; als Zäpfchen verursacht die gekochte Wurzel Fehlgeburt; Samen gegen Nieren-, Milz- und Blasenleiden, befördert Menstruation und Nachgeburt; mit Wein getrunken bei Ischias, gegen Aufblähen des Magens, treibt Schweiß; gegen Wassersucht und periodische Fieber).
Nach Fischer sind in mittelalterlichen Quellen S. olusatrum L. und S. perfoliatum L. (er verweist außerdem auf R a n u n c u l u s) nachgewiesen (a p i u m silvestre, hipposelinum, o l i s a t u m, s e m u r i o n, a l l e s s a n d r i n a, wilte e p p i c h). Bock, um 1550, bildet - nach Hoppe - S. olus-atrum L. als „P e t e r l i n auß Alexandria" ab (mit Salz konservierte Wurzel als Diureticum, Abkochung der Früchte in Wein als Emmenagogum; Krautsaft als Vulnerarium).
Geiger, um 1830, kennt die beiden Pflanzen S. Olusatrum (S m y r n e n k r a u t; offizinell war sonst die Wurzel und der Samen, rad. et semen S m y r n i i, O l u s a t r i) und S. perfoliatum L. (= S. Dodonaei Spr.); davon war der Same, sem. Smyrnii cretici. offizinell.

Dragendorff, um 1900 (S. 487; Fam Umbelliferae), nennt: S. perfoliatum Mill. (= S. Dioscorides Spr.; Südeuropa), S. rotundifolium Mill. (= S. Dodonaei Spr., S. perfoliatum L.) und S. Olusatrum L. (Myrrhenkraut, Macerone; Südwesteuropa): „Blatt Antiscorbuticum, Frucht Stomachicum und gegen Asthma, Wurzel Diureticum, die Triebe als Gemüse gebraucht. Soll das Smyrnium des Galen, das Olusatrum des Largus sein".

Solanum

Solanum siehe Bd. II, Adstringentia; Anticancrosa; Diuretica; Succedanea. / IV, Reg.; G 1526. / V, Atropa; Datura; Lycopersicon; Mandragora; Paris; Physalis; Phytolacca; Ranunculus; Strychnos.
Bittersüß siehe Bd. II, Diaphoretica. / IV, E 187, 232, 330; G 1789.
Dulcamara siehe Bd. II, Antirheumatica; Hydropica. / IV, G 312, 1043.
Erdapfel siehe Bd. V, Asarum; Cyclamen; Cucumis; Helianthus; Lagenaria (siehe auch V/Reg. Ertapel, Erdaphel).
Kartoffel siehe Bd. IV. E 223, 228, 231, 291, 340; G 1526. / V, Fagopyrum; Panicum.
Kartoffelmehl siehe Bd. IV, C 19.
Solatrum siehe Bd. II, Defensiva. / V, Atropa.

Hessler-Susruta: +++ S. diffusum; S. hirsutum; S. indicum; S. jacquini; S. melongena; S. trilobatum.
Grot-Hippokrates: - S. nigrum.
Berendes-Dioskurides: - Kap. Strychnos, S. nigrum L. (und S. Melongena L.?) -- Kap. Schlafstrychnos, S. Dulcamara L. (oder Physalis somnifera L.?).
Tschirch-Sontheimer-Araber: - S. nigrum und S. Melongena +++ S. cordatum; S. sylvestre.
Fischer-Mittelalter: - S. nigrum L. (solatrum mortale, siccaria, uva vulpis, cucullus, movella, hundesbere, nachtschade; Diosk.: strychnos hemeros, cucubalus) -- S. dulcamara L. (maura, mille morbida, morella, ficaria, strignum, chamaepiteos, quercula minor, drusewurze, himilprant, bonwurz, pittersueß, je länger je lieber, hintschkrut; Diosk.: strychnos hypnoticos) +++ S. aethiopicum; S. Melongena; S. insanum; S. cordatum.
Hoppe-Bock: - Kap. Von Nachtschadt, **S. nigrum L.** (Gemein Nachtschadt) -- Kap. Von Ye lenger ye lieber oder Hynschkraut, **S. dulcamara L.** +++ **S. melongena L.** (Kap. Melantzan, Dollöpffel).
Geiger-Handbuch: - S. nigrum (gemeiner, schwarzer Nachtschatten) -- S. Dulcamara (Bittersüß, Alpranken) --- **S. tuberosum L.** (knolliger Nachtschatten, Kartoffelpflanze).
Hager-Handbuch: -- S. dulcamara L.

Z i t a t-Empfehlung: **Solanum nigrum (S.); Solanum dulcamara (S.); Solanum tuberosum (S.); Solanum melongena (S.).**

Dragendorff-Heilpflanzen, S. 590-594 (Fam. S o l a n a c e a e); Tschirch-Handbuch III, S. 780 (Stipites Dulcamarae); II, S. 164 uf. (Amylum solani); Bertsch-Kulturpflanzen, S. 213-220 (Kartoffel); W. Völksen, Die Kartoffel macht Geschichte, Hefte für den Kartoffelbau, Nr. 12 (Hildesheim 1961).

(S o l a n u m)
Der Gartenstrychnos des Dioskurides wird in der Regel als S. nigrum L. gedeutet (die Pflanze hat kühlende Wirkung; Blätter für Kataplasmen bei Rose und Geschwüren, gegen Kopfschmerzen, erhitzten Magen; verteilt Drüsen neben den Ohren. Auch der Saft wirkt so; gegen Sonnenbrand, Ohrenschmerz; für Zäpfchen zum Stellen des Flusses der Frauen). Kräuterbuchautoren des 16. Jh. übernehmen solche Indikationen; nach Bock, um 1550, wird auch das Destillat gegen Fieber gebraucht.
In Ap. Lüneburg 1475 waren vorrätig: Aqua solatri (6 St.). Die T. Worms 1582 führt: Succus Solani (Solatri, Nachtschattensafft), die T. Frankfurt/M. 1687: Herba Solanum (Solatrum, Nachtschatten, S ä u k r a u t), Extractum S. (Nachtschatten-Extract), Aqua S. (Nachtschattenwasser).
In Ap. Braunschweig 1666 waren vorrätig: Herba solani (1/2 K.), Aqua s. (2 1/2 St.), Oleum s. (3 lb.).
Die Ph. Württemberg 1741 beschreibt: Herba Solani (Solatri nigri, Nachtschatten oder Saukraut; Refrigerans, Anodynum; wird nie innerlich, selten äußerlich angewandt), Aqua (dest.) Solanum. Die Stammpflanze heißt bei Hagen, um 1780: S. nigrum; „die Blätter (Hb. Solani) sind in Apotheken gebräuchlich". Die Krautdroge war in Ph. Preußen 1799 aufgenommen.
Geiger, um 1830, schreibt über die Anwendung: „Ehedem wurde die Pflanze häufig frisch, äußerlich gegen Kopfschmerzen, Verhärtungen, Geschwüre usw. gebraucht; auch neuerlich hat man wieder angefangen, Gebrauch von diesem Kraut zu machen. Die innerliche Anwendung erfordert Vorsicht. - Präparate hatte man ehedem: Das Extrakt, Wasser, Öl und Pflaster. Auch macht der frischgepreßte Saft einen Bestandteil des unguenti de Tutia Pharm. Vienensis aus. - Man hat sich sehr zu hüten, diese Pflanze nicht als Gemüse mit anderen zu verwechseln; traurige Beispiele sind von ihrer giftigen Wirkung bekannt".
Jourdan, zur gleichen Zeit, beschreibt das Kraut als „leicht schweißtreibend, äußerlich erweichend und lindernd". Hoppe-Drogenkunde, 1958, gibt bei Solanum nigrum an: Das Kraut wird in der Homöopathie [dort ist „Solanum nigrum - Nachtschatten" (Essenz aus frischer Pflanze; Buchner 1840) ein wichtiges Mittel] „bei Asthma, Krämpfen (bes. Epilepsie), Rheuma" verwandt.

(D u l c a m a r a)
Es ist nicht ganz sicher, daß der Schlafstrychnos des Dioskurides S. dulcamara L. ist (Wurzelrinde in Wein als Schlafmittel; Frucht stark harntreibend, gegen

Wassersucht; Rinde oder Saft zu schmerzstillenden Mitteln; Wurzelsaft mit Honig als Salbe gegen Stumpfsichtigkeit). Nach Hoppe lehnt sich Bock, um 1550, bezüglich der Indikationen für S. dulcamara an ein Diosk.-Kapitel an, in dem Convolvolus sepium L. eigentlich gemeint ist (weiniger Extrakt aus Stengelstücken gegen Gelbsucht und Typhus).

Die T. Frankfurt/M. 1687 führt: Herba Amara dulcis (Glycypicron, Dulcamara, Jelänger Jelieber), Radix Amarae dulcis (Solani Glycypicri, Jelänger Jelieber). Aufgenommen in Ph. Württemberg 1741: Radix Amarae dulcis (Dulc-amarae, Solani scandentis, Hinschkraut-Wurzel, Je länger je lieber; Husten- und Asthmamittel, gegen Gelbsucht). Hagen, um 1780, beschreibt S. Dulcamara (Alfranken, Je länger je lieber); die Stengel (Stipites Dulcamarae, Solani lignosi) sind offizinell.

Aufgenommen in Preußische Pharmakopöen (1799-1862) Stipites Dulcamarae (von S. Dulcamara L.) und Extractum Dulcamarae e Stipites. Ebenso in DAB 1, 1872. Dann in die Erg. Bücher (noch 1941: „Stipites Dulcamarae, Bittersüßstengel. Die getrockneten, 2- bis 3-jährigen, zu Beginn des Frühjahrs oder im Spätherbst nach dem Abfallen der Blätter gesammelten Stengelstücke von Solanum Dulcamara Linné"). In der Homöopathie ist „Dulcamara - Bittersüß" (Essenz aus Schößlingen mit Blättern; Hahnemann 1811) ein wichtiges Mittel.

Über die Anwendung schrieb Geiger, um 1830: „Das Bittersüß wurde schon von den Alten als Arzneimittel angewendet, vorzüglich aber durch Boerhaav, Linné u. a. im vorigen Jahrhundert wieder angerühmt ... Offizinell sind: Die Stengel (stipites Dulcamarae seu Amarae-Dulcis) . . . Das Bittersüß wird im Aufguß oder in Abkochung gegeben. - Präparate hat man davon: Das Extrakt (extractum Dulcamarae)". Jourdan, zur gleichen Zeit, bemerkt zur Wirkung: „Reizend, aufregend, schweißtreibend. Man wendet diese Pflanze bei venerischen Krankheiten, Rheumatismen und gegen Krätze an".

Hager schreibt (1874) im Kommentar zum DAB 1: „Die Bittersüßstengel werden nur der Theorie nach zu den narkotischen Mitteln gezählt, in der Praxis gehören sie zu den unschuldigen. Man braucht sie zuweilen bei Hautausschlägen, Skrofeln, Gicht, Leiden der Atmungswerkzeuge, als ein die Sekretionen der Nieren und der Schleimhäute beförderndes Mittel. Dioskurides, griechischer Arzt zu Neros Zeit, empfahl das Bittersüß als Ampelos agria gegen Wassersucht. Boerhaave brachte es als ein spezifisches Mittel gegen katarrhalische und Lungenleiden in Ruf".

In Hager-Handbuch, um 1930, heißt es zu der Droge: „Anwendung. Innerlich in Pulver oder als Abkochung, auch in Teemischung, gegen Hautkrankheiten (Psoriasis, Pityriasis), Rheumatismus, Katarrhe, Asthma. In der Homöopathie gegen Durchfall". Hoppe-Drogenkunde, 1958, sagt über Solanum Dulcamara aus: In der Volksheilkunde als Blutreinigungsmittel, bei juckenden Hautleiden, bei Ekzemen, rheumatischen und gichtischen Erkrankungen. Diureticum. Bei Katarrhen. - In der Homöopathie bei Hautleiden, Nervenlähmungen und Rheumatismus. Bei Durchfällen, Magen-, Darm- und Blasenkatarrh. Ferner werden verwendet: Folia Dulcamarae in der Volksheilkunde als Diaphoreticum und Blutreinigungsmittel".

(Kartoffel)
Nach Tschirch-Handbuch (und Bertsch-Kulturpflanzen) ist Chile und Peru die Heimat von S. tuberosum L.; die Spanier brachten sie Mitte des 16. Jh. in ihre Heimat, die Kultur in Europa breitete sich dann langsam aus, zunächst mehr als Gartenpflanze; erst in der 2. Hälfte des 18. Jh. erlangte sie, bei feldmäßigem Anbau, für Europa wirtschaftliche Bedeutung. Zur Produktion von Stärkemehl wurde sie erst im 19. Jh. herangezogen.
Geiger, um 1830, berichtet über S. tuberosum: „Offizinell sind: Die Wurzelknollen, Kartoffeln, Erdtoffeln, Erdbirnen, Erdäpfel usw. (tuberi Solani tuberosi)... Als Arzneimittel werden die Kartoffeln selten gebraucht. Doch hat man sie mit gutem Erfolg gegen den Skorbut und Wechselfieber (im letzteren Fall mit China) angewendet. - Auch das Extrakt aus den Blättern und Stengeln (extractum Solani tuberosi) hat man gegen Husten und Krämpfe mit Erfolg gegeben. Es wirkt dem Opium ähnlich. - Allgemein bekannt sind sie als ein sehr wichtiges, für viele Menschen jetzt fast alleiniges Nahrungsmittel; auf die mannigfaltigste Weise, als Gemüse usw. zubereitet oder mit Mehl als Brot verbacken. - Man bereitet ferner davon ein sehr reines Stärkemehl, inländische Sago und Stärkmehlzucker. Ferner wird aus ihnen, nachdem sie im Dampf gekocht und mit Hefe in Gärung gesetzt worden, durch Destillation Weingeist (Kartoffelbranntwein) bereitet... Auch das Kraut und die grünen Beeren sind narkotisch und enthalten Solanin".
Nach Jourdan, zur gleichen Zeit, wendet man von S. tuberosum „die Wurzel und das Kraut an. Der Gebrauch der Wurzel (Pomaterrestria) in der Küche ist allgemein bekannt. In der Medizin wendet man das Stärkemehl an, welches die Wurzel in großer Menge enthält. Das Kraut gilt für krampfstillend. Latham empfiehlt das Extrakt davon".
Die Kartoffelstärke - Amylum Solani - wurde in die Erg. Bücher zu den DAB's aufgenommen (1941: Die Stärke aus den Rhizomknollen von S. tuberosum L., die aus den breiartig zerkleinerten Knollen durch Ausschlämmen mit Wasser gewonnen wird). Sie dient - nach Hoppe-Drogenkunde - als reizlinderndes Mittel, zu Streupulvern, zur Herstellung von Pillen und Tabletten.
In der Homöopathie ist „Solanum tuberosum aegrotans" (durch versch. Pilze a. d. Kartoffelknolle erzeugte kranke Stellen, daraus weingeistige Tinktur) ein weniger wichtiges Mittel, das - nach Hoppe - bei Obstipation angewendet wird.

(Verschiedene)
Dragendorff-Heilpflanzen, um 1900, zählt 89 S.-Arten bzw. Varietäten auf, von denen folgende, mit seinen Angaben, noch erwähnenswert sind:

1.) S. Melanogena L. (= S. esculentum Dun.); „in Südeuropa, China, den Tropen werden die Blätter ... auch gegen Zahnschmerzen, Schlangenbiß etc. verwendet, während die Früchte gegessen werden"; soll bei Dioskurides und I. el B. vorkommen.
Beßler deutet (unsicher) das Gart-Kapitel Faba inuersa (gewant bonen) mit S. melongena L. Die Pflanze ist bei Bock, um 1550, abgebildet; er vergleicht sie - nach Hoppe - mit einem Diosk.-Kap., in dem eine Mandragora species gemeint ist; von arzneilicher Verwendung dieser Gartenzierpflanze rät er ab („will sie lusts halben als ein schön gewächs im garten bleiben lassen").
2.) S. aculeatissimum Jacq.; Mexico, Brasilien; Frucht reich an Solanin.
In der Homöopathie ist diese als „Solanum Arrebenta" (Essenz aus frischen Blättern) ein weniger wichtiges Mittel.
3.) S. carolinense L.; Carolina; Beere gegen Tetanus und Epilepsie und als Aphrodisiacum empfohlen, auch als Abortivum verwendet.
In der Homöopathie ist „Solanum carolinense" (Essenz aus frischen, reifen Beeren) ein weniger wichtiges Mittel.
4.) S. mammosum L. (= S. villosissimum Zucc.); Westindien, Carolina; Wurzel purgierend und diuretisch, Blätter als Resolvens und Expectorans, in Martinique gegen Krätze verwendet.
Geiger erwähnt diese Art als von Morin untersucht. In der Homöopathie ist „Solanum mammosum" (Essenz aus frischen, reifen Beeren) ein weniger wichtiges Mittel. Anwendung nach Hoppe-Drogenkunde bei Hüftgelenkschmerzen.
5.) S. Pseudo-Capsicum L.; Madeira.
In der Homöopathie ist „Solanum Pseudocapsicum" (Essenz aus frischem, blühenden Kraut) ein weniger wichtiges Mittel. Anwendung nach Hoppe bei Eingeweideschmerzen.
6.) S. villosum Willd.; Mittel- und Südeuropa; diese Pflanze ist für den Strychnos des Plinius erklärt worden.
In der Homöopathie ist „Solanum villosum" (Essenz aus frischer, blühender Pflanze) ein weniger wichtiges Mittel.
7.) S. pseudo-quina St. Hil.; Brasilien; die Rinde dient als China-Surrogat.
Diese Art erwähnt Geiger; von dieser Pflanze wird die Rinde (cortex Solani Pseudo-Chinae) in Amerika als Fiebermittel gebraucht.

Solidago

Solidago siehe Bd. V, Symphytum.
Virga aurea siehe Bd. II, Diuretica; Resolventia; Splenetica; Vulneraria.
Zitat-Empfehlung: *Solidago virgaurea (S.).*
Dragendorff-Heilpflanzen, S. 661 (Fam. Compositae).

Nach Fischer-Mittelalter kommt **S. virgaurea L.** in altitalienischen Quellen vor (erba pagana, lambruna). In T. Worms 1582 ist verzeichnet: [unter

Kräutern] Consolida Saracenica (Solidago Saracenica, Heydnisch Wundkraut); in T. Frankfurt/Main 1687: Herba Consolida Sarracenica (aurea, Solidago Sarracenica, Virga aurea angustifolia, Heydnisch Wundkraut). In Ap. Braunschweig 1666 waren davon 2 K. vorrätig. Die Ph. Württemberg 1741 führt: Herba Consolidae Saracenicae (Solidaginis, Virgae aureae angustifoliae minus serratae, heydnisch Wundkraut; berühmtes Vulnerarium, Lithontripticum). Bei Hagen, um 1780, heißt „Heidnisch Wundkraut, Goldruthe (Solidago, Virga aurea)". Geiger, um 1830, schreibt über die Pflanze: „Man gibt die Pflanze im Aufguß. (Nach Murbeck und Heim in Verbindung mit Hauhechelwurzeln gegen Nierensteine, als Diureticum usw.). Äußerlich wird sie als Wundkraut gebraucht. Von Solidago odora (wohlriechende Goldruthe) . . . wird in Amerika das wohlriechende Kraut als Tee getrunken und selbst nach China ausgeführt."

Im Hager, um 1930, ist bei Herba Virgaureae (Goldrutenkraut, von S. virga aurea L.) vermerkt: „Anwendung. Früher bei Nierenleiden und Wassersucht, jetzt nur noch als Volksmittel". Im Hager (Erg.-Bd. 1949) steht außerdem S. microglossa De Cand. als brasilianische Droge. Im Erg.-B. 6, 1941, ist aufgenommen: Herba Virgaureae. In der Homöopathie ist „Solidago Virga aurea - Goldrute" (Essenz aus frischen Blüten; Clarke 1902) ein wichtiges Mittel.

Hoppe-Drogenkunde, 1958, Kap. S. Virgaurea, schreibt über Verwendung des Krautes: „Diureticum. Bei Ödemen, Nephritis, Arthritis, Menorrhagien und chronischen Hautleiden. Bei Pertussis. Adjuvans bei der Asthmabehandlung. Bei Zahngeschwüren und lockeren Zähnen. - In der Homöopathie bes. bei Nieren- und Leberleiden, Gicht. In der Volksheilkunde auch bei schlecht heilenden Wunden und Geschwüren"; ferner werden verwendet: Flores Virgaureae („Diureticum, Nervinum, bei Nierenleiden").

Sonchus

Sonchus siehe Bd. V, Spinacia.

Berendes-Dioskurides: Kap. Gänsedistel, S. oleraceus L. und S. arvensis L.

Sontheimer-Araber: S. oleraceus.

Fischer-Mittelalter: S. oleraceus L. s. Taraxacum u. Cichorium (endivia, lacturella, scariola, taraxacon, lactuca silvestris vel agrestis, saudistel, zaundistel, sonnenwirbel, weindistel, genßdistel); S. asper Hill. (crespine).

Beßler-Gart: Kap. Endiuia siluestris, S. oleraceus L. oder S. arvensis L.

Hoppe-Bock: Kap. Von Genßdistel/Sawdistel/Dudistel, **S. oleraceus L.**, S. ar**vensis L.** und S. asper Hill [Schreibweise nach Schmeil-Flora: **S. asper (L.) Hill**].

G e i g e r-Handbuch: S. oleraceus (Gemüse-Gänsedistel, Saudistel); S. arvensis; S. asper.
Z i t a t-Empfehlung: **Sonchus oleraceus (S.); Sonchus asper (S.); Sonchus arvensis (S.).**

Dragendorff-Heilpflanzen, S. 692 (Fam. C o m p o s i t a e).

Nach Dioskurides kommt der S o n c h o s in 2 Arten vor: einer wilden, stachligen [wird mit S. oleraceus L. identifiziert] und einer zahmen eßbaren [S. arvensis L.] (beide wirken gleich: Blätter sind kühlend, adstringierend; zu Umschlag bei Magenbrennen und Entzündungen. Saft lindert Magenstiche, befördert Milchabsonderung; als Zäpfchen bei Entzündung des Afters und der Gebärmutter. Kraut und Wurzel als Kataplasma bei Skorpionstichen). Kräuterbuchautoren des 16. Jh. übernehmen diese Indikationen.
Die T. Mainz 1618 führt: [unter Kräutern] Sonchus (H a s e n k ö h l). In T. Frankfurt/M. 1687: Herba Sonchus laevis (Hasenköl, H a s e n s t r a u c h). In Ap. Braunschweig 1666 waren vorrätig: Herba sonchi levis (3/4 K.), und Herba sonchi asper. (1/2 K.).
Geiger, um 1830, schreibt, daß offizinell war: Das Kraut von S. oleraceus (herba Sonchi laevis) und von S. asper (herba Sonchi asperi) „es wurde besonders der ausgepreßte Saft gegen Leberkrankheiten usw. gebraucht“. Von S. arvensis kamen herba H i e r a c i i Sonchitis.

Sophora

S o p h o r a siehe Bd. V, Baptisia.
Zitat-Empfehlung: *Sophora japonica (S.).*

Nach Geiger, um 1830, liefert **S. japonica L.** ein Gummi, das feinem hellen Kirschgummi gleicht. Nach Dragendorff-Heilpflanzen, um 1900 (S. 309; Fam. L e g u m i n o s a e), enthält die Pflanze abführenden Bestandteil; aus der Blüte wird Sophorin gewonnen. Nach Hager-Handbuch, Erg.-Bd. 1949, liefern die Blütenknospen das Färbemittel „W a i f a“, mit Unrecht auch „Chinesische G e l b b e e r e n, N a t a l k ö r n e r“ genannt. Nach Hoppe-Drogenkunde, 1958, zur Darstellung des R u t i n s verwendet. In der Homöopathie ist „Sophora japonica“ (Tinktur aus reifen Samen) ein weniger wichtiges Mittel.
Bei Geiger ist noch eine ostindische S. heptaphylla erwähnt, deren Wurzel und Samen als rad. et semen A n t i c h o l e r i c a e gebräuchlich gewesen sein sollen. Dies könnte bei Dragendorff S. tomentosa L. sein (Wurzelrinde und Samen bei biliösem Erbrechen, Cholera usw.; Wurzel als Laxans und Expectorans), deren Bohnen - nach Hoppe-Drogenkunde - in China dazu benutzt werden, um Menschen betrunken zu machen.

Sorbus

S o r b u s siehe Bd. IV, G 1398.

G r o t-Hippokrates: - S. domestica.
B e r e n d e s-Dioskurides: - Kap. S p e i e r l i n g s f r u c h t, S. domestica L.
T s c h i r c h-Sontheimer-Araber: - S. domestica.
F i s c h e r-Mittelalter: - S. domestica Sm. s. M e s p i l u s, F r a x i n u s (e s c a l u s alba, h e s c u l u s, s o r b e b e n, sorbus, s p e n i l i n c h, s p i e r e b o u m, e s c h e l b o u m, s p e r b o m, s p r e b e r n; Diosk: o u a) -- S. torminalis L. --- S. aucuparia L. (s o r b i c i u m) -4- S. aria Crantz (a r i u s).
H o p p e-Bock: - Kap. S p e r w e r b a u m, S. domestica L. -- Kap. A r e s s e l / E s c h r o e s e l, S. torminalis Cr. (wild Sperwerbaum) --- Kap. Großer M a e l b a u m, S. aucuparia L.
G e i g e r-Handbuch: - P y r u s domestica Sm. (= S. domestica L., Spierlingbaum, S p i e r b i r n, S p i e r a p f e l, zahme E b e r e s c h e) -- Pyrus torminalis Ehrh. (= C r a t a e g u s torminalis L., E l s b e e r e n b a u m, D a r e n b e e r e n b a u m) --- Pyrus aucuparia Sm. (= S. aucuparia L., V o g e l b e e r b a u m, Ebersche, Sperberbaum) -4- Pyrus Aria Ehrh. (= Crataegus Aria L., M e h l b e e r e n b a u m, S p o r a p f e l, W e i ß l a u b).
H a g e r-Handbuch: --- S. aucuparia L. (= Pirus aucuparia Gärtn.) -4- S. aria Crantz (= Pirus aria Ehrh.).
Z a n d e r-Pflanzennamen: - **S. domestica L.** (Spierling) -- **S. torminalis (L.) Crantz** (Elsbeere) --- **S. aucuparia L.** (Eberesche, Vogelbeerbaum) -4- **S. aria (L.) Crantz** (Mehlbeere).
Z i t a t-Empfehlung: **Sorbus domestica (S.); Sorbus torminalis (S.); Sorbus aucuparia (S.); Sorbus aria (S.).**

Dragendorff-Heilpflanzen, S. 276 (unter „Pirus"; Fam. R o s a c e a e).

Nach Berendes beschreibt Dioskurides die Früchte von S. domestica (reif, zerschnitten, getrocknet, gegen Durchfall). Bock, um 1550, bildet nach Hoppe diesen Baum und S. torminalis ab (von beiden die Früchte gegen Diarrhöe); ohne Indikationen zeigt er S. aucuparia (wird mit der Esche verglichen).
In T. Worms 1582 sind aufgenommen: Sorba exiccata (Gedörrt Sperbiren oder Speierling), Succus Sorborum immaturorum (Sperbirensafft), Sorba condita (Eingemacht Sperbyren). Nach Schröder, 1685, hat man in Apotheken die Frucht von Sorbus (sativa oder domestica; Speyerling); „sie kühlt und trocknet, adstringiert, wird gebraucht in Bauch- und Mutterflüßen, äußerlich zieht sie die Wunden zusammen (wenn man sie zerpulvert)"; bereitete Stücke sind: 1. Die eingemachte Frucht mit Honig; 2. Diasorbis zu Bauchflüssen.

Die Ph. Württemberg 1741 beschreibt: Sorbi Torminalis Baccae (Speyerling, Arlas-Beer, Elster-Beer; Refrigerans, Adstringens, gegen Steinleiden). Hagen, um 1780, führt dagegen die Früchte von S. aucuparia (Quitschenbaum, Ebereschenbaum; Vogelbeeren) auf („sind wenig mehr im Gebrauch").

Geiger, um 1830, erwähnt 4 Arten:

1.) S. domestica; die Früchte (Sorba, fructus Sorbi sativae) waren ehedem offizinell; „man gab die getrockneten, gepulverten [unreifen] Früchte als blutstillendes Mittel und gegen Diarrhöen. Die erweichten reifen Früchte werden als Obst, roh und eingemacht, genossen".

2.) S. torminalis [bei ihm Pyrus oder Crataegus]; „offizinell waren sonst die Früchte (baccae Sorbi torminalis) ... gegen Diarrhöe".

3.) S. aucuparia; „offizinell waren ehedem: die Früchte, Vogelbeeren (baccae Sorbi aucupariae) ... gegen Nierensteine".

4.) S. aria [bei ihm Pyrus oder Crataegus]; „davon waren sonst die Früchte, Mehlbeeren (baccae Sorbi alpinae) offizinell ... als Brustmittel ... auch bei Ruhren".

In kurzem Kapitel sind bei Hager, um 1930, S. aucuparia und S. aria aufgeführt. Hoppe-Drogenkunde, 1958, hat ein längeres Kap. Pirus aucuparia; verwendet wird die Frucht; „Vitamin C-Träger. - Mildes Laxans. Diureticum. - Frische Vogelbeeren werden zur Herstellung von Extrakten, Sirup und Succus benutzt. - Zur Bereitung von Branntwein"; ferner werden verwendet: Folia Sorbi aucupariae (in der Volksheilkunde, zu Hausteemischungen) und Flores Sorbi aucupariae (mildes Laxans); Pirus aria als Antidiarrhoicum.

Sorghum

Sorghum siehe Bd. V, Setaria.

Deines-Ägypten: Sorghum.
Grot-Hippokrates: Holcus Sorghum.
Berendes-Dioskurides: Kap. Mohrenhirse, Holcus cernuus Willd. (?)
Sontheimer-Araber: S. vulgare (Holcus dochna, Holcus durra).
Fischer-Mittelalter: S. vulgare Pers. u. S. bicolor Pers. (granum siricum, melaga, trissago; „kultiviert von den Arabern in Spanien").
Hoppe-Bock: S. vulgare Pers. (Welsche Hirse, Sorgsamen).
Geiger-Handbuch: S. vulgare Pers. (= Holcus Sorghum L., Moorhirse, indisches Korn).
Hager-Handbuch: Andropogon sorghum Roth (= S. vulgare Pers.).
Zander-Pflanzennamen: **S. cernuum (Ard.) Host** (= S. vulgare Pers.).
Zitat-Empfehlung: **Sorghum cernuum (S.).**

Dragendorff-Heilpflanzen, S. 80 (Fam. Gramineae).

Volksmedizinische Verwendung von S. cernuum (Ard.) Host in Gegenden, wo diese Mohrenhirse angebaut wird, wie Hirse (→ Panicum). Geiger, um 1830, schreibt: „Eine in Ostindien einheimische und im südlichen Europa angebaute Grasart . . . Man gebrauchte in Südeuropa das verbrannte Mark der Stengel als ein Kropfmittel. Der Same wird wie die übrigen Getreidearten zu Mehl usw. benutzt".

Nach Hoppe-Drogenkunde, 1958, werden von Andropogon Sorghum (= Sorghum vulgare, verschiedene Varietäten) verwendet: Semen Sorghi (Durrha, Körnerhirse): Nahrungsmittel der Eingeborenen von Indien, Afrika, südl. Nordamerika (kult.); Vogelfutter. Oleum Saghi, fettes Öl der Samen, als Speiseöl.

In Tschirchs-Handbuch (II, S. 129 uf.) wird Sorghumzucker beschrieben, hauptsächlich gewonnen aus S. saccharatum Pers. (= Andropogon Sorghum var. sacchatus, Holcus sacchatus L.) und einigen Sorten von S. vulgare Pers.

Sparganium

Berendes-Dioskurides: Kap. Sparganion, S. simplex oder ramosum Sw. (?)
Sontheimer-Araber: S. erectum L.
Hoppe-Bock: S. ramosum Hds.
Geiger-Handbuch: S. ramosum Sw (= S. erectum α L.; ästiger Igelkolben).
Zander-Pflanzennamen: **S. erectum L.** (= S. ramosum Huds.).
Zitat-Empfehlung: **Sparganium erectum (S.).**

Dragendorff-Heilpflanzen, S. 74 (Fam. Sparganiaceae).

Nach Dioskurides werden Wurzel und Same des Sparganion mit Wein den von giftigen Tieren Gebissenen gegeben. Bock, um 1550, bildet als Sparganion S. ramosum Hds. ab und bezeichnet es als das größte „Riedt Graß/Carex"; Verwendung wie bei Dioskurides. Nach Geiger, um 1830, wurde Radix Sparganii früher benutzt.

Spartium

Spartium siehe Bd. IV, G 481, 1263. / V, Cytisus; Genista.
Zitat-Empfehlung: *Spartium junceum (S.).*
Dragendorff-Heilpflanzen, S. 312 (Fam. Leguminosae; als Synonym wird angegeben: Sarothamnus junceus Lk.).

Nach Berendes wird das Spartion bei Dioskurides (Kap. Pfriemen) mit **S. junceum L.** identifiziert (Purgans, Laxans; gegen Ischias, Angina). Diese Art führt auch Sontheimer nach arab. Quellen auf. Nach Fischer-Mittelalter ist dieses Spartion des Dioskurides zu identifizieren mit S. junceum L. und S. scoparium L. (→ Cytisus) (genestra, genista, genestrella, spartos, mirica, tamnos; auch bei den Arabern). Geiger, um 1830, nennt S. junceum L. als Synonym für Genista juncea Bauh. (Spanischer Ginster), von dem die Samen, Semen Genistae hispanicae, verwendet werden. Nach Hager-Handbuch, um 1930, werden die Blüten von S. junceus Lamk. (= S. junceum L.) wie die vom Besenginster (→ Cytisus) gebraucht. Anwendung nach Hoppe-Drogenkunde, 1958: „Laxans, Diureticum. - Uteruswirksames Mittel. - In der Volksheilkunde".

Spergula

Geiger, um 1830, erwähnt von der Gattung S. (Ackerspark, Spark) S. pentandra L. („Die Samen enthalten ein fettes Öl, welches in der Lungensucht angerühmt wurde"). Entsprechend gibt Dragendorff-Heilpflanzen, um 1900 (S. 208; Fam. Caryophyllaceae), an: „fettes Öl, das bei Phthisis verwendet wurde"; dies gilt auch für S. arvensis, die von Geiger als gutes, zartes Futterkraut, das die Milch vermehrt und an mehreren Orten gebaut wird, erwähnt ist. Nach Fischer-Mittelalter kommt **S. arvensis L.** als spargula bei Albertus Magnus und als spergula bei Simon Januensis vor. Zitat-Empfehlung: **Spergula arvensis (S.).**

Spergularia

Spergularia siehe Bd. IV, G 613.
Zitat-Empfehlung: *Spergularia rubra (S.).*

Nach Hoppe ist bei Bock, um 1550, S. campestris Asch. als „Das ander Weggrass" (→ Polygonum) beschrieben. Dragendorff-Heilpflanzen, um 1900 (S. 208; Fam. Caryophyllaceae), nennt S. media Presl. (gegen Blasenkatarrh) und S. rubra Presl. (= Arenaria rubra L.; Verwendung ebenso, auch bei Griesleiden benutzt; ist von den Malthesern in die Praxis eingeführt, jetzt aber durch Herniaria ersetzt). Hager, um 1930, nennt S. rubra (L.) Presl. (= Arenaria rubra α campestris L., Rotes Sandkraut), dessen Kraut, Herba Arenariae rubrae, bei Blasenkatarrh, Dysurie, Cystitis und Harnsteinen verwendet wird. Diese Pflanze ist auch bei Hoppe-Drogenkunde, 1958, unter

„Arenaria rubra" geführt. Nach Schmeil-Flora ist die heutige **S. rubra (L.) Presl.** (roter Spärkling) identisch mit S. campestris A. et Gr.

Sphagnum

Geiger, um 1830, beschreibt S. latifolium Hedw. (= S. palustre L.); „variiert in der Gestalt usw. der Blätter und geht unter mehreren Namen, als: Sph. cymbifolium, obtusifolium, condensatum, tevellum usw. - Offizinell ist dieses Moos nicht. Es bildet aber häufig die Hauptmasse des Torfs". Dragendorff-Heilpflanzen, um 1900 (S. 51; Fam. Sphagnaceae), nennt S. cuspidatum Ehrh. (als Menstruationskissen und Verbandmittel), S. cymbifolium Ehrh. u. S. compactum D. C. Hoppe-Drogenkunde, 1958, hat ein Kap. Sphagnum-Arten; für die Torfbildung kommen ca. 350 Arten infrage; verwendet wird der Torf: „Trockner Torf ist stark hygroskopisch, wirkt austrocknend und fäulniswidrig; Torfschlamm in Form von Kataplasmen erneuert die Lebensfähigkeit von Geweben und wirkt wundheilend; Sphagnin (aufbereiteter Torf) wird bei starken Gärungen im Darm, bei Gärungs- und Fäulnisdyspepsie, bei Colitiden mit Neigung zu Durchfällen, besonders in der Kindertherapie verordnet". In Hager-Handbuch, um 1930, ist in einer Übersicht über Fasern (in Zusammenhang mit Baumwolle) erwähnt: Torffaser (in Form von Torfmehl, Torfstreu, Torfbrikett und Torfwatte als billiges desinfizierendes und aufsaugendes Mittel verordnet). Schreibweise (um 1970) einer der verbreitetsten S.-Arten: **S. palustre L. em. Jensen** (= S. cymbifolium Ehrh.). Zitat-Empfehlung: **Sphagnum palustre (S.).**

Spigelia

Zitat-Empfehlung: *Spigelia anthelmia (S.)*; *Spigelia marilandica (S.)*.
Dragendorff-Heilpflanzen, S. 532 uf. (Fam. Loganiaceae).

Um 1750 wurden die amerikanischen Arten **S. anthelmia L.** u. **S. marilandica L.** in Europa als Arzneimittel (Wurmmittel) eingeführt. Geiger, um 1830, beschreibt Herba Spigeliae anthelmiae und Herba et Radix Spigeliae marylandicae. Hager, um 1930, führt im Kap. Spigelia: Rhizoma Spigeliae marylandicae (Wurmgraswurzel, Pinkwurzel) und Radix Spigeliae anthelmiae cum Herba (Indianisches Wurmkraut; daraus Extrakt, Sirup, Tinktur). In der Homöopathie ist S. anthelmia L. als „Spigelia" (Tinktur aus getrocknetem Kraut; Hahnemann 1819) ein wichtiges, „Spigelia marylandica" (Tinktur aus getrocknetem, blühenden Kraut) ein weniger wichtiges Mittel. Über die Verwendung schreibt Hoppe-Drogenkunde, 1958, im Kap. S. marylandica: 1. das Kraut

(„Anthelminticum. In der Homöopathie auch als Nervinum"); 2. das Rhizom („Anthelminticum"); ferner werden verwendet: S. anthelmia („Anthelminticum. In der Homöopathie auch bei nervösen Kopfschmerzen und Herzaffektionen").

Spilanthes

S p i l a n t h e s siehe Bd. II. Masticatoria; Rubefacientia. / IV, E 287. / V, Bidens; Siegesbeckia.
Zitat-Empfehlung: *Spilanthes acmella (S.); Spilanthes oleracea (S.).*

Valentini, 1714, hat ein Kap. Von den Acmellen-Blättern, „welche bei kurzen Jahren, nämlich 1690, durch die Ost-Indianische Compagnie erst aus Ost-Indien in Holland gebracht worden und in Deutschland noch nicht sonderlich bekannt sind . . . Es wächst aber dieses Kraut A c m e l l a meistens in der Insel Ceylon, und wird von den Kräuter-Verständigen C h r y s a n t h e m u m bidens oder B i d e n s Zeylanicum genannt". Aufgenommen in Ph. Württemberg 1741: Herba Acmellae (A t t m e l l a e, A d m e l l a e, Acemellae, A c h m e l l a e, Indianisch H a r n k r a u t ; Lithontripticum, Diaphoreticum, Anodynum, Attenuans; Spezificum bei Fluor albus). Bei Hagen, um 1780, heißt die Stammpflanze vom Indianisch Harnkraut: S p i l a n t h u s Acmella; „seines so teuren Preises wegen, indem die Unze mit 22 holländ. Gulden bezahlt wird, ist der Gebrauch davon wenig eingeführt".

Geiger, um 1830, schreibt über S. Acmella (F l e c k b l u m e, A k m e l l e, A b c - P f l a n z e): „wurde zu Anfang des 18. Jh. besonders durch Hotton in Europa bekannt. - Wächst in Ostindien und Südamerika . . . Offizinell ist: das Kraut und der Same (herba et semen Acmellae) . . . Man gibt die Pflanze in Substanz, in Pulverform oder im Teeaufguß. - Präparate hatte man: Spiritus Acmellae. Die Pflanze war ehedem als harntreibendes Mittel, gegen Steinbeschwerden usw. sehr berühmt. Der teure Preis beschränkte jedoch ihre Anwendung in Europa sehr. In Ostindien gibt man den Kindern die Pflanze in Schulen zu kauen, weil man glaubt, durch die Menge des Speichels, welchen sie absondert, erleichtere sie denselben das Aussprechen schwerer Wörter".

Dragendorff-Heilpflanzen, um 1900 (S. 671; Fam. C o m p o s i t a e), nennt S. Acmella Murr. (= V e r b e s i n a Acmella L., Acmella mauritanica Pers., Acmella Linnaea Cass., A b c d o r i a Rumph.); „Kraut und Wurzel scharf, bei Nierenstein, Blasen- und Nierenleiden, weißem Fluß, Skorbut, unterdrückter Menstruation, Zungenlähmung und als Fischgift gebraucht". Die Pflanze wird bei Hoppe-Drogenkunde, 1958, erwähnt: „Ein Mittel, das die Speichelsekretion fördert. Gegen Skorbut".

Das Hauptkapitel bei Hoppe gilt Spilantes oleracea (das Kraut wird bei Zahnfleischerkrankungen, zu Mund- und Zahnwässern gebraucht); auch die Blüten

werden gehandelt und in gleicher Weise angewandt. Diese Art **(S. oleracea L.)** wird bei Geiger, um 1830, erwähnt; „davon werden das Kraut und die Blumen, welches in Spanien unter dem Namen Para-Kresse bekannt ist, nach Dr. Bahi allda, sowie in Italien und Frankreich, gegen Skorbut gebraucht, auch gegen Augenkrankheiten angewendet. Man hat ein Elixirium odontalgicum et antiscorbuticum Dris Bahi davon und einen Spiritus, der wie Löffelkrautspiritus benutzt werden kann". In DAB 1, 1872, war aufgenommen: Herba Spilanthis (Parakresse, von S. oleracea Jacquin); daraus zu bereiten: Tinctura Spilanthis composita. Kam dann in die Erg.-Bücher (noch 1916). Nach Dragendorff, um 1900, dient Kraut und Saft von S. oleracea Jacq. (= Pyrethrum Spilanthes Med., Bidens acmelloides Berg) bei Rheuma, Gicht, Zahnschmerz, Harn- und Steinbeschwerden, Hydrops, Skorbut. In der Homöopathie ist „Spilanthes oleracea" (Tinktur aus getrocknetem, blühenden Kraut) ein weniger wichtiges Mittel.
Außer den beiden genannten Arten führt Dragendorff noch 8 weitere auf.

Spinacia

Spinat siehe Bd. IV, G 1398, 1550. / V, Chenopodium; Rumex.

Sontheimer-Araber; Fischer-Mittelalter: **S. oleracea L.** (spinacia, spinachia, spinat, binetz).
Beßler-Gart: S. oleracea L. (Spinachia, benetz, asperach).
Hoppe-Bock: Kap. Bynetsch, 3 Geschlechter: 1. S. oleracea L. inermis Will., 2. S. oleracea L. var. spinosa L., 3. S. oleracea L.
Geiger-Handbuch: S. oleracea.
Zitat-Empfehlung: **Spinacia oleracea (S.).**

Dragendorff-Heilpflanzen, S. 196 (Fam. Chenopodiaceae); Bertsch-Kulturpflanzen, S. 188-191.

Nach Bertsch war den alten Griechen und Römern der Spinat nicht bekannt; erstmals tritt er bei den Arabern auf, die ihn von ihren nördlichen Nachbarvölkern übernommen hatten; als Stammwildpflanze gilt S. tetrandra, die vom Kaukasus bis Persien, Afghanistan verbreitet ist; die Araber brachten den kultivierten Spinat nach Spanien; bei Albertus Magnus (13. Jh.) heißt er Spanachia; erste Abbildung bei Fuchs (1543); Mitte 16. Jh. gab es schon Sommer- und Winterspinat, er war eine der häufigsten Küchenpflanzen und verdrängte das landläufige Blattgemüse des Mittelalters, die Gartenmelde (Atriplex hortensis).
Nach Hoppe identifiziert Bock, um 1550, den Spinat „unzutreffend mit einer bei Diosk. (sonchos trachys) behandelten Pflanze, welche heute als Sonchus ar-

vensis L. gedeutet wird und zählt die entsprechenden Indikationen auf" (Krautgemüse als Laxans, gegen Husten; Saft oder Destillat fördern Milchbildung; Kraut als Kataplasma gegen Magen- und Leberbeschwerden; bei Skorpionstichen).

In Ap. Lüneburg 1475 waren 3 oz. Semen spinasiae vorrätig, in Ap. Braunschweig 1666 1 1/4 lb. davon, außerdem 1/4 K. Herba spinachiae. Die T. Frankfurt/Main 1687 führt Semen Spinachiae (Spinatsaamen). Bei Woyt, um 1750, heißt es: „Spinachia, Lapathum hortense, Spinat, wird in Kohlgärten gesät. Das ganze Kraut kühlt die Leber und den Magen; Brei davon gemacht, laxiert und erweicht den Leib, lindert die rauhe Kehle, mehrt die Milch und ist eine gesunde Speise". Geiger, um 1830, schreibt: „Offizinell war ehedem Kraut und Samen (herba et semen Spinaciae). Man legt die Blätter als kühlendes Mittel auf". Hoppe-Drogenkunde, 1958, Kap. S. oleracea, vermerkt über Verwendung des Blattes: „Verdauungsfördernd . . . Gemüse, bes. in der Krankenkost und Säuglingsernährung. – Zur Chlorophyllgewinnung".

Spiraea

Spiraea siehe Bd. V, Aruncus; Filipendula; Gillenia.
Zitat-Empfehlung: *Spiraea tomentosa (S.).*

Einige, früher als S.-Arten aufgefaßte Pflanzen sind jetzt der Gattung → Filipendula zugeordnet worden. Die nordamerikanische **S. tomentosa L.** wird nach Dragendorff-Heilpflanzen, um 1900 (S. 272; Fam. Rosaceae), bei Darmkatarrh und Ruhr verwendet. Sie wird in Hager-Handbuch, um 1930, erwähnt und hat ein Kapitel in Hoppe-Drogenkunde, 1958 (Verwendung des gerbstoffhaltigen Krautes in der Volksheilkunde).

Spiranthes

Spiranthes siehe Bd. V, Orchis.
Zitat-Empfehlung: *Spiranthes spiralis (S.); Spiranthes aestivalis (S.).*

Nach Dragendorff-Heilpflanzen, um 1900 (S. 150; Fam. Orchidaceae), wird von S. autumnalis Rich. (= Ophrys spiralis L. [S. autumnalis (Balb.) Rich., Neottia spiralis Sw., Herbst-Wendelähre, Drehwurz; Schreibweise nach Zander-Pflanzennamen: **S. spiralis (L.) Chev.**]) die Knolle als Aphrodisiacum gebraucht. Geiger, um 1830, erwähnte die Pflanze; die Wurzelknollen sind als Radix Triorchidis albae odoratae oder Rad. Orchidis spiralis gebräuchlich gewesen. Nach Hoppe hat Bock, um 1550, die Pflanze als eins der

kleinen Geschlechter des Satyrion abgebildet; als ein anderes Geschlecht beschreibt er S. aestivalis Rich. [Schreibweise nach Zander: **S. aestivalis (Poir.) L. C. Rich.**]; Indikation wie andere Orchidaceen (→ Orchis).
In der Homöopathie ist „Spiranthes autumnalis" (Essenz aus frischer, blühender Pflanze) ein weniger wichtiges Mittel.

Spondias

Geiger, um 1830, erwähnt S. Monbin; die Frucht (Monbinpflaume) schmeckt süß und herb; Abkochung der Rinde zum Reinigen der Geschwüre; Blattsaft gegen Augenentzündungen; Blumen bei Brustkrankheiten; „man hat die gelben Mirobalanen fälschlich von diesem Baum hergeleitet".
Bei Dragendorff-Heilpflanzen, um 1900 (S. 394 uf.; Fam. Anacardiaceae), der insgesamt 7 S.-Arten nennt, heißt diese Art S. purpurea Mill. (= S. Mombin L.; Schreibweise nach Zander-Pflanzennamen: **S. mombin L.**); Indikationen wie bei Geiger.
Zitat-Empfehlung: **Spondias mombin (S.).**

Stachys

Stachys siehe Bd. II, Emmenagoga. / V, Sideritis; Tragopogon.
Bathonien siehe Bd. V, Primula; Teucrium.
Betonica siehe Bd. II, Cephalica; Emmenagoga; Emollientia; Errhina; Lithontriptica; Vulneraria. / IV, A 22. / V, Dianthus; Primula; Satureja; Scrophularia; Veronica.

Berendes-Dioskurides: - - Kap. Ziest, S. germanica L. (oder S. palaestina?) +++ Kap. Tragoriganon, S. glutinosa L.?; Kap. Alysson, S. annua?; Kap. Sideritis, S. recta L.? oder Heraclea oder S. scordioides L.?; Kap. Kestron, Betonica Alopecurus? [Schreibweise nach Schmeil-Flora: **S. alopecuros (L.) Benth.**].
Sontheimer-Araber: - Betonica officinalis - - S. germanica +++ S. recta.
Fischer-Mittelalter: - Betonica officinalis L. (und B. Alopecurus L.) (bachenia, pandonia, cestron, sideritis, seratula, batonie, pfaffenblumen; Diosk.: kestron, vettonica) - - S. germanica L. (gallitricum agreste, wilder scharlach; Diosk.: stachys); S. recta L. u. S. germanica L. (eraclia, heraclia, sisibra, haninchamp) +++ S. silvatica L. (urtica mortua, doten nesselen); S. heraclea; S. palustris L. (terziola).
Hoppe-Bock: - Kap. Bathonienkraut, S. officinalis Trev. - - Kap. Von

Scharlach, S. germanicus L. (der wild Scharlach, Feld Andorn) +++ Kap. Von den Nesselen, S. silvaticus L. (Waldt Nesseln, die allerletzt und schönst [der Nesseln]); als Bock irrtümlich unterschobene Pflanzen nennt Hoppe: S. alpinus L. und S. arvensis L.
Beßler-Gart: - Kap. Betonica, S. officinalis (L.) Trev. +++ Kap. Urtica mortua, S. silvatica L.?
Geiger-Handbuch: - Betonica officinalis L. (braune Betonie, Wiesenbetonie) und Betonica stricta Ait. (= Betonica offic. Auctor. plurim.) - - S. germanica (deutscher Ziest, großer Andorn) +++ S. recta L. (= S. Sideritis Vill., aufrechter Ziest, Berufkraut, Beschreikraut, Gliedkraut, Abnehmekraut); S. palustris; S. sylvatica.
Schmeil-Flora: - **S. officinalis (L.) Trev.** (= S. betonica Benth. pp.) - - **S. germanica L.** +++ **S. silvatica L.**; **S. arvensis L.**; **S. alpina L.**; **S. palustris L.**; **S. recta L.**
Zitat-Empfehlung: **Stachys officinalis (S.)**; **Stachys germanica (S.)**; **Stachys sylvatica (S.)**; **Stachys arvensis (S.)**; **Stachys alpina (S.)**; **Stachys palustris (S.)**; **Stachys recta (S.)**; **Stachys alopecuros (S.).**

Dragendorff-Heilpflanzen, S. 575 uf. (Fam. Labiatae).

(Betonica)
Bock versteht unter Bathonienkraut die Betonie, S. officinalis (L.) Trev.; er lehnt sich - nach Hoppe - mit den Indikationen an das umfangreiche Dioskurides-Kapitel: Kestron, an, in dem S. alopecuros (L.) Benth. (nach anderen Sideritis syriaca L.) gemeint ist (Kraut und Blüten als Stomachicum, gegen Uteruskolik oder Leibschmerzen; Blüten, Blätter und Wurzeln gegen Magen-, Leber-, Milz-, Nieren-, Blasen-, Gebärmutterbeschwerden; Antidot; gegen Gelbsucht, Epilepsie, Ischias, gegen zehrende Krankheiten, wie Tabes, Phthisis; gegen Lungenleiden Husten, Asthma, Wassersucht, Magenleiden; Blätter mit Wein zum Umschlag gegen Schlangenbiß, Tollwut, Podagra). Angelehnt an andere Diosk.-Kap. gibt Bock noch an: Zu Spülungen gegen Zahnschmerzen, als Umschlag gegen Kopf- und Augenschmerzen; Umschlag bei Kopfwunden, zum Entfernen von Knochensplittern; als Räucherung gegen Ohrenschmerzen.
In Ap. Lüneburg 1475 waren vorrätig: Aqua betonice (3 St.). Die T. Worms 1582 führt: [unter Kräutern] Betonica (Vetonica, Cestron, Psychotrophon, Sarratula, Betonien); Flores Betonicae (Betonienblumen), Succus B. (Betoniensafft), Aqua (dest.) B. (Cestri, Betonienwasser), Conserva Florum B. (Betonienblumenzucker), Sirupus ex succo b. (Betoniensyrup); die T. Frankfurt/M. 1687, als Simplicia: Flores Betonicae (braun Betonienblumen), Herba B. (braun Betonien). In Ap. Braunschweig 1666 waren vorrätig: Flores bethonicae (1 K.), Herba b. (2 K.), Radix b. (1½ lb.), Aqua b. (2½ St.),

Aqua ex succo b. (1/2 St.), Conserva b. flor. (3 lb.), Emplastrum b. (2 1/8 lb.), Essentia b. (15 Lot), Extractum b. (5 Lot), Syrupus b. comp. (1/2 lb.), Syrupus b. succo (10 1/2 lb.).

Die Ph. Württemberg 1741 beschreibt: Herba Betonicae (Vetonicae vulgaris purpureae, Betonien, braune Betonien, Zehrkraut; Polychrestum, für viele Krankheiten), Flores Betonicae (Bethonicae purpureae, Bethonienblüth; Anwendung wie das Kraut); Aqua (dest.) B., Conserva ex Floribus B., Emplastrum sive Ceratum de B., Syrupus Betonicae.

Die Stammpflanze heißt bei Hagen, um 1780: Betonica officinalis (Betonik, Betonie, Zehrkraut); Blumen und Blätter (Flor. Hb. Betonicae) sind offizinell. Auch bei Geiger, um 1830, heißt die Pflanze B. officinalis L.; „offizinell ist die Wurzel und das Kraut (rad. et herba Betonicae) . . . Man gibt die Betonie im Aufguß (die Wurzel auch in Substanz als Brechmittel). Das Pulver wird als Niesemittel gebraucht. Ehedem wurde sie in einer Menge Krankheiten, besonders bei Brust- und Nerven-Übeln usw. gebraucht. - Als Präparate hatte man: Wasser, Syrup, Konserve, Pflaster und nahm sie zu noch vielen Zusammensetzungen. Jetzt ist die Pflanze fast ganz obsolet . . . Gegen Krankheiten der Tiere benutzt sie noch der Landmann; auch gegen vermeintliche Zauberei".

In Hoppe-Drogenkunde, 1958, sind Herba Betonicae im Kap. Stachys officinalis behandelt; „Verwendung: Adstringens. - In der Homöopathie [wo „Betonica" (Essenz aus frischem, blühenden Kraut von Stachys Betonica Benth.) ein weniger wichtiges Mittel ist] u. a. bei Asthma und Schwächezuständen. – In der Volksheilkunde vor allem als Antidiarrhoicum".

(Verschiedene)

Als S.-Arten beschreibt Geiger, um 1830, S. recta L., außerdem erwähnt er eine ganze Reihe weiterer:

1.) S. recta L.; „offizinell ist: das Kraut (herba Sideritidis), welches eigentlich immer von dieser Pflanze, nicht von Sideritis hirsuta gesammelt werden soll . . . Man gebraucht die Pflanze in Aufguß oder Abkochung; äußerlich zu Bädern, Waschungen und Bähungen; zu Kräutersäckchen usw.".

Jourdan, zur gleichen Zeit, schreibt über S. recta L. (Berufskraut), das die Herba Sideritidis hirsutae liefert: „Reizend, für ein Wundmittel geltend".

In der Homöopathie ist „Stachys recta" (Essenz aus frischer, blühender Pflanze) ein weniger wichtiges Mittel.

2.) S. palustris; „davon war ehedem das Kraut (herba Stachydis aquaticae, Galeopsidis palustris foetidae, Marrubii aquatici acuti, Panax Coloni) offizinell . . . War im Altertum als Wundmittel hochberühmt, auch gegen Fieber usw.".

3.) S. sylvatica; „offizinell war ehedem: das Kraut (herba Galeopsidis, Urticae inertis magnae foetidissimae, Lamii sylvatici foetidi)". Die Pflanze ist bei Bock als eine der Nesseln abgebildet und beschrieben.

4.) S. germanica; „offizinell war ehedem: das Kraut (herba Stachydis, Marrubii agrestis)".
Berendes identifiziert das Diosk.-Kap. vom Ziest (Stachys) mit dieser Art (hat erwärmende, scharfe Kraft; Abkochung zur Beförderung von Menstruation und Nachgeburt). Bock, um 1550, beschreibt die Pflanze als „Wilden Scharlach" und läßt sie - nach Hoppe - wie → Salvia sclarea anwenden.

Stachytarpheta

Nach Dragendorff-Heilpflanzen, um 1900 (S. 565; Fam. Verbenaceae), dient von S. jamaicensis Vahl (= S. indica Vahl, Verbena jam. L.) der Saft als Purgans, Blatt bei Fieber; Wundmittel; Wurzel als Anthelminticum und Emmenagogum.
Hoppe-Drogenkunde, 1958, nennt 3 S.-Arten; S. dichotoma wird in Brasilien in Form galenischer Präparate gebraucht. Hager-Handbuch, Erg.-Bd. 1949, gibt im Kap. Stachytarpha Vorschriften für Fluidextrakt und Sirup.

Stellaria

Stellaria siehe Bd. V, Alchemilla; Aster; Euphrasia; Plantago.
Vogelkraut siehe Bd. V, Anagallis; Senecio.

Berendes-Dioskurides: Kap. Krataiogonon, S. graminea (?).
Fischer-Mittelalter: S. media Dill. u. verwandte Arten (marona, moron, morsus gallinae, centonculo, alsina anagallo, ippia, hippia minor, hunesdarm, medewurz, mier, hünerbiß, vogelkrut); S. holostea L. (herba graminis).
Hoppe-Bock: S. media Vill. (Hünerdarm, Meier, Gensskraut); S. holostea L. (Augentrostgras, Teuffelsbluomen).
Geiger-Handbuch: S. media Sm. (= Alsine media L., weiße Miere, Hühnerdarm, kleiner Mayer); S. Holostea (Augentrost-Sternkraut).
Zander-Pflanzennamen: **S. media (L.) Vill.; S. holostea L.**
Zitat-Empfehlung: **Stellaria media (S.); Stellaria holostea (S.).**

Dragendorff-Heilpflanzen, S. 208 (Fam. Caryophyllaceae).

Von der Vogel-Sternmiere, S. media (L.) Vill., läßt Bock, um 1550, (nach Hoppe) entsprechend Brunschwig (um 1500) das gebrannte Wasser anwen-

den (Tonicum, gegen Fieber und krampfartige Schmerzanfälle; äußerlich bei entzündeten Wunden; Saft als kühlende Salbe). In T. Worms 1582 steht Herba Alsine (Pauerina, Morsus gallinae officinarum, Hünerdärm, Hünerbiß); in T. Frankfurt/M. 1687 außerdem Aqua Alsines (Hünerdarm- oder Meyerichwasser). In Ph. Württemberg 1741 sind aufgenommen: Herba Alsines mediae (Morsus gallinae, Alsines foliis Trissaginis, Hünerscherben, Vogelkraut; äußerlich gegen Geschwüre und Krätze, innerlich als Refrigerans, gegen Schwindsucht). Anwendung nach Geiger, um 1830: „Ehedem wurde dieses Kraut häufig bei Blutspeien, Hämorrhoiden usw. innerlich und äußerlich, bei Augenentzündungen, Milchverhärtung, als Wundkraut usw. gebraucht. - Es ist ein beliebtes Vogelfutter".
In der Homöopathie ist „Alsine media - Vogelmiere" (Essenz aus frischer blühender Pflanze) ein wichtiges Mittel. Außerdem wird als weniger wichtiges Mittel „Stellaria media" (S. media Cyrillo; Essenz aus frischer, blühender Pflanze) benutzt. Anwendung nach Hoppe-Drogenkunde, 1958, Kap. S. media (= Alsine media): „In der Homöopathie bei Rheuma, Gelenkleiden, Gicht. Äußerlich bei Hautleiden und Rheuma".
Die große Sternmiere, S. holostea L., wurde nach Geiger als Kraut (herba Graminis floridi) verwandt; der Saft auf entzündete Augen.

Sterculia

Sterculia siehe Bd. V, Cola.

Unter den 22 S.-Arten bei Dragendorff-Heilpflanzen, um 1900 (S. 431 uf.; Fam. Sterculiaceae), befindet sich die vorderindische S. urens Roxb. (= Cavallium urens Schott et Endl.; Blatt mucilaginös, Rinde adstringierend, Same eßbar; liefert Gummi, dem Traganth ähnlich), die bei Hoppe-Drogenkunde, 1958, ein Kapitel hat; verwendet wird das Gummi (Tragacantha indica, Karaya-Gummi; Laxans; zum Tablettenpressen; in Kosmetik und Nahrungsmittelindustrie); zahlreiche weitere Arten werden erwähnt.

Stillingia

Zitat-Empfehlung: *Stillingia sylvatica (S.); Stillingia sebifera (S.).*
Dragendorff-Heilpflanzen, S. 385 (Fam. Euphorbiaceae).

Geiger, um 1830, erwähnt die amerikanische **S. sylvatica L.** als Syphiliticum. So (und als Abführmittel) auch bei Hager, um 1930 (Radix Stillingiae silvaticae).

In der Homöopathie ist „Stillingia silvatica" (Tinktur aus getrockneter Wurzel; Hale 1867) ein wichtiges Mittel. Die Wurzel ist nach Hoppe-Drogenkunde, 1958, „Laxans".
Geiger beschreibt ferner die chinesische S. sebifera Mx. (= C r o t o n sebiferum L., T a l g b a u m). „Die Früchte werden zerstoßen, mit Wasser gekocht und das Fett mit Öl oder Wachs vermischt zu Lichtern verbraucht". Nach Fischer-Mittelalter kommt die Pflanze bei Avicenna vor. In Hagers Handbuch ist S. sebifera Michx. als Lieferant von C h i n e s i s c h e m T a l g, V e g e t a b i l i s c h e r T a l g (für Kerzen und Seife), genannt.

Strophanthus

S t r o p h a n t h u s siehe Bd. II, Cordialia; Diuretica. / IV, G 827, 1392.
Zitat-Empfehlung: *Strophanthus kombe (S.)*; *Strophanthus gratus (S.)*; *Strophanthus hispidus (S.)*.
Dragendorff-Heilpflanzen, S. 545 uf. (Fam. A p o c y n e a e ; Schreibweise nach Zander: A p o c y n a c e a e); Tschirch-Handbuch II, S. 1578 uf.; Gilg-Schürhoff-Drogen, S. 163-168.

Semen Strophanthi sind erstmals in DAB's 1890 aufgenommen; im Kommentar dazu (1892) wird angegeben: „Strophanthussamen werden in Afrika verschiedentlich zur Herstellung von P f e i l g i f t e n verwendet. Die erste Nachricht davon gelangte um 1860 durch den berühmten Reisenden Livingstone nach Europa und Kirk ermittelte 1861, daß das Gift aus Strophanthussamen bereitet wurde. Die ersten Versuche, sie in der Medizin als teilweisen Ersatz der Digitalis anzuwenden, datieren seit 1862". Im DAB 3, 1890, ist über Stammpflanzen ausgesagt: „Vermutlich von Strophanthus hispidus und S. Kombé"; ab DAB 4, 1900, bis DAB 5, 1910, nur noch von **S. kombe Oliver,** dann DAB 6, 1926, von S. gratus (Wallich et Hooker) Franchet [Schreibweise nach Zander-Pflanzennamen: **S. gratus (Wall. et Hook. ex Benth.) Baill.**] Es handelt sich hier nicht um Umbenennungen, sondern um Stammpflanzenänderung.
In Hager-Handbuch, um 1930, werden unter Strophanthus angeführt: S. Kombe Oliver, liefert Semen Strophanthi (K o m b e - S a m e n) DAB 5 („die Samen selbst werden selten angewandt. Sie dienen zur Herstellung der Tinktur, die ähnlich wie Fingerhutpräparate angewendet wird"); **S. hispidus DC.,** S. gratus (Wall. et Hook.) Franch., für DAB 6.
Bei Hoppe-Drogenkunde ist das Kapitel überschrieben: Strophantus gratus; verwendet werden Semen Strophanti; offizinell DAB 6, Hom. A. B. [in Homöopathie ist „Strophanthus" (Tinktur aus reifen Samen; Clarke 1902) ein wichtiges Mittel]; herzwirksame Droge. Ferner werden verwendet: S. hispidus und S. Kombe (Semen Strophanthi kombé sind in Erg.-B. 6, 1941, aufgenommen).

Strychnos

Strychnos siehe Bd. II, Antirheumatica; Cordialia; Diuretica. / IV, G 309, 317, 565, 1524. / V, Atropa; Datura; Physalis; Solanum.
Brechnuß siehe Bd. IV, G 1211. / V, Jatropha.
Nux vomica siehe Bd. II, Antihydrotica; Aphrodisiaca; Expectorantia. / IV, G 1740.

Hessler-Susruta: +++ S. potatorum.
Tschirch-Sontheimer-Araber: - S. nux vomica.
Fischer-Mittelalter: - S. nux vomica L. (apollinaris, nux vomica, castanea indica; Diosk.: strychnos manicos) - - S. colubrinus (bei Avic.).
Beßler-Gart: Kap. Nux vomica, S. nux-vomica L. (spyenuz).
Geiger-Handbuch: - S. Nux Vomica (gemeines Krähenauge) - - S. colubrina (Schlangenholz) - - - S. Ignatii Berg. (= Ignatia amara L., Ignatiusbohne, bittere Fiebernuß) +++ S. potatorum; S. Tieuté (Upasbaum); S. pseudo-China.
Hager-Handbuch: - S. nux vomica L. - - - S. Ignatii Berg. - 4 - Kap. Curare, 17 S.-Arten.
Zander-Pflanzennamen: - **S. nux-vomica L. - - - S. ignatii Bergius.** Als offizinell wird noch aufgeführt: **S. toxifera Schomb. ex Benth.**
Zitat-Empfehlung: **Strychnos nux-vomica (S.); Strychnos colubrina (S.); Strychnos ignatii (S.); Strychnos toxifera (S.).**

Dragendorff-Heilpflanzen, S. 533-535 (Fam. Loganiaceae); Tschirch-Handbuch III, S. 457 uf. (Semen Strychni), S. 459 uf. (Cortex Strychni und Lignum colubrinum), S. 462 uf. (Semen Ignatii), S. 470 uf. (Curare); Gilg-Schürhoff-Drogen: Kap. Giftige und unschädliche Strychnosarten, S. 169-178; R. Gicklhorn, Der erste wissenschaftliche Bericht über das Curare, Geschichtsbeilage Deutsch. Apotheker-Ztg. *13*, 4 uf. (1961); O. Beßler, Die Geschichte des Curare, Mitt. dtsch. pharmaz. Ges. *32*, 75 (1962).

Bei Dioskurides gibt es mehrere Strychnos-Kapitel, in denen jedoch - nach Berendes - keine S.-Arten gemeint sind (Fischer deutet dagegen den Strychnos manikos als S. nux vomica). Dioskurides unterscheidet: Kap. Strychnos (Gartenstrychnos) [Deutung als → Solanum nigrum L.]; Kap. Strychnos Halikakabos [→ Physalis Alkekengi L.]; Kap. Schlafstrychnos [→ Physalis somnifera L. (oder Solanum Dulcamara L.?)]; Kap. Strychnos manikos [→ Atropa Belladonna L. (und Datura Stramonium L.)].
Nach Tschirch-Handbuch - Kap. Semen Strychni - scheint es, daß die Araber zuerst auf die Droge - von einer indischen Pflanze - aufmerksam wurden; ob den Salernitanern die Droge bekannt war, ist zweifelhaft; Bezeichnungen und zugehörige Droge gehen noch lange durcheinander, erst im 16. Jh. sind eindeutige Zeugnisse von der durchgehenden Identität Nux vomica und Samen von S. nux-vomica vorhanden.

(Nux vomica)
Die T. Worms 1582 führt: [unter Früchten] Nuces vomicae (Kräenauglein), auch in T. Frankfurt/M. 1687: Nuces Vomicae (Krähenäuglein). In Ap. Braunschweig

1666 waren Nuces vomicari (2 lb.) vorrätig. Schröder, 1685, schreibt über Nux vomica (Krähen-Äuglein): „Der Baum selbst ist den Griechen und Lateinern noch unbekannt, die Früchte aber haben die Araber in den Apotheken eingeführt. Die Krähen-Äuglein dienen wider Gift ... Sie kommen in Electuarium de ovo und Kegleri, welcher zwar den blindgeborenen Bestien ein Gift, uns aber ein wider Gift dienendes Mittel ist. Daher pflegt man auch zur Präservierung vor der Pest besagte Krähen-Äuglein unter die Zunge zu nehmen und unter andere Pestmittel zu vermischen".

Aufgenommen in Ph. Württemberg 1741: [unter Früchten] Nuces Vomicae (Krähen-Augen; sind die Samen eines indischen Solanum-Baumes; von den Alten für ein Alexipharmacum gehalten; Narcoticum, Gift für Hunde, Katzen, Raben usw.). Die Stammpflanze (Krähenaugenbaum) heißt bei Hagen, um 1780: S. Nux Vomica; er bespricht die reifen Früchte eines sehr hohen Baumes, der auf Zeylon und Malabar wächst.

Die Samen blieben pharmakopöe-üblich bis ins 20. Jh. hinein. Ph. Preußen (1799-1846) führt Nuces vomicae (von S. Nux vomica L.), 1862 als Semen Strychni bezeichnet. So bis DAB 6, 1926. Zubereitungen in Länderpharmakopöen: Extractum Seminis Strychni aquosum und spirituosum; in DAB 1, 1872, außer diesen beiden: Tinctura Strychni und Tinctura Strychni aetherea. In der Homöopathie ist „Nux vomica - Brechnuß, Krähenaugen" (Tinktur aus reifen, getrockneten Samen; Hahnemann 1811) ein wichtiges Mittel. Ein weniger wichtiges Mittel ist „Angostura spuria" (Tinktur aus getrockneter Rinde von S. nux vomica); sie war nach Tschirch-Handbuch, als sie 1806 zuerst auftrat, absichtlich der Angostura beigemischt gewesen.

Über die Anwendung der Strychnossamen schrieb Geiger, um 1830: „Man gibt die Krähenaugen (mit Vorsicht in geringen Dosen) in Substanz innerlich. - Präparate hat man davon: Das Extrakt ... Auch ein geistiges Extrakt (extr. nuc. Vomic. spirit.) hält man vorrätig ... Ehedem hatte man noch eine Essenz". Jourdan, zur gleichen Zeit, bezeichnet Nux vomica als „eins der kräftigsten Reizmittel ... Man wendet es bei Lähmung an". Dulk schreibt 1839 im Kommentar zur preußischen Pharmakopöe: „Die Krähenaugen werden im Extrakte, oder auch in Pulverform bisweilen innerlich angewendet; immer aber erfordern sie bei der Anwendung große Behutsamkeit. Der narkotischen Eigenschaften wegen müssen sie mit der erforderlichen Vorsicht aufbewahrt werden".

Anwendung nach Hager, 1874: „Man gibt den gepulverten Strychnossamen bei Verdauungsschwäche, Magenkrampf, nervösem Erbrechen, chronischen Magenkatarrhen, krampfhafter Verstopfung, Ruhr, Durchfall, Cholera, vielen Schwächeleiden der Urogenitalwerkzeuge, verschiedenen Leiden des Nervensystems, Neuralgien, Lähmungen"; auch im Klistier. In Hager-Handbuch, um 1930, steht: „Anwendung. Bei Verdauungsschwäche, veraltetem Magenkatarrh, Durchfall, Cholera, Lähmungen, Nervenleiden innerlich in der Form des Extrakts oder der

Tinktur, seltener als Pulver ... Das grobe Pulver wird bisweilen zur Vertilgung von Raubtieren gebraucht; in der Regel zieht man hier das zuverlässigere Strychnin vor. Die Homöopathen geben Nux vomica bei Magenleiden und Hämorrhoiden". Hoppe-Drogenkunde, 1958, führt bei S. nux vomica für den Samen aus: „wird in Form galenischer Präparate als Anregungsmittel bei Schwäche- und Erschlaffungszuständen benutzt. Bei schlechter Verdauung und Darmträgheit (Amarum). In der Homöopathie wichtiges Mittel bei Leiden der Verdauungsorgane, bei Muskelrheumatismus und bei psychischen Störungen ... Zur Behandlung von chronischem Alkoholismus ... Bestandteil von Schädlingsbekämpfungsmitteln, gegen Ratten, Mäuse, Krähen, aber auch gegen Raubtiere, wie Wölfe, Füchse, Schakale etc.".

(Lignum colubrinum)

Die T. Frankfurt/M. 1687 hat aufgenommen: Lignum Colubrinum (Serpentarium, Clematitis, Grieß-Holtz). Valentini, 1714, schreibt darüber, daß einige davon ein großes Wesen machen, ist jedoch nichts anderes, als die holzige Wurzel des ostindischen Gewächses, das die kleinen Krähenaugen, die Nuces Vomicas Moluccanas trägt und von anderen Solanum arborescens Moluccanum genannt wird; die Inder sollen es gegen den Schlangenbiß gebrauchen; soll auch gegen Fieber und Würmer dienen; man macht Trinkbecher daraus. In Ph. Württemberg 1741 ist zu finden: Lignum Colubrinum (Serpentarium officin., Schlangen-Holtz; Specificum gegen Bisse von Schlangen und anderen giftigen Tieren, vertreibt Würmer und Fieber). Hagen, um 1780, läßt sich über die Droge in einer Fußnote zum Kap. Krähenaugenbaum aus: „Nach der Aussage der in Indien sich aufhaltenden Botanisten soll dieser Baum [S. Nux Vomica] vom Strychnos colubrina, von dessen Wurzel man sonsten das Schlangenholz (Lignum colubrinum) ableitete, nicht verschieden sein. Letztere Benennung gibt man in Indien allen denen Holzarten, welche dem Wasser, das in den daraus gedrehten Bechern eingegossen worden, eine reine Bitterkeit mitteilen und daher für Gegengifte gehalten werden. Man findet deshalb oft sehr verschiedene Hölzer untereinander in Apotheken unter dem Namen Schlangenholz vorrätig".
Geiger, um 1830, beschreibt S. colubrina als einen, dem Krähenaugenbaum ähnlichen Baum; „Offizinell ist: Die holzige Wurzel, Schlangenholz (lignum colubrinum) ... Ehedem wurde es gegen den Biß giftiger Schlangen benutzt, auch gegen Würmer und Fieber. Seine Anwendung erfordert große Vorsicht, da es den Krähenaugen ähnlich giftig wirkt. Auch erhält man häufig Holz von sehr ungleicher Beschaffenheit, daher es in der Arzneikunde überflüssig erscheint". Jourdan, zur gleichen Zeit, schreibt von S. colubrina L. bzw. der Wurzeldroge: „Man hält sie für ein spezifisches Mittel gegen den Biß giftiger Tiere, jetzt ist sie in Vergessenheit gekommen, müßte aber ohne Zweifel mit großer Vorsicht angewendet werden. Boerhave rühmte sie gegen Wechselfieber".

Die Droge geriet in Vergessenheit. Eine bestimmte Stammpflanze läßt sich für das alte Handelsprodukt nicht angeben, sicher ist nur, daß sie meist von S.-Arten abstammte (z. B. S. nux-vomica, S. ignatii Berg.); ob auch von S. colubrina Spreng. ist - nach Tschirch-Handbuch - bezweifelt worden.

(Fabae S. Ignatii)
In der Inventurliste Lüneburg 1718 sind Fabarum S. Ignat. Nr. VII eingetragen. Die Ph. Württemberg 1741 beschreibt Faba S. Ignatii (Nux Vomica legitima Serapionis Camelli; widersteht Giften, heilt 4-tägiges Fieber, treibt Urin und Menses). Nach Hagen, um 1780, sind sie die Früchte des Ignatiusbaumes, Ignatia amara. Vereinzelt in Länderpharmakopöen zu Anfang des 19. Jh. (Sachsen 1820: Indicae Fabae = Fabae Sancti Ignatii, von Ignatia amara L.). Bei Geiger, um 1830, heißt die Stammpflanze: S. Ignatii Berg.; „die Ignatiusbohnen sind seit 1699 vorzüglich durch die Jesuiten bekanntgeworden. - Der Baum wächst auf den philippinischen Inseln ... Offizinell ist: Der Same, Ignatiusbohnen (Fabae St. Ignatii, Fabae febrifugae) ... Ehedem wurden sie gegen Fieber sehr angepriesen, jetzt fängt man wieder an, sie bei Lähmungen usw. zu gebrauchen. Man gibt sie in Pulverform".
Ausführlich äußert sich Meissner, zur gleichen Zeit: „Fabae Sancti Ignatii s. febrifugae s. indicae, Ignatiusbohnen, bittere Fiebernüsse ... Wegen des Rufes, den sie in Indien besitzen, wo sie für eine wahre Panacee gehalten werden, haben die spanischen Jesuiten sie mit dem Namen des Gründers ihres Ordens geziert. Dem P. Camelli verdankt man ihre Kenntnis und Einführung in Europa. Während seines Aufenthalts auf den Philippinen sandte er an Ray, einen berühmten englischen Botaniker, Proben von der Pflanze, von welcher man die Ignatiusbohnen sammelt. Ray machte sie im Jahr 1699 in Verbindung mit Petive zum Gegenstande einer Denkschrift ... Linné, der Sohn, hat den Strauch unter dem Namen Ignatia amara beschrieben und ihn neben die Gattung Strychnos gestellt; allein die neueren Schriftsteller ... haben daraus eine Art dieser letzteren Gattung unter dem Namen Strychnos Ignatia gemacht ... Die Ignatiusbohne hat eine sehr energische Wirkung auf das Nervensystem ... wirkt ganz auf die nämliche Weise wie die Brechnuß ... Haase hat 1822 die Heilkräfte dieses Mittels vollständig dargelegt. Aus seinen eigenen und fremden Erfahrungen geht hervor, daß allerdings die früheren Empfehlungen desselben gegen das Wechselfieber und andere periodische Krankheiten, ferner gegen Amenorrhöe, Wassersucht, Wurmbeschwerden, so wie gegen krampfhaftes Asthma und ganz besonders gegen Epilepsie dynamischen Ursprunges begründet sind und es wohl öfter anzuwenden verdiente".
In Hager-Handbuch, um 1930 sind die Semen Ignatii (von S. Ignatii Berg., auch von S. lanata Hill) erwähnt; „Anwendung wie Semen Strychni, aber selten". Auch Hoppe-Drogenkunde, 1958, hat ein Kap. Strychnos Ignatius; „Tonicum. -

In der Homöopathie [wo „Ignatia - Ignatiusbohne“ (Tinktur aus getrocknetem Samen; Hahnemann 1805) ein wichtiges Mittel ist] als Nervenmittel, bei Magenkrämpfen etc. Bei rechtsseitiger Migräne. - Zur Darstellung des Strychnins und Brucins“.

(C u r a r e)
Geiger, um 1830, erwähnt Curare noch nicht, aber in der Auflage des Handbuches von 1839 wird S. gujanensis Mart. als Lieferant von Curare („Pfeilgift der amerikanischen Wilden“) angeführt. Aufgenommen in die Erg.-Bücher zu den DAB's (1897; „In Südamerika aus der Rinde dort einheimischer Strychnosarten dargestelltes, sprödes Extrakt“; entsprechend 1941, „zur Zeit fast ausschließlich im Handel befindliche Sorte (T u b o k u r a r e, P a r a k u r a r e) besitzt die Konsistenz einer Paste“). In der Homöopathie ist „Curare - P f e i l g i f t“ (nur in Verreibung) ein wichtiges Mittel.
Über Wirkung und Anwendung steht in Hager-Handbuch, um 1930: „Man hat es empfohlen bei Tetanus, Hydrophobie, als Gegengift bei Strychninvergiftungen, bei Epilepsie usw., doch ist die Verwendung eine geringe geblieben, da die Wirkung bei der verschiedenen Beschaffenheit eine zu unsichere ist . . . Man benutzt das Curare in den physiologischen Laboratorien, um Tiere für Vivisektionen bewegungslos zu machen“.
In Hoppe-Drogenkunde, 1958, umfaßt das Kap. Strychnos toxifera, das sich hauptsächlich mit Curare beschäftigt, über 4 Seiten (als Stammpflanzen werden auch C h o n d o d e n d r o n-Arten genannt). Über die Verwendung ist ausgeführt: „Curarepräparate werden vor allem bei Narkosen angewandt. - Mit Hilfe von Curare werden lange und schwere Operationen mit leichter Narkose durchgeführt, bes. in der Brust- und Bauchchirurgie . . . Curare beeinflußt das Zentralnervensystem. In der inneren Medizin bei spastischen und tetanischen Zuständen wie Poliomyelitis, Tollwut, Epilepsie, Parkinsonismus, Strychnin- und Krampfgift-Vergiftungen, sowie bei der Tetanusbehandlung eingesetzt . . . In der Gynäkologie, in der Hals-, Nasen- und Ohrenpraxis. In der Psychiatrie zur Verhütung traumatischer Schäden bei der Schocktherapie. In der Homöopathie wird Curare bei Tetanus und Tollwut sowie als Nervinum angewandt“.

(V e r s c h i e d e n e)
Geiger, um 1830, erwähnte auch S. Tieuté Lechen.; „die Eingeborenen [auf Java] bereiten daraus ein unter dem Namen Upas tieuté bekanntes, äußerst heftiges Gift von extraktartiger Konsistenz und außerordentlicher Bitterkeit. Sie vergiften damit ihre Waffen und die Instrumente, womit sie Verbrecher töten. Die Wirkung ist fast augenblicklich, und die geringste Verletzung mit solchen vergifteten Instrumenten tödlich“. In der Homöopathie ist „Upas Tieuté“ (von S. Tieuté Leschen.; Tinktur aus getrockneter Wurzelrinde) ein weniger wichtiges Mittel.

Ein weiteres weniger wichtiges Mittel der Homöopathie ist „H o a n g - N a u" (S. malaccensis Benth.; Tinktur aus getrockneter Rinde). Dragendorff, um 1900, gibt über diese hinterindische Art an: „Die Rinde ... wird als Alterativum, gegen Syphilis und Rheuma verwendet und dient zur Herstellung der Hoang-Nau-Mischung gegen Hundswut, in der auch Realgar und Alaun vorhanden ist".

Styrax

S t y r a x siehe Bd. I, Ambra; Zibethum. / II, Analeptica; Antiparalytica; Antipsorica; Emmenagoga; Exsiccantia; Succedanea. / III, Pilulae de Styrace sine Ambra. / IV, D 6; E 338. / V, Liquidambar; Myroxylon.
B e n z o e siehe Bd. II, Cosmetica. / III, Acidum benzoicum. / IV, B 4; D 6; E 80, 117, 131, 180, 270, 280, 348, 388; G 55, 220, 1234, 1273, 1421, 1554, 1814.
B e n z o e b a l s a m siehe Bd. II, Stimulantia.
B e n z o e b l u m e n siehe Bd. III, Reg.
B e n z o e h a r z siehe Bd. III, Olea destillata chemica. / IV, E 203.
B e n z o e h a r z ö l siehe Bd. III, Reg.
S t o r a x siehe Bd. IV, C 34, 64; E 170, 173, 348. / V, Liquidambar.

D e i n e s-Ägypten; Grot-Hippokrates: - Styrax.
B e r e n d e s-Dioskurides: - Kap. Styrax, S. officin. L.
T s c h i r c h-Sontheimer-Araber: - S. officinalis.
F i s c h e r-Mittelalter: - S. officinalis L.
B e ß l e r-Gart: - S. officinalis L. (Storax, s u g i a, m e l a c h a c) [→ L i q u i d a m b a r].
G e i g e r-Handbuch: - S. officinalis - - S. Benzoin.
H a g e r-Handbuch: - - S. benzoides Craib. u. S. tonkinensis (Pierre) Craib.; S. Benzoin Dryander.
Z a n d e r-Pflanzennamen: - **S. officinalis L. - - S. benzoin Dryand.** (Benzoe-Storaxbaum); **S. tonkinensis (Pierre) Craib ex Hartwich.**
Z i t a t-Empfehlung: **Styrax officinalis (S.); Styrax benzoin (S.); Styrax tonkinensis (S.).**

Dragendorff-Heilpflanzen, S. 522 (Fam. S t y r a c e a e ; jetzt Fam. S t y r a c a c e a e); Tschirch-Handbuch III, S. 1057-1060 (Storax), S. 1026-1028 (Benzoe).

(S t o r a x)
Nach Tschirch-Handbuch wurden Drogen des Baumes S. officinalis L. von den Phöniziern „schon in sehr früher Zeit in alle Welt verbreitet, und Styrax gelangte durch sie nicht nur nach Griechenland und Ägypten, sondern auch nach Arabien, und durch die Sabäer dann weiter nach Indien und vielleicht sogar bis in den fernen Osten".
Dioskurides kennt 3 Sorten Styrax, dazu einen Wurmstyrax, zusammengeknetet aus parfümiertem Wachs, Talg und Styrax und durch ein Sieb in kaltes Wasser gepreßt (Styrax hat erwärmende, erweichende, verdauende Kraft; wirksam gegen

Husten, Katarrh, Erkältung, Heiserkeit, Verhärtungen und Verstopfungen in der Gebärmutter; befördert als Zäpfchen die Menstruation; zu verteilenden Umschlägen und stärkenden Salben; man kann ihn wie Weihrauch brennen und entsprechend anwenden; das syrische Styraxöl erwärmt und erweicht).

In Ap. Lüneburg 1475 waren vorrätig:
1. Storax ruber ($2^1/_2$ lb.);
2. Storax calamite ($1^1/_2$ qr.);
3. Storax liquidus ($1^1/_2$ lb.) [→ Liquidambar].
Storax calamita ist in Ph. Nürnberg 1546 Bestandteil vieler großer Composita (Diaprassium Nicolai, Electuarium dulcis Nicolai, Electuarium leticiae Galeni, Rosata novella Nicolai, Diaolibanum Nicolai, Tryphera manga Nic., Aurea alexandrina Nic., Theriaca Andromachi, Mithridatium, Esdra antidotus Aetio u. Actuario, Trochisci Bechii, Emplastrum de Meliloto Mesuae, Unguentum Martianum Nic., Oleum Castoreum, Oleum Moschelinum Nic.). Im Diacastorium Nicolai und in den Trochisci aliptae muschatae Nic. ist roter Storax enthalten; Cordus kommentiert dazu, man solle dafür nicht etwa Cortex Thymiama, die ein schlechter roter Storax ist, nehmen, sondern reinsten Storax calamita von rötlicher bis gelber Farbe.
Die W. Worms 1582 führt auf:
1. Storax (sive Storax calamita officinarum, Styrax calamitis, Incensum Judaeorum, Jüdenweyrauch);
2. Storax liquida officinarum (Styrax liquidus, Stacte, Weycher Jüdenweyrauch) [→ Liquidambar].
Sorten in T. Frankfurt/Main 1687:
1. Styrax, Storax calamitha communis, gemeiner Storax;
2. in guttis, der beste Storax;
3. electa, außerlesener Storax;
4. expressa, außgepreßter Storax.
[5. Storax liquida, fliessender Storax].
In Ap. Braunschweig 1666 waren vorrätig (außer S. liquid.): Styrax calamit. ($6\,^7/_8$ lb.), Pulvis s. calam. ($^3/_4$ lb.), Extractum s. calam. (5 Lot), Oleum s. calam. (1 Lot).

Schröder, 1685, schreibt im Kap. Styrax oder Storax calamita: „Der trockene Storax calamita (also genannt von den Röhren, in denen man ihn ehedessen aus Pamphilien zu uns gebracht) ist eines Baumes gummi-harziger zusammengestandener, trockener Saft, eines sehr lieblichen Geruchs ... Erwärmt, trocknet, erweicht, kocht, dient dem Haupt und Nerven, taugt für Husten, Katarrhe, Heiserkeit, Schnupfen, Hartigkeit des Zäpfleins, inner- und äußerlich, er wird mit den cardiacis laetificantibus vermischt, erweicht den Bauch gelind, wenn man ihn mit Terpentin in Pillenform bringt und verschlingt. Äußerlich taugt sein Rauch für das Haupt. Die bereiteten Stück: 1. Das destillierte Öl. Man digeriert den Storax mit Rosenwasser und destillierts hernach in der Asche aus einem Alembik ... 2. Das gekochte Öl".

Wenn nur „Styrax" verordnet ist, soll nach Ph. Augsburg 1640 „calamita" genommen werden. Die Ph. Württemberg 1741 führt: Styrax (Storax Calamita, Storax; St. in granis ist sehr selten, meist wird er in massis gehandelt; Calefaciens, Emolliens, Cephalicum, Nervinum, gegen Katarrhe und Husten; zu Räucherwerk). Hagen, um 1780, schildert die beiden Handelssorten, die auf den „Storaxbaum (Styrax officinalis)" zurückgehen:

1. „Der auserlesene oder der Storax in Körnern (Storax in granis) wird in Stücken von verschiedener Größe und Gestalt gebracht, die aus gelben, braunen und weißen Stückchen gleich der Benzoes oder dem Ammoniak zu bestehen scheinen ... Wegen seiner Seltenheit wird er in Apotheken nicht gehalten.

2. Der gemeine Storax (Storax calamita, vulgaris) ist vom vorigen in seinem Aussehen gänzlich verschieden. Man bringt ihn in sehr großen hellbraunen Stücken, die beinahe wie Torf aussehen, sich leicht zerreiben lassen und an denen man von außen deutlich genug wahrnimmt, daß sie gepreßt worden sind ... Er scheint fast bloß ein Gemisch von feinen Sägespänen, Sand und anderen Unreinigkeiten zu sein, denen man mit Storax bloß den Geruch gegeben hat".

Eine ausführliche Schilderung der Handelsformen, die alle im 19. Jh. ihre Bedeutung vollkommen verloren haben, gibt Geiger, um 1830: „Der offizinelle oder echte Storaxbaum [Styrax officinalis L.] ist ein großer Strauch oder mittelmäßiger Baum ... Offizinell ist: Das daraus erhaltene Harz, Storax (Styrax). Es kommt aus der Levante. Man unterscheidet im Handel dreierlei Arten Storax: 1) Storax in Körnern (Styrax in granis), kommt kaum mehr vor; besteht aus kleinen weißlichen, hellen, durchsichtigen, erbsengroßen Körnern, die in Klümpchen zusammenhängen ... 2.) Storax in Kuchen (Styrax in massis), jetzt auch Storax in Körnern benannt. Er kommt in Blasen, wohl auch in Schilf- oder Palmblätter eingewickelt, zu uns, und ist in letzterem Fall der eigentliche oder wahre Storax calamita. Er besteht aus Massen von verschiedener Größe, welche aus größeren und kleineren Körnern von weißlicher, gelber oder brauner Farbe zusammengebacken sind ... Guibourt unterscheidet 3 hierher gehörige Sorten: a) Weißen Storax ... b) Mandelstorax ... c) Braunroten Storax ... Die letztere Sorte macht den Übergang zur 3. Art, gemeinem Storax (Storax vulgaris, Scobs storacina), gemeinhin fälschlich unter dem Namen Storax calamita vorkommend, aus. Es sind große braunrote Klumpen, die das Ansehen von Lohkuchen oder Torf haben, jedoch ziemlich dicht und eine, obgleich geringe, Zähigkeit zeigend; aus Sägespänen und anderen Unreinigkeiten, die mit wohlriechenden Harzen getränkt sind, bestehend; also ein Kunstprodukt, das nach den Ingredienzien einen verschiedenen, doch immer angenehmen Storaxgeruch hat ... Anwendung.

Man gab den Storax ehedem innerlich gegen Brustkrankheiten usw .. Jetzt wendet man ihn blos äußerlich zum Räuchern usw. an ... Jetzt kommt er noch zu Räucherpulver, Räucherkerzchen und Ofenlack".
Über ein Styrax calamita des Handels, aus der Zeit um 1880, siehe bei Liquidambar.

(Benzoe)
Nach Tschirch-Handbuch kannten die Alten die Benzoe nicht; sicher bezeichnet tritt sie im 15. Jh. in Geschenksendungen orientalischer Herrscher auf (rotoli Benzoi, Benzui); sie fehlt in der mittelalterlichen Medizin ganz; Ende 15. Jh. kam sie regelmäßig in den Handel, war aber eine Kostbarkeit; sie galt erst für eine Art Weihrauch, dann für eine Art Myrrhe.
Die T. Worms 1582 verzeichnet Asa dulcis (Beniovinum, Belzoinum ,Benzoinum, Benzoe, Benzuin, Asant); T. Frankfurt/M. 1687: Gummi Asa dulcis (seu Benzoinum, Benivinum, Belzoinum, wohlriechend Asant).
In Ap. Braunschweig 1666 waren vorrätig: Gummi Assa dulci (24. lb.), dasselbe in granis (1 lb.), Pulvis benzo. (3/4 lb.), Benzoini florum (5 1/2 Lot), Oleum benzoni (8 1/2 Lot). Die Beliebtheit, die die Droge bereits im 17. Jh. erlangt hatte, belegt Schröder, 1685, im Kap. Benzoin: „Ist eine zitrinfarbe oder gelbe Resina, als ob sie von unterschiedenen Stücklein von allerhand Farben in eine Masse wäre gebracht worden, riecht lieblich, fließt leicht und läßt sich gerne zerbrechen ... er wärmt und trocknet im 2. Grad, incidiert, macht dünn, dient den Lungen, wird innerlich gebraucht in katarrhischen Lungenkrankheiten, Husten und Keuchen, äußerlich reinigt er das Gehirn durch Niesen, im Zahnweh, in Blätterlein und rotem Angesicht, wird auch wegen des lieblichen Geruchs oft unter die Räucherwerke vermischt ... Die bereiteten Stück. 1. Das Magisterium ... 2. Die Blumen . . . Etliche solvieren die Blumen in einem hochrektifizierten Spiritus vini und geben die Solution für die Tinktur aus (die Tinktur der Benzoeblumen reinigt das Geblüt und wird in Wundtränken gebraucht) ... 3. Der Liquor ... 4. Das Öl ... 5. Die Trochisci von Benzoe".
Die Ph. Württemberg 1741 führt: Gummi Asa Dulcis (Benzoin, Belzoinum, Benzoe, wohlriechender Asant; der Baum, der die Droge liefert, wächst nicht nur in Sumatra, Java, Siam usw., sondern auch [angeblich] in Amerika; Calefaciens, Incidans, Attenuans, bei Lungen-Bronchialleiden, Katarrhen); zur Herstellung von Oleum (dest.) Benzoes, Flores Benzoes, Bestandteil der Essentia Benzoes composita. Hagen, um 1780, gibt als Stammpflanze Croton Benzoe an; er vermerkt, daß in Linnés Pflanzensystem die Bezeichnung Terminalia Benzoin aufgenommen ist.
Angaben der preußischen Pharmakopöen: Ausgaben 1799-1848, bei Benzoe, von Styrax benzoes Dryander (in Ausgabe 1799 ist Benzoe enthalten in Emplastrum opiatum, Species ad suffiendum, Tinctura Benzoes composita); Ausgabe 1862,

bei Resina Benzoe, von Styrax Benzoin Dryander. In DAB's, Ausgabe 1872, bei Benzoe, von Styrax Benzoin Dryander (= Benzoin officinale Hayne) (Bestandteil von Emplastrum aromaticum, Tinctura benzoes); 1882 S. Benzoin; 1890, nur „aus Siam kommendes Harz"; 1900 „... einer noch nicht festgestellten Pflanze"; 1910 „... wahrscheinlich einer Styraxart"; 1926 „Das aus Siam kommende Harz mehrerer Styrax-Arten, besonders von Styrax tonkinense (Pierre) Craib und Styrax benzoides Craib".

Um 1830 schrieb Geiger über die Anwendung: „Ehedem gab man die Benzoe in Substanz, in Pulver- und Pillenform. Jetzt benutzt man sie noch in Substanz zu Räucherungen. - Präparate hat man davon Tinkturen (tinct. Benzoes simplex et composita seu balsamum Commendatoris, traumaticus); durch Vermischen der Tinktur mit Wasser entsteht eine milchige Flüssigkeit, die Jungfernmilch (lac Virginis) genannt wird. Ferner Benzoesäure (acid. benzoicum). Das Harz macht ferner einen Bestandteil des Räucherpulvers und der Räucherkerzen aus. Die Pilul. polichrest. balsamic. u. a. Zusammensetzungen enthalten Benzoesäure". Geiger bezog die Droge auf einen Baum, der zuerst 1787 von Dryander beschrieben war, S. Benzoin Dryander (= Lithocarpus Benzoin Blume); „früher hielt man Laurus Benzoin, auch Terminalia und Croton Benzoin für dieselbe ... Offizinell ist: Das Harz, Benzoe (gummi Benzoes seu Asa dulcis). Es fließt nach gemachten Einschnitten, in die Rinde und das Holz, aus und erhärtet an der Luft ... Es kommt im Handel in großen Stücken vor, an denen man äußerlich noch die Eindrücke von Rohrmatten bemerkt. Sie bestehen aus hellbraunen und orangegelben Massen, mit mehr oder weniger weißen, durchscheinenden, zerbrochenen Mandeln ähnlichen, aber öfter viel größeren, Stücken untermengt. Je mehr solche feine weiße Stücke vorhanden sind, umso besser ist die Benzoe. Die feinste Mandelbenzoe (Benzoe amygdaloides) besteht fast nur aus solchen Stücken ... Geringere Sorten, gewöhnliche Benzoe (Benzoe in sortis), sind dunkler graubraun, matt, undurchsichtig, mit vielen holzigen, rindigen Teilen untermengt".

Im Kommentar zum DAB 1 unterscheidet Hager als Handelssorten der Benzoe:

I. Benzoesäure enthaltende Benzoe.

a) Siamesische Mandelbenzoe, Benzoe amigdaloides, ist die offizinelle Sorte ...

b) Kalkutta-Benzoe, Blockbenzoe, Benzoe in sortis, Benzoe in massis.

II. Zimmtsäure enthaltende Benzoe.

a) Penang- oder Sumatra-Benzoe; nur für Parfümeriezwecke brauchbar. Anwendung der offizinellen Benzoe: „wird selten in Stelle der Benzoesäure in Pillen oder Emulsion gegeben. Äußerlich in weingeistiger Lösung zeigt sie fäulniswidrige Eigenschaften und ist sie wohl zum Teil wegen des Benzoesäuregehalts ein mildes Antisepticum und Desinficiens, daher ein bewährtes Wundmittel. Außer zur Darstellung der Benzoesäure wird sie besonders zu kosmetischen und Räuchermitteln verwendet.

In Hagers Handbuch, um 1930, werden für die offizinelle Siam-Benzoe die Stammpflanzen S. benzoides Craib. und S. tonkinensis (Pierre) Craib angegeben. „Anwendung. Zuweilen wie Benzoesäure innerlich als Expectorans, äußerlich als antiseptisches und desinfizierendes Mittel. Man verwendet die Tinktur als Krätzemittel wie Perubalsam, zu Waschungen bei Sommersprossen, bei wunden Brustwarzen, als Zusatz zu Zahn- und Mundwässern. Umfangreichen Gebrauch macht man von der Benzoe in der Parfümerie, zur Herstellung von Räuchermitteln, zum Lackieren der Schokolade, ferner zum Haltbarmachen von Fetten für pharmazeutische Zwecke, um das Ranzigwerden zu verhüten, vgl. Adeps benzoatus".
Sumatra-Benzoe ist das Harz von S. Benzoin Dryander. Auf Java und Sumatra angebaut. „Anwendung. Wie Siambenzoe, besonders zu Räucherpulvern".
In der Homöopathie ist „Benzoes resina - Benzoe" (Tinktur aus Siam-Benzoe) ein wichtiges Mittel.
Über die Verwendung von Siam-Benzoeharz schreibt Hoppe-Drogenkunde, 1958, Kap. S. benzoides: „Expectorans, bes. bei Bronchitiden. - Zu Wundpinselungen. - In der Kosmetik als antiseptischer Zusatz zu Mund- und Waschwässern. - Räuchermittel".

Succisa

M o r s u s D i a b o l i siehe Bd. IV, A 12.
Zitat-Empfehlung: *Succisa pratensis (S.).*

Nach Dragendorff-Heilpflanzen, um 1900 (S. 646; Fam. D i p s a c e a e ; Schreibweise nach Schmeil-Flora: D i p s a c a c e a e), ist das P y k n o k o m o n des Dioskurides, das auch in Sontheimer-Araber genannt ist, vielleicht S. pratensis Mönch. Fischer-Mittelalter verweist von S. p r a t e n s i s M o e n c h auch auf P h y t e u m a spec. (h e r b a s a n c t i P e t r i , p r e m o r s a , m o r s u s d i a b o l i s e u d a e m o n i s , i a c e a a l b a , h e r b a v e n t i major, v e r b i z z e n e , v o r b i z e n e , p e t e r s w u r z , s c h e l e n b u r z , t e u f e l s s p y s , h i m m e l s c h l ü s s e l). Bei Bock, um 1550, ist - nach Hoppe - im Kap. Von A b b i ß (T e u f f e l s A b b i ß) S. pratensis Mch. abgebildet; kein Bezug auf antike Autoren (Blüten und Wurzeln in Wein oder Destillat bei Blutgerinnsel, Pestilenz; zu Hautsalben).
Die T. Worms 1582 führt: Radix Morsus Diaboli (Succisae, P r a e m o r s a e , Iaceae nigrae. Abbiß, Teuffelsabbiß, Teuffelsbissß). In Ap. Braunschweig 1666 waren davon 5 lb., von Herba mors. diabol. 1/2 K. vorrätig. Die Ph. Württemberg 1741 beschreibt: Radix Morsus diaboli (Succisae hirsutae C. B., Praemorsae, Jaceae nigrae, Teuffels-Abbiß-Wurtzel; Alexipharmacum, Vulnerarium) und Herba Morsus Diaboli (Succisae, Abbiß, Teuffels-Abbiß; stimmt mit Scabiosa überein, Vulnerarium, selten in Gebrauch, häufiger die Wurzel). Die Stammpflanze heißt bei Hagen, um 1780: Teufelsabbiß, S c a b i o s a succisa. Geiger,

um 1830, schreibt von einstiger Verwendung der Wurzel gegen ansteckende Krankheiten, Würmer, Wassersucht, innere Geschwüre, als Wundmittel; „in der Tierarzneikunde wird sie noch angewandt".
Hoppe-Drogenkunde, 1958, Kap. S. pratensis (= Scabiosa Succisa) gibt über Verwendung an: 1. die Wurzel („Expectorans, Diureticum, Anthelminticum, bei Hautleiden und Schleimhautentzündungen, Gurgelmittel. - Besonders in früheren Zeiten benutzt. - In der Homöopathie") [dort ist „Scabiosa succisa" (Essenz aus frischer Wurzel) ein weniger wichtiges Mittel]; 2. das Kraut (Verwendung wie die Wurzel).

Swertia

Geiger, um 1830, erwähnt **S. perennis L.**; „offizinell war sonst: Die Wurzel (rad. Swertiae). Die ganze Pflanze ist wie die Enzianarten bitter". Dragendorff-Heilpflanzen, um 1900 (S. 531; Fam. Gentianaceae), nennt außer dieser noch 2 weitere Arten, die wie Enzian benutzt werden.
Dragendorff beschreibt ferner die ostindische Sweertia Chirayta Buch. Ham. (= Agathotes Chir. Don., Ophelia Chir. Gris., Gentiana Chir. Roxb., Henricea pharmacearcha Lam.); Blatt und Stengel als Amarum, Tonicum, Anthelminticum, Antifebrile. 4 weitere S.-Arten werden als schwächer wirkender Ersatz der Chirayta genannt. Nach Hager-Handbuch, um 1930, liefert S. chirata Hamilton (= Gentiana chirayta Roxb.) Herba Chiratae indicae; Anwendung wie Radix Gentianae und Herba Centaurii, ferner als Hopfensurrogat. Auch Hoppe-Drogenkunde, 1958, hat ein Kap. Sweertia Chirata (= Ophelia Chirata); Kraut als Amarum; in Likörfabrikation.
In der Homöopathie ist „Chirata indica" (Sweertia Chirata Buch. Ham.; Tinktur aus getrocknetem Kraut) ein wichtiges Mittel.

Swietenia

Geiger, um 1830, beschreibt von der Gattung Switenia 2 Arten:
1.) S. Mahagoni (Mahagonibaum, Acajou-Baum); die Rinde (cort. Mahagoni) wird gegen Wechselfieber wie China gebraucht; das Holz wird zu eleganten Möbeln und Gerätschaften verarbeitet. Nach Dragendorff, um 1900, ist „Rinde Adstringens . . . und wird gegen Fieber und Durchfall verordnet . . . Liefert Accajougummi und Mahagoniholz". Nach Großer Brockhaus ([16]1955) ist das klassische Kuba-Mahagoni (von **S. mahagoni (L.) Jacq.**) „heute fast ausgerottet. Im Welthandel haben das Honduras- oder Tabasko-Mahagoni (S. macrophylla) und zwei afrikan. Meliazeen-Gattungen (Khaya und Entandrophragma) Bedeutung".

2.) S. febrifuga (Soymidabaum); „davon ist die Rinde (cortex Soymidae) in England und Amerika offizinell . . . gegen Wechselfieber wie China gebraucht". Bei Dragendorff heißt die Stammpflanze Soymida febrifuga A. Juss. (= S. febr., S. Soymida Dum.); Rinde ähnlich gebraucht wie die vorige, ihr Extrakt wie Kino bei Dysenterie etc.; liefert Gummi.
Eine weitere Verwandte ist Khaya senegalensis Zucc. (= S. seneg. Desv.), deren Rinde nach Dragendorff als Tonicum und Chinasurrogat verwendet wird. Nach Hoppe-Drogenkunde, 1958, wurde die Rinde untersucht; der Baum liefert das Gambia-Mahagoniholz.

Dragendorff-Heilpflanzen, S. 360 uf. (Fam. Meliaceae).

Symphoricarpos

Geiger, um 1830, erwähnt die Verwendung junger Stengel und der Wurzel von Symphoria glomerata Pursh. (= Lonicera Symphoricarpos L., Topfbeere).
Dragendorff-Heilpflanzen, um 1900 (S. 642; Fam. Caprifoliaceae), nennt 3 nordamerikanische Symphoricarpus-Arten, darunter S. racemosa Michx., die ebenso wie S. orbiculata Mönch (= S. vulgaris Mich., Lonicera Symph. L.; Topfbeere) gegen Intermittens, als Diureticum und Alexipharmacon gebraucht wird. In Hoppe-Drogenkunde, 1958, ist ein kurzes Kap. S. racemosus, weil in der Homöopathie „Symphoricarpus racemosus" (Essenz aus frischer Wurzel) ein (weniger wichtiges) Mittel bildet. Schreibweise nach Zander-Pflanzennamen: **S. albus (L.) S. F. Blake** (= S. racemosus Michx.; Schneebeere) und **S. orbiculatus Moench** (= S. vulgaris Michx.; Korallenbeere).

Symphytum

Symphytum siehe Bd. II, Antidysenterica; Antispasmodica; Emmenagoga; Vulneraria. / V, Cardamine; Nicotiana; Plumbago; Pulmonaria.
Symphitum siehe Bd. V, Ajuga; Bellis; Prunella.
Consolida siehe Bd. II, Adstringentia; Anticancrosa; Cicatrisantia; Emollientia; Expectorantia; Vulneraria. / V, Ajuga; Bellis; Delphinium; Menyanthes; Potentilla; Prunella; Pyrola; Sanicula; Solidago; Vinca.
Schwarzwurzel siehe Bd. IV, E 266; G 1828.

Berendes-Dioskurides: Kap. Anderes Symphyton, S. officinale (oder S. Brochum Bory?).
Sontheimer-Araber: Symphitum officinale.
Fischer-Mittelalter: **S. officinale L.** u. S. bulbosum (consolida maior, anagaricum, soda, svarzwurze, beiwelle, scharwurz,

wilder a l a n d); **S. tuberosum L.** (consolida media, a n a g a l i c u m ; Diosk.: s y m p h y t o n , s o l d a g o).
B e ß l e r-Gart: Kap. Consolida maior (w a l w o r t z , symphitum, P i c t e r i o n), S. officinale L.
H o p p e-Bock: Kap. Walwurtz, S. officinale L. (B a i n w e l l e n , S c h m e r w u r t z , S c h a n t z w u r t z).
G e i g e r-Handbuch: S. officinale (S c h w a r z w u r z e l); S. tuberosum, S. bulbosum. [Schreibweise nach Schmeil-Flora: **S. bulbosum Schimp.**].
H a g e r-Handbuch: S. officinale L. (Consolida).
Z i t a t-Empfehlung: **Symphytum officinale (S.)**; **Symphytum tuberosum (S.)**, **Symphytum bulbosum (S.).**

Dragendorff-Heilpflanzen, S. 562 (Fam. B o r r a g i n a c e a e ; nach Schmeil-Flora: B o r a g i n a c e a e).

Nach Berendes ist es nicht sicher, daß das eine Symphiton des Dioskurides identisch mit S. officinale ist (Wurzel gegen Blutspeien und innere Abszesse; klebender Umschlag für frische Wunden, als Kataplasma bei Entzündungen). Bock, um 1550, übernimmt solche Indikationen im Kap. Walwurtz.
In Ap. Lüneburg 1475 waren 1 qr. Rad. consolidae maioris vorrätig. Die T. Worms 1582 verzeichnet: Radix Consolidae maioris (Solidaginis, C o n s e r v a e maioris, C o n f i r m a e maioris, Symphyti alteri seu maioris, P e c t i s , A n a z e t e s i s , H a e m o s t a s i s , I n u l a e rusticae, W a l l w u r t z , Schmerwurtz, Schwartzwurtz, Beynwelwurtz, Schantzwurtz); in T. Frankfurt/M. 1687: Radix Consolidae majoris (Symphiti majoris, Solidaginis vulgaris). In Ap. Braunschweig 1666 waren enthalten: (1.) Radix symphiti (12 lb.), Extractum s. (4 Lot), Syrupus d. s. Fern. (8 lb.); (2.) Herba consolid. maior. (1/4 K.), Pulvis c. maior. (2 1/2 lb.), Aqua c.m. (1/2 St.), Condita c.m. (1 1/2 lb.), Conserva c.m. (6 lb.).
Die Ph. Württemberg 1741 verzeichnet: Radix Consolidae majoris (Symphyti majoris, Wallwurtzel, Schwartzwurtzel, Schmeerwurtzel; zu Wundtränken und Bruchpflastern); Herba Consolidae majoris (Symphyti majoris; zu Wundtränken); Syrupus e symphyto Fernelii (aus Wurzeln und Blättern von S. majoris).
Die Stammpflanze heißt bei Hagen, um 1780: Beinwell (S. officinale). Über die Anwendung berichtet Geiger, um 1830: „Man gibt die Wurzel teils frisch teils getrocknet in Abkochungen; die Abkochung ist sehr schleimig, braun gefärbt. Der dicke Schleim wird auch äußerlich bei Wunden aufgelegt. Jetzt wird die Wurzel weit weniger angewendet als sie es verdient . . .
Symphytum tuberosum . . . lieferte auch sonst ihre Wurzel (rad. Symphyti flore luteo). Diese mag wohl auch oft von Symphytum bulbosum gesammelt worden sein . . . Die Wurzeln beider Pflanzen sind sehr schleimig“.
Nach Hager-Handbuch, um 1930, ist Radix Consolidae (von S. officinale L.) „Volksmittel gegen Krankheiten der Atmungsorgane, im Aufguß oder gepulvert mit Honig als Latwerge“; ähnlich verwendet man S. tuberosum L.

In der Homöopathie sind „Symphytum - Beinwurz" (S. officinale L.; Essenz aus frischer Wurzel; Buchner 1852) und „Symphytum ad usum externum" (S. off. L.; Tinktur aus frischer, blühender Pflanze) wichtige Mittel.
Verwendung von S. officinale nach Hoppe-Drogenkunde, 1958: 1. das Kraut („Volksheilmittel bei Lungenkrankheiten. - In der Homöopathie äußerlich"); 2. die Wurzel („Bei Knochenhauterkrankungen und Knochenbrüchen zur Förderung der Kallusbildung. - Adstringens, zu Mund- und Gurgelwässern. - Hustenmittel, bes. in der Kindertherapie (Schwarzwurzhonig). - In der Homöopathie bei Ulcus und Menstruationsstörungen, bei Knochenleiden und Quetschungen. - In der Volksheilkunde zur Behandlung schlechtheilender Wunden, Beingeschwüren, Krampfaderentzündungen in Form von Kataplasmen oder Salben, neuerdings auch bei Rheuma, Neuralgien, Pleuritis, Bronchitis u. a. empfohlen"); ferner werden verwendet: S. tuberosum in ähnlicher Weise.

Symplocarpus

Symplocarpus siehe Bd. IV, G 220.
Zitat-Empfehlung: *Symplocarpus foetidus (S.).*
Dragendorff-Heilpflanzen, S. 103 (Fam. Araceae).

Nach Geiger, um 1830, sind Wurzel und Samen von Pothos foetidus Sims. (= Dracontium foetidum L.) in Amerika gebräuchlich. Nach Dragendorff, um 1900, werden Knolle und Samen von S. foetidus Nutt. (= Dracontium foetidum L.) als Antispasmodicum und Narcoticum, bei Asthma, Katarrh, Hydrops und Rheuma verwandt; Blätter als Vulnerarium. In der Homöopathie ist „Dracontium foetidum" (S. foetidus Nutt.; Essenz aus frischer, bei Beginn der Blüte gesammelter Pflanze; Millspaugh) ein wichtiges Mittel. Schreibweise nach Zander-Pflanzennamen: **S. foetidus (L.) Nutt.** Verwendung des Krauts nach Hoppe-Drogenkunde, 1958, Kap. S. foetidus (= Dracontium foetidum) als „Antispasmodicum. Gegen Schlangenbisse".

Symplocos

Dragendorff-Heilpflanzen, um 1900 (S. 523; Fam. Symplocaceae), nennt eine ganze Reihe von S.-Arten, die in ihren Ursprungsländern therapeutisch genutzt werden. In Hager-Handbuch, Erg.-Band 1949, ist davon nur S. odoratissima Choisy (= Dicalyx odoratissima Bl.) genannt; verwendet werden die gerbstoff- und methylsalizylat-haltigen Blätter, Folia Symploci; sie werden in Java Seriawan genannt. Hoppe-Drogenkunde, 1958, erwähnt außerdem die Arten S. spicata, S. racemosa, S. baddomei, in der indischen Medizin als Lodha bekannt.

Syringa

Syringa siehe Bd. IV, G 931. / V, Philadelphus.
Zitat-Empfehlung: *Syringa persica (S.)*; *Syringa vulgaris (S.)*.

Nach Fischer kommen in mittelalterlichen, altital. Quellen **S. persica L.** und **S. vulgaris L.** (syringus) vor. Geiger, um 1830, berichtet über S. vulgaris (spanischer Flieder, Lilak): „Eine von den Alten als Arzneimittel angewendete bekannte Pflanze, ist ursprünglich in Persien zu Hause, wächst jetzt im südlichen Europa, auch hie und da in Deutschland wild, wird häufig in Gartenanlagen gezogen . . . Offizineller Teil: die Samen (semen Syringae s. Lilac) . . . Anwendung: Ehedem die Samen; neuerdings sind sie wieder von Dr. Cruveilher gegen Wechselfieber empfohlen worden . . . Die wohlriechenden Blumen liefern durch Destillation mit Wasser ein dem Rosenöl ähnliches ätherisches Öl".
Nach Dragendorff-Heilpflanzen, um 1900 (S. 525; Fam. Oleaceae), werden von S. vulgaris L. (Flötenrohr, Lilac, span. Flieder) „Frucht und Rinde als Tonicoadstringens und Fiebermittel verwendet, frische Blätter gegen Malaria". Nach Hoppe-Drogenkunde, 1958, ist die Blüte (Flores Syringae) „Febrifugum, bes. in der Homöopathie". Dort bildet „Syringa vulgaris - Spanischer Flieder" (Essenz aus frischen Blüten) ein wichtiges Mittel.

Syzygium

Syzygium siehe Bd. IV, Reg.; G 149, 743. / V, Dicypellium; Eugenia.
Caryophilli siehe Bd. II, Aromatica; Masticatoria; Odontica; Otica; Stimulantia. / IV, Reg.; A 46; E 15, 20, 258, 365; G 1062, 1752. / V, Dianthus; Holosteum; Pimenta.
Gewürznelken siehe Bd. I, Ambra. / IV, E 61, 73, 271, 280, 281, 325. / V, Eugenia.
Nelke siehe Bd. III (Spiritus Salis ammoniaci aromaticus). / IV, B 4; C 34; E 41, 74, 120, 158, 198, 213, 343, 357, 374, 376, 377, 380, 383, 386; G 483, 957, 1221, 1494. / V, Agrostemma; Dianthus; Lychnis.

Hessler-Susruta: -- Eugenia jambos.
Tschirch-Sontheimer-Araber: - Caryophyllus aromaticus.
Fischer-Mittelalter: - Eugenia caryophyllata Thunbg. (gariofylum, folium indicum seu paradisi, negely, negilken, paradisblat, gariofelkrut).
Geiger-Handbuch: - Myrtus Caryophyllus Spr. (= Caryophyllus aromaticus L., Eugenia caryophyllata Thunb.; Gewürznelkenbaum) -- Myrtus Jambos Kunth. (= Eugenia Jambos L.,; Jambusbaum, Malabarsche Pflaume).
Hager-Handbuch: - Eugenia caryophyllata Thunberg (= Caryophyllus aromaticus L., Jambosa caryophyllus [Sprengel] Niedenzu) --- Eugenia Jambolana Lam. (= S. jambolana D. C.).

Z a n d e r-Pflanzennamen: - **S. aromaticum (L.) Merr. et L. M. Perry** (= Caryophyllus aromaticus L., Eugenia aromatica (L.) Baill. non Berg, E. caryophyllata Thunb., Jambosa caryophyllus (Spreng.) Niedenzu) - - **S. jambos (L.) Alst.** (= Eugenia jambos L., Jambosa vulgaris DC., J. jambos (L.) Millsp.) - - - **S. cumini (L.) Skeels** (= Myrtus cumini L., Eugenia jambolana Lam., S. jambolanum (Lam.) DC.).
Z i t a t-Empfehlung: **Syzygium aromaticum (S.); Syzygium jambos (S.); Syzygium cumini (S.).**

Dragendorff-Heilpflanzen, S. 475 (Syzygium), S. 472-474 (Eugenia) (Fam. M y r t a c e a e); Tschirch-Handbuch II, S. 1235-1239 (Caryophylli, Anthophylli).

(C a r y o p h y l l i)
Nach Tschirch-Handbuch sollen zuerst die Chinesen in den Jahrhunderten um die Zeitwende die Gewürznelken von den Molukken geholt haben; in den europäischen Handel brachten sie die Araber; in Europa scheinen sie im 4. Jh. n. Chr. bekannt gewesen zu sein, im 7. Jh. wurden sie viel als Gewürz- und Arzneimittel gebraucht, seit dem 13. Jh. gehörten sie zum eisernen Bestand des Arzneischatzes; sie zählten - neben C u b e b e n, M a c i s, M u s k a t und S p i c a - zu den Kostbarkeiten (im Gegensatz zu P f e f f e r, I n g w e r, Z i m t); „die Molukken, das Heimatland der Nelken, betrat 1511 als erster Europäer der Portugiese Serrano auf der Insel Ternate. Als die spanische Expedition Magellans 1521 die Inseln (Tidor) erreichte, fand sie sie also schon in portugiesischem „Besitze“ und nun begann der berühmte Kampf beider Länder um die Gewürzinseln und das 1529 auf die Nelken ausgedehnte Gewürzmonopol, in dem der König von Tidor auf Seiten der Spanier, der König von Ternate auf Seiten der Portugiesen stand . . . Der Streit endete damit, daß 1529 die Inseln an Portugal verpfändet wurden, aber schon Anfang des 17. Jh. vertrieben die Holländer, die 1599 vor den Molukken erschienen waren, die Portugiesen, besonders von Ambon und Tidore, und blieben nach mannigfachen Kämpfen, auch mit den Engländern, in ihrem Besitz. Das Gewürzmonopol der niederländisch-ostindischen Compagnie (1621-1796) erstreckte sich sowohl auf Muskat wie auf Nelken. Es war sehr lukrativ“.
In Ap. Lüneburg 1475 waren 4 lb. G a r i o f i l i vorrätig. Die T. Worms 1582 führt: [unter Gewürz oder Specerey] Caryophylli (G a r y o f i l i et Gariofili, N ä g l e n, Garioffelsnäglen), außerdem Folia caryophyllorum [eine etwas billigere Ware] und Fusti caryophyllorum [→ nächsten Abschnitt „Anthophylli u. a.“]. Nach Tschirch-Handbuch werden diese 3 Sorten häufig in mittelalterlichen Quellen genannt; es handelt sich bei „Folia“ wahrscheinlich um die „C a p e l l e t t i (= Mützchen, Käppchen), d. h. die als Ganzes in Form eines Käppchens abgeworfenen Blumenblätter“, die in der Neuzeit aus dem Handel verschwunden sind.

In T. Worms 1582 sind noch als Zubereitungen zu finden: Aqua Caryophyllorum (Nägleinwasser), Confectio C. (Näglenzucker) und Oleum (dest.) C. (Näglenöle). Gewürznelken waren Bestandteil sehr vieler Composita, meist nach Vorschriften von Mesue und Nicolai (in Ph. Nürnberg 1546 in vielen Confectiones aromaticae - z. B. Aromaticum Charyophyllatum Mesuae, Dianisum Mesuae, Diathamaron Nicolai -, in mehreren Confectiones opiatae - z. B. Tryphera magna Nicolai, Diasatyrium Nicolai - im Electuarium Indum maius Mesuae, Diasena Nicolai, Benedicta laxativa Nicolai, Oleum Moschelinum Nicolai, in Pilulae Alephangiae Mesuae, Pilulae Arthriticae Nicolai).

In Ap. Braunschweig 1666 waren vorrätig: Garyophyllorum (15 lb.), Aqua charyophyllor. (2 St.), Balsamum caryoph. (2 Lot), Candisat c. (10 lb.), Condita c. (3/4 lb.), Confectio c. (14 lb.), Elaeosaccharum c. (10 Lot), Extractum c. (8 Lot), Oleum c. (5 1/2 Lot), Pulvis c. (3 lb.), Species aromat. c. (1 1/2 Lot).

Schröder, 1685, schreibt über die Verwendung der Caryophylli aromatici: „Sie stärken das Herz, Haupt und den Magen, wärmen und trocknen im 3. Grad, zerteilen, daher taugen sie in Ohnmachten, Zahnweh, Rohigkeit des Magens und Schwindel, sie vertreiben auch die bösen Mutterkrankheiten . . . taugen wider allerhand kalte Hirn-Krankheiten, schwaches Gesicht, Ohnmachten, Herzklopfen und Venus Unmächtigkeit. Bereitete Stücke: 1. Das Confect (man hat sie auch eingemacht); 2. Wasser; 3. Öl (wenn man dies Öl in einen hohlen Zahn tut, so lindert es den Zahnschmerz); 4. der Extract (dieser wird bereitet aus Nelken, destilliertem Wasser und Spiritus Vini); 5. das Salz (dies wird aus der hinterstelligen Asche ausgelaugt); 6. der Balsam (dieser wird aus gereinigtem Muskatenöl und Nägeleinöl bereitet); 7. Species diacaryophyllorum."

In Ph. Württemberg 1741 sind aufgenommen: [unter De Aromatibus] Caryophylli Aromatici (Nelcken, Gewürtz-Nägelein; sehr häufiger Gebrauch in Medizin und Küche; Cardiacum, Cephalicum, Stomachicum, Califaciens, Discutans); Aqua Caryophillorum aromaticorum, Balsamum C., Confectio C., Oleum (dest.) C. aromaticorum, Species aromaticae Caryophyllatae. Die Stammpflanze des Gewürznägeleinbaums heißt bei Hagen, um 1780: Caryophyllus aromaticus; „gehört auf den Moluckischen Inseln, wo er in einem höchst dürren, heißen und beinahe verbrannten Boden wächst, zu Hause. Die Holländische Kompagnie aber hat, um andere Nationen von diesem Handel abzuhalten, ihn fast aus allen übrigen Inseln ausrotten lassen, so daß er bis jetzo beinahe in Amboina nur, wo er gebaut wird, angetroffen wurde. Die Franzosen sind dennoch vor wenigen Jahren so glücklich gewesen, Früchte und Pflanzen von diesem Baume auf Isle de France, Bourbon und Seichelles zu verpflanzen, die daselbst recht gut fortkommen sollen . . . Werden die Kelche vor dem Aufblühen, wenn sie noch grün sind, gesammelt, in heißem Wasser (so wie es zuweilen geschehen soll) abgebrüht, einige Tage dem Rauch ausgesetzt, wodurch sie die schwarzbraune Farbe erhalten, und dann an der Sonne getrocknet, so geben sie das bekannte Gewürz,

welches man Gewürznägelchen, Gewürznelken oder Kreidnelken (Caryophylli s. Caryophylli aromatici) nennt. Es sind diese also nichts anderes als unreife und unausgebildete Blumen oder Kelche . . . Sechzehn Unzen davon geben 2 bis 3 Unzen und darüber an ätherischem Öl, welches in großer Menge in Indien und Holland destilliert wird, und um einen wohlfeileren Preis, als man es hier zur Stelle liefern kann, überschickt wird".
Geiger, um 1830, beschreibt die Stammpflanze als Myrtus Caryophyllus Spr.; es werden die großen ostindischen (Amboina-Nelken) und die kleineren französischen (Cayenne- und Bourbon-Nelken) unterschieden; „Man gibt die Nelken in Substanz, in Pulverform, gewöhnlich anderen Pulvern, Latwergen, Pillen, beigemischt. - Präparate hat man davon: die Tinctur (tinct. Caryophyllorum), wird selten gebraucht; das Öl und Wasser . . . Gewürznelken und Öl kommen noch zu vielen aromatischen Zusammensetzungen, als: Tinctura aromatica, species aromaticae, elect. Theriaca, empl. aromatic., balsam. aromat., vitae Hoffmanni u. a. In Haushaltungen werden sie häufig als Gewürz benutzt."
Die beliebte Droge blieb pharmakopöe-üblich. In Ph. Preußen 1799 stehen: Caryophylli (Gewürznelken, von Caryophyllus aromaticus seu Eugenia caryophyllata Thunbergii), Bestandteil von Acetum aromaticum, Electuarium aromaticum, Species aromaticae, Tinctura aromatica, Tinctura Opii crocata; zur Herstellung des Oleum Caryophyllorum (durch Wasserdampfdestillation), das Bestandteil ist von Mixtura oleosa-balsamica, Pulvis dentifricius. Ins DAB 1, 1872, sind aufgenommen: Caryophylli (Gewürznelken, von Caryophyllus aromaticus L.); zur Herstellung von Species aromaticae, Spiritus Melissae comp., Tinctura aromatica, Tinctura Opii crocata; Oleum Caryophyllorum (Nelkenöl), zur Herstellung von Acetum aromaticum, Acidum aceticum aromaticum, Emplastrum aromaticum, Mixtura oleosa-balsamica, Pilulae odontalgicae. In späteren DAB's wird die Stammpflanze genannt: Eugenia caryophyllata (1882-1890), Eugenia aromatica (1900), Jambosa caryophyllus (Sprengel) Niedenzu (1910), so auch DAB 6, 1926 (Droge dort Flores Caryophylli genannt). Ins DAB 7, 1968, ist nur noch das Nelkenöl aufgenommen („Ätherisches Öl aus den an der Luft getrockneten Blütenknospen von Syzygium aromaticum (Linné) Merrill et L. M. Perry").

Über die Anwendung schrieb Hager, 1874: „Die Gewürznelken gehören zu den mild adstringierenden, aber stark gewürzhaften, die Tätigkeit des Nerven- und Gefäßsystems anregenden Mitteln. Man gibt sie daher bei lässiger Verdauung, Appetitlosigkeit, Lähmungen in Pulvern, Aufguß, Weinaufguß . . . Sie sind ein Bestandteil der aromatischen Tinktur. Ferner sind sie ein beliebtes, den Geschmack und den Appetit anregendes Kaumittel. Äußerlich finden sie Anwendung in Zahntinkturen, Mundwässern, Kräuterkissen, zu aromatischen Bädern. Bekannt ist die Benutzung der Gewürznelke als Speisegewürz". In Hager-Handbuch, um 1930: „Sie wirken durch ihren Gehalt an Eugenol antiseptisch und

desinfizierend und werden deshalb in Form der Tinktur als Zusatz zu Mundwässern, gepulvert auch zu Mundpillen verwendet. Innerlich als appetitanregendes Mittel bei Verdauungsstörungen, Blähungen u. a. Besonders als Küchengewürz, auch zu Kräuterkäse. Zur Gewinnung des ätherischen Öles".
Nach Hoppe-Drogenkunde, 1958, Kap. Eugenia Caryophyllata, sind Flores Caryophylli „Tonicum, Aromaticum . . . Gewürz. - Zur Darstellung des äther. Öles"; Anthophylli sind „Tonicum in der Volksheilkunde. - Gewürz".

(Anthophylli u. a.)
a) In Ap. Lüneburg 1475 waren auch [von der gleichen Stammpflanze wie Caryophylli] Antophili (3 qr.) vorrätig. In T. Worms 1582 stehen [unter Gewürtz] Antophylli (Antofili, Mater Caryophylli, Näglenmutter, Mutternäglen). Die Droge ist in Ph. Nürnberg 1546 beschrieben (als Bestandteil von Diathamaron Nicolai). In Ap. Braunschweig 1666 waren 4 lb. Anthophylli vorrätig, die Droge ist in T. Frankfurt/M. 1687 genannt. Schröder, 1685, beschreibt sie im Kap. Caryophylli aromatici: „Antophylli, Mutternelken . . . diese sind völlig reif geworden, daher sie auch größer sind, da hingegen die anderen [Caryophylli] abgenommen werden, ehe sie recht reif wurden". Die Ph. Württemberg 1741 führt: Anthophylli (Mutter-Nägelein; Tugenden wie Caryophylli; gegen Hysterie). Hagen, um 1780, schreibt darüber ausführlicher: „Werden diese Kelche [Caryophylli] nicht abgepflückt, so wächst der Fruchtknoten allmählich größer, bis er endlich in einigen Wochen seine Vollkommenheit erhält . . . Diese Früchte sind die sog. Mutternägelchen oder Mutternelken (Anthophylli), die einen nicht so starken gewürzhaften Geschmack als die Kreidnelken haben".
Da Anthophylli weniger reich an ätherischem Öl sind, als die Caryophylli, sind sie pharmazeutisch unwichtig geworden. Nach Hager-Handbuch, um 1930, dienen sie noch als Gewürz und als Volksheilmittel.

b) Als 3. Droge der gleichen Stammpflanze kamen noch - z. B. T. Worms 1582 - Fusti caryophyllorum (Fusti, Stoßnäglen) in den Handel. Wiggers, um 1850, nennt sie: Nelkenstiele oder Nelkenholz. Festucae Caryophyllorum seu Fusti; „Die Blumenstiele des Nelkenbaumes . . . sind häufig, besonders den Bourbonnelken, beigemengt. Kommen auch allein vor und werden in Frankreich zur Bereitung des Nelkenöls verwandt". Hager, um 1930, schreibt darüber: „Die Nelkenstiele sind als Droge nicht im Kleinhandel; sie dienen zur Gewinnung des Eugenols aus dem ätherischen Öl".

c) Schröder, 1685, berichtet im Anschluß an das Kap. von den Caryophylli, daß von „Olaus Wormius" die Frucht des Caryophylli regii beschrieben worden sei; „sie kommt hervor in der Ostindischen Macciam . . . werden von den Indianern in sehr hohem Wert gehalten und kommen gar selten zu uns". In einer Fußnote zu den Caryophylli vermerkte Hagen: „Hin und wieder zeigt man als eine Seltenheit die Königsnägelchen (Caryophylli regii), die eine schuppichte Gestalt haben und allein auf der Insel Makian angetroffen werden". Dazu Wiggers, um 1850: „Caryophyllus regius mag bis auf weiteres ein Baum genannt werden, von dem es auf der kleinen Molukkeninsel Machian nur 3 Exemplare gibt, und welcher die Königs-Nelken, Caryophylli regii seu spicati liefert . . . Sie werden nur von fürstlichen Personen als Armringe getragen und sind so beliebt und gesucht, daß die Bäume während der Entwicklung dieser Nelken durch militärische Posten geschützt werden müssen". Die Erklärung nach Tschirch-Handbuch ist: „K ö n i g s n e l k e n (Caryophylli regii, schon von Rumphius abgebildet) sind eigenartige, angeblich nur auf Matchian vorkommende Bildungsabweichungen [der Caryophylli], die ehedem in hohem Ansehen standen und auch heute noch bisweilen als Kostbarkeit oder Merkwürdigkeit verkauft werden, obwohl sie nicht wertvoller als die Handelsnelken sind. Es handelt sich bei Ihnen um eine sog. Vergrünung der Blüten, einen Fall von Antholyse, die dadurch zu Stande kommt, daß die Blattorgane der Blüte die Tendenz zeigen, sich in Hochblätter (Vorblätter) umzuwandeln. Daneben findet auch eine abnorme Vervielfältigung der Blattorgane (sog. Pleophyllie) statt, die die Vor- und Kelchblätter betrifft. Die Staubblätter werden in keinem Fall in diese Veränderungen einbezogen, sondern verkümmern mehr oder weniger".

(V e r s c h i e d e n e)

1.) S. jambos (L.) Alst. Die von Geiger, um 1830, erwähnte Myrtus Jambos Kunth heißt bei Dragendorff, um 1900: Jambosa vulgaris D. C. (Stengel, Blätter, Wurzel, Rinde bei Leucorrhöe, Gonorrhöe usw.). In der Homöopathie ist: „Eugenia Jambosa" (Essenz aus frischem Samen) ein weniger wichtiges Mittel.

2.) S. cumini (L.) Skeels. Sie heißt bei Dragendorff: S. Jambolana D. C. (= S. caryophyllifolium D. C., C a l y p t r a n t h e s car. Willd., Eugenia Jambolana Lam.); „als Aromatico-Adstringens bei Magen- und Darmleiden, Katarrh und Blutfluß gebraucht (die Wurzelrinde auch als Gerbemittel), die Frucht zu Gurgelwässern. Neuerdings hat man die im Handel vorkommenden J a m b u l f r ü c h t e und Rinden, die als Mittel gegen Diabetes dienen und die Wirkung diastatischer Fermente hemmen sollen, von dieser Pflanze abgeleitet". Im Erg.-B. 4, 1916 (auch Erg.-B. 6, 1946) steht Cortex Syzygii Jambolani (Syzygiumrinde), von S. jambolana DC., zur Bereitung des Extractum Syzygii Jambolani Corticis fluidum. Nach Hager-Handbuch, um 1930, wirkt dieser gegen Diabetes, die Rinde als Adstringens, zum Gerben. Hager führt außerdem Samen bzw. Früchte auf (gegen Diabetes mellitus in leichten Fällen). In der Homöopathie sind „Syzygium Jambolanum" (Tinktur aus reifen, getrockneten Früchten) und „Syzygium Jambolanum e cortice" (Tinktur aus getrockneter Rinde) wichtige Mittel.

Tabaernaemontana

Tabaernaemontana siehe Bd. V, Alsonia; Geissospermum; Urceola.

Geiger, um 1830, nennt als eine der Stammpflanzen für amerikanischen Kautschuk T. squamosa Spr. In Dragendorff-Heilpflanzen, um 1900 (S. 541; Fam. Apocyneae; nach Zander-Pflanzennamen: Apocynaceae), werden 15 Arten, z. T. mit volksmedizinischen Anwendungen, aufgeführt.

Tachia

Nach Dragendorff-Heilpflanzen, um 1900 (S. 531; Fam. Gentianaceae), wird von der brasilianischen T. guyanensis Aubl. (= Myrmecia Tachia Gmel.) die sehr bittere Wurzel (Rad. Quassiae paraensis) wie Gentiana, auch als Antipyreticum und Prophylacticum gegen Malaria verordnet. Hoppe-Drogenkunde, 1958, hat ein kurzes Kap. T. guianensis; Cortex Tachiae radicis wird in brasilianischer Heilkunde verwendet.

Tagetes

Fischer-Mittelalter zitiert altital. Quelle für T. erecta L. (garofano indiano maggiore). Nach Geiger, um 1830, waren davon (Sammetblume, Totenblume) die widerlich riechenden Blumen (flores africani, Tagetis) offizinell; ferner nennt er **T. lucida Cav.** Dragendorff-Heilpflanzen, um 1900 (S. 672 uf.; Fam. Compositae), hat 7 T.-Arten; zu T. minuta L. (= T. glandulifera Schrk., T. glandulosa Lk., Boebra glandulosa W.) gibt er an (auch für andere Arten, wie z. B. **T. patula L.** geltend): „Blatt als Diureticum, Diaphoreticum, Anthelminticum, Stimulans, Emmenagogum, Antihystericum usw. gebraucht". Hoppe-Drogenkunde, 1958, hat ein Kap. Tagetus patulis; verwendet wird die Blüte (Flores Tagetes, Flores africani) in der Färberei (gelb).
Zitat-Empfehlung: **Tagetes lucida (S.)**; **Tagetes patula (S.).**

Tamarindus

Tamarindus siehe Bd. II, Antiphlogistica; Cholagoga; Lenitiva; Purgantia. / IV, G 963.

Hessler-Susruta; Tschirch-Sontheimer-Araber; Fischer-Mittelalter, **T. indica L.** (thamarindus, dactilus acetosis s. indus, oxifenicia).

Geiger-Handbuch; Hager-Handbuch, T. indica L.
Zitat-Empfehlung: **Tamarindus indica (S.).**

Dragendorff-Heilpflanzen, S. 299 (Fam. Leguminosae); Tschirch-Handbuch II, S. 540 uf.

Nach Tschirch-Handbuch hat sich die medizinische Verwendung des Tamarindenmuses im Mittelalter von Indien über Arabien nach Europa verbreitet (tamr hindi = Indische Datteln); auch die Samen wurden von den Arabern benutzt; die Spanier haben den Baum dann in Mexiko usw. eingeführt.
In Ph. Nürnberg 1546 finden sich eine Anzahl Composita, die „Pulpa Tamarindorum" enthalten (z. B. Confectio Hamech maior D. Mesuae, Diacatholicon Nicolai, Electuarium lenitivum). Die T. Worms 1582 verzeichnet: [unter Früchten] Tamarindi (Oxyphenica, Palmulae acidae s. nigrae, Schwarzdatteln, sauwer Datteln), Tamarindorum pulpa (Sauwerdatteln Marck). In Ap. Braunschweig 1666 waren vorrätig: Tamarindori (42 lb.), Electuarium tamarind. pulp. (10½ lb.), Elect. t. laxativ. (1 lb.). Die Ph. Württemberg 1741 hat: Tamarindi (saure Datteln; der Baum heißt Siliqua arabica, Tamarindus genannt; Refrigerans, Temperans, Sedans, gelinde abführend; in Dekokten); man bereitet daraus Pulpa Tamarindorum, daraus Electuarium Tamarindorum.
Noch Haller, um 1750, hält den Baum für eine Palme. Man verwendet das Mark der Früchte: „Ihre vornehmste Kraft besteht darin, daß sie kühlen, den Durst auf eine angenehme Art löschen, besonders auch die Galle dämpfen, und zugleich gelind laxieren; man verordnet sie häufig in Getränken und braucht sie auch in Milchziegern (lactis serum) und damit man sie recht rein bekomme, werden sie mit Wasser ausgekocht, damit man das Mark allein davon erhalte, pulpa tamarindorum, welches auch manchmal in Latwergen verordnet wird, gleichwie man also eine besondere laxierende Latwerge davon hat, unter dem Namen Electuarium tamarindorum, und das Electuarium catholicum, worein es auch kommt und welches man öfters auch in Klistiere nimmt". Nach Hagen, um 1780, heißt der Baum Tamarindus indica; es gibt ost- und westindische Waren, von denen besonders die ersten nach Europa kommen.
In Ph. Preußen 1799 sind aufgenommen: Tamarindi s. Fructus Tamarindorum (von T. Indica), Pulpa Tamarindorum, diese im Electuarium e Senna (= Elect. lenitivum). Drogen und Präparate bleiben geschätzt. DAB 1, 1872, enthält: Pulpa Tamarindorum cruda (Rohes Tamarindenmus, Tamarindi, Fructus T.); Pulpa Tam. depurata (gereinigtes T.-mus), die in das Elect. e Senna kommen; ferner Serum lactis tamarindinatum. Bis auf das letzte alle noch in DAB 6, 1926. In Erg.-B. 6, 1941, gibt es eine Essentia Tamarindorum.
Über die Anwendung schreibt Hager, 1874: Tamarindenmus „wird zu erfrischenden säuerlichen Getränken benutzt, soll auch gelind abführend wirken". Hager, um 1930: „mildes Abführmittel".

In der Homöopathie ist „Tamarindus“ (T. indica L.; Tinktur aus Pulpa Tam.) ein weniger wichtiges Mittel.

Tamarix

Tamarix siehe Bd. II, Abstergentia; Exsiccantia. / V, Fraxinus; Myricaria.

Deines-Ägypten: T. nilotica.
Grot-Hippokrates: T. gallica.
Berendes-Dioskurides: Kap. Tamariske, T. africana Desf.; T. articulata Vahl. [noch erwähnt T. mannifera]; Kap. Akakalis, T. orientalis?, T. articulata?
Tschirch-Sontheimer-Araber: T. Gallica; T. articulata; T. orientalis.
Fischer-Mittelalter: T. orientalis Forsk (atharefa); T. Thuja L. u. Myricaria germanica Des. (tamariscus, mirica, bruca, mer weyden, wilder sewenboum); T. africana.
Beßler-Gart: Tamarix-Arten, besonders *T. africana Poir., T. articulata Vahl,* **T. gallica L.**, im Norden für Tamariscus auch Myricaria germanica (L.) Desv. (= Tamarix germanica L.). Für Manna: *T. mannifera Ehrbg.*
Geiger-Handbuch: T. gallica; T. orientalis Forsk, T. articulata Vahl.
Zitat-Empfehlung: **T. africana (S.); T. articulata (S); T. gallica (S); T. mannifera (S.).**

Dragendorff-Heilpflanzen, S. 445 (Fam. Tamariscaceae; nach Schmeil-Flora: Tamaricaceae); Tschirch-Handbuch II, S. 135 (Tamarixmanna).

Nach Dioskurides wurden von der Tamariske benutzt: die Frucht, die dem Gallapfel ähnelt (Adstringens, zu Mund- und Augenmitteln, im Trank gegen Blutspeien, für Frauen, die am Fluß und am Magen leiden, bei Gelbsucht und Schlangenbiß; als Umschlag gegen Ödeme), Rinde (ähnlich der Frucht wirkend), Wurzel (als Abkochung, mit Wein, gegen Milzleiden; Mundwasser bei Zahnschmerzen; als Sitzbad gegen Fluß; als Begießung gegen Läuse), Holzasche (als Zäpfchen, stellt den Gebärmutterfluß), Holz (als Trinkbecher für Milzkranke). Diese Indikationen gehen in deutsche Kräuterbücher des 16. Jh. ein, werden aber (z. B. von Bock) auf die deutsche Tamariske (→ Myricaria) bezogen. In anderen, besonders südeuropäischen Ländern, bezog man sie meist auf T. gallica (S). Eine Entscheidung, welche Stammpflanze jeweils bis zum 18. Jh. vorlag, ist bei Fehlen genauerer Angaben nicht zu treffen, nur die Geographie bedingt eine gewisse Wahrscheinlichkeit (die deutschen Handelsformen sind bei → Myricaria aufgeführt, sie können aber auch Tamarix-Drogen gewesen sein). Die Ph. Augsburg 1640 läßt anstelle von Tamariscus „Fraxinum“ verwenden.

Valentini, 1714, meint mit dem „Tamariskenholtz“ die französische Droge: „kommt meistens aus der Provinz Languedoc in Frankreich, wo es häufig wächst ... was den Gebrauch des Holzes anlangt, so wird es als ein sonderliches Mittel für alle Milzbeschwerung gehalten ... Weswegen man auch für dergleichen Patienten kleine Fäßlein, Becher, udgl. aus diesem Holz drehen läßt, daß sie ihr ordentliches Getränk darin infundieren und daraus trinken. Andere machen gar Löffel und anderes Zeug für dieselbe daraus. Es dient auch zur Krätz, schwarzen Gelbsucht, und andere dergleichen Affekte. - Viele halten mehr von den Schalen oder Corticibus Tamarisci, welche anstatt des Holzes in vielen Apotheken zu finden sind: werden teils von dem Holz, teils von der Wurzel geschält ... werden nicht allein in eben den obberührten Milzaffekten gerühmt, sondern sollen auch den Harn und Stein treiben, die Nieren und das Geblüt reinigen und an der Kraft mit den Eschenrinden sehr übereinkommen ... auch in den Flüssen ... Äußerlich dienen sie gegen den bösen Grind. - Die Körner und Früchte dieses Baums werden von den Färbern anstatt der Galläpfel gebraucht ... In den Apotheken macht man nicht allein aus den Rinden ein Extract, sondern auch aus denselben und dem Holz, das Tamariskensalz ... Wird auch in den Milzschwachheiten gebraucht“.
Hagen, um 1780, schreibt über „Tamarisken (Tamarix Gallica). Dieser Baum wächst in Spanien, Frankreich und Italien. Die Rinde (Cort. Tamarisci) war vor Zeiten gebräuchlicher. [Fußnote dazu] Andere nehmen diese Rinde vom Tamarix germanica“. Die Beurteilung um 1830 ist nach Geiger: T. gallica liefert Folia et Cortex Tamarisci gallici. „Ehedem wurden die Blätter und Rinde als ein stärkendes Mittel beim Blutspeien usw. gebraucht. Jetzt ist die Pflanze ziemlich obsolet“.
Außer T. germanica (→ Myricaria) erwähnt er noch die orientalische Tamariske, von der das Manna der Israeliten gestammt haben soll. „Die Ägypter benutzen außer der Manna von dem Tamariskenbaum die sehr adstringierende Rinde, die galläpfelartigen Auswüchse, das Holz und die Blätter als Arzneimittel“. Nach Dragendorff-Heilpflanzen ist T. articulata Vahl mit T. orientalis Forsk. identisch (ihr Holz wird auch gegen Syphilis und Flechten verwandt). Hoppe-Drogenkunde, 1958, nennt T. articulata als Stammpflanze der Tamarixgallen, die durch die Stiche von C e c i d o m y i a tamaricis auf den Zweigen erzeugt werden (auch auf anderen Tamarix-Arten). Durch Stiche einer Schildlausart bildet sich „Manna“ (zuckerhaltige Ausscheidungen) an T. mannifera.

Tamus

Nach Berendes ist im Dioskurides-Kapitel: Wilde R e b e (wilder A m p e l o s) **T. communis L.** gemeint (Wurzel gegen Wassersucht; Trauben gegen Sommer-

sprossen). Die Pflanze wird in Tschirch-Araber und Fischer-Mittelalter (ampelos melana, vitis nigra, tamarus Venetiis, viticella, tannus, brionia nera, cerasiola; Diosk.: ampelos agria) zitiert.
Dragendorff-Heilpflanzen, um 1900 (S. 137; Fam. Dioscoreae; jetzt: Dioscoreaceae), schreibt zu T. communis L. (Schmeerwurz, schwarze Bryonia): „Das Rhizom wirkt diuretisch, emetisch, purgierend, gegen Gichtschmerzen etc., aber ebenso wie die Frucht auch hautrötend, innerlich entzündungserregend". In der Homöopathie ist „Tamus communis - Schmeerwurz" (Essenz aus frischem Wurzelstock; Clarke 1902) ein wichtiges Mittel. Die Pflanze (Rhizom) wird nach Hoppe-Drogenkunde, 1958, außer in der Homöopathie in der Volksheilkunde benutzt; Einreibemittel bei Rheumatismus.
Zitat-Empfehlung: **Tamus communis (S.).**

Taraxacum

Taraxacum siehe Bd. II, Diuretica; Quatuor Aquae. / V, Malva; Sonchus.
Dens leonis siehe Bd. V, Crepis; Malva.
Leontodon siehe Bd. II, Tonica. / V, Crepis.
Löwenzahn siehe Bd. II, Aperientia. / IV, E 71, 235.

Sontheimer-Araber: Leontodon Taraxacum.
Fischer-Mittelalter: T. officinale L. vgl. Myosotis (flos campi, oculus porci, rostrum porcinum, planta leonis, sponsa solis, scariola, dens leonis, calendula agreste, caput monachi, solsequium agreste, sonnenwirbel, lebenzandt, münchkopf, papenplat, wildringel, mertzenblumen).
Hoppe-Bock: Kap. Von Pfaffenroerlin, T. officinale Web. (Dotter- oder Eyerbluomen, Pfaffenblat, Muenchskoepff, Pestemenroerlin, Lewenzan, Habbichkraut, Augenwurtzel, Weg- oder Wiesen-Lattich).
Geiger-Handbuch: Leontodon Taraxacum L. (= Taraxacum Dens Leonis Desf., gemeiner Löwenzahn, Pfaffenröhrlein, fälschlich Cichorie).
Hager-Handbuch: T. officinale (With.) Wiggers (= Leontodon Taraxacum L.).
Zander-Pflanzennamen: **T. officinale Wiggers.**
Zitat-Empfehlung: **Taraxacum officinale (S.).**

Dragendorff-Heilpflanzen, S. 690 uf. (Fam. Compositae); Tschirch-Handbuch II, S. 215.

Nach Tschirch-Handbuch beachteten die Griechen und Römer die Pflanze (T. officinale (S.)) wenig, die Araber benutzten sie unter einem Namen, aus dem Taraxacum wurde, der bei Fuchs und Gesner (um 1550) auftaucht. Bock, zur gleichen Zeit, bezieht die Pflanze auf ein Dioskurides-Kapitel, in dem vielleicht eine Composite gemeint ist und gibt danach Indikationen, die - nach Hoppe - mit denen von Brunschwig übereinstimmen (gebranntes Wasser gegen Fieber, Husten; Saft als Stomachicum; Kraut zu Pflastern und Umschlägen, auch gegen Podagra. Destillat zur Hautpflege. Wurzel als Amulett gegen Augenleiden).

Die T. Worms 1582 führt: [unter Kräutern] Dens leonis (Hedypnois, Aphaca Theophrasti, Seris urinaria, Herba urinaria, Seris somnifera, Caput monachi, Rhoerlenkraut, Pfaffenrhoerlen, Pfaffenstil, Pippaw, Loewenzan, Pfaffenblat, Moenchsblat, Pappenkraut); Aqua (dest.) Dentis leonis (Hedypnoides, Rhoerlenkrautwasser); in T. Mainz 1618: [unter Kräutern] Dens Leonis (Rohrenkraut) und Taraxacion (Dens Leonis, Löwenzahn); Aqua (dest.) Dentis Leonis (Rohrleinkraut Wasser). In T. Frankfurt/M. 1687, als Simplicia: Herba Taraxacon (Dens leonis, Caput Monachi, Pfaffen Blat, Pfaffen-Röhrlein, Pfaffen-Stiel, Löwen-Zahn, Münchs-Kopff), Radix Taraxaci (Pfaffenstielwurtzel). In Ap. Braunschweig 1666 waren vorrätig: Herba taraxaci (1/4 K.), Radix taraxaconi (4 lb.), Aqua t. (1/2 St.).

Die Ph. Württemberg 1741 beschreibt: Radix Taraxaci (Dentis Leonis, Pfaffenröhrlein, Löwenzahn, Löwenkrautwurtz; Wirkung wie Radix Cichorii), Herba Taraxaci (Dentis Leonis, Löwenzahn, Pfaffenröhrlein; Alexipharmacum, Pectoralium, Hepaticum; das dest. Wasser wird zu den Antipleuritica gerechnet); Aqua (dest.) Taraxacum. Die Stammpflanze heißt bei Hagen, um 1780: Leontodon Taraxacum (Butterblume, Pfaffenröhrlein, Kuhblume, Löwenzahn); Kraut und Wurzel sind offizinell.

Kraut- und Wurzeldroge blieben weiter offizinell: In Ph. Preußen 1799, Herba Taraxaci (Löwenzahn, Leontodon Taraxacum), Radix T., Extractum T. liquidum (Mellago Taraxaci, aus frischer Wurzel nebst jungem Kraut). In DAB 1, 1872: Radix T. (von T. officinale Weber) und Radix T. cum herba, Extractum T.; ab 1882 (bis 1910) nur Radix T. cum herba, diese dann, nebst Extrakt, in Erg.-B. 6, 1941 (von T. officinale (Withering) Wiggers). In der Homöopathie ist „Taraxacum - Löwenzahn“ (Essenz aus frischer Pflanze; Hahnemann 1819) ein wichtiges Mittel.

Geiger, um 1830, schrieb über die Anwendung: „Man gibt die Wurzel (selten das Kraut) in Abkochung. Sie wird häufig anderen Wurzeln, Kräutern usw. als Species beigemengt. Den Saft des frischen Krautes mit der Wurzel gebraucht man als Frühlingskur. - Als Präparate hat man das Extrakt und den Honigsaft (extr. et mellago Taraxaci); ehedem hatte man noch das durch Gärung und Destillation erhaltene Wasser aus dem frischen Kraut (aq. Taraxaci per fermentationem), und aus der getrockneten Wurzel mit Wein zu erhaltenden Löwenzahnwein (vinum Dentis Leonis). Die Wurzel kommt als Ingredienz zu Species, spec. viscerales Kämpfii usw.“.

Hager (1874) schreibt im Kommentar zum DAB 1: „Die Löwenzahnwurzel wurde früher für ein kräftiges Resolvens und Tonicum gehalten, welches seine Wirkung besonders auf die Sekretionen des Unterleibes ausübe und Stockungen und Verschleimungen hebe, besonders die Gallensekretionen befördere". In Hager-Handbuch, um 1930, ist zur Anwendung angegeben: „Als harntreibendes Mittel. Der Saft der im Frühjahr gegrabenen frischen Pflanze dient zu „blutreinigenden Frühlingskuren". In Kneippschen Mitteln bei Hämorrhoiden und Leberleiden. Die jungen Blätter werden als Salat gegessen".
Hoppe-Drogenkunde, 1958, gibt als Verwendung von Radix Taraxaci an: „Choleretícum, Amarum, Tonicum, Stomachicum, Diureticum. - Zur Anregung der Drüsentätigkeit und der Vermehrung der Atmungsfähigkeit von Blutzellen und Gewebe. Die Wurzel wird als Kaffeesurrogat verwendet ... [In der Homöopathie] bei Leberleiden, Diabetes, Rheuma, Neuralgien angewandt, sowie als „Blutreinigungsmittel". Der Frischsaft wird zu Frühjahrskuren bei Gallen- und Nierenleiden verordnet".

Taxus

T a x u s siehe Bd. V, Torreya; Verbascum.
Zitat-Empfehlung: *Taxus baccata (S.)*.

Nach Berendes-Dioskurides wird der S m i l a x als E i b e, **T. baccata L.**, gedeutet; die geschilderte Giftwirkung, die schon eintreten soll, wenn man im Schatten des Baumes schläft, hat keinen Anreiz zur medizinischen Verwendung geboten. Die Pflanze kommt nach Sontheimer in arabischen, nach Fischer in mittelalterl. Quellen vor (taxus, t h a m a r i s c u s, t a s s o, n a s s o, t o s - s i c o, l i b o, l i v o, i w a; Diosk.: smilax, taxus). Nach Hoppe beschreibt Bock, um 1550, den Baum im Kap. I b e n b a u m; vor der Schädlichkeit der Pflanze wird gewarnt, „Trinkgefäße aus dem Holz und Schlaf unter dem Baum sollen den Tod herbeiführen". Auch Geiger, um 1830, beschreibt T. baccata (gemeiner Eiben- oder Taxusbaum, Ibenbaum); „ein seit den ältesten Zeiten bekannter und zum Teil als Arzneimittel benutzter Baum; wurde neuerlich wieder von Kamensky angerühmt ... Offizinell sind: die Blätter oder vielmehr die jüngsten Zweige, das Holz, ehedem auch die Rinde und Beeren ... Nach einigen Angaben wirkt die Pflanze narkotisch giftig und schon die Ausdünstung sei sehr schädlich; nach anderen ist sie ganz unschädlich. Die Wahrheit möchte in der Mitte liegen und der Taxus allerdings zu den verdächtigen Pflanzen gehören ... Man gibt die Taxusblätter in Abkochung. - Als Präparat hat man das Extrakt (extr. fol. Taxi). Nach Kamensky ist der Taxusbaum ein vorzügliches Hilfsmittel gegen die

Hundswut. Auch das geraspelte Holz wird in gleicher Absicht gebraucht. Seine Anwendung erfordert übrigens Vorsicht. Die Rinde, welche wohl den wirksamsten Teil ausmachen möchte, wird nicht mehr gebraucht, ebensowenig die Beeren. Diese sollen unschädlich sein, und die Vögel fressen sie gerne. Das sehr dauerhafte dichte Holz wird zu allerlei Gerätschaften, Instrumenten usw. verarbeitet".

Die Ph. Württemberg 1847 hat Folia Taxi baccatae aufgenommen und läßt daraus ein Extrakt bereiten. Dragendorff-Heilpflanzen, um 1900 (S. 64; Fam. Taxaceae), schreibt zu T. baccata L.: „Blätter und Samen enthalten das giftige Alkaloid Taxin, Fruchtfleisch (Arillus) nicht giftig, soll als Sirup bei Brustkrankheiten, das Holz gegen Wasserscheu verordnet werden. Das Blatt wird meist wie Sabina benutzt, in Toscana als Ersatz der Digitalis, andern Orts auch als Fischgift."

Nach Hoppe-Drogenkunde, 1958, Kap. T. baccata, werden die Zweige verwendet: „In der Homöopathie [dort ist „Taxus baccata - Eibenbaum" (Essenz aus frischen Blättern; Buchner 1840) ein wichtiges Mittel] bei Gicht, Rheuma, Leberleiden, Blasen- und Nierenleiden etc. - Das Holz wird in der Veterinärmedizin bei Kropfleiden von Pferden und als Ungeziefermittel verwendet".

Tectona

Nach Dragendorff-Heilpflanzen, um 1900 (S. 567; Fam. Verbenaceae), wird von der indischen **T. grandis L. fil.** (= Theka grandis Lam., Teakholzbaum) das Blatt gegen Cholera, Aphthen, Blüte als Diureticum gebraucht; ist die Sâdsch bei I. el B. Nach Hoppe-Drogenkunde, 1958, werden die Teakbaumblätter (Folia Tectonae) als Färbemittel gebraucht; das Holz dient dem Schiffsbau. Die Pflanze [Zitat-Empfehlung: **T. grandis (S.)**] wird bei Hessler-Susruta genannt.

Telfairia

Dragendorff-Heilpflanzen, um 1900 (S. 647; Fam. Cucurbitaceae), nennt die afrikanischen T. pedata Hook. (= Joliffa africana D. C.) - Same Nahrungsmittel, gibt fettes Öl - und T. occidentalis Hook. - Same wie der der vorigen. In Hoppe-Drogenkunde, 1958, ist ein Kap. T. pedata; verwendet wird das fette Öl der Samen (Castanhasöl); für Speise- und technische Zwecke. Schreibweise nach Zander-Pflanzennamen: **T. pedata (Sm. ex Sims) Hook.** und **T. occidentalis Hook. f.** Zitat-Empfehlung: **Telfairia pedata (S.); Telfairia occidentalis (S.).**

Tephrosia

Dragendorff-Heilpflanzen, um 1900 (S. 319 uf.; Fam. Leguminosae), führt 17 T.-Arten auf, darunter **T. virginiana Pers.** (= Galega virginiana L.; Wurzel wirkt purgierend und anthelmintisch), T. toxicaria Pers. (Wurzel gegen Scabies, Zweige und Blätter zum Betäuben von Fischen) und T. inebrians Wel. (= T. Vogelii Hook. fil.; Wurzel bei Typhus, Würmern, äußerlich bei Scropheln, Drüsengeschwülsten; Fisch- und Vogelgift). Sie sind als Giftdrogen in Hoppe-Drogenkunde, 1958, aufgenommen (Schädlingsbekämpfungsmittel - vor allem T. Vogelii -, Insektizide).

Terminalia

Terminalia siehe Bd. V, Phyllanthus; Styrax.
Chebuli siehe Bd. II, Phlegmagoga.
Myrobalanus siehe Bd. II, Cholagoga. / IV, C 141. / V, Moringa; Phyllanthus.
Mirobalanen siehe Bd. IV, C 34.

Hessler-Susruta: - T. belerica - - T. chebula - - - T. citrina + + + T. catappa; T. alata; T. glabra; T. tomentosa.
Sontheimer-Araber: - Myrobalanus Bellirica - - Myrobalanus Chebula.
Tschirch-Araber: - T. belerica Roxb. - - T. chebula Retz. - - - T. citrina Roxb.
Fischer-Mittelalter: Myrobalanus cf. Phyllanthus (chebuli, bellerici, citrini, indi); Samen von Myrobalanus Chebula G., Früchte von M. betlerica G., M. citrina G., indi = unreife Samen von M. Chebula. Arab.
Beßler-Gart: - T. bellerica Roxb. [Bezeichnung nach Zander-Pflanzennamen: **T. bellirica (Gaertn.) Roxb.] - - T. chebula Retz. - - -** *T. citrina Roxb.*
Geiger-Handbuch: - T. Bellirica Roxb. - - T. Chebula Roxb. - - - Mirobalanus citrina Gärtner.
Hager-Handbuch: - T. bellerica Roxb. (= Myrobalanus bellerica Gärtner) - - T. chebula Retz. (= Myrobalanus chebula Gärtn.) - - - T. citrina Roxb. (= Myrobalanus citrina Gärtn.), eine Varietät von T. chebula.
Zitat-Empfehlung: **Terminalia bellirica (S.); Terminalia chebula (S.); Terminalia citrina (S.).**

Dragendorff-Heilpflanzen, S. 479 uf. (Fam. Combretaceae).

Die 5 Myrobalanensorten gehören zum festen Arzneibestand der spätmittelalterlichen Apotheken, 4 von ihnen stammen von T.-Arten, eine (Myrobalani

Emblici) von → Phyllanthus. In Ap. Lüneburg 1475 waren (außer Mirabalani emblici) vorrätig: (1.) M i r a b a l a n i bellirici (7 qr.), (2.) M. kebuli (2¹/₂ lb.), (3.) M. Indi (1 lb.), (4.) M. citri (1 lb. 1 qr.); zu (2.) außerdem M. kebuli conditi (1¹/₂ lb.).

Die Terminalia-Myrobalanen sind - meist mehrere gleichzeitig - Bestandteil zahlreicher Composita (in Ph. Nürnberg 1546 z. B. in Tryphera minor Foenonis (1-3), Tryphera saracenica Mesuae (1-4), Tryphera Persica Mesuae (1-4), Confectio Anacardina Mesuae (1-3), Confectio Hamech maior Mesuae (1-4), Confectio Hamech minor Mesuae (3; sie heißen hier auch Myr. nigri), Pilulae arabicae Nicolai (1-4), Pilulae aggregativae Mesuae (2-4), Pilulae de Colocynthide Mesuae (3, 4), Pilulae de Eupatorio Mesuae (4), Pilulae de Fumo terrae Avicennae (2-4), Pilulae lucis maiores und minores Mesuae (1-4), Pilulae Stomachicae Alkindi (2-4), Sirupus de Succo Fumiterrae maior Mesuae (3, 4), Sirupus de Epithymo Mesuae (3, 4), Oleum de Piperibus Mesuae (1-3); zu den Condita Myrobalani bemerkt Cordus, daß alle 5 Sorten schon eingemacht aus Indien herbeigebracht werden).

In T. Worms 1582 stehen [unter Früchten, außer Myr. Emblici]:

1.) Myrobalani bellericae (B e l e t z i c i, Bellerici, B e l l i r i c i. Myrobalanen bellirici);

2.) Myrobalani chebulae (c e p u l a e, Myr. cepuli officinarum. K e b u l i, groß Myrobalanen);

3.) Myrobalani indae (Myr. nigrae. Indianisch Myrobalanen, schwartze Myrobalanen);

4.) Myrobalani flavae (citrinae sive luteae. Geel Myrobalanen).

Außerdem Myrobalanorum omnium cortices (Myrobalani ab oßibus purgatae. Alle Myrobalanen von steinen gereynigt. Die Rinden von allen Myrobalanen); die Sorten 1, 2, 4 gibt es auch als „eingemachte" (condita); es gibt ferner Pilulae de quinque Mirobalanis. Entsprechende Angaben in T. Frankfurt/M. 1687. In Ap. Braunschweig 1666 waren vorrätig: Myrobalani bellirici (7 lb.), M. chebuli (2 lb.), M. Indicori (3 lb.), M. citrinori (6 lb.); condita myr. bel. (3 lb.), Extractum m. chebul. (5 Lot), Extr. m. Indor. (5 Lot), Extr. m. citrin. (18 Lot), Syrupus de m. condit. (6 lb.), Pilulae de 5que gen. myrob. (2 Lot).

Nach Schröder, 1685, sind die fleischigen, dicken und schweren die besten; sie purgieren: „die gelben Myrobalanen führen die Galle aus, die Indi oder schwarzen die schwarze Galle, die Chebuli den Schleim und Galle, die Bellirici den Schleim". In Ph. Württemberg 1741 sind alle Myrobalanen aufgenommen; zusammenfassend wird über die Wirkung bemerkt, daß die Alten ihnen ausführende Wirkung (entsprechend den Angaben bei Schröder) zugeschrieben hätten.

Bei Hagen, um 1780, heißt der Mirobalanenbaum: Phyllanthus Emblica; es ist noch unbekannt, ob die 5 Sorten alle von ihm herkommen und sich blos durch den Reifezustand unterscheiden; „die gelben (Myrob. citrinae s. flavae) sind länglich rund, länger als ein Zoll, schwärzlich, streifig und bitter. Die großen schwarzbraunen (Myrob. Chebulae) sind größer als die vorigen, dunkelbraun und fünfrippig. Die Bellirischen (Myr. Belliricae) haben eine bleichere Farbe nebst einem Stiel, und sehen den Moschatnüssen ähnlich, und die Indianischen (Myr. Indae s. nigrae) sind die kleinsten. Sie haben eine eirund-längliche Gestalt, sind nicht streifig sondern runzlig, von außen schwarz und inwendig beinahe pechartig. Die Mirobalanen werden in Apotheken selten mehr gebraucht".

Um 1830 weiß man, nach Geiger, besser Bescheid:

1.) T. Bellirica Roxb. liefert die bellirischen Balanen; „Früchte, welche in alten Zeiten in hohem Ansehen bei den Ärzten, besonders den arabischen, standen . . . es sind graubraune, haselnußgroße bis fast baumnußgroße, rundliche oder eiförmige Früchte . . . Sie sind sehr hart und schließen unter einem etwa liniendicken, festen, braunen, harzartig glänzenden Fleisch einen großen hellbraunen, höckeriger Kern ein".

2.) T. Chebula Roxb.; „dieser Baum liefert die großen braunen Mirobalanen . . . sind mehr länglich, an beiden Enden verschmälert, fast birnförmig . . . Verhalten sich übrigens im Inneren, im Geschmack usw." wie die vorigen.

3.) Indianische oder schwarze Mirobalanen sind eiförmig-längliche, runde Früchte; man hält sie für unreife Früchte von den anderen Sorten.

4.) Gelbe Mirobalanen „sollen von Mirobalanus citrina Gärtner, welche aber Gärtner selbst nur für eine Abart der vorhergehenden [T. Chebula] hält, kommen"; sie unterscheiden sich von den anderen durch ihre mehr ins hellbraune und gelbe gehende Farbe.

Über die 5. Sorte (Myrobalani Emblica) → Phyllanthus; dort sind auch die Bemerkungen Geigers über die Anwendung („bei uns jetzt höchst selten") wiedergegeben.

Nach Wiggers, um 1850, liefert:

1.) T. Bellirica Roxb. (= T. Chebula Retz.); Ostindien; Bellirische Myrobalanen;

2.) T. Chebula Roxb. (= Myrobalanus Chebula Gärtner); Ostindien; Große schwarzbraune Mirobalanen;

3.) T. Chebula L.; Ostindien; Indische oder schwarze Myrobalanen;

4.) T. citrina Gärtner; Bengalen; Gelbe Myrobalanen.

In Hager-Handbuch, um 1930, sind Fructus Myrobalani beschrieben: „Die unreifen und reifen getrockneten Steinfrüchte. Die Früchte von T. chebula bzw. T. citrina, die allein gebräuchlichen Handelssorten, sind sehr hart, grünlichgelb, graugelb bis schwarzbraun . . . länglich eiförmig oder länglich birnförmig . . . Die Myrobalanen, von denen man im Handel nach Farbe und Größe verschiedene Sorten unterscheidet, haben pharmazeutisch nur eine sehr untergeordnete Bedeutung; sie dienen zumeist in der Technik als Gerbmittel. T. chebula liefert die Myrobalani chebulae, die kleinen Madras Myrobalanen, auch als schwarzbraune Myrobalanen im Handel bezeichnet, die je nach dem Reifezustand und der Entwicklung verschieden sortiert werden; von T. citrina stammen hauptsächlich die großen Bombay-Myrobalanen, auch gelbe Myrobalanen benannt, von T. bellerica die Myrobalani Bellericae, bellirische (runde) Myrobalanen, die aber kaum noch zu uns in den Handel kommen; Phyllanthus mollis ist die Stammpflanze für Myrobalani Emblicae oder die grünen, aschgrauen Myrobalanen . . . Anwendung. Medizinisch kaum noch als Adstringens, technisch zum Gerben und Färben". Nach Hoppe-Drogenkunde, 1958, Kap. T. Chebula (= Myrobalanus chebula) dient die Frucht als „Adstringens, bes. in der chines. Medizin. - Technisch als Gerb- und Färbemittel"; weitere Arten bzw. Varietäten werden erwähnt.

Tetracera

Geiger, um 1830, berichtet über T. oblongata Dec. und T. volubilis L., daß davon in Südamerika die Blätter zu Bädern gegen Geschwülste usw. angewandt werden. Dragendorff-Heilpflanzen, um 1900 (S. 433 uf.; Fam. Dilleniaceae), der insgesamt 9 T.-Arten aufführt, fügt bei den beiden oben genannten Arten noch die Wirkung als Diureticum, Sudorificum hinzu.

Tetraclinis

Tetraclinis siehe Bd. V, Juniperus.
Sandaraca siehe Bd. V, Juniperus.
Sandarak siehe Bd. I, Formica. / IV, G 608.
Zitat-Empfehlung: *Tetraclinis articulata (S.).*
Dragendorff-Heilpflanzen, S. 72 (Fam. Coniferae; nach Zander: Cupressaceae).

Nach Zander-Pflanzennamen hieß der Sandarakbaum, **T. articulata (Vahl) Mast.**, früher: Callitris quadrivalvis Vent., Callitris articulata (Vahl) Aschers. et Graebn., Thuja articulata Vahl. Die Pflanze wird seit Anfang des 19. Jh. als Stammpflanze von Sandarak angegeben, vorher leitete man das Harz von einem → Juniperus ab.
Während noch Ph. Preußen 1799 als Stammpflanze von Sandaraca (Wachholderharz) Juniperus communis et Juniperus Oxycedrus angibt, schreiben die Ausgaben von 1813-1829 bei Sandaraca von Thuja articulata Vahl. Die dann entfallene Droge (steht noch in anderen Länderpharmakopöen) gelangt erneut ins DAB 1, 1872 (von Callitris quadrivalis Ventenat). Dann Erg.-Bücher (noch Erg.-B. 6, 1941: Resina Sandaraca, „der an der Luft erhärtete, aus der Rinde des Stammes und der Äste ausgeflossene Harzsaft von Tetraclinis articulata Masters").

Geiger, um 1830, schrieb über Thuja articulata: „Nach Brousenot liefert dieser Baum das längst schon bekannte Sandarak . . . wurde ehedem in Pillen innerlich gegeben, äußerlich benutzt man ihn jetzt zum Räuchern; er kommt zu mehreren Salben und Pflastern, zu Räucherpulver und Räucherkerzchen. Dient, in Weingeist oder Terpentinöl gelöst, als guter glänzender Lackfirnis. Das Pulver wird als Radierpulver gebraucht".
Hager schreibt 1874 im Kommentar zum DAB 1: „Arzneikräfte scheinen dem Sandarak abzugehen. Früher wurde er als Räucherungsmittel bei rheumatischen und gichtischen Leiden und ödematösen Geschwülsten benutzt, ferner zu Pflastermischungen. Heute ist er ein Ingredienz harziger Zahnkitte". Nach Hager-Handbuch, um 1930, wird Sandarak zu Pflastern und Zahnkitt, zur Herstellung von Lacken benutzt. Entsprechendes in Hoppe-Drogenkunde, 1958.
Beßler-Gart hat das Kap. Bernix (vernix) auf Callitris quadrivalvis Vent. bezogen; „bei den Arabern auch das Harz anderer Cupressaceae, besonders Wacholderharz".

Tetragastris

Geiger, um 1830, erwähnt einen südamerikanischen Baum, Hedwigia balsamifera, der aus der verwundeten Rinde ein Harz ausschwitzt, das an der Luft weiß bis gelblich-weiß wird: Bergzuckerbalsam oder Schweinsbalsam; „Man wendet dieses Harz wie bei uns das Elemi an; auch zum Räuchern in den Kirchen". Dragendorff-Heilpflanzen, um 1900 (S. 371; Fam. Burseraceae), gibt bei Hedwigia balsamifera Sw. (= Bursera bals. Pers., T. balsamifera Sw.) an, daß Rinde, Harz und Wurzel Fiebermittel sind, der Balsam bei Gallensteinen gebraucht wird; in Zweigen und Wurzeln soll sich ein Krampfgift finden. In Hoppe-Drogenkunde, 1958, ist T. balsamifera genannt, deren Balsam (Schweinsbalsam) verwendet wird.

Tetranthera

In Hoppe-Drogenkunde, 1958, ist T. laurifolia aufgenommen (das Samenfett, Lorbeertalg, für Kerzenfabrikation). Steht auch in Dragendorff-Heilpflanzen, um 1900 (S. 244; Fam. Lauraceae): T. laurifolia Jacq. (= T. sebifera Pers., Sebifera glutinosa Lour.); Rinde gegen Diarrhöe, Dysenterie etc., aus den Samen wird Öl gepreßt.
Dragendorff nennt insgesamt 11 T.-Arten, darunter T. polyantha Wall. ß (= Litsea citrata Bl.); Rinde stark aromatisch, als Nervinum gebraucht. Diese Pflanze ist vielleicht identisch mit der von Geiger, um 1830, erwähnten „Tetran-

thera (Litsea) citrata"; hiervon „brachte Dr. Blume die Rinde . . . die dem Nelkenzimt und Mutterzimt ähnlich riecht und schmeckt. - Sie wird gegen hysterische Zufälle gebraucht".
Geiger erwähnt weiterhin T. trinervia Spr. (= Laurus Myrrha Lour., Litsea Myrrha Nees v. Es.); „davon glaubte Loureiro komme die offizinelle Myrrhe". Diese Pflanze führt Dragendorff unter Litsea Myrrha Nees (Wurzel als Antisepticum, Diureticum, Emmenagogum, Anthelminticum angewendet).

Teucrium

Teucrium siehe Bd. II, Tonica. / IV, G 1617. / V, Ajuga; Eupatorium; Veronica.
Amberkraut siehe Bd. I, Ambra.
Chamaedrys siehe Bd. II, Antiparalytica; Cephalica; Diuretica; Emmenagoga; Hepatica; Ophthalmica. / V, Veronica.
Gamander siehe Bd. IV, C 31; E 265. / V, Ajuga; Myosotis.
Gamandrea siehe Bd. V, Veronica.
Katzenkraut siehe Bd. V, Mentha; Valeriana.
Lachenknoblauch siehe Bd. IV, E 224.
Polium siehe Bd. II, Diuretica; Emmenagoga; Purgantia. / V, Helichrysum.
Quercula siehe Bd. V, Ajuga; Glechoma; Solanum; Veronica.
Scordium siehe Bd. II, Alexipharmaca; Cephalica; Diaphoretica; Diuretica; Emmenagoga; Expectorantia; Hepatica; Lithontriptica; Putrefacientia. / IV, C 73. / V, Alliaria; Allium.

Grot-Hippokrates: - 4 - T. Polium.
Berendes-Dioskurides: - Kap. Chamaidrys, T. Chamaedrys L. (oder T. lucidum und flavum L.?) -- Kap. Ägyptischer Alant, T. Marum L.? Kap. Maron, T. Marum L.? --- Kap. Knoblauch-Gamander, T. Scordium L. -4- Kap. Gamander, T. Polium L. (und T. capitatum L.) +++ Kap. Hyssopos, T. Pseudohyssopus Schreb.?
Tschirch-Sontheimer-Araber: - T. Chamaedrys -- T. Marum --- T. Scordium -4- T. Polium +++ T. flavum.
Fischer-Mittelalter: - T. chamaedrys L. (alentidium, gamandrea, camitria, camaedreos, teucrios, quercula maior, quercus terrae, trisago maior, amarola, trissagine, gamandre, vergismeinnit; Diosk.: teukrion, chamaidrys) -- T. Marum L. (scarsapepe, maggiorana gentile) -4- **T. polium L.** (polium, omnimorbia, iva moscata) +++ T. botrys L. (botrys, camedrio secondo); T. lucidum L. (camedreos, quercula minor, trisaga minor, cleyne loye); **T. scorodonia L.** (salvia pratensis); T. moschatum.
Hoppe-Bock: - **T. chamaedrys L.** (das 2. Gamanderlin, Das recht edel Chamaedrys, klein Bathonien, Bathengel) --- Kap. Von Lachen Knoblauch / Scordium, **T. scordium L.** +++ Kap. Von den Nepten, T. scorodonia L. (Wild Salbey, Wald Salbei); **T. botrys L.** (Feld Cypressen).

Geiger-Handbuch: - T. Chamaedrys (edler Gamander, Bathengelgamander, Gamanderlin) -- T. Marum (Katzen-Gamander, Amberkraut, Mastixkraut) --- T. Scordium (Knoblauchs-Gamander, Lachen-Knoblauch) -4- T. Polium (Poleygamander, französischer Bergpoley) +++ T. Botrys; **T. creticum L.**; T. flavum; **T. montanum L.**; T. capitatum; T. Scorodonia; **T. fruticans L.**
Hager-Handbuch: Kap. Teucrium, - T. chamaedrys L. -- T. marum L. --- T. scordium L. +++ T. Iva L.
Zitat-Empfehlung: - **Teucrium chamaedrys (S.)** -- **Teucrium marum (S.)** --- **Teucrium scordium (S.)** -4- **Teucrium polium (S.)** +++ **Teucrium botrys (S.); Teucrium montanum (S.); Teucrium capitatum (S.); Teucrium scorodonia (S.).**

Dragendorff-Heilpflanzen, S. 569 uf. (Fam. Labiatae).

(Chamaedrys)
Nach Berendes ist die Chamaidrys des Dioskurides nicht sicher T. chamaedrys L., aber wahrscheinlich eine T.-Art (Kraut mit Samen gegen Krämpfe, Husten, Leberverhärtung, Harnverhaltung, beginnende Wassersucht; befördert Menstruation, treibt Embryo aus, erweicht Milz. Zu Umschlägen gegen Biß giftiger Tiere; mit Honig zum Reinigen alter Wunden; zu Augen- und erwärmenden Salben). Bock, um 1550, überträgt nach Hoppe solche und weitere Indikationen (zu Pflastern gegen Übelkeit und Erbrechen, Umschlägen bei Schnupfen, gegen Ungeziefer, Hautschuppen) auf T. chamaedrys L., Veronica teucrium L. und Veronica chamaedrys L.
Die T. Worms 1582 führt: [unter Kräutern] Chamaedrys (Chamaerops, Linodris, Trixago, Trissago, Quercula, Serratula minor, Calamandrina, Camenderlein, Gamenderlein, klein Batengel, Braunmenderlen, Edelgamanderlen, Erdweyrach); in T. Frankfurt/M. 1687: Herba Chamaedrys vera (Trissago, Trixago, Quercula, Calamandrina, edel Gamanderlein, klein Bathengel, Vergiß mein nicht). In Ap. Braunschweig 1666 waren vorrätig: Herba chamaedr. verum (1/2 K.); [die folgenden können auch von Chamaedrys vulgaris → Veronica, gestammt haben] Aqua chamaedryos (2 St.), Conserva c. (2 lb.), Essentia c. (15 Lot), Extractum c. (10 Lot), Syrupus c. (1 lb.). Wenn nur „Chamaedrys" verordnet ist, läßt Ph. Augsburg 1640 „Chamaepitys" nehmen, bei Verschreibung von Quercula minor: „Chamaedrys".
Die Ph. Württemberg 1741 beschreibt: Herba Chamaedryos (Chamaedryos repentis minoris, Quaerculae minoris, Gamanderlen, klein Bathengel, edel Gamanderlen; Arthriticum, Hydropicum, Antiscorbuticum; den Infus trinkt man statt Tee). Die Stammpflanze heißt bei Hagen, um 1780: T. Chamaedrys (Bathengel, ädler Gamander). Geiger, um 1830, schreibt: „Man gibt das Kraut in

Substanz, in Pulverform, ferner im Aufguß; minder gut in Abkochung . . . Mit Unrecht ist diese gewiß kräftige Pflanze in neueren Zeiten fast ganz außer Gebrauch". Hager-Handbuch, um 1930, führt noch Herba Chamaedryos (Herba Trissaginis). Hoppe-Drogenkunde, 1958, Kap. T. Chamaedrys, schreibt über Verwendung des Krautes: „Tonicum und Aromaticum, Diureticum bei Gicht. Galletreibendes Mittel". In der Homöopathie ist „Chamaedrys" (Essenz aus frischem, blühenden Kraut) ein weniger wichtiges Mittel.

(Marum verum)

Nach Berendes ist es nicht eindeutig, daß das Kap. Maron bei Diosk. auf T. marum L. bezogen werden kann (zu Umschlägen auf fressende Geschwüre, Zusatz zu erwärmenden Salben). In spätmittelalterl. Quellen kommt die Pflanze vor. Sie ist u. a. Bestandteil der Trochisci Hedichroi D. Aetii; Cordus, 1546, schreibt zu dem Rezept: „Marum seu Majorana, aut loco eius Dictamni Cretici". Die Droge gewinnt erst im 18. Jh. einige Bedeutung, die Stammpflanze scheint jedoch auch zu dieser Zeit noch nicht ganz klar. Die Ap. Lüneburg 1718 hatte 8 oz. Herba Mari veri Cretici, Amberkraut, vorrätig. Die Ph. Württemberg 1741 führt Herba Mari veri syriaci (Herba Mastichinae, Amberkraut; sie wird für eine Art Thymbra gehalten; Balsamicum, Cephalicum, Ptarmicum, Diureticum, Carminativum). Die Stammpflanze heißt bei Hagen, um 1780: T. Marum (Amberkraut, Mastichkraut, Katzenkraut). So auch in Länderpharmakopöen (Preußen 1799-1829, Herba Mari veri; sind Bestandteil des Pulvis sternutatorius). Geiger, um 1830, schreibt: „Man gibt das Kraut in Substanz, in Pulverform oder im Aufguß. Es wurde ehedem häufiger als jetzt gebraucht. Man hatte als Präparat eine Essenz. Das Pulver wird als Niesmittel gebraucht. Auch kam es, nach älteren Vorschriften, zum Theriak". Hager, um 1930, hat Herba Mari veri (Amberkraut, Herba Thymi catariae, Mastichkraut, Katzenkraut, Moschuskraut, Theriakkraut); Schnupfmittel, zu Witterungen für Marder, Füchse usw. Verwendung nach Hoppe-Drogenkunde, 1958, Kap. T. Marum (= T. maritimum): „Expectorans, Spasmolyticum bei Magen-, Nieren-, Gallen- und Blasenleiden. - Witterung für Marder und Füchse". In der Homöopathie ist „Marum verum" (Essenz aus frischer Pflanze; Stapf 1826) ein wichtiges Mittel.

(Scordium)

Das Kraut - auch der ausgepreßte Saft - des Skordion [T. scordium (S.)] wird nach Dioskurides innerlich und äußerlich verwendet (hat erwärmende, harntreibende Kraft; mit Wein gegen Schlangenbiß und tödliche Mittel, Magenstechen, Dysenterie, Harnverhaltung; reinigt die Brust von Schleim; gegen alten Husten, innere Rupturen, Krämpfe. In Wachssalbe gegen Unterleibsentzündung;

zu Umschlägen bei Podagra; zur Beförderung der Menstruation; verklebt Wunden, reinigt Geschwüre und vernarbt sie). Kräuterbuchautoren des 16. Jh. übernehmen solche Indikationen.
Die T. Worms 1582 führt: [unter Kräutern] Scordium (Sorbium, Methridanion, Scordilum Apuleij, Trixago palustris, Chamaedrys aquatica, Trissago palustris, Sanguis Milui. Wasserbathengel, Wassergamenderlen, Knobloch gamenderlen); in T. Frankfurt/M. 1687 Herba Scordium (Wasser-Bathengel, Lachen-Knoblauch); außerdem: Herba Scordium Creticum (Cretisch Lachen-Knoblauch). Die Ph. Augsburg 1640 läßt bei Verordnung von „Scordium" ausdrücklich „Scordium creticum" verwenden. In Ap. Braunschweig 1666 waren 1½ K. Herba scordii, in Ap. Lüneburg 1718 36 lb. vorrätig.
Die Ph. Württemberg 1741 beschreibt: Herba Scordii cretici (Cretischer Lachen-Knoblauch; kommt von Creta) und Herba Scordii nostratis (Chamaedrys aquaticae, palustris, Lachen-Wasser-Knoblauch, Wasser-Bathenig; Alexipharmacum, Sudoriferum, Pectoralium, Anthelminticum; wird in der Regel anstelle des Cretischen für den Theriak genommen); Aqua (dest.) Scordii, Essentia S., Essentia de S. comp. sive Diascordium liquidum Hoffmanni, Extractum S., Syrupus Scordii. Die Stammpflanze heißt bei Hagen, um 1780: T. Scordium (Lachenknoblauch). So in Länderpharmakopöen des 19. Jh. (Ph. Preußen 1799-1829, Herba Scordii; dienen zur Herstellung des Spiritus Angelicae comp. - loco Spiritus theriacalis -). Geiger, um 1830, schreibt: „Diese gewiß sehr wirksame Pflanze ist in neueren Zeiten weit weniger im Gebrauch als sie es verdient"; das Kraut soll Motten vertreiben. Hager, um 1930, erwähnt noch Herba Scordii vulgaris. Nach Hoppe, 1958, Kap. T. Scordium, wird das Kraut als „Diaphoreticum, Vermifugum" verwendet. In der Homöopathie ist „Scordium" (Essenz aus frischem, blühenden Kraut) ein wichtiges Mittel.

(Polium)
Dioskurides nennt - ebenso Plinius - 2 Arten des Polion, eine größere - entspricht T. capitatum (S.) - und eine kleinere - entspricht T. polium (S.) -, die kräftiger riecht und wirkt (gegen Biß giftiger Tiere, Wasser-, Gelb- und Milzsucht; befördert Stuhlgang und Menstruation; zur Räucherung gegen giftige Tiere; als Umschlag zum Verkleben von Wunden).
Nach Fischer ist das mittelalterl. Polium mit T. polium L., nach Beßler-Gart mit T. montanum L. zu identifizieren.
Die T. Worms 1582 führt: [unter Kräutern] Polium montanum (Teuthrium, Bergpolium); in T. Frankfurt/M. 1687 Herba Polium montanum (Creticum, Berg Poley, Cretischer Poley). In Ap. Braunschweig 1666 waren ½ K. Herba polii montani vorrätig, in Ap. Lüneburg 1718 3 lb. Herba Polii Cretici seu montani veri. Die Ph. Württemberg 1741 beschreibt: Herba Polii Cretici (montani angustifolii, Cretischer Berg-Poley; wächst auf Kreta; kommt in den

Theriak; treibt Urin und Menses) und Herba Polii montani (lutei, maritimi erecti Monspeliaci, Berg-Poley, mit gelber Blüte; wird aus Frankreich eingeführt; Ersatz für vorige Droge). Nach Hagen, um 1780, heißen die Stammpflanzen: T. Creticum (Kretischer Poley, Kretischer Berglavendel; wächst in Ägypten und Palästina; „In den Apotheken hebt man davon das Kraut samt den Blumen (Hb. s. Summitates Polii Cretici) auf") und T. Polium (Bergpoley; wächst in Spanien, Südfrankreich, Österreich, Syrien; „das Kraut nebst den Blumen (Hb. s. Summitates Polii montani) ist an einigen Orten in Apotheken gebräuchlich").
Geiger erwähnt als Polium-Drogen liefernde T.-Arten:
1.) T. creticum; Creta, Cypern, Ägypten; lieferte herba seu sumitates Polii (seu Teucrii) cretici (Rorismarini Stoechadis facie).
In der Homöopathie ist „Teucrium creticum" (Essenz aus frischem, blühenden Kraut) ein weniger wichtiges Mittel.
2.) T. montanum; hier und da in Süddeutschland; blühendes Kraut: herba Polii montani (germanorum).
3.) T. Polium; Südeuropa, Asien; Kraut mit Blumen: herba seu sumitates Polii lutei, Polii montani (gallorum).
4.) T. capitatum; Spanien, Frankreich, jonische Inseln, Ägypten, Asien; Kraut mit Blumen: herba Polii montani (anglorum).

(Verschiedene)
Geiger erwähnt noch folgende T.-Arten:
5.) T. Botrys; Kraut mit Blumen: herba Botryos chamaedryoides.
6.) T. flavum; herba Teucrii.
7.) T. fruticans; Kraut: herba Teucrii veri.
8.) T. Scorodonia; Kraut: herba Scorodoniae, Salviae sylvestris.
Diese Art ist - nach Hoppe - von Bock im Kap. Von den Nepten abgebildet und nebst den anderen „Nepten" auf ein Diosk.-Kap. bezogen, bei dem wahrscheinlich eine Mentha-Art gemeint ist [→ Mentha aquatica (S.) und Mentha arvensis (S.)]. In der Homöopathie ist „Teucrium Scorodonia - Gamander" (Essenz aus frischem, blühenden Kraut; Clarke 1902) ein wichtiges Mittel.

Thalictrum

Thalictrum siehe Bd. II, Exsiccantia. / V, Delphinium; Sisymbrium.
Zitat-Empfehlung: *Thalictrum flavum (S.)*; *Thalictrum minus (S.)*; *Thalictrum aquilegifolium (S.)*.

Dioskurides beschreibt im Kap. Thaliktron (Wiesenraute) die Verwendung der Blätter als Kataplasma zum Vernarben alter Geschwüre; nach Berendes handelt es sich um **T. flavum L.**, nach anderen um **T. minus L.** Letztere Deutung bei Sontheimer-Araber. Fischer-Mittelalter zitiert T. angustifolium

Jacqu. (valeriana falsa, verdemarco) und **T. aquilegifolium L.** In Ap. Braunschweig 1666 waren 3/4 K. Herba thalictri vorrätig.
Geiger, um 1830, behandelt T. flavum (gelbe Wiesenraute, unechte Rhababar, Heilblatt); verwendet wurde einstmals die Wurzel, Kraut und Früchte (rad., herba et semen Thalictri flavi, Rhabarberi pauperum); „Man hat die Wurzel anstatt der Rhabarbar angewendet. Sie wirkt aber schwächer und wohl auch verschieden. Den ausgepreßten Saft des Krautes rühmte man sehr als Wundmittel, gegen Epilepsie usw. Die bitteren Früchte werden auch als antiepileptisches Mittel, gegen Durchfälle usw. sehr geschätzt. Jetzt ist die Pflanze obsolet".
Nach Dragendorff-Heilpflanzen, um 1900, (S. 277; Fam. Ranunculaceae), wird die Wurzel von T. flavum L. - Europa, Sibirien - als Diureticum, Purgans, bei Icterus, Epilepsie, Intermittens usw. gebraucht. In Hoppe-Drogenkunde, 1958, werden erwähnt: T. macrocarpum, T. minus, T. tuberiferum.

Thapsia

Thapsia siehe Bd. II, Calefacientia. / V, Ferula.
Zitat-Empfehlung: *Thapsia garganica (S.)*; *Thapsia silphium (S.)*.
Dragendorff-Heilpflanzen, S. 501 (Fam. Umbelliferae); Tschirch-Handbuch II, S. 878 uf.

Die Thapsia des Dioskurides ist - nach Berendes - **T. garganica L.** (die Wurzelrinde liefert einen Saft, dessen Gewinnung bis zur Trocknung von Diosk. genau geschildert wird. Wurzelrinde und Saft haben reinigende Kraft, führen nach oben wie unten Galle ab; man purgiert damit bei Asthmaleiden, chronischen Lungenleiden; Saft schafft nach der Fuchskrankheit dichtes Haar; äußerlich gegen Sommersprossen und Aussatz; für Salben für die Lunge, Füße und Gelenke). Die Pflanze wird bei Grot-Hippokrates und bei Tschirch-Araber angeführt; Sontheimer nennt T. Asclepium. Beßler-Gart identifiziert das Kap. Tapsia („eyn wurtzel") mit T. garganica L. So auch bei Fischer-Mittelalter (tapsia, turbit, panace asclepio; Diosk.: thapsia, ferulago, ferula silvestris).
Die T. Worms 1582 nennt Radix Thapsiae (Hypopii, Pancrans, Ferulaginis, Ferulae Siluestris, Turpeti cineritii, Turpeti mesuis, Thapsienwurtz, grauwer Turbit); auch in T. Mainz 1618 Radix Thapsiae (Dapsienwurzel).
Geiger, um 1830, erwähnt eine T. foetida (wilder Turbith) und T. garganica (spanischer Turbith); „lieferten sonst ihre Wurzel, besonders die letzte, anstatt der wahren Turbith (rad. Thapsii, Turpethi spurii). Beide enthalten einen scharfen, ätzenden Saft, wirken heftig brechenerregend und purgierend, oft gefährlich giftig; wurden auch äußerlich in Salben gegen Hautausschläge gebraucht". Jour-

dan, zur gleichen Zeit, gibt als Stammpflanze T. Asclepium L. an; „Wurzel und Samen, welche man anwendet, sind reizend und gelten für auflösend".
In Dragendorff-Heilpflanzen, um 1900, werden hauptsächlich beschrieben:
1.) T. Garganica L. (Spanischer Turbith); „Wurzel, Milchsaft und Harz wirken blasenziehend und werden innerlich gegen Lungenentzündung, das Blatt als Emeticum und gegen Durchfall gebraucht . . . Ist die Thapsia des Theophr., Gal. u. Scrib. Larg., die D e r i a s des Diosc . . . In dem arab. Zeitalter wurde sie als Bu-nefa = Gott der Gesundheit bezeichnet und vielfach verwendet".
2.) „Oft ist die Frage erörtert worden, ob in ihr [1] oder in der nahe verwandten T. Silphium Viv. - Nordafrika - das S i l p h i u m des Hipp. usw. zu suchen sei, doch fiel die Antwort meistens verneinend aus". Auch Berendes und Tschirch sind der Ansicht, daß das Silphium der Antike nichts mit T.-Arten zu tun hat [→ Ferula]. Nach Tschirch ist T. garganica L. „eine von altersher berühmte, noch jetzt bei den Arabern sehr beliebte Arzneipflanze"; er beschreibt das extraktartige Handelsprodukt (Thapsiaharz); „die Wurzel der Pflanze fand als Rad. Turpethi spuria früher Verwendung als (übrigens recht gefährliches) Abführmittel, das aber meist von der in Südfrankreich wachsenden Thapsia villosa L. gesammelt wurde".
In Hager-Handbuch, um 1930, werden im Kap. Thapsia angeführt:
1.) T. garganica L.; liefert Cortex Thapsiae Radicis; „Anwendung. Nur zur Gewinnung des Thapsiaharzes".
2.) T. silphium Viviani; soll noch heftiger wirken; liefert Resina Thapsiae; Zubereitungen daraus sind Thapsiapflaster und Oleum T. antirheumaticum.
Nach Hoppe-Drogenkunde, 1958, wird von T. garganica verwendet:
1. das Harz; „Hautreizmittel. Zu Pflastern"; 2. die Rinde in ähnlicher Weise. T. Silphium wirkt noch stärker, T. villosa liefert ein Harz von schwächerer Wirkung.
In der Homöopathie sind „Thapsia" (Harz aus Stamm und Wurzel von T. garganica L.; weingeistige Lösung) und „Silphion" (von T. Silphium Viv.; Essenz aus frischer Pflanze) weniger wichtige Mittel.

Thaspium

Dragendorff-Heilpflanzen, um 1900 (S. 494; Fam. U m b e l l i f e r a e), nennt T. atropurpureum Nutt. und T. barbinoides Nutt. (= L i g u s t i c u m barb. Michx.); von beiden ist Kraut „Wundmittel und Antisyphiliticum". Hoppe-Drogenkunde, 1958, hat ein kurzes Kap. T. aureum (= Z i z i a aurea); Verwendung der Pflanze in der Homöopathie. Dort ist „Zizia aurea" (Essenz aus frischer Pflanze; Hale 1875) ein wichtiges Mittel.

Theobroma

T h e o b r o m a siehe Bd. V, Guazuma.
C a c a o siehe Bd. IV, E 45, 88, 274, 345; G 498, 861, 901, 1086, 1199, 1230, 1325, 1417, 1546, 1734.
C h o c o l a d e, C h o c o l a t e o d e r S c h o k o l a d e siehe Bd. II, Analeptica; Stimulantia. / IV, E 88, 340; G 482, 607, 894, 1326. / V, Arachis; Bixa; Capsicum; Cetraria; Haematoxylum; Vanilla.
Zitat-Empfehlung: *Theobroma cacao (S.)*.
Dragendorff-Heilpflanzen, S. 429 uf. (Fam. S t e r c u l i a c e a e); Tschirch-Handbuch III, S. 410 uf. (Semen Cacao); II, S. 723 (Oleum Cacao); E. O. v. Lippmann, Geschichte des Zuckers (Berlin [2]1929), S. 572-580; Heinrich Fincke, Zur Geschichte der Kakaobutter, des Kakaopulvers und der zu ihrer Gewinnung benutzten Pressen, Gordian LXIV (1964), Nr. 1515.

Nach v. Lippmann war der K a k a o b a u m in seiner Heimat, dem Norden Südamerikas, schon lange in Kultur, als ihn die Spanier (Kolumbus 1502) kennenlernten; sie brachten bald Kakaobohnen und fertige S c h o k o l a d e nach Spanien; um 1600 kannte man beides auch in anderen europäischen Ländern; im 17. Jh. erschienen zahlreiche Bücher darüber, wobei das medizinische Interesse an erster Stelle stand.

In Ap. Braunschweig 1666 waren 3¹/₄ lb. S u c c o l a t i Indici vorrätig, in Ap. Lüneburg 1718 Fructus Cacoe (seu C a c a o, Mexicanische Nuß Kern, zu die C h o c o l a t a; 23 lb.). Die T. Frankfurt/M. 1687 führt: Succolata (C h u c a l a t e, Chocolate Hispanica seu Seviliensis) in den Handelsformen communis, incompleta und completa (= ambrata) [diese doppelt so teuer wie die erste].

Schröder, 1685, schreibt im Kap. Succolata: „ist ein in ziemlich grobe Plätzlein gebrachte, hochrote, zerbrechbare, nichtriechende massa, dem Drachenblut nicht gar ungleich . . . Die Frucht, woraus Chocolate bereitet wird, wird genannt Cacao . . . Diese eingeschlossene Baumfrucht gleicht schier den Mandeln und ist an der Farbe braun. Man bringts häufig aus Guatimala, sie wird statt einer Münze gebraucht und den Armen statt eines Almosens gereicht. Daraus bereitet man ein bei den Indianern gemeines Getränk, wie auch die obige massen chocolaten, man zerstößt nämlich besagte Körner und vermischt sie mit Gewürz . . . Die beste [Succolata] wird in Amerika bereitet, nach dieser geht die, die man in Spanien aus den dorthin gebrachten Körnern macht, wenn sie aber alt wird, so taugt sie nicht mehr viel. Sie nützt für den kalten Magen, die Brust und den Husten, das Geräusper und den Schwindel. So soll sie auch den Lebensbalsam vortrefflich stärken und die Venusbegierde erwecken. Man gebraucht sie des morgens mit Zucker in Wein oder Bier, warm, oder auch in Milch"; ist Bestandteil einer „Lattwerg ad coitum".

In Ph. Württemberg 1741 ist aufgenommen: [unter Früchten] Cacao (C a c a v a h e, A v e l l a n a e Mexicanae, C a c a u, Chocolade-Frucht; der Baum wird von den Barbaren Cacahuse, auch Cacao Cacavifera, von den jüngeren Botanikern Theobroma genannt; zur Herstellung von Chocolata und eines gepreßten Öls, Butyra Cacao genannt); Chocolata (aus Fructus Cacao, Zucker,

Vanille, evtl. mit Zusatz von Zimt und Caryophylli; Nähr- und Stärkungsmittel, Demulcans; ohne aromatische Zusätze für Schwindsüchtige, Entkräftete, Greise), Oleum Fructu Cacao (seu Butyrum Cacao; frisch bereitet als Pectorale, Antipleuriticum, Antinephriticum, Antispasmodicum, wird in warmer Milch, Brühe, Tee oder Kaffee gegeben; äußerlich gegen Risse an Lippen und Brust).

Ausführlich äußert sich Hagen, um 1780, über den „Kakaobaum (Theobroma Cacao) . . . Die Früchte haben die Gestalt und Größe der Melonen . . . und enthalten an 30 Samen, welche unter dem Namen K a k a u , Kakao, Kakaonüsse oder Kakaobohnen (Cacao, Nuces Cacao) bekannt sind. Wenn die Früchte ihre gehörige Reife erhalten haben, sondern die Amerikaner die Samen von dem Marke genau ab, packen sie ganz frisch noch in große Fäßer, welche sie mit Steinen beschweren, und darinnen 4-5 Tage lang gären lassen, da sich denn die weiße Farbe der Bohnen in eine rote oder braune verändert . . . Nachdem sie gegoren sind, breitet man sie an einem freien Ort in der Sonne aus und kehrt sie fleißig um, damit sie recht trocken werden. Nach den verschiedenen Orten, wo der Kakaobaum wächst, unterscheiden sich die Früchte desselben. Vornehmlich sind folgende 2 Sorten bekannt. Für den besten hält man den sog. Karakkischen Kakao (Cacao caraque, de Caraquas), der aus der Provinz Nikaragua kommt . . . Der Martinikische Kakao, der besonders aus Martinike, St. Domingo und anderen Amerikanischen Inseln gebracht wird, ist kleiner . . . Der Kakao wird meistenteils zur Verfertigung der Chokolate und der Kakaobutter angewandt".

Im 19. Jh. verschwand die Schokolade aus den Pharmakopöen, die Herstellung ging in die Hände von Fabrikanten über, die Verwendung als Arzneimittel klang aus; Schokolade blieb Nahrungs- und Genußmittel. Man unterschied um 1830, nach Meissner-Enzyklopädie: 1. Gesundheitschocolade, 2. Aromatische Chocolade, sog. Vanillen-Chocolade, 3. Nährende Chocolade (u. a. mit Mehlarten versetzt), 4. Arzneiliche Chocolade (Abführchocolade, auch Brustmittel mit Isländischem Moos).

Pharmazeutischen Wert behielt die Kakaobutter; solange sie selbst in Apotheken hergestellt wurde, waren auch die Samen offizinell. So führt Ph. Preußen 1799: Cacao (Cacaobohnen, von Theobroma Cacao) und Oleum Cacao. Ab Ausgabe 1862 und in DAB's nur noch das „Öl". In DAB 7, 1968: Kakaobutter (Oleum Cacao; „das durch Abpressen gewonnene, filtrierte oder zentrifugierte Fett aus Kakaokernen oder Kakaomasse, aus den Samen von **Theobroma cacao Linné**").

Die Erg.-Bücher zu den DAB's enthalten ein Kap. Pasta Cacao (Kakaomasse; [nach Erg.-B. 6, 1941] „eine durch Mahlen der gerösteten und entschälten Samen von Theobroma Cacao Linné in der Wärme hergestellte, meist in Tafeln geformte, braune, harte Masse").

In DAB's war von 1882-1890 im Kap. Trochisci (Zeltchen) die Herstellung von Trochiscos cacaotinos (Chokoladezeltchen) beschrieben (aus Mischung arznei-

licher Stoffe mit geschmolzener Schokolademasse, die aus Kakao und Zucker gefertigt wird).
Über die pharmazeutische Verwendung von T. Cacao L. schrieb Geiger, um 1830: „Die Cacaobohnen werden selten für sich als Arzneimittel verwendet; nur das Öl oder Butter (ol. seu butyrum Cacao) ist gebräuchlich; und daraus Cacaoseife. Hauptsächlich werden die Cacao zur Bereitung der Chocolade verwendet . . . Auch bereitet man mit Reis und Zucker das sog. Reiscontent. Es besteht aus gleichen Teilen feinem schwachgerösteten Reis und Cacaobohnen, dem 3fachen Gewicht Zucker, alles feingepulvert und gemengt, dem man gewöhnlich etwas Zimt zusetzt".
Marmé, 1886, schrieb: „Das entölte Cacaopulver dient mit Zucker vermischt pharmazeutisch zur Herstellung von Trochisci und ähnlichen Arzneiformen. Mit Hilfe der Cacaobutter werden Suppositorien, Vaginalkugeln, Pillen und das Balsamum Nucistae geformt. Den ausgedehntesten Verbrauch finden die Cacaosamen als Nahrungs- und Genußmittel in Form von Chocolade und sog. entöltem Cacaopulver. Cacaoschalen werden zu billigen Teeaufgüßen benutzt." Entsprechendes in Hager-Handbuch, um 1930. Nach Hoppe-Drogenkunde, 1958, wird von T. cacao verwendet: 1. der Same (nach Entschälung und Entkeimung), 2. die Kakaoschale (Diureticum, Zusatz zu Teegemischen; zur Darstellung von Theobromin und Coffein), 3. das fette Öl der entschälten und entkeimten Samen (Basis für Suppositorien usw.; sie üben milden Reiz auf die Darmschleimhaut aus und bewirken daher Stuhlentleerung - besonders in der Kindertherapie).

Thespesia

Nach Dragendorff-Heilpflanzen, um 1900 (S. 426; Fam. Malvaceae), dient von T. populnea Corr. (= Hibiscus pop. L., Malvaviscus pop. Gärtn.) „Rinde, Wurzel und Fruchtsaft gegen Cholera, Dysenterie, Hämorrhoiden, Gallenkrankheiten, äußerlich als Emolliens und gegen Hautkrankheiten; liefert Gummi". Hoppe-Drogenkunde, 1958, erwähnt T. populnea: fettes Samenöl Heilmittel der Eingeborenen (trop. Asien und Afrika) gegen Hautkrankheiten. Bezeichnung nach Zander-Pflanzennamen: **T. populnea (L.) Soland. ex Corrêa** (früher: Hibiscus populneus L.). Bei Hessler-Susruta wird Hibiscus populneoides genannt. Zitat-Empfehlung: **Thespesia populnea (S.).**

Thevetia

Hoppe-Drogenkunde, 1958, nennt T. neriifolia (= Cerbera Thevetia; nach Zander-Pflanzennamen heißt die einstige T. neriifolia Juss. ex Steud. jetzt:

T. peruviana (Pers.) K. Schum.); der Same ist herzwirksam; Mittel zur Bekämpfung von Insekten und anderen Schädlingen, besonders in Indien; zur Herstellung von Pfeilgift. Erwähnt wird auch T. yccotli. Beide Arten in Dragendorff-Heilpflanzen, um 1900 (S. 542; Fam. Apocyneae; nach Zander-Pflanzennamen: Apocynaceae). T. neriifolia Juss. (= Cerbera Thevetia L., Ahonai neriifolia Plum., Cerbera peruviana Pers.) liefert Rinde, die gegen Wechselfieber, Schlangenbiß und als Fischgift verwendet wird. T. Yccotli D. C. (= Cerbera thevetioides H. B.) enthält Herzgift; der Milchsaft wird bei Taubheit und Hautkrankheiten, das Blatt und die Frucht als Emolliens, bei Geschwüren, Zahnschmerz etc., der Same bei Hämorrhoiden verwendet. Eine 3. Art bei Dragendorff ist T. Ahouai D. C. (= Cerbera Ahouai L.); Same sehr giftig, Fischgift. Bei Geiger, um 1830, gibt es eine Cerbera Ahovai; Frucht sehr giftig; auch das Holz ist Fischgift; die Schalen der Steinfrucht dienen den Indianern als Schellen.

Thlaspi

Thlaspi siehe Bd. II, Emmenagoga; Maturantia. / V, Alliaria; Armoracia; Capsella; Lepidium.
Zitat-Empfehlung: *Thlaspi arvense (S.)*; *Thlaspi alliaceum (S.)*.

Nach Hoppe bildet Bock, um 1550, **T. arvense L.** als ein Geschlecht von „Thlaspi" ab; er lehnt sich bezüglich der Indikationen an das Kap. Hirtentäschlein (Thlaspi → Capsella) bei Dioskurides an, wobei von Bock alle 3 seiner Arten von „Thlaspi und Leuchel" (→ Lepidium, → Alliaria) zusammen besprochen werden (Klistier gegen Ischias; Samen mit Essig als Umschlag bei Leibschmerzen; Saft oder Samenpulver als Errhinum gegen Epilepsie und Schlafsucht).

In T. Worms 1582 sind verzeichnet: Semen Thlaspios (Bowrensenffsamen), auch in anderen Taxen. In Ap. Braunschweig 1666 waren 2 lb. davon vorrätig. Die Ph. Württemberg 1741 hat: Semen Thlaspios arvensis (Bauren-Senff, Besenkraut-Saamen; Diureticum, zum Eröffnen innerer Abzesse). Bei Hagen, um 1780, Geiger, um 1830, heißt die Stammpflanze: T. arvense. Wird nach Dragendorff-Heilpflanzen, um 1900 (S. 253; Fam. Cruciferae), bei Blähungen, Rheuma, Ischias etc. verwendet. Nach Hoppe-Drogenkunde, 1958, ist das fette Öl der Samen ein Brennöl.

Als weitere T.-Art nennt Geiger **T. alliaceum L.**, von der das Kraut (herba Scorodothlaspeos) offizinell war.

Thuja

Thuja siehe Bd. II, Abortiva; Antirheumatica. / IV, G 533. / V, Juniperus; Tetraclinis.

Tschirch-Araber: - Biota orientalis.
Fischer-Mittelalter: Thuja spec. (bei I. el B.).

Geiger-Handbuch: - T. orientalis (östlicher Lebensbaum) - - T. occidentalis (abendländischer Lebensbaum, Canadische Ceder).
Zander-Pflanzennamen: - **T. orientalis L.** (= Biota orientalis (L.) Endl., Platycladus orientalis (L.) Franco, P. stricta Spach) - - **T. occidentalis L.**
Zitat-Empfehlung: - **Thuja orientalis (S.)** - - **Thuja occidentalis (S.).**

Dragendorff-Heilpflanzen, S. 71 (Fam. Coniferae; nach Schmeil-Flora: Cupressaceae).

Der orientalische Lebensbaum hatte für die europäische Pharmazie keine Bedeutung, anders der nordamerikanische, der als Zierbaum in Europa schon länger bekannt war. Hagen, um 1780, schreibt von ihm: „Bei uns sieht man ihn in einigen Gärten"; seine Blätter, Herba Arboris vitae, haben einen starken und unangenehmen Geruch. Nach Geiger, um 1830, nimmt man die Blätter gegen Wechselfieber, äußerlich wurden sie gegen rheumatische Beschwerden aufgelegt. Das Holz gibt man in Abkochung, das herausdestillierte Öl wird gegen Würmer gebraucht. Vereinzelt stehen Herba Thujae occidentalis seu Arboris vitae in Pharmakopöen (Ph. Hamburg 1852). In DAB 1, 1872, findet man eine Tinctura Thujae, aus frischen Blättern, die selbst nicht aufgenommen sind, mit Alkohol ausgezogen. Wirkung (Hager, 1874): „Die Zweigspitzen des Lebensbaumes wurden als ein auflösendes, schweiß- und harntreibendes, den Husten linderndes Mittel gerühmt. Die Tinktur wird meist äußerlich als ätzendes Mittel auf Feigwarzen gebraucht". In den Erg.-Büchern bis zur Gegenwart stehen Summitates Thujae und die Tinktur. Hager, um 1930, schreibt zur Wirkung der Droge: „Früher als Diaphoreticum, Diureticum, Expectorans, Emolliens, Antirheumaticum, Anthelminticum, Adstringens, Stypticum, jetzt in Form der Tinktur zuweilen innerlich und äußerlich, gegen Krebs, der Saft (äußerlich) gegen Warzen; beim Volke als Abortivum". Im gleichen Buch ist auch Oleum Thujae, durch Wasserdampfdestillation gewonnen, beschrieben. Nach Hoppe-Drogenkunde, 1958, Kap. T. occidentalis, werden verwendet: 1. die Zweigspitzen („Äußerlich vgl. Juniperus Sabina. - In der Homöopathie [dort ist „Thuja - Lebensbaum" (T. occidentalis L.; Essenz aus frischen Zweigen mit Blättern; Hahnemann 1819) ein wichtiges Mittel] bes. bei Gicht, Rheumatismus, Neuralgien, bei Pruritus, Stypticum, Vermifugum. Thuja hat in der Homöopathie eine erhebliche Anwendungsbreite"); 2. das äther. Öl (Verwendung wie die Krautdroge).

Thymelaea

Thymelaea siehe Bd. V, Daphne.

Nach Berendes ist in dem Dioskurides-Kap. vom Anderen Chamaipitys: Passerina hirsuta L. gemeint. Schreibweise nach Dragendorff-Heilpflanzen, um 1900 (S. 459; Fam. Thymelaeaceae), T. hirsuta Endl.

Bei Bock, um 1550, ist - nach Hoppe - **T. passerina (L.) Coss. et Germ.** abgebildet; es ist eins der Geschlechter von Meerhirse (→ Lithospermum).

Thymus

Thymus siehe Bd. II, Aromatica; Calefacientia; Cephalica; Diuretica; Emmenagoga. / IV, G 1246, 1300, 1506, 1531, 1642. / V, Calamintha; Satureja; Teucrium.
Quendel siehe Bd. IV, E 157; G 957.
Serpyllum siehe Bd. II, Antiparalytica; Aromatica; Calefacientia; Cephalica; Diuretica. / IV, G 1300.
Thymian siehe Bd. I, Vulpes. / IV, E 17, 90, 141, 158, 178, 322, 324, 337; G 55, 177, 1034, 1267, 1340, 1553. / V, Cuscuta; Liquidambar.

Deines-Ägypten: „Thymian".
Grot-Hippokrates: Thymus; (- Satureja capitata).
Berendes-Dioskurides: Kap. Saturei, - Satureja capitata L. und - - T. vulgaris L.; Kap. Thymbra (gebaute), T. vulgaris L. - - - Kap. Quendel, T. Serpyllum L. (und T. glabratus Link.) + + + Kap. Aegyptischer Alant, T. incanus Sibth.? Kap. Tragoriganon, T. graveolens Sibth. und T. Tragopogum L.? Kap. Diptam, T. mastichina L.?
Tschirch-Sontheimer-Araber: - Satureja capitata - - - T. Serpyllum.
Fischer-Mittelalter: - - T. vulgaris L. (thimiana, welschkundelkraut; Diosk.: thymbra) - - - T. serpyllum L. (serpillum, crassinia, pulegium regale, colindrium, tymolea, serpiglio, wild polai, quenula, veltcouele, quendel, weldysop, hünerkul; Diosk.: herpyllos, polion, serpyllum) + + + T. nitidus L. (piperella).
Hoppe-Bock: - - Kap. Von Thymo, dem welschen Quendel, T. vulgaris L. (zam vnnd garten Thymus, Imenkraut) - - - Kap. Vom Quendel, T. serpyllum L. (Hünerserb, Künel, Kienlin, Hünerklee, Hünerköl).
Geiger-Handbuch: - T. creticus Brot. (= Satureia capitata L., cretischer Thymian) - - T. vulgaris (gemeiner oder Garten-Thymian) - - - T. Serpillum (Quendel, wilder oder Feld-Thymian).
Hager-Handbuch: - **T. capitatus Lk.** (= T. creticus Brot.) - - **T. vulgaris L.** - - - **T. serpyllum L.**
Zitat-Empfehlung: **Thymus capitatus (S.); Thymus vulgaris (S.); Thymus serpyllum (S.).**

Dragendorff-Heilpflanzen, S. 582 uf. (Fam. Labiatae); Tschirch-Handbuch II, S. 1167 uf. (T. vulgaris), II, S. 1170 uf. (T. serpyllum).

Der Thymos der griechischen Antike war wahrscheinlich - nach Berendes und Tschirch - überwiegend T. capitatus (S.) (führt mit Salz und Essig Schleim durch den Bauch ab; Abkochung mit Honig gegen Orthopnöe und Asthma, treibt den Bandwurm, den Embryo und die Nachgeburt aus, befördert die Menstruation; Diureticum, Expectorans; äußerlich gegen Ödeme, Hämorrhoiden, Ischias; beliebtes Gewürz); nach Tschirch-Handbuch fehlt nämlich T. vulgaris L. im östlichen Mittelmeergebiet, kommt aber in Italien vor, von wo er nach Deutschland einwanderte (in Quellen der karolingischen Zeit, um 850, fehlt er noch, im hohen Mittelalter, um 1250, wird er genannt); die Bezeichnung römischer Thymian deutet auf die Herkunft. Kräuterbuchautoren des 16. Jh. haben das Diosk.-Kap. vom Saturei bzw. Thymos jedenfalls - z. B. nach der Abbildung bei Bock - auf T. vulgaris L. bezogen und danach die Indikationen angegeben. In Ap. Lüneburg 1475 waren von thimi 3 qr. vorrätig.

(Thymus creticus)
Die T. Worms 1582 führt: [unter Kräutern] Thymum creticum (Thymum album. Cretischer thym, weisser Thymel). In T. Frankfurt/M. 1687 stehen (doppelt so teuer, wie der Römische Thymus, siehe unten) Herba Thymus Creticus (Cretischer Tymian). Die Ph. Augsburg 1640 verordnet, daß bei der Verschreibung von „Thymus" immer „Creticus" zu nehmen ist.
Die Ph. Württemberg 1741 beschreibt: Herba Thymi Cretici (Thymi albi capitati veri, Cretischer Thymian; die med. Eigenschaften der Thymusdrogen werden bei Herba Thymi vulgaris [siehe unten] angegeben). Bei Hagen, um 1780, heißt die Stammpflanze Satureja capitata (Kretischer Thymian); das Kraut (Hb. Thymi Cretici) war vormals offizinell. Bei Geiger, um 1830, heißt die Stammpflanze der herba seu spicae Thymi cretici (das Kraut mit den Blumen, das offizinell gewesen ist) T. creticus Brot., bei Dragendorff, um 1900, T. capitatus Lk. (wurde ähnlich wie T. vulgaris L., auch als Diureticum, Resolvens benutzt; soll weißer Thymos des Theophr., Hipp., Diosc. sein, Hâschá der arab. Autoren). Hager-Handbuch, um 1930, erwähnt T. capitatus Lk. als Stammpflanze von Herba Thymi cretici, die ätherisches Öl liefern.

(Thymus vulgaris)
Die T. Worms 1582 führt: [unter Kräutern] Thymum (Thymus, Serpillum Romanum, Thymiana herba. Thym, Thymel, Thymiankraut, Römischen quendel); Oleum (dest.) Thymi (Thymiankrautöle); die T. Mainz 1618 außerdem Semen Thymi (Welsch Quendelsamen); die T. Frankfurt/M. 1687: Herba Thymus (Thymum, Serpillum hortense, Römischer, Welscher Quendel, Thymian), Semen Thymi (Welsch oder Römischer Quendelsaamen, Thymiansaamen), Aqua Thymi (Thymianwasser), Spiritus Thymi (Thymian Spiritus), Oleum Thymi (Thymian- oder Welsch Quendelöhl). In Ap. Braunschweig 1666 waren vorrätig: Herba thymi (3 K.), Semen t. (7 lb.), Aqua t. (2 St.), Oleum t. (1 lb.).

Schröder, 1685, schreibt über die gebräuchliche Sorte von Thymus (vulgaris, folio tenuiore): „In Apotheken hat man das Kraut oder die Blätter und den Samen. Es wärmt und trocknet, macht dünn, inzidiert, zerteilt, wird gebraucht in katarrhischen Krankheiten 1. der Lungen, z. B. im Keuchen, Husten; 2. der Gliedmaßen, im Podagra, es eröffnet alle Lebensglieder und bringt einen Appetit. Äußerlich gebraucht man es bei kalten Geschwulsten, blauen Augen, Aufblähungen des Magens und den Zipperleinsschmerzen".
In Ph. Württemberg 1741 sind aufgenommen: Herba Thymi vulgaris (folio tenuiore cineritio, rigidi, Thymian; Carminativum, Anticatarrhale, Nervinum; auch in Küchengebrauch); Oleum (dest.) Thymi. Bei Hagen, um 1780, heißt die Stammpflanze T. vulgaris; das Kraut (Hb. Thymi) ist offizinell.
Die Krautdroge blieb pharmakopöe-üblich bis zur Gegenwart. In Ph. Preußen 1799: Herba Thymi (Thymian, von T. vulgaris). In DAB 1, 1872: Herba Thymi (Gartenthymian, Römischer Quendel, von T. vulgaris L.), Oleum Thymi, dieses zur Herstellung von Acetum aromaticum, Acidum aceticum aromaticum, Linimentum saponato-camphoratum und Lin. sap.-camph. liquidum, Mixtura oleosa-balsamica. In DAB 7, 1968: Thymian (Herba Thymi; „die abgestreiften und getrockneten Laubblätter und Blüten von Thymus vulgaris Linné"), Thymianfluidextrakt. In der Homöopathie ist „Thymus vulgaris - Gartenthymian" (Essenz aus frischer, blühender Pflanze) ein wichtiges Mittel.
Über die Anwendung schrieb Geiger, um 1830: „Man gibt den Thymian in Substanz, als Spezies zu Säckchen usw. mit anderen Kräutern, ebenso im Aufguß zu Bädern, Bähungen, Umschlägen. - Präparate hat man davon: das ätherische Öl, ehedem noch Wasser, Tinktur, auch nahm man das Kraut zu mehreren Zusammensetzungen. In der Haushaltung dient es als Gewürz an vielen Speisen, Würsten usw."
In Hager-Handbuch, um 1930, heißt es bei Herba Thymi: „Zu aromatischen Kräutermischungen für Bäder, Kräuterkissen u. a. Gegen Keuchhusten in verschiedenen Zubereitungen. Als Gewürz". Nach Hoppe-Drogenkunde, 1958, dienen Herba Thymi als Expectorans, Keuchhustenmittel, Stomachicum, Diureticum, Carminativum, Nervinum, Antispasmodicum; das ätherische Öl ist Choleretícum, Anthelminticum, Rubefaciens.

(Serpyllum)

Der Herpyllos (Kap. Quendel bei Berendes-Dioskurides) wird auf T.-Arten bezogen, darunter auf T. serpyllum (S.) (Kraut befördert Katamenien, treibt Harn, hilft bei Leibschneiden, inneren Rupturen, Krämpfen, Leberschwellungen, Schlangenbissen; zu Kompressen bei Kopfschmerz; gegen Lethargie und Hirnwut; stillt Blutbrechen). Kräuterbuchautoren des 16. Jh. übernehmen diese Indikationen für den Quendel.

Die T. Worms 1582 führt: [unter Kräutern] Serpillum (Herpyllum, Cunilago, Künlen, Quendel, Hünerkol, Costentz, Hünerserb, unser Frawen Bethstroh) und Serpillum citratum (Citronen quendel [vgl. unten bei Geiger]); die T. Frankfurt/M. 1687: Herba Serpillum (Quendel, Künlein, Hünerkol, wild Poley), Aqua S. (Quendelwasser), Oleum S. (Quendelöhl). In Ap. Braunschweig 1666 waren vorrätig: Herba serpilli (2 K.), Aqua S. (2 St.), Oleum s. (6 Lot), Sal s. (1/2 Lot).
Schröder, 1685, berichtet über Serpillum: „Es gibt vielerlei Arten, doch ist besagte [Serpillum minus flore albo und fl. purpureo] die gebräuchlichste . . . Dient dem Haupt, der Mutter und dem Magen, wird gebraucht im Monatsfluß, Harntreiben, (im Bad) Blutausspeien, Gliederverkrümmungen. Äußerlich benimmt er das Wachen, die Kopfschmerzen, Schwindel, treibt den Monatsfluß (im Bad)".
Die Ph. Württemberg 1741 beschreibt: Herba Serpilli vulgaris (minoris, Serpilli silvestris repentis, Quendel, Feld-Poley, Künlein; Nervinum, treibt Harn und Menses); Aqua (dest.) Serpillum, Aqua Benedicta Serpilli, Oleum S., Spiritus Serpilli. Die Stammpflanze heißt bei Hagen, um 1780: T. Serpyllum (Feldkümmel, Quendel).
Die Krautdroge blieb pharmakopöe-üblich bis Mitte 20. Jh. (DAB 6, 1926). In Ph. Preußen 1799: Herba Serpylli (von T. Serpyllum), zur Herstellung von Species aromaticae, Species ad Fomentum, Spiritus Serpylli. In DAB 1, 1872: Herba Serpylli, zur Herstellung von Aqua foetida antihysterica, Species aromaticae, Spiritus Serpylli. In der Homöopathie ist „Serpyllum" (Essenz aus frischem, blühenden Kraut) ein weniger wichtiges Mittel.
Geiger, um 1830, schrieb über T. Serpillum: „Die Pflanze variiert sehr in der Größe, Bedeckung der Blätter, Farbe und Größe der Blumen, dem Geruch usw. Mehrere Formen werden zum Teil als Arten unterschieden, als: Th. Serpillum citriodorus (Citronen-Quendel)... Offizinell ist: das Kraut mit den Blumen (herba Serpilli) ... Man gebraucht den Quendel in Substanz zu Species zum Überschlag, Kräuterkissen, im Aufguß mit anderen aromatischen Kräutern zu Bädern und Bähungen. Innerlich wird er (mit Unrecht) kaum angewendet. - Präparate hat man davon: Spiritus und ätherisches Öl. Das Wasser ist nicht mehr gebräuchlich. - Die wohlriechende, wie Citronen riechende, Varietät wird auch als Würze an Speisen benutzt".
In Hager-Handbuch, um 1930, ist über Anwendung von Herba Serpylli angegeben: „Im Aufguß als Magenmittel, zu Kräuterkuren und Bädern". Nach Hoppe-Drogenkunde, 1958, ist das Kraut: „Stomachicum, Nervinum. Aromaticum. - Bei Keuchhusten. - In Kräuterbädern, bei Rheuma. - Gewürz", das ätherische Öl „bei Erkältungen und Katarrhen, zu Einreibemitteln".

Tilia

T i l i a siehe Bd. II, Antapoplectica; Antepileptica; Cephalica; Cosmetica; Sarcotica. / III, Carbo Tiliae. / IV, G 1043.
L i n d e siehe Bd. II, Antispasmodica; Carminativa; Stimulantia. / IV, C 45; E 114; G 713, 957. / V, Ulmus.
L i n d e n k o h l e siehe Bd. III, Reg.

F i s c h e r-Mittelalter: T. spec. (tilia, t e g l i a, l i n d a, l i n t e) - T. platyphyllos Scop. (steinlinde) - - T. ulmifolia Scop.
H o p p e-Bock: Kap. Lindenbaum - **T. platyphyllos Scop.** (die zame) - - **T. cordata Mill.** (Der wild).
G e i g e r-Handbuch: - T. grandifolia Ehrh. (= T. europaea L., großblättrige L i n d e, Sommerlinde) - - T. parviflora Ehrh. (= T. europaea γ. L., kleinblättrige Linde, Winterlinde).
H a g e r-Handbuch: - T. platyphyllos Scop. (= T. grandifolia Ehrh., Sommerlinde) - - T. ulmifolia Scop. (= T. parvifolia Ehrh., T. cordata Mill., Winterlinde).
Z i t a t-Empfehlung: **Tilia platyphyllos (S.); Tilia cordata (S.).**

Dragendorff-Heilpflanzen, S. 418 uf. (Fam. T i l i a c e a e); Tschirch-Handbuch II, S. 373 uf.

In Tschirch-Handbuch sind einige Autoren genannt, die T.-Arten bei antiken Schriftstellern identifizieren, die Angaben sind aber alle unsicher; auf uraltes Volksbrauchtum bei den nördlichen Völkern wird hingewiesen.
Bock, um 1550, bildet - nach Hoppe - Sommer- und Winterlinde ab; Indikationen sind an Brunschwig's Destillierbücher angelehnt (Destillat gegen Leibschmerzen, Dysenterie, Epilepsie; Schleim aus Rindenschicht gegen Entzündungen, Hautverfärbungen, Verbrennungen; eine Zubereitung aus Lindenholzkohle gegen Blutspeien; Lindenkohle für Schießpulver).
Die T. Worms 1582 führt: Flores Tiliae (Lindenblühe); Aqua Florum tiliae (Lindenblütwasser); Conserva Florum tiliae (Lindenblühtzucker); die T. Frankfurt/M. 1687: [außer den vorangehenden] Cortex Tiliae interiores (mittlere Linden-Rinden), Semen Tilia (Lindenkörner), Spiritus Tilia e floribus (Lindenblüth Geist). In Ap. Braunschweig 1666 waren vorrätig: Flores t h i l i a e (1 1/2 K.), Aqua t. florum (5 St.), Aqua t. flor. cum vino (1 3/4 St.), Conserva t. flor. (3/4 lb.), Oleum t. flor (10 lb.), Spiritus flor. t. (6 Lot).
Nach Schröder, 1685, hat man in Apotheken von Tilia: Blüten (fürs Haupt, gegen schwere Not, Schlag und Schwindel), Blätter und Rinde (treiben Harn und Monatsfluß; äußerlich gegen Verbrennungen), Samen (gegen rote Ruhr, Flüße, Nasenbluten), Holz (Resolvens), M i s t e l (= V i s c u m tileaceum; gegen schwere Not der Kinder); als Zubereitungen: Destilliertes Blütenwasser, Spiritus, Conserve von den Blumen.

Die Ph. Württemberg 1741 verzeichnet: Flores Tiliae (Lindenblüth; Roborans, Discutiens, Anodynum, Cephalicum; bei Epilepsie, Schlagfluß, Schwindel); Aqua T. flores. Bei Hagen, um 1780, heißt die Linde: T. Europaea.

In Ph. Preußen 1799 war Aqua Florum Tiliae aufgenommen. Dann in Ausgabe 1846 (wie in anderen Länderpharmakopöen) Flores Tiliae (von T. europaea L., T. microphyllata Venten. et T. platyphylla Scop.). In DAB's Flores Tiliae; 1872, von T. ulmifolia et T. platyphyllos Scopoli (als Zubereitungen: Aqua Tiliae, Aqua T. concentrata); 1882-1890, von T. parvifolia u. T. grandifolia; 1900, von T. ulmifolia u. T. platyphyllos; 1910, von T. cordata Miller u. T. platyphyllos Scopoli. So bis DAB 7, 1968.

Geiger, um 1830, schreibt über Anwendung der beiden Linden (der klein- und großblättrigen): „Die Lindenblüte gibt man im Teeaufguß. Sie werden auch anderen Teespecies beigemengt. - Als Präparat hat man davon: das destillierte Wasser (aqua florum Tiliae), welches nur von frischen Blumen zu bereiten ist, denn die trockenen geben ein fast geruchloses Wasser ... Die Rinde und Blätter wurden äußerlich zu Umschlägen gebraucht. Das Holz gibt beim Verkohlen eine ziemlich reine leichte, aber feste Kohle (carbo Tiliae), welche zu Zahnpulver, Räucherkerzchen usw., auch zum innerlichen Gebrauch vorzüglich anwendbar ist. Man benutzt sie zum Zeichnen und setzt sie der Masse des Schießpulvers zu. - Durch Anbohren des Stamms erhält man einen süßen Saft, der dem Birken- und Ahornsaft ähnlich benutzt werden kann ... Die Kerne der Früchte enthalten viel fettes, gelbes, mildes Öl, welches wie Baum- und Mandelöl benutzt werden kann".

In Hager-Handbuch, um 1930, ist für Flores Tiliae angegeben: „Schweißtreibendes Mittel in Teemischungen und für sich im Aufguß. Besondere Wirkung ist kaum vorhanden, die Hauptwirkung des Aufgusses dürfte dem heißen Wasser zuzuschreiben sein". Ähnlich heißt es im Kommentar zum DAB 7. Ausführlicher äußert sich Hoppe-Drogenkunde, 1958: [Flores Tiliae] „Diaphoreticum, Diureticum, Sedativum, Antispasmodicum. Bei Katarrhen der Atmungsorgane. Zur Steigerung der Gallensekretion. In der Homöopathie. Zusatz zu Mund- und Gurgelwässern, zu Bädern. In der Kosmetik"; [Carbo Ligni Tiliae, heute gewöhnlich durch Holzkohle von Fichten- oder Buchenholz ersetzt] „früher ein geschätztes Mittel gegen chronische Hautkrankheiten. Wundheilmittel".

In der Homöopathie ist „Tilia europaea - Linde" (T. cordata Mill. u. platyphyllos Scop.; Essenz aus frischen Blüten; 1848, Buchner 1852) ein wichtiges Mittel.

Tillandsia

Nach Geiger, um 1830, wird T. usneoides L. in Amerika gegen Hämorrhoiden gebraucht; man benutzt sie außerdem zum Polstern, Verpacken usw. Dragendorff, um 1900, schreibt ebenfalls von diesem „Greisenbart... Die schleierartig von Baumzweigen herabhängende Pflanze wird zu chirurgischen Zwekken, in Paraguay und Peru zu Salben gegen Hämorrhoiden, in Brasilien zu Umschlägen bei Unterleibserkrankungen und Drüsenanschwellungen benutzt". Bei Hoppe-Drogenkunde, 1958, der keine med. Verwendung angibt, sind als Handelsbezeichnungen genannt: Louisiana-Moos, Spanisches Moos. Schreibweise nach Zander-Pflanzennamen: **T. usneoides (L.) L.** Zitat-Empfehlung: **Tillandsia usneoides (S.).**

Dragendorff-Heilpflanzen, S. 109 (Fam. Bromeliaceae).

Toddalia

Toddalia siehe Bd. V, Morus.

Während die Lopezwurzel bis Mitte 19. Jh. von → Morus indica abgeleitet wurde, heißt die Stammpflanze bei Dragendorff-Heilpflanzen T. aculeata Pers. (= Paullinia asiatica L.; S. 355; Fam. Rutaceae); Verwendung der „Wurzel (Lopez) und deren Rinde als Stimulans, Stomachicum, bei Malaria, Intermittens, Cholera, Diarrhöe, Rheuma, Syphilis, das Blatt auch bei Schmerz in den Eingeweiden, die Früchte als Gewürz". Nach Hoppe-Drogenkunde, 1958, wird die Wurzelrinde dieser Pflanze (Radix Lopezianae indicae, Lopez-Wurzel) „in Indien als Tonicum, Stimulans und Antipyreticum angewendet. - Zur Gewinnung eines gelben Farbstoffs".

Tordylium

Nach Berendes paßt die Beschreibung des Tordylion von Dioskurides sehr gut auf T. officinale L. (gegen Harnverhaltung, zur Beförderung der Menstruation; Saft des Stengels und Samens gegen Nierenleiden; Wurzel mit Honig reinigt die Brust). Nach Grot ist bei Hippokrates das Drehkraut (= Tordylium) und nach Sontheimer in arab. Quellen „Tordylium" nachgewiesen. Fischer-Mittelalter gibt an: T. officinale L. (petrosello salvatica), T. apulum L. (pimpinella romana), T. Sekakul (I. el B.).
Die T. Mainz 1618 führt Semen Seseleos cretici (seu veri, Sesselsamen), die T. Frankfurt/M. 1687 ebenfalls (Cretischer-Candischer Seselsaamen). Aufgenommen in Ph. Württemberg 1741: Semen Seseli Cretici (Tordylii minoris, Sessel-Saamen, Cretischer Berg-Kümmel; Diureticum, Carminativum, Uterinum). Hagen, um 1780, gibt an: „Kretischer Bergkümmel, Zirmet (Tordylium officinale), wächst außer Kreta und Kandien auch in Italien, Sizilien und

Frankreich. Der Samen (Sem. Seseleos cretici s. montani) ist länglich". Die Pflanze wird von Geiger, um 1830, erwähnt; vom offizinellen Drehkraut „war sonst die Wurzel und der Samen (rad. et sem. Tordylii, Seseleos cretici minoris)" gebräuchlich; „ist wahrscheinlich das S e s e l i der Alten". Dragendorff, um 1900 (S. 499; Fam. U m b e l l i f e r a e), schreibt über T. officinale L.: „Die Frucht wird gegen Nieren- und Blasenleiden, das Blatt als Salat gebraucht. Desgleichen das zugehörige T. apulum L.".
Zitat-Empfehlung: **Tordylium officinale (S.).**

Torreya

Dragendorff-Heilpflanzen, um 1900 (S. 64; Fam. T a x a c e a e), nennt:
1.) **T. california Torr.** (= T a x u s Myristica Hook.); „die saftigen Früchte als californ. M u s c a t n u s s gebraucht". Hat ein Kapitel bei Hoppe-Drogenkunde, 1958: Semen Torreyae sind Ersatz für Muskatnüsse.
2.) T. nucifera S. et Z. (= Taxus nucif. Thbg., C a r y o t a x i s nucif. Zucc.; Schreibweise nach Zander-Pflanzennamen: **T. nucifera (L.) Sieb. et Zucc.**); Japan, China; Frucht als Laxans, Expectorans, Anthelminticum. Wird bei Hoppe erwähnt; Samen liefern fettes Öl (K a y a ö l).
Zitat-Empfehlung: **Torreya california (S.); Torreya nucifera (S.).**

Toxicodendron

Zitat-Empfehlung: *Toxicodendron quercifolium (S.)*; *Toxicodendron radicans (S.)*; *Toxicodendron vernix (S.)*.
Dragendorff-Heilpflanzen, S. 399 uf. (Fam. A n a c a r d i a c e a e ; unter Rhus).

In Geiger-Handbuch, um 1830, werden als Arten der Gattung R h u s - heute als T.-Arten aufgefaßt - beschrieben:
1.) Rhus Toxicodendron; „eine seit 1794 durch Alderson, Horsfield u. a. als Arzneimittel eingeführte Pflanze . . . Der Gift-Sumach ist ein kleiner . . . Strauch, teils mit aufrechtem Stengel, teils wurzelnd, und weit umher sich ausbreitend; auch in der Gestalt, Größe und Bedeckung der Blätter variiert er sehr. Die mehr wurzelnde Varietät hat kleine, meistens ganz glatte Blätter; sie wurde von mehreren als eine eigene Art unter dem Namen Rh. radicans (wurzelnder S u m a c h) aufgenommen. Die weniger wurzelnde Varietät hat meistens größere, unten etwas behaarte, zum Teil etwas buchtig-gezähnte Blätter (Rh. Toxicodendron). Es finden jedoch Übergänge von einer Form in die andere statt . . . Man gibt die Blätter in Substanz, in Pulver- und Pillenform . . . Präparate hat man davon Extrakt (extr. Rhois Toxicodendri). Es wird aus dem Saft der frischen

Blätter durch Eindicken bereitet. Bei Verfertigung dieses Extrakts ist die größte Vorsicht nötig, um sich vor den schädlichen Ausdünstungen zu sichern".
Aufgenommen in preußische Pharmakopöen: 1827-1846 Folia Toxicodendri (von Rhus radicans L.); in DAB 1, 1872: Folia Toxicodendri (von Rhus Toxicodendron Michaux). Seit 1916 wieder in Erg.-Büchern (1941: Folia [und Tinctura] Toxicodendri, von Rhus Toxicodendron L.). In der Homöopathie ist „Rhus Toxicodendron - Giftsumach" (Tinktur aus frischen Blättern; Hahnemann 1816) ein wichtiges Mittel. Daneben gibt es noch „Rhus radicans" (R. Toxicodendron L. var. R. radicans L.; Essenz aus frischer Wurzel) als weniger wichtiges Mittel.
Schreibweise nach Zander-Pflanzennamen: **T. quercifolium (Michx.) Greene** (= Rhus toxicodendron L.; Giftsumach); **T. radicans (L.) O. Kuntze** (= Rhus radicans L.; Kletternder Giftsumach).
Über die Anwendung der Folia Toxicodendri schreibt Hager-Handbuch, um 1930: „Früher als Narcoticum, diese Anwendung hat sich aber als unzweckmäßig erwiesen". Hoppe-Drogenkunde, 1958, Kap. Rhus toxicodendron (= T. toxicodendron) gibt über das Blatt an: „Wichtiges Mittel der Homöopathie. Bei Folgen von Erkältungen, bei Muskel- und Gelenkrheumatismus, Ischias, Neuralgien, bei Infektionen, Fieber, Hautleiden, Augenleiden, Herzhyperthrophie (Sportherz)"; ferner werden verwendet: Rhus radicans; nach älteren Angaben soll die Wirkung unterschiedlich sein. Fiebermittel.

2.) Von Rhus Vernix (Firniß-Sumach), einem in Japan und Nordamerika einheimischen Baum „... wird ein sehr scharfer, übelriechender Milchsaft gesammelt, der noch weit schädlicher ist als der von Rhus Toxicodendron. Die Ausdünstung in mehreren Fuß Entfernung, mehr noch die Berührung des Saftes mit der Haut, erregt Geschwulst, Blasen, mit sehr gefährlichen Symptomen, oft den Tod; selbst wenn dieses Holz verbrannt wird, äußern sich bei den Umstehenden oft die heftigsten, gefährlichsten Zufälle. Man wendet den Milchsaft äußerlich in Salben an. - Die Japaneser verfertigen daraus einen berühmten, sehr schönen Firniß, japanesischer F i r n i ß , indem sie ihn mit Öl, Zinnober usw. vermischen".
Schreibweise nach Zander-Pflanzennamen: **T. vernix (L.) O. Kuntze** (= Rhus vernix L., R. venenata DC.; Giftsumach). In der Homöopathie ist „Rhus venenata" (Essenz aus frischer Rinde und Blättern; Hale 1891) ein wichtiges Mittel.

Trachyspermum

Die Umbellifere **T. ammi (L.) Sprague** (= T. copticum (L.) Link, C a r u m copticum (L.) Benth. et Hook. f. ex C. B. Clarke, P t y c h o t i s coptica (L.) DC., Ptychotis ajowan DC.) hat oft ihre botanische Bezeichnung geändert [obige nach Zander-Pflanzennamen]. Zitat-Empfehlung: **Trachyspermum ammi (S.).**
Nach Beßler-Gart ist Carum copticum Benth. (= A m m i copticum L.) neben

→ Ammi majus L. die Stammpflanze des mittelalterlichen A m e o s . Geiger, um 1830, erwähnt L i g u s t i c u m Adjawain Roxb. (Adjawain-Liebstöckel); „in Ostindien zu Hause . . . von dieser leitet man die A d j o w a e n - oder A j a w a i n - auch Ajawe-Samen (semen Adjowaen s. Ajawain) ab . . . Man kennt diesen Samen in neueren Zeiten fast gar nicht mehr. Er wurde unter andern erst kürzlich in Paris von keinen Samenkenner erkannt. In Bengalen, wo er auch gebaut wird, benutzt man ihn häufig als Gewürz und Arzneimittel . . . Nach den angegebenen Merkmalen möchte diese Frucht wohl schwerlich von einem Ligusticum kommen".
Bei Dragendorff-Heilpflanzen, S. 489 (Fam. U m b e l l i f e r a e), heißt die Pflanze Carum copticum Benth. (= Ptychotis copt. D. C., Ptychotis Adjowan D. C., Ligusticum Adjowan Roxb., B u n i u m copt. Spr., Ammi copt. L.); die Frucht „wird als Carminativum, Antispasmodicum etc. gebraucht. Ammi aethiopicon des Diosk. Scheint das Nakhah Ibn Sinas, das Yaváni oder Yavánika des Sanscr. zu sein".
Nach Hager-Handbuch, um 1930, liefert C. Ajowan Benth. et Hook. (= Ptychotis coptica D. C.) Fructus A j o w a n , woraus durch Wasserdampfdestillation Oleum Ajowan gewonnen wird. Nach Hoppe-Drogenkunde, 1958, wird von C. Ajowan die Frucht als Carminativum und Tonicum gebraucht.

Tradescantia

Dragendorff-Heilpflanzen, um 1900 (S. 110; Fam. C o m m e l i n a c e a e), nennt 3 T.-Arten, darunter T. elongata G. F. Mey. (= **T. diuretica Mart.)**; Anwendung der brasilianischen Pflanze „zu Injektionen bei Leucorrhoe und Gonorrhoe". In der Homöopathie ist „Tradescantia diuretica" (Essenz aus frischer Pflanze) ein weniger wichtiges Mittel.
Zitat-Empfehlung: **Tradescantia diuretica (S.).**

Tragopogon

T r a g o p o g o n siehe Bd. II, Hepatica. / V, Hieracium; Scorzonera.

Nach Berendes-Dioskurides wird das Kap. B o c k s b a r t auf T. porrifolium L. (= T. crocifolium L.) bezogen (das Kraut ist eßbar); abweichend von anderen bezieht Berendes das Kap. Großes H i e r a k i o n (→ H i e r a c i u m) auf T. picroides L. (kühlt, adstringiert; als Kataplasma bei erhitztem Magen und bei Entzündungen; Saft gegen Magenstiche; Kraut mit Wurzel zu Umschlag gegen Skorpionstiche).

Sontheimer-Araber nennt T. crocifolium und T. pratense; auch Fischer-Mittelalter zitiert beide Arten: **T. porrifolius L.** (oculus porci; Diosk.: tragopogon) und **T. pratensis L.** (ablacta, jacea, herba judaica, tetrahit, barba hircina, orobus silvestris, saxifraga media, bockesbart, haberwurz, zigenpart, judenkraut, wildwicken). Nach Beßler-Gart sind die Glossen zum Kap. Tetrahit vieldeutig, angezogen werden Sideritis hirsuta L., Galeopsis tetrahit L. und die verwandte Stachys recta L. und schließlich T. pratensis L. bzw. subsp. orientalis (L.) Velen.

Bock, um 1550, bildet im Kap. Bocksbart (Gauchbrot) T. pratensis L. ab und identifiziert mit obigem Diosk.-Kap.; er beschreibt das aus Kraut und Wurzel gebrannte Wasser - nach Brunschwig - als Mittel gegen stechende Schmerzen und eitrige Abszesse; junge Wurzeln als Salat.

In Ap. Braunschweig 1666 waren vorrätig: Herba barbae hirci (1/4 K.). Hagen, um 1780, beschreibt als Bocksbart (Morgenstern, wilde Skorzonere) T. pratense; die Wurzel (Rad. Tragopogi, Barbae hirci) sammelt man sonst auch von der Art des Bocksbarts (T. porrifolium), der in Gärten unter dem Namen Haberwurzel oder Haferwurzel gebaut wird.

Geiger, um 1830, beschreibt T. pratense (Wiesen-Bocksbart, wilde Haferwurzel, Hafermark); verwendet wird die Wurzel (rad. Tragopogi, Barbae hirci); „als Arzneimittel wird die Wurzel jetzt nicht mehr gebraucht. Man verordnet sie als diätetisches Mittel. In Haushaltungen dient sie als Gemüse" wie T. porrifolius (liefert rad. Tragopogi artifi). Nach Jourdan, zur gleichen Zeit, kommt die Wurzel beider Arten gelegentlich zu Brustabkochungen.

Nach Dragendorff-Heilpflanzen, um 1900 (S. 693; Fam. Compositae), wird von T. pratensis L. die Wurzel als Aperitivum und Expectorans, Stengel als Gemüse gebraucht. Hoppe-Drogenkunde, 1958, gibt von dieser Art an: Eine arzneiliche Verwendung ist nicht bekannt.

Zitat-Empfehlung: **Tragopogon pratensis (S.), Tragopogon porrifolius (S.).**

Trametes

Geiger, um 1830, erwähnt Boletus suaveolens L. (= Bol. Salicis Bull., Polyporus suaveolens Fries, wohlriechender Löcherpilz, Weidenschwamm); „ist unter dem Namen Fungus Salicis offizinell gewesen. Man hat ihn gegen Schwindsucht usw. gebraucht. Nicht selten wird er mit anderen auf Weiden wachsenden [Pilzen] verwechselt". Aufgenommen in Ph. Württemberg 1741: Fungus Salicis (Weiden-Schwammen; gegen Schwindsucht).

Der Pilz heißt bei Dragendorff-Heilpflanzen, um 1900 (S. 36; Fam. Polyporaceae): Polyporus suaveolens Fr. (= T. suav. L., Daedalea suav. Pers., Weidenschwamm, Boletus Salicis); „wurde gegen Nachtschweiß, bei Lun-

genleiden etc. benutzt". Schreibweise nach Michael-Pilzfreunde, 1960: **T. suaveolens (L. ex Fr.) Fr.**
Zitat-Empfehlung: **Trametes suaveolens (S.).**

Trapa

T r a p a siehe Bd. V, Tribulus.
Zitat-Empfehlung: *Trapa natans (S.).*

Die W a s s e r n u ß , **T. natans L.**, hat mehrfach die botanische Familie gewechselt (Geiger, um 1830: O e n o t h e r a e ; Wiggers, um 1850: H a l o r a g e a e ; Dragendorff-Heilpflanzen, um 1900: O n a g r a c e a e ; Hoppe-Drogenkunde, 1958: H y d r o c a r y a c e a e ; Zander-Pflanzennamen, 1964: T r a p a c e a e). Nach Berendes ist sie der Wassertribolos bei Dioskurides (Feldtribolos → T r i - b u l u s ; Wirkungen von beiden gleich bis auf die giftwidrige, die nur dem Feldtribolos zugeschrieben wird). Nach Fischer kommt T. natans L. vereinzelt in mittelalterlichen Quellen vor, Beßler-Gart nennt die Pflanze für das Kap. Tribuli marini (m e r e d i s t e l n). Bock, um 1550, beschreibt - nach Hoppe - die Pflanze als Wassernuß (W e i h e r - o d e r S e e n u ß); Indikationen wie bei Dioskurides; allgemein empfiehlt er die Anwendung bei „hitzigen presten".
In T.Worms 1582 ist unter Früchten aufgeführt: Tribulus marinus (seu aquaticus, n u x a q u a t i c a , C a s t a n e a palustris. Wassernüß, Weyernüß, Seenüß); in T. Frankfurt/Main 1687: Tribuli aquatici (S t a c h e l n ü s s e , Wassernüsse, S p i t z n ü s s e); in Ap. Braunschweig 1666 waren davon 2½ lb. vorrätig.
Aufgenommen in Ph. Württemberg 1741: Tribuli aquatici (Castaneae aquaticae, palustres, cornutae, Wasser-Nüsse, S t e c h - N ü s s e ; vom Volk bei Brustfellentzündung benutzt). Bei Hagen, um 1780, heißt die Stammpflanze T. natans. Geiger, um 1830, schreibt über die Anwendung: „Ehedem wurde die Abkochung gegen Bauchflüsse usw. gebraucht. - Sie werden in manchen Gegenden, gebraten oder gekocht, genossen, und selbst deshalb angebaut; sie sind sehr nahrhaft. Bei uns werden sie zur Mästung der Schweine benutzt". Dragendorff-Heilpflanzen (S. 483) gibt an: „Der Same dient als Nahrungsmittel, auch als Mittel bei Durchfall, Lithiasis etc., das Kraut zu kühlenden Umschlägen". Bei Hoppe-Drogenkunde, 1958, wird vermerkt, daß die Pflanze Gerbstoffe enthält; die Samen sind eßbar, die Früchte werden zu Rosenkränzen verarbeitet.

Tribulus

T r i b u l u s siehe Bd. V, Rosa; Trapa; Xanthium.

Bei Bretschneider-China kommt T. terrestris, bei Hessler-Susruta T. lanuginosus vor. Bei Dioskurides gibt es ein Kap. T r i b o l o s , in dem er 2 Arten unterscheidet (Wassertribolos → Trapa); der Feldtribolos wird nach Berendes als T. terrestris L. gedeutet (wirkt adstringierend, kühlend, zu Kataplasmen bei Entzündungen; mit Honig gegen Soor, Mandelentzündung, Munderkrankungen; zu Augenarzneien; Frucht bei Steinleiden, gegen Vipernbisse und tödliche Gifte; die Abkochung tötet Flöhe; die Frucht wird auch als Nahrungsmittel verwandt). Entsprechendes bei den Arabern. Nach Fischer kommt T. terrestris L. in einigen mittelalterlichen Quellen vor (tribulus campestris seu siccus, tribulosa herba). Geiger, um 1830, erwähnt T. terrestris (Erd-Burzeldorn), davon das Kraut (herba T. terrestris) ehedem gebraucht. Nach Dragendorff-Heilpflanzen, um 1900 (S. 344; Fam. Zygophyllaceae), dienen von T. terrestris L. „Blätter als Tonico-Adstringens, Galactogogum und Diureticum, bei Hals- und Augenkrankheiten, Diarrhöe, Spermatorrhöe, Gonorrhöe etc. Same eßbar". Er nennt ferner: T. lanuginosus L. („zu T. terrestris gehörig"); Frucht als Diureticum und bei Spermatorrhöe und Fieber gebraucht. Hoppe-Drogenkunde, 1958, hat ein Kap. T. lanuginosus; die Frucht ist „Volksheilmittel der indischen Medizin"; er erwähnt auch T. terrestris als Tonicum, Laxans.

Trichilia

Geiger, um 1830, schreibt über T. cathartica Mart., daß davon „nach Martius die Wurzelrinde als Purgiermittel bei Wassersuchten, Tertianfieber usw. gebraucht" wird. Entsprechende Angaben bei Dragendorff-Heilpflanzen, um 1900 (S. 363; Fam. Meliaceae), der außerdem 6 weitere T.-Arten aufführt, darunter T. emetica Vahl (Frucht Brechmittel, ölreicher Same gegen Krätze). Diese Art hat bei Hoppe-Drogenkunde, 1958, ein Kapitel: T. emetica (= Mafureira oleifera); technische Verwendung des Samenfettes (Mafuratalg).

Trifolium

Trifolium siehe Bd. II, Antiscorbutica. / V, Convolvulus; Eupatorium; Fragaria; Geum; Hepatica; Lotus; Melilotus; Menyanthes; Orchis; Oxalis; Platanthera; Psoralea; Trigonella.
Klee siehe Bd. V, Eupatorium; Hepatica; Medicago; Melilotus; Trigonella.

Berendes-Dioskurides: - Kap. Hasenklee, T. arvense L.
Sontheimer-Araber: - T. arvense.
Fischer-Mittelalter: - **T. arvense L.** (lagopus, pes leporis, avancia, hasenfuezz, hasenwurz; Diosk.: lagopus) -- **T. pratense L.** (cithysus, lapatium, trifolium, calta, epithimum, cle, klee, drieplat, fleischblumen; Diosk.: triphyllon, oxyphyllon, menyanthes, trifolium acutum oder odoratum); **T. repens L.**

und **T. montanum L.** (trifolium album, mellisuga, weißklee, pinsaug) +++ T. minus L. und T. procumbens L. [Schreibweise nach Schmeil-Flora: **T. campestre Schreb.**] (trifolium acutum oder citrinum oder cervinum, gelber chlee, scharpffclee); T. indicum bei Avic.; T. Alexandrinum.
Beßler-Gart: -- Kap. Trifolium (klee, lothos, lotus), **T. pratense L.** u. T. repens L.
Hoppe-Bock: - Kap. Steinklee, T. arvense L. (Katzenklee, mit weißfarben ketzlin) und T. campestre Schreb. (Katzenklee, hasenpfoetlin, mit gaelen bluemlin) -- Kap. Wysen Klee, T. pratense L. (Braun fleischbluomen, der größt und braun) und T. repens L. (Weisse fleischbluomen, das kleinst und weiß geschlecht des klees) +++ Kap. Grosser Geißklee, **T. rubens L.**
Geiger-Handbuch: - T. arvense (Ackerklee, Hasenklee) -- T. pratense (Wiesenklee); T. repens.
Zitat-Empfehlung: **Trifolium arvense (S.); Trifolium pratense (S.); Trifolium repens (S.); Trifolium montanum (S.); Trifolium campestre (S.); Trifolium rubens (S.).**

Dragendorff-Heilpflanzen, S. 314 (Fam. Leguminosae; nach Schmeil-Flora: Papilionaceae; nach Zander-Pflanzennamen: Leguminosae).

Der Lagopus des Dioskurides, der als T. arvense (S.) identifiziert wird, gilt als allgemein bekannt (hemmt Durchfall). Bock, um 1550, bildet die Pflanze - nach Hoppe - als einen Katzenklee ab, der andere ist T. campestre (S.); die Indikationen werden jedoch an ein anderes Diosk.-Kap. angelehnt (gegen Blasenleiden; Abkochung mit Honig zum Einreiben der Haut).
In Ap. Braunschweig 1666 waren 1/4 K. Herba lagopi vorrätig. Schröder, 1685, hat ein kurzes Kap. Trifolium: „Es sein unterschiedene Geschlechter des Trifolii, denn alle Gewächse, die 3 Blätter haben, tragen diesen Namen. Aus diesen allen aber dienen etliche wenige denen Apotheken und sind folgende: Trifol. acetosum bes. Acetosellam [→ Oxalis], Trifol. aureum bes. Epatica nobilis [→ Anemone] und Trifol. odoratum, bes. Lotus und Melilotus"; dann wird noch Trifolium palustre fibrinum genannt.
In Ph. Württemberg 1741 ist aufgenommen: Herba Trifolii pratensis (purpureae, vulgaris, majoris, Wiesenklee; Vulnerarium, Balsamicum, Subadstringens). Hagen, um 1780, beschreibt nur Wiesenklee (T. repens); seine Flores Trifolii albi „werden selten mehr gebraucht". Geiger, um 1830, erwähnt als ehedem gebräuchliche Drogen: Kraut mit den Blumen von T. arvense (herba cum floribus Lagopi, Trifolii leporini), Kraut mit den Blumen und die Samen von T. pratense (herba cum floribus et semina Trifolii pratensis seu purpureae), Blumenköpfe von T. repens (flores Trifolii albi).

Hoppe-Drogenkunde, 1958, hat ein Kap. T. repens; Flores Trifolii albi werden bei Gicht, rheumatischen Erkrankungen und Drüsenschwellungen verwandt; ferner werden verwendet: Flores Trifolii rubri (von T. pratense), T. arvense als Volksheilmittel bei Gicht; T. subterraneum u. T. incarnatum.
In der Homöopathie ist „Trifolium arvense - Katzenklee" (Essenz aus frischer Pflanze; Hale 1875) ein wichtiges, „Trifolium repens" (Essenz aus frischer Pflanze) ein weniger wichtiges Mittel.

Trigonella

Trigonella siehe Bd. V, Melilotus.
Bockshornklee siehe Bd. IV, G 957.
Foenum graecum siehe Bd. II, Antiarthritica; Calefacientia; Emollientia. / IV, E 85, 240; G 957. / V, Astragalus.

Hessler-Susruta: T. corniculata.
Deines-Ägypten: - T. foenum graecum.
Berendes-Dioskurides: - Kap. Bockshornmehl, T. Foenum graecum L. +++ Kap. Wilder Lotos, T. elatior Sibth. [Schreibweise nach Dragendorff-Heilpflanzen: **T. corniculata L.**].
Sontheimer-Araber: - T. foenum graecum -- Melilotus coeruleus +++ T. elatior.
Fischer-Mittelalter: - T. foenum graecum L. (foenum graecum, tilios; Diosk.: lotos agrios, triphyllon, trifolium minus, telis) +++ T. polycerata L. (securidea minore).
Hoppe-Bock: - T. foenum graecum L. (Bockshorn) -- T. caerulea Ser. (Sibengezeit, garten Klee, wetterkraut).
Geiger-Handbuch: - T. Foenum graecum (griechisch Heu, Kuhhorn) -- Melilotus coerulea Desv. (= Trifolium Melilotus coerulea L., Blauer Steinklee, Schabziegerklee, Siebenzeit).
Hager-Handbuch: - T. foenum graecum L.
Zander-Pflanzennamen: - **T. foenum-graecum L.** - - **T. coerulea (L.)** Ser.
Zitat-Empfehlung: **Trigonella foenum-graecum** (S.); **Trigonella coerulea** (S.); **Trigonella corniculata** (S.).

Dragendorff-Heilpflanzen, S. 316 (Fam. Leguminosae; nach Schmeil-Flora: Papilionaceae; nach Zander: Leguminosae; T. coerulea unter „Melilotus"); Tschirch-Handbuch II, S. 344 (Foenum graecum).

(Foenum graecum)
Nach Tschirch-Handbuch kann man Indien als ursprüngliche Heimat annehmen; von dort frühzeitig als Kulturpflanze nach Westen verbreitet, wurde schon im Altertum in vielen Gegenden des Mittelmeergebietes kultiviert (als Futterpflanze); die salernitanische Schule übernahm die Pflanze als Arzneidroge von den Arabern; durch die Benediktiner kam sie nach dem Norden.

Nach Dioskurides hat die Pflanze und das Mehl daraus erweichende und verteilende Kraft (Umschlag bei inneren und äußerlichen Geschwüren, vergrößerter Milz; für Sitzbäder bei Frauenleiden; beseitigt Haare, Schorf, Grind, Narben; gegen Stuhlzwang). Kräuterbuchautoren des 16. Jh. übernehmen solche Indikationen; Bock ergänzt nach Plinius (gegen chronischen Husten mit Honig; mit Essig und Salpeter zum Einreiben bei Ausschlägen auf dem Kopf).

In Ap. Lüneburg 1475 waren 1 lb. Semen fenugreci vorrätig. Die T. Worms 1582 führt: Semen Foenu graeci (Aegocerotis, Carphi, Siliciae, Siliculae, Trifolii graeci, Griechisch hew oder Griechischer Kleesamen, Kuehorn oder Bockshornsam, Fenugreck); die T. Frankfurt/M. 1687: Semen Foenugraeci (Bockshornsaamen, Fenogrecsaamen). In Ap. Braunschweig 1666 waren vorrätig: Semen foenugraeci (20 lb.), Pulvis f. (5 lb.). Aufgenommen in Ph. Württemberg 1741: Semen Foeni graeci (Foenugraeci, Bockshorn-Saamen; äußerlich zu Kataplasmen; Anodynum, Emolliens, Discutiens; Confortans für Pferde). Bei Hagen, um 1780, heißt die Stammpflanze: T. Foenum graecum.

Angaben der preußischen Pharmakopöen: Ausgabe 1799, Semen Foeni graeci (Bockshornsamen, von T. Foenum Graecum); Bestandteil von Unguentum Altheae. Samen bis 1829. Dann noch in verschiedenen Länderpharmakopöen. In DAB 1, 1872, wieder die Samen (von T. Foenum Graecum Linn.), bis DAB 6, 1926. In der Homöopathie ist „Foenum graecum" (Tinktur aus reifen Samen) ein weniger wichtiges Mittel.

Über die Anwendung schrieb Geiger, um 1830: „Man gebraucht den Bockshornsamen zu erweichenden Breiumschlägen, zu Klistieren. Die Tierärzte gebrauchen das Pulver häufig gegen Krankheiten der Tiere innerlich. - Man nahm sie ehedem zu mehreren Zusammensetzungen, Pflastern und Salben (ung. Althaeae, empl. diachylon etc.). Das Pulver auf den Kopf gestreut, soll die Läuse vertreiben. Die Alten benützten ihn als Gemüse, was noch jetzt im Orient der Fall sein soll". In Hager-Handbuch, um 1930, ist angegeben: „Anwendung. Zuweilen zu erweichenden Breiumschlägen und Klistieren, im größeren Umfange in der Tierheilkunde. Technisch wird der aus den Samen gewonnene Schleim in der Textilindustrie als Appretur verwendet". Hoppe-Drogenkunde, 1958, über medizinische Verwendung: „Mucilaginosum. Stärkungsmittel. - In Form von Kataplasmen bei Furunkeln, Drüsenschwellungen etc. - In der Volksheilkunde bei Katarrhen der Luftwege . . . In der Veterinärmedizin als Zusatz zu Freßpulvern. In Ägypten und in asiatischen Ländern geröstet als Nahrungsmittel und Gewürz".

(Lotus odoratus)

Bock, um 1550, bildet - nach Hoppe - im Kap. Sibengezeit den Schabziegerklee, T. coerulea (S.), ab; er identifiziert mit einer falschen Pflanze bei Dioskurides [nach Hoppe: Psorea bituminosa L.] und gibt danach Indikationen (gegen Gifte, Seitenstechen; Diureticum; gegen Hysterie, Wassersucht, Fieber; Emmenagogum; äußerlich gegen Schlangenbisse).

Aufgenommen in T. Worms 1582: [unter Kräutern] Lotus urbana (Trifolium ceruinum, Wildklee, Sibengezeit); in T. Frankfurt/M. 1687 [unter köstlicheren Kräutern] Herba Lotus urbana (sativa, hortensis, hortorum, Trifolium odoratum, Siebengezeit). In Ph. Württemberg 1741: Herba Meliloti coeruleae (odoratae, Loti hortensis odorae, Siebengezeit, zahmer blauer Steinklee; Alexipharmacum, Anodynum, Diureticum, Vulnerarium; Blüten zu Augensalbe; in der Schweiz zur Käseherstellung). Hagen, um 1780, beschreibt „Aegyptenkraut, blauer Steinklee, blauer Meliloth, Siebengezeit (Trifolium Melilotus coerulea), wächst in Böhmen und Lybien, bei uns in Gärten . . . Das Kraut (Hb. Aegyptiaca, Meliloti coerulei, Loti odoratae) ward vor kurzem noch sehr stark gebraucht". Geiger, um 1830, erwähnt die Pflanze; „davon war das Kraut mit den Blumen (herba cum floribus Meliloti coeruleae, Trifolii odorati, Aegyptiaci, Loti odorati) offizinell . . . Man nimmt dieses Kraut in der Schweiz zum grünen Kräuterkäse, Schabzieger". In Hoppe-Drogenkunde, 1958, ist nur vermerkt: „T. coerulea. Mittelmeergebiete. Die Pflanze wird als würzender Zusatz zu Kräuterkäse verwendet . . . Verwendung [Herba Trigonellae coeruleae] in der Volksheilkunde und als Gewürz".

Trillium

Dreiblatt siehe Bd. IV, E 187.
Zitat-Empfehlung: *Trillium erectum (S.).*

Nach Dragendorff-Heilpflanzen, um 1900 (S. 127; Fam. Liliaceae), ist das Dreiblatt: **T. erectum L.** (= T. rhomboidum Michx., T. foetidum Salisb., T. pendulum W.), ein Adstringens; Rhizom bei Skrofeln und Drüsengeschwulsten. In der Homöopathie liefert T. erectum L. als „Trillium pendulum" (Essenz aus frischem Wurzelstock; Hale 1875) ein wichtiges Mittel.

Triosteum

Geiger, um 1830, erwähnt **T. perfoliatum L.** (Dreistein, Beinsamen); „offizinell war sonst: Die Wurzel (rad. Triosteospermi). Sie schmeckt bitter und wirkt brechenerregend, der Ipecacuanha ähnlich". Dragendorff-Heilpflanzen, um 1900 (S. 643; Fam. Caprifoliaceae), schreibt über die Verwendung der Pflanze, die auch T. majus Mich. (Fieberwurzel, wilde Ipecacuanha) genannt wurde: „Wurzel als Purgans, Emeticum, Antifebrile, Antirheumaticum, Blatt als Diaphoreticum, Rinde gegen Fieber, Same als Kaffeesurrogat". In Hoppe-Drogenkunde, 1958, ist ein Kap. T. perfoliatum, weil in der Homöopathie „Triosteum perfoliatum - Wilde Ipecacuanha" (Essenz aus frischer Wurzel; Hale 1875) ein (wichtiges) Mittel bildet. Zitat-Empfehlung: **Triosteum perfoliatum (S.).**

Triticum

Triticum siehe Bd. III, Amylum Tritici. / IV, E 88; G 112. / V, Agropyron; Fagopyrum.
Amylum siehe Bd. V, Manihot; Metroxylon; Solanum; Zea.
Amylum Tritici siehe Bd. III, Reg.
Stärke(mehl) siehe Bd. V, Maranta; Metroxylon; Quercus; Solanum.
Weizen siehe Bd. IV, E 218, 317, 341; G 90, 465, 498, 503, 546, 861, 955. / V, Glycine.
Weizenkleie siehe Bd. IV, Reg.
Weizenstärke siehe Bd. III, Reg.

Hessler-Susruta: - T. aestivum.
Deines-Ägypten: - - T. spelta +++ T. dicoccum.
Berendes-Dioskurides: - Kap. Weizen, T. vulgare Vill. oder T. hibernum L., ferner T. aestivum L. - - Kap. Dinkel, T. Spelta L.
Sontheimer-Araber: - - T. Spelta +++ T. romanum; T. monococcum; T. Zea.
Fischer-Mittelalter: - T. sativum L. (triticum, weizze; Diosk.: pyros) - - T. spelta L. (spelta, far, adoreum, spelza, tinkel, fesen; Diosk.: zeia) +++ T. dicoccum Schrank (amar); T. monococcum L. (oriza, tisana, einchorn).
Beßler-Gart: - - T. spelta L. (candarusum, spolta, benge, dragos, zegea, ellica, futa, fult, hals, halca); T. spec. wird auch angegeben bei Cantabrum, Getreidekleie ... Aegilops ovata L. zum Kap. Egilops vel egilopa (ackeley, kusir, klausir, dolara).
Hoppe-Bock: - T. vulgare Vill. (Weyssen, Korn, Kern) - - T. spelta L. (Speltz, Dinckel, Kern) +++ T. dicoccum Schr. (Ammelkorn); T. monococcum L. (Dinckel, St. Peterskorn, Blicken, Einkorn); T. turgidum L. (welschen Weissen).
Geiger-Handbuch: - T. vulgare Vill. (= T. aestivum u. hibernum L., Sommer- und Winterwaizen) - - T. Spelta (Spelz, Dinkel) +++ T. turgidum (englischer Waizen); T. durum (Bartwaizen); T. polonicum (polnischer Waizen); T. amyleum (Emmer); T. monococcum (Einkorn).
Hager-Handbuch: Kap. Amylum, T. sativum Lam. (= T. vulgare L.) und Varietäten und Formen.
Zander-Pflanzennamen: - **T. aestivum L.** (= T. hybernum L., T. sativum Lam., T. vulgare Vill., T. cereale Schrank; Saatweizen) - - **T. spelta L.** +++ **T. dicoccon Schrank** (Emmer, Ammer); **T. monococcum L.** (Einkorn); **T. turgidum L.** (Welscher Weizen, Rauhweizen); **T. durum Desf.** (Hartweizen,

Glasweizen); **T. polonicum L.** (Polnischer Weizen, G o m m e r); **T. vagans (Jord. et Fourr.) Greuter** (= Aegilops ovata L. p. p. emend. Willd., non emend. Roth).
Z i t a t-Empfehlung: - **Triticum aestivum (S.)** - - **Triticum spelta (S.)** + + + **Triticum dicoccon (S.); Triticum monococcum (S.); Triticum turgidum (S.); Triticum durum (S.); Triticum polonicum (S.); Triticum vagans (S.).**

Dragendorff-Heilpflanzen, S. 87 uf. (Fam. G r a m i n e a e); Tschirch-Handbuch II, S. 156 uf. (Amylum); II, S. 188 (Amylum Tritici); Bertsch-Kulturpflanzen, S. 16-59.

Triticum-Arten, die seit prähistorischer Zeit Mehl für Nahrungszwecke liefern, wurden auch immer arzneilich genutzt. Folgende Arten kamen nach Bertsch in Frage:
1.) T. dicoccum, Emmer, „der älteste Weizen, ja eins der ältesten Getreide überhaupt. Er stammt vom Wildemmer, T. dicoccoides, ab". Umzüchtung wahrscheinlich in Babylonien (4000 v. Chr.). Er ist später das „unterägyptische" Getreide der Hieroglyphen. In Württemberg und Thüringen um 3000 v. Chr. angebaut, vereinzelt in Deutschland noch bis ins 20. Jahrhundert.
2.) T. monococcum, Einkorn, „die urtümlichste von allen unseren Getreidearten. Seine Wildform (T. aegilopoides) besteht aus 2 Formenkreisen, dem europäischen und dem asiatischen Wildeinkorn. Entwicklung zu Kulturarten in den Ursitzen der Bandkeramiker (mittlere Donau). Größte Blüte der Kultur in der Steinzeit. Von der Bronzezeit an seltener, reicht aber auch bis ins 20. Jahrhundert hinein.
3.) T. compactum, Zwergweizen. Altertümlichster Nacktweizen, in Mitteleuropa heute fast erloschen.
4.) T. spelta, Dinkel. Von ihm kennt man keine Wildform (Kreuzung von Emmer u. Zwergweizen). Bereits in spätneolitischen Siedlungen Schwabens nachgewiesen, bis ins 20. Jh. hauptsächlich in Süddeutschland angebaut.
5.) T. sativum, Saatweizen. Ist die jüngste Weizenart. In Stein- und Bronzezeit fehlt er noch völlig; Kulturbeginn in der Eisenzeit (etwa um 500 v. Chr.). Wahrscheinlich Kreuzung vom Dinkel mit Zwergweizen. „Da er dem Dinkel im Ertrag nur wenig überlegen ist, seine Mehlqualität aber nie erreicht und im Kleinbetrieb schwieriger zu lagern ist, so hat er sich im schwäbischen Raum bis zum 20. Jh. nicht durchzusetzen vermocht. Nur im Westen und Nordwesten davon hat er im Brotfruchtbau die Vorherrschaft erlangt". Durch Züchtung sind im 20. Jh. Sorten geschaffen worden (z. B. T. capitatum), die ihren Siegeszug durch ganz Europa angetreten haben.
6.) Als verschiedene Arten werden noch genannt: T. durum, T. turgidum, T. polonicum.
Jahrtausendalte Erfahrungen mit Weizen- u. a. Mehl als Arzneimittel haben bei Dioskurides ihren Niederschlag gefunden:
Der gemeine Weizen wird, gekaut, auf Bisse wütender Hunde aufgelegt.

Weizenmehl, mit Bilsenkrautsaft, als Umschlag gegen Nerven- (Sehnen-)fluss und Aufblähen der Eingeweide; mit Sauerhonig gegen Leberflecken; verteilt Geschwülste; mit Essig oder Wein als Umschlag gegen Biß giftiger Tiere; zu Kleister gekocht als Leckmittel gegen Blutspeien; mit Pfefferminze und Butter gekocht gegen Husten und rauhen Hals.
Weizenkleie, mit Essig gekocht, vertreibt Aussatz; als Umschlag gegen Entzündungen; mit Raute gekocht gegen schwärende Brüste, Vipernbiß und Leibschneiden.
Sauerteig aus Weizenmehl ist erwärmend und reizend, erweicht Geschwülste an den Fußsohlen, reift Geschwüre und Furunkeln.
Brot, mit Met gekocht und roh als Umschlag, lindert jede Entzündung; mit Kräutern gemischt ist es erweichend und kühlend; altes, trockenes Brot stellt den Bauchfluß, frisches, mit Salzbrühe, heilt alte Flechten.
Aus Weizenkörnern durch Ansetzen mit Wasser und Schlämmen gewonnenes Stärkemehl, Amylum, wirkt gegen Augenflüsse, Kavernen und Pusteln; innerlich stellt es den Blutfluß, lindert Schmerzen in der Luftröhre. Man kann Amylum auch aus Dinkel herstellen, aber nicht für arzneilichen Gebrauch.
Diese und ähnliche Indikationen, die in den Kräuterbüchern des 16. Jh. wiederholt wurden, haben sich in der Volksmedizin z. T. bis zur Gegenwart gehalten. Im offiziellen Arzneischatz spielte eine größere Rolle nur die Weizenstärke.

(Amylum Tritici)
Das Amidum bzw. Amilum (krafft mele) der mittelalterlichen Garttradition ist nach Beßler Weizenstärke bzw. -mehl. In Ap. Lüneburg 1475 waren an Amidum 5$^1/_2$ lb. vorrätig. Unter „Mehl und Pulver" führt T. Worms 1582 neben vielen anderen Sorten - darunter auch Weizenmehl - Amylum sive Amidi, Krafftmehl. In T. Frankfurt/Main 1687 ist eine spezielle Sorte genannt: Amylum seu Amydum Belgicum, Niederländisch Krafftmehl. In Ap. Braunschweig 1666 waren vorrätig: Amylum (150 lb.) und Pulvis amyli (10 lb.).
Hagen, um 1780, schreibt beim „Weizen (Triticum hibernum). Aus dem Samen desselben wird vornehmlich die weiße Stärke oder das Kraftmehl (Amylum) auf eben diese Weise bereitet, als nachhero bei der Bereitungsart der Setzmehle [→ Faecula] wird gezeigt werden" (ein Schlämmverfahren).
In Ph. Preußen 1799 ist als Stammpflanze bei Amylum, Kraftmehl, T. hybernum et T. turgidum angegeben; seit 1827 heißt es allgemeiner: verschiedene kultivierte Triticumarten; in der Ausgabe 1862 ist das Produkt entfallen, steht aber wieder im DAB 1, 1872, als Amylum Tritici von T. vulgare Villars (ist Bestandteil der Unguentum Glycerini); in DAB 5, 1910, und 6, 1926, heißt die Stammpflanze T. sativum Lamarck.
Über die Anwendung von Amylum schreibt Geiger, um 1830: „Als Puder zum Aufstreuen, zum Bestreuen der Pillen und Pasta . . . Mit Wasser zu dünnem Teig

angerührt, werden daraus Oblaten (zum Einnehmen der Pulver usw.) sowie mit Zusatz von allerlei Farben Briefoblaten verfertigt. In Abkochung als Kleister gibt man es in Klistier". Hager schreibt 1874 im Kommentar zum DAB 1: „Die Ärzte geben das Stärkemehl als reizlinderndes einhüllendes Mittel in Form von dünnem flüssigen Kleister. Das Pulver dient oft als Excipiens von starkwirkenden oder unlöslichen pulvrigen Substanzen. Äußerlich dient das Stärkemehl in Form von flüssigem Kleister in Klystieren (bei Durchfall, Ruhr), fein gepulvert als austrocknendes Streupulver auf nässende Flechten, in Wunden etc. Das Stärkemehl ist ein Nahrungsmittel und gehört zu den Respirationsmitteln . . . Für Bereitung von Gebäck wird das gepulverte Weizenstärkemehl häufig in den Apotheken unter dem Namen weißer Puder, Amidon, gefordert. In der Technik wird es zum Verdicken der Farben, zum Appretieren und Steifen der Zeuge, zur Darstellung von Dextrin, Stärkezucker, Stärkesyrup und als Kleister zum Kleben benutzt".
In Vogt's Pharmakodynamik, 1828, ist bei „Semina Tritici - Waizenkörner" zu lesen: „Das Waizenmehl, Farina Tritici, wird zu erweichenden, mit Milch oder Wasser gekochten Umschlägen, zugesetzt; auch mischt man es Kräuterkissen bei, welche bei Rotlauf aufgelegt werden, oder streut das Mehl trocken auf die Rotlaufstellen . . . Die Semmelkrumen, Mica panis albi, dienen getrocknet und geröstet und nachher mit Wasser, Fleischbrühe oder Milch gekocht und die Brühe durchgeseiht als nährendes Getränk sowohl (Decoctum album Sydenhami), wie als nährende Suppe. Außerdem werden sie auch bisweilen als Constituens von Pillenmassen gebraucht . . . Äußerlich dienen die Semmelkrumen mit Milch gekocht zu erweichenden Bähungen, oder auch als Vehikel anderer Umschläge, z. B. als Vehikel der Bleiumschläge, gewürzhafter Umschläge, Senfumschläge usw.".
In älteren Zeiten machte man aus Brotkruste Emplastrum de crusta panis Montagnanae (Ph. Nürnberg 1546; bis 18. Jh. pharmakopöe-üblich); durch trockene Destillation von getrocknetem Weizenbrot Spiritus Panis triticei (Ph. Wien 1765).

Trollius

Trollius siehe Bd. V, Helleborus.
Zitat-Empfehlung: *Trollius europaeus (S.).*

Nach Geiger, um 1830, wurden von **T. europaeus L.** (europäische Trollblume, Kugelhahnenfuß) einstmals die Blumen (flores Trollii) gegen Skorbut gebraucht. Gleiche Angabe bei Dragendorff-Heilpflanzen, um 1900 (S. 223; Fam. Ranunculaceae). Hoppe-Drogenkunde, 1958, gibt nur an, daß das Kraut untersucht worden ist.

Tropaeolum

T r o p a e o l u m siehe Bd. V, Capparis.
Zitat-Empfehlung: *Tropaeolum majus (S.)*; *Tropaeolum minus (S.)*.
Dragendorff-Heilpflanzen, S. 346 (Fam. T r o p a e o l a c e a e).

In Ap. Braunschweig 1666 waren 1 1/2 lb. Conserva nasturtii Indici vorrätig; die T. Frankfurt/M. 1687 führt Herba N a s t u r t i u m Indicum (Peruvianum, Indianische Kreß). Bei Hagen, um 1780, heißt die Indianische Kresse: T. maius; „wächst in Peru wild; bei uns wird sie in Gärten gezogen . . . Das Kraut (Hb. Nasturtii Indici) wird selten mehr gebraucht". Geiger, um 1830, schreibt zu Tropaeolum: „Erste Art. **T. majus L.** (große K a p u c i n e r k r e s s e, große indianische oder spanische K r e s s e, gelber R i t t e r s p o r n). Eine 1684 von Bevering nach Europa gebrachte, seither zum Teil als Arzneimittel gebrauchte Pflanze . . . Zweite Art. **T. minus L.** (kleine Kapucinerkresse) . . . Officinell sind von beiden Arten: Das Kraut, die Blumen und Beeren (herba, flores et baccae Nasturtii indici seu C a r d a m i n i s majoris et minoris) . . . Anwendung. Die frischen Blätter und Blumen werden als ein vorzügliches antiscorbutisches Mittel benutzt, als Salat verspeist, mehrere Personen essen die Blumen sehr gerne roh. - Die Blumenknospen, so wie die noch unreifen Früchte werden in Essig eingemacht und wie K a p e r n verbraucht".
Hoppe-Drogenkunde, 1958, hat ein Kapitel T. majus; „die Pflanze hat antibiotische Wirkung . . . Bei Infektionen der Harnwege und der Respirationsorgane, in der Augenheilkunde angewandt".

Tuber

Dioskurides beschreibt T r ü f f e l (werden roh und gekocht gegessen); nach Berendes werden dazu angegeben: T. cibarium Sibth., T. melanospermum. Fischer-Mittelalter zitiert: Tuber spec. T. cibarium Pers. (t u b u r a , t i m b r a , b o t r u s , e r t n o z , d r u f l e ; Diosk.: h y d n o n).
Geiger, um 1830, erwähnt T. cibarium Sibth. (= L y c o p e r d o n Tuber L., eßbare Trüffel, S c h w e i n e t r ü f f e l , E r d m o r c h e l); es gibt mehrere Varietäten; „sie waren ehedem unter dem Namen T u b e r t e r r a e , Tubera esculenta, nobilia offizinell, jetzt werden sie nicht mehr als Arzneimittel gebraucht. Dagegen sind sie bekanntlich ein Leckerbissen auf den Tafeln der Vornehmen. Sie wirken reizend stimulierend".
Dragendorff-Heilpflanzen, um 1900 (S. 30 uf., Fam. T u b e r a c e a e), nennt 14 T.-Arten, darunter:
1.) **T. mesentericum Vittad.** (= T. cibarium Sibth.); Süd- und Mitteleuropa. Wird von Dragendorff bezogen auf Theophrast, Galen, Plinius, I. el B., „doch können die Namen [H e d y o n , Tuber, Kamât usw.] auch wohl noch andere Arten der Gattung bezeichnen".

2.) **T. melanosporum Vittad.** (= T. cibarius Pers., Lycoperdon Tuber L., Oogaster mel. Corda); Frankreich, Italien, Süddeutschland.
3.) **T. rufum Pico;** Mittel- und Südeuropa.
4.) **T. aestivum Vittad.;** deutsche Trüffel.
Zitat-Empfehlung: **Tuber mesentericum (S.); Tuber melanosporum (S.); Tuber rufum (S.); Tuber aestivum (S.).**

Tulipa

Tulipa siehe Bd. IV, G 373.
Zitat-Empfehlung: *Tulipa gesneriana (S.).*

Es ist unsicher, ob das Satyrion des Dioskurides auf T. Gesneriana bezogen werden kann, ebenso, ob diese Art bei Ibn Baithar vorkommt (Sontheimer zitiert sie). Allgemein gilt für die Tulpen, was Tabernaemontanus, 1731, von ihnen schrieb: „Sie haben kein Gebrauch in der Arznei, werden nur Lusts halben gepflanzt".
Nach Dragendorff-Heilpflanzen, um 1900 (S. 122; Fam. Liliaceae), werden von T. Gesneriana L. die Zwiebeln äußerlich als Emolliens gebraucht. Schreibweise nach Zander-Pflanzennamen: **T. gesneriana L.**

Turnera

Unter den 6 T.-Arten, die Dragendorff-Heilpflanzen, um 1900 (S. 452; Fam. Turneraceae), aufführt, befinden sich T. aphrodisiaca Ward. (Kraut wird als Tonicum, Aphrodisiacum - Damiana - empfohlen) und T. diffusa Willd., die in Hager-Handbuch, um 1930, als Stammpflanze der Folia Damianae angegeben werden (Anwendung als Aphrodisiacum und Diureticum, in Mexiko wie Tee). Das Kapitel bei Hoppe-Drogenkunde, 1958, ist überschrieben: T. diffusa var. aphrodisiaca. In der Homöopathie ist „Damiana" (Tinktur aus getrockneten Blättern) ein wichtiges Mittel. Schreibweise um 1970: **T. diffusa Willd. var. aphrodisiaca (Ward.) Urb.** Zitat-Empfehlung: **Turnera diffusa (S.) var. aphrodisiaca.**

Tussilago

Tussilago siehe Bd. IV, C 81. / V, Adenostyles; Lactuca; Petasites.
Farfara siehe Bd. II, Expectorantia; Quatuor Aquae. / IV, G 796. / V, Adenostyles.
Huflattig siehe Bd. IV, C 52; E 224; G 957. / V, Petasites.
Ungula caballina siehe Bd. V, Adenostyles; Asarum; Nymphaea; Petasites; Rumex.

Grot-Hippokrates: T. Farfara.
Berendes-Dioskurides: Kap. Huflattich, T. Farfara L.

Sontheimer-Araber: T. Farfara.
Fischer-Mittelalter: **T. farfara L.** cf. Petasites (lapatium, ungula caballina, anagalus, lapatium rotundum, bardana maior, huoflatecha minor, hufletich, quitenlatich, brantlattich, roßhub; Diosk.: bechion, peganon, tusilago, pharpharia).
Beßler-Gart: Kap. Lappacium rotundum, T. farfara L.; Kap. Ungula caballina, T. farfara L., auch → Petasites albus (= Tussilago alba L.).
Hoppe-Bock: Kap. Von Roßhuob, T. farfara L. (brantlattich, Eselshuob).
Geiger-Handbuch: T. Farfara (Huflattig, Roßhuf, Eselshuf, Brandlattig).
Hager-Handbuch: T. farfara L.
Zitat-Empfehlung: **Tussilago farfara (S.).**

Dragendorf-Heilpflanzen, S. 684 (Fam. Compositae); Tschirch-Handbuch II, S. 1617.

Der Huflattich war in der Antike (Hippokratiker usw.) gut bekannt, er wird von Dioskurides als das Bechion beschrieben (Blätter als Umschlag bei Entzündungen, zur Räucherung bei Husten und Orthopnöe; öffnet Abszesse in der Brust; Wurzel auch zur Räucherung, treibt als Trank den toten Embryo aus). Kräuterbuchautoren des 16. Jh. übernehmen diese Indikationen; Bock fügt - nach Hoppe - in teilweiser Anlehnung an Brunschwig einiges hinzu (Destillat bei Leber- und Magenbeschwerden, gegen Fieber, Entzündungen und Kopfschmerzen (auch bei Pest), Hämorrhoiden, Verbrennungen).
Die T. Worms 1582 führt: [unter Kräutern] Farfara (Farfugium, Farfarella, Farfarago, Herba diui Quirini, Ungula equi, Chamaeleuce, Populus pumila, Bechium, Tußilago, Ungula caballina, Populago alba, Filius ante patrem, Aphyllantes Theophrasti, Hufflattich, Huffelen, Brandtlattich, Rosßhuf, S. Quirinskraut); Succus Tußilaginis (Bechii, Brandtlattichsafft), Aqua (dest.) Tußilaginis (Farfarae, Bechii, Brandtlattich oder Huflattichwasser); in T. Frankfurt/M. 1687, als Simplicia: Flores Farfarae (Tussilaginis, Ungulae caballinae, Huff- oder Brandtlattich-Blumen), Herba Farfara (Tussilago, Bechium, Ungula caballina, Brandlattich, Roßhuffblätter, Hufflattich), Radix Farfarae (Farfarellae, Tussilaginis, Bechii, Ungulae caballinae, Brand- oder Hufflattichwurtz, Roßhuffwurtz). In Ap. Braunschweig 1666 gab es Drogen und Zubereitungen mit den Bezeichnungen: Tussilago, Farfara, Ungula caballina (bei letzteren könnte auch an → Petasites gedacht werden, da es sich jedoch um 2 Drogen handelt, die für Tussilago sehr gebräuchlich waren und nicht doppelt erscheinen, dürfte es sich bei allem um T. farfara (S.) gehandelt haben); es waren vorrätig: Herba ungul. caballin. (2 K.), Radix ungul. caballin. (4 1/2 lb.), Flores tussilagin. (1/2 K.), Aqua t. (6 St.), Essentia t. (7 Lot), Conserva t. (6 lb.), Lohoch de farfara (6 lb.), Syrupus farfarae (7 lb.).

Die Ph. Württemberg 1741 beschreibt: Radix Farfarae (Tussilaginis, Bechii, Ungulae caballinae, Brand-Lattich, Huff-Lattichwurtzel; Pectoralium, gegen Schwindsucht; aus frischer Wurzel wird Looch de Farfara bereitet), Herba Farfarae (Synonyme wie eben; Pectoralium; äußerlich gegen Geschwüre), Radix Farfarae (gleiche Synonyme; Pectoralium als Dekokt, zu Syrup und Conserva); Aqua (dest.) Tussilaginis, Conserva Farfarae, Looch de F., Syrupus F. e Floribus. Die Stammpflanze heißt bei Hagen, um 1780: T. Farfara (Huflattig, Ackerlattich, Brandletschen, Roßhub, Eselsfuß, Eselshuf); Kraut, Wurzel und Blüten (Hb. Rad. Flor. Farfarae, Tussilaginis) sind offizinell. Die Kraut- bzw. Blattdroge blieb pharmakopöe-üblich (die Blütendroge vereinzelter). In Ph. Preußen 1799: Herba Farfarae (zur Herstellung von Species ad Infusum pectorale). Im DAB 1, 1872: Folia Farfarae (zur Herstellung der Species pectoralis); in DAB 7, 1968: Huflattichblätter. In Erg.-B. 6, 1941: Flores Farfarae. In der Homöopathie ist „Farfara - Huflattich" (Essenz aus frischen Blättern; Clarke 1902) ein wichtiges Mittel.
Geiger, um 1830, schrieb über T. Farfara: „Offizinell sind: die Wurzel, das Kraut und die Blumen ... Man gibt die genannten Teile selten in Substanz, vorzüglich das Kraut im Aufguß oder Abkochung, auch den ausgepreßten Saft; auch legt man die frischen Blätter äußerlich bei Entzündungen usw. auf. - Präparate hatte man ehedem Conserve, Looch, Sirup, Wasser. Das Kraut ist Bestandteil des Brusttees nach einigen Pharmakopöen. Die Pflanze verdient als ein bitterschleimiges, adstringierendes Mittel mehr angewendet zu werden, als es in neuesten Zeiten geschieht".
Nach Hager-Handbuch, um 1930, werden Folia Farfarae „als Tee bei Katarrhen der Atmungsorgane" angewandt. Entsprechendes in Hoppe-Drogenkunde, 1958

Typha

Typha siehe Bd. V, Glyceria; Phragmites.

In der Antike hat man als Typha - nach Grot-Hippokrates und Berendes-Dioskurides - den Schmalblättrigen Rohrkolben, **T. angustifolia L.**, benutzt (Blüte mit Schweinefett gegen Brandwunden). Sontheimer zitiert für arab. Quellen den Breitblättrigen Rohrkolben, der auch - nach Hoppe - bei Bock, um 1550, abgebildet ist: **T. latifolia L.** (Kap. Ließknospen oder Narrenkolben); Indikation wie bei Dioskurides; man verwendet die Kolben, um Ritzen in Fässern und Booten auszufüllen. Geiger, um 1830, schreibt: Von T. latifolia „hat man die Wurzel ehedem als ein Mittel gegen den Schlangenbiß usw. gebraucht ... Die zähen Blätter (Liesch) dienen zum Ausstopfen der Ritzen an Fässern und die Kolbenhaare zum Polstern". Dragendorff-Heilpflanzen, um

1900 (S. 74; Fam. Typhaceae), berichtet über Verwendung von T. latifolia L. (= T. major Curt.) und T. angustifolia L.: „Rhizom gegen Ruhr, Gonorrhoe, Geschwüre und als Nahrungsmittel, Kolben bei Verbrennungen gebraucht. Bei I. el B. Thifa oder Eldâri, bei der H. Hild. Dudelkolbe".
In der Homöopathie ist „Typha latifolia" (Essenz aus frischem Wurzelstock) ein weniger wichtiges Mittel.
Zitat-Empfehlung: **Typha latifolia (S.)** und **Typha angustifolia (S.).**

Ulmus

Ulmus siehe Bd. V, Acer; Alnus.

Berendes-Dioskurides (Kap. Ulme); Sontheimer-Araber; Fischer-Mittelalter, U. campestris L. (cf. Alnus; ulmus, elmboum, melm, eli, erle, ilme; Diosk.: ptelia).
Hoppe-Bock: Kap. Ruestholtz (Ulmerbaum, Yffenholtz, Ylman, Lindbast) U. glabra Huds. (der hoch) und U. laevis Pall. (der breit).
Geiger-Handbuch: U. campestris (Feldrüster, Gemeiner Rüster, Ulme); U. suberosa (Kork-Rüster); U. effusa (Rauhlinde); U. americana; U. fulva.
Zander-Pflanzennamen: **U. glabra Huds.** (= U. campestris L. p. p., U. scabra Mill., U. montana With.); **U. minor Mill.** (= U. campestris auct. non L., U. glabra Mill. non Huds., U. carpinifolia Ruppius ex Suckow; Feldulme); **U. procera Salisb.** (= U. campestris L. p. p.; Englische Ulme); **U. laevis Pall.** (= U. effusa Willd.); **U. americana L.; U. rubra Mühlenb.**
Zitat-Empfehlung: **Ulmus glabra (S.); Ulmus minor (S.); Ulmus procera (S.); Ulmus laevis (S.).**

Dragendorff-Heilpflanzen, S. 170 (Fam. Ulmaceae).

Nach Dioskurides sind Blätter, Äste und Rinde der Ulme adstringierend (Blätter mit Essig als Umschlag bei Aussatz; Rinde für Verbände. Die dickere Rinde mit Wasser oder Wein getrunken, führt Schleim ab. Abkochung der Blätter oder der Wurzelrinde als Bähung beschleunigt Kallusbildung bei Knochenbruch). Entsprechendes in Kräuterbüchern des 16. Jh.
Hagen, um 1780, schreibt vom „Ulmbaum (Röster, U. campestris). Es wurde davon vormals die mittlere Rinde (Cortex Ulmi) gesammelt". Als Fußnote bemerkt er: „Von einer in Nordamerika einheimischen Ulmart will man die Salbenrinde (Cortex unguentarius) ableiten, womit die Wilden, nachdem sie sie mit Milch zu einer Art von Latwerge gebracht haben, die Heilung der Wunden auf das glücklichste und geschwindeste zustandebringen".

In den preußischen Pharmakopöen ist von 1799-1829 zu finden: Cortex Ulmi interior (nach Ausgabe 1799 von U. campestris, Ausgabe 1829 von U. campestris L. u. effusa Willd.). Anwendung von U. campestris nach Geiger, um 1830: „Man gibt die Rinde im Aufguß oder Abkochung, innerlich und äußerlich; bei Verbrennungen der Haut, gegen Hautausschläge usw. - Präparate hat man davon: eine Salbe (Unguentum cort. Ulmi). Auch wurde ehedem der Saft aus den Bläschen der Blätter, durch Insekten veranlaßt, als ein Wundmittel äußerlich angewendet. Diese Blätter sollen abführend wirken".

Über U. effusa schreibt er: „Offizinell ist die Rinde. Sie wird wie die vorhergehende verwendet". U. fulva ist „in Nordamerika zu Hause ... Die sehr schleimige Rinde wird in Amerika häufig als ein treffliches Mittel gegen Ruhr usw., äußerlich bei Wunden, Brandschäden, Geschwüren, verwendet. Hierher gehört auch wohl die Salbenrinde (cortex unguentarius) ... welche von den nordamerikanischen Wilden als Wundmittel gebraucht wird. Sie ist vielleicht die Rinde des eben beschriebenen Baumes".

Meissner, um 1830, urteilt über U. campestris: „Die Ulme, deren Holz eins der gesuchtesten zur Stellmacherarbeit ist, ist hinsichtlich ihres medizinischen Nutzens sehr unbedeutend. Die innere Rinde ihrer jungen Zweige ist schleimig, bitter und adstringierend. Sie ist eine Zeitlang über die Maßen von Lettsom, Banau, Struve usw. bei der Behandlung der chronischen Hautkrankheiten, des Skorbuts, der Skrofeln usw. gerühmt worden und hat sich eine Zeitlang eines außerordentlichen Rufes erfreut. Man verordnet sie entweder im Dekokt ... oder als Pulver oder als Extrakt usw.; allein es ist dieses Mittel, was nur ein ziemlich schwaches Adstringens ist, gegenwärtig ganz obsolet".

In der Homöopathie ist „Ulmus campestris - Rüster" (Essenz aus frischer Rinde der jungen Zweige) ein wichtiges Mittel. Die Rinde ist auch in Hoppe-Drogenkunde, 1958, aufgeführt (Mucilaginosum, Adstringens; in der Homöopathie bei Hautausschlägen und Skrofulose), ferner die Rinde der nordamerikanischen U. fulva (= U. pubescens) (Mucilaginosum u. Expectorans); weitere Arten sind U. effusa (= U. pedunculata), U. montana, beide wie U. campestris angewandt; U. glabra; U. japonica (Diureticum, Laxans).

Ulva

U l v a siehe Bd. V, Alsidium; Glyceria; Lycopodium; Phragmites.

Nach Berendes-Dioskurides, Kap. M e e r l a t t i c h (U. Lactuca L. oder U. latissima L.) ist das B r y o n thalassion stark adstringierend und wirkt gegen Entzündungen und Podagra, wo adstringierende Wirkung erforderlich ist. Dragendorff-Heilpflanzen, um 1900 (S. 20; Fam. U l v a v e a e), beschreibt U. Lactuca

Le Jol. (= Phycoseris rigida Ktz., Ph. australis Ktz.), Tangsalat, Meerlattig; „gegen Scropheln, Gicht, auch Nahrungsmittel. - Bryon thalassion des Diosc., vielleicht Qougos bahri I. el B. Eine sehr üppige Form dieser ist als Uva latissima Ktz. im Atlant. und Stillen Ozean, Mittel- und Adriat. Meer beobachtet - Luche oder Luchi der Chilesen". Hoppe-Drogenkunde, 1958, hat ein kurzes Kap. U. lactuca (Chlorophyceae); die vitaminhaltige Alge wird als Sea Lettuc frisch wie Salat genossen. Schreibweise der Pflanze um 1970: **U. lactuca L.** [Zitat-Empfehlung: **Ulva lactuca (S.)**].

Umbilicus

Umbilicus siehe Bd. V, Bupleurum; Cyclamen; Cymbalaria; Paris.
Nabelkraut siehe Bd. V, Bupleurum; Chimaphila; Hydrocotyle; Linaria.

Berendes-Dioskurides: Kap. Nabelblatt, Cotyledon Umbilicus L.; Kap. Anderes Nabelkraut, U. erectus L.
Sontheimer-Araber: Cotyledon Umbilicus.
Fischer-Mittelalter: Cotyledon Umbilicus L. (cotolidon, sinbalaria, cymbalaria; Diosk.: kotyledon, kymbalion, umbilicus veneris).
Geiger-Handbuch: Cotyledon Umbilicus.
Hager-Handbuch, Erg.-Bd. 1949: Umbilicus pendulinus (D. C.) Battand. (= Cotyledon umbilicus β-tuberosus L.).
Zander-Pflanzennamen: **U. rupestris (Salisb.) Dandy** (= U. pendulinus DC., Cotyledon tuberosa (L.) Hal.); **U. erectus (L.) DC.** (= Cotyledon umbillicus-veneris L.).
Zitat-Empfehlung: **Umbilicus rupestris (S.); Umbilicus erectus (S.).**

Dragendorff-Heilpflanzen, S. 266 (Fam. Crassulaceae).

Während das Kotyledon des Dioskurides - nach Berendes - eindeutig mit Cotyledon Umbilicus L. [das ist: U. rupestris (S.)] identifizierbar ist, wird das andere Kotyledon, „welches einige auch Kymbalion nennen", nur teilweise als U. erectus (S.) erkannt (erstes Kotyledon: Saft der Wurzel und der Blätter gegen Verengungen an den Schamteilen, zu Umschlägen bei Rose, Frostbeulen, Skrofeln, erhitztem Magen; Blätter mit Wurzel, innerlich, zertrümmern den Stein, treiben Harn; gegen Wassersucht; zu Liebesmitteln. 2. Kymbalion: Wirkt wie Hauswurz [→ Sedum]).
In Ap. Braunschweig 1666 waren vorrätig: Herba umbilici Veneris (1/4 K.), Aqua u. V. (1 1/2 St.). Geiger, um 1830, erwähnt Cotyledon Umbilicus als Stamm-

pflanze der „herba Umbilici Veneris, Cotyledonis"; ebenso Jourdan, zur gleichen Zeit: „erweichend, ehedem äußerlich bei Quetschungen".
In der Homöopathie ist „Cotyledon umbilicus - Nabelkraut" (Essenz aus frischen Blättern) ein wichtiges Mittel.

Uncaria

Der eingedickte Preßsaft der Blätter und Zweige von **U. gambir (Hunter) Roxb.** (= Nauclea Gambir Hunter; Purouparia Gambir Baill.), nach Hager, um 1930, auch von U. dasyoneura Korth. (= U. Gambir Thwaites), wurde in Ostasien lange vor dem Eintreffen der Europäer für die Herstellung der Betelbissen gebraucht. Hoppe-Drogenkunde, 1958, hat ein Kap. U. Gambir; die Droge (Gambir, Catechu Gambir oder pallidum, Terra japonica) wird verwendet als „Adstringens. - In der Gerberei- und Färbereiindustrie". Nach Wiggers, um 1850, kann Catechu [→ Acacia] mit Gambir verwechselt werden. Geiger, um 1830, schreibt über Nauclea Gambir Hunter, den Ostindischen (falschen) Kinobaum: „Man hielt diesen Strauch lange für die Mutterpflanze des seit der Mitte des vorigen Jahrhunderts als Arzneimittel bekannten Kinos. Er liefert aber, wie die neuesten Erfahrungen von Dr. Paris zeigen, nicht die echte, doch ist sie die jetzt gebräuchlichste Sorte . . . Offizinell ist das aus der Pflanze erhaltene Extrakt unter dem Namen ostindisches Kino (Kino seu Gummi Kino ostindicum), besser würde man es Gambir-Extrakt nennen".
Zitat-Empfehlung: **Uncaria gambir (S.).**

Dragendorff-Heilpflanzen, S. 629 (Fam. Rubiaceae); Tschirch-Handbuch III, S. 55 uf.

Urceola

Urceola siehe Bd. V, Parietaria.

Nach Dragendorff-Heilpflanzen, um 1900 (S. 543; Fam. Apocyneae; nach Zander-Pflanzennamen: Apocynaceae), und nach Hoppe-Drogenkunde, 1958, liefert U. elastica A. D. C. (= Tabernaemontana elastica Spr.) Borneo-Kautschuk.

Urechites

Nach Dragendorff-Heilpflanzen, um 1900 (S. 543; Fam. Apocyneae; nach Zander-Pflanzennamen: Apocynaceae), soll von U. suberecta Jacq. (=

Echites suberecta Sw., Echites Neriandra Griseb., Laubertia urechites Griseb.) aus dem Milchsaft ein Herzgift hergestellt werden; Kraut gegen Wassersucht und zu Gottesurteilen. Hoppe-Drogenkunde, 1958, Kap. U. suberecta, führt das Blatt als herzwirksame Droge; zu Pfeilgiften der Eingeborenen in Westindien.

Urginea

Urginea siehe Bd. V, Pancratium.
Meerzwiebel siehe Bd. IV, E 161; G 672. / V, Pancratium.
Meerzwiebelessig siehe Bd. III, Reg.
Scilla siehe Bd. I, Vipera. / II, Acria; Cicatrisantia; Cordialia; Diuretica; Expectorantia; Vomitoria. / III, Acetum Scillae. / IV, G 873, 1748.

Grot-Hippokrates: Scilla maritima.
Berendes-Dioskurides: Kap. Meerzwiebel, Scilla maritima L.
Tschirch-Sontheimer-Araber: Scilla maritima.
Fischer-Mittelalter: Scilla maritima Baker, Sc. bifolia L. (squilla, cepa marina, bulbus squilliticus s. agrestis, periola, cepe muris, wildknobloch, erdzwibel, mausmeerzwiffel; Diosk.: scilla).
Beßler-Gart: **U. maritima (L.) Baker** (squilla, salla, haurifel, haulachach, merisch cypolle).
Hoppe-Bock: U. maritima Baker (Moerzwybel, Meüßzwybel).
Geiger-Handbuch: Scilla maritima (gemeine Meerzwiebel).
Hager-Handbuch: U. maritima (L.) Baker (= Scilla maritima L., U. Scilla Steinheil).
Zitat-Empfehlung: **Urginea maritima (S.).**

Dragendorff-Heilpflanzen, S. 123 (Fam. Liliaceae); E. Hirschfeld, Scilla, in: Kyklos (Jahrbuch Institut Gesch. Med. Univ. Leipzig) Bd. II, 1929, S. 163-179; K. Figala, Wandlungen des Arzneibegriffs: Die Meerzwiebel als Heilmittel von der Antike bis heute (Veröffentlichung des Forschungsinstituts des Deutschen Museums) Reihe A, Nr. 117 (1972); H. Scheer u. H. E. Sigerist, Zur Geschichte der Scilla-Verwendung, Schweizerische Med. Wochenschrift *57*, Nr. 49, S. 1168 (1927).

Die Meerzwiebel hat sich von der Antike bis zum 20. Jh. im Arzneischatz gehalten. Von Hippokrates wird sie als Expectorans, Nies- und Wundmittel benutzt. Dioskurides gibt ausführliche Anweisungen (sie wird auf besondere Weise geröstet, zerschnitten und getrocknet; die Schnitten gebraucht man zu Meerzwiebelwein, -öl und -essig. Gedörrte Meerzwiebel mit Salz zum Erweichen des Bauches; zu Tränken und aromatischen Mitteln, Diureticum, für Wassersüchtige u. Magenleidende, bei Gelbsucht, Krämpfen, chronischem Husten, Asthma; Purgans. Als Salbe gegen Warzen und Frostbeulen. Rohe Zwiebel mit Öl bei Rissen an den Füßen, mit Essig als Kataplasma bei Vipernbissen. Samen mit Feigen oder Honig erweichen den Bauch. Im Ganzen vor den Türen aufgehängt, ist sie ein Universalabwehrmittel). Die Kräuterbuchautoren des 16. Jh. bilden die Pflanze ab und beziehen sich auf Dioskurides, auch auf Serapion. Empfohlen wird die geröstete, zerschnittene und gepulverte Zwiebel (wie bei Dioskurides), der Essig (treibt Würmer aus), Essig mit Sauerhonig (wehren dem Schlag, brechen und treiben Steine, sind Uterinum und gegen Hüftschmerzen). Meerzwiebel in Wasser gelegt, tötet Mäuse, die davon trinken. Äußerlich wirkt der Essig gegen wackelnde Zähne, Mundgeruch. Gegen Ohrenleiden. Mit Öl gegen Warzen, Schrunden und Rissen an den Füßen; vertreibt Kopfschuppen, gut gegen Schlangenbiß.

In Ap. Lüneburg 1475 waren vorrätig: Squille (ohne Mengenangabe), Acetum squilliticum (1/2 lb.), Oxymel scilliticum (1/2 lb.). Die T. Worms 1582 führt: Radix Squilla (Scilla, Cepa murina, Meerzwibel, Meußzwibel), Rad. Squilla praeparata (Bereyt Meerzwibel); [unter Säften] Acetum scillinum s. scilliticum (Meerzwibelessig); [unter Sirupen] Oxymel scilliticum (Sawer Honigsyrup von Meerzwibeln), Oxymel scilliticum compositum (Großer sawer Honigsyrup von Meerzwibeln). In Ap. Braunschweig 1666 waren vorrätig: Scyllarum praeparat. (4 1/2 lb.), Acetum squillitic. (1 1/2 St.), Lohoch de squilla (1 3/4 lb.), Oximel squill. (7 lb.), Trochisci de s. (1 1/2 Lot). Von der Ganzdroge hatte Ap. Lüneburg 1718 4 lb. (Rad. Squillae integrae s. Seyllae). Der Bestand der Ph. Württemberg 1741 zeigt die Beliebtheit der Droge: Rad. Scillae (Squillae, Scillae rubrae sive Pancratii veri, Meerzwiebel, Mauszwiebel; als Stammpflanze wird Ornithogalum maritimum Tournef. angegeben; wegen der Anwendungen wird auf Scilla praeparatum verwiesen - Attenuans, Incidans, Resolvens, Pectorans; gegen Wassersucht und Cachexie); Acetum scilliticum, Looch ad Asthma sive de Scilla, Oxymel scilliticum, Pulvis Scillae compositus Stahlii, Syrupus de Scilla sive Oxysaccharum scilliticum, Trochisci de Scilla.

Hagen, um 1780, schreibt über „Meerzwiebel (Scilla maritima)... Die Wurzel ist eine sehr große Zwiebel... Man bekommt davon entweder schon die getrockneten voneinander abgesonderten Schuppen, die ein hornartiges Ansehen haben, oder sie wird ganz frisch verschickt. In letzterem Fall hat man die Gewohnheit, die Schuppen abzusondern und, um ihnen die heftige Schärfe zu nehmen, sie in einem Mehlteig einzuschließen und backen zu lassen, und erst nachhero zu trocknen“.

In Ph. Preußen 1799 wurden aufgenommen: Radix Scillae, Acetum scilliticum, Oxymel scilliticum; enthalten in Electuarium Theriaca. Geiger, um 1830, schreibt über die Anwendung: „Man gibt die Meerzwiebel innerlich in Pulverform... Äußerlich wird die frische (auch gebratene) zum Wegbeizen der Warzen usw. gebraucht. - Präparate hat man davon das Extrakt, Meerzwiebel-Essig, Honig, Syrup, Wein, Tinktur, Salbe... Sie macht außerdem noch einen Bestandteil des pulv. scillitic. diuretic., der pilul. scillitic. und einiger älteren Zusammensetzungen aus“.

In DAB 1, 1872, sind verzeichnet: Bulbus Scillae (von Scilla maritima Linn. = Urginea Scilla Steinheil), Acetum S., Extractum S., Oxymel S., Tct. S. und Tct. S. kalina. Anwendungen nach Hagers Kommentar, 1874: „Innerlich gegeben bewirkt die Meerzwiebel Ekel, Erbrechen, vermehrte Schleimabsonderung. Sie wirkt kräftig diuretisch. Man gibt sie daher als Expectorans bei Bronchitis, trockenem Husten, fieberhaften Katarrhen oder als Brechmittel bei Kindern und als Diureticum. In großen Gaben wirkt sie giftig". Acetum S. wird innerlich als Diureticum und Expectorans, äußerlich in warmen Kataplasmen, Klistieren, Gurgelwässern gebraucht; Extractum S. wird nur noch selten benutzt; Oxymel wie Bulbus, mehr für den Handverkauf; die Tinktur äußerlich und innerlich.
Von diesem Bestand sind im DAB 6, 1926, verblieben: Bulbus Scillae („Die in Streifen zerschnittenen, getrockneten, mittleren, fleischigen Blätter der bald nach der Blütezeit gesammelten Zwiebel von Urginea maritima (Linné) Baker, und zwar der Spielart mit weißer Zwiebel") und Tinctura Scillae; in Erg.-B. 6, 1941: Acetum, Extractum und Oxymel Scillae. Über die Wirkung schreibt Hager, um 1930: „Meerzwiebel wirkt auf das Herz, verursacht Pulsfrequenz, Steigerung des Blutdrucks und Vermehrung der Diurese. Ferner wirkt sie brechenerregend und expektorierend - die frische Zwiebel wirkt äußerlich reizend - Die rote Zwiebel soll wirksamer sein als die weiße". Verwendung nach Hoppe-Drogenkunde, 1958: „Herzwirksame Droge, besonders bei chron. Herzmuskelschwäche. Diureticum, bes. bei Hydrops . . . In der Volksheilkunde gegen Brandwunden und Wundrose . . . Bulbus Scillae recens, frische rote Meerzwiebel, dienen zur Herstellung von Giften gegen Ratten, Mäuse u. a.".
In der Homöopathie ist „Scilla - Meerzwiebel" (Essenz aus frischer, roter Zwiebel; Hahnemann 1825) ein wichtiges Mittel.

Urtica

Urtica siehe Bd. II, Diuretica; Rubefacientia. / IV, G 286, 957, 1031, 1616, 1721. / V, Boehmeria; Lamium; Marrubium; Stachys.
Brennessel siehe Bd. IV, C 52; G 1734.

Grot-Hippokrates: Nessel (U. pillulifera?).
Berendes-Dioskurides: Kap. Nessel, **U. pilulifera L.** u. **U. urens L.** (nach Sprengel U. urens u. dioica L.).
Tschirch-Sontheimer-Araber: U. pillulifera u. **U. dioica L.**
Fischer-Mittelalter: U. dioica L. (urtica maior seu magna seu regalis, archangelica, acalife, acantum, orinium, accavicum, acheldia, gelisia, ardenia, nessel; Diosk.: akalyphe, knide, urtica); U. urens L. (greganica, grenatica, urtica minor seu grenatica seu greca, garganica, habernessel; Diosk.: wie oben).

Hoppe-Bock: U. dioica L. (gemein brennend Nesseln); U. urens L. (Eiter Nessel); U. pilulifera L. (Römisch Nessel, Welsch garten Nessel).
Geiger-Handbuch: U. urens (kleine Brennessel, Eiternessel); U. dioeca (zweihäusige, große Brennessel); U. pilulifera; U. crenulata.
Hager-Handbuch: U. dioica L. (= U. major Kanitz; hat viele Varietäten); U. urens L. (= U. minor Moench.); U. pilulifera L.
Zitat-Empfehlung: **Urtica dioica (S.); Urtica urens (S.), Urtica pilulifera (S.).**

Dragendorff-Heilpflanzen, S. 179 (Fam. Urticaceae).

Dioskurides nennt viele Anwendungsmöglichkeiten der Nesseln (1. die Blätter, mit Salz als Kataplasma, heilen Hundebisse, Gangrän, Geschwüre, Verrenkungen, Skrofeln, Drüsen an Ohren und Schamteilen, Abzesse; mit Wachssalbe für Milzkranke; zerrieben, in die Nase gebracht, gegen Nasenbluten; mit Myrrhe als Zäpfchen zur Beförderung der Menstruation; gegen Gebärmuttervorfall; mit Muscheln zusammengekocht erweichen sie den Bauch, treiben Blähungen und Harn; Blattsaft als Gurgelmittel gegen Entzündung des Zäpfchens. 2. Der Same, mit Wein getrunken, reizt zum Beischlaf und öffnet die Gebärmutter; mit Honig als Leckmittel bei Orthopnöe, Lungen- und Brustfellentzündung, führt Unreinigkeiten aus der Brust, ist fäulniswidrig). Kräuterbuchautoren des 16. Jh. übernehmen solche Indikationen; nach Brunschwig kommt das gebrannte Wasser hinzu, das innerlich (mildes Laxans, Diureticum, Aphrodisiacum) und äußerlich (Wundheilmittel) genommen wird.
In Ap. Lüneburg 1475 waren 1/2 qr. Semen urticae Romanae vorrätig. Die T. Worms 1582 führt: [unter Kräutern] Urtica Romana (Urtica Silvestris seu Italica seu foemina seu hortulana, Welschnessel, Römischnessel, Gartennessel); Semen Urticae Romanae; Radix Urticae (Acalyphes seu acalephes, Cnides, Groß brennendt Nesselwurtz); Aqua (dest.) Urticae (Nesselwasser). Die Drogen der T. Frankfurt/M. 1687 sind: Herba urtica urens (Brenn-Nessel), Radix Urticae majoris (vulgaris, urens, Brenn-Nesselwurtzel, Heisse Nesselwurtz), Semen Urticae Romanae (Römischer oder Welscher Brenn-Nesselsaamen). In Ap. Braunschweig 1666 waren vorrätig: Herba urtici minor. (1/4 K.), Herba u. maior. (1/2 K.), Radix u. (7 1/4 lb.), Semen u. Romani (1/4 lb.), Aqua u. (1/2 St.).

Die Ph. Württemberg 1741 führt: Radix Urticae (Urticae majoris urentis, vulgaris, Nesselwurtz, Brennesselwurtz; Diureticum, Blutreinigungsmittel; Specificum bei Bluthamen), Herba Urticae urentis (vulgaris, racemiferae, Brennessel; Diureticum, Specificum bei Blutharnen oder gegen alle Arten von Blutflüssen), Semen Urticae (urentis, vulgaris, racemiferae; Diureticum, Subadstringens); aus frischem Kraut wird Aqua (dest.) Urticae gewonnen. Hagen, um 1780, urteilt: „Kleine Brennessel (Urtica urens) ist bekannt genug. Kraut und Samen (Hb. Sem. Urticae minoris) waren vor Zeiten gebräuchlich. Große Brennessel (Urtica dioica) ist ebenfalls bekannt, und die Wurzel (Rad. Urticae maioris) ist auch außer Gebrauch gekommen".

Geiger, um 1830, berichtet, man habe ehedem Kraut und Samen der großen und der kleinen Brennessel, von der großen auch die Wurzel „als harntreibende, wurmwidrige Mittel, selbst gegen Schwindsucht usw. gebraucht. Jetzt wendet man noch, wiewohl weniger als wohl nützlich wäre, die frische Pflanze an, um rheumatisch oder paralytisch gelähmte Glieder damit zu peitschen (Urticatio). Die jungen Blätter beider Nesselarten werden in mehreren Gegenden als Gemüse gegessen. Aus den Stengeln der großen Art bereitet man auch einen sehr feinen Hanf und Leinwand, Nesseltuch". Von U. pilulifera „waren ehedem auch die Samen (semen Urticae romanae, piluliferae) offizinell".
In Hager-Handbuch, um 1930, ist „Urtica" aufgeführt („Der Saft des frischen Krautes wurde früher zu Kräuterkuren gebraucht. Das getrocknete Kraut wird kaum noch angewandt. Das Kraut ist als blutstillendes Mittel empfohlen worden"). Ins Erg.-B. 6, 1941, wurde Herba Urticae aufgenommen („Die getrockneten, während der Blütezeit (Juni bis September) gesammelten oberirdischen Teile von Urtica dioica Linné und Urtica urens Linné").
Hoppe-Drogenkunde, 1958, Kap. U. dioica (= U. major) schreibt über Verwendung: 1. die Wurzel („Adstringens, bes. in der Volksheilkunde. - Bestandteil von Haarwuchsmitteln"); 2. das Blatt bzw. das Kraut („Diureticum, bei Gicht, Rheuma, Wassersucht, bes. in der Volksheilkunde. - ‚Blutreinigungsmittel'. - In der Homöopathie bei Urticaria, Hautleiden, Verbrennungen etc. ... Zur Gewinnung des Chlorophylls"); 3. der Same („In der Volksheilkunde bei Rheuma und Hautleiden"). In der Homöopathie sind „Urtica dioica - Große Brennessel" (Essenz aus frischem Kraut), „Urtica - Brennessel" (U. urens L.; Essenz aus frischer, blühender Pflanze; Buchner 1852) und „Urtica ad usum externum" (Tinktur wie oben) wichtige Mittel.

Usnea

Usnea siehe Bd. V, Hypnum, Humulus.

Die Bezeichnung Usnea kommt im Mittelalter vor und dient zur Drogenbezeichnung (neben anderen Synonymen) in offiziellen Quellen bis zum 18. Jh. Linné hat eine (Flechten-)Gattung so genannt, deren Erforschung durch die botanischen Systematiker bis zur Gegenwart nicht abgeschlossen ist. Aus diesem Sachverhalt ergeben sich zwei unüberwindbare Schwierigkeiten: Es ist weder mit Sicherheit anzugeben, welche Flechte einer bestimmten U.-Droge zuzuordnen ist, noch welche Flechte bei Zitaten alter Botaniker gemeint ist. Die groben Gesetzmäßigkeiten dürften allerdings durch folgende Zusammenstellung erkennbar werden:
Dioskurides beschreibt ein Bryon (wächst auf Ceder-, Pappel-, Eichbäumen; ist wohlriechend; Adstringens; in Tränken und Sitzbädern bei Gebärmutterleiden; Zusatz zu Salben und Ölen, zu Räucherungen). Berendes deutet die

Pflanze als Flechte „wahrscheinlich aus der Familie der Usneaceae"; neben einer Alectoria Arabum Ach. ist an U. florida Ach. gedacht worden. Entsprechend zitiert Tschirch-Araber: U. florida. Sie wird bei Geiger, um 1830, erwähnt als Parmelia florida Spr. (Lichen floridus L., U. florida Hoffm., Bart-Schlüsselflechte, blumige Haarflechte, Ziegenbart); „offizinell ist diese Flecht nicht".

Der Botaniker Bischoff, um 1840, sieht in U. florida Fries (= U. florida Hoffm. Achard, Lichen floridus L.) eine Form von U. barbata Fries. Dragendorff-Heilpflanzen, um 1900 (S. 48; Fam. Usneeae), nennt U. florida Hffm., die als Var. von U. barbata aufgefaßt wird, als „Tonico-amarum und bei Keuchhusten verwendet". Nach Hoppe-Drogenkunde, 1958, Kap. U. florida (Usneaceae), dient die Flechte „zur Darstellung der Usninsäure, die unter gewissen Bedingungen antibiotisch wirkt". Um 1970 heißt die Flechte: **U. florida (L.) Wigg.** [Fries faßt sie als var. von U. barbata auf].

Zitat-Empfehlung: **Usnea florida (S.).**

Nach Beßler wird das Gart-Kapitel Usnea (maiß, muscus arborum, brion, brium, licena, aunech, alusne) auf „Usnea barbata L., aber auch andere Baumflechten" bezogen. Fischer-Mittelalter zitiert U. barbata L. (usnea, muscus arborum, mieß). Die T. Worms 1582 führt: [unter Kräutern] Muscus arborum (Bryon, Sphagnon, Mnion, Amnion, Lanugo arborum, Usnea. Baummoß); in T. Frankfurt/M. 1687 Muscus Cranii humani (sive Usnea. Mooß von Menschen-Hirnschal) [teuer!].

Schröder, 1685, schreibt im Kap. Muscus: „Arabisch: Usnea, Moos . . . Das Moos, das an den Bäumen wächst, ist der Figur nach dreierlei. 1. capillaceus, d. i. das den Haaren gleicht und an dem Stamme wächst (C. B 1. oder usitatius Officinar.); 2. Foeniculeus, d. i. das den Fenchelblättern gleicht (C. B. 3. oder muscus arboreus cum orbiculis), Tab. Muscus ramosus, floridus und non floridus, wächst an den Ästen; 3. Crustaceus gleicht den harten Schalen (C. B. 7. oder Muscus pulmonarius, Tab. pulmonaria) siehe Pulmonaria arborea.

Von diesen gebraucht man die vorderen, deren das erste am gebräuchlichsten ist und Usnea Officinar. genannt wird, es ist auch entweder zarter oder gröber, kürzer oder länger; alle sind weißlich, etliche wenige rötlich und bisweilen auch schwarz. Das vornehmste ist muscus lariceus, piceus, pineus, und Abietinus (Moos von Lerchenbaum, Fichten und Tannen), diesem folgt nach populeus (Espen oder weiß Moos), denn das schwarze taugt nichts. Das beste unter allen ist Quernus (Eichen Moos). Es wird genannt Muscus arboreus . . . Man soll es im Anfang des Frühlings sammeln.

Alles Moos adstringiert und wird gebraucht in der Gelbsucht, dem Erbrechen, Bauchfluß, der roten Ruhr und dem Abortieren. Äußerlich taugt es für das böse Zahnfleisch, für Bluten; mit Weihrauch in Wein und ein wenig Essig ist es auch gut

für die verwundeten und schmerzenden Nerven. Weil das Moos dem Haar gleicht, ist es auch den Haaren gewidmet.
Hierher gehört auch das Moos, das auf den Hirnschädeln der Menschen wächst; man stellt nämlich einen Hirnschädel von einem gehängten Menschen eine Zeitlang unter den feuchten Himmel, so wächst besagtes Moos oder Usnea. Dieses verwahren sie hernach zum Gebrauch. Und ist ein besonderes Mittel bei allen Blutflüssen, daher kommt es auch in die Magnetische Salbe".
Valentini, 1714, berichtet von Usnea Cranii humani: „welches doch selten recht und unverfälscht zu finden ist, indem einige auch das Moos von den verstorbenen Köpfen in den Bein- und Totenhäusern abklauben und als die rechte Usnee verkaufen, welche doch billig von den aufgepfählten, gehängten oder aufs Rad gelegten Menschenköpfen herrühren sollte. Soll eine sonderliche Kraft gegen alle Blutstürze haben, welche es nicht allein innerlich, sondern auch äußerlich, nur in den Händen gehalten, stillen soll. Es ist auch diese Usnea das Fundament der Waffen-Salbe und des so berühmten Lapidis Buttleri, wovon Helmont ein ganzes Traktätlein geschrieben hat".
In der Arzneitaxe zur Ph. Württemberg 1741 stehen sowohl Muscus albus quernus [1 Lot kostet 2 Kreuzer] und Muscus Cranii s. usnea (Menschen-Hirnschaalen-Moos) [die geringere Menge von 1 Quintl kostet 24 Kreuzer]. Beschrieben ist davon in der Pharmakopöe nur Muscus Arboreus (Quernus, Baum-Mooß, Eichen-Mooß; Adstringens, Anodynum, gegen Husten, stärkt den Magen, gegen Flüsse; zur Herstellung des Syrupus de Musco Querno ad Tussim convulsivam). Die Pflanze heißt bei Hagen, um 1780: Haarmoos (Lichen plicatus); „stellt eine Menge langer graugrüner Fäden vor, die sehr durcheinander verworren und verwickelt sind, und in dichten Wäldern von den Ästen der Bäume herunterhängen. Es ist unter dem Namen Baummoos (Hb. Musci arborei) in auswärtigen [d. h. nicht-preußischen] Apotheken gebräuchlich".

Geiger, um 1830, nennt für unseren Zusammenhang 2 Flechten:
1.) Parmelia plicata Spr. (= Lichen plicatus L., U. plicata Hoffm., Wickelflechte, Eichenflechte, Eichenmoos); ist die Stammpflanze von Muscus albus quernus seu arboreus; wurde als blutstillendes Mittel und gegen Keuchhusten gebraucht.
2.) Parmelia articulata Spr. (= Lichen barbatus L., U. articulata et barbata Hoffm.; gemeine gegliederte Bartflechte); wird von Zenker nur für eine Varietät von Parmelia florida Spr. (siehe oben: U. florida Hoffm.) gehalten.
Bei Dragendorff, um 1900, heißen die Pflanzen:
1.) U. plicata Hoffm. (Eichen- oder Wickelflechte); „kam auch unter ägyptischen Gräberfunden vor"; Tonico-amarum und gegen Keuchhusten verwendet, ebenso wie
2.) U. barbata Fr. (Bartflechte, Muscus barbatus, Barba arborum).
Um 1970 werden unterschieden:

1.) **U. plicata (L.) Wigg.** (Fries als var. von barbata, Bivoli als var. von florida);
2.) **U. barbata (L.) Wigg. s. str. em. Mot** (= plicata var. b Fr.).
Zitat-Empfehlung: 1. **U. plicata (S.)**; 2. **U. barbata (S.).**

Nach Hagen ist das Menschen-Hirnschalen-Moos (Usnea cranii humani) ein Steinmoos (Lichen saxatilis): „Findet sich meistenteils auf Steinen, oft auch an den Rinden der Bäume. Es besteht aus sehr ausgeschnittenen, gebogenen, vertieften und trockenen Blättern, die wie Schuppen übereinander liegen. Die obere Seite desselben ist grau, die untere schwarz. Dieses ist vornehmlich die Flechte, welche sich auf der, der freien Luft ausgesetzten Hirnschale der Menschen ansetzt (Usnea cranii humani), obgleich andere Moosarten, die besonders auf Steinen und der Erde festsitzen, dasselbe tun". Geiger gibt hierfür 2 Parmelia-Arten an:
1.) Parmelia omphalodes Ach. (Lichen omphalodes L., Nabelflechte); „war ehedem gebräuchlich. - Man sammelte sie mit der folgenden Art, besonders auf alten Knochen, Menschenschädeln, und nannte sie Menschenschädelmoos (Usnea [Muscus] cranii humani).
2.) Parmelia saxatilis Ach. (Lichen saxatilis L., Steinflechte, Steinmoos); „wurde wie die vorhergehende unter demselben Namen eingesammelt. Man gebrauchte diese Flechten gegen Blutflüsse, Epilepsie usw.".
Genaue Angabe, worum es sich bei dieser Droge gehandelt hat - sie war sicher sehr vielartig, entscheidend für die Wirkung war das Substrat, der Menschenschädel - ist nicht möglich. Es können U.-Arten, aber auch viele andere Flechten, sogar Moose gewesen sein.

Utricularia

Nach Geiger, um 1830, war der Gemeine Wasserschlauch, **U. vulgaris L.** „ehedem unter dem Namen herba Lentibulariae offizinell". Dragendorff-Heilpflanzen, um 1900 (S. 613; Fam. Lentibulariaceae), nennt außer dieser Art 4 weitere, „dienten innerlich als Diureticum, äußerlich bei Verbrennungen etc.".
Zitat-Empfehlung: **Utricularia vulgaris (S.).**

Vaccinium

Vaccinium siehe Bd. V, Humulus; Myrtus.
Heidelbeere siehe Bd. IV, G 957, 1468.
Myrtillus siehe Bd. II, Antidysenterica; Antiscorbutica; Defensiva. / IV, Reg.; G 743, 1155, 1336. / V, Myrtus.

Fischer-Mittelalter: - **V. myrtillus L.** (mora agrestis, avis sperma, vaccinia, bacula, uva dolce, heitperi, heidberi, rifel-

beere, walbeere, swarzpere, hesenber) -- **V. vitis-idaea L.** (barbari, praisselper) --- **V. oxycoccos L.**, samol (der Druiden).
Hoppe-Bock: Kap. Heidelbeer, - V. myrtillus L. (kleine Heidelbeeren, Staudelbeeren) -- V. uliginosum L. (große Heidelbeer, Roßbeeren, Drumpelbeeren, Bruchbeeren).
Geiger-Handbuch: - V. Myrtillus (gemeine Heidelbeere, Blaubeere) -- V. Vitis idaea (Preuselbeere, rote Heidelbeere) --- V. oxycoccos L. (= Oxycoccos palustris Pers., Schollera Roth., Moos-Beere) -4- **V. uliginosum L.** (Sumpfheidelbere, Rauschbeere).
Hager-Handbuch: - V. myrtillus L. (Heidelbeere, Schwarzbeere, Bickbeere, Waldbeere) -- V. vitis idaea L. (Kronsbeere, Steinbeere, rote Heidelbeere) --- V. oxycoccus L. (Sauerbeere, Kranichbeere).
Zitat-Empfehlung: **Vaccinium myrtillus (S.); Vaccinium vitis-idaea (S.); Vaccinium oxycoccos (S.); Vaccinium uliginosum (S.).**

Dragendorff-Heilpflanzen, S. 510 (Fam. Ericaceae).

(Myrtillus)
Nach Hoppe kann Bock, um 1550, die Heidelbeere bei antiken Autoren nicht bestimmen; er gibt Indikationen für den Sirup aus den Früchten an (gegen Husten, Lungen- und Magenleiden); sie selbst dienen als Speise, ihren Saft verwendet man zum Blaufärben. Sirupe mit Heidelbeeren sind offizinell, so in Ph. Nürnberg 1546: Sirupus de Succo Myrtillorum D. Mesuae (bei diesem arab. Autor steht allerdings ein Syrupus de Granis Myrti!; Cordus vermerkt, daß man diesen Sirup in Italien oder Frankreich einkauft, daß man aber an seiner Stelle einen Sirup aus Heidelbeersaft und Zucker selbst bereiten kann), Sirupus Myrtinus compositus (aus Heidelbeeren, weißem Sandelholz, Sumach, Granat- und Apfelsaft u. a.).
In Ap. Lüneburg 1475 waren 2 lb. Semen mirtillorum vorrätig. Produkte der T. Worms 1582, in denen die Bezeichnung „Myrtilli" vorkommt, stammen von der Myrte (→ Myrtus); die Heidelbeerdrogen tragen Bezeichnungen, die außer auf V. myrtillus auch auf andere Vaccinium-Arten (V. vitis idaea, V. uliginosum) hindeuten können: Baccae vitis Idaeae (Vaccinia, Heydelbeern, Krackbeern), [unter Kräutern] Myrtus vulgaris (Pseudomyrtus, Vaccinium, Vitis idaea Theophrasti, Heydelbeerkraut, Krackbeerkraut, Drumpelbeerkraut, Bruchbeerkraut). In Ap. Braunschweig 1666 gab es: Semen myrtillorum (1½ lb.), Oleum m. (12 lb.), Syrupus m. (10 lb.). Die T. Frankfurt/M. 1687 verzeichnet: Baccae Myrtillorum exsicc. (gedörrte Heidelbeern), Succus M. (Heidelbeersafft), Syrupus M. e succo (Heidelbeer Syrup). In Ph. Württemberg 1741 sind aufgenommen: Fructus Myrtilli exsiccati (Heidelbeer; Adstringens, mildern Fieberhitze; als Dekokt); Syrupus Myrtillorum (aus Saft bereitet).
Hagen, um 1780, gibt als Stammpflanze für den Heidelbeerstrauch V. Myrtillus an. Die Drogen und Präparate verschwinden zu Anfang des 19. Jh. aus den deutschen

Pharmakopöen, tauchen jedoch später wieder auf. In DAB 1, 1872, sind Fructus Myrtilli aufgenommen, 1882 wieder entfallen, dafür in die Erg.-Bücher. In Erg.-B. 6, 1941, stehen: Folia, Fructus, Extractum fluidum Myrtilli.
Über die Anwendung schreibt Geiger, um 1830: „Die trockenen Beeren werden bei Durchfällen verordnet. Präparate hat man davon den Syrup (syrupus Myrtillorum). Der Saft dient ferner als Reagens auf Säuren und Alkalien. Sie werden nicht selten zum Färben des Weins gebraucht, um künstlichen roten zu bilden. Durch Gärung und Destillation erhält man einen angenehmen und starken Weingeist (Heidelbeergeist) . . . Die Blätter geben einen angenehmen Tee". Nach Hager, um 1930, dienen die getrockneten Heidelbeeren bei Durchfall, Ruhr, meist als Abkochung, auch als Heidelbeerwein aus den frischen Beeren. Auch zu Mundausspülungen bei Leukoplakien. Nach Hoppe-Drogenkunde, 1958, Kap. V. Myrtillus, werden verwendet: 1. das Blatt („Diureticum, Antidarrhoicum, Carminativum"); 2. die Frucht („Antidiarrhoicum. Bei chronischer Dyspepsie. Bei Oxyuriasis. - Äußerlich bei Ekzemen und Schleimhauterkrankungen in der Rachenhöhle"). In der Homöopathie ist „Myrtillus" (Essenz aus frischen, reifen Beeren) ein weniger wichtiges Mittel.

(Verschiedene)
In mittelalterlichen Quellen kommt - nach Fischer - auch die Preißelbeere (V. vitis idaea L.) vor. Bock, um 1550, bildet als eine zweite große Art von Heidelbeeren V. uliginosum L. ab. Der Roob vaccinorum rubrum der Ap. Braunschweig 1666, wovon 16 lb. vorrätig waren, dürfte von der Preißelbeere gestammt haben. Hagen, um 1780, schildert außer dem Heidelbeerstrauch und den Heidelbeeren a) den „Preusselbeerenstrauch (Bernitzkekraut, V. Vitis idea)" und davon die „Preusselbeeren (Baccae Vitis ideae)", ferner b) den „Moosbeerenstrauch (V. Oxycoccos)" und davon die „Beeren, die den Namen Moosbeeren (Baccae Oxycoccos) führen . . . Sie enthalten einen sehr sauren roten Saft". In der Fußnote hierzu wird vermerkt: „Aus diesem verfertigt man in Schweden den Moosbeerenhonig (Mel Oxycoccos), indem man gleichviel Honig damit vermischt und zur Dicke eines Saftes einkocht".
Auch Geiger führt außer der Heidelbeere auf:
a) Die Preuselbeere, von der Blätter und Beeren benutzt werden (folia et baccae Vitis idaeae); „Anwendung. Die Blätter gibt man im Teeaufguß. Eigentlich werden sie nur anstatt der Bärentraubenblätter fälschlich unter dem Namen herba Uvae ursi gegeben. Doch sind sie nicht ohne Wirkung . . . Die Beeren werden wie die Heidelbeeren benutzt. - Präparate hat man davon das Mus, Gallerte, seltener Syrup und die eingemachten Preuselbeeren (roob, gelatina, syrupus et conditum baccar. Vitis idaeae). Sie sind angenehm kühlend, und die eingemachten werden auch häufig zu Fleischspeisen usw. genossen. Durch Gärung und Destillation erhält man aus ihnen einen angenehmen Weingeist (Steinbeerenwasser)". Jourdan, zu gleicher Zeit, bemerkt: „Die Blätter galten lange Zeit als Lithontripticum und werden noch heutzutage den harntreibenden Mittel beigezählt. Sie sind schwach adstringierend".

b) Die Moosbeere, „eine längst von den nordischen Völkern wie bei uns die Heidel- und Preuselbeeren benutztes Pflänzchen . . . In Schweden und Rußland werden die Beeren zu kühlenden Tränken verwendet. - Präparate hat man davon Honig, Gallerte und die eingemachten Moosbeeren (mel, gelatina et conditum Oxycoccos)". Jourdan bezeichnet sie als „kühlend, antiscorbutisch".

In Hager-Handbuch, um 1930, werden beide Arten erwähnt, die Preißelbeeren zur Herstellung von Saft und Marmelade, die Preißelbeerblätter als Mittel gegen Rheuma, Gicht. Die Blätter, Folia Vitis Idaeae, sind ins Erg.-B. 6, 1941, aufgenommen. Hoppe, 1958, Kap. V. Vitis idaea, schreibt über Verwendung: 1. das Blatt („Bei Blasenleiden, Gicht und Rheumatismus"); 2. die Frucht („Antidiarrhoicum und Adstringens. - In der Volksheilkunde auch bei Lungen- und Gebärmutterblutungen"); ferner werden verwendet: V. Oxycoccus („Kühlendes Mittel. Die frischen Früchte sind in Finnland offizinell"), V. uliginosum (Früchte werden bei Magen- und Darmkatarrhen angewandt).

Valeriana

V a l e r i a n a siehe Bd. II, Alexipharmaca; Antepileptica; Antispasmodica; Cephalica; Diuretica; Stimulantia. / IV, Reg.; A 34; C 2; E 23, 113; G 1206. / V, Cymbopogon; Lavandula; Nardostachys; Polemonium; Thalictrum; Valerianella.
B a l d r i a n siehe Bd. I, Vipera. / IV, E 14, 26, 193, 247, 278; G 957, 1417, 1553, 1724. / V, Aristolochia.
P h u siehe Bd. II, Diuretica.

D e i n e s-Ägypten: Valeriana.
B e r e n d e s-Dioskurides: - Kap. P h u, **V. officinalis L.** (oder V. Dioscoridis Hawk.?) - - Kap. Keltische N a r d e, **V. celtica L.** + + + Kap. Bergnarde, N a r d u s tuberosa L.
T s c h i r c h-Araber: V. Dioscoridis; Sontheimer-Araber: S p i c a romana.
F i s c h e r-Mittelalter: - V. officinalis L. (a m a n t i l l a, valeriana, f u (arab.; = Valeriana phu), p o n i l l a, p o r t e n t i l l e, c i s t r a, m a t u r a, v a l e n t i n a, g e n i c u l a r e, m a r c i n e l l a, b a l d r i a n, k a t z e n k r a u t, k a t z e n w u r z e l ; Diosk.: phu, nardus agrestis); V. Phu L. (s c o l o p e n d r i a, phu); **V. dioica L.** (phu minore) - - V. celtica L. (a r c a n t i l l a, spica celtica seu romana, nardus celticus, s p i c u l a, c r u c e w u r z, s p e i k, nardenkraut, k a t z e n l e i t e r l i n, r o t e n w u r z, s a n t m a r i e m a g d a l e n e n k r a u t, k a t z e n z a g e l ; Diosk.: nardos keltice, s a l i u n c a).
B e ß l e r-Gart: - Kap. Valeriana vel fu (l i c h i n i s, h a l d r i a n e), „V.-Arten, eigentlich **V. phu L.**, dann aber V. officinalis L. und V. dioica L." - - Kap. Spica celtica sive romana, V. celtica L.
H o p p e-Bock: - Kap. Baldrian. 1.) V. phu L. (groß und Edelst Baldrian); 2.) V. officinalis L. (der ander und gemein Baldrian, A u g e n w u r t z e l, W e n d w u r t z e l); 3.) V. dioica L. (kleinst Baldrian).

G e i g e r-Handbuch: - 1.) V. officinalis, mit 4 Varietäten: a) V. excelsa; b) V. latifolia seu media; c) V. tenuiofolia; d) V. lucida. 2.) V. Phu (dabei V. Dioscoridis). 3.) V. dioica - - V. celtica + + + V. pyrenaica; V. tuberosa.
H a g e r-Handbuch: - V. officinalis L. (unter Verwechslungen und Verfälschungen: V. Phu L., V. dioica L.); V. officinalis var. angustifolia Miq. + + + V. mexicana D. C., V. tollucana D. C.
Z i t a t-Empfehlung: **Valeriana officinalis (S.); Valeriana celtica (S.); Valeriana dioica (S.); Valeriana phu (S.).**

Dragendorff-Heilpflanzen, S. 643 uf. (Fam. V a l e r i a n e a e ; nach Schmeil-Flora: V a l e r i a n a c e a e); Tschirch-Handbuch II, S. 523-525; H. Klein, Speikgraben und Speikhandel im alten Salzburg, in: Die Vorträge der Jubiläums-Hauptversammlung in Salzburg (Internationale Gesellschaft für Geschichte der Pharmazie), Wien 1952, S. 127 uf.

(B a l d r i a n)
In Tschirch-Handbuch ist zur Geschichte des Baldrians ausgeführt: Im Altertum hieß eine der medizinisch verwendeten Narden Phu; die Beschreibung, die Dioskurides gibt, stimmt auf V. officinalis (kommt im Orient vor) resp. auf die wohl nur als eine der kleinasiatischen Formen der officinalis oder jedenfalls als eine nahe verwandte Art zu betrachtende, von Hawkins aufgestellte, V. Dioscoridis; bei den Hippokratikern spielte der Baldrian eine große Rolle in der Frauenpraxis, und er war auch ein Bestandteil des berühmten Antidots von Sotira und der Pastillen des Andromachus; der Name Valeriana tritt zum 1. Mal im 10. Jh. in einer lat. Übersetzung eines arabischen Werkes auf. Auch Berendes identifiziert Phu mit V. officinalis, es wird aber auch von anderen Autoren V. phu L. angenommen.
(Die Wurzel des Phu und ihre Abkochung erwärmt, treibt Urin, gegen Seitenschmerz; befördert den Monatsfluß; Zusatz zu Gegengiften.)
Bock, um 1550, übernimmt - nach Hoppe - diese Indikationen und überträgt sie auf 3 V.-Arten, von denen V. phu L. als der „recht, edelst" Baldrian, V. officinalis L. als „gemein" und V. dioica L. als „kleinst" Baldrian bezeichnet werden; er fügt weitere Anwendungen hinzu (gegen Pest, Husten und Atembeschwerden; äußerlich gegen Kopfschmerzen und Entzündungen; Baldrianwein aus Blüten oder Wurzeln als Augenmittel, bei Wunden und Hämorrhoiden).
In pharm. Quellen seit Ausgang des Mittelalters wird unterschieden zwischen 1. Phu und 2. Valeriana.
In Ap. Lüneburg 1475 waren vorrätig: 1. Radix fu (1 qr.), 2. Radix valeriane (1 qr.).
In T. Worms 1582 gibt es
1.) [unter Kräutern:] Valeriana pontica (Phu ponticum, T e r i a c a r i a, H e r b a d i v i G e o r g i i, G e o r g i a n a, Herba divae Mariae Magdalenae, groß D e n n m a r c k, T h e r i a k s k r a u t, M a r i e n M a g d a l e n e n k r a u t, G a r t e n s e l i u n g, S. G e o r g e n k r a u t). Radix Phu pontici (Theriackkrautwurtzel, Valeriana pontica).

2.) [unter Kräutern:] Valeriana (Phu germanicum, Genicularis, Herba benedicta, Marinella, Baldrian, Dennmarck, Katzenkraut, Augenwurtzel). Radix Valerianae (Baldrian Wurtzel). Aqua Valerianae.
In Ap. Braunschweig 1666 waren vorrätig: 1.) Radix phu vera (5 lb.); 2.) Radix valerianae (6 lb.), Pulvis v. (3/4 lb.), Aqua v. (2 1/2 St.), Extractum v. (3 Lot). Die Ph. Augsburg 1640 gibt an, daß für Phu ersatzweise Valeriana genommen werden kann. Die Ph. Württemberg führt:
1.) Radix Phu Pontici (Valerianae hortensis, Phu folio Olusatri Dioscorid. C. B. Phu magni, veri, großer Baldrian, Garten-Baldrian; Alexiterium, kommt zum Theriak).
2.) Radix Valerianae palustris (silvestris, Valerianae pratensis, kleine Baldrian, Katzenwurtzel, Augenwurtzel; Alexipharmacum, Emmenagogum, Uterinum, Antarthriticum, Diureticum; spezifisch gegen Augenentzündungen und Epilepsie); offizinell ist das dest. Wasser daraus. Bei Hagen, um 1780, heißen die Stammpflanzen: 1. V. Phu; 2. V. officinalis.

Seit dem 19. Jh. ist in Deutschland praktisch nur Radix Valerianae (minoris) von V. officinalis L. offizinell; in allen Pharmakopöen bis DAB 7, 1968 („Baldrianwurzel. Radix Valerianae. Die getrockneten unterirdischen Organe der Sammelart Valeriana officinalis L.").
Baldrianpräparate der Ph. Preußen 1799 waren: Extractum V. minoris, Oleum Radicis V. minoris, Tinctura V. ammoniata; Bestandteil von Electuarium Theriaca, Spiritus Angelicae compositus. In DAB 1, 1872: Aqua V., Extractum V., Oleum V., Tinctura V., Tinctura V. aetherea; Bestandteil von Aqua foetida antihysterica, Electuarium Theriaca, Spiritus Angelicae comp.
Geiger, um 1830, schreibt über V. officinalis: „Der Baldrian ist ein sehr schätzbares Arzneimittel. Er wird meistens im Aufguß gegeben oder in Pulverform, Latwergen, Pillen. - Präparate hat man davon: Das ätherische Öl, destilliertes Wasser, Extract, mehrere Tinkturen". Der große Baldrian, V. Phu, wird wie der vorige angewandt; „doch wird er jetzt selten bei uns als Arzneimittel gebraucht". Auch bei V. dioica gibt Geiger an: „Die Wurzel wird jetzt kaum mehr als Arzneimittel gebraucht".
Hager, 1874, schreibt: „Die Baldrianwurzel wird als krampfstillendes, antepileptisches, wurmwidriges Mittel, besonders bei hysterischen Leiden angewendet". Anwendung nach Hager, um 1930: „Die Baldrianwurzel wird als Pulver, im Aufguß (auch als Klysma) oder in der Tinktur als vorzügliches, krampfstillendes und anregendes Mittel, besonders bei Neurasthenischen und Hysterischen viel gebraucht. Wegen ihrer Unschädlichkeit eignet sie sich auch zu längerem Gebrauch bei Hysterie, Migräne, Herzneurosen, Fallsucht u. a. Nervenleiden ... Die Wurzel und die Zubereitungen sind durch künstlich dargestellte Baldriansäureverbindungen teilweise verdrängt worden". Hoppe-Drogenkunde, 1958, schreibt über Verwendung der Wurzel: „Mildes Sedativum, bes. bei Schlaflosigkeit, nervöser Erschöpfung, geistiger

Überanstrengung, nervösen Herzbeschwerden, Kopfschmerzen, Hysterie, Neurasthenie, Erregungszuständen. - Antispasmodicum, bei Magenkrämpfen, Koliken etc. - Auch in der Homöopathie [wo „Valeriana - Baldrian" (Tinktur aus getrockneter Wurzel; Hahnemann 1805) ein wichtiges Mittel ist] als Nervenmittel".

(Spica celtica)
Die keltische Narde „bildet als Speik noch heute einen wichtigen Handelsartikel der Alpenländer über Triest nach dem Orient, wo sie zu Salben und Bädern gebraucht wird" (Berendes). Ihre Kraft ist, nach Dioskurides, dieselbe wie bei der syrischen Narde [→ Patrinia], aber noch harntreibender und magenstärkender (auch bei Leberentzündungen, Gelbsucht, Aufblähen des Magens, bei Milz-, Blasen-, Nierenleiden, gegen Biß giftiger Tiere, mit Wein genommen; Zusatz zu erwärmenden Umschlägen, Tränken und Salben).
In Ap. Lüneburg 1475 waren 1/2 lb. Spiceromane vorrätig. In Ph. Nürnberg 1546 kommentiert Cordus bei einem Bestandteil von Tryphera magna Nicolai: „Nardus Celtica oder Spica Celtica und Saliunca ist dasselbe Kraut, das in den Apotheken Spica Romana genannt wird"; ist auch Bestandteil von Mithridatium Damocratis.
Die T. Worms 1582 führt: [unter Kräutern] Spica Romana (Saliunca, Spica celtica seu gallica, Magdalenenkraut, Laugenspick, Marien Magdalenen Blumen); Flores Spicae celticae (Nardi Gallici, Marien-Magdalenenblumen), Aqua dest. Florum spica (Spickenblumenwasser); in Ap. Braunschweig 1666 waren vorrätig: Herba spicae Celticae (3 lb.) [das Oleum spicae der T. Worms und aus Ap. Braunschweig hängt wahrscheinlich mit → Lavandula zusammen].
Das Kapitel Spica Celtica bei Schröder, 1685, ist kurz. „In Apotheken hat man die Wurzel . . . Sie wärmt und trocknet, hat mit der Indischen Spik einerlei Kräfte, nur daß sie was schwächeres ist, wird nützlich gebraucht im Harntreiben, Magenstärken und Zerteilung der Winde; äußerlich tut mans in die Malagmata und erwärmende Salben". Nach Valentini, 1714, besteht die Welsche Spic „aus langen schuppichten und mit vielen Fäserlein behängten Würzlein, samt den oberen gelbichten Blättern, eines scharfen bitteren und aromatischen Geschmacks und starken Geruchs".
In Ph. Württemberg 1741 steht bei Flores Spicae Celticae der Hinweis, „siehe Radices"; dort: Radix Spicae Celticae (Nardi Celticae, Alpinae, Valerianae Celticae Tournefort, Celtischer Nardus, Magdalenenkraut, Magdalenen-Blumen; was in den Apotheken als „Blüten" geführt wird, ist, wenn man es genau betrachtet, Wurzeln mit Blättern; Alexipharmacum, Uterinum, Diureticum; für Theriak). Die Stammpflanze heißt bei Hagen, um 1780: V. Celtica (Alpenbaldrian, Zeltische Narde, Spik); „die größte Menge davon wird in Afrika verbraucht". Geiger, um 1830, berichtet von V. celtica: „Die celtische Narde war, wie die indische, ehedem hoch berühmt . . . Bei uns ist aber jetzt ihr Gebrauch sehr eingeschränkt und sie wurde durch den gemeinen Baldrian fast ganz verdrängt". Nach Hoppe-Drogenkunde, 1958, dient V. celtica (Gelber oder Roter Speik, Keltische Narde) zu Parfümeriezwecken.

Valerianella

R a p u n (t) z e l siehe Bd. V, Campanula; Oenothera; Sium.

Nach Fischer kommt V. olitoria L. in mittelalterlichen Quellen vor (v a l e r i a n a, a u r i c u l a muris, g a l l i n a grassa, v a l e n t i a, m a u s ö r l e i n). Die Pflanze heißt bei Geiger, um 1830, F e d i a olitoria Vahl (= Valeriana locusta olitoria L.); „das Kraut war ehedem unter dem Namen herba Valerianellae offizinell ... Als Arzneimittel ist sie jetzt außer Gebrauch, aber die jungen Blätter werden häufig als Salat (W i n g e r t s a l a t, L ä m m e r s a l a t, S o n n e n w i r b e l e i n) genossen". Bei Dragendorff-Heilpflanzen, um 1900 (S. 645; Fam. V a l e r i a n e a e; nach Zander-Pflanzenname: V a l e r i a n a c e a e), steht: V. olitoria Pollich (= Fedia olit. Vahl), R a p u n z e l [F e l d s a l a t], Blatt gegen Scorbut und als Salat gebraucht; desgleichen weitere V.-Arten. Bezeichnung nach Zander-Pflanzennamen: **V. locusta (L.) Laterade** (davor: V. olitoria (L.) Poll.).
Z i t a t-Empfehlung: **Valerianella locusta (S.).**

Vanilla

V a n i l l e siehe Bd. II, Analeptica; Carminativa; Stimulantia. / IV, E 88, 236, 340; G 1546.
Zitat-Empfehlung: *Vanilla planifolia (S.).*
Dragendorff-Heilpflanzen, S. 151 (Fam. O r c h i d a c e a e); Tschirch-Handbuch II, S. 1306 uf.

Nach Tschirch-Handbuch wird Vanille, die bei den Azteken hoch geschätzt war, seit 2. Hälfte 16. Jh. in Europa bekannt, seit 17. Jh. allgemein als Zusatz zu S c h o k o l a d e benutzt. Valentini, 1714, führt aus: „Von den V a i n i l l e n ... Sobald der C h o c o l a t in Europa kund worden ist, hat man auch Vanillen oder Banillen, wie sie einige nennen, als eins von dessen vornehmsten Ingredienzien bringen lassen, welche deswegen in Holland auch gemein und wohl zu bekommen sind. Diese Vainillen oder V a i n i g l i a e nun bestehen in langen und gleichsam zusammengepreßten Hülsen oder Schoten, welche in der Länge sechs, auch mehr Zoll, in der Breite aber einen Zoll haben und gleichsam wie eine Messerscheide anzusehen sind: auswendig schwarzbraun und glänzend, inwendig von ebensolcher Farbe, voller kleiner Kernlein, wie die Feigen: eines etwas scharfen, fetten und aromatischen Geschmacks und dem Bisam ähnlichen Geruchs: kommen von Gatimalo und S. Domingo aus West-Indien. - Das Kraut, woran diese Früchte wachsen, heißt bei dem Hernandez (welcher es vor anderen schön beschrieben) A r a c u s aromaticus, ist eine Art von den W i n d e n und C o n v o l v u l i s ... Kräfte und Tugenden ... erwärmende und zerteilende, anbei aber auch stärkende Kraft, womit sie den Magen stärken, die Winde zerteilen und dem Gehirn, der Mutter und anderen nervösen Gliedern sehr gut tun. Sie treiben den Harn, befördern die monatliche

Reinigung, natürliche Geburt und Schwierungen: Treiben auch die Nachgeburt und tote Kinder fort und kommen also dem weiblichen Geschlecht in ihren meisten Krankheiten wohl zu paß. Ingleichen werden sie gegen die erstarrend-machenden giftigen Bisse und andere dergleichen giftige Sachen gebraucht ... Am meisten aber werden die Vanillen zu Verfertigung der Chocolaten gebraucht, welche sie anmutiger und kräftiger machen. Die Tabaksbrüder brauchen sie auch, den Tabak wohlriechend zu machen".

Im 18. Jh. wird die Vanillenfrucht pharmakopöe-üblich. Die Ph. Württemberg 1741 führt unter Früchten Vainiglia (Fructus Vaniliae, Vanillae, Bainillae, Vanilien; von Epidendrum Linn. Angurek Kaempf. u. Tlilxochitl der Amerikaner; Roborans, Diureticum, Calefaciens, verteilt Blähungen, fördert Verdauung; wird selten gebraucht, es sei denn für Schokoladen). Nach Hagen, um 1780, heißt die Vanillenwinde: Epidendron Vanilla. „Die Schoten davon sind die sogenannten Vanillen (Vanillae, Vanigliae, Araci aromatici). So wie diese nach Europa gebracht werden, sind sie von einer dunkelbraunen gleichsam glänzenden Farbe, platt, der Länge nach mit Streifen gezeichnet ... Sie sind voll von kleinen schwarzen Samen, die Sandkörnern ähnlich sind, und haben einen sehr angenehmen Geruch und gewürzhaften Geschmack. Man sammelt sie, ehe sie noch ihre völlige Reife erhalten haben, legt sie auf kleine Haufen zusammen und läßt sie gleich dem Kakao 2 bis 3 Tage gären. Sie werden hierauf zum Trocknen ausgebreitet, und wenn sie halbtrocken sind, mit einem fetten Öl bestrichen und dann völlig getrocknet... Ihr Gebrauch erstreckt sich allein auf die Bereitung der Chokolade".

Nach Geiger, um 1830, gibt man Vanille (von V. aromatica Sw., Epidendrum Vanilla L.) „im Aufguß oder Substanz, in Pulverform, mit Zucker abgerieben als Vanillenzucker (eleosacchar. Vanigliae) ... Ferner hat man als Präparat: Tinktur (tinct. Vanigliae) und nimmt sie zu mehreren gewürzhaften Zusammensetzungen, vorzüglich auch zu Chocolade". In den preußischen Pharmakopöen heißt die Stammpflanze von Vanilla zunächst (Ausgabe 1813) Epidendron Vanilla L. bzw. V. aromatica Swartzii, dann 1827-1829 V. aromatica Sw., 1846 V. aromatica Sw. et V. planifolia Aiton; 1862 (von jetzt ab Fructus Vanillae) **V. planifolia Andrews.** So auch im DAB 1, 1872, das aus Vanille Tinktur und Vanillenzucker (Vanilla saccharata) bereiten läßt. Über Anwendung schreibt Hager, 1874: „nicht nur als angenehmes Aromaticum und Geschmackskorrigens, sondern auch als Carminativum und Aphrodisiacum, so wie in hysterischen Leiden". Die Droge bleibt bis DAB 4, 1900, offizinell, dann Erg.-Bücher. So verzeichnet Erg.-B. 6, 1941: Fructus Vanillae („die vor der Reife gesammelten und dann fermentierten Früchte der kultivierten Vanilla planifolia Andrews"), Tinctura Vanillae und Vanilla saccharata. Anwendung nach Hager, um 1930: „Die Vanille findet wegen ihres feinen Aromas in der Pharmazie vielfach als geschmackverbessernder Zusatz Verwendung, wird auch als Aphrodisiacum, ferner bei Hysterie, Menstruationsstörungen, Bleichsucht (in Verbindung mit Eisenmitteln) gebraucht, gewöhnlich in Form der Tinktur oder des Vanillezuckers. Hauptsächlich dient sie jedoch als angenehmes Gewürz für Tee,

Schokolade, Gefrorenes und hat sich als solches trotz des in großen Mengen hergestellten künstlichen Vanillins behauptet".
Hoppe-Drogenkunde, 1958, Kap. V. fragrans (= V. planifolia) gibt über Verwendung der fermentierten Frucht an: „Aromaticum für galenische Präparate. - Geschmackskorrigens. - Früher auch als Aphrodisiacum benutzt. - Gewürz". In der Homöopathie ist „Vanilla" (Tinktur aus reifen, getrockneten Früchten) ein weniger wichtiges Mittel.

Vateria

Nach Geiger, um 1830, wird von **V. indica L.** (= Elaeocarpus copaliferus Retz.) der Ostindische Copal abgeleitet, soll auch eine Art Anime liefern. Dragendorff-Heilpflanzen, um 1900 (S. 444; Fam. Dipterocarpaceae), berichtet, daß das Harz dieses Baumes als Surrogat von Dammar, gegen Cholera, Erbrechen, zu Räucherungen dient; die Samen liefern Talg. Hoppe-Drogenkunde, 1958, hat ein Kap. V. indica: Verwendet wird das Fett der Samen (Malabartalg, Butterbohnenfett) für Speisezwecke, Seifen- und Kerzenfabrikation; der Baum liefert auch ein Harz.
Zitat-Empfehlung: **Vateria indica (S.).**

Veratrum

Veratrum siehe Bd. II, Errhina; Febrifuga; Panchymagoga. / IV, Reg. / V, Chamaelirium; Helleborus; Schoenocaulon.

Grot-Hippokrates; Berendes-Dioskurides (Kap. Weiße Nieswurz); Sontheimer-Araber; Fischer-Mittelalter, **V. album L.** (elleborus albus, gentiana maior, politizon, condision, scamphonie, veladro, germara, wiswurz, sitterwurz, niswurz, winterwurz; Diosk.: helleboros leukos, veratrum album).
Hoppe-Bock: V. album L. (Weiß Nießwurtz, Schampanierwurtzel).
Geiger-Handbuch: V. album (weißer Germer, weiße Nießwurzel); **V. nigrum L.**
Hager-Handbuch: V. album L.; **V. viride Ait.**
Zitat-Empfehlung: **Veratrum album (S.); Veratum nigrum (S.); Veratrum viride (S.).**

Dragendorff-Heilpflanzen, S. 113 (Fam. Liliaceae); Tschirch-Handbuch III, S. 728 uf.

Nach Tschirch-Handbuch gehören zu den ältesten und berühmtesten Gift- und Heilpflanzen des Altertums der schwarze und der weiße Helleborus. Der schwarze wird in der Regel mit einem → Helleborus identifiziert, der weiße mit V. album

(S.), was jedoch nicht ganz sicher ist. Nach Dioskurides wird die Wurzel der weißen Nieswurz als Purgans angewandt (reinigt durch Erbrechen); Zusatz zu Collyrien gegen Verdunkelung der Augen; befördert Menstruation; als Zäpfchen eingelegt ist die Wurzel ein Abortivum; erregt Niesen, tötet Mäuse. Viele Möglichkeiten der Darreichung werden beschrieben. Nach Hoppe lehnt sich Bock, um 1550, an dieses Kapitel an, als er V. album abbildet: Emeticum; in Wein gegen Wahnsinn, Melancholie; Niesmittel; Abkochung in Essig als Mundspülung gegen Zahnschmerzen, als Waschung bei Geschwüren und Ausschlägen; mit Lauge gegen Kopfläuse, mit Honig und Mehl gebacken als Mäuse- und Rattengift, in Milch gekocht zum Töten von Fliegen. Bock berichtet, daß Nieswurz ein beliebtes Arzneimittel der „Landstreicher" sei.

In Ap. Lüneburg 1475 waren 1 lb. Radix ellebori albi vorrätig. Die T. Worms 1582 führt Radix ellebori albi (Veratri albi, Radix campanica, Weiß Nieswurtz, Schampanirwurtz), in T. Frankfurt/M. 1687 heißt sie Radix Hellebori, Veratri albi. In Ap. Braunschweig 1666 waren vorhanden: Radix ellebori albi (10 lb.), Pulvis ellebori albi (3 lb.), Extractum ellebori albi (4 Lot), Nasali ex rad. elleb. albi (2 Lot). In Ph. Württemberg 1741 steht Radix Ellebori albi (Veratri flore subviridi; heftiges Purgans, das nach oben und unten wirkt; häufigster Gebrauch in Niespulvern). Die Droge blieb - bis auf einige Ausnahmen - in den Pharmakopöen bis zum 20. Jh. (DAB 6, 1926: „Rhizoma Veratri - Weiße Nieswurz. Der getrocknete, mit Wurzeln besetzte Wurzelstock von Veratrum album Linné"); man bereitet daraus Tinctura Veratri.

Geiger, um 1830, schreibt über die Anwendung: „Man gibt die Wurzel in Substanz in sehr geringen Dosen, in Pulverform, oder im Aufguß und Abkochung, auch äußerlich zu Waschungen. - Präparate hat man Tinktur, Extrakt, Honig (tinctura, extractum, mel Hellebori albi). Sie macht einen Bestandteil der pilul. polychrest. Starkeyi, des Schneeberger Schnupftabaks (pulv. sternutat. alb.) und des ung. pediculorum aus. - In neuester Zeit wird sei meistens nur bei Tieren gebraucht". Im Hager, um 1930, ist ausgeführt: „Innerlich wird die Nieswurzel selten angewandt; sie erzeugt leicht Erbrechen und heftigen Durchfall. Äußerlich in Form der Tinktur bei Pityriasis versicolor, in Salbenform gegen Krätze, als Bestandteil von Schnupfpulvern. Vielfach in der Tierheilkunde, z. B. als Brechmittel für Schweine, bei Staupe der Hunde. In der Homöopathie bei Cholera und Krämpfen". Hoppe-Drogenkunde, 1958, Kap. V. album, schreibt über Verwendung des Rhizoms: „Bei Trigeminusneuralgie, bei Muskeldystrophie empfohlen ... In der Homöopathie als Analepticum, bei Nervenerkrankungen. Herzwirksames Mittel. Bei Kreislaufschwäche mit Kollapszuständen. Bei Cholera, Typhus, Ruhr und Paratyphus. Bei psychischen Störungen ... In der Veterinärmedizin als stark wirkendes Ungeziefermittel, bes. gegen Flöhe, Läuse etc. Bei Hundestaupe. Zur Herstellung von Schädlingsbekämpfungsmitteln".

In der Homöopathie ist „Veratrum - Weiße Nieswurz" (Tinktur aus trockenem Wurzelstock; Hahnemann 1817) ein wichtiges Mittel. Ebenso „Veratrum viride -

Grüne Nieswurz" (V. viride Ait.; Tinktur aus trockenem Wurzelstock; Hale 1875). Die Droge wird bei Hager, um 1930, als Rhizoma Veratri viridis, Amerikanische Nieswurzel, geführt. Geiger, um 1830, erwähnt sie noch nicht. Von V. nigrum L. schreibt er, daß die weiße Nieswurzel auch von ihr im südlichen Deutschland, Ungarn, Sibirien, gesammelt wird.

Verbascum

Verbascum siehe Bd. II, Emollientia; Expectorantia; Resolventia. / V, Ramonda.
Mottenkraut siehe Bd. V, Chenopodium; Helichrysum; Ledum.
Wollkraut siehe Bd. IV, G 957.

Grot-Hippokrates: V. Thapsus.
Berendes-Dioskurides: Kap. Königskerze, a) der weibliche Phlomos, V. plicatum Sibth., b) der männliche, V. Thapsus L.; schwarzer Phlomos, V. sinuatum L. oder V. nigrum L.; Kap. Arktion, V. limnense oder V. ferrugineum?
Sontheimer-Araber: V. undulatum; V. ferrugineum.
Fischer-Mittelalter: V. Thapsus, thapsiforme u. phlomoides L. (blandonia, lanaria, britannica, luminaria, candela, cauda lupina, herba oculorum, cuniges kerze, himmelprant, wulkraut, unhuldenkerz, wül; Diosk.: phlomon, verbascum); V. nigrum L. (guaraguasco femina).
Beßler-Gart: Kap. Candela, **V. thapsus L.**, daneben auch V. thapsiforme Schrad. [Schreibweise nach Zander-Pflanzennamen: **V. densiflorum Bertol.**] und **V. phlomoides L.** (wulkrut, taxus barbatus, Tapsus barbatus, koninges kerze).
Hoppe-Bock: Kap. Von Wullkraut, V. phlomoides L. (Das aller gröst vnd bekantest Wullkraut, Königskertz, Himmelbrant, Vnholdenkertz), **V. nigrum L.** (die ander Wull, Schwartz Wullkraut), V. thapsus L. (Waltwull, weißwull). Kap. Von Goldknöpflin, **V. blattaria L.** (recht klein Wulkraut, Schabenkraut, Mottenkraut).
Geiger-Handbuch: V. Thapsus L. (gemeines Wollkraut, Königskerze, Himmelbrand); V. thapsiforme Schrader; V. phlomoides L. (Fischkörner-Kerze); V. nigrum; V. Blattaria.
Hager-Handbuch: V. thapsiforme Schrad. und V. phlomoides L.; V. thapsus L.
Zitat-Empfehlung: **Verbascum thapsus (S.); Verbascum densiflorum (S.); Verbascum phlomoides (S.); Verbascum nigrum (S.); Verbascum blattaria (S.).**

Dragendorff-Heilpflanzen, S. 601 uf. (Fam. Scrophulariaceae); Tschirch-Handbuch II, S. 23.

Im Kap. Phlomos werden von Dioskurides - nach Berendes - mehrere V.-Arten angesprochen, die als schwarze und weiße Art, von letzterer eine weibliche und eine männliche, bezeichnet werden; es gibt auch eine wilde und zwei rauhe, schließlich noch eine L y n c h i t i s genannte, die als Lampendocht gebraucht wird (Wurzeln sind adstringierend; gegen Durchfall, innere Rupturen, Krämpfe, Quetschungen, chronischen Husten; zum Mundspülen bei Zahnschmerzen. Blätter als Kataplasma gegen Ödeme, Augenentzündungen, Geschwüre, Skorpionbisse; Vulnerarium; Umschlag gegen Verbrennungen). Kräuterbuchautoren des 16. Jh. lehnen sich mit den Indikationen für die ihnen bekannten V.-Arten an dieses Kap. an (in Kap. Wullkraut bildet Bock - nach Hoppe - V. phlomoides L. und V. nigrum L. ab, V. thapsus beschreibt er).

In T. Worms 1582 sind aufgenommen: [unter Kräutern] Verbascum (Phlomus, P h l o n u s , P y s n i t i s Apuleii, P h e m i n a l i s , L u c u m b r a , C a n d e - l a r i a , Candela regis, Lanaria, Tapsus barbatus, Wullkraut, F e l d k e r t z , Königskertz, Unholdenkertz, Himmelbrandt, B r e n n k r a u t); Flores Verbasci (Tapsi barbati, Wullkrautblumen, Königskertzblumen), Radix V. (Tapsi barbati, Wüllkrautwurtzel); Aqua (dest.) Florum verbasci (Tapsi barbati, Wullenkrautblumenwasser), Conserva Radicum verbasci (Wullenkrautwurtzelzucker), Oleum (coct.) Florum verbasci (Wüllkrautblumenöle). In T. Frankfurt/M. 1687, als Simplicia: Flores Verbasci (Candelae Regiae, Wullkraut-Blumen, Königskertzen-Blumen), Herba Verbascum (Thapsus barbatus, Candelaria, Candela Regis, Lanaria, Phlomus, Wüllkraut, Königskertzen, Unholdenkraut, Brennkraut), Radix Verbasci (Lanariae, Wullkraut, Brennkraut, Kertzenkrautwurtz). In Ap. Braunschweig 1666 waren vorrätig: Flores verbasci (1/4 K.), Herba v. (1 K.), Radix v. (2 1/4 lb.), Aqua v. (1 1/2 St.), Oleum v. (11 lb.).

Die Ph. Württemberg 1741 beschreibt: Herba Verbasci (Thapsi barbati, Verbasci foliis incanis, flore luteo magno, Wullkraut, Himmelbrandt, Königskertzen; Emolliens, Discutans, lindert Schmerzen; gegen Hämorrhoidalschmerzen, Stuhlzwang und Aftervorfall), Flores Verbasci (Thapsi barbati, W u l l e n b l u m e n ; Anodynum, Emolliens; gegen Hämorrhoidalschmerzen und Stuhlzwang, in süßer Milch gekocht und in Säckchen aufgelegt); Oleum (coct.) Verbasci.

Hagen, um 1780, hat 2 Kap.: [1.] „Königskerz, K e r z e n k r a u t , Himmelbrand, Wollkraut, W e l k e (Verbascum Thapsus) ... Das Kraut und die Blumen (Hb. Flor. Verbasci, Verbasci albi) sind offizinell ... [2.] Schwarzes Wollkraut (Verbascum nigrum) ... Die Wurzel (Rad. Verbasci, Verbasci nigri) ... ist jetzt sehr wenig mehr gebräuchlich. Man sammelt diese auch wohl von der vorigen Art".

Die Krautdroge blieb noch einige Zeit im 19. Jh. pharmakopöe-üblich (Ph. Preußen 1799-1829), während die Blütendroge (von den gleichen Stammpflanzen) bis zur Gegenwart in Gebrauch blieb. Ph. Preußen (1799-1813) Flores Verbasci von V. Thapsus (zur Herstellung von Species ad Infusum pectorale), (1827-1846) von V. Thapsus L. et thapsiforme Schrad. (1862) von V. thapsiforme Schrad. et phlomoides L. In DAB 1, 1872: Flores Verbasci, von V. thapsiforme Schrad. und anderen Arten der Gattung Verbascum (zur Herstellung von Species pectorales), 1882-1968, von V. phlomoides L. und V. thapsiforme Schrad. (1968: „ W o l l b l u m e n ").

In der Homöopathie sind „Verbascum - Königskerze" (V. thapsiforme Schrad.; Essenz aus frischem, zu Beginn der Blüte gesammelten Kraut; Hahnemann 1821) und „Verbascum ad usum externum" (V. thapsiforme Schrad.; Tinktur aus frischem, zu Beginn der Blüte gesammeltem Kraut) wichtige Mittel.
Geiger, um 1830, schrieb zusammen über V. Thapsus, V. thapsiforme Schrad. und V. phlomoides L.; „von diesen 3 Pflanzen sammelt man als offizinell das Kraut (herba Verbasci) und die Blumen ohne Kelche (flores Verbasci), ehedem auch die Wurzel (rad. Verbasci). Von welcher Art die offizinellen Teile eigentlich gesammelt werden sollen, ist schwer zu entscheiden, da unter dem Namen V. Thapsus die 2 ersten, wohl zum Teil auch die dritte begriffen wurde. Da der Unterschied in der Wirkung wenig bedeutend sein möchte (?), so sammelt man sie am zweckmäßigsten von der am häufigsten in der Nähe wachsenden Art. In der Rheingegend wäre darum V. thapsiforme als die am häufigsten vorkommende für offizinell anzusehen und sie wird ohnehin der anderen wegen der größeren Blumen vorgezogen . . . Die Blätter werden zuweilen noch unter Species verschrieben zu erweichenden Umschlägen; frisch werden sie auf entzündete Geschwülste gelegt. Die Wurzel wird nicht mehr gebraucht. Man hing sie sonst als Amulett gegen vermeintliche Zauberei an. Vorzüglich werden die Blumen im Teeaufguß als Brustmittel usw. gegeben. Sie geben einen lieblichen Tee. - Das frische Kraut oder die Pflanze stellt man wohl auch in Keller, Zimmer usw. hin, um die Mäuse zu vertreiben (was aber nach eigener Erfahrung nicht viel hilft). - Die Samen, besonders von V. phlomoides, sollen die Fische betäuben und zu diesem Zweck ins Wasser geworfen werden . . . Man bedient sich des zerquetschten Krauts und der Blumen noch in Italien und Griechenland zu diesem Zweck. - Die Wolle der Blätter, vorzüglich von V. phlomoides, wird in Italien und Spanien als Zunder benutzt".
Außer diesen 3 Arten erwähnt Geiger: V. nigrum („davon war sonst die Wurzel und Blumen (radix et flores Verbasci nigri) offizinell") und V. Blattaria („die Blätter (herba Blattariae) waren sonst offizinell").
Hager-Handbuch, um 1930, gibt über Verwendung von Flores Verbasci (von V. thapsiforme Schrad. und V. phlomoides L.) an: „Bei Erkrankungen der Luftwege als Linderungsmittel, meist mit anderen Kräutern in Brusttee"; die Folia Verbasci (von V. thapsus L.) werden wie die Blüten angewandt, auch mit diesen zusammen zum Räuchern bei Atembeschwerden. Hoppe-Drogenkunde, 1958, schreibt im Kap. V. phlomoides: Verwendet werden: 1. die Blüte („Mildes Expectorans, bes. in Hustenteemischungen. Mucilaginosum. - In der Volksheilkunde als Diaphoreticum und Diureticum. - Äußerlich zu Umschlägen und Gurgelwässern"); 2. das Blatt („Schleimdroge bei Katarrhen. - Äußerlich zu erweichenden Umschlägen, bei schlechtheilenden Wunden. - In der Homöopathie bei rheumatischen und neuralgischen Schmerzen, bei Gastritis. In der Wundbehandlung").

Verbena

Verbena siehe Bd. II, Emollientia. / V, Anagallis; Bidens; Capsella; Lippia; Sisymbrium; Stachytarpheta.
Eisenkraut siehe Bd. IV, G 643, 957. / V, Sideritis; Sisymbrium.
Ferraria siehe Bd. V, Agrimonia; Arctium; Sanicula; Scrophularia.

Berendes-Dioskurides: Kap. Taubenkraut (aufrechtes Peristereon), V. officinalis L.?; Kap. Zurückgebogenes Peristereon, V. officinalis L. (oder V. supina?).
Tschirch-Sontheimer-Araber: V. officinalis (und V. supina?).
Fischer-Mittelalter: **V. officinalis L.** und V. supina L. (verbena, columbina, herba veneris, peristereon, sagium, militaris, agrimonia, ferruginea, herba sacra, verminaca, isenwurze, hifendecke, isencrut, taubecropf, eisenkraut, yserich; Diosk.; peristereon, bunion, hierobotane, crista gallinacea, ferraria, herba sanguinalis, sideritis, cincinalis).
Hoppe-Bock: Kap. Von Verbena/Ysenkraut, V. officinalis L.
Geiger-Handbuch: V. officinalis (Eisenhart, Eisenkraut); V. triphylla (= Lippia citriodora Kunth., Aloysia citriodora Orteg.).
Hager-Handbuch: V. officinalis L.; V. triphylla L'Hér.; V. hastata L.; V. urticaefolia L.
Zitat-Empfehlung: **Verbena officinalis (S.).**

Dragendorff-Heilpflanzen, S. 564 uf. (Fam. Verbenaceae).

Dioskurides unterscheidet ein Aufrechtes und ein Zurückgebogenes Peristereon, beide hat man auf V.-Arten bezogen; das Aufrechte wird hauptsächlich äußerlich, das andere auch innerlich angewandt. Bock, um 1550, der V. officinalis L. abbildet, übernimmt - nach Hoppe - von Dioskurides dafür als Indikationen: Kraut für Kataplasma bei Entzündungen, Vulnerarium, mit Schmalz als Salbe gegen Geschwüre an den Genitalien. Weitere Indikationen gibt Bock wie Brunschwig: Kraut in Wein gegen Leber-, Milz-, Nierenleiden; gebranntes Wasser gegen Gelbsucht, Lungenleiden, Gifte, als Einreibung gegen Kopfschmerzen (bei Pest und Typhus), gegen Mundgeschwüre, Krankheiten der Genitalien, Hämorrhoiden. Hoppe fügt hinzu: „Verweis auf abergläubische Verwendung als Bestandteil der Kräuterbüschel, der in Antike und Mittelalter viel gerühmten Zauberpflanze ... Technisch verwendet beim Härten von Eisen".
In Ap. Lüneburg 1475 waren vorrätig: Aqua verbene (1 St.). Die T. Worms 1582 führt: [unter Kräutern] Verbena (Peristereon, Hierabotane, Herba sagminalis, Columbaris, Columbina, Herba sacra, Verbenaca, Eisenkraut, Eisenhart, Eiserich); Aqua (dest.) Verbenae (Verbenacae, Eisenkraut- oder Taubenkrautwasser); in T. Frankfurt/M. 1687, als Simplicium: Herba Verbena (Ver-

benaca, Eisenkraut, Eisenhart, Eisenreich, Taubenkraut). In Ap. Braunschweig 1666 waren vorrätig: Herba verbenae (2 K.), Radix v. (1 lb.), Aqua v. (2. St.), Sal v. (13 Lot).

Die Ph. Württemberg 1741 beschreibt: Herba Verbenae vulgaris (maris, flore caeruleo, Eisenkraut, Taubenkraut, Eisenhart; Adstringens, Refrigerans, Vulnerarium, Anodynum); Aqua (dest.) Verbena. Die Stammpflanze heißt bei Hagen, um 1780: V. officinalis. Geiger, um 1830, schreibt über diese Pflanze: „Man gibt das Kraut im Aufguß, auch wird es äußerlich, frisch zerquetscht, aufgelegt usw. Ehedem war die Pflanze als Arzneimittel gegen vielerlei Krankheiten, Fieber, Schwächen, Kopfschmerzen usw. hochberühmt. Jetzt ist sie fast ganz außer Gebrauch.“ Als weitere V.-Art erwähnt Geiger V. triphylla L.; „Davon ist das wohlriechende Kraut (herba Aloysiae) in Spanien offizinell“.

Nach Hager-Handbuch, um 1930, werden Herba Verbenae angewendet: „als Bittermittel, auch als Ersatz für Tee“. Aus V. triphylla L'Hér. wird das angenehm citronenartig riechende Oleum Verbenae gewonnen, das selten ist und meist durch das billigere Lemongrasöl (ostindisches Verbenaöl) ersetzt wird.

In Hoppe-Drogenkunde, 1958, wird über Herba Verbenae (von V. officinalis), die in Erg.-B. 6, 1941, aufgenommen sind, ausgesagt: „Adstringens, Diureticum, Diaphoreticum. Uteruswirksames Mittel, Galactagogum, leichtes Herzmittel. In der Homöopathie bei Steinleiden. - In der Volksheilkunde als Diureticum und Emmenagogum. - Äußerlich bei schlechtheilenden Wunden und Geschwüren, bei Hautleiden“.

In der Homöopathie ist „Verbena officinalis - Eisenkraut“ (Essenz aus frischem, blühenden Kraut; Buchner 1840) ein wichtiges, „Verbena hastata“ und „Verbena urticaefolia“ (beides Essenzen aus frischer, blühender Pflanze) sind weniger wichtige Mittel.

Vernonia

Geiger, um 1830, erwähnt V. anthelminthica; „davon werden die bitteren Samen auf Zeylon als Wurmmittel gebraucht“. Nach Dragendorff-Heilpflanzen, um 1900 (S. 658; Fam. Compositae), ist von V. anthelminthica Willd. (= Conyza anth. L., Serratula anth. Roxb.) Frucht und Blatt Anthelminticum, bei Hydrops, Kolik, äußerlich bei Rheuma und Gicht. Diese Art wird in Hoppe-Drogenkunde, 1958, erwähnt (Samen liefern Vapachiöl. Vermifugum).

Das Kapitel bei Hoppe gilt V. nigritiana, von der die Wurzel untersucht wurde. Nach Dragendorff dient die Wurzel von V. nigritania Oliv. als Purgans und Febrifugum.

Hoppe erwähnt schließlich die nordamerikanische V. angustifolia (Wurzel ist

bitteres Tonicum), die unter den 13 V.-Arten bei Dragendorff nicht aufgeführt ist.
In Zander-Pflanzennamen sind 4 V.-Arten genannt, darunter **V. anthelmintica (L.) Willd.**

Veronica

Veronica siehe Bd. II, Abstergentia; Antiscorbutica; Diuretica; Expectorantia; Quatuor Aquae. / IV, A 18; G 152, 1043. / V, Sium; Teucrium.
Beccabungus siehe Bd. II, Antiscorbutica.
Ehrenpreis siehe Bd. IV, C 52; E 224; G 957, 1749.

Berendes-Dioskurides: +++ Kap. Alysson, V. arvensis oder V. montana?
Sontheimer-Araber: +++ V. anagallis.
Fischer-Mittelalter: - **V. officinalis L.** (und **V. hederaefolia L.** u. **V. arvensis L.**) (gratiana, auricula muris, veronica, sand pauls krawt, erenbris; Diosk.: kerasia) -- **V. beccabunga L.** (cf. V. anagallis) (anagallicum (?), bungen, wasserbon) --- **V. chamaedrys L.** (und V. arvensis L. u. V. hederifolia L.) (gamandrea, camandreos, girago maior, hedera terrestris, quercula minor, camepitheus, cf. Teucrium, sand pauls chraut, trost aller welt, groß gamander, je länger je lieber).
Hoppe-Bock: - Kap. Von Erenbreiß, V. officinalis L. (Gründtheil, vihe wurtz) und **V. serpyllifolia L.** (das ander Geschlecht) -- Kap. Von Bach Bungen, V. beccabunga L. (Bachpungen, Bach Bonen) und V. anagallis L. (das ander und gantz klein geschlecht, Wasser Gauchheil) --- Kap. Von Bathenig der kleinen vnd Gamander, V. chamaedrys L. (das dritt und aller gemeinst Gamander, Vergiß mein nit, Helfft, Frawenbiß) und **V. teucrium L.** (das größt Gamanderlin).
Geiger-Handbuch: - V. officinalis (officineller, echter Ehrenpreis) -- V. Beccabunga (Bachbungen) --- V. Chamaedrys (Wiesen-Ehrenpreis) +++ V. Anagallis; V. spicata; V. saxatilis; V. Teucrium (= V. latifolia Ait.); V. arvensis; V. triphyllos.
Hager-Handbuch: - V. officinalis L. -- V. beccabunga L. -4- **V. virginica L.** (= Leptandra virginica (L.) Nutt., Veronicastrum virginicum (L.) Farw.).
Zitat-Empfehlung: **Veronica officinalis (S.); Veronica hederaefolia (S.); Veronica arvensis (S.); Veronica beccabunga (S.); Veronica chamaedrys (S.); Veronica serpyllifolia (S.); Veronica teucrium (S.); Veronica virginica (S.).**

Dragendorff-Heilpflanzen, S. 607 (Fam. Scrophulariaceae).

Es gibt bei Dioskurides kein Kapitel, das eindeutig einer V.-Art zuzuordnen wäre, ebensowenig bei den arab. Autoren. Dagegen treten bei den mittelalterlichen Autoren, die Fischer ausgewertet hat, 3 Arten hervor, die dann auch bei Bock, um 1550, zu finden sind und die in der Medizin eine Rolle gespielt haben. Jeder dieser 3 Arten werden jedoch von Fischer wie von Bock andere beigeordnet, so daß die Arzneinamen gebende Art zwar fest liegt, die Droge jedoch nicht einheitlich zu sein brauchte.

(Veronica)

Der Ehrenpreis des Bock ist - nach Hoppe - in erster Linie V. officinalis L. (ein 2. Geschlecht ist V. serpyllifolia L., das Bock in einem Diosk.-Kap. zu finden meint, in dem vielleicht eine Euphorbia-Art angesprochen ist; Indikationen dafür hat er nicht aufgenommen). Den Ehrenpreis selbst hat Bock auf ein Diosk.-Kap. bezogen, dessen Stammpflanze jedoch unbestimmt geblieben ist (Kraut zu Kataplasma bei Milzschwellung); Bock fügt, teilweise nach Brunschwig (um 1500), zahlreiche weitere Indikationen hinzu (das dest. Wasser als Schwitzmittel bei Pest, gegen Schwindel, reinigt das Geblüt, eröffnet die Leber; Stomachicum; gegen Lungen-, Milz-, Nieren-, Blasen-, Gebärmutterleiden, gegen Brust- bzw. Lungenleiden, Atembeschwerden; Wundmittel, gegen Hautleiden. Volkstümlich als Aphrodisiacum).

Die T. Worms 1582 führt: [unter Kräutern] Veronica (Betonica Pauli. Ehrenpreiß, Grundheyl, Schlangenwundkraut); Aqua (dest.) Veronicae (Ehrenpreißwasser); die T. Frankfurt/M. 1687, als Simplicium: Herba Veronica (Ehrenpreiß, Grundheil). In Ap. Braunschweig 1666 waren vorrätig: Herba veronicae (5 K.), Aqua v. (5 St.), Aqua (ex succo?) v. (1 St.), Aqua v. cum vino (2 St.), Aqua v. Angeli Salae (2 St.), Conserva v. (9½ lb.), Essentia v. (10 Lot), Extractum v. (5½ Lot), Syrupus v. (4 lb.).

Schröder, 1685, gibt ähnliche Indikationen an, wie Bock. Die Ph. Württemberg 1741 beschreibt: Herba Veronica majoris (vulgaris serpentis, Ehrenpreyß, Heyl aller Schäden, Wundkraut; ausgezeichnetes Vulnerarium; Diureticum, Sudoriferum, Pectoralium, Roborans); Aqua (dest.) Veronica, Aqua V. cum Vino, Conserva (ex herba) V., Extractum Veronicae. Die Stammpflanze heißt bei Hagen, um 1780: V. officinalis (Ehrenpreis).

Die Krautdroge blieb üblich in Länderpharmakopöen des 19. Jh. (Ph. Preußen 1799-1829; Ph. Sachsen 1828, 1837; Ph. Hannover 1861). Dann in den Erg-Büchern zu den DAB's. In der Homöopathie ist „Veronica“ (V. officinalis L.; Essenz aus frischer, blühender Pflanze) ein weniger wichtiges Mittel.

Geiger, um 1830, schrieb über V. officinalis: „Anwendung. Im Teeaufguß. Von Präparaten hatte man ehedem das Extract, ferner conserva, syrupus, aqua und essentia Veronicae, von denen jetzt nichts mehr gebraucht wird. - Bei den Alten stand der Ehrenpreis in sehr hohem Ansehen, daher der Name vere unica!“.

Nach Jourdan, zur gleichen Zeit, ist das blühende Kraut von V. officinalis L. (herba Veronicae s. Veronicae maris s. Betonicae Pauli): „Schwach tonisch, antiscorbutisch“.
Nach Hager-Handbuch, um 1930, werden Herba Veronicae „in der Volksmedizin“ angewendet, nach Hoppe-Drogenkunde, 1958, dient das Kraut als „Expectorans. Bei Gicht und Rheuma. - In der Homöopathie bei chronischer Bronchitis, Blasenkatarrh, chronischen Hautleiden. - Als Haustee“.

(Beccabunga)
Als Bachbunge bezeichnet Bock, um 1550, in erster Linie V. beccabunga L. (daneben, als ganz kleines Geschlecht: V. anagallis L.). Bock entnimmt - nach Hoppe - Indikationen einem Diosk.-Kap., in dem wahrscheinlich Sium nodiflorum L. gemeint war (gegen Blasensteine; Diureticum, Emmenagogum, zum Entfernen der Totgeburt); er empfiehlt das Kraut weiter zu Umschlägen gegen Schwellungen und Hautleiden; wird besonders von Pferdeärzten gegen Geschwulste verwandt.
In T. Frankfurt/M. 1687 stehen: Herba Beccabunga (Anagallis aquatica, Bachbungen, Wasserbungen). In Ap. Braunschweig 1666 waren vorrätig: Herba beccabungi (1/2 K.), Aqua b. (2 1/2 St.), Conserva b. (2 lb.).
Bei Schröder, 1685, wird die Bachbunge unter dem Namen: Anagallis aquatica abgehandelt; Indikationen entsprechend Bock (siehe oben; sehr gut bei Scharbock). Die Ph. Württemberg 1741 beschreibt: Herba Beccabungae (Anagallidis aquaticae, Veronicae aquaticae, Bachbungen, Wasserbungen; wird getrocknet selten gebraucht, frisch als Antiscorbuticum); Aqua B., Conserva (ex herbis) Beccabungae. Die Stammpflanze heißt bei Hagen, um 1780: V. Beccabunga (Bachbungen, Bachbonen); „das Kraut (Hb. Beccabungae) wird meistenteils frisch gebraucht“.
Geiger, um 1830, schreibt über V. Beccabunga: „Nur frisch sind die Blätter zu gebrauchen. Sie werden mit anderen Kräutern ausgepreßt und der Saft als Frühlingskur getrunken. Man zählt sie zu den antiscorbutischen Gewächsen. Äußerlich wird sie als Wundkraut gebraucht. - Läßt sich auch als Salat verspeisen. Veronica Anagallis (Wassergauchheil) war ehedem auch unter dem Namen herba Anagallidis aquaticae offizinell und wurde wie Bachbungen angewendet“.
Herba Beccabungae sind in Hager-Handbuch, um 1930, erwähnt (ohne Indikation), Hoppe-Drogenkunde, 1958, bezeichnet sie als „Blutreinigungs- und Appetitanregungsmittel in Teegemischen. Als Frischsaft verordnet“. In der Homöopathie ist „Veronica Beccabunga - Bachbunge“ (Essenz aus frischer, blühender Pflanze; Hale 1875) ein wichtiges Mittel.

(Chamaedrys vulgaris)
Als 3. und allergemeinsten Gamander bildet Bock, um 1550, V. chamaedrys L. ab; er bezieht sich wegen der Indikationen, zusammen mit Teucrium chamaedrys

und V. teucrium L. auf ein Diosk.-Kap., in dem wohl eine Teucrium-Art gemeint ist (gegen Husten, Wassersucht, Milzschwellung, Strangurie; bei Vergiftungen, als Emmenagogum, bei Fluor albus und Gebärmutterleiden; Vulnerarium); darüberhinaus weitere äußerliche Anwendungen.
Die T. Worms 1582 führt: [unter Kräutern] Chamaedrys vulgaris (Calamandrina caerulea, Teucrium caeruleum, Morsus mulierum, Vergiß mein nicht, Blauwmenderlen, Frauwenbiß); in T. Mainz 1618: [unter Kräutern] Chamaedrys vulgaris (Vergissnichtmein); in T. Frankfurt/M. 1687: Herba Chamaedrys vulgaris (spuria, Pseudochamaedrys, Veronica Teucrii facie, Teucrium, groß Bathengel, blau oder wild Gamanterlein). In Ap. Braunschweig 1666 waren 1/4 K. Herba chamaedr. sylvestr. vorrätig; weitere Zubereitungen → Teucrium.
Schröder, 1685, schreibt im Kap. Chamaedrys: „Dieses Krauts sind unterschiedene Arten ... es dient der Milz und der Leber, inzidiert, eröffnet, treibt den Harn und Schweiß mächtig. Daher taugt es sehr wohl in Fiebern, dem Scharbock, bei der anfangenden Wassersucht, verstopftem Monatsfluß und vornehmlich im Zipperlein, äußerlich aber in um sich fressenden Geschwüren, Rauden, Jucken und Hauptflüssen".
Im 18. Jh. wird als Chamaedrys hauptsächlich → Teucrium chamaedrys L. verwandt. Geiger, um 1830, erwähnt die V. Chamaedrys als Verwechslungsmöglichkeit für V. officinalis („Der pharmazeutische Name des Krautes war herba Chamaedrys spuriae Foeminae").

(Verschiedene)
Geiger, um 1830, nennt noch eine Reihe weiterer V.-Arten:
1.) V. spicata; „das Kraut war sonst unter dem Namen herba Veronicae spicatae offizinell".
2.) V. Teucrium, latifolia Ait.; war offizinell als herba Chamaedrys spuriae Maris.
3.) V. arvensis; war offizinell als herba Alsines serratofolio hirsutiori.
4.) V. triphyllos; war offizinell als herba Alsines triphyllae caeruleae.

Jourdan, um 1830, nennt eine V. Virginica Willd.; „man wendet die Wurzel an, deren Arzneikräfte noch nicht genau bekannt sind". Bei Dragendorff-Heilpflanzen, um 1900, heiß die Pflanze: Leptandra virginica Nutt. (= V. virg. L.); „Nordamerika. - Rhizom Brech- und Abführmittel". In Hager-Handbuch, um 1930, heißt die Stammpflanze der Rhizoma Leptandrae virginicae wieder: V. virginica L.; „die Droge und das daraus hergestellt Extrakt werden als Emeticum und Purgans angewendet". In der Homöopathie ist „Leptandra" (Essenz aus frischen Wurzeln; Hale 1864) ein wichtiges Mittel.

Vetiveria

Andropogon siehe Bd. V, Acorus; Cymbopogon; Nardostachys; Sorghum.

Dragendorff-Heilpflanzen, um 1900 (S. 79; Fam. Gramineae), beschreibt unter Andropogon-Arten Andropogon squarrosus L. (= Andr. muricatus Retz., Anatherum mur. Retz., V. odorata Virey); „Diaphoreticum, Stimulans, Carminativum". Als Andr. muricatus bei Hessler-Susruta. Schreibweise nach Zander-Pflanzennamen: **V. zizanioides (L.) Nash.**

Nach Hager-Handbuch, um 1930, wird aus der Wurzel von Andropogon squarrosus L. Fil. (= V. zizanioides Stapf, Andr. muricatus Retz; Vetivergras) das ätherische Oleum Vetiveri gewonnen. Die Tinktur aus dem getrockneten Wurzelstock ist in der Homöopathie als „Anatherum muricatum" (Hale 1873) ein wichtiges Mittel. Nach Hoppe-Drogenkunde, 1958, dient die Wurzel (sie heißt auch Ivarancusawurzel, Mottenwurzel) als Diaphoreticum, Ungeziefermittel, zur Gewinnung des ätherischen Öls, das in der Parfümerie- und Seifenindustrie verwendet wird.

Viburnum

Viburnum siehe Bd. IV, G 960, 1032.
Zitat-Empfehlung: *Viburnum lantana (S.)*; *Viburnum opulus (S.)*; *Viburnum prunifolium (S.)*.
Dragendorff-Heilpflanzen, S. 641 uf. (Fam. Caprifoliaceae).

Nach Berendes-Dioskurides ist zur Deutung „Des anderen Kyklaminos" unter anderen: V. Lantana L. herangezogen worden. Fischer-Mittelalter zitiert **V. lantana L.** (quisquilia, fluida). Bock, um 1550, bildet - nach Hoppe - im Kap. Kleiner Mälbaum (Schwelchen; ohne Identifizierung und Indikation) diese Art ab, und im Kap. Schwelchen (Bachholder) **V. opulus L.**; auch hier keine Indikationen; Bock vermutet, daß Latwerge aus den Früchten als Brechmittel wirkt; Zierpflanze.

Geiger, um 1830, erwähnt:

1.) V. Lantana (wolliger Schlingbaum, kleiner Mehlbaum); „die Blätter und Beeren (folia et baccae Viburni) waren sonst offizinell".

Nach Hoppe-Drogenkunde, 1958, werden die Blätter zu Mund- und Gurgelwässern benutzt.

2.) V. Opulus (Wasserhollunder, Schneeballen); „offizinell waren sonst die Rinde, Blumen und Beeren (cortex, flores et baccae Opuli seu Sambuci aquatici). Aus den Blumen wurde ein destilliertes Wasser (aq. flor. Opuli) bereitet, was harntreibend sein sollte, und die Beeren sollen brechenerregend sein".

In Hager-Handbuch, um 1930, ist Cortex Viburni opuli (Schneeballbaumrinde) beschrieben; „Anwendung. Bei Genitalblutungen, Menstruationsschmerzen und zur Verhütung von Abortus (auch homöopathisch). Als krampfstillendes Mittel in Form des Fluidextrakts". Ähnliches steht bei Hoppe-Drogenkunde. In der Homöopathie ist „Viburnum Opulus - Schneeball" (Essenz aus frischer Rinde; Hale 1875) ein wichtiges Mittel.

In Hager-Handbuch, um 1930, ist auch **V. prunifolium L.** aufgenommen; verwendet wird Cortex Viburni prunifolii (Amerikanische Schneeballbaumrinde); „Anwendung. Als Antispasmodicum, bei Menstruationsschmerzen und -Blutungen, sowie zur Verhütung von Abortus, in Form des Fluidextrakts. Die Rinde wirkt lähmend auf das Zentralnervensystem". Aufgenommen in die Erg.-Bücher zu den DAB's: Cortex Viburni prunifolii (Rinde und Fluidextrakt z. B. in Erg.-B. 2, 1897; noch in Erg.-B. 6, 1941). Diese Art hat ein Kap. in Hoppe-Drogenkunde; Verwendung der Rinde: „Uteruswirksames Sedativum. Antispasmodicum bei Menstruationsstörungen. Bei Dysmenorrhöe und Asthma".
In der Homöopathie ist „Viburnum prunifolium" (Essenz aus frischen Früchten; Hale 1875) ein wichtiges Mittel. Außerdem wird verwendet: „Viburnum odoratissimum" (Essenz aus frischen Blättern und Blüten) als weniger wichtiges Mittel.

Vicia

Vicia siehe Bd. V, Phaseolus.

Grot-Hippokrates: Erwe, Erwenmehl.
Berendes-Dioskurides: - Kap. Griechische Bohne, V. Faba L. -- Kap. Linsenwicke, V. Ervilia L. +++ Kap. Vogelwicke, V. Cracca L.
Tschirch-Araber: - V. Faba L. -- Ervum Ervilia.
Fischer-Mittelalter: - V. faba L. (faba, kyamus, pon, bonen; Diosk.: kyamos hellinikos) -- V. Ervilia, Ervum Ervilia L. +++ V. gracca (orobium, orobus, vogelwicke; Diosk.: aphake); V. sativa L. (orobus, vicia, vessiola, wikken; Diosk.: orobos).
Hoppe-Bock: - V. faba L. (Teutschbonen, gemeine feld Bonen) +++ V. sativa L. (groß Wicken, Roßwicken); V. sativa L. subsp. obovata Gaud. var. vulgaris Gren. et God. f. leucosperma Ser. (weiße Wicken); V. sativa L. subsp. angustifolia Gaud. em. Briq.?; V. tetrasperma Mch. (aller kleinst Wicken Gewächs); V. cracca L. (St. Christoffelskraut, Os mundi); V. sepium L. (Wald Wicken).

Geiger-Handbuch: - V. Faba (Bohnenwicke, Saubohne, Pferdebohne, Ackerbohne) -- Ervum Ervilia L. (= V. Ervilia W., Erve, Ervenlinse, Ervenwicke) +++ V. sativa (gemeine Wicke, Futterwicke, Ackerwicke).
Zander-Pflanzennamen: - **V. faba L.** (= Faba bona Medik., F. vulgaris Moench) -- **V. ervilia (L.) Willd.** (= Ervum ervilia L., Ervilia sativa Link) +++ **V. sativa L.; V. cracca L.**
Zitat-Empfehlung: **Vicia faba (S.); Vicia ervilia (S.); Vicia sativa (S.); Vicia cracca (S.).**

Dragendorff-Heilpflanzen, S. 330 uf. (Fam. Leguminosae); Bertsch-Kulturpflanzen, S. 159-165 (V. faba).

(Vicia faba)
Die Griechische Bohne des Dioskurides wird vielfältig angewandt, vor allem äußerlich (bei Augen- u. Ohrenleiden und vielem anderen); innerlich gegen Husten, Dysenterie und Bauchflüsse. Die Kräuterbücher des 16. Jh. übernehmen die Indikationen. Vorrätig waren: in Ap. Lüneburg 1475 Aqua (dest.) fabarum (2 1/2 St.). Die T. Worms 1582 führt: [unter Früchten] Fabae (Cyami, Bonen); ferner Farina Fabarum (Bonenmehl). In Ap. Braunschweig 1666 gab es: Farina fab. (2 lb.), Flores fab. (1/2 K.), Aqua flor. fab. (1/2 St.). Geiger, um 1830, schreibt über die Anwendung: „Die Samen werden zerstoßen und das Mehl (Farina Fabarum) wie das von der gemeinen Bohne zu Umschlägen, Säckchen usw. verwendet. Es gehörte zu den Farinis 4 resolventibus. Präparate hat man aus den frischen Blumen: destilliertes Wasser, Bohnenblütenwasser (Aqua flor. fab.), welches zuweilen noch als Schönheitsmittel angewendet wird. Aus der Asche der verbrannten Stengel wurde ehedem ein Salz (Sal Fabarum) ausgezogen, welches unreines kohlensaures Kali ist". Ähnlich berichtet Meissner, um 1830, im Abschnitt Faba vulgaris: Das Mehl zu demulcierenden Kataplasmen; vom destillierten Wasser der Blüten - einstmals Cosmeticum - und der Schalen - kräftiges Diureticum - „wollen wir nichts weiter erwähnen, da beide mit Recht schon lange in Vergessenheit geraten sind".
In der Homöopathie ist „Vicia Faba" (Essenz aus frischer Pflanze nach der Ablüte) ein weniger wichtiges Mittel.

(Vicia ervilia)
Auch die Linsenwicke - bei den Römer Orobus genannt - wird von Dioskurides für viele Zwecke benutzt. Das Mehl ist gut für den Bauch, treibt den Urin; mit Honig reinigt es Geschwüre, beseitigt Leberflecken, Sommersprossen; zur Behandlung von Geschwüren, Karzinomen, Gangränen. Bis zum 18. Jh. ist Orobus in Apotheken anzutreffen. Die botanische Zuordnung ist nicht eindeutig. Fuchs, um 1540, schreibt im Kap. Von Erven: „Ist den Apothekern unbekannt,

die dafür Wicken brauchen, doch nit ohn Irrtum". Bock bildet V. sativa ab und übernimmt von Dioskurides die Indikationen der Linsenwicke. Im 18. Jh. gebraucht man die richtige Droge. Die Ph. Württemberg schreibt bei Semen Orobi als Synonym ausdrücklich Semen Ervi veri (Ervensamen; als Dekokt bei Nephritis, als Kataplasma erweicht es und läßt Abzesse reifen). Geiger nennt unter Ervum Ervilia L. die Samendroge: „Im Altertum waren sie sehr berühmt. Sie waren Bestandteil des Theriaks und werden gegen vielerlei Krankheiten verordnet. Äußerlich braucht man sie wie die Linsen". Dann keine Verwendung mehr außer in der Homöopathie, wo „Ervum Ervilia" (Tinktur aus reifen Samen) ein weniger wichtiges Mittel ist.

(Verschiedene)
Von V. sativa (gemeine Wicke) schreibt Geiger: „Davon werden die mehligen, etwas bitterlichen Samen (Semen Viciae sativae) in England bei Pocken- u. Masernkrankheiten als Getränke verordnet". Es ist nach Fuchs, wie bei V. ervilia ausgeführt, anzunehmen, daß diese Samen bis ins 17. Jh. hauptsächlich als Orobus verwandt wurden. In Ap. Lüneburg 1475 waren 1 lb. Orobus vorhanden, in Ap. Braunschweig 1666 1 lb. Semen Orobi.
Die Samen der Vogelwicke, V. cracca, werden von Dioskurides als adstringierend bezeichnet, sie stillen daher Bauch- und Magenfluß. Bock bildet die Pflanze ab und gibt die Wirkung der Samen bei Diarrhöe und Sodbrennen an. Nach Fuchs heißt die Pflanze bei „den gemeinen Kräutlern Os mundi und Vitia sylvestris"; die Wicken wirken wie Linsen (→ Lens), nur kräftiger. Die Droge hat keine Bedeutung erlangt.

Vinca

Vinca siehe Bd. II, Emmenagoga
Immergrün siehe Bd. II, Antigalactica. / V, Hedera.
Zitat-Empfehlung: *Vinca minor (S.)*.
Dragendorff-Heilpflanzen, S. 539 (Fam. Apocyneae; Schreibweise nach Zander: Apocynaceae).

Nach Berendes ist im Kap. Klematis bei Dioskurides als die 1. Art **V. minor L.** gemeint (Blätter und Stengel, in Wein, gegen Durchfall und Dysenterie; als Zäpfchen bei Gebärmutterleiden, gekaut gegen Zahnschmerz, aufgelegt bei Biß giftiger Tiere). Die Pflanze kommt nach Sontheimer bei I. el B. vor, nach Fischer in mittelalterlichen Quellen (vermicularis, consolida mediana, perevinca, bubilia, bervinca, (herba) victorialis, clematide, singrün). Bock, um 1550, bildet sie - nach Hoppe - im Kap. Von Yngrün/Peruinca (todten violen) ab; Indikationen wie Dioskurides.
In T. Worms 1582 stehen: [unter Kräutern] Peruinca (Viola mortuorum, Clematis Daphnoides, Myrsinoides, Polygenoides,

Chamaedaphne Plinii, Vinca peruinca, Unicordia, Palma virginea, Corona virginea. Sinngrün, Inngrün, Weingrün, Todten Violen, Mägdepalmen, Berwinck); in T. Frankfurt/M. 1687: Herba Pervinca (Vinca pervinca, Singrün). Die Ap. Braunschweig 1666 hatte 1/4 K. Herba vinci pervinci vorrätig.
In Ph. Württemberg 1741 sind beschrieben: Herba Vincae per vincae (Clematidis Daphnoidis, Wintergrün, Singrün, Ingrün; Adstringens, Vulnerarium, bei Blutflüssen). Stammpflanze bei Hagen, um 1780: V. minor (Sinngrün, Immergrün, Wintergrün).
Geiger, um 1830, berichtet über V. minor (kleines Sinngrün, Wintergrün): „Offizinell sind: Die Blätter (herba Vincae per Vincae) . . . Ehedem wurde das Kraut häufig als ein stärkendes Mittel gebraucht. Jetzt ist es ganz obsolet . . . Vinca major (großes Sinngrün) hat mit der vorigen Art viele Ähnlichkeit . . . Davon wurden sonst auch die Blätter unter dem Namen herba Pervincae latifoliae seu majoris gesammelt. Sie sollen gleiche Eigenschaften wie die vorhergehenden besitzen".
In Hager-Handbuch, um 1930, werden Herba Vincae pervincae kurz behandelt; „wird als Bittermittel noch hier und da im Handverkauf unzerkleinert abgegeben". Verwendung nach Hoppe-Drogenkunde, 1958: „Tonicum, Amarum, Diureticum. - Gegen Katarrhe. - In der Homöopathie [dort ist „Vinca minor - Immergrün" (Essenz aus frischer Pflanze; 1838) ein wichtiges Mittel] bei Blutungen, Schleimhautentzündungen, Ekzemen etc.".

Viola

Viola oder Viole siehe Bd. II, Aphrodisiaca; Cordialia; Expectorantia. / V, Aquilegia; Aster; Campanula; Cardamine; Cephaelis; Cheiranthus; Erysimum; Hesperis; Ionidium; Leucojum; Lunaria; Matthiola; Plumbago; Saponaria; Vinca.
Jacea siehe Bd. IV, E 318. / V, Centaurea; Cynoglossum; Succisa; Tragopogon.
Stiefmütterchen siehe Bd. IV, E 114, 238; G 273, 818, 957.
Veilchen siehe Bd. IV, C 34; G 957, 1749.
Veilchenöl siehe Bd. I, Cetaceum.
Veilchensaft siehe Bd. IV, C 83.
Violaria siehe Bd. II, Emollientia.

Berendes-Dioskurides: - Kap. Veilchen, **V. odorata L.**
Tschirch-Sontheimer-Araber: - V. odorata.
Fischer-Mittelalter: - V. odorata L. (viola, claucum, glaucia; Diosk.: ion agrion, setialis, muraria, viola purpurea) - - **V. tricolor L.** var. arvensis u. maxima (jacea, herba clauelata, torqueta, herba violaria, flammola, viola, cigenbein, freischenkraut, freissamkrut, dreivaltigkeitsblumen) +++ **V. canina L.** (viola agrestis, rainkraut).

H o p p e-Bock: - Kap. M e r t z e n v i o l e n, V. odorata L. (die edelste und zamen tragen gantz schwartzbraune bluemlin), V. odorata L. var. typica Beck f. albiflora Ob. (etliche ganz schneeweiß, Weiß violen); V. canina L. (die dritten wilden violen, H u n d s v i o l e n) -- Kap. Freissam, D r e i f a l t i g k e i t, V. tricolor L. subsp. vulgaris Ob. var. hortensis Roth (die zam.), V. tricolor L. (das wild Freissam).
G e i g e r-Handbuch: - V. odorata (Veilchen, M ä r z v i o l e) -- V. tricolor (Dreifaltigkeitskraut, Freisamkraut) +++ V. canina.
H a g e r-Handbuch: - V. odorata L. -- V. tricolor L.
Z i t a t-Empfehlung: **Viola odorata (S.); Viola tricolor (S.); Viola canina (S.).**

Dragendorff-Heilpflanzen, S. 449 uf. (Fam. V i o l a c e a e).

(V i o l a)
Nach Berendes beschreibt Dioskurides als Ion: V. odorata L. (hat kühlende Kraft; Blätter zu Magenumschlägen, bei Augenentzündung, Mastdarmvorfall; der purpurne Teil der Blüte soll bei Schlundmuskelentzündung und Epilepsie der Kinder helfen). Kräuterbuchautoren des 16. Jh. übernehmen solche Indikationen.
In Ap. Lüneburg 1475 waren vorrätig: Flores violarum (1 qr.); Aqua v. (3 St.), Oleum v. (5 lb.), Zuccarum violatum (3 lb.), Siropus v. (5 lb.). Die T. Worms 1582 führt: [unter Kräutern] Violaria (Mater violarum, Mertzveielkraut, V e i e l k r a u t); Flores Violae Martiae (Violae purpurae, M e l a n i a, D a s y - p o d i a, C y b e l i a, Violae murariae seu nigrae seu quadragesimales, Violae. V e i l n, Mertzveieln, Violen); Semen Violarum (Mertzenviolensamen); Acetum violaceum (Veielessig), Aqua (dest.) Violarum (Veielwasser), Sirupus Infusionis violarum (Veielsyrup), Sirupus Violarum solutivum simplex (Purgierender Veilsyrup), Sirupus e succo violarum (Veielsyrup von safft), Sirupus Violarum solutiuus compositus (Veielsyrup mit Rhabarbara), Mel violarum (Veielhonig), Mel violarum solutiuum (Purgirend Veielhonig), Mel violarum solutiuum compositum (Purgirend Veielhonig mit Rhabarbara), Trochisci de violis (Pastilli diaion, Veielküglein), Oleum Violarum (Veielöle), Unguentum Violaceum (seu violatum, Veielsalb).
In T. Frankfurt/M. 1687 stehen [als Simplicia] Flores Violarum Martiarum (blaue oder braune Violen), Herba Violaria (Mater violarum, Viola Martia purpurea, Violenkraut, Veilkraut, braune Violen, Mertz Violen), Semen Violarum (blau Violensaamen). In Ap. Braunschweig 1666 waren vorrätig: Flores violar. (1/2 K.), Herba v. (1 K.), Semen v. (1 1/4 lb.), Acetum violacei (1/2 St.), Aqua (dest.) v. (1 1/2 St.), Aqua (e succo) v. (1/2 St.), Conserva v. (5 1/2 lb.), Essentia v. (15 Lot), Oleum v. (12 lb.), Rotuli ex succo v. (11 lb.), Syrupus julep. v. (2 lb.), Syrupus v. simpl. (20 lb.), Syrupus v. ex succo (100 lb.).

Die Ph. Württemberg 1741 führt: Herba Violariae (Violenkraut, Veylkraut, Mertzen-Violenkraut; Emolliens), Flores Violarum (purpurearum odoratarum, blaue Violen, wohlriechende Veilgen, Mertzen-Violen; Refrigerans, Humectans, Emolliens, Laxans, Cordialium), Semen Violarum (purpurearum martiarum, blauer Violen-Saamen; Diureticum, Laxans; wird in Emulsionen gegeben); Conserva ex Floribus Violarum, Julapium V. (aus Aqua V.), Mel V., Oleum V., Syrupus V., Syr. V. solutivus [alle aus Blüten bereitet], Emulsio violata Mynsichti [aus Samen und Aqua V.]. Hagen, um 1780, erklärt: „Veilchen, Viole, Märzviole (Viola odorata) ist zureichend bekannt. Sie unterscheidet sich von der ihr ähnlichen Hundsviole, die nie zum arzneiischen Gebrauch genommen werden muß, durch die mehr herzförmigen Blätter, kriechenden Ausläufer und die dunkelblauen wohlriechenden Blumen. Diese (Flor. Violae seu Violae martiae) und zwar die blauen vom Kelch befreiten Blumenblätter sind am gebräuchlichsten, indem der Violensaft daraus bereitet wird. Sowohl die Infusion mit Wasser, als auch besonders dieser Zuckersaft wird in Apotheken gemeinhin zur Erforschung der Sättigung der Mittelsalze angewandt [Reagenz!]. Die Wurzel (Rad. Violariae) kommt aufs neue in Gebrauch und soll Brechen erregen".

Aufgenommen in preußische Pharmakopöen: Ausgabe 1799-1829 Flores Violarum (Blaue Veilchen, von V. odorata), aus frischen Blüten bereiteter Syrupus Violarum. Dann noch in einigen Länderpharmakopöen. Der Sirup in den Erg.-Büchern zu den DAB's (Erg.-B. 6, 1941: Sirupus Violae, Veilchensirup, aus frischen, von den Kelchen befreiten Veilchenblüten; hier auch Rhizoma Violae, Märzveilchenwurzelstock, von V. odorata L.). In der Homöopathie ist „Viola odorata - Veilchen" (Essenz aus frischer, blühender Pflanze; 1829) ein wichtiges Mittel.

Über die Anwendung von V. odorata schrieb Geiger, um 1830: „Jetzt braucht man meistens nur noch die Blumen, zum Teil unter Species, mehr um ihnen ein schönes Ansehen zu geben, sie gehören zu den flores quatuor et tres cordiales. - Präparate hat man davon den Syrup . . . Die Wurzel, Blätter und Samen werden jetzt kaum mehr angewendet. Erstere hat beträchtliche emetische Eigenschaften und ist mit Unrecht von der Ipecacuanha ganz verdrängt worden". In Hager-Handbuch, um 1930, heißt es bei V. odorata L.: „Die Wurzel soll als Ersatz für die Ipecacuanhawurzel als Expectorans verwendet werden können in Abkochungen . . . Der Veilchensirup wurde früher seiner Farbe wegen für Mixturen verwendet, jetzt wird er nur noch im Handverkauf meist mit anderen Säften zusammen bei Kinderkrankheiten gefordert". Hoppe-Drogenkunde, 1958, gibt an: [Rhizom] Expectorans, Emeticum; [Kraut] Expectorans, Diaphoreticum. - In der Homöopathie bei Hautleiden, Augenleiden, Ohrenschmerzen. - In der Volksheilkunde als Blutreinigungsmittel; [Blüte] Expectorans, Nervinum. Bei Hautleiden. Aus frischen Blüten wird das äther. Öl dargestellt, das eins der kostbarsten Duftstoffe ist.

(J a c e a)

Nach Hoppe bildet Bock, um 1550, V. tricolor L. ab (Anwendung des gebrannten Wassers nach Brunschwig: Bei Fieber und Leibschmerzen der Kinder, Lungenerkrankungen; in der Tierheilkunde). Die T. Worms 1582 führt: Succus Violae trinitatis (Jacea vulgaris. T r e y f a l t i g k e i t, Veieln oder Freysamkrautsafft), Aqua (dest.) Herbae T r i n i t a t i s (Jaceae, Freysamkrautwasser). In T. Frankfurt/M. 1687 [als Simplicia] Flores Jaceae (Violae Tricoloris, Herba Trinitatis, Dreyfaltigkeit- oder Freysamkraut-Blumen), Herba Jacea (herba seu flos Trinitatis, Viola tricolor, Viola Trinitatis, Freysamkraut, Dreyfaltigkeitblumen, J e l ä n g e r J e l i e b e r). In Ap. Braunschweig 1666 waren $1^1/_2$ St. Aqua jaceae vorrätig.

Über die Anwendung schreibt Schröder, 1685, im Kap. Jacea: „In Apotheken hat man das ganze Kraut mit den Blumen. Es wärmt und trocknet . . . abstergiert, dringt durch, incidiert, zerteilt, taugt für die Wunden und treibt den Schweiß, man gebraucht es meistens gegen Hitze der Kinder, bei Rauden und Jucken, dem zähen Lungenschleim und Verstopfung der Mutter. Äußerlich gebraucht man es auch bei Jucken, zur Reinigung der Wunden, Dünnmachung des Lungenschleims und Mutterverstopfung (in Bädern)".

Die Ph. Württemberg 1741 führt: Herba Jaceae tricoloris (Trinitatis, Violae tricoloris hortensis, Dreyfaltigkeitskraut, Freysamkraut; Demulcans, Refrigerans; gegen innerliche Entzündungen; gegen Epilepsie der Kinder wird oft der Saft oder der Sirup verwendet). Nach Hagen, um 1780, werden von V. tricolor (Dreifaltigkeitsblumen, Freysamkraut, S t i e f m ü t t e r c h e n) die Blumen und das Kraut nebst der Wurzel gesammelt; man wählt von den Blüten diejenigen aus, die blau und weiß oder blau und gelb sind.

Die Blattdroge (Herba Violae tricoloris) blieb offizinell bis DAB 6, 1926. In der Homöopathie ist „Viola tricolor - Stiefmütterchen" (Essenz aus frischem, blühenden Kraut; 1828) ein wichtiges Mittel.

Geiger, um 1830, schrieb über V. tricolor: „Die Pflanze ist schon seit langer Zeit als Arzneimittel bekannt, doch wurde sie besonders durch Strack 1776 wieder in Anregung gebracht . . . Man gibt das Kraut in Pulverform, auch im Aufguß und Abkochung innerlich und äußerlich. - Präparate hat man davon: das Extrakt (extractum Jaceae); ferner eine Salbe (unguentum Jaceae). Sonst hatte man noch das destillierte Wasser und einen Sirup". Hager-Handbuch, um 1930, gibt an: „In der Volksmedizin als sogenanntes Blutreinigungsmittel bei Hautkrankheiten der Kinder, im Aufguß und in Bädern". Nach Hoppe-Drogenkunde, 1958: „Expectorans, Diureticum, ‚Blutreinigungsmittel'. - Äußerlich bei Hautleiden, Geschwüren etc. - In der Volksheilkunde viel verwendet, bes. in der Kinderpraxis. - In der Homöopathie bei Hautausschlägen in der Kindertherapie. Bei Drüsenschwellungen, Rheuma, Blasenleiden etc.".

Viscum

V i s c u m siehe Bd. II, Antepileptica. / V, Loranthus; Phoradendron; Tilia.
M i s t e l siehe Bd. IV, G 957. / V, Corylus; Phoradendron; Tilia.
Q u e r n u m siehe Bd. II, Melanagoga.

T s c h i r c h-Araber: **V. album L.**
F i s c h e r-Mittelalter: V. album L. (a t r o p a s t a, a m s t r u m, a m i s t r u m, viscus quercinus, l i g n u m c r u c i s, m i s t i l, m y s t e l).
H o p p e-Bock: V. album L. (M i s t e l).
G e i g e r-Handbuch: V. album (L e i m m i s t e l, [uneigentlich] Eichenmistel, K r e u t z h o l z).
H a g e r-Handbuch: V. album L.; Hager-Handbuch Erg.-Band 1949: nach Weber V. album var. Mali auf Apfelbäumen, var. Abieti auf Tannen, var. Pini auf Föhren (auf Eichen wächst meist L o r a n t h u s europaeus Jacquin).
Z a n d e r-Pflanzennamen: **V. album L. ssp. abietis (Wiesb.) Abrom.** (= V. abietis (Wiesb.) Fritsch; auf A b i e s schmarotzend); **ssp. album** (auf Laubhölzern schmarotzend); **ssp. austriacum (Wiesb.) Vollm.** (= V. laxum Boiss. et Reut.; auf P i n u s und L a r i x schmarotzend).
Z i t a t-Empfehlung: **Viscum album (S.).**

Dragendorff-Heilpflanzen, S. 182 (Fam. L o r a n t h a c e a e); Peters-Pflanzenwelt: Kap. Der Mistelstrauch, S. 106-112.

Berendes bezieht das Kap. I x o s bei Dioskurides auf Loranthus europaeus, es kann aber auch für Viscum gelten. Denn es wird zwar geschrieben, daß der Vogelleim aus der runden Frucht eines auf der Eiche wachsenden Strauches bereitet wird, dann heißt es aber weiter: „Der Ixos wächst aber auch auf dem A p f e l -, dem B i r n b a u m e und auf anderen Bäumen"; das Mittel wird äußerlich angewendet (es hat, mit Wachs und Harz gemischt, die Kraft zu verteilen, zu erweichen, zu reizen, Geschwüre, Drüsen an den Ohren und Abszesse zur Reife zu bringen; macht die Milz weich; als Umschlag, mit A r s e n i k, zum Herausziehen von Nägeln). Bock, um 1550, beschreibt die Mistel im Zusammenhang mit der Eiche (→ Q u e r c u s), bildet aber nach Hoppe V. album L. ab; die Indikationen des Dioskurides übernimmt er; außerdem weist er - wie schon Plinius - auf die Verwendung der Mistelbeeren zum Vogelfang, zur Mästung und als Aphrodisiacum des Rindviehs hin; Mistelpulver, mit Wein, gegen Epilepsie; die Mistel dient zur Abwehr von Zauberei [hat überhaupt im abergläubischen Brauchtum eine große Rolle gespielt].
Die T. Worms 1582 führt unter Hölzern: Viscum quercinum (Eychenmistel), V. pyrinum (Birbaumenmistel), V. corylinum (Haeselenmistel), V. malinum (Öpffelbaumenmistel) und V. tiliaceum (Lindenmistel). Die T. Franfurt/M. 1687

hat außer V. Quercinum, V. Pyrorum, V. Corylorum, V. Pomorum und V. Tiliae noch V. Abietinum (Fichtenmispelholtz), V. Rosarum (Rosenmispelholtz) und V. Salicis (Weidenmispelholtz). In Ap. Braunschweig 1666 waren vorrätig: Ligni visci quercini (3 lb.), Pulvis v. querc. ($^3/_8$ lb.), Liquor v. querc. (2 Lot), Oleum v. querc. (1 Lot), Ligni v. corylini ($2^1/_2$ lb.), Ligni v. thiliae (1 lb.), Visci avium [= Vogelleim] (8 lb.).

In Ph. Württemberg 1741 ist verzeichnet: Lignum Visci (Viscus vel Viscum, Mistel; die Beschreibung aller Mistelarten, die in der Medizin gebraucht werden, stimmt überein, es gibt Viscus Betulae, Coryli vel Corylinus, Quercinus vel Quernum, Salicis, Tiliae; meist wird Eichenmistel bevorzugt, von anderen Hasel- oder Lindenmistel; Polychrestum, bei Lymphkrankheiten; Antepilepticum, Diureticum; bei Arthritis, Katarrhen, bei Bauch- und Monatsfluß - als Pulver oder Dekokt). Viscum album steht in preußischen Pharmakopöen bis 1846. Ins Erg.-B. 6, 1941, wurde aufgenommen: Herba Visci albi, Mistelkraut („die getrockneten, jungen Zweige von Viscum album Linné, einem . . . 30 bis 100 cm hohen, in Europa und Asien, bei uns auf Laub- und Nadelholzbäumchen schmarotzenden, weit verbreiteten Strauche"), Extractum Visci fluidum und Spiritus Visci compositus (Misteltropfen).

Hagen, um 1780, schrieb über die „Mistel (Viscum album) . . . Es werden die Äste samt den Blättern (Viscum) zum arzneiischen Gebrauch aufgehoben . . . Da sie auf so sehr verschiedenen Bäumen, von denen sie ihre Nahrung zieht, wächst . . . so ist es noch unentschieden, ob sie nach Verschiedenheit dieser sich in ihrer Wirkung unterscheide oder nicht. Dem Eichenmistel (Viscum quernum), der auf Eichenbäumen wächst, hat man von jeher den Vorzug gegeben".

Bei Geiger, um 1830, heißt es: „Offizinell ist: das Holz (Viscum album, lignum Visci, St. Crucis, gewöhnlich Viscum quercinum genannt). Es werden spät im Herbst die jüngeren Zweige mit der Rinde und Blättern eingesammelt (übrigens ist es gleichgültig, von welchem Baum die Pflanze gesammelt werde, da sie sich auf allen gleich ist, nur müssen gesunde kräftige Exemplare gewählt werden), schnell getrocknet und wohlverschlossen an trockenen Orten aufbewahrt . . . Man gibt die Mistel in Substanz, in Pulverform, als Latwerge oder im Aufguß oder Abkochung. Sie macht einen Bestandteil mehrerer zusammengesetzter Pulver aus, pulv. epilept. niger, Marchionis, antispasmodicus usw . . . Die Mistel war ehedem besonders gegen Epilepsie hoch berühmt. Jetzt ist sie fast obsolet . . . Man bereitet ferner daraus Vogelleim". Zu Loranthus europaeus schreibt er: „Man gebraucht das Holz in einigen Gegenden wie die weiße Mistel und wahrscheinlich ist es diese Pflanze, die noch unter dem Namen Viscum quercinum verschrieben, und wofür in der Regel Viscum album gegeben wird".

In Hager-Handbuch, um 1930, sind von V. album L. aufgeführt: Stipites (et Folia) Visci (Mistelstengel, Viscum quercinum, Donnerbesen, Drudenfuß, Hexenbesen, Leimmistel). „Anwendung. Als Diureticum, bei Menstruationsstörungen, Hämoptöe, Arteriosklerose. Ein aus der Mistel hergestelltes Extrakt soll blutdruckherabsetzend wirken". Verwendung der beblätterten Zweige nach Hoppe-Drogenkunde, 1958, Kap. V. album: „Bei Arthrosen, Spondylitis, Neuritiden und ähnl. Leiden. Bei chronischen Gelenkerkrankungen. - Viscumextrakt wurde als schmerzstillende Injektion bei inoperablen Tumoren angewandt. In der Homöopathie [wo „Viscum album - Mistel" (Essenz aus gleichen Teilen Beeren und Blättern; Hale 1875) ein wichtiges Mittel ist] bei Hypertonie, Arteriosklerose, bei Schwindelanfällen, Neuralgien etc. - In der Volksheilkunde bei Epilepsie, Krämpfen der Kinder, bei Lungen- und Gebärmutterblutungen".

Vismia

Geiger, um 1830, führt 5 V.-Arten auf, die - und noch andere dazu - ein Gummiharz liefern, ähnlich dem Gummi Guttae; kommt unter dem Namen Amerikanisches Gutti in den Handel; hat fast gleiche purgierende Eigenschaften wie echtes Gummi Guttae. Entsprechende Angaben bei Dragendorff-Heilpflanzen, um 1900 (S. 438; Fam. Guttiferae), und Hoppe-Drogenkunde, 1958; als Hauptlieferanten von Südamerikanischem Gutti werden hier genannt: V. guayanensis (entspricht Hypericum bacciferum L.), V. cayennensis (entspricht Hypericum cayennense L.), V. sessiliflora.

Vitellaria

Nach Dragendorff-Heilpflanzen, um 1900 (S. 517; Fam. Sapotaceae), liefert Butyrospermum Parkii Kotschy (= Bassia Parkii Don.) Sheabutter und Guttapercha. Bei Hoppe-Drogenkunde, 1958, gibt es ein Kap. Butyrospermum Parkii; das Fett der Samen wird von den afrikanischen Eingeborenen vielfältig gebraucht, in Europa für zahlreiche technische Zwecke. Schreibweise nach Zander-Pflanzennamen: **V. paradoxa Gaertn. f.** (= Butyrospermum paradoxum (Gaertn. f.) Hepper, B. parkii (G. Don) Kotschy). Zitat-Empfehlung: **Vitellaria paradoxa (S.).**

Vitex

Hessler-Susruta: V. negundo.
Grot-Hippokrates: V. agnus castus.
Berendes-Dioskurides: Kap. Keuschlammstrauch, V. agnus castus L.

Tschirch-Sontheimer-Araber; Fischer-Mittelalter, V. agnus castus L. (agnus castus, salix marina, arbor abrahe, keuschlamm, schaffmulle).
Hoppe-Bock: Kap. Schaffmülle/Agnus castus, V. agnus castus L. (Keuschbaum, Closter und Münch Pfeffer).
Geiger-Handbuch: V. agnus castus; V. Negundo.
Zander-Pflanzennamen: **V. agnus-castus L.**
Zitat-Empfehlung: **Vitex agnus-castus (S.).**

Dragendorff-Heilpflanzen, S. 566 uf. (Fam. Verbenaceae).

Der Keuschlammstrauch ist nach Berendes-Dioskurides vielfältig zu verwenden (Same erwärmt, adstringiert; zu Umschlägen bei Kopfschmerzen, gegen Schlafsucht und Wahnsinn; gegen Schrunden am After, Verrenkungen und Wunden. Frucht gegen Biß giftiger Tiere, Milz- und Wassersucht; zur Beschleunigung der Menstruation, Milchbildung, Erleichterung der Geburt. Kraut mit Samen zu Sitzbädern bei Gebärmutterleiden. Blätter zur Räucherung gegen wilde Tiere, zu Umschlägen gegen Biß giftiger Tiere; gegen Verhärtung des Hodens. Der Strauch, als Lager benutzt, soll Frauen die Keuschheit bewahren; ein Trank daraus soll den Drang zum Beischlaf mäßigen). Kräuterbuchautoren des 16. Jh. übernehmen solche Indikationen.
Die T. Worms 1582 führt: Semen Agni casti (Agni, Lecristici, Amictomiaeni, Lygi, Agoni, Tridactyli, Viticis, Salicis Amerinae, Piper agreste, Piper Eunuchorum seu monachorum, Arboris castae, Salicis marinae. Schaffmülle oder Schaffmiltensamen, Keuschlaken, Altseim oder Borstsamen, Münchspfeffer); in T. Frankfurt/M. 1687: Semen Agni casti (Viticis, Keuschbaum, Schafmüllen saamen). In Ap. Braunschweig 1666 waren davon 1/4 lb. vorrätig. Ist nur „Agnus castus“ verschrieben, so sind nach Ph. Augsburg 1640 die Samen zu nehmen.
Die Ph. Württemberg 1741 beschreibt: Semen Agni casti (Viticis officinalis, Keuschbaum, Keuschlamm-Saamen, Schaaffmüllen-Saamen; Antaphrodisiacum für heiße Naturen, für kalte das Gegenteil). Die Stammpflanze heißt bei Hagen, um 1780: V. Agnus castus (Keuschbaum); „die Früchte davon, die uneigentlich Keuschlammsamen (Sem. agni casti) genannt werden, sind in Apotheken eingeführt“. Nach Geiger, um 1830, sind die Früchte gebräuchlich gewesen; „sie wurden ehedem gegen vielerlei Krankheiten angewendet. Auch wurden sie anstatt Pfeffer oder Piment als Gewürz an Speisen gebraucht. Die scharfen Blätter kamen auch zuweilen anstatt Hopfen zum Bier“. In Hoppe-Drogenkunde, 1958, ist die Pflanze - und andere V.-Arten - erwähnt, als in der Homöopathie gebräuchlich. Dort ist „Agnus castus - Keuschlamm“ (Tinktur aus getrockneten, reifen Früchten; Stapf 1831) ein wichtiges Mittel.

Vitis

V i t i s siehe Bd. II, Abstergentia. / V, Bryonia; Clematis; Parthenocissus; Tamus.
A g r e s t a siehe Bd. II, Acidulae.
P a s s u l a e siehe Bd. II, Expectorantia.
R o s i n e n siehe Bd. II, Acraepala. / III, Passulae laxativae.
W e i n t r a u b e n siehe Bd. IV, E 319.
Dragendorff-Heilpflanzen, S. 415-417 (Fam. V i t a c e a e); Tschirch-Handbuch II, S. 42 uf.; Bertsch-Kulturpflanzen, S. 122-148.

Der W e i n s t o c k und seine Produkte wurden zu Dioskurides Zeiten schon aufgrund langer Tradition vielfältig medizinisch gebraucht. Gerade die Griechen hatten sich um die Kultur von V. vinifera (S.) besonders verdient gemacht; sie hatten den Weinbau wahrscheinlich schon im 2. Jahrtausend v. Chr. durch die Phönizier kennengelernt (bei den Assyrern und Ägyptern war er über ein Jahrtausend länger bekannt). Die Römer haben die griechische Tradition dann fortgesetzt und in den ersten nachchristlichen Jahrhunderten den Weinstock nördlich der Alpen angesiedelt; dort kannte man in prähistorischen Zeiten lediglich den wilden Weinstock [Schreibweise nach Zander-Pflanzennamen: **V. vinifera L. ssp. sylvestris (C. C. Gmel.) Berger;** die Kultur-Unterart heißt: **V. vinifera L. ssp. vinifera**]. Zitat-Empfehlung: **Vitis vinifera (S.).**

Abgesehen von den zahlreichen Weinkapiteln bei Dioskurides (Eigenschaften der Weine nach ihrem Alter, nach der Farbe, nach Geschmack und Zusätzen; Unterschied nach den Ursprungsgegenden; Kräfte der Weine; Omphakiteswein; Zweiter und kraftloser Wein; Wein aus der wilden Traube) beschreibt er:

1.) Den Weinstock [bei Berendes Vitis vinifera L.] (Blätter und Ranken zu Umschlägen bei Kopfschmerzen, sie kühlen und adstringieren; ihr ausgepreßter Saft hilft bei Dysenterie, Blutauswurf, Magenschmerzen und falschem Appetit schwangerer Frauen; die gummiartigen Tränen des Weinstockes zertrümmern, mit Wein eingenommen, den Stein; äußerlich gegen Krätze und Aussatz; mit Öl eingerieben gegen Haarwuchs; gegen Warzen. Trester gegen Verrenkungen, Schlangenbiß, Milzentzündungen; Asche der Zweige und Trester, mit Essig aufgeschmiert, gegen Geschwülste am After und Feigwarzen).

2.) Wilder Weinstock [bei Berendes: Vitis silvestris]; Dioskurides unterscheidet 2 Arten:

a) Die eine bringt die Früchte zu voller Reife (ihre Blätter, Ranken und Stengel haben gleiche Kräfte wie der eigentliche Weinstock);

b) die andere bringt die Früchte nicht zur Reife, nur bis zur Blüte, sie trägt die sog. O i n a n t h e (diese Blütentraube hat adstringierende Kraft, ist gut für den Magen, treibt Harn, stellt Durchfall und hemmt Blutspeien; trocken aufgelegt gegen Ekel und Säure des Magens; gegen Kopfschmerzen; als Zusatz zu Kataplasmen; zum Blutstillen; bei Augenentzündungen und Magenbrand, blutigem Zahnfleisch usw.).

3.) Weintrauben (an der Luft getrocknet, sind sie gut für den Magen, appetitanregend; Trauben aus den Trestern gegen Durchfall, Blutspeien; äußerlich bei Entzündungen, Verhärtungen, Anschwellungen der Brüste; Abkochung der Trester als Injektion bei Dysenterie, Magenleiden, Fluß der Frauen; die Kerne sind adstringierend und gut für den Magen; zu Umschlägen bei Dysenterie, Magenleiden).
4.) Rosinen (am stärksten adstringierend von der weißen Traube; das Fleisch für die Luftröhre, gegen Husten, bei Nieren- und Blasenleiden, Dysenterie; zu Umschlägen gegen Hodenentzündung; gegen Karbunkel, Geschwüre, Gangräne, Podagra).
5.) Omphakion, das ist der eingedickte Saft noch unreifer Trauben bestimmter Provenienz (gegen geschwollene Mandeln und Zäpfchen, gegen Soor, Skorbut, Ohrenleiden, Fisteln, Geschwüre; Augenmittel; bei Blutauswurf).

Nach Sontheimer kommt bei I. el B. vor: V. vinifera, V. sylvestris, V. alba, V. nigra, V. hederacea. Einige mittelalterliche Quellenzitate bezieht Fischer auf V. vinifera L. (vites; Blüte: flos vitis agrestis, flos vitisci, lambruscus; Frucht: botrus; getrocknete Frucht: uve passele, passule. winrebe rosehen). Auch Beßler-Gart bezieht die Glossen „Vitis“ (wynreben, ampeleus, larin) und „Passule“ (cleyn rosyn, winberen, uve (auch vue) passe seu acerbe [= (kleine) Rosinen (= Korinthen)] auf V. vinifera L.
Hoppe identifiziert bei Bock, um 1550, die Abb. zum Kap. „Zame Weinreben“ als V. vinifera L. subsp. sativa DC. (Indikationen von Dioskurides übernommen); im Abschnitt „Von den Namen“ erklärt Bock: Der Rebstock heißt sonst zu Latein Vitis; die Rebe daran heißt Palmes; die Augen Gemme; das Blatt Pampinus; die Traube Racemus; die Weinbeeren Vue; das dicke in der Hülse heißt Caro; die Feuchtigkeit oder der Saft Humiditas; der Kern Nucleus, Acinus; der neue süße Wein Mustum hornum; der vergorene Wein Merum vinum; die Hefen oder Drusen Fex et Floces; die getrocknete Traube Vua Passa. Bock beschreibt ferner in einem Kap. „Wild wein Reben“; gemeint ist nach Hoppe V. vinifera L. ssp. silvestris (angelehnt an Dioskurides: Traubensaft oder Blätter und Ranken gegen Diarrhöe und Hautausschläge), außerdem „Klein Roseinlin“ (Herkunft und Abstammung der Rosinen (getrocknete Weinbeeren) kennt er nicht; sie dienen hauptsächlich zu Speisezwecken; sie öffnen und erweichen den Leib; mit Wein gegen Husten, Lungenleiden).

In Ap. Lüneburg 1475 waren vorrätig: Passularum (1 lb.), Uve passulae (1 lb.). Die T. Worms 1582 führt: [unter Früchten] Passulae maiores (Vuae passae maiores. Feigentreublen, groß Rosein), Passulae masilienses (Vuae paßae maßilioticae. Marsiliertreublen, Marsilische Rosein, Prouintztreublen), Passulae enucleatae (Außgekernte Rosein), Paßulae ciliciae (Vuae passae ciliciae, Vuae passae corinthiacae, Apyreni, Passulae cheseminae, Passulae minores, Passulae sine granis. klein Roseinlein, Weinbeerlen, Corinthtreublen), Passularum pulpa per cribrum extracta (Außgezogen Roseinmarck), Nuclei acinorum (Gigarta, Vinacea Plinii, Traubenkörner oder Kernen, Trester körner); [unter rohen Säften] Succus Omphacium (Vuarum immaturarum, Agresta, Acresta. Unzeitig Traubensafft, Agrest, acrest); [unter dicken, ausgetrockneten Säften, Gummi usw.] Omphacium seu Vuarum immaturarum succus inspissatus (Uffgetruckneter unzeitiger Traubensafft), Vitis lachryma (Rebenwasser, Rebensafft); [unter gesottenen Säften] Rob de agresta (seu de omphacio. Unzeitiger gesottener Traubensafft), Rob passularum (Mel passularum, Roseinhonig); Sirupus de agresta (seu de omphacio. Unzeitiger Traubensafftsyrup); Mel passularum (Roseinhonig); [unter Brustlatwergen] Loch de passulis (Roseinlatwerg).

In T. Frankfurt/M. 1687: Folia Vitis (Rebenlaub); Aqua Vitis foliorum (Reblaubwasser); Semen Uvarum; Cineres Vitis (Weinreben-Aschen); Loch de Passulis Aug. (Rosin Lattwerg); Mel Passulatum (Rosinlein Honig); Passulae majores (grosse Rosinen), P. enucleatae (außgekernte grosse Rosinen), earum pulpa (außgezogen grosser Rosinen Marck), P. minores (seu Corinthiacae, kleine Rosinlein, Corinthen), earum pulpa (außgezogen Rosinlein Marck), P. minoris laxativae (Laxier Rosinlein); Rob Passularum (Rosinleinsafft); Succus Agrestae (unzeitig oder saurer Traubensafft); Syrupus Agrestae (unzeitiger Traubensafft Syrup).

In Ap. Braunschweig 1666 waren vorrätig: Herba vitis foliorum (1/2 K.) Passuli longari (215 lb.), Passuli minori (400 lb.), Condita passuli laxativi (1 1/2 lb.), Lohoch de passulis (5 lb.), Lohoch de p. maior. (7 lb.), Syrupus de agresta (6 1/2 lb.).

Die Ph. Württemberg 1741 beschreibt: Herba Vitis (folia Vitis, Wein-Laub, Weintraubenblätter; Adstringens, Refrigerans, zu Gurgelwässern); Passulae Majores (Uvae passae majores, grosse Rosinen, Zibeben; Laxans, Temperans, bei Bauch-, Brust- und Leberleiden); Passulae Minores (Passulae Corinthiacae, kleine Rosinen, Weinbeerlein, Corinthen; ähnlich den großen angewendet, meist in Dekokten); Passula laxativa, Pulpa Passularum; zur Unguentum de Uvis werden Uvae nigrae verarbeitet. Die Stammpflanze heißt bei Hagen, um 1780: Weinstock, Vitis vinifera; „die Rosinen oder Zibeben (Passulae maiores, Zibebae) sind die an der Sonne getrockneten Trauben. Hiervon hat man vorzüglich folgende Sorten, nämlich die Smyrnischen oder Damascener Rosinen (Raisins de Damas); die aus der Provenze und Spanien kommen (Raisins aux Rubis). [Fußnote von Hagen: Aus den frischen unreifen Trauben (Agrestae) wurde vor Zeiten der Syrupus agrestae verfertigt, der aber ganz aus dem Gebrauche gekommen. Die Korinthen (Passulae minores, Corinthiacae) kommen von einer Abart des Weinstocks (Vitis apyrena) her ... Man brachte sie vor Zeiten aus Korint. Jetzt werden sie daselbst nicht mehr gebaut, sondern aus den Inseln des Jonischen Meeres gebracht]. Der Wein (Vinum) entsteht durch die Gärung des Traubensaftes, und ist nach den verschiedenen Orten, wo die Trauben gewachsen sind, in seiner Güte verschieden. Aus dem Wein ziehen der Weingeist, Weinessig und Weinstein ihren Ursprung. Die Blätter (H. Vitis) sind nicht mehr im Gebrauche".

Geiger, um 1830, beschreibt V. vinifera (gewöhnliche Weinrebe); „offizinell sind die Früchte, Trauben (Uvae), welche getrocknet, unter dem Namen Rosinen (Passae, Passulae) im Handel vorkommen. Die von gewöhnlichen süßen Trauben aus warmen Ländern, Spanien, Frankreich, Italien, Orient usw. von den größeren, länglichen Abarten gesammelt werden, heißen große Rosinen oder Zibeben (Uvae Passae, Passulae majores), von denen es mehrere Sorten gibt, als: smyrnische oder damascener, calabrische, französische und spanische. Von einer Abart mit ganz kleinen, runden Beeren ohne Kerne (Vitis apyrena), die besonders im Orient, Griechenland usw. kultiviert wird, erhält man die kleinen Rosinen, Korinthen (Passulae minores). Auch die Blätter und jungen Zweige mit den Ranken (folia et pampinae Vitis viniferae) sind offizinell, ehedem auch das Tränenwasser der Reben ... Die Trauben werden häufig in geeigneten Fällen als Kur verordnet. Die Rosinen kommen zu Teespezies, die kleinen Rosinen sind Bestandteil des Augsburger Brusttees. Der Saft frischer Trauben kommt ferner zu der Lippenpomade, Traubenpomade (ung. ad Labia de Uvis) ... Aus den Traubenkernen kann man fettes Öl, Traubenkernöl (ol. nucleorum uvae) pressen. Der Saft der unreifen Trauben (Omphacium) wurde vor einigen Jahren als Arzneimittel (gegen Epilepsie) angewendet, auch schlug man ihn als Surrogat des Citronensaftes vor, enthält aber keine Citronensäure. Schon sehr lange wurde er mit etwas Milch geklärt unter dem Namen Agrest (succus Agrestae) als Arzneimittel gebraucht. Mit Zucker eingekocht hatte man davon einen Syrup (syrupus Agrestae). Mit Unrecht sind diese Mittel jetzt fast außer Gebrauch. - Auch die ehedem gebräuchlich gewesenen Blätter (folia Vitis viniferae) (von der schwarzen Muskattraube) hat man vor kurzem in Pulverform gegen Blutflüsse verordnet. Ferner das Extract aus den ganz jungen Zweigen und Ranken (extractum pampinarum Vitis) ... Das im Frühjahr aus den geschnittenen Reben ausfließende Tränenwasser (lacryma Vitis) wurde in früheren Zeiten gegen Entzündungen aller Art angewendet, und noch gebraucht es das Landvolk gegen Augenübel ...

Vitis Labrusca (Claret-Weinrebe) [Schreibweise nach Zander: **V. labrusca L.**]. Eine in Nordamerika einheimische und in Frankreich verwilderte Rebe ...

Davon waren sonst die Blätter und Beeren (folia et uvae Labruscae) im Gebrauch. In Frankreich bereitet man daraus Agrest und Essig".
In einem kurzen Kapitel beschreibt Hager-Handbuch, um 1930, bei V. vinifera L.: „Veraltet sind die früher gebrauchten Folia Vitis (Weinblätter, Weinlaub), ferner Pampini Vitis (Weinranken, woraus ein Extractum Vitis pampinorum hergestellt wurde), sowie Fructus Vitis immaturi (Agresta, frische, vor der Reife gepflückte Weintrauben), aus deren Saft Omphacium man nach Art des Sirupus Cerasi einen Sirup bereitete. Dagegen finden noch zu Teegemischen Verwendung die getrockneten reifen Weinbeeren: Passulae majores (Rosinen, Uvae passae, Zibeben) . . .
Vitis vinifera var. apyrena L. liefert Passulae minores (Korinthen, Uvae corinthiacae)".
Nach Hoppe-Drogenkunde, 1958, wird von V. vinifera verwendet:
1.) das Blatt; Verwendung in Volksheilkunde und Homöopathie [dort ist „Vitis vinifera - Wein" (Essenz aus frischen Blättern) ein wichtiges Mittel]; „Pampini Vitis sind Weinranken, aus denen früher Extractum Vitis pampinorum hergestellt wurde. In der Volksheilkunde bei Hautleiden, Blutungen, Dysenterie".
2.) Das fette Öl der Kerne (Traubenkernöl); Speiseöl, Backöl, in der Kosmetik.
Erwähnt werden: Fructus Vitis, Weintrauben, zu Traubenkuchen (Laxans, Diureticum, bei Verstopfung, Hautleiden, Fettsucht, Herz- und Stoffwechselleiden); Passulae majores (Rosinen) und Passulae minores (Korinthen), zu Backwaren, Pudding und Suppen.

Weinmannia

Nach Dragendorff-Heilpflanzen, um 1900 (S. 270; Fam. Cunoniaceae), haben die (südamerikanischen) W.-Arten gerbstoffreiche Rinden, die als Adstringens, Gerbmaterial benutzt werden; die Rinde von W. tinctoria Sm. dient zum Verfälschen der Chinarinde (Truxillo). In Hoppe-Drogenkunde, 1958, ist die Rinde von W. glabra als Gerbmaterial aufgeführt.

Wrightia

Wrightia siehe Bd. V, Nerium.

Hessler-Susruta zitiert Wrigthea antidysenterica.
Hagen, um 1780, beschreibt den Ruhrstillenden Oleander: Nerium antidysentericum; „von diesem Gewächse kommt die in neueren Zeiten in England bekannt gewordene Konessirinde (Cortex Profluuii, Coda-

gapala, Conessi) her". Geiger, um 1830, berichtet über W. antidysenterica (= Nerium antidysentericum L.): „Diese Pflanze ist in der ersten Hälfte des 18. Jh., besonders in England, als Arzneimittel angewendet worden. - Wächst auf Zeylon, Cochinchina, Malabar ... Man benutzt diese Rinde auf der Küste von Koromandel und auch in England gegen Ruhren und Wechselfieber. Bei uns wird sie kaum gebraucht". Jourdan, zur gleichen Zeit, berichtet über Codagapala: Coneßrinde von Wrightia (Echites, Nerium) antidysenterica Br.; „tonisch, ehedem bei Diarrhöe und Ruhr gebraucht. Die Samen wurmtreibend und krampfstillend, bei Cholera". Bei Dragendorff-Heilpflanzen, um 1900 (S. 545; Fam. Apocyneae; nach Zander-Pflanzennamen: Apocynaceae), heißt die Art W. ceylanica R. Br. (= W. antidysenterica R. Br.); Rinde, besonders Wurzelrinde, als Antidysentericum, Adstringens und Fiebermittel; Wurzel bei Angina und Gicht; Same als Anthelminticum und Antifebrile. Nach Hoppe-Drogenkunde, 1958, wird das fette Öl der Samen benutzt.
Als 2. Art nennt Geiger W. tinctoria (= Nerium tinctorium Rottler); „diese erst in neueren Zeiten, besonders durch R. Brown, genauer bekannte Pflanze wird auf Indig benutzt". Nach Dragendorff werden von W. tinctoria R. Br. „Wurzel, Stamm, Rinde und Same gebraucht".

Wyethia

Bei Dragendorff-Heilpflanzen, um 1900 (S. 670; Fam. Compositae), wird W. mollis May. (Oregon. - Wurzel zu Kataplasmen) genannt (Schreibweise nach Zander-Pflanzennamen: **W. mollis A. Gray**).
In Hoppe-Drogenkunde, 1958, ist ein kurzes Kap. W. helenoides, weil in der Homöopathie „Wyethia helenoides" (Essenz aus frischer Wurzel) ein (weniger wichtiges) Mittel ist (Schreibweise nach Zander: **W. helenioides (DC.) Nutt.**).
Zitat-Empfehlung: **Wyethia mollis (S.); Wyethia helenioides (S.).**

Xanthium

Xanthium siehe Bd. II, Digerentia.

Das Xanthion (Berendes-Dioskurides, Kap. Spitzklee) wird als **X. strumarium L.** gedeutet (die Frucht färbt Haare gelb; Kataplasma für Ödeme). Diese Art kommt nach Tschirch-Sontheimer in arabischen Quellen vor, nach Fischer in mittelalterlichen (lappa minor seu acuta seu inversa, sanction, cletencrut, spitzcletten). Nach Hoppe beschreibt Bock, um 1550, als Klein Kletten (Bettlerleüß) diese Art. Nach Bock sind die Kleinen Kletten „ein Geschlecht des Tribuli terrestris der Alten, so mögen sie in der

Arznei genützt werden" (gegen Schlangengift und Steinleiden; als Breiumschlag gegen Geschwülste und Schmerzen; Abkochung gegen Mundgeschwüre, Saft gegen Augenleiden).
Geiger, um 1830, erwähnt X. strumarium (Spitzklette, Kropfklette, Bettlerlaus, Kleine Klette); „Offizinell war ehedem: Wurzel, Kraut und Samen (rad., herba et semen Xanthii, Lappae minoris) ... Man hat Wurzel und Kraut, besonders den ausgepreßten Saft, gegen Kröpfe, Skrofeln, Flechten, Geschwülste, selbst gegen Krebs usw. gebraucht. Die Samen gegen Rotlauf, Gries usw ... Kraut und Wurzeln dienen zum Gelbfärben, und die alten Römer färbten damit die Haare gelb". Entsprechende Angaben bei Dragendorff-Heilpflanzen, um 1900 (S. 669; Fam. Compositae). Die Art wird bei Hoppe-Drogenkunde, 1958, erwähnt (Kraut, Herba Lappae minoris, ist Diureticum; Frucht ebenfalls, in China gegen Rheuma und Krätze; das fette Öl der Samen ist Brennöl, für Firnisfabrikation).

Das Kapitel bei Hoppe ist überschrieben: X. spinosum (Kraut ist Diureticum, Diaphoreticum). Bei Dragendorff ist zu **X. spinosum L.** angegeben: „gegen Wechselfieber, Rabies, als Speichel- und Harnsekretion beförderndes Mittel benutzt". In der Homöopathie ist „Xanthium spinosum" (Essenz aus frischem, blühenden Kraut) ein weniger wichtiges Mittel.
Bei Hoppe gibt es außerdem ein Kap. X. riparium (das fette Öl der Samen, Oleum Xanthii, wird für technische Zwecke benutzt). Schreibweise nach Zander-Pflanzennamen: **X. riparium Itzigs. et Hertzsch emend. Lasch.**
Hager-Handbuch, um 1930, hat X. spinosum L. („Kraut soll harn- und schweißtreibend wirken, in Rußland ist es gegen Hundswut empfohlen worden") und X. strumarium L. („Blätter sind als Mittel gegen Blutungen nach der Entbindung empfohlen worden") aufgenommen.
Zitat-Empfehlung: **Xanthium spinosum (S.); Xanthium riparium (S.); Xanthium strumarium (S.).**

Xanthorhiza

Nach Geiger, um 1830, wird von Xanthorrhiza apiifolia (Gelbwurzel) die Wurzel in Amerika als magenstärkendes Mittel in Pulverform gebraucht; sie wird ferner zum Gelb- und Grünfärben benutzt. Nach Dragendorff-Heilpflanzen, um 1900 (S. 223; Fam. Ranunculaceae), ist die Wurzel von Xanthorrhiza apiifolia L'Hérit. „Tonicum". Hoppe-Drogenkunde, 1958, hat ein kurzes Kap. Xanthorrhiza aquifolia; verwendet wird die Wurzel als „Bitteres Tonicum. - Verfälschung von Hydrastis canadensis". Schreibweise nach Zander-Pflanzennamen: **X. simplicissima Marsh.** (= Zanthorhiza apiifolia L'Hérit.).
Zitat-Empfehlung: **Xanthorhiza simplicissima (S.).**

Xanthorrhoea

Geiger, um 1830, beschreibt X. arborea (Gelbharzpflanze); „diese seit etwa 40 Jahren bekannte Pflanze ist besonders durch Smith u. R. Brown untersucht worden. - Wächst auf Neu-Holland ... Offizinell ist das aus dem Stock ausfließende Harz. Gelbes Harz von Neu-Holland (resina lutea novi Belgii) ... Man hat dieses Harz bei hartnäckigen Durchfällen, Ruhren usw. mit gutem Erfolg gebraucht. Bei uns ist es noch nicht als Arzneimittel eingeführt". Hager, um 1930, beschreibt die Grasbäume, X.-Arten, die Resina Xanthorrhoea, Akaroidharz, Resina Acaroides, liefern. Es gibt rotes und gelbes. Verwendung vor allem für technische Zwecke. „In Amerika soll die alkoholische Tinktur gegen Phthisis und chronische Katarrhe gebräuchlich sein". Nach Hoppe-Drogenkunde, 1958, Kap. X. hastile, wird das gelbe Harz in der Technik verwendet, das rote, von X. australe, ebenfalls in der Technik und in der Medizin bei Katarrhen.
Schreibweise nach Zander-Pflanzennamen: **X. hastilis R. Br., X. australis R. Br.**
Zitat-Empfehlung: **Xanthorrhoea hastilis (S.); Xanthorrhoea australis (S.).**

Dragendorff-Heilpflanzen, S. 118 uf. (Fam. Liliaceae; nach Zander: Xanthorrhoeaceae).

Ximenia

Ximenia siehe Bd. V, Balanites.
Zitat-Empfehlung: *Ximenia americana (S.).*

Dragendorff-Heilpflanzen, um 1900 (S. 372; Fam. Olacineae), nennt **X. americana L.** (= Heymassolia spinosa Aubl.), deren Früchte und Samen purigierend wirken. Diese Pflanze ist in Hoppe-Drogenkunde, 1958, verzeichnet (Fam. Oleaceae); das fette Öl der Samen dient zu Speisezwecken und zur Seifenfabrikation. Familie nach Zander-Pflanzennamen: Olacaceae.

Xylopia

Geiger, um 1830, erwähnt den brasilianischen Baum X. grandiflora St. Hil., dessen Früchte als Gewürz, ähnlich dem Piment, angewendet werden; das soll auch für X. sericea St. Hil. gelten. Dragendorff-Heilpflanzen, um 1900 (S. 217; Fam. Anonaceae; nach Zander: Annonaceae), nennt 12 X.-Arten, darunter X. grandiflora St. Hil.; Beere wird ebenso wie die von X. sericea St. Hil.

als Aromaticum verwendet. Hoppe-Drogenkunde, 1958, hat ein kurzes Kap. X. aethiopica; die Frucht (Kanipfeffer) dient als Gewürz; X. aromatica liefert Meleguetapfeffer. Zander-Pflanzennamen bezeichnet **X. aethiopica (Dun.) A. Rich.** als Malaguetapfeffer.

Yucca

Dragendorff-Heilpflanzen, um 1900 (S. 125; Fam. Liliaceae; nach Zander-Pflanzennamen: Agavaceae), nennt 9 Y.-Arten, darunter Y. angustifolia Pursh. (= Y. glauca Nutt., wohl identisch mit **Y. filamentosa L.,** Palmenlilie); Samen und Schößlinge werden gegessen. Hoppe-Drogenkunde, 1958, hat ein kurzes Kap. Y. filamentosa; Verwendung der Pflanze in der Homöopathie. Dort ist „Yucca filamentosa" (Essenz aus frischer Pflanze) ein weniger wichtiges Mittel.
Zitat-Empfehlung: **Yucca filamentosa (S.).**

Zacyntha

Fischer-Mittelalter weist in altital. Quellen nach: *Z. verrucosa Gaertner* (poraria, elitropia, verucaria, coriandrum agreste, cicorea verrucaria). Geiger, um 1830, erwähnt Z. verrucosa Gärtn. (= Lapsana Zacyntha L., Warzenmilchen); „davon waren ehedem das Kraut und die Samen (herba et semen Zacynthae, Cichorii Verrucarii) offizinell. Beide wurden äußerlich und innerlich zum Vertreiben der Warzen gebraucht". Nach Dragendorff-Heilpflanzen, um 1900 (S. 694; Fam. Compositae), dient von der Pflanze „Kraut und Frucht bei Hautausschlag und Warzen".

Zantedeschia

Nach Geiger, um 1830, stammt Radix Ari aethiopici von Z. aethiopica Spr. (= Calla aethiopica L., afrikanische Zantedeschia, Aron-Calle, gewöhnlich Calla genannt). Dragendorff-Heilpflanzen, um 1900 (S. 104; Fam. Araceae), nennt Richardia africana Kth. (= R. aethiopica Kth., Colocasia aeth. Spr., Calla aeth. L.); Rhizom (Arum aeth. oder Aro) und Blätter wirken blasenziehend. In Hoppe-Drogenkunde, 1958, ist ein kurzes Kap. Z. aethiopica; Verwendung in der Homöopathie. Dort ist „Calla aethiopica" (Essenz aus frischer Pflanze) ein weniger wichtiges Mittel. Schreibweise nach Zander-Pflanzennamen: **Z. aethiopica (L.) Spreng.** (= Calla aethiopica L., Richardia africana Kunth.; Zimmerkalla). Zitat-Empfehlung: **Zantedeschia aethiopica (S.).**

Zanthoxylum

In Geiger-Handbuch, um 1830, sind erwähnt:
1.) Xanthoxylon Clava Herculis L. (= X. caribaeum Lam., westindisches Zahnwehholz); davon ist in Amerika die Rinde, Cortex Xanthoxyli, offizinell; gegen Kolik, Rheumatismus, Epilepsie.
2.) Xanthoxylon fraxineum Willd. (= X. ramiflorum Michx.), in Amerika als reizendes, schweißtreibendes Mittel gebraucht.
3.) Xanthoxylon piperitum D. C. (= Fagara piperita L., Japanischer Pfefferbaum); die Samen werden in Japan wie Pfeffer benutzt, deshalb Piper japonicum genannt.
4.) Xanthoxylon Pterota Kunth. (= Fagara pterota L.), liefert gewürzhaft bitterliche Beeren, Baccae Fagarae, die aber auch von X. Clava Herculis stammen können.

Bei Dragendorff-Heilpflanzen, um 1900 (S. 349-351; Fam. Rutaceae), sind 32 Xanthoxylon-Arten aufgeführt, darunter X. Avicennae D. C. (= Fagara Avic. Lam.); „als Antidot bei Vergiftungen und Antisepticum benutzt"; diese Art wird in Tschirch-Araber zitiert.
In Hoppe-Drogenkunde, 1958, gibt es ein Kap. Xanthoxylum americanum (= X. fraxineum, X. caribaeum); verwendet wird die Rinde als „Stomachicum, Diureticum, Diaphoreticum. In der Homöopathie". Dort ist „Xanthoxylon fraxineum" (Tinktur aus getrockneter Rinde; Hale 1867) ein wichtiges Mittel. Schreibweise nach Zander-Pflanzennamen: **Z. fraxineum Willd.** (= Z. americanum auct. non Mill.; Zahnwehholz).

Zea

Mais siehe Bd. II, Hydropica; Lithontriptica. / IV, E 18, 256, 263; G 437.
Dragendorff-Heilpflanzen, S. 77 (Fam. Gramineae); Tschirch-Handbuch II, S. 197.

Nach Tschirch-Handbuch wurde der Mais schon in präkolumbischer Zeit fast durch ganz Amerika kultiviert; von Columbus nach Europa gebracht; danach rasche Verbreitung, auch über Afrika und Asien (die Angabe Sontheimers, daß Mais bereits bei I. el B. vorkommt, dürfte nicht stimmen).
Bock, um 1550, bildet - nach Hoppe - im Kap. Von dem Welschen Korn oder Türkenkorn: **Z. mays L.** [Zitat-Empfehlung: **Zea mays (S.)**] ab und berichtet: „Ich hab noch zur Zeit kein besondere Erfahrung, wozu dies Gewächs in der Arznei tauglich sei, vernommen, außer daß man von dem Korn schön Brot backt . . . Der Saft von den grünen Blättern ist eine gute Löschung für alle Hitze und sonderlich gut für das Rotlaufen [= rote Hautentzündung]". Auch

Geiger, um 1830, weiß vom Mais kaum medizinische Anwendung zu berichten („in neueren Zeiten wurden die männlichen Blüten gegen Harnkrankheiten vorgeschlagen"). In Meissner-Enzyklopädie wird der Mais für Rekonvaleszenten als Nahrungsmittel empfohlen; einige Autoren wollten gute Wirkung bei Epilepsie gesehen haben.
In Hager-Handbuch, um 1930, sind beschrieben:
1.) aus den Früchten, a) Maisstärke, A m y l u m Maidis; Anwendung wie andere Stärkearten; aufgenommen in Erg.-B. 6, 1941; dann DAB 7, 1968: Maisstärke. b) Fettes Maiskeimöl für technische und Speisezwecke.
2.) Maislieschen, das sind die den Fruchtstand umhüllenden Blätter, für Papierfabrikation.
3.) Die getrockneten Griffel der weiblichen Blüte, Stigmata M a y d i s ; ein besonders in den wärmeren Ländern geschätztes Mittel gegen Blasenleiden, im Aufguß oder Fluidextrakt; Droge und Fluidextrakt sind in die Erg.-Bücher zu den DAB's aufgenommen. In der Homöopathie ist „Stigmata maydis" (Essenz aus frischen Maisnarben) ein weniger wichtiges Mittel.
Hoppe-Drogenkunde, 1958, Kap. Z. mays, berichtet über Verwendung:
1. die Maisgriffel („Diureticum, bei Harnbeschwerden und Blasengries, Entfettungsmittel. Antidiabeticum ... In der Homöopathie bei org. Herzleiden mit Ödemen. - Maisnarben werden in Peru als Rauschgift benutzt") 2. die Maisstärke („Zu Nährpräparaten, Pudern, Streupulvern, Bindemittel für Pillen und Tabletten"; mehrere technische Zwecke); 3. das Maiskeimöl.
Auf Mais schmarotzt ein Brandpilz; er ist als „Ustilago Maydis - M a i s b r a n d " (U s t i l a g o Maydis D. C., Fam. Ustilaginaceae; Tinktur aus den Sporen; Hale 1875) in der Homöopathie ein wichtiges Mittel.

Zingiber

Z i n g i b e r siehe Bd. II, Analeptica; Antidinica; Antiparalytica; Aromatica; Calefacientia; Cephalica; Masticatoria; Odontica; Peptica; Succedanea. / IV, D 1; E 70, 258; G 1058, 1062, 1501. / V, Paris.
I n g w e r siehe Bd. II, Antiarthritica; Carminativa; Purgantia; Sialagoga. / IV, C 34, 40; E 289, 301, 313, 339; G 130, 439. / V, Arum; Cassia; Curcuma; Syzygium.

H e s s l e r-Susruta: Z. officinale.
B e r e n d e s-Dioskurides: Kap. I n g w e r, A m o m u m Zingiber L. (= Z. officinale Rosc.).
T s c h i r c h-Araber: Zingiber; Amomum Zerumbeth.
F i s c h e r-Mittelalter: Z. Amomum L. (zingiber, c r u x C h r i s t i, i n g b i r, y n g b e r, y m b e r ; Diosk.: zingiberis); Amomum Zerumbet L.
G e i g e r-Handbuch: Z. officinale Rosc. (gemeiner Ingwer); Z. Zerumbet Rosc. (= Amomum Zerumbet W., B l o c k z i t t w e r).

Hager-Handbuch: Z. officinale Roscoe.
Zander-Pflanzennamen: **Z. officinale Rosc.; Z. zerumbet (L.) Rosc. ex Sm.**
Zitat-Empfehlung: **Zingiber officinale (S.); Zingiber zerumbet (S.).**

Dragendorff-Heilpflanzen, S. 141 uf. (Fam. Zingiberaceae); Tschirch-Handbuch II, S. 1056-1058.

Nach Tschirch-Handbuch scheint der Ingwer, eine Droge der indischen Medizin, nach dem Westen im frühen Altertum wenig gelangt zu sein; wahrscheinlich wurden die Griechen durch die Perser mit ihm bekannt; erst bei Dioskurides wird Zingiber namentlich aufgeführt [die Wurzel hat erwärmende, Verdauung befördernde Kraft, regt den Bauch milde an und ist gut für den Magen. Wirkt gegen Verdunkelungen auf der Pupille; wird Gegengiften zugemischt, gleicht in der Kraft überhaupt dem Pfeffer]; ist Bestandteil des Theriak nach Andromachus; scheint im Altertum keine große Bedeutung gehabt zu haben; im Mittelalter war er fast so wichtig wie Pfeffer, und im 13./14. Jh. schon gar nicht mehr teuer; bald nach der Entdeckung Amerikas wurde er nach dort eingeführt und kultiviert.

In Ap. Lüneburg 1475 waren vorrätig: Zinziberis [communis] (22 lb.), Zinziberis electi (27 lb.), Zinciberis conditi [ohne Mengenangabe], Confectionis Zinciberis (15 lb.). Die T. Worms 1582 hat folgende Sorten: Zingiber (Zinziber, Gingiber, Zingiber calecuthicum, Calecutischer Imber oder Ingber, der best Ingber; 1 Lot = 6 Pf.), Zinziber mechinum (Mechin Ingber; 1 Lot = 5 Pf.; nach Tschirch ist es fraglich, ob dieser „Mekka-Ingwer" ein echter Zingiber war), Zingiberis fragmenta (Stoß Ingber; 1 Lot = 4 Pf.), Zingiber Silvestre (Wilder Ingber; 1 Lot = 4 Pf.; wahrscheinlich → Z. Zerumbet); [unter eingemachten Wurzeln] Zingiber conditum recens in India; 1 Lot = 1 Alb.), Zingiber conditum vulgare (Gemeyner grüner Ingber; 1 Lot = 6 Pf.). In Ap. Braunschweig 1666 waren vorrätig: Zingiberis (300 lb.), Pulvis zinziberis (90 lb.), Condita z. com. (300 lb.), Condita z. indic. (69 lb.), Condita z. Bengal. (60 lb.), Species diazingiber (17 Lot). Die T. Frankfurt/M. 1687 führt lediglich:
Zingiber (Zinziber Calecuticum, der beste Ingber, Imber gestossen), Conditum Zinziberis de China (Indianischer Ingwer).

Schröder, 1685, berichtet im Kap. Zingiber (Zinziber, Gingiber; Arab.: Zingibel oder Lengibel - Männlein wird genannt Anchoa, das Weiblein Chilli - Imber, Ginger): „Man findet bei den Gewürzkrämern eine weiße und rote Ingwer, diese ist aber mit Rötel und je gar oft mit Kreide infiziert, damit sie von den Würmern, denen die weiße gar sehr unterworfen ist, befreit bleiben . . . Es wächst in allen Provinzen Indiens . . . Es kommt auch in den Philipischen Inseln hervor und ist übergebracht worden zu den Haitinern und Mexikanern . . . Man bringt sie häufig aus Calecut, dem Kaufhaus Indiens, und dann auch aus Arabien . . . ist sehr kräftig in den Bauchgrimmen, der Kolik, Diarrhöe . . . Die zubereiteten Stück:

1.) Der in Indien oder China eingemachte Ingwer. Er wird zu uns aus Indien, mit Zucker oder einer Art Honig eingemacht, gebracht. Sie infundieren die abgeschälte Ingwer etliche Stunden in Essig, dann stellen sie selbe 2 Stunden an die Sonne, daß sie trockne, und machens hernach wieder mit Zucker ein.
2.) Unser eingemachter Ingwer, auf gemeine Weise bereitet.
3.) Ingwerkonfekt. Mazerier die Wurzeln eine zeitlang in Wasser oder Lauge, dann schneids in dünne, längliche Stücklein, trockne sie und konfiziere sie.
4.) Laxierzingiber. 5.) Species de Zingiberis. 6.) Das destillierte Öl."

Nach Valentini, 1714, wird der meiste Ingwer aus Amerika nach Europa geschickt. „Die Pflanze dieser Wurzel wird von den Gelehrten verschiedentlich beschrieben und abgemalt. Einige beschreiben sie als eine Art Rohr, welche die Amerikaner Chilli heißen sollen . . . welche einige Botaniker Arudinem humilem clavatam radice acri nennen, andere aber unter eine eigene Klasse mit der Zedoaria setzen. Hermannus hergegen hält es mit dem Morison und meint, es wäre Iris latifolia flore albo . . . Die Materialisten haben unterschiedene Sorten, welche untereinander von dem Land, wo sie herkommen, genannt werden, als Brasilischer, Bengalischer, und Sinesischer, darunter der letzte der beste ist. Andere nennen die Sorten, Puli, Belledin, Portorisch, Domingo . . . Oder es wird der Ingber der Farbe nach weiß, schwarz, rot oder gerbelirt genannt . . . Nachdem aber heut zu Tag der schwarze Ingber in Flor gekommen, ist der rotgemachte und inwendig sehr weiße Ingber in Abgang gekommen".

Die Ph. Württemberg 1741 unterscheidet Zingiber Album (Ingwer, weißer Ingwer) und Zingiber (Gingiber, Zingiber vulgare, Gemeiner Ingwer; Incidans, Attenuans, Roborans; empfohlen für Wassersüchtige, Seröse, Schwindsüchtige; Zusatz zu Purgantien); aufgenommen ist ferner Confectio Zingiber, die aus Indien kommt, und Oleum (dest.) Zinziberis. Nach Hagen, um 1780, ist der weiße Ingwer lediglich von der äußeren grauen Rinde gereinigt und vorsichtig getrocknet, der braune Ingwer (Zingiber s. Zinziber commune) dagegen nach der Ernte mit kochendem Wasser abgebrüht, getrocknet, dann mit Asche oder Kalk beschüttet. „Der mit Zucker eingemachte Ingber (Conditum Zingiberis) wird schon aus Indien zu uns gebracht. Derjenige, der in Europa aus den trockenen Wurzeln bereitet wird, ist schlecht". Als Stammpflanze gibt er an: Amomum Zingiber. So auch Ph. Preußen 1799-1813 (Radix Zingiberis albi); ab Ausgabe 1827: Zingiber officinarum Roscoe; 1846: Z. officinale Roscoe; ab 1862: Rhizoma Zingiberis; DAB 6, 1926, schreibt für Rhizoma Zingiberis vor: „Der ganz vom Korke befreite, getrocknete Wurzelstock des in Westindien kultivierten Zingiber officinale Roscoe".

In Ph. Preußen 1799 ist Ingwer Bestandteil des Pulvis aromaticus und der Tinctura aromatica; DAB 1, 1872, hat außerdem eine Tinctura Zingiberis; Erg.-B. 6, 1941, Sirupus Zingiberis.

Über die Anwendung schreibt Hager, 1874: „Ingwer ist ein kräftiges Aromaticum, welches häufiger in der Küche als als Arznei gebraucht wird". Nach Hager, um 1930, ist die Anwendung: „Als magenstärkendes, die Verdauung beförderndes Gewürz, als Geschmackskorrigenz für eisenhaltige Zubereitungen, zu Mund- und Gurgelwässern, Zahntinkturen". Oleum Zingiberis, gewonnen durch Wasserdampfdestillation aus trockenem Ingwer, wird in der Likörfabrikation gebraucht. In der Homöopathie ist „Zingiber" (Tinktur aus getrocknetem Wurzelstock) ein weniger wichtiges Mittel. Über die Verwendung des Ingwer-Rhizoms schreibt Hoppe-Drogenkunde, 1958: „Aperitivum, Stimulans, Carminativum, Geruchs- und Geschmackskorrigens. Gewürz . . . Genußmittel, als Confectio Zingiberis mit Zucker eingekocht. Zur Bereitung des Ingwerbiers".

Außer Zingiber officinale beschreibt Geiger, um 1830, noch Z. Zerumbet Rosc.: „Die Wurzel ist schon im Anfang des 18. Jh. unter dem Namen rad. Cassumuniar in England bekanntgewesen; später wurde sie rad. Zerumbethi benannt. - Wächst auch in Ostindien ... Offizineller Teil ist: die Wurzel, Blockzittwer, wilder Ingwer . . . Wird bei uns nicht als Arzneimittel angewendet". Die Pflanze ist bei Geoffroy, 1757, abgebildet und dort als Zingiber silvestre bezeichnet. Eine solche Droge steht schon in T. Worms 1582.
In Hoppe-Drogenkunde ist zu Z. Zerumbet (Z. Cassumunar, Gelber Zitwer) vermerkt: „Die Rhizome werden wie Ingwer benutzt. Sie sind viel größer als der offizinelle Ingwer".
Chinesischer Ingwer soll von Alpinia galanga abstammen und wird in China meist zur Herstellung von kandiertem Ingwer verwendet (Hoppe).

Ziziphus

Jujubae siehe Bd. II, Antinephritica; Expectorantia.

Hessler-Susruta: Zizyphus jujuba +++ Z. scandens.
Deines-Ägypten: Zizyphus sativa, Z. vulgaris +++ Z. spina Christi.
Berendes-Dioskurides: Kap. Paliuros, Zizyphus vulgaris L.
Tschirch-Sontheimer-Araber: Zizyphus sativus; Z. Lotus; Z. Spina Christi
Fischer-Mittelalter: - Zizyphus Rhamnus L. (rhamnus, zezulus) -- Z. Lotus Lam. (agrifolium) --- Z. Jujuba Lam. (juiuber; Arab. bei Avic.) +++ Z. Spina Christi (Arab. Zizyphus).
Beßler-Gart: - Kap. Juiube (hanbotten, welsche Hagebutten), Zizyphus-Arten; beste Sorte von Z. jujuba Mill. non Lam. (= Z. sativa Gaertn., Z. vulgaris L.).
Hoppe-Bock: - Kap. Brustbeerlin, Zizyphus jujuba Mill.

Geiger-Handbuch: - Zizyphus vulgaris Lam. (= Rhamnus Zizyphus L., Judendorn, Brustbeerenbaum) - - Z. Lotus Lam. (= Rhamnus Lotus L.) - - - Z. Jujuba Lam. (= Rhamnus Jujuba L.).
Hager-Handbuch: Zizyphus vulgaris Lam. (= Rhamnus zizyphus L.) - - Z. lotus (L.) Willd. - - - Z. jujuba Lam.
Zander-Pflanzennamen: - **Z. jujuba Mill.** (Jujube) - - **Z. lotus (L.) Lam.**
Zitat-Empfehlung: - **Ziziphus jujuba (S.)** - - **Ziziphus lotus (S.).**

Dragendorff-Heilpflanzen, S. 410-412 (Fam. Rhamnaceae); Tschirch-Handbuch II, S. 61.

Nach Tschirch-Handbuch war Lotus ein antiker Sammelbegriff; je nach Herkunft (z. B. Indien, Ägypten) kamen Stammpflanzen verschiedener Gattungen infrage, darunter Z.-Arten, besonders Z. Lotus (wird als Lotusbaum der Homer'schen Dichtungen angesehen). Aus Z. spina Christi soll die Dornenkrone Christi hergestellt gewesen sein.
Nach Berendes wird der Paliuros bei Dioskurides meist für Zizyphus vulgaris L. gehalten (Same gegen Husten, Blasensteine, Schlangenbisse; Blätter und Wurzel stellen den Bauchfluß, treiben Urin, gegen Gifte; Wurzel äußerlich gegen Geschwülste und Ödeme). Bock, um 1550, beschreibt als Stammpflanze der Brustbeeren - nach Hoppe - Z. jujuba Mill.; nach Serapion nennt er die Indikationen (Früchte in verschiedenen Zubereitungen gegen Heiserkeit und Husten).
In Ap. Lüneburg 1475 waren 1/2 lb. Juiube vorrätig. In T. Worms 1582 stehen: [unter Früchten] Juiubae (Zizypha, Serica, Prunella pectoralia rubra. Rote brustbeerlen, Juiuben), in T. Frankfurt/M. 1687 Jujubae (rothe Brustbeerlein, Zyzypha sonsten genant) und Earum pulpa (roth Brustbeerlein Marck). In Ap. Braunschweig 1666 waren vorrätig: Juiubarum (14 lb.), Syrupus de juiubis (3 lb.). Über die Anwendung der Jujubae schreibt Schröder, 1685: „Sie wärmen und feuchten gemäßigt und gebraucht mans in Rauhigkeit der Lungen, Husten, Seitenstechen, scharfem Harn, Aufwallung des Geblüts und in der Zernagung der Nieren und Blasen".
Die Ph. Württemberg 1741 führt: [unter Früchten] Jujubae (rothe Brustbeer; wächst in Italien, Spanien, Botanischen Gärten; von Linné Rhamnus zugeordnet; Demulcans, Humectans, in Dekokten, vor allem als Brustmittel); Syrupus de Jujubis. Im 19. Jh. in einigen Länderpharmakopöen (z. B. Ph. Hessen 1827, Baden 1841); als Stammpflanze wird Zizyphus vulgaris Lam. (= Rhamnus Zizyphus L.) angegeben.
Geiger, um 1830, beschreibt unter dieser Stammpflanze 2 Handelsformen der roten Früchte: die größeren französischen Brustbeeren (Jujubae gallicae) und die kleineren italienischen (J. italicae); werden unter Species verschrieben, zu Brusttränken.
Um 1850 meint Martius (ebenso Wiggers), daß die spanischen oder französischen (großen) Brustbeeren von Zizyphus vulgaris Lam. (= Rhamnus Zizyphus Linn.,

Z. Jujuba Mill., Z. sativa Duh.), die italienischen (kleineren) von Zizyphus Lotus Lam. (= Rhamnus Lotus Linn., Z. nitida Roxb., Z. sativa Gärtn., Z. sylvestris Mill.) stammen.
In Hager-Handbuch, um 1930, und Hoppe-Drogenkunde, 1958, heißt die Stammpflanze der nur noch selten gebrauchten, gewöhnlichen Brustbeeren: Zizyphus vulgaris, was der Bezeichnung (um 1970) Z. jujuba Mill. entspricht. Als Stammpflanze der kleineren italienischen (auch nordafrikanischen) Jujuben wird Z. lotus genannt (Bezeichnung um 1970: Z. lotus (L.) Lam.). Als Stammpflanze der ostindischen Jujuben wird Z. jujuba Lam. (nicht Z. jujuba Mill.!) angegeben.

Zygophyllum

Geiger, um 1830, erwähnt Z. Fabago L. Dragendorff-Heilpflanzen, um 1900 (S. 344; Fam. Zygophllaceae), nennt dazu als Anwendung: „Blatt als Anthelminticum, Antisyphiliticum, Gegengift benutzt".
In Hoppe-Drogenkunde, 1958, wird eine Z. waterlotii genannt, deren Blatt bei Entzündungen durch Blutvergiftung benutzt wird.

Abkürzungen

Außer Literaturabkürzungen, wie sie bereits erläutert wurden (in Band V/1 auf Seite 25—27, in Band V/2 auf Seite 7—9, in Band V/3 auf Seite 7—9), sind in den Texten folgende Abkürzungen häufiger benutzt worden:

Avic.	Avicenna (um 1000 n. Chr.)
Bd.	Band
bes.	besonders
Bez.	Bezeichnung
cf.	confero (lat.), vergleiche
Diosk.	(auch Diosc.) Dioskurides, siehe Bd. V/1, Seite 15
Empl.	emplastrum, Pflaster
etc.	et cetera (lat.), und so weiter
Gal.	Galen (um 150 n. Chr.)
HAB	Homöopathisches Arzneibuch
H. Hild.	Heilige Hildegard von Bingen (um 1150)
hpt.	hauptsächlich
i. a.	im allgemeinen
I. el B.	ibn al-Baitār, siehe Bd. V/1, Seite 16
Jh.	Jahrhundert
K.	Kasten. In Ap. Braunschweig 1666 sicherlich ein Schiebekasten der Apotheke gemeint
Kap.	Kapitel
lb.	libra (lat.), Pfund. Seit 16. Jh. (pharmazeutisch) etwa 350 Gramm
Lot	In Braunschweig etwa 15 Gramm
med.	medizinisch
oz.	onze, uncia, Unze. Seit 16. Jh. (pharm.) etwa 29 Gramm
pharm.	pharmazeutisch
qr.	quarta, Quart, ein Viertel. Hohlmaß, in Norddeutschland etwa 0,9 Liter
Reg.	Register
s.	seu (lat.), oder
S.	Seite
spec.	species (botanisch), Art
St.	Stübchen. Flüssigkeitsmaß, in Ap. Braunschweig 1666 wahrscheinlich etwa 3½ Liter
Tct.	tinctura, Tinktur
u. a.	unter anderem, und andere
Ungt.	unguentum, Salbe
v.	von
var.	variatio (botanisch), Varietät

Abelmoschus	Kap.
Abies	Kap.
Abietineen	Shorea
Abrotanum	Artemisia
Abrotonum	Santolina
Abrus	Kap.
Absinthium	Artemisia
Abutilon	Kap.
Acacia	Kap.
Acalypha	Kap.
Acanthaceae	Acanthus; Adhatoda, Andrographis; Blepharis; Rhinacanthus.
Acanthea	Liriosma
Acanthus	Kap.
Acer	Kap.
Aceraceae	Acer
Acetosa	Rumex
Acetosella	Oxalis
Achillea	Kap.
Achras (sapota)	Manilkara
Achyranthes	Kap.
Acmella	Bidens; Spilanthes.
Aconitum	Kap.
Acorus	Kap.
Acrodiclidium	Kap.
Actaea	Kap.
Acte	Sambucus
Acutella	Angelica; Ononis.
Adansonia	Kap.
Adenanthera	Kap.
Adenostyles	Kap.
Adhatoda	Kap.
Adiantaceae	Adiantum
Adiantum	Kap.
Adonis	Kap.
Adoxa	Kap.
Adoxaceae	Adoxa
Aegilops	Triticum
Aegle	Kap.
Aegopodium	Kap.
Aesculus	Kap.
Aethusa	Kap.

Affodilus	Asphodelus; Lilium; Polygonatum.
Aframomum	Kap.
Afrodisia	Anacamptis; Orchis.
Agallochum	Aquilaria
Agar-Agar	Gelidium
Agaricaceae	Amanita; Russula.
Agaricum	Polyporus; Raphanus.
Agaricus	Polyporus
Agavaceae	Agave; Dracaena; Polianthes; Yucca.
Agave	Kap.
Ageratum	Achillea
Agnus	Vitex
Agrifolium	Paliurus; Ziziphus.
Agrimonia	Kap.
Agropyron	Kap.
Agrostemma	Kap.
Agrostis	Cynodon; Serapias.
Agrumi	Citrus
Ailanthus	Kap.
Aizoaceae	Mesembryanthemum
Ajuga	Kap.
Albizzia	Kap.
Alcanna	Aristolochia; Cyclamen.
Alcea	Kap.; Malva.
Alchemilla	Kap.
Alchornia	Kap.
Alcornoco	Bowdichia
Alectoria	Usnea
Alectorolophus	Rhinanthus
Aletris	Kap.
Aleurites	Kap.
Alga	Juncus
Algaroba	Caesalpinia; Prosopis.
Alhagi	Kap.
Alhandal	Citrullus
Alicacabo	Physalis
Alisma	Kap.
Alismaceae	Alismataceae
Alismataceae	Alisma; Sagittaria.
Alkanna	Kap.
Alkekengi	Physalis
Alkornoque	Alchornia; Bowdichia.

Alliaria	Kap.
Allium	Kap.
Alnus	Kap.
Aloe	Kap.
Aloeholz	Aquilaria; Bocconia; Bursera; Excoecaria.
Aloysia	Lippia; Verbena.
Alpinia	Kap.
Alsidium	Kap.
Alsine	Cucubalus; Stellaria; Veronica.
Altingia	Liquidambar
Alstonia	Kap.
Althaea	Kap.
Alyssum	Camelina
Alyxia	Kap.
Amanita	Kap.
Amaracus	Kap.
Amaranthaceae	Achyranthes; Amaranthus; Celosia; Gomphrena.
Amaranthus	Kap.
Amarella	Chrysanthemum; Pimpinella.
Amarusca	Aethusa; Matricaria.
Amarusta	Plantago
Amaryllidaceae	Amaryllis; Leucojum; Narcissus; Pancratium.
Amaryllideae	Amaryllidaceae; Agave; Polianthes.
Amaryllis	Kap.
Ambrosia	Kap.; Artemisia.
Ambrosiana	Cichorium; Hepatica; Salvia.
Ambrosina	Prunus
Amiantum	Asplenium
Ammi	Kap.
Ammoniacum	Gummi Ammoniacum
Amomum	Kap.
Amomum verum	Pimenta
Ampelopsis	Parthenocissus
Amygdalus	Prunus
Amylum	Maranta; Musa; Triticum.
Amyris	Commiphora
Anabasis	Kap.
Anacamptis	Kap.
Anacardiaceae	Anacardium; Comocladia; Cotinus; Lithraea; Mangifera; Pistacia; Rhus; Schinopsis; Schinus; Semecarpus; Spondias; Toxicodendron.
Anacardium	Kap.

Anacyclus	Kap.
Anagallis	Kap.
Anagyris	Kap.
Anamirta	Kap.
Ananas	Kap.
Anaphalis	Kap.
Anastatica	Kap.
Anchietea	Kap.
Anchusa	Kap.
Ancusa	Aquilegia; Calendula.
Andira	Kap.
Andrographis	Kap.
Andromeda	Kap.
Andropogon	Vetiveria
Androsace	Cuscuta
Anemone	Kap.
Anethum	Kap.
Angelica	Kap.
Angophora	Kap.
Angostura	Galipea
Angraecum	Kap.
Anguria	Apodanthera; Citrullus.
Anhalonium	Lophophora
Anil	Indigofera
Anime	Protium
Anisum	Pimpinella
Annona	Kap.
Annonaceae	Annona; Asimina; Cananga; Xylopia.
Anona(ceae)	siehe Annona(ceae)
Anserina	Potentilla
Antelaea	Kap.
Antennaria	Kap.
Anthemis	Kap.
Anthericum	Kap.
Anthocephalus	Kap.
Anthophylli	Syzygium
Anthora	Aconitum
Anthos	Rosmarinus
Anthoxanthum	Kap.
Anthriscus	Kap.
Anthyllis	Kap.
Antiaris	Kap.

Antidesma	Kap.
Antirrhinum	Kap.
Aparine	Asperula
Apium	Kap.
Aplectrum	Kap.
Apocynaceae	Alstonia; Alyxia; Apocynum; Aspidosperma; Carissa; Cerbera; Echites; Geissospermum; Hancornia; Hevea; Landolphia; Nerium; Plumeria; Rauvolfia; Strophanthus; Tabernaemontana; Thevetia; Urceola; Urechites; Vinca; Wrightia.
Apocyneae	Apocynaceae
Apocynum	Kap.
Apodanthera	Kap.
Apollononia	Aethusa
Appollinaris	Hyoscyamus; Mandragora.
Aquifoliaceae	Ilex
Aquifolium	Ilex
Aquilaria	Kap.
Aquilegia	Kap.
Araceae	Acorus; Arisaema; Arisarum; Arum; Calla; Colocasia; Dieffenbachia; Dracunculus; Pistia; Symplocarpus; Zantedeschia.
Arachis	Kap.
Aracus	Vanilla
Aralia	Kap.
Araliaceae	Aralia; Hedera; Panax.
Arariba	Kap.
Ararisa	Althaea; Aristolochia.
Araroba	Andira
Arbor (sapientis)	Morus
Arbor (vitae)	Thuja
Arbutus	Kap.
Archangelica	Angelica; Urtica.
Arctium	Kap.
Arctostaphylos	Kap.
Areca	Kap.
Arenaria	Spergularia
Argania	Kap.
Argemone	Kap.
Argentina	Potentilla
Arisaema	Kap.
Arisarum	Kap.

Aristolochia	Kap.
Aristolochiaceae	Aristolochia; Asarum.
Armeria	Kap.
Armoracia	Kap.
Arnica	Kap.
Arnoglossa	Plantago
Arrowroot	Canna; Curcuma; Maranta.
Artanita	Cyclamen
Artemisia	Kap.
Arthrolobium	Coronilla
Artocarpus	Kap.
Arum	Kap.
Aruncus	Kap.
Arundo	Kap.
Asa (dulcis)	Styrax
Asa (foetida)	Ferula
Asagraea	Schoenocaulon
Asarina	Kap.
Asarum	Kap.
Asclepiadaceae	Asclepias; Calotropis; Cryptostegia; Cynanchum; Daemia; Gomphocarpus; Gymnema; Hemidesmus; Hevea; Marsdenia; Morrenia; Periploca; Sarcostemma.
Asclepias	Kap.
Asimina	Kap.
Aspalathum	Aquilaria
Asparagus	Kap.
Asperifoliaceae	Lithospermum
Asperugo	Kap.
Asperula	Kap.
Asphodelus	Kap.
Aspidiaceae	Currania; Dryopteris; Polystichum.
Aspidium	Dryopteris
Aspidosperma	Kap.
Aspleniaceae	Asplenium; Ceterach; Phyllitis.
Asplenium	Kap.
Aster	Kap.
Asteriscus	Anastatica
Astragalus	Kap.
Astrantia	Kap.
Athamanta	Kap.
Atherosperma	Kap.

Athyriaceae	Athyrium
Athyrium	Kap.
Atractylis	Cnicus
Atriplex	Kap.
Atropa	Kap.
Aucklandia	Costus; Saussurea.
Aurantium	Citrus
Auricula	Auricularia
Auricularia	Kap.
Auriculariaceae	Auricularia
Avellana	Corylus
Avena	Kap.
Azadirachta	Antelaea
Azorella	Kap.
Baccharis	Kap.
Badianus	Illicium
Balanites	Kap.
Balanophoraceae	Cynomorium
Balanus	Moringa
Balata	Mimusops
Balaustia	Punica
Ballota	Kap.
Balsam	Commiphora
Balsamea	Commiphora
Balsamina	Impatiens
Balsamita	Chrysanthemum
Balsaminaceae	Impatiens
Balsamocarpum	Kap.
Balsamodendron	Commiphora
Balsamum	Myroxylon
Balsamum (Canadensis)	Abies
Balsamum (Copaivae)	Copaifera
Balsamum (indicum)	Copaifera; Myroxylon.
Balsamum (Mariae)	Calophyllum; Protium.
Balsamum (peruvianum)	Myroxylon
Balsamum (tolutanum)	Myroxylon
Balsamus	Commiphora
Bambusa	Kap.
Banisteria	Kap.
Baphia	Kap.
Baptisia	Kap.

Barba	Usnea
Barba (Jovis)	Sempervivum; Sedum.
Barba (silvana)	Alisma; Plantago; Potamogeton.
Barbarea	Kap.
Bardana	Arctium
Barometz	Cibotium
Barosma	Kap.
Barotus	Lamium
Barringtonia	Kap.
Basilia	Ocimum
Basilicon	Mentha
Basilicum	Ocimum
Basilicus	Polygonum
Basilisca	Arum
Bassia	Palaquium; Vitellaria.
Batata	Exogonium; Ipomoea.
Baticurea	Kap.
Bauhinia	Kap.
Bayöl	Pimenta
Bdellium	Commiphora
Beccabunga	Veronica
Be(e)n	Limonium; Moringa.
Belladonna	Atropa
Bellerici	Terminalia
Bellis	Kap.
Benedicta	Cnicus; Geum; Salvia.
Benzoe	Styrax
Berberidaceae	Berberis; Bongardia; Caulophyllum; Epimedium; Jeffersonia; Leontice; Mahonia; Nandina; Podophyllum.
Berberideae	Berberidaceae
Berberis	Kap.
Bergamotta	Citrus
Bertholletia	Kap.
Berula	Sium
Beta	Kap.
Betonica	Stachys
Betula	Kap.
Betulaceae	Alnus; Betula; Carpinus; Corylus; Ostrya.
Betularia	Potentilla
Bezetta	Crozophora
Bidens	Kap.

Bignonia	Kap.
Bignoniaceae	Bignonia; Catalpa; Jacaranda.
Bislingua	Ruscus
Bismalva	Althaea
Bistorta	Polygonum
Bixa	Kap.
Bixaceae	Bixa; Cochlospermum; Hydnocarpus.
Blackstonia	Kap.
Blandonia	Cuscuta; Verbascum.
Blechnaceae	Blechnum
Blechnum	Kap.
Blepharis	Kap.
Blitum	Amaranthus; Chenopodium.
Blitus	Beta
Blumea	Kap.
Bocconia	Kap.
Boehmeria	Kap.
Boerhavia	Kap.
Boldo(a)	Peumus
Boletus	Kap.
Bombacaceae	Adansonia; Ceiba.
Bombaceae	Bombacaceae
Bombax	Gossypium
Bongardia	Kap.
Bonplandia	Galipea
Bonus Henricus	Chenopodium
Boraginaceae	Alkanna; Anchusa; Asperugo; Borago; Cerinthe; Cordia; Echium; Heliotropium; Lappula; Lithospermum; Lycopsis; Myosotis; Omphalodes; Onosma; Symphytum.
Borago	Kap.
Borassus	Commiphora
Borraginaceae	Boraginaceae; Cynoglossum; Pulmonaria.
Borreria	Kap.
Boswellia	Kap.
Botris	Ambrosia; Chenopodium.
Botrus	Tuber; Vitis.
Botrychium	Kap.
Botrys	Chenopodium; Teucrium.
Bovista	Calvatia
Bowdichia	Kap.
Branca ursina	Acanthus

Brassica	Kap.
Brauneria	Echinacea
Brayera	Hagenia
Braxillium	Caesalpinia
Britania	Artemisia
Britan(n)ica	Rumex; Verbascum.
Bromelia	Ananas
Bromeliaceae	Ananas; Tillandsia.
Bromus	Avena
Bruca	Myricaria; Tamarix.
Brucea	Kap.
Brunella	Mellitis; Prunella.
Brunfelsia	Kap.
Bruscus	Anthericum; Ruscus; Ruta; Saxifraga.
Bryonia	Kap.
Bubon	Athamanta; Ferula.
Bucco	Barosma
Buddleja	Kap.
Buddlejaceae	Buddleja
Buglossum	Anchusa
Bugula	Ajuga; Arctium; Euphrasia; Prunella.
Bulbocapnus	Corydalis
Bulbocastanum	Bunium
Bulbus (agrestis)	Colchicum; Urginea.
Bulbus (agrorum)	Allium
Bulbus (canini)	Colchicum
Bulbus (sativus)	Allium
Bulnesia	Kap.
Bunchosia	Kap.
Bunias	Kap.
Bunium	Kap.
Buphthalmon	Chrysanthemum
Buphthalmum	Anthemis; Guizotia.
Bupleurum	Kap.
Bursa (pastoris)	Capsella
Bursera	Kap.
Burseraceae	Boswellia; Bursera; Canarium; Commiphora; Hymenaea; Protium; Shorea; Tetragastris.
Burseria	Simaruba
Butea	Kap.
Butomaceae	Butomus
Butomeae	Butomaceae

Butomus	Kap.
Butyrospermum	Vitellaria
Buxaceae	Buxus
Buxus	Kap.
Cacalia	Senecio
Cacao	Theobroma
Cachrys	Crithmum; Ferula.
Cacile	Cakile
Cactaceae	Cereus; Lophophora; Opuntia.
Cactus	Cereus; Opuntia.
Caesalpinia	Kap.
Caesalpiniaceae	Krameria
Cainca	Chiococca
Cajeput	Melaleuca
Cakile	Kap.
Calabar	Physostigma
Caladium	Colocasia; Dieffenbachia.
Calamagrostis	Kap.
Calamentum	Calamintha
Calamintha	Kap.
Calamus	Kap.
Calcatrepa	Centaurea
Calcatrip(p)a	Aquilegia; Delphinium.
Calcifraga	Ceterach; Inula.
Calcitrapa	Centaurea; Cnicus.
Calendula	Kap.
Calla	Kap.
Calliandra	Kap.
Callicarpa	Kap.
Callitris	Tetraclinis
Calluna	Kap.
Calophyllum	Kap.
Calotropis	Kap.
Caltha	Kap.
Calvatia	Kap.
Calycanthaceae	Calycanthus
Calycanthus	Kap.
Calyptranthes	Dicypellium; Syzygium.
Calystegia	Kap.
Cambogia	Garcinia
Camelina	Kap.

Camellia	Kap.
Campanula	Kap.
Campanulaceae	Campanula; Hevea; Lobelia.
Camphora	Cinnamomum
Camphorata	Artemisia; Camphorosma.
Camphorosma	Kap.
Cananga	Kap.
Canaris	Protium
Canarium	Kap.
Canavalia	Kap.
Canchalagua	Centaurium
Canella	Kap.
Canellaceae	Canella; Cinnamodendron.
Canna	Kap.
Cannabaceae	Cannabis; Humulus.
Cannabina	Bidens
Cannabis	Kap.
Cannaceae	Canna
Cantabrum	Triticum; Hordeum.
Caphura	Cinnamomum; Dryobalanops.
Capillus Veneris	Adiantum
Capparaceae	Capparidaceae
Capparidaceae	Capparis; Cleome.
Capparis	Kap.
Caprificus	Ficus
Caprifoliaceae	Diervilla; Linnaea; Lonicera; Sambucus; Symphoricarpos; Triosteum; Viburnum.
Caprifolium	Clematis; Lonicera.
Capsella	Kap.
Capsicum	Kap.
Caput monachi	Calendula; Crepis; Taraxacum.
Caragana	Kap.
Caraipa	Kap.
Caranna	Bursera
Carapa	Kap.
Carbo	Picea
Cardamine	Kap.
Cardamomum	Elettaria
Cardamus	Lepidium; Nasturtium.
Cardopatium	Carlina
Carduus (benedictus)	Cnicus
Carduus (Marianus)	Silybum

Carex	Kap.
Carica	Kap.
Caricaceae	Carica
Caricus	Ficus
Carissa	Kap.
Carlina	Kap.
Caroba	Jacaranda
Carota	Daucus
Carpinus	Kap.
Carpobalsamum	Commiphora
Carpobrotus	Mesembryanthemum
Carpotroche	Kap.
Carrageen	Chondrus
Carthamus	Kap.
Carum	Kap.
Carvi	Carum
Carya	Kap.
Caryocar	Kap.
Caryocaraceae	Caryocar
Caryophyllaceae	Agrostemma; Cerastium; Cucubalus; Dianthus; Gypsophila; Herniaria; Holosteum; Lychnis; Saponaria; Silene; Spergula; Spergularia; Stellaria.
Caryophyllata	Dicypellium; Geum.
Caryophyllus	Syzygium
Cascara Sagrada	Rhamnus
Cascarilla	Kap.
Cassia	Kap.
Castalia	Nymphaea
Castanea	Kap.
Castela	Kap.
Casuarina	Kap.
Casuarinaceae	Casuarina
Catalpa	Kap.
Catapucia	Cataputia
Cataputia	Ricinus
Catechu	Acacia
Catesbaea	Kap.
Catha	Kap.
Caucalis	Kap.
Cauda (equina)	Equisetum
Cauda (murina)	Myosurus
Caulophyllum	Kap.

Cayaponia	Kap.
Ceanothus	Kap.
Cecropia	Kap.
Cedrus	Kap.
Ceiba	Kap.
Celastraceae	Catha; Celastrus; Euonymus, Maytenus.
Celastrus	Kap.
Celosia	Kap.
Celsus	Morus
Celtis	Kap.
Centaurea	Kap.
Centaureum	Centaurium
Centauria	Centaurea
Centaurium	Kap.
Centonica	Artemisia
Centonicum	Santolina.
Centumnodia	Capsella; Polygonum.
Cepa	Allium
Cephaelis	Kap.
Cephalanthera	Kap.
Cephalanthus	Kap.
Ceramium	Alsidium
Cerastium	Kap.
Cerasus	Prunus
Ceratonia	Kap.
Ceratopetalum	Kap.
Cerbera	Kap.
Cercis	Kap.
Cerefolium	Anthriscus
Cereus	Kap.
Cerinthe	Kap.
Ceriops	Kap.
Cervaria	Laserpitium; Peucedanum.
Cervicaria	Campanula
Cestrum	Kap.
Ceterach	Kap.
Cetraria	Kap.
Chaerefolium	Anthriscus
Chaerophyllum	Kap.
Chamaedryos	Dryas
Chamaedrys	Teucrium
Chamaelirium	Kap.

Chamaepithys	Ajuga
Chamomilla	Matricaria
Chaulmoogra	Hydnocarpus
Chavica	Piper
Chebuli	Terminalia
Cheiranthus	Kap.
Chelidonium	Kap.
Chelone	Kap.
Chenopodiaceae	Atriplex; Anabasis; Beta; Camphorosma; Chenopodium; Salicornia; Salsola; Spinacia.
Chenopodium	Kap.
Chimaphila	Kap.
China (China)	Cinchona
Chiococca	Kap.
Chionanthus	Kap.
Chirayta	Swertia
Chironia	Centaurium; Sabatia.
Chlorophora	Kap.
Chlorophyceae	Ulva
Chocolat(a)	Theobroma
Chondodendron	Kap.
Chondrilla	Kap.
Chondrus	Kap.
Chrozophora	Crozophora
Chrysanthemum	Kap.
Chrysarobin	Andira
Chrysobalanacee	Chrysobalanus
Chrysobalanus	Kap.
Chrysocoma	Aster
Chrysophyllum	Kap.
Chrysosplenium	Kap.
Cibotium	Kap.
Cicer	Kap.
Cicercula	Lathyrus
Cichorium	Kap.
Cicuta	Kap.
Cicutaria	Myrrhis
Cimicifuga	Kap.
Ciminum	Carum; Nigella.
Cina	Artemisia
Cinchona	Kap.
Cinchoneae	Baticurea; Cinchona.

Cineraria	Senecio
Cinnamodendron	Kap.
Cinnamomum	Kap.
Cinosorchis	Anacamptis
Cirsium	Kap.
Cissampelos	Kap.
Cissus	Parthenocissus
Cistaceae	Cistus; Helianthemum.
Cistus	Kap.
Citri	Pimenta
Citronella	Cymbopogon; Melissa.
Citrullus	Kap.
Citrus	Kap.
Cladonia	Kap.
Cladoniaceae	Cladonia
Cladophora	Alsidium
Clandestina	Lathraea
Clarissa	Hevea
Claviceps	Kap.
Clematis	Kap.
Cleome	Kap.
Clerodendrum	Kap.
Clinopodium	Satureja
Clitoria	Kap.
Clutia	Croton
Cneoraceae	Cneorum
Cneorum	Kap.
Cnicus	Kap.
Cnidium	Silaum
Coca	Erythroxylum
Coccoloba	Kap.
Cocculae	Anamirta
Cocculus	Kap.
Cochlearia	Kap.
Cochlospermaceae	Cochlospermum
Cochlospermum	Kap.
Cocos	Kap.
Coculi	Anamirta
Coffea	Kap.
Coix	Kap.
Cola	Kap.
Colchicum	Kap.

Coleus	Kap.
Collinsonia	Kap.
Colocasia	Kap.
Colocynthis	Citrullus
Colombo	Jateorhiza
Colophonium	Pinus
Colubrina	Aristolochia
Colubrinum	Strychnos
Columbrina	Dracunculus
Colutea	Kap.
Comarum	Potentilla
Combretaceae	Combretum; Terminalia.
Combretum	Kap.
Commelinaceae	Tradescantia
Commiphora	Kap.
Comocladia	Kap.
Compositae	Achillea; Adenostyles; Ambrosia; Anacyclus; Anaphalis; Antennaria; Anthemis; Arctium; Arnica; Artemisia; Aster; Baccharis; Bellis; Bidens; Blumea; Calendula; Carlina; Carthamus; Centaurea; Chondrilla; Chrysanthemum; Cichorium; Cirsium; Cnicus; Conyza; Crepis; Cynara; Dahlia; Doronicum; Echinacea; Echinops; Elephantopus; Erechthites; Erigeron; Eupatorium; Filago; Gnaphalium; Grindelia; Guizotia; Helenium; Helianthus; Helichrysum; Hieracium; Hypochoeris; Inula; Lactuca; Liatris; Matricaria; Mikania; Mutisia; Onopordum; Perezia; Petasites; Pluchea; Prenanthes; Pulicaria; Santolina; Saussurea; Scorzonera; Senecio; Serratula; Siegesbeckia; Silphium; Silybum; Solidago; Sonchus; Spilanthes; Tagetes; Taraxacum; Tragopogon; Tussilago; Vernonia; Wyethia; Xanthium; Zacyntha.
Condurango	Marsdenia
Coniferae	Abies; Cedrus; Chorea; Cupressus; Larix; Picea; Pinus; Tetraclinis; Thuja.
Conium	Kap.
Coniza	Pulicaria
Conringia	Kap.
Consolida	Symphytum
Contrajerva	Dorstenia
Convallaria	Kap.

Convolvulaceae	Calystegia; Convolvulus; Cressa; Cuscuta; Exogonium; Ipomoea.
Convolvulus	Kap.
Conyza	Kap.
Copaifera	Kap.
Copaiva	Hardwickia
Copaivabalsam	Commiphora; Copaifera.
Copal	Hymenaea
Copalche	Coutarea
Copalchi	Croton; Exostemma.
Copernicia	Kap.
Coptis	Kap.
Corallina	Kap.
Corchorus	Kap.
Cordia	Kap.
Cordiceps	Claviceps
Coriandrum	Kap.
Coriaria	Kap.
Coriariaceae	Coriaria
Coriarieae	Coriariaceae
Cornaceae	Cornus; Nyssa.
Cornus	Kap.
Corona	Fritillaria
Coronaria	Lychnis
Coronilla	Kap.
Coronopus	Kap.
Cortusa	Kap.
Corydalis	Kap.
Corylaceae	Alnus; Betula; Carpinus; Corylus.
Corylus	Kap.
Corymbifera	Chrysanthemum
Corynanthe	Pausinystalia
Corypha	Copernicia
Coscinium	Kap.
Costa	Achillea; Bupleurum.
Costum	Chrysanthemum
Costus	Kap.
Cotinus	Kap.
Coto	Nectandra
Cotoneaster	Kap.
Cotula	Anthemis
Cotyledon	Umbilicus

Coutarea	Kap.
Crassula	Sedum
Crassulaceae	Penthorum; Rhodiola; Sedum; Sempervivum; Umbilicus.
Crataegus	Kap.
Crepis	Kap.
Cressa	Kap.
Cretanus	Crithmum; Eryngium.
Crispula	Capsella
Critamus	Sium
Crithmum	Kap.
Crocanthemum	Helianthemum
Crocus	Kap.
Croton	Kap.
Crozophora	Kap.
Cruciata	Galium
Cruciferae	Alliaria; Anastatica; Armoracia; Barbarea; Brassica; Bunias; Cakile; Camelina; Capsella; Cardamine; Cheiranthus; Cochlearia; Conringia; Coronopus; Eruca; Erysimum; Hesperis; Iberis; Isatis; Lepidium; Lunaria; Matthiola; Nasturtium; Raphanus; Sinapis; Sisymbrium; Thlaspi.
Crudya	Kap.
Cryophytum	Mesembryanthemum
Cryptocarya	Nectandra
Cryptostegia	Kap.
Cubeba	Piper
Cucubalus	Kap.
Cucumer	Cucumis; Ecballium.
Cucumis	Kap.
Cucurbita	Kap.
Cucurbitaceae	Apodanthera; Bryonia; Cayaponia; Citrullus; Cucumis; Cucurbita; Ecballium; Fevillea; Lagenaria; Momordica; Telfairia.
Culilawan	Cinnamomum
Cuminum	Kap.
Cunila	Kap.
Cunoniaceae	Ceratopetalum; Weinmannia.
Cupania	Kap.
Cuphea	Kap.
Cuprea	Remijia
Cupressaceae	Cupressus; Juniperus; Tetraclinis; Thuja.

Cupressineae	Juniperus
Cupressus	Kap.
Curare	Petiveria; Strychnos.
Curcas	Jatropha
Curcuma	Kap.
Currania	Kap.
Cusambium	Schleichera
Cuscuta	Kap.
Cusparia	Galipea
Cyanophyceae	Nostoc
Cyanus	Centaurea; Secale.
Cyatheaceae	Cibotium
Cycadaceae	Metroxylon
Cycas	Metroxylon
Cyclamen	Kap.
Cyclopia	Kap.
Cydonia	Kap.
Cymbalaria	Kap.
Cymbopogon	Kap.
Cynachium	Asclepias
Cynanchum	Kap.
Cynara	Kap.
Cynodon	Kap.
Cynoglossum	Kap.
Cynometra	Kap.
Cynomorium	Kap.
Cynomorphus	Crocus
Cynosbatus	Rosa
Cynosorchis	Platanthera
Cyparissus	Santolina
Cyperaceae	Carex; Cyperus; Eriophorum; Scirpus.
Cyperus	Kap.
Cypripedium	Kap.
Cytinus	Kap.
Cytisogenista	Genista
Cytisus	Kap.
Dactylus	Phönix
Daedalea	Trametes
Daemia	Kap.
Daemonorops	Kap.
Dahlia	Kap.

Damiana	Turnera
Dammar(a)	Shorea
Daniella	Kap.
Daphne	Kap.
Datisca	Kap.
Datiscaceae	Datisca
Datura	Kap.
Daucus	Kap.
Davilla	Kap.
Delphinium	Kap.
Dennstaedtiaceae	Pteridium
Dentaria	Anacyclus
Derris	Kap.
Diagridium	Euphorbia
Diagrydium	Convolvulus
Dianthera	Adhatoda
Dianthus	Kap.
Dicentra	Kap.
Dichopsis	Palaquium
Dichrosa	Kap.
Dicksoniaceae	Cibotium
Diclytra	Dicentra
Dictamnus	Kap.
Dicypellium	Kap.
Dieffenbachia	Kap.
Diervilla	Kap.
Digitalis	Kap.
Digitaria	Kap.
Dilatris	Lachnanthes
Dillennia	Kap.
Dilleniaceae	Davilla; Dillenia; Tetracera.
Dimorphandra	Kap.
Dioscorea	Kap.
Dioscoreaceae	Dioscorea
Dioscoreae	Dioscoreaceae; Tamus.
Diosma	Barosma; Empleurum.
Diospyros	Kap.
Diphasium	Kap.
Diplopappus	Pulicaria
Dipsacaceae	Dipsacus; Knautia.
Dipsaceae	Dipsacaceac; Succisa.
Dipsacus	Kap.

Diptam(num)	Dictamnus
Dipterix	Kap.
Dipterocarpaceae	Dipterocarpus; Dryobalanops; Shorea; Vateria.
Dipterocarpus	Kap.
Dirca	Kap.
Djamboe	Psidium
Dolichos	Kap.
Dolichum	Phaseolus
Donax	Arundo
Dorema	Kap.
Doronicum	Kap.
Dorstenia	Kap.
Dorycnium	Kap.
Doryphora	Kap.
Draba	Capsella
Dracaena	Kap.
Dracocephalum	Kap.
Dracontea	Arum
Dracunculus	Kap.
Dragantea	Artemisia
Drimys	Kap.
Drosera	Kap.
Droseraceae	Drosera
Dryas	Kap.
Dryobalanops	Kap.
Dryopteris	Kap.
Duboisia	Kap.
Dulcamara	Solanum
Ebenaceae	Diospyros
Ebenus	Diospyros
Ebulus	Sambucus
Ecballium	Kap.
Echinacea	Kap.
Echinocactus	Lophophora
Echinophora	Kap.
Echinops	Kap.
Echinospermum	Lappula
Echioglossum	Ophioglossum
Echites	Kap.
Echium	Kap.
Edraianthus	Campanula

Egilops	Aquilegia; Avena; Triticum.
Elacterium	Ecballium
Elaeagnaceae	Elaeagnus; Hippophae.
Elaeagnus	Kap.
Elaeis	Kap.
Elaphomyces	Kap.
Elaphomycetaceae	Elaphomyces
Elaphreum	Calophyllum
Elaphrium	Bursera
Elaterium	Ecballium
Elemi	Boswellia
Elemifera	Protium
Elephantopus	Kap.
Elettaria	Kap.
Elichrysum	Antennaria
Embelia	Kap.
Emblici	Phyllanthus
Empetraceae	Empetrum
Empetreae	Empetraceae
Empetrum	Kap.
Empleurum	Kap.
Endiuia	Lactuca
Endivia	Cichorium
Enterolobium	Kap.
Enula	Inula
Epatica	Hepatica
Ephedra	Kap.
Ephedraceae	Ephedra
Ephemerum	Colchicum; Lysimachia.
Epidendrum	Vanilla
Epigaea	Kap.
Epilobium	Kap.
Epimedium	Kap.; Botrychium.
Epipactis	Kap.
Epiphegus	Kap.
Epithymum	Cuscuta
Equisetaceae	Equisetum
Equisetinae	Equisetaceae
Equisetum	Kap.
Eranthis	Kap.
Erechthites	Kap.
Ergotum	Claviceps

Erica	Kap.
Ericaceae	Andromeda; Arbutus; Arctostaphylos; Calluna; Epigaea; Erica; Gaultheria; Kalmia; Ledum; Oxydendrum; Rhododendron; Vaccinium.
Erigeron	Kap.
Erinacea	Kap.
Eriobotrys	Kap.
Eriodictyon	Kap.
Eriophorum	Kap.
Erodium	Kap.
Erophila	Capsella
Eruca	Kap.
Erucaria	Bunias
Ervilia	Lathyrus; Vicia.
Ervum	Lens
Eryngium	Kap.
Erysimum	Kap.
Erythraea	Centaurium
Erythrina	Kap.
Erythronium	Kap.
Erythrophloeum	Kap.
Erythroxylaceae	Erythroxylum
Erythroxyleae	Erythroxylaceae
Erythroxylum	Kap.
Escalus	Sorbus
Eschscholtzia	Kap.
Esculus	Mespilus
Esenbeckia	Kap.
Esula	Euphorbia
Eucalyptus	Kap.
Eucheuma	Gelidium
Euchresta	Kap.
Eugenia	Kap.
Euodia	Kap.
Euonymus	Kap.
Eupatorium	Kap.
Euphorbia	Kap.
Euphorbiaceae	Acalypha; Alchornia; Aleurites; Antidesma; Croton; Crozophora; Euphorbia; Excoecaria; Hevea; Hippomane; Hura; Jatropha; Joannesia; Macaranga; Mallotus; Manihot; Mercurialis; Omphalea; Pedilanthus; Phyllanthus; Plukenetia; Ricinus; Sapium; Stillingia.

Euphorbium	Euphorbia
Euphrasia	Kap.
Euryangium	Ferula
Evernia	Kap.
Evodia	Euodia; Ravensara.
Evonymus	Euonymus
Excoecaria	Kap.
Exidia	Auricularia
Exogonium	Kap.
Exostemma	Kap.
Faba	Phaseolus
Fabaria	Sedum
Fabiana	Kap.
Faex	Saccharomyces
Fagaceae	Castanca; Fagus; Quercus.
Fagara	Calophyllum; Zanthoxylum.
Fagopyrum	Kap.
Fagus	Kap.
Falcaria	Sium
Farfara	Tussilago
Farfugium	Adenostyles; Caltha; Tussilago.
Farina	Secale; Triticum.
Fasiolus	Dolichos; Phaseolus.
Febrifuga	Centaurium; Chrysanthemum.
Fedia	Valerianella
Fermentum	Saccharomyces
Fernambuc	Caesalpinia
Ferraria	Verbena
Ferula	Kap.
Fevillea	Kap.
Ficaria	Ranunculus; Scrophularia; Solanum.
Ficus	Kap.
Filago	Kap.
Filicula	Asplenium
Filipendula	Kap.
Filix (femina)	Dryopteris
Filix (mas)	Pteridium
Fistula	Scrophularia
Fistularia	Pedicularis
Flacourtiaceae	Carpotroche; Hydnocarpus.
Flammula	Ranunculus

Flemmingia	Kap.
Florideen	Gelidium
Foeniculum	Kap.
Foenum (graecum)	Trigonella
Fomes	Kap.
Forsythia	Kap.
Fragaria	Kap.
Fragula	Fragaria
Franciscea	Brunfelsia
Frangula	Rhamnus
Frankenia	Kap.
Frankeniaceae	Frankenia
Frasera	Kap.
Fraxinula	Dictamnus; Polygonatum.
Fraxinum	Tamarix
Fraxinus	Kap.
Fritillaria	Kap.
Fucaceae	Fucus
Fucus	Kap.
Fuligo	Pinus
Fumaria	Kap.
Fungus	Polyporus
Furcellaria	Gelidium
Fusanus	Euonymus
Gagea	Kap.
Galanga	Alpinia
Galanthus	Leucojum
Galbanum	Ferula
Gale	Myrica
Galega	Kap.
Galeobdolon	Lamium; Scrophularia.
Galeopsis	Kap.
Galipea	Kap.
Galium	Kap.
Gallitricum	Salvia; Stachys.
Gambir	Uncaria
Garcinia	Kap.
Gardenia	Kap.
Gaultheria	Kap.
Geissospermum	Kap.
Gelidium	Kap.

Gelsemium	Kap.
Genesta	Calluna; Genista; Cytisus.
Genestra	Spartium
Genipa	Kap.
Genipi	Achillea
Genista	Kap.
Gentiana	Kap.
Gentianaceae	Blackstonia; Centaurium; Frasera; Gentiana; Lisianthus; Menyanthes; Sabatia; Swertia; Tachia.
Geoffroya	Andira
Geraniaceae	Erodium; Geranium; Monsonia; Pelargonium.
Geranium	Kap.
Gesneriaceae	Ramonda
Geum	Kap.
Gigartina	Alsidium
Gileadbalsam	Protium
Gillenia	Kap.
Ginkgo	Kap.
Ginkgoaceae	Ginkgo
Ginseng	Panax
Githago	Agrostemma
Gladiolus	Kap.
Glasti	Isatis
Glaucium	Kap.
Glaux	Kap.
Glechoma	Kap.
Gleditsia	Kap.
Globularia	Kap.
Globulariaceae	Globularia
Gloriosa	Kap.
Glyceria	Kap.
Glycine	Kap.
Glycyrrhiza	Kap.
Gnaphalium	Kap.
Gnetaceae	Ephedra
Gomphocarpus	Kap.
Gomphrena	Kap.
Gonolobus	Marsdenia
Gonostylus	Aquilaria
Gonus	Brucea
Gossypium	Kap.
Gracilaria	Gelidium

Gramen	Agropyron
Gramien	Stellaria
Gramineae	Agropyron; Anthoxanthum; Arundo; Avena; Bambusa; Calamagrostis; Coix; Cymbopogon; Cynodon; Digitaria; Glyceria; Hordeum; Lolium; Oryza; Panicum; Phalaris; Phragmites; Saccharum; Secale; Setaria; Sorghum; Triticum; Vetiveria; Zea.
Grana (Paradisi)	Aframomum
Granatum	Punica
Gratiola	Kap.
Grindelia	Kap.
Guaiacum	Kap.
Guarana	Paullinia
Guarea	Kap.
Guazuma	Kap.
Guilandina	Caesalpinia; Moringa.
Guizotia	Kap.
Gummi (africanum)	Pterocarpus
Gummi (Ammoniacum)	Ferula
Gummi (arabicum)	Acacia
Gummi (Elemi)	Boswellia
Gummi (Gamandrae)	Garcinia
Gummi (gambiense)	Pterocarpus
Gummi (gutti)	Garcinia
Gummi (Laccae)	Butea
Gummi (Senegal)	Acacia
Gummi (Serapionis)	Acacia
Guttapercha	Palaquium
Gutti	Garcinia
Guttifera	Garcinia
Guttiferae	Calophyllum; Caraipa; Garcinia; Hypericum; Mammea; Mesua; Vismia.
Gymnadenia	Kap.
Gymnema	Kap.
Gymnocarpium	Currania
Gymnocladus	Kap.
Gynocardia	Hydnocarpus
Gypsophila	Kap.
Habenaria	Gymnadenia; Platanthera.
Haemanthus	Amaryllis
Haematoxylum	Kap.

Haemodoraceae	Lachnanthes
Hagenia	Kap.
Halicacabus	Physalis
Halismus	Atriplex
Haloragaceae	Myriophyllum
Halorageae	Trapa
Haloragidaceae	Haloragaceae
Hamamelidaceae	Hamamelis; Liquidambar.
Hamamelis	Kap.
Hancornia	Kap.
Hardwickia	Kap.
Harmala	Peganum; Ruta.
Haschisch	Cannabis
Hasta	Euphorbia
Hastula	Alcea; Asphodelus; Paeonia; Plantago.
Hedeoma	Kap.
Hedera	Kap.
Hedera (terrestris)	Glechoma
Hedisarum	Onobrychis
Hedwigia	Tetragastris
Hedyotis	Kap.
Hedysarum	Alhagi
Helenium	Kap.
Helianthemum	Kap.
Helianthus	Kap.
Helichrysum	Kap.
Heliotropium	Kap.
Helleborus	Kap.
Helmintochortos	Alsidium
Hemerocallis	Kap.
Hemidesmus	Kap.
Henna	Lawsonia
Henricea	Gentiana; Swertia.
Hepatica	Kap.
Heptaphyllum	Potentilla
Heraclea	Sideritis; Stachys.
Heracleum	Kap.
Heraclinus	Corylus
Hermodactylus	Colchicum
Herniaria	Kap.
Herocarpus	Pterocarpus
Hesperis	Kap.

Heuchera	Kap.
Heudelotia	Commiphora
Hevea	Kap.
Hibiscus	Kap.
Hieracium	Kap.
Himantoglossum	Kap.
Hippocastanaceae	Aesculus
Hippocastanum	Aesculus
Hippomane	Kap.
Hippomarathrum	Ferula; Seseli.
Hippophaë	Kap.
Hirneola	Auricularia
Hispidula	Antennaria
Hoitzia	Loeselia
Holcus	Sorghum
Holoschoenus	Scirpus
Holosteum	Kap.
Hopea	Shorea
Hordeum	Kap.
Hottonia	Kap.
Hullus	Quercus
Humulus	Kap.
Huperzia	Kap.
Hura	Kap.
Hyacinthus	Kap.
Hybanthus	Ionidium
Hydnocarpus	Kap.
Hydrangea	Kap.
Hydrastis	Kap.
Hydrocaryaceae	Trapa
Hydrocotyle	Kap.
Hydrolapathum	Rumex
Hydrophyllaceae	Eriodictyon; Hydrophyllum.
Hydrophyllum	Kap.
Hydropiper	Polygonum
Hymenaea	Kap.
Hyoscyamus	Kap.
Hypecoum	Kap.
Hyperanthera	Moringa
Hypericum	Kap.
Hyphear	Loranthus
Hypnaceae	Hypnum

Hypnum	Kap.
Hypoceum	Calendula
Hypochoeris	Kap.
Hypocisthis	Cytinus
Hypopitys	Monotropa
Hyssopus	Kap.
Iatropha	Hevea
Iberis	Kap.
Ibiscum	Althaea
Ichthyometia	Piscidia
Icica	Protium
Ignatia	Strychnos
Ilex	Kap.
Ilicineae	Ilex
Illiciaceae	Illicium
Illicium	Kap.
Impatiens	Kap.
Imperatoria	Peucedanum
Impetiginaria	Lobaria; Marchantia.
Incensaria	Inula; Ruscus.
Incensum	Boswellia; Styrax.
Indicum	Indigofera
Indigofera	Kap.
Inga	Kap.
Intybum	Lactuca
Intybus	Agrostemma
Inula	Kap.
Involucrum	Cuscuta
Ionidium	Kap.
Ipecacuanha	Cephaelis
Ipomoea	Kap.
Iresine	Achyranthes
Iridaceae	Crocus; Gladiolus; Iris.
Irideae	Iridaceae
Iris	Kap.
Isatis	Kap.
Isonandra	Palaquium
Isotoma	Lobelia
Iuncus	Cyperus
Iva	Ajuga
Iva (moschata)	Teucrium

Ivarancusa	Vetiveria
Iwarancusa	Cymbopogon
Jaborandus	Pilocarpus
Jacaranda	Kap.
Jacea	Viola
Jalappa	Exogonium
Jambosa	Syzygium
Janipha	Manihot
Jasminum	Kap.
Jateorhiza	Kap.
Jatropha	Kap.
Jatrorrhiza	Jateorhiza
Jeffersonia	Kap.
Jequirity	Abrus
Joannesia	Kap.
Joliffa	Telfairia
Juglandaceae	Carya; Juglans.
Juglans	Kap.
Jujubae	Ziziphus
Juncaceae	Juncus; Luzula.
Juncus	Kap.
Juniperus	Kap.
Justicia	Rhinacanthus
Kaempferia	Alpinia; Curcuma.
Kalmia	Kap.
Kamala	Mallotus
Kampfer	Dryobalanops
Kandelia	Kap.
Kautschuk	Hevea
Kavakava	Piper
Kino	Pterocarpus
Kleinia	Senecio
Knautia	Kap.
Knowltonia	Kap.
Kochia	Camphorosma
Koso	Hagenia
Krameria	Kap.
Krameriaceae	Krameria
Krapp	Oldenlandia; Rubia.

Labiatae	Ajuga; Amaracus; Ballota; Calamintha; Coleus; Collinsonia; Cunila; Dracocephalum; Galeopsis; Glechoma; Hedeoma; Hyssopus; Lallemantia; Lamium; Lavandula; Leonotis; Leonurus; Lycopus; Majorana; Marrubium; Melissa; Melittis; Mentha; Moluccella; Monarda; Nepeta; Ocimum; Origanum; Orthosiphon; Peltodon; Perilla; Phlomis; Plectranthus; Pogostemon; Prunella; Rosmarinus; Salvia; Satureja; Scutellaria; Sideritis; Stachys; Teucrium; Thymus.
Lablab	Dolichos
Laburnum	Kap.
Lacca (Musci)	Roccella
Lachnanthes	Kap.
Lac(k)mus	Crozophora; Roccella.
Lactaria	Euphorbia
Lactuca	Kap.
Lactucarium	Lactuca
Ladanum	Cistus
Ladenbergia	Cinchona
Lagenaria	Kap.
Lagopus	Trifolium
Lallemantia	Kap.
Laminaria	Kap.
Laminariaceae	Laminaria
Lamium	Kap.
Lanaria	Gypsophila; Saponaria; Verbascum.
Landolphia	Kap.
Lantana	Kap.
Lapatium	Rumex
Lapdanum	Cistus
Lappa	Arctium
Lappula	Kap.
Larix	Kap.
Laser	Kap.
Laserpitium	Kap.
Lasionema	Cinchona
Lastrea	Currania
Lathraea	Kap.
Lathyrus	Kap.
Laubertia	Urechtites
Laudanum	Papaver
Lauraceae	Acrodiclidium; Cinnamomum; Dicypellium; Dory-

	phora; Laurus; Litsea; Machilus; Mespilodaphne; Nectandra; Ocotea; Persea; Ravensare; Sassafras; Tetranthera.
Laurea	Scrophularia
Laurelia	Kap.
Lauro-Cerasus	Prunus
Laurus	Kap.
Lavandula	Kap.
Lawsonia	Kap.
Lecanora	Roccella
Lecanoreae	Roccella
Lecideae	Cladonia
Lecythidaceae	Barringtonia; Bertholletia; Lecythis.
Lecythis	Kap.
Ledum	Kap.
Leguminosae	Abrus; Acacia; Adenanthera; Albizzia; Alhagi; Anagyris; Andira; Anthyllis; Aquilaria; Arachis; Astragalus; Balsamocarpum; Baphia; Baptisia; Bauhinia; Bowdichia; Butea; Caesalpinia; Calliandra; Canavalia; Caragana; Cassia; Ceratonia; Cercis; Cicer; Clitoria; Colutea; Copaifera; Coronilla; Crudya; Cyclopia; Cynometra; Cytisus; Daniella; Derris; Dimorphandra; Dipterix; Dolichos; Dorycnium; Enterolobium; Erinacea; Erythrina; Erythrophloeum; Euchresta; Flemmingia; Galega; Genista; Gleditsia; Glycine; Glycyrrhiza; Gymnocladus; Haematoxylum; Hardwickia; Hymenaea; Indigofera; Inga; Krameria; Laburnum; Lathyrus; Lens; Leucaena; Lonchocarpus; Lotus; Lupinus; Medicago; Melilotus; Mimosa; Mucuna; Myrocarpus; Myroxylon; Onobrychis; Ononis; Ornithopus; Pachyrrhizus; Parkia; Pentaclethra; Phaseolus; Physostigma; Piptadenia; Piscidia; Pisum; Pithecellobium; Prosopis; Psoralea; Pterocarpus; Robinia; Securidaca; Sophora; Spartium; Tamarindus; Tephrosia; Trifolium; Trigonella; Vicia.
Lemna	Kap.
Lemnaceae	Lemna
Lemonia	Citrus
Lens	Kap.
Lentibularia	Utricularia
Lentibulariaceae	Pinguicula; Utricularia.
Lenticula	Lemna

Lentiscus	Pistacia
Lentus	Populus
Leonotis	Kap.
Leontice	Kap.
Leontodon	Taraxacum
Leontopodium	Alchemilla; Cyclamen.
Leonurus	Kap.
Lepidadenia	Litsea
Lepidium	Kap.
Leporina	Orchis
Leptandra	Veronica
Leucaena	Kap.
Leucanthemum	Anthemis; Matricaria.
Leucojum	Kap.
Levisticum	Kap.
Liatris	Kap.
Libanotis	Rosmarinus
Libibidi	Caesalpinia
Lichen	Cetraria
Lichnanthus	Cucubalus
Lignum (Aloes)	Aquilaria
Lignum (camphoratum)	Cinnamomum
Lignum (crucis)	Viscum
Lignum (floridum)	Sassafras
Lignum (indicum)	Guaiacum
Lignum (Moluccense)	Croton
Lignum (nephriticum)	Moringa
Lignum (pauamum)	Sassafras
Lignum (rhodinum)	Convolvulus
Lignum (Rhodium)	Convolvulus
Lignum (sanctum)	Guaiacum
Ligusticum	Levisticum
Ligustrum	Kap.
Lilac	Forsythia
Liliaceae	Aletris; Allium; Aloe; Anthericum; Asparagus; Asphodelus; Chamaelirium; Colchicum; Convallaria; Dracaena; Erythronium; Fritillaria; Gagea; Gloriosa; Hemerocallis; Hyacinthus; Lilium; Maianthemum; Muscari; Narthecium; Ornithogalum; Paris; Polygonatum; Ruscus; Schoenocaulon; Scilla; Smilax; Trillium; Tulipa; Urginea; Veratrum; Xanthorrhoea; Yucca.

Lilium	Kap.
Limonia	Kap.
Limonium	Kap.
Limonum	Citrus
Linaceae	Linum
Linaria	Kap.
Linnaea	Kap.
Linum	Kap.
Lippia	Kap.
Liquidambar	Kap.
Liquiritia	Glycyrrhiza
Liriodendron	Kap.
Liriosma	Kap.
Lisianthus	Kap.
Listera	Kap.
Lithocarpus	Styrax
Lithospermum	Kap.
Lithraea	Kap.
Litsea	Kap.
Lloydia	Anthericum
Loasa	Kap.
Loasaceae	Loasa; Mentzelia.
Loaseae	Loasaceae
Lobaria	Kap.
Lobelia	Kap.
Lodoicea	Kap.
Loeselia	Kap.
Loganiaceae	Buddleja; Gelsemium; Spigelia; Strychnos.
Lolium	Kap.
Lomaria	Blechnum
Lonchitis	Phyllitis; Polystichum.
Lonchocarpus	Kap.
Lonicera	Kap.
Lophophora	Kap.
Loranthaceae	Loranthus; Phoradendron; Viscum.
Loranthus	Kap.
Loroglossum	Himantoglossum
Lotus	Kap.
Lucuma	Chrysophyllum
Luminaria	Verbascum
Lunaria	Kap.
Luparia	Aconitum; Lupinus.

Lupinus	Kap.
Lupulus	Humulus
Luteola	Cheiranthus
Luzula	Kap.
Lychnidis	Saponaria
Lychnis	Kap.
Lycium	Kap.
Lycoperdaceae	Calvatia
Lycoperdon	Calvatia
Lycopersicon	Kap.
Lycopodiaceae	Diphasium; Huperzia; Lycopodium.
Lycopodium	Kap.
Lycopsis	Kap.
Lycopus	Kap.
Lyriosma	Liriosma
Lysimachia	Kap.
Lythraceae	Cuphea; Lawsonia; Lythrum.
Lythrum	Kap.
Macaranga	Kap.
Machilus	Kap.
Macis	Myristica
Macropiper	Piper
Madhuca	Kap.
Magnolia	Kap.
Magnoliaceae	Drimys; Illicium; Magnolia; Liriodendron.
Mahonia	Kap.
Maianthemum	Kap.
Majorana	Kap.
Mallotus	Kap.
Malpighia	Kap.
Malpighiaceae	Banisteria; Bunchosia; Malpighia.
Malus	Kap.
Malva	Kap.
Malvaceae	Abelmoschus; Abutilon; Alcea; Althaea; Gossypium; Hibiscus; Malva; Sida; Thespesia.
Malvaviscus	Thespesia
Mamillaria	Cereus
Mammea	Kap.
Mandragora	Kap.
Manettia	Kap.
Mangifera	Kap.

Manihot	Kap.
Manilkara	Kap.
Manna	Fraxinus
Manus (Christi)	Gymnadenia; Ricinus.
Maranta	Kap.
Marantaceae	Maranta
Marathrum	Seseli
Marchantia	Kap.
Marchantiaceae	Marchantia
Marrubium	Kap.
Marsdenia	Kap.
Marum	Teucrium
Mastichina	Teucrium
Mastix	Pistacia
Mate	Ilex
Matico	Piper
Matricaria	Kap.
Matthiola	Kap.
Mauria	Lithraea
Maximilianea	Cochlospermum
Maytenus	Kap.
Mechoaca(nna)	Exogonium
Medicago	Kap.
Melaleuca	Kap.
Melampyrum	Kap.
Melandrium	Silene
Melastoma	Kap.
Melastomataceae	Melastoma
Melia	Kap.
Meliaceae	Carapa; Guarea; Melia; Naregamia; Swietenia; Trichilia.
Meliazeae	Meliaceae
Melilotus	Kap.
Melissa	Kap.
Melittis	Kap.
Melo	Cucumis
Melocactus	Cereus
Menispermaceae	Anamirta; Chondodendron; Cissampelos; Cocculus; Coscinium; Jateorhiza; Menispermum.
Menispermum	Kap.
Mentastrum	Mentha
Mentha	Kap.

Mentzelia	Kap.
Menyanthaceae	Menyanthes
Menyanthes	Kap.
Mercurialis	Kap.
Mercurius (terrestris)	Polygonum
Mercurius (vegetabilis)	Brunfelsia
Merremia	Ipomoea
Mesembryanthemum	Kap.
Mespilodaphne	Kap.
Mespilus	Kap.
Mesua	Kap.
Metroxylon	Kap.
Meum	Kap.
Mezereum	Daphne
Micania	Mikania
Micranda	Hevea
Microtaena	Pogostemon
Mikania	Kap.
Milium	Panicum
Milium (solis)	Lithospermum; Saxifraga.
Millefolium	Achillea
Mimosa	Kap.
Mimusops	Kap.
Mirabilis	Kap.
Mirobalanus	Terminalia
Mirtillus	Myrtus
Mirtus	Ledum; Myrtus.
Mitchella	Kap.
Mogorium	Jasminum
Molina	Baccharis
Molorticulum	Orchis
Moluccella	Kap.
Moly	Allium
Momordia	Ecballium
Momordica	Kap.
Monarda	Kap.
Moneses	Pyrola
Monesia	Chrysophyllum
Monimiaceae	Atherosperma; Doryphora; Laurelia; Peumus; Siparuna.
Monniera	Pilocarpus
Monotropa	Kap.

Monsonia	Kap.
Mora	Vaccinium
Moraceae	Antiaris; Artocarpus; Cannabis; Cecropia; Chlorophora; Dorstenia; Ficus; Hevea; Humulus; Morus.
Morinda	Kap.
Moringa	Kap.
Moringaceae	Moringa
Morrenia	Kap.
Morsus	Stellaria
Morsus (Diaboli)	Succisa
Morus	Kap.
Mucuna	Kap.
Muira Puama	Liriosma
Mungos	Ophiorrhiza
Musa	Kap.
Musaceae	Musa
Muscari	Kap.
Muscarius	Amanita
Muscatum	Myristica
Muscus	Hypnum
Musenna	Albizzia
Mustela	Rauvolfia
Mutisia	Kap.
Myagrum	Bunias; Camelina.
Myctaginaceae	Boerhavia
Myosotis	Kap.
Myosurus	Kap.
Myrcia	Pimenta
Myrica	Kap.
Myricaceae	Myrica
Myricaria	Kap.
Myriophyllum	Kap.
Myristica	Kap.
Myristicaceae	Myristica
Myrmecia	Tachia
Myrobalanus	Terminalia
Myrocarpus	Kap.
Myrospermum	Myroxylon
Myroxylon	Kap.
Myrrha	Commiphora
Myrrhis	Kap.
Myrsinaceae	Embelia

Myrtaceae	Angophora; Eucalyptus; Eugenia; Melaleuca; Myrtus; Pimenta; Psidium; Syzygium.
Myrtillus	Vaccinium
Myrtus	Kap.
Nabalus	Prenanthes
Nandina	Kap.
Napellus	Aconitum
Narcissus	Kap.
Nardius	Arnica
Nardostachys	Kap.
Nardus	Nardostachys
Naregamia	Kap.
Narthecium	Kap.
Narthex	Ferula
Nasturtium	Kap.
Natalaea	Duboisia
Nauclea	Pterocarpus; Uncaria.
Nectandra	Kap.
Nelumbium	Nelumbo
Nelumbo	Kap.
Neottia	Kap.
Nepenthaceae	Nepenthes
Nepentheae	Nepenthaceae
Nepenthes	Kap.
Nepeta	Kap.
Nephrodium	Currania; Dryopteris.
Nepita	Mentha
Nepitella	Calamintha; Nepeta.
Nerium	Kap.
Nicandra	Kap.
Nicotiana	Kap.
Nigella	Kap.
Nimolum	Piper
Ninzin	Panax
Nitraria	Kap.
Nodullaria	Corallina
Noisettia	Anchietea
Nopalea	Opuntia
Nostoc	Kap.
Nummularia	Lysimachia; Rhinanthus.
Nuphar	Kap.

Nux (usualis)	Juglans
Nux (vomica)	Strychnos
Nyctaginaceae	Boerhavia
Nyctagineae	Nyctaginaceae; Mirabilis.
Nyctago	Mirabilis
Nyctanthes	Kap.
Nyctocereus	Cereus
Nymphaea	Kap.
Nymphaeaceae	Nelumbo; Nuphar; Nymphaea.
Nyssa	Kap.
Nyssaceae	Nyssa
Ochrolechia	Roccella
Ochroporus	Fomes
Ochrus	Lathyrus
Ocimum	Kap.
Ocotea	Kap.
Ocularia	Euphrasia
Odontites	Kap.
Odontospermum	Anastatica
Oenanthe	Kap.
Oenothera	Kap.
Oenotheraceae	Trapa
Oenotheras	Epilobium
Olacaceae	Liriosma; Ximenia.
Olacineae	Olacaceae
Oldenlandia	Kap.
Olea	Kap.
Oleaceae	Chionanthus; Forsythia; Fraxinus; Jasminum; Ligustrum; Nyctanthes; Olea; Phillyrea; Syringa; Ximenia.
Oleandrus	Nerium
Oleum (cadinum)	Juniperus
Oleum (Moscoviticum)	Betula
Oleum (Rusci)	Betula
Oleum (templinum)	Pinus
Oleum (Terebinthinae rectificatum)	Pinus
Olibanum	Boswellia
Olisatum	Smyrnium
Olsnitium	Peucedanum
Olus	Brassica

Olusatrum	Smyrnium; Valeriana.
Omphalea	Kap.
Omphalodes	Kap.
Onagra	Epilobium; Oenothera.
Onagraceae	Epilobium; Oenothera; Trapa.
Onobroma	Carthamus
Onobrychis	Kap.
Ononis	Kap.
Onopordum	Kap.
Onopterium	Asplenium
Onosma	Kap.
Oogaster	Tuber
Operculina	Ipomoea
Ophelia	Swertia
Ophioglossaceae	Botrychium; Ophioglossum.
Ophioglosseae	Ophioglossaceae
Ophioglossum	Kap.
Ophiorrhiza	Kap.
Ophris	Listera
Ophrydeae	Orchis
Ophrys	Kap.
Opium	Papaver
Opobalsamum	Commiphora
Opoidia	Ferula
Opopanax	Kap.
Opulus	Viburnum
Opuntia	Kap.
Orbicularis	Aristolochia; Calvatia; Cyclamen.
Orchidaceae	Anacamptis; Angraecum; Aplectrum; Cephalanthera; Cypripedium; Epipactis; Gymnadenia; Himantoglossum; Listera; Neottia; Ophrys; Orchis; Platanthera; Serapias; Spiranthes; Vanilla.
Orchis	Kap.
Orellana	Bixa
Oreoselinon	Seseli
Oreoselinum	Peucedanum
Origanum	Kap.
Orizaba	Ipomoea
Orleana	Bixa
Orminium	Salvia
Ornithogalum	Kap.
Ornithopus	Kap.

Ornus	Carpinus; Fraxinus.
Orobanchaceae	Epiphegus; Lathraea; Orobanche.
Orobanche	Kap.
Orobus	Lathyrus
Orontium	Antirrhinum
Orseille	Roccella
Orthosiphon	Kap.
Oryza	Kap.
Os (mundi)	Vicia
Osmunda	Kap.
Osmundaceae	Osmunda
Ossifraga	Euphorbia
Ossifragum	Narthecium
Ostrutium	Peucedanum
Ostrya	Kap.
Osyris	Kap.
Oxalidaceae	Oxalis
Oxalis	Kap.
Oxalium	Rumex
Oxyacantha	Crataegus
Oxycoccos	Vaccinium
Oxydendrum	Kap.
Pachycarpus	Gomphocarpus
Pachyrrhizus	Kap.
Pacouria	Hevea
Padina	Alsidium
Padus	Prunus
Paeonia	Kap.
Paeoniaceae	Paeonia
Palaquium	Kap.
Palicourea	Kap.
Paliurus	Kap.
Palma	Phönix
Palma (Christi)	Gymnadenia; Orchis.
Palma (Digiti)	Orchis
Palma (Veneris)	Gymnadenia
Palmae	Areca; Calamus; Cocos; Copernicia; Daemonorops; Lodoicea; Metroxylon; Phönix; Sabal; Tamarindus.
Palmulae	Tamarindus
Panax	Kap.
Pancratium	Kap.

Pandanaceae	Pandanus
Pandanus	Kap.
Panicum	Kap.
Panis	Triticum
Papaver	Kap.
Papaveraceae	Argemone; Bocconia; Chelidonium; Corydalis; Dicentra; Eschscholtzia; Glaucium; Fumaria; Hypecoum; Papaver; Sanguinaria.
Papaya	Carica
Papilionaceae	Anthyllis; Astragalus; Coronilla; Lathyrus; Lotus; Medicago; Melilotus; Ononis; Ornithopus; Piscidia; Trifolium; Trigonella.
Paprika	Capsicum
Papyrus	Cyperus
Parabalsam	Copaifera
Pareira	Chondodendron
Pareiria	Coscinium
Parietaria	Kap.
Parilium	Nyctanthes
Paris	Kap.
Parkia	Kap.
Parmelia	Cetraria
Parmeliaceae	Cetraria; Lobaria; Roccella.
Parnassia	Kap.
Parthenocissus	Kap.
Passerina	Thymelaea
Passiflora	Kap.
Passifloraceae	Passiflora
Passulae	Vitis
Pastinaca	Kap.
Patientia	Rumex
Patrinia	Kap.
Paullinia	Kap.
Paulownia	Kap.
Pausinystalia	Kap.
Pavana	Croton
Payena	Kap.
Pecularis	Mercurialis
Pedaliaceae	Sesamus
Pedicularis	Kap.
Pedilanthus	Kap.
Peganum	Kap.

Pelargonium	Kap.
Peltideaceae	Peltigeraceae
Peltigera	Kap.
Peltigeraceae	Peltigera
Peltodon	Kap.
Penaea	Kap.
Penaeaceae	Penaea
Penghawar-Djambi	Cibotium
Pentaclethra	Kap.
Pentaphyllum	Potentilla
Penthorum	Kap.
Perezia	Kap.
Perfoliata	Bupleurum
Perforata	Hypericum
Pergularia	Cynanchum
Periclimenum	Cephaelis
Periclymenum	Lonicera
Perilla	Kap.
Periploca	Kap.
Persea	Kap.
Persica	Prunus
Persicaria	Polygonum
Persicus	Prunus
Pertusaria	Roccella
Perubalsam	Myroxylon
Pervinca	Rhamnus; Vinca.
Petasites	Kap.
Petiveria	Kap.
Petroselinum	Kap.
Peucedanum	Kap.
Peumus	Kap.
Peyotl	Lophophora
Peziza	Auricularia
Phaeophyceae	Fucus; Laminaria.
Phalangius	Anthericum
Phalaris	Kap.
Pharbitis	Ipomoea
Phaseolus	Kap.
Phegopteris	Currania
Phellandrium	Oenanthe
Philadelphus	Kap.
Phillyrea	Kap.

Phlomis	Kap.
Phönix	Kap.
Phoradendron	Kap.
Phragmites	Kap.
Phu	Valeriana
Phyllanthus	Kap.
Phyllitis	Kap.
Physalis	Kap.
Physostigma	Kap.
Phyteuma	Campanula; Reseda; Succisa.
Phytolacca	Kap.
Phytolaccaceae	Petiveria; Phytolacca.
Picea	Kap.
Pichi-Pichi	Fabiana
Pichurim	Acrodiclidium; Nectandra.
Picraena	Picrasma
Picramnia	Kap.
Picrasma	Kap.
Picrodendron	Picramnia
Pilocarpus	Kap.
Pilosella	Hieracium
Pimenta	Kap.
Pimpinella	Kap.
Pinaceae	Abies; Cedrus; Larix; Picea; Pinus.
Pinea	Pinus
Pinguicula	Kap.
Pinkneya	Arariba
Pinus	Kap.
Piper	Kap.
Piper (murinum)	Delphinium
Piperaceae	Baticurea; Piper.
Piperella	Ribes; Thymus.
Piperitis	Lepidium
Piptadenia	Kap.
Pirola	Pyrola
Pirolaceae	Chimaphila; Monotropa; Pyrola.
Pirus	Pyrus
Piscidia	Kap.
Pistacia	Kap.
Pistia	Kap.
Pisum	Kap.
Pithecellobium	Kap.

Pix	Pinus
Plantaginaceae	Plantago
Plantago	Kap.
Platanaceae	Platanus
Platanthera	Kap.
Platanus	Kap.
Platycladus	Thuja
Plectranthus	Kap.
Pluchea	Kap.
Plukenetia	Kap.
Plumbaginaceae	Armeria; Limonium; Plumbago.
Plumbago	Kap.
Plumeria	Kap.
Pneumonanthes	Gentiana
Poa	Glyceria
Podagraria	Aegopodium
Podophyllum	Kap.
Pogonopus	Kap.
Pogostemon	Kap.
Poinciana	Caesalpinia
Polemoniaceae	Loeselia; Polemonium.
Polemonium	Kap.
Poleya	Mentha
Polianthes	Kap.
Polium	Teucrium
Polyanthes	Polianthes
Polygala	Kap.
Polygalaceae	Polygala
Polygalacee	Securidaca
Polygonaceae	Coccoloba; Fagopyrum; Polygonum; Rheum; Rumex.
Polygonatum	Kap.
Polygonum	Kap.
Polypodiaceae	Adiantum; Asplenium; Athyrium; Blechnum; Ceterach; Currania; Dryopteris; Phyllitis; Polypodium; Polystichum; Pteridium.
Polypodium	Kap.
Polyporaceae	Amanita; Boletus; Fomes; Polyporus; Trametes.
Polyporus	Kap.
Polysiphonia	Alsidium
Polystichum	Kap.
Polytrichaceae	Polytrichum
Polytrichum	Kap.

Poma	Malus
Pombalia	Ionidium
Pomum	Citrus
Pontica	Artemisia
Populus	Kap.
Porlieria	Kap.
Porrum	Allium
Portulaca	Kap.
Portulacaceae	Portulaca
Potamogeton	Kap.
Potamogetonaceae	Potamogeton
Potentilla	Kap.
Poterium	Sanguisorba
Praemorsa	Succisa
Prasium	Allium
Prassium	Marrubium
Prassula	Sedum
Prenanthes	Kap.
Priapiscus	Anacamptis; Orchis.
Primula	Kap.
Primulaceae	Anagallis; Cortusa; Cyclamen; Glaux; Hottonia; Lysimachia; Primula; Samolus.
Principes	Areca; Cocos; Copernicia; Daemonorops; Elaeis; Lodoicea; Metroxylon; Phönix; Sabal.
Prosopis	Kap.
Protium	Kap.
Prunella	Kap.
Prunus	Kap.
Pseudacacia	Robinia
Pseudacorus	Iris
Pseudobunion	Barbarea; Pimpinella.
Pseudochamaedrys	Veronica
Pseudocosta	Opopanax
Pseudohelleborus	Actaea
Pseudomyrtus	Vaccinium
Pseudonardus	Lavandula
Pseudoolibanum	Boswellia
Pseudoparthenium	Chrysanthemum
Pseudorhabarber	Rumex
Psidium	Kap.
Psoralea	Kap.
Psorea	Trigonella

Psychotria	Kap.
Psyllium	Plantago
Ptarmica	Arnica
Ptarmika	Achillea
Ptelea	Kap.
Pteridium	Kap.
Pterigium	Dryobalanops
Pteris	Dryopteris; Polypodium; Pteridium.
Pterocarpus	Kap.
Ptychotis	Trachyspermum
Pulegia	Origanum
Pulegium	Mentha
Pulicaria	Kap.
Pulmonaria	Kap.
Pulsatilla	Kap.
Punica	Kap.
Punicaceae	Punica
Pyrenolichenes	Roccella
Pyrenomycetes	Claviceps
Pyrethrum	Anacyclus
Pyrola	Kap.
Pyrolaceae	Chimaphila; Monotropa; Pyrola.
Pyrus	Kap.
Quassia	Kap.
Quebrachia	Schinopsis
Quebracho	Aspidosperma
Quercula	Teucrium
Quercus	Kap.
Quernum	Viscum
Quillaja	Kap.
Quinaria	Parthenocissus
Quinquefolium	Potentilla
Radicula	Gypsophila
Rafflesiaceae	Cytinus
Ramonda	Kap.
Randia	Kap.
Ranunculaceae	Aconitum; Actaea; Adonis; Anemone; Aquilegia; Caltha; Cimicifuga; Clematis; Coptis; Delphinium; Dicentra; Eranthis; Helleborus; Hepatica; Hydrastis; Knowltonia; Myosurus; Nigella; Paionia; Pulsatilla; Ranunculus; Thalictrum; Trollius; Xanthorhiza.

Ranunculus	Kap.
Rapa	Brassica
Rapa (agrestis)	Raphanus
Raphanus	Kap.
Rapistrum	Alliaria; Sinapis.
Rapunculus	Oenothera
Ratanh(i)a	Krameria
Rauvolfia	Kap.
Ravensara	Kap.
Reaumuria	Kap.
Remijia	Kap.
Reseda	Kap.
Resedaceae	Moringa; Reseda.
Resina (communis)	Pinus
Resina (Draconis)	Calamus
Resina (elastica)	Hevea
Resina (lutea)	Xanthorrhoea
Rhababar(a)	Rheum
Rhabarbarum	Rumex
Rhamnaceae	Ceanothus; Paliurus; Rhamnus; Ziziphus.
Rhamnus	Kap.
Rhaponticum	Centaurea; Rheum.
Rheum	Kap.
Rhinacanthus	Kap.
Rhinanthus	Kap.
Rhizophora	Kap.
Rhizophoraceae	Ceriops; Kandelia; Rhizophora.
Rhodia	Rhodiola
Rhodinum (Lignum)	Aquilaria
Rhodiola	Kap.
Rhododendron	Kap.
Rhodophyceae	Alsidium; Chondrus; Corallina; Gelidium.
Rhus	Kap.
Rhytidiaceae	Hypnum
Rhytidiadelphus	Hypnum
Ribes	Kap.
Richardia	Richardsonia; Zantedeschia.
Richardsonia	Kap.
Ricinus	Kap.
Rizum	Oryza
Robinia	Kap.
Robur	Quercus

Roccella	Kap.
Roccellaceae	Roccella
Ronabea	Psychotria
Rorella	Drosera
Rorippa	Nasturtium
Rosa	Kap.
Rosaceae	Agrimonia; Alchemilla; Aruncus; Chrysobalanus; Cotoneaster; Crataegus; Cydonia; Dryas; Eriobotrya; Filipendula; Fragaria; Geum; Gillenia; Hagenia; Malus; Mespilus; Potentilla; Prunus; Pyrus; Quillaja; Roccella; Rubus; Sanguisorba; Sarcopoterium; Sorbus; Spiraea.
Rosmarinus	Kap.
Rottlera	Mallotus
Rubia	Kap.
Rubiaceae	Anthocephalus; Arariba; Asperula; Baticurea; Borreria; Cascarilla; Catesbaea; Cephaelis; Cephalanthus; Chiococca; Cinchona; Coffea; Coutarea; Exostemma; Galium; Gardenia; Genipa; Hedyotis; Manettia; Mitchella; Morinda; Oldenlandia; Ophiorrhiza; Palicourea; Pausinystalia; Pogonopus; Psychotria; Randia; Remijia; Richardsonia; Rubia; Sarcocephalus; Sickingia; Uncaria.
Rubus	Kap.
Rudbeckia	Echinacea
Ruizia	Peumus
Rumex	Kap.
Ruscus	Kap.
Russula	Kap.
Russulaceae	Russula
Ruta	Kap.
Ruta (capraria)	Galega
Ruta (muraria)	Asplenium
Ruta (solis)	Hypericum
Rutaceae	Aegle; Barosma; Citrus; Dictamnus; Empleurum; Esenbeckia; Euodia; Galipea; Limonia; Pilocarpus; Protium; Ptelea; Ruta; Toddalia; Zanthoxylum.
Sabadilla	Schoenocaulon
Sabal	Kap.
Sabatia	Kap.
Sabdariffa	Hibiscus

Sabina	Juniperus
Saccharomyces	Kap.
Saccharum	Kap.
Sacerdotis	Arum
Safran	Crocus
Sagapenum	Ferula
Sagittaria	Kap.
Sago	Dolichos; Manihot; Metroxylon.
Sagus	Metroxylon
Salamentum	Salix
Salep	Orchis
Salicaceae	Populus; Salix.
Salicaria	Lythrum
Salicornia	Kap.
Salisburya	Ginkgo
Saliunca	Anastatica; Carex; Valeriana.
Salix	Kap.
Salmalia	Ceiba
Salsola	Kap.
Salvia	Kap.
Sambucus	Kap.
Samolus	Kap.
Samsucus	Lavandula
Sana munda	Geum; Primula.
Sanctum	Artemisia
Sandalum	Pterocarpus
Sandaraca	Tetraclinis
Sandonicum	Santolina
Sanguinaria	Kap.
Sanguinella	Cynodon
Sanguis (draconis)	Calamus; Dracaena.
Sanguisorba	Kap.
Sanicula	Kap.
Santalaceae	Linaria; Osyris; Santalum.
Santalum	Kap.
Santolina	Kap.
Santonicum	Artemisia
Sapindaceae	Cupania; Paullinia; Sapindus; Schleichera.
Sapindus	Kap.
Sapium	Kap.
Saponaria	Kap.
Sapota	Manilkara

Sapotaceae	Argania; Chrysophyllum; Manilkara; Mimusops; Palaquium; Payena; Vitellaria.
Sapotilla	Manilkara
Sarcocephalus	Kap.
Sarcocolla	Penaea
Sarcopoterium	Kap.
Sarcostemma	Kap.
Sarothamnus	Cytisus
Sarracenia	Kap.
Sarraceniaceae	Sarracenia
Sarsaparilla	Smilax
Sassafras	Kap.
Satira	Orchis
Satureja	Kap.
Satyriscum	Orchis
Saururaceae	Saururus
Saururus	Kap.
Saussurea	Kap.
Saxifraga	Kap.
Saxifragaceae	Chrysosplenium; Dichroa; Heuchera; Hydrangea; Parnassia; Philadelphus; Ribes; Saxifraga.
Scabiosa	Knautia
Scammonia	Calystegia; Ipomoea.
Scammonium	Convolvulus
Scandix	Kap.
Scariola	Lactuca
Schinopsis	Kap.
Schinus	Kap.
Schizophyceae	Nostoc
Schleichera	Kap.
Schoenanthum	Cymbopogon
Schoenocaulon	Kap.
Schollera	Vaccinium
Scilla	Kap.
Scirpus	Kap.
Sclarea	Salvia
Scleroderma	Elaphomyces
Scolochloa	Arundo
Scolopendria	Valeriana
Scolopendrium	Phyllitis
Scolymus	Cynara
Scopolia	Kap.

Scordium	Teucrium
Scorodonia	Teucrium
Scorodosma	Ferula
Scorzonera	Kap.
Scrophularia	Kap.
Scrophulariaceae	Antirrhinum; Asarina; Chelone; Cymbalaria; Digitalis; Euprasia; Gratiola; Lathraea; Linaria; Melampyrum; Odontites; Paulownia; Pedicularis; Rhinanthus; Scrophularia; Verbascum; Veronica.
Scutellaria	Kap.
Sebestena	Cordia
Sebifera	Tetranthera
Secale	Kap.
Secale (cornutum)	Claviceps
Securidaca	Kap.
Securilla	Securidaca
Sedum	Kap.
Selago	Hyperzia
Selenicereus	Cereus
Selinum	Kap.
Semecarpus	Kap.
Sempervivum	Kap.
Senecio	Kap.
Senega	Polygala
Senna	Cassia
Sennebiera	Coronopus
Serapias	Kap.
Serapinus	Ferula
Seris	Cichorium; Lactuca.
Serpentaria	Aristolochia
Serpentina	Rauvolfia
Serpyllum	Thymus
Serratula	Kap.
Serronia	Pilocarpus
Sertula	Melilotus
Sesamum	Kap.
Seseli	Kap.
Setaria	Kap.
Shorea	Kap.
Sickingia	Kap.
Sida	Kap.
Sideritis	Kap.

Sideroxylon	Argania; Palaquium.
Siegesbeckia	Kap.
Sieversia	Geum
Sigillum (Salomonis)	Polygonatum
Silaum	Kap.
Silene	Kap.
Siler	Laserpitium
Siliqua	Ceratonia
Siliquastrum	Capsicum
Silphium	Kap.
Silybum	Kap.
Simaba	Kap.
Simaroubaceae	Ailanthus; Brucea; Castela; Picramnia; Picrasma; Quassia; Simaba; Simaruba.
Simaruba	Kap.
Simarubeae	Simaroubaceae
Sinapis	Kap.
Sion	Pimenta
Siparuna	Kap.
Siphonia	Hevea
Sisarum	Sium
Sisimbrium	Chrysanthemum; Mentha.
Sison	Kap.
Sisymbrium	Kap.
Sium	Kap.
Smilax	Kap.
Smyrnium	Kap.
Soja	Glycine
Solanaceae	Atropa; Brunfelsia; Capsicum; Cestrum; Datura; Duboisia; Fabiana; Hyoscyamus; Lycium; Lycopersicon; Mandragora; Nicandra; Nicotiana; Physalis; Scopolia; Solanum.
Solanum	Kap.
Solatrum	Solanum
Soldanella	Convolvulus
Solea	Cephaelis; Ionidium.
Solidago	Kap.
Solsequium	Cichorium
Soma	Ephedra; Sarcostemma.
Sonchus	Kap.
Sophia	Sisymbrium
Sophora	Kap.

Sorbus	Kap.
Sorghum	Kap.
Soymida	Swietenia
Sparagus	Asparagus
Sparganiaceae	Sparganium
Sparganium	Kap.
Spargula	Spergula
Spartium	Kap.
Spartum	Equisetum
Spelta	Triticum
Spergula	Kap.
Spergularia	Kap.
Spermacoce	Borreria
Sphacelaria	Alsidium
Sphacelia	Claviceps
Sphaerococcus	Alsidium; Gelidium.
Sphagnaceae	Sphagnum
Sphagnum	Kap.
Sphondylium	Opopanax
Sphondylius	Acanthus
Spica	Lavandula
Spigelia	Kap.
Spilanthes	Kap.
Spina	Centaurea; Cirsium; Cnicus; Crataegus; Onopordum; Rhamnus; Ruscus; Silybum.
Spinacia	Kap.
Spiraea	Kap.
Spiranthes	Kap.
Splenaria	Clematis
Spondias	Kap.
Squamaria	Lathraea; Sempervivum.
Squinanthum	Cymbopogon
Stachys	Kap.
Stachytarpheta	Kap.
Stalagmitis	Garcinia
Staphisagria	Delphinium
Staphylinus	Pastinaca
Statice	Armeria; Limonium.
Stellaria	Kap.; Scilla.
Sterculia	Kap.
Sterculiaceae	Cola; Guazuma; Sterculia; Theobroma.
Stereodon	Hypnum

Sternbergia	Amaryllus
Sticados	Lavandula
Sticta	Lobaria; Pulmonaria.
Stictaceae	Lobaria
Stilago	Antidesma
Stillingia	Kap.
Stizilobium	Mucuna
Stoebe(s)	Sanguisorba
Storax	Styrax
Stramonium	Datura
Streptopus	Ruscus
Strophanthus	Kap.
Strychnos	Kap.
Styracaceae	Styrax
Styraceae	Styracaceae
Styrax	Kap.
Suber	Quercus
Succinum	Pinus
Succisa	Kap.
Sumach	Rhus
Sumbulus	Ferula
Swertia	Kap.
Swietenia	Kap.
Sycaminus	Morus
Sycomorus	Ficus
Symphoria	Symphoricarpos
Symphoricarpos	Kap.
Symphytum	Kap.
Symplocaceae	Symplocos
Symplocarpus	Kap.
Symplocos	Kap.
Syringa	Kap.
Syzygium	Kap.
Tabacum	Nicotiana
Tabernaemontana	Kap.
Tacamahaca	Calophyllum
Tachia	Kap.
Tagetes	Kap.
Tamaricaceae	Tamariscaceae
Tamarindus	Kap.
Tamariscaceae	Myricaria; Reaumuria; Tamarix.

Tamariscus	Myricaria; Tamarix.
Tamarix	Kap.
Tamus	Kap.
Tanacetum	Chrysanthemum
Tanghinia	Cerbera
Tapsus	Verbascum
Taraxacum	Kap.
Taxaceae	Ginkgo; Taxus; Torreya.
Taxus	Kap.
Tectaria	Polypodium
Tectona	Kap.
Tee	Camellia
Telephium	Sedum
Telfairia	Kap.
Tephrosia	Kap.
Terebinthina	Pinus
Terebinthus	Pistacia
Terminalia	Kap.
Ternströmiaceae	Camellia
Terra (Japonica)	Acacia
Testiculus (canis)	Anacamptis
Testiculus (hircinus)	Himantoglossum
Testudinaria	Cyclamen
Tetracarpidium	Plukenetia
Tetracera	Kap.
Tetraclinis	Kap.
Tetragastris	Kap.
Tetranthera	Kap.
Teucrium	Kap.
Thalictrum	Kap.
Thapsia	Kap.
Thaspium	Kap.
Thea	Camellia
Theaceae	Camellia
Theka	Tectona
Thelypteris	Currania
Theobroma	Kap.
Thespesia	Kap.
Thevetia	Kap.
Thlaspi	Kap.
Thuja	Kap.
Thus	Boswellia

Thymbra	Hyssopus; Satureja; Teucrium; Thymus.
Thymelaea	Kap.
Thymelaeaceae	Aquilaria; Daphne; Dirca; Thymelaea.
Thymus	Kap.
Thysselinum	Peucedanum
Tiglium	Croton
Tilia	Kap.
Tiliaceae	Corchorus; Tilia.
Tillandsia	Kap.
Tinospora	Menispermum
Tithymalus	Euphorbia
Toddalia	Kap.
Toluifera	Myroxylon
Tonkabohne	Dipterix
Tordylium	Kap.
Tormentilla	Potentilla
Tornella	Parietaria
Torreya	Kap.
Tournesolia	Crozophora
Toxicodendron	Kap.
Trachylobium	Hymenaea
Trachyspermum	Kap.
Tradescantia	Kap.
Tragacantha	Astragalus
Tragopogon	Kap.
Tragorchis	Himantoglossum
Tragus	Salsola
Trametes	Kap.
Trapa	Kap.
Trapaceae	Trapa
Tremella	Auricularia; Nostoc.
Tremula	Populus
Tribulus	Kap.
Trichilia	Kap.
Trichomanes	Asplenium
Trientalis	Scutellaria
Trifolium	Kap.
Trifolium (fibrinum)	Menyanthes
Trigonella	Kap.
Trilis(i)a	Liatris
Trillium	Kap.
Triorchis	Spiranthes

Triosteospermum	Triosteum
Triosteum	Kap.
Triphyllon	Orchis; Trifolium; Trigonella.
Triphyllum	Platanthera; Psoralea.
Trissago	Teucrium
Triticum	Kap.
Trollius	Kap.
Tropaeolaceae	Tropaeolum
Tropaeolum	Kap.
Tsuga	Abies
Tuber	Kap.
Tuberaceae	Elaphomyces; Tuber.
Tulipa	Kap.
Tulipifera	Liriodendron
Tunica	Dianthus
Tupelo	Nyssa
Turnera	Kap.
Turneraceae	Turnera
Turpethum	Ipomoea
Tussilago	Kap.
Typha	Kap.
Thyphaceae	Typha
Ulmaceae	Celtis; Ulmus.
Ulmaria	Filipendula
Ulmus	Kap.
Ulva	Kap.
Ulvaceae	Ulva
Umbelliferae	Aegopodium; Aethusa; Ammi; Anethum; Angelica; Anthriscus; Apium; Astrantia; Athamanta; Azorella; Bunium; Bupleurum; Carum; Caucalis; Chaerophyllum; Cicuta; Conium; Coriandrum; Crithmum; Cuminum; Daucus; Dorema; Echinophora; Eryngium; Ferula; Foeniculum; Heracleum; Hydrocotyle; Laser; Laserpitium; Levisticum; Meum; Myrrhis; Oenanthe; Opopanax; Pastinaca; Petroselinum; Peucedanum; Pimpinella; Sanicula; Scandix; Selinum; Seseli; Silaum; Sison; Sium; Smyrnium; Thapsia; Thaspium; Tordylium; Trachyspermum.
Umbilicaria	Omphalodes
Umbilicus	Kap.

Umbillicaria	Cynoglossum
Uncaria	Kap.
Ungula (caballina)	Tussilago
Unifolium	Maianthemum
Unona	Cananga
Uragoga	Cephaelis
Urceola	Kap.
Urechites	Kap.
Urginea	Kap.
Urostachys	Huperzia
Urostigma	Ficus
Urtica	Kap.
Urticaceae	Boehmeria; Parietaria; Urtica.
Urticaceen	Hevea
Usnea	Kap.
Usneaceae	Evernia; Usnea.
Usneeae	Usneaceae; Roccella.
Ustilago	Zea
Utricularia	Kap.
Uva	Paris
Uva (Ursi)	Arctostaphylos
Uzara	Gomphocarpus
Vaccinium	Kap.
Vahea	Hevea
Valeriana	Kap.
Valerianaceae	Nardostachys; Patrinia; Valeriana; Valerianella.
Valerianeae	Valerianaceae
Valerianella	Kap.
Vanilla	Kap.
Variolaria	Roccella
Varronia	Cordia
Vateria	Kap.
Veratrum	Kap.
Verbascum	Kap.
Verbena	Kap.
Verbenaceae	Callicarpa; Clerodendrum; Lantana; Lippia; Nyctanthes; Stachytarpheta; Tectona; Verbena; Vitex.
Verbesina	Bidens
Vermicularis	Sedum
Vermix	Juniperus
Vernix	Tetraclinis

Vernonia — Kap.
Veronica — Kap.
Veronicastrum — Veronica
Verrucaria — Heliotropium
Vetiveria — Kap.
Viburnum — Kap.
Vicia — Kap.
Victorialis — Allium; Gladiolus; Vinca.
Vigna — Phaseolus
Vimina — Salix
Vinca — Kap.
Vincetoxicum — Cynanchum
Vinum — Vitis
Viola — Kap.
Violaceae — Anchietea; Ionidium; Viola.
Viperina — Aristolochia; Scorzonera.
Virga (aurea) — Solidago
Viscago — Silene
Viscum — Kap.
Vismia — Kap.
Vitaceae — Parthenocissus; Vitis.
Vitalba — Clematis
Vitellaria — Kap.
Vitex — Kap.
Vitis — Kap.
Vitis (idaea) — Vaccinium
Volkameria — Clerodendrum
Vouacapoua — Andira
Vouapa — Hymenaea
Vulvaria — Chenopodium

Weinmannia — Kap.
Wigandia — Eriodictyon
Willemeta — Camphorosma
Willughbeia — Hevea
Wintera — Drimys
Winteraceae — Drimys
Winterana — Canella; Cinnamodendron
Winteranaceae — Canella; Cinnamodendron
Winteranus — Costus
Winteriana — Canella
Wittelsbachia — Cochlospermum

Wrightia	Kap.
Wyethia	Kap.
Xanthium	Kap.
Xanthorhiza	Kap.
Xanthorrhoea	Kap.
Xanthorrhoeaceae	Xanthorrhoea
Xanthoxylon	Zanthoxylum
Ximenia	Kap.
Xylaloe	Aquilaria
Xylobalsamum	Commiphora; Myroxylon.
Xylocarpus	Carapa
Xylopia	Kap.
Yerva	Dorstenia
Yohimbe	Pausinystalia
Yucca	Kap.
Zacyntha	Kap.
Zantedeschia	Kap.
Zanthorhiza	Xanthorhiza
Zanthoxylon	Kap.
Zea	Kap.
Zedoaria	Curcuma
Zilla	Bunias
Zimt	Cinnamomum
Zingiber	Kap.
Zingiberaceae	Aframomum; Alpinia; Costus; Curcuma; Elettaria; Zingiber.
Zizia	Thaspium
Ziziphus	Kap.
Zizyphora	Cunila
Zizyphus	Paliurus
Zygophyllaceae	Balanites; Bulnesia; Guaiacum; Nitraria; Peganum; Porlieria; Tribulus; Zygophyllum.
Zygophyllum	Kap.